우리가 알고 싶은 우주에 대한 모든 것
평행우주

Parallel worlds:
a journey through creation, higher dimensions, and the future of
the cosmos by Michio Kaku

Copyright © 2005 by Michio Kaku
All rights reserved

Korean translation copyright © 2006 by Gimm Young Publishers, Inc.
Korean translation rights arranged with Stuart Krichevsky Literary Agency,
through Eric Yang Agency, Seoul

PARALLEL WORLDS

평행우주

미치오 카쿠 지음 | 박병철 옮김

MICHIO KAKU

김영사

평행우주

지은이 미치오 카쿠
옮긴이 박병철

1판 1쇄 발행 2006. 3. 9.
1판 38쇄 발행 2023. 9. 1.

발행인 고세규
발행처 김영사
등록 1979년 5월 17일(제406-2003-036호)
주소 경기도 파주시 문발로 197(문발동) 우편번호 10881
전화 마케팅부 031)955-3100, 편집부 031)955-3200 | 팩스 031)955-3111

이 책의 한국어판 저작권은 에릭양 에이전시를 통한 Stuart Krichevsky Literary Agency와의
독점계약으로 김영사가 소유합니다. 저작권법에 의해 한국 내에서 보호를 받는
저작물이므로 무단전재와 복제를 금합니다.

값은 뒤표지에 있습니다.
ISBN 978-89-349-2107-3 03400

홈페이지 www.gimmyoung.com   블로그 blog.naver.com/gybook
인스타그램 instagram.com/gimmyoung   이메일 bestbook@gimmyoung.com

좋은 독자가 좋은 책을 만듭니다.
김영사는 독자 여러분의 의견에 항상 귀 기울이고 있습니다.

인간이 겪을 수 있는 경험 중 가장 아름다운 것은 '신비'이다.
신비는 예술과 과학의 근본을 이루는 진정한 모태이다.
이 사실을 깨닫지 못하고 확실한 길만을 추구하는 과학자는
결코 우주를 맑은 눈으로 바라볼 수 없다.
― 알베르트 아인슈타인

PARALLEL WORLDS

| 이 책에 도움을 주신 분들 |

우선 무엇보다도, 귀중한 시간을 할애해 인터뷰를 허락해준 다음의 과학자들에게 진심으로 깊은 감사를 드리는 바이다. 이들의 설명과 아이디어는 이 책의 완성도를 높이는 데 결정적인 기여를 했다.

- 스티븐 와인버그
  Steven Weinberg 노벨상 수상자, 텍사스대학(오스틴)

- 머리 겔만
  Murray Gell-Mann 노벨상 수상자, 산타페연구소, 캘리포니아공과대학

- 레온 레더만
  Leon Lederman 노벨상 수상자, 일리노이과학원

- 요세프 로트블라트
  Joseph Rotblat 노벨상 수상자, 성 바솔로뮤 St. Bartholomew 병원

- 월터 길버트
  Walter Gilbert 노벨상 수상자, 하버드대학

- 헨리 켄들
  Henry Kendall 노벨상 수상자, 매사추세츠 공과대학(사망)

- 앨런 구스
  Alan Guth 물리학자, 매사추세츠공과대학

- 마틴 리스 경
  Sir Martin Rees 영국 왕립천문학장, 케임브리지대학

- 프리먼 다이슨
  Freeman Dyson 물리학자, 프린스턴 고등과학원

- 존 슈바르츠
  John Schwarz 물리학자, 캘리포니아공과대학

- 리사 랜들
  Lisa Randall 물리학자, 하버드대학

- 리처드 고트 3세
  J. Richard Gott III 물리학자, 프린스턴대학

- 닐 디그래스 타이슨 천문학자, 프린스턴 대학, 하이든 플라네타리움 천문관
  Neil deGrasse Tyson Hayden Planetarium
- 폴 데이비스 물리학자, 애들레이드Adelaide대학
  Paul Davis
- 켄 크로스웰 천문학자, 캘리포니아대학(버클리)
  Ken Croswell
- 돈 골드스미스 천문학자, 캘리포니아대학(버클리)
  Don Goldsmith
- 브라이언 그린 물리학자, 컬럼비아대학
  Brian Greene
- 쿰룬 바파 물리학자, 하버드대학
  Cumrun Vafa
- 스튜어트 사무엘 물리학자, 캘리포니아대학(버클리)
  Stuart Samuel
- 칼 세이건 천문학자, 코넬대학(사망)
  Carl Sagan
- 다니엘 그린버거 물리학자, 뉴욕시립대학
  Daniel Greenberger
- V. P. 나이어 물리학자, 뉴욕시립대학
  V. P. Nair
- 로버트 커쉬너 천문학자, 하버드대학
  Robert Kirshner
- 피터 워드 지질학자, 워싱턴대학
  Peter D. Ward
- 존 배로 천문학자, 서식스Sussex대학
  John Barrow
- 마르시아 바투시악 과학평론가, 매사추세츠공과대학
  Marcia Bartusiak
- 존 카스티 물리학자, 산타페 연구원
  John Casti
- 티모시 페리스 과학평론가
  Timothy Ferris
- 마이클 레모닉 과학저술가, 《타임》지
  Michael Lemonick
- 풀비오 멜리아 천문학자, 애리조나대학
  Fulvio Melia

PARALLEL WORLDS

- 존 호건
  John Horgan
  과학평론가

- 리처드 뮬러
  Richard Muller
  물리학자, 캘리포니아대학(버클리)

- 로렌스 크라우스
  Lawrence Krauss
  물리학자, 케이스 웨스턴 리저브 Case West ern Reserve대학

- 테드 테일러
  Ted Taylor
  원자폭탄 디자이너

- 필립 모리슨
  Philip Morrison
  물리학자, 매사추세츠공과대학

- 한스 모라벡
  Hans Moravec
  컴퓨터과학자, 카네기멜론대학

- 로드니 브룩스
  Rodney Brooks
  컴퓨터과학자, 매사추세츠공과대학 인공지능연구소

- 도나 셜리
  Donna Shirley
  천체물리학자, 제트추진연구소(JPL)

- 댄 워트하이머
  Dan Wertheimer
  천문학자, '세티앳홈SETI@home', 캘리포니아대학(버클리)

- 폴 호프먼
  Paul Hoffman
  과학평론가, 《디스커버》지

- 프랜시스 에버릿
  Francis Everitt
  물리학자, '중력탐사BGravity Probe B', 스탠퍼드대학

- 시드니 퍼코비츠
  Sidney Perkowitz
  물리학자, 에모리Emory대학

또한, 지난 수년 동안 나와 물리학 토론을 주고받으면서 많은 도움을 주었던 아래 사람들에게도 깊은 감사를 드린다.

- T. D. 리
  T. D. Lee
  노벨상 수상자, 컬럼비아대학

- 셸던 글래쇼
  Sheldon Glashow
  노벨상 수상자, 하버드대학

- 리처드 파인만
  Richard P. Feynman
  노벨상 수상자, 캘리포니아공과대학(사망)

- 에드워드 위튼
  Edward Witten
  물리학자, 프린스턴 고등과학원

- 조세프 리켄 　물리학자, 페르미연구소
  Joseph Lykken
- 데이비드 그로스 　물리학자, 캘비Kalvi연구소(샌타바버라)
  David Gross
- 프랑크 윌첵 　물리학자, 캘리포니아대학(샌타바버라)
  Frank Wilczek
- 폴 타운센드 　물리학자, 케임브리지대학
  Paul Townsend
- 피터 반 누이벤후이젠 　물리학자, 뉴욕주립대학(스토니브룩)
  Peter van Nieuwenhuizen
- 미구엘 비라소로 　물리학자, 로마대학
  Miguel Virasoro
- 분지 사키타 　물리학자, 뉴욕시립대학(사망)
  Bunji Sakita
- 아쇼크 다스 　물리학자, 로체스터대학
  Ashok Das
- 로버트 마샤크 　물리학자, 뉴욕시립대학(사망)
  Robert Marshak
- 프랑크 티플러 　물리학자, 툴레인Tulane대학
  Frank Tipler
- 에드워드 트라이언 　물리학자, 헌터Hunter대학
  Edward Tryon
- 미첼 베겔만 　천문학자, 콜로라도대학
  Mitchell Begelman

위에서 이미 언급되었지만, 이 책과 관련해 많은 조언을 아끼지 않았던 켄 크로스웰에게는 다시 한 번 감사의 말을 전하고 싶다.

이 책의 편집자인 로저 스콜Roger Scoll은 내 책을 두 권이나 다듬어준 베테랑으로서, 그의 노력 덕분에 책의 품격이 한결 높아졌으며 그의 조언은 나의 생각을 정리하는 데 커다란 도움이 되었다. 마지막으로, 지난 3년 동안 이 책의 갈 길을 인도해준 출판대리인 스튜어트 크리체프스키Stuart Krichevski에게 깊은 감사를 드린다.

| 책머리에 |

 우주론cosmology은 우주의 탄생과 진화과정, 그리고 앞으로 다가올 운명 등 우주의 전반적인 특성을 연구하는 학문이다. 우주론은 지난 세월 동안 종교적 도그마의 장벽과 싸우면서 서서히 발전해왔으며, 그 사이 여러 차례 혁신적인 변화를 겪었다.
 우주론의 첫 번째 혁명은 1600년대에 망원경이 발명되면서 시작되었다. 갈릴레오는 코페르니쿠스와 케플러 등 위대한 천문학자들이 남긴 업적에 자신이 망원경 관측으로 얻은 자료를 추가하여 경이로 가득 차 있던 우주를 과학적인 탐구대상으로 전환시켰다. 이 시기에 우주론을 비약적으로 발전시킨 사람은 뉴턴이었는데, 그는 자신이 발견한 운동의 법칙을 우주에 적용하여 천체의 운동을 수학적으로 서술한 최초의 과학자가 되었다. 그 후 우주론은 천체에 대한 마술적이고 신비적인 선입견을 떨쳐버리고 "모든 천체들은 계산 가능하며 재현 가능한 힘에 의해 운영되고 있다"는 사실을 전적으로 수용하게 되었다.
 20세기에 제작된 초대형 천체망원경들은 우주론의 제2혁명기에 불을 댕겼다. 1920년대에 천문학자 에드윈 허블Edwin Hubble은 윌슨산천문대에 있는, 반사거울의 직경이 무려 100인치나 되는 망원경으로 천체를 관측한 끝에 모든 은하들이 엄청나게 빠른 속도로 서로 멀어지고 있음을 확인함으로써, 우주가 정적인 상태를 영원히 유지한다는 역사 깊은 가설에 종지부를 찍었다. 허블의 망원경에 포착된 우주는 '팽창하는 우주'였던 것이다. 이것은 시공간이 선형적으로 평평하지 않고 역동적으로 휘어져 있다는 아인슈타인의 일반상대성이론을 재확인한 결과로서, 우주의 기원을 논리적으로 설명한 최초의 이론이었다. 그리고 이로부터 우리의 우주가 혼돈스러운 폭발로부터 생성되었다는 대폭발이론, 즉 빅뱅이론 big bang theory이 자연스럽게 대두되었다. 이 이론에 의하면 모든 천체들은 탄생초기에 있었던 대폭발의 후유증으로 지금도 바깥쪽으로 흩어지고 있다. 빅뱅이론은 조지 가모브 George Gamow와 그 동료들의 선구적인 연구에 힘입어 더욱 확고한 체계를 갖추게 되었고, 여기에 원소의 기원에 관한 프레드 호일 Fred Hoyle의 연구결과가 더해지면서, 베일에 싸여 있던 우주의 진화과정은 서서히 그 비밀을 드러내기 시작했다.

우주론의 제3혁명은 5년 전쯤 시작되어 지금도 한창 진행되고 있다. 앞선 혁명들과 마찬가지로 세 번째 혁명 역시 관측기구의 발달로부터 촉진되었다. 신형 위성과 레이저, 중력파감지기, X-선 망원경, 고성능 슈퍼컴퓨터 등의 최신장비들이 개발되면서 우주론은 새로운 국면으로 접어들고 있다. 현재 우리는 우주와 관련하여 역사상 가장 신뢰할 만한 관측자료를 확보하고 있으며, 이로부터 우주의 나이와 구성성분, 그리고 우주의 궁극적인 미래까지 예측할 수 있는 단계에 접근하고 있다.

현대의 천문학자들은 우주가 점점 빠르게 팽창하면서 차갑게 식어가고 있다는 점에 대체로 동의하고 있다. 만일 팽창이 끊임없이 계속된다면, 결국 우주전체가 암흑과 냉기로 가득 차서 모든 생명체가 사라져버리는 '거대한 동결big freeze'의 시점에 이르게 된다.

이 책은 방금 위에서 언급했던 '우주론의 제3혁명기'를 주제로 삼고 있다. 앞서 출간했던 나의 저서 《아인슈타인을 넘어서Beyond the Einstein》와 《초공간Hyperspace》은 초끈이론superstring theory이 주장하는 고차원 시공간을 설명하는 데 주안점을 두었지만, 이 책에서는 지난 몇 년 사이에 있었던 우주론의 발전상을 주로 다룰 예정이다. 우주론은 최근에 실시된 천체관측과 이론물리학의 새로운 도약에 힘입어 장족의 발전을 이루었다. 나의 목적은 우주론과 관련하여 사전지식이 없는 독자들도 쉽게 읽을 수 있는 책을 쓰는 것이다.

1부에서는 초기우주론의 기본적인 특성과 함께 빅뱅이론의 최첨단 버전이라 할 수 있는 인플레이션이론inflation theory을 주로 다룰 예정이며, 2부에서는 다중우주이론multiverse theory, 즉 우리가 살고 있는 우주를 포함하여 여러 개의 우주가 동시에 존재한다고 주장하는 이론을 비롯하여 웜홀wormhole과 휘어진 시공간, 그리고 고차원 시공간 사이의 연결고리를 주로 다루게 될 것이다. 아인슈타인의 일반상대성이론의 범주를 넘어선 최초의 이론이라 할 수 있는 초끈이론과 M-이론은 우리의 우주가 여러 우주들 중 하나에 불과하다는 것을 강하게 시사하고 있다. 3부에서는 위에서 언급한 '거대한 동결'과 현대과학이 예측하고 있는 우주의 종말을 다룰 것이다. 또한, 지금으로부터 1조 년 후에 태어날 우리의 후손들이 이 우주를 떠나 더욱 살기 좋은 우주로 이주할 수 있을 것인지, 또는 뜨거운 우주로 되돌아가서 처음부터 다시 시작하게 될 것인지를 신중하게 예측해 볼 것이다.

 요즘은 중력파감지기를 비롯하여 도시의 크기와 맞먹는 입자가속기 등 최첨단의 장비들이 상용화되거나 거의 완성단계에 와 있으며, 이로부터 새로운 관측자료들이 홍수처럼 쏟아지고 있다. 그래서 대부분의 물리학자들은 지금이 우주론의 황금기로 접어드는 시기라고 생각하고 있다. 간단히 말해서, 물리학자가 되어 우주의 기원과 미래의 운명을 연구하고 싶다면, 바로 지금이 최적기라는 것이다.

차례

이 책에 도움을 주신 분들 6
책머리에 10

제1부_우주 THE UNIVERSE

1 탄생초기의 우주 21
WMAP 위성 26   우주의 나이 32   인플레이션 35
다중우주 37   M-이론과 11차원 우주 40   우주의 종말 44
초공간으로의 탈출 47

2 역설적인 우주 49
벤틀리의 역설 53   올베르스의 역설 56
반항적인 아인슈타인 63   상대성이론의 역설 65
공간을 휘어지게 만드는 힘 71   우주론의 탄생 75   우주의 미래 81

3 빅뱅 87
천문학의 원조, 에드윈 허블 88   도플러효과와 팽창하는 우주 92
허블의 법칙 94   빅뱅 96   우주적 광대, 조지 가모브 97
우주의 핵 취사장 102   마이크로파배경복사 104
타고난 반골, 프레드 호일 108   정상상태이론 109   BBC 강의 111
별 속에서 진행되는 핵융합반응 113
정상상태를 부정하는 증거들 116   별의 탄생과정 118
새의 배설물과 빅뱅 122   빅뱅의 후유증 124
Ω와 암흑물질 126   COBE 위성 131

4 인플레이션과 평행우주 134

인플레이션이론의 탄생 137   통일을 위해 138
통일의 순간-빅뱅 141   가짜진공 147   자기홀극문제 149
평평성문제 150   지평선문제 152   인플라톤에 대한 반응 154
혼돈인플레이션과 평행우주 159   무無에서 창조된 우주 161
다른 우주는 어떻게 생겼을까? 165   대칭성의 붕괴 168
대칭성과 표준모형 169   검증 가능한 예견들 173
초신성-람다(Λ)의 재등장 174   우주의 위상 178   미래 182

제2부 _ 다중우주 THE MULTIVERSE

5 차원입구와 시간여행 187

블랙홀 191   아인슈타인과 로젠 198   회전하는 블랙홀 201
블랙홀의 관측 204   감마선 폭발 208   반 스토쿰의 타임머신 211
괴델의 우주 213   손의 타임머신 215   음에너지의 문제점 219
침실 속의 우주 223   고트의 타임머신 228   시간 역설 231

6 평행양자우주 237

환상특급 240   괴물 같은 마음의 소유자, 존 휠러 242
결정론인가, 불확정성인가? 247   숲속의 나무 252
슈뢰딩거의 고양이 254   폭탄 260   경로합 263
위그너의 친구 266   결어긋남 269   다중세계 270
비트에서 비롯된 존재 275   양자컴퓨터 277
양자적 공간이동 281   우주의 파동함수 288

7 모든 끈의 모태, M-이론 291

M-이론 296　끈이론의 역사 300　10차원 307　떠오르는 끈이론 312
우주의 음악 314　초공간의 문제점 318　왜 하필 끈이론인가? 321
초대칭 325　표준모형 유도하기 330　넘쳐나는 끈이론 331
초중력의 수수께끼 335　11차원 337　브레인 세계 340
이중성 342　리사 랜들 343　충돌하는 우주 350　미니블랙홀 357
블랙홀과 정보 역설 359　홀로그램우주 363
우주는 컴퓨터 프로그램인가? 367　M-이론은 물리학의 끝인가? 373

8 디자인된 우주? 377

우주적 우연 384　인류학적 원리 386　다중우주 389　우주의 진화 395

9 11차원의 메아리를 찾아서 398

GPS와 현실 399　중력파감지기 400　LIGO 중력파감지기 402
LISA 중력파감지기 406　아인슈타인의 렌즈와 고리 408
거실에 숨어 있는 암흑물질 412　초대칭과 암흑물질 414
슬론 스카이 서베이 415　열에 의한 교란을 보정하다 419
라디오망원경의 약진 421　11차원 관측하기 423
대형 강입자가속기 426　탁상용 입자가속기 431　미래 434

제3부 _ 초공간으로의 탈출 ESCAPE INTO HYPERSPACE

10 모든 것의 종말 439

열역학을 지배하는 세 개의 법칙 441　빅 크런치 444

우주의 5단계 446   생명체는 살아남을 것인가? 456
평행우주로 탈출하기 460

11 우주탈출 462

문명의 I, II, III단계 466   I단계 문명 471   II단계 문명 475
III단계 문명 477   IV단계 문명 480   정보의 분류 481   A~Z형 484
탈출 1단계 : 만물의 이론을 구축하고 검증하기 487
탈출 2단계 : 웜홀과 화이트홀 찾기 489
탈출 3단계 : 블랙홀 탐사선 띄우기 490
탈출 4단계 : 천천히 움직이는 블랙홀 만들기 492
탈출 5단계 : 아기우주 만들기 494
탈출 6단계 : 초대형 가속기 만들기 498
탈출 7단계 : 내파 유도하기 501
탈출 8단계 : 초광속우주선의 개발 504
탈출 9단계 : 압축된 별의 음에너지 활용하기 507
탈출 10단계 : 양자적 전이가 일어날 때까지 기다리기 509
탈출 11단계 : 마지막 희망 510

12 다중우주를 넘어서 516

역사적 조망 519   코페르니쿠스원리와 인류학적 원리의 대립 521
양자적 의미 525   다중우주의 의미 528
물리학자들이 생각하는 우주의 의미 533
스스로 의미 창조하기 540   I단계 문명으로 전환하기 542

옮긴이의 말 545
용어 해설 551
후주 582
참고문헌 598
찾아보기 602

PART 1
우주

THE
UNIVERSE

1. 탄생초기의 우주 2. 역설적인 우주 3. 빅뱅 4. 인플레이션과 평행우주

1

탄생 초기의 우주

> 시인은 우주의 일부가 됨으로써 우주를 이해하려고 하지만, 논리적인 과학자는 우주를 자신의 머릿속에 집어넣으려고 한다. 그래서 과학자의 머리는 여러 갈래로 분열되기 쉽다.
> —체스터턴 G. K. Chesterton

어린 시절에 나는 자기모순에 빠져 정신적 혼란을 겪은 적이 있다. 우리 부모님은 불교적 전통을 따르는 사람들이었고, 나는 일요일마다 교회에 가서 고래와 방주, 소금기둥, 아담의 갈비뼈와 사과 등 재미있는 이야기가 무궁무진한 성경공부에 푹 빠져 있었다. 특히 구약성서에 등장하는 우화들은 내가 가장 좋아하는 옛날이야기였다. 어린 내가 보기에, 조용히 눈을 감은 채 알 수 없는 주문을 외우는 불교의 명상보다 대홍수와 불타는 관목, 바다 가르기 등 흥미진진한 이야기로 가득 차 있는 성경이 훨씬 더 매력적이었다. 그 시절에 교회에서 들었던 영웅담과 비극적 이야기들은 나의 도덕관념 속에 깊이 각인되어, 지금까지도 나의 삶에 커다란 영향을 끼치고 있다.

그 무렵의 어느 일요일, 나는 친구들과 함께 구약성서의 창세기를 공부하고 있었다. 거기에는 하나님께서 "빛이 있으라!" 하고 명령하자 이 세상에 빛이 드리우기 시작했다고 적혀 있었다. 그것은 열반의 세계를 조용히 떠올리는 불교식 명상보다 훨씬 드라마틱했다. 그런데 순진했던 나는 이야기를 듣다가 궁금증을 참지 못하고 지도교사에게 한 가지 질문을 던졌다. "그런데요, 하나님한테도 엄마가 있었나요?" 당시 우리에게 성경을 가르치던 여선생은 학생들의 질문에 짤막하고 냉정하게 대답하곤 했다. 아마도 짧은 대답 속에서 스스로 해답을 찾도록 유도하려는 의도였을 것이다. 그러나 그날만은 당황한 기색이 역력했다. 그녀는 말을 더듬으며 이렇게 대답했다.

"아… 아니에요. 하나님에게는 엄마가 없었을 거예요." 나는 또다시 물었다. "엄마도 없는데 어떻게 이 세상에 태어났어요?" 그러자 선생님은 목사님과 상의해서 다음에 가르쳐주겠다며 대답을 얼버무렸다.

당시의 나는 자신도 모르는 사이에 신학의 가장 근본적인 질문을 제기했다는 사실을 알 턱이 없었다. 그저 나름대로 논리상의 모순을 발견하고 몹시 당혹스러웠을 뿐이었다. 불교에서는 신이 등장하지 않고, 우주는 시작도 끝도 없다고 하는데, 교회에서는 왜 이 세상의 시작을 말하면서 엄마도 없는 신을 내세우는 것일까? 훗날 나는 전세계의 신화를 공부하면서, 종교에서 말하는 우주가 크게 두 가지 타입으로 분류된다는 사실을 알게 되었다. 신이 우주를 창조했다는 창조설과, 우주는 탄생이나 사멸 없이 영원히 계속된다는 영원불멸설이 바로 그것이었다.

두 가지 상반되는 견해가 사물의 일부를 조금씩 설명하고 있다면 '둘 다 맞는' 경우도 있을 수 있겠지만, 우주의 특성에 관한 한 위의 두 가지 주장이 모두 맞을 수는 없다.

그 후, 나는 여러 문화권이 비슷한 우주관을 공유하고 있다는 사실도 알게 되었다. 예를 들어, 중국의 창조설화에 의하면 태초의 우주는 '우주적 알cosmic egg'에서 시작되었다. 이 알은 혼돈으로 가득 찬 바다를 표류하고 있었으며, 반고盤古라는 소년이 계란 모양의 원시우주 안에서 오랜 세월 동안 잠을 자고 있었다. 그러던 어느 날 돌연히 잠에서 깨어난 반고는 알을 두 조각으로 가른 후 껍질의 위쪽부분을 떠받친 채 하루에 약 3m씩 1만 8,000년 동안 자신의 키를 키워나갔다. 그리하여 반고가 떠받치고 있던 껍질은 하늘이 되었고 그가 밟고 있던 껍질은 땅이 되었으며, 기력이 쇠진해 숨을 거두던 순간에 자신의 몸으로 이 세상을 만들었다. 그의 피는 강이 되었고 두 눈은 태양과 달이 되었으며, 그의 목소리는 천둥이 되었다고 한다.

반고의 이야기처럼 무無의 상태에서 우주가 창조되었음을 주장하는 창조설화는 다른 문화권에서도 쉽게 찾아볼 수 있다. 그리스 신화에서도 우주는 완전한 혼돈 속에서 탄생한 것으로 되어 있다(실제로, '혼돈chaos'이라는 단어는 그리스어로 '심연abyss'을 뜻하는 말에서 비롯되었다). 바빌론과 일본에서 전해지는 창조설화도 무미건조하다는 면에서는 별반 다를 것이 없다. 이집트신화에 등장하는 태양의 신 라Ra는 대양을 표류하던 알에서 탄생했으며, 폴리네시아의 신화에서는 코코넛 껍질이 우주적 알을 대신하고 있다. 또한, 마야인들은 이 이야기에 약간의 변형을 가하여 우리의 우주가 5,000년을 주기로 탄생과 소멸을 반복한다고 믿었다.

이러한 창조신화들은 불교나 힌두교의 우주관과 눈에 띄는 대조를 보이고 있다. 불교와 힌두교에서 말하는 우주는 태어나지도, 파멸되지도 않으면서 시간을 초월한 존재이다. 그 속에 사는 개개인들은 여러 가지 수준의 삶을 영위하고 있는데, 그중 가장 높은 수준의 존재인 열반涅槃은 우주와의 합일을 이룬 영원불멸의 상태로서, 깊은 명상수행을 거쳐야 이 경지에 이를 수 있다. 힌두문학의 대표적 저술 중 하나인 《마하푸라나 Mahapurana》에는 다음과 같이 기록되어 있다. "만일 신이 이 세상을 창조했다면, 그는 세상을 창조하기 전에 대체 어디 있었다는 말인가?… 시간과 마찬가지로 이 세상은 어느 날 갑자기 창조되지 않았으며, 시작도 끝도 없이 영원히 그곳에 존재한다."

지금까지 언급한 두 종류의 창조신화들은 서로 극명한 대조를 이루고 있을 뿐만 아니라 절충의 여지도 전혀 없어 보인다. 이 우주는 무언가에 의해 창조되었거나, 아니면 원래부터 그 자리에 존재했거나, 둘 중 하나이다. 그 중간에 해당하는 우주란 개념상으로도 존재할 수 없을 것 같다.

그러나 현대에 이르러 강력한 관측장비가 개발되면서 우주의 창조에 관한 상반된 개념들은 과학이라는 매개체를 통해 화해무드로 접어들고 있다. 고대의 창조신화는 이야기꾼의 상상력에 따라 그 내용이 좌우되었지만, 현대의 과학자들은 다양한 관측위성과 레이저, 중력파감지기, 간섭계, 초고속 슈퍼컴퓨터, 그리고 인터넷 등 현란한 장비를 이용하여 우주창조에 관한 혁신적이고 설득력 있는 이론을 우리에게 제시하고 있다.

지금까지 얻어진 관측자료를 자세히 들여다보면, 서로 상반되었던 창조신화들이 점차 통합되어가고 있다는 느낌을 받게 된다. 현대의 우주론을 종교적 용어로 서술하면 "영원한 열반의 바다 속에서 천지창조가 이루어졌다"는 한 문장으로 요약되기 때문이다. 이런 관점에서 보면 우리의 우주는 거대한 '바다' 속을 표류하는 물방울에 비유될 수 있다. 현대의 우주론에 의하면 우주는 끓는 물에서 생성된 작은 물방울이며, 이런 물방울은 11차원 초공간으로 서술되는 열반의 세계에서 지금도 끊임없이 생성되어 사방을 표류하고 있다. 오늘날 대다수의 물리학자들은 우리의 우주가 빅뱅으로부터 탄생했으며, 영원의 바다 속에서 여러 개의 다른 우주들과 함께 표류하고 있다고 믿고 있다. 만일 이것이 사실이라면, 여러분이 책을 읽고 있는 지금 이 순간에도 어디선가 빅뱅이 일어나고 있을 것이다.

전 세계의 물리학자들과 천문학자들은 평행우주parallel universe에 지대한 관심을 보이고 있다. 과연 그들은 어떤 모습을 하고 있으며 어떤 법칙을 따르고 있는가? 다른 우주들은 언제 태어났으며 어떤 종말을 맞이하게 될 것인가? 다른 우주들은 생명체가 전혀 없는 불모지일 수도 있고, 겉모습은 우리의 우주와 비슷하면서 단 하나의 양자적 사건에 의해 우리로부터 분리되어 있을 수도 있다. 일부 물리학자들은 앞으로 세월이 흘러 우리의 우주가 살 수 없을 정도로 차가워지면 좀 더 살기 좋은 다른 우주로 이주해야 할지도 모른다는 가능성을 조심스럽게 제기하고 있다.

이 모든 주장들은 관측위성이 전송해온 방대한 양의 관측자료에 근거를 두고 있으며, 개중에는 빅뱅의 잔해로 추정되는 사진도 있다. 과학자들은 특히 빅뱅 후 38만 년이 지난 시점에 각별한 관심을 갖고 있다. 이 무렵에 빅뱅의 잔광殘光이 처음으로 온 우주를 가득 메웠기 때문이다. 최근 들어 WMAP 위성은 빅뱅의 잔해에 해당되는 복사radiation를 생생하게 관측하여 학자들을 놀라게 했다.

WMAP 위성

"믿을 수가 없어!", "이건 사건이야, 일대 사건이라구!" 2003년 2월, 위성으로부터 전송된 관측데이터를 분석하던 한 무리의 천문학자들은 벌어진 입을 다물지 못했다. 2001년에 발사된 WMAP 위성 Wilkinson Microwave Anisotropy Probe(이 이름은 우주론의 창시자였던 데이비드 윌킨슨David Wilkinson의 이름에서 따온 것이다)이 빅뱅 후 38만 년이 지난 초기우주에 관해 놀라울 정도로 정확한 데이터를 전송해온 것이다. 별과 은하를 생성시키고 남은 원시우주의 에너지가 그 후로 지금까지 수십억 년 동안 우주를 배회하고 있다는 것은 전부터 알려진 사실이었으나, WMAP 위성이 새로 전송해온 에너지 분포 데이터는 그 전례를 찾아볼 수 없을 만큼 정확한 것이었다. 자료로부터 재현된 우주배경복사cosmic background radiation(빅뱅의 잔해로 전 우주공간에 퍼져 있는 복사에너지)의 지도는 학자들의 넋을 빼앗아 갈 정도로 정밀하기 그지없었다. 《타임》지는 '창조의 메아리Echo of

Creation'라는 제목으로 이 기사를 대서특필했으며, 그 후로 천문학자들이 하늘을 바라보는 눈은 더 이상 과거와 같을 수 없었다.

프린스턴 고등과학원의 존 바콜John Bahcall은 WMAP 위성의 관측결과가 "우주론을 사색적인 이론에서 정밀한 과학의 장으로 끌어올린 쾌거"라고 평가하였다.[1] 초기우주에 관한 관측데이터가 사상 처음으로 홍수처럼 쏟아지면서, 우주론학자들은 인류가 밤하늘을 관측해온 이후로 줄곧 떠올려왔던 유서 깊은 질문에 비로소 답할 수 있게 되었다. 우주의 나이는 몇 살인가? 우주는 무엇으로 이루어져 있는가? 앞으로 우주의 운명은 어떻게 될 것인가?

하늘을 가득 메우고 있는 배경복사를 관측할 목적으로 1989년에 발사된 COBE 위성Cosmic Observer Background Explorer satellite은 1992년에 처음으로 대략적인 데이터를 전송해왔다. 자료의 정확성이 떨어져서 초기우주의 모습을 정확하게 그려내지는 못했지만, 이것만으로도 당시의 천문학계는 크게 흥분하여 '신의 얼굴The Face of God'이라는 제목하에 초기우주의 모습을 재현한 사진을 전 세계에 발표하였다. 사실, COBE 위성이 전송해온 데이터는 '대략적인 모습'이었다기보다, 우주의 '유아기 시절의 모습'이었다. 지금의 우주를 80살 난 노인에 비유했을 때, COBE와 WMAP가 보내온 자료는 태어난 지 하루밖에 되지 않은 갓난아기의 모습에 해당된다.

WMAP 위성이 보내온 자료가 '전례를 찾아볼 수 없을 정도로' 정확했던 이유는 거기 탑재된 망원경이 엄청나게 멀리 있는 천체를 관측할 수 있었기 때문이다. 온갖 반짝이는 별들로 가득 차 있는 우주공간은 일종의 타임머신으로 생각할 수 있다. 빛의 속도는 매우 빠르긴 하지만 무한히 빠르지는 않기 때문에, 지금 우리의 눈에 보이는 별은 현재의 모습이 아니다. 달 표면에서 반사된 빛이 지구에 도달할 때까지는 약 2초가 걸리므로, 우리는 항상 달의 2초 전 모습을 보고 있는 셈이다. 태양에서 출발한 빛이 지구에 도달하려면 대략 8분 20초가 소요된다. 이와 마찬가지로, 밤하늘에 빛나는 모든 별들은 각기 다른 시대의 모습을 우리에게 보여주고 있다. 예컨대 지구로부터 10광년 떨어진 곳에 있는 별이 망원경에 잡혔다면, 관측자는 10년 전 그 별의 모습을 보고 있는 셈이다. 1광년이란 빛이 1년 동안 진행하는 거리로서, 약 9조 4,600억km이다. 멀리 있는 은하로부터 방출된 빛은 수억 년 내지 수십억 년 동안 우주공간을 여행해야 지구의 망원경에 도달할 수 있다. 그러므로 이 빛들은 공룡이 태어나기도 전에 은하에서 생성된 '빛의 화석'인 셈이다. 망원경으로 볼 수 있는 천체들 중 가장 멀리 있는 것은 퀘이사quasar(준항성체)인데, 이들은 지구로부터 무려 120억 내지 130억 광년이나 떨어진 우주의 변방에서 지금도 외롭게 빛을 발하고 있다. 그런데, WMAP 위성은 이보다 먼 곳에서 날아온 복사를 관측하는 데 성공한 것이다.

우주론학자들은 천체관측을 '엠파이어스테이트 빌딩의 옥상에서 맨해튼 시의 전경 내려다보기'에 비유하곤 한다. 100층이 넘는 초고층건물의 옥상에서 시내를 굽어보면 지표에 붙어 있는 물체들은 거의 보이지 않는다. 건물의 지하실을 빅뱅이 일어난 시기로 간주한다면, 멀리 있는 은하는 10층 정도의 높이에 자리 잡고 있으며 망원경으로 관측 가능한 퀘이사는 7층 정도에 해당된다. 그리고 WMAP

위성이 관측한 우주배경복사는 지표로부터 1cm 남짓한 곳에서 방출된 것이다. 이로부터 예측된 우주의 나이는 약 137억 년이다. 100억 년도 아니고 130억 년도 아닌 137억 년을 자신 있게 주장한다는 것은, 이 값의 오차가 1% 이내임을 뜻한다.

WMAP의 주된 임무는 천체물리학자들이 지난 10여 년 동안 이룩해온 이론상의 업적을 관측으로 확인하는 것이다. WMAP 프로젝트는 1995년에 NASA에 처음으로 제안되었고, 그로부터 2년 후에 정식으로 승인되었다. 2001년 6월 30일, WMAP 위성은 델타 II호 로켓에 실린 채 태양과 지구 사이의 궤도를 향해 발사되었는데, 정확한 목적지는 라그랑주Lagrange 제2지점(지구 근처에서 상대적으로 안정된 지점, 흔히 L2라고 함)이었다. 이 지점에서 WMAP는 항상 태양, 지구, 달의 반대편을 향하도록 설계되었으므로, 광활한 우주공간을 정면으로 바라볼 수 있다. WMAP의 임무는 6개월을 주기로 전 우주공간을 이 잡듯이 뒤져서 우주배경복사의 흔적을 찾아내는 것이다.

WMAP는 최첨단 관측장비로 중무장한 위성이다. 여기 탑재된 감지기는 극도로 예민하여 빅뱅 때 전 우주를 뒤덮었던 마이크로복사파까지도 감지해낼 수 있다. 위성의 본체는 알루미늄으로 되어 있으며, 가로 3.8m, 세로 5m의 크기에 무게는 840kg에 불과하다. 또한, 보통 크기의 전구 5개에 불과한 419와트의 전력으로 작동되는 천체망원경은 마이크로복사파의 관측데이터를 지구로 꾸준히 전송해오고 있다. WMAP는 지구로부터 약 160만km 떨어진 곳에 위치하고 있기 때문에 지표에 붙어 있는 천체망원경과 달리 대기의 영향을 전혀 받지 않는다. 그러므로 우주 저편에서 날아오는 희미한 신호도 감지할 수 있다.

2002년에 WMAP는 온 하늘을 뒤져서 처음으로 관측데이터를 보내왔고, 그로부터 6개월이 지난 후에 또 한 차례의 데이터 전송이 이루어졌다. 현재 WMAP 위성은 천체관측 역사상 가장 정밀한 배경복사 지도를 지구로 보내오고 있다. 우주배경복사의 분포상태와 온도는 1948년에 조지 가모브에 의해 처음으로 예측되었는데, 가장 최근에 수신된 자료에 의하면 배경복사의 온도는 절대온도 2.7249K~2.7251K(영하 270°C 근처) 정도이다.

천문학자들은 WMAP가 보내온 자료를 토대로 하늘의 모습을 재현했다(아래 그림 참조). 언뜻 보기에는 검은 점들이 무작위로 찍혀 있는 썰렁한 추상화를 연상케 하지만, 사실 이 그림에는 우주탄생 직후의 무질서와 혼돈이 고스란히 담겨 있다. 그림 속에 나타난 작

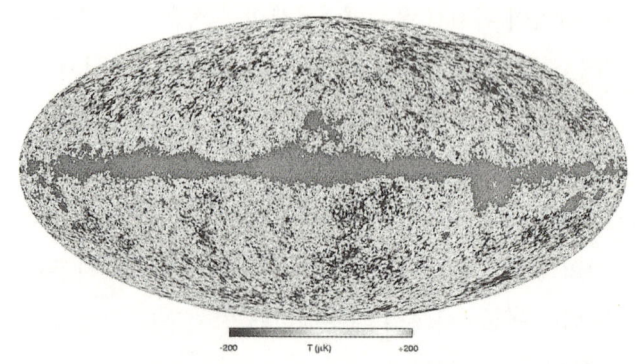

WMAP 위성이 촬영한 초기우주의 모습. 우주의 나이가 38만 살이 되었을 때 이런 모습이었을 것으로 추정된다. 각각의 점들은 미세한 양자적 요동을 나타내며, 이들이 자라서 현재의 은하와 성단을 이루었다.

은 점들은 '우주의 씨앗'으로서, 격렬한 팽창을 통해 지금의 우주를 만들어낸 원천이라고 할 수 있다. 오늘날 이 작은 점들은 거대한 성단과 은하로 성장하여 밤하늘을 비추고 있다. 따라서 작은 점들의 분포상태를 분석하면 빅뱅이 일어났던 무렵의 우주지도를 재현할 수 있는 것이다.

지금까지 얻어진 관측데이터는 실로 방대하여 이론학자들이 따라가기가 벅찰 정도이다. 내가 보기에는 요즘이야말로 우주론의 황금기로 접어드는 매우 중요한 시기이다. 2007년에 유럽에서 발사될 예정인 플랑크 위성Planck satellite은 마이크로파배경복사를 지금보다 훨씬 더 정확하게 관측할 수 있다. 현재의 우주론은 상상과 추론이 난무하던 불확실성의 시대를 벗어나, 정확한 관측자료에 입각한 확실성의 세계로 옮겨가고 있다. 그동안 우주론학자들은 사방에서 쏟아지는 비평을 감수해야 했다. 심혈을 기울여 이론을 내놓아도, 그것을 검증할 만한 관측데이터가 태부족했기 때문이다. 노벨상을 수상했던 레프 란다우Lev Landau는 "우주론학자들은 종종 틀릴 수도 있지만 자신의 이론을 의심하지는 않는다"고 했고, 과학자들 사이에 회자되는 명언 중에는 이런 말도 있다. "한번 사색에 빠지면 더욱 깊은 사색으로 빠져들고, 이것이 반복되면 우주론이 탄생한다."

나는 하버드대학 학생이었던 1960년대 말에 잠시 우주론을 공부한 적이 있다. 어린 시절부터 우주의 근원에 대해 관심이 많았는데, 당시의 우주론은 언뜻 보기에도 매우 초보적인 수준에 머물러 있었다. 그것은 실험에 입각한 과학이 아니라, 인간의 상상력이 만들어낸 느슨한 이론에 불과했다. 그 무렵에 우주론을 연구하던 학자들은 이 우주가 대폭발로부터 탄생했는지, 아니면 원래부터 정적인 모습으로 존재해왔는지를 놓고 연일 논쟁을 벌이고 있었다. 그러나 관측자료가 워낙 부족했기 때문에, 그들의 논쟁은 항상 주어진 데이터의 범주를 벗어나 있었다. 원래, 데이터가 적을수록 논쟁은 격렬해지는 법이다.

지난 수십 년 동안 우주론학자들은 부족한 자료 때문에 제대로 된 연구를 수행하기가 어려웠을 뿐만 아니라, 그들 사이에도 의견일치를 보기가 매우 어려웠다. 일례로, 윌슨산천문대의 앨런 샌디지Allan Sandage는 천문학자들과 우주의 나이에 관해 토론을 벌이던 중, 누군가가 빈정대는 투로 "내 말이 끝난 후에 제기되는 주장은 모두 틀린 것이다"라고 선언하자,[2] "그건 정말 바보 같은 독선입니다. 아직도 모르시겠습니까? 이건 전쟁이라구요!"라고 응수했다.[3]

우주의 나이

천문학자들은 우주의 나이에 각별한 관심을 갖고 있는 사람들이다. 지난 수세기에 걸쳐 학자와 성직자, 그리고 신학자들은 아담과 이브에서 시작된 계보로부터 우주의 나이를 추정해왔으며, 지난 세기에는 지질학자들이 바위에 남아 있는 방사성원소를 분석하여 지구의 나이를 대략적으로 알아내는 데 성공했다. 한편, WMAP 위성은 빅뱅의 메아리를 잡아냄으로써 가장 믿을 만한 우주의 나이를 제시해주었다. 이로부터 추정되는 우주의 나이는 137억 년 정도이다.

지난 몇 년 동안 우주론학자들은 우주의 나이가 행성과 별의 나이보다 적다는 모순적인 사실에 직면하고 있었다. 물론 이것은 관측자료가 태부족했기 때문에 발생한 모순이었다. 과거에는 우주의 나이를 10억 내지 20억 년쯤으로 추정하였는데, 이는 지구의 나이(45억 년)와 가장 오래된 별의 나이(120억 년)와 비교할 때 말도 안 되는 값이었다. 물론, 최근 들어 이 모순은 완벽하게 제거되었다.

WMAP 위성은 2,000년 전에 그리스인들이 제기했던 "우주는 무엇으로 이루어져 있는가?"라는 유서 깊은 질문에도 혁신적인 답을 제시했다. 20세기의 과학자들은 이 질문의 답을 알고 있다고 생각했다. 그들은 엄청난 양의 실험을 끈질기게 수행한 끝에, 우주를 이루는 모든 원소들을 수소로부터 시작해 근 100종의 원소가 등장하는 주기율표 속에 요약하였다. 그 이후로 주기율표는 현대 화학의 기초가 되었으며, 전 세계의 모든 고등학교에서 필수적으로 교육되었다. 그러나 WMAP 위성은 이 확고한 믿음까지도 일순간에 날려 버렸다.

WMAP 위성이 관측한 자료에 의하면, 우리의 눈에 보이는 물질들(산, 행성, 별, 은하 등)은 우주를 이루고 있는 총물질과 에너지의 4%에 불과하다. 게다가 이 4% 중 대부분은 수소와 헬륨이 차지하고 있으며, 무거운 원소는 0.03%밖에 되지 않는다. 즉, 우주의 대부분은 눈에 보이지 않는 미지의 물질로 이루어져 있다는 뜻이다. 게다가 우리 주변에서 쉽게 찾아볼 수 있는 물질들은 우주의 0.03%밖에 되지 않는다. 이 점에서 보면 우주론은 현대과학을 원자가설이 탄생하기 전인 100년 전의 시점으로 되돌려놓은 셈이다.

지금까지 알려진 관측자료에 의하면, 우주의 23%는 미지의 '암흑물질dark matter'로 이루어져 있다. 암흑물질은 은하의 주변을 에워싸고 있는 것으로 추정되지만 맨눈이나 망원경으로는 보이지 않기 때문에 직접적인 관측자료는 없다. 은하수Milky Way galaxy(우리의 태양계가 속해 있는 은하)의 도처에 골고루 퍼져 있는 암흑물질은 은하수 안에 있는 모든 별들의 질량을 합한 것보다 10배나 큰 것으로 추정된다. 암흑물질은 눈에 보이지 않지만 유리에 의해 빛이 굴절되는 것처럼 빛의 궤적에 변형을 일으키기 때문에, 광학적인 방법을 이용하여 그 존재를 간접적으로 입증할 수 있다.

프린스턴 고등과학원의 천문학자 존 바콜은 WMAP의 관측결과를 분석하면서 다음과 같은 말을 남겼다.

"우리의 우주는 믿기 어려울 정도로 괴상망측하지만, 이제 비로소 그 특성이 밝혀지기 시작했다."[4]

그러나 WMAP가 보내온 관측자료들 중에서 가장 놀라운 것은 우주의 73%가 미지의 암흑에너지dark energy로 이루어져 있다는 점이다(일상적인 물질 4%와 암흑물질 23%를 더해도 27%밖에 되지 않는다. 나머지 73%에 해당하는 암흑에너지는 아직도 베일에 싸여 있다). 암흑에너지의 개념은 1917년에 아인슈타인에 의해 처음으로 도입되었다가 곧 폐기처분되었는데(아인슈타인은 이 일을 가리켜 자신이 저지른 일생일대의 실수라고 고백했다), 최근 들어 천문학계에 다시 등장하면서 우주전체의 운명을 결정하는 가장 커다란 요인으로 급부상하고 있다. 현재 암흑에너지는 은하들을 서로 멀어지게 만드는 반중력antigravity의 원인으로 추정되고 있다. 앞으로 우주의 궁극적인 운명은 바로 이 암흑에너지에 의해 좌우될 것이다.

진공 속에 숨어 있는 암흑에너지의 정체는 아직도 규명되지 않고 있다. 시애틀에 있는 워싱턴대학의 크레이그 호건Craig Hogan은 "솔직히 말해서, 우리는 암흑에너지를 조금도 이해하지 못하고 있다. … 이 문제에 관한 한, 아무런 단서도 발견하지 못했다"고 고백한 적이 있다.[5]

최신 버전의 입자이론을 근거로 해 암흑에너지의 양을 계산해보면, 우리의 예상치보다 10^{120}배나 큰 값이 얻어진다(1 다음에 0이 120개나 붙어 있는 '끔찍한' 숫자이다). 과학 역사상 이론과 실험의 차이가 이 정도로 크게 벌어진 사례는 어디서도 찾아볼 수 없다. 최첨단의 과학이론이 우주의 운명을 좌우하는 에너지를 계산하지 못한다는 것은 정말로 난처한 상황이 아닐 수 없다. 앞으로 암흑물질과 암흑에너지의 정체를 규명하는 사람은 틀림없이 노벨상의 영예를 안게 될 것이다.

인플레이션

천문학자들은 WMAP 위성으로부터 홍수처럼 쏟아지는 데이터를 소화하기 위해 부단히 노력해왔다. 그 결과, 과거의 우주개념은 거의 폐기되었고 새로운 우주론이 그 자리를 대신하게 되었다. WMAP 위성의 설계팀을 이끌었던 찰스 베넷Charles Bennett은 "지금 우리는 논리적으로 통일된 우주론의 초석을 쌓았다"고 선언하였다.⁶ 현재 가장 최첨단의 우주론으로는 MIT의 앨런 구스Allan Guth가 빅뱅이론을 수정하여 처음으로 제안했던 인플레이션이론inflation theory('팽창이론'이라고도 하나, 빅뱅이론에서 말하는 팽창과 구별하기 위해 '인플레이션'으로 표기하기로 한다—옮긴이)을 꼽을 수 있다. 인플레이션이론에 의하면 빅뱅이 일어나고 1조×1조 분의 1초가 지났을 때 반중력이 엄청난 크기로 작용하여, 우리의 우주는 기존의 빅뱅이론에서 예견했던 것보다 훨씬 빠른 속도로 팽창되었다. 이 시기에 나타난 팽창속도는 가히 상상을 초월하여, 빛보다 빠른 속도로 팽창된 것으로 추정된다. 그럼에도 불구하고, "모든 물체와 신호는 빛보다 빠르게 움직일 수 없다"는 아인슈타인의 금지령에 위배되지는 않는다. 왜냐하면 이 경우에 움직이는 것은 물체나 신호가 아니라 공간 자체이기 때문이다. 물론, 공간 속에서 일정한 크기를 점유하고 있는 물체들은 빛보다 빠르게 움직일 수 없다. 그리하여 빅뱅이 일어나고 몇 분의 1초가 지났을 때, 우주는 거의 10^{50}배라는 엄청난 규모로 팽창되었다.

인플레이션(팽창)의 위력을 실감하기 위해, 팽창하는 풍선을 상상해보자. 이 풍선의 표면에는 별과 은하들이 곳곳에 그려져 있다. 별과 은하로 가득 차 있는 우리의 우주는 풍선의 내부가 아닌 표면에 해당된다. 이제, 풍선의 표면에 미세한 원을 하나만 그려보자. 이 조그만 원은 망원경을 통해 눈으로 볼 수 있는 '관측 가능한 우주'를 나타낸다(관측 가능한 우주를 원자 하나의 크기에 비유한다면, 전체 우주의 크기는 '실제 관측 가능한 우주' 만큼 크다!). 그러면 풍선이 아무리 크게 팽창되어도 조그만 원이 바깥에 있는 별이나 은하를

'잡아먹는' 일은 결코 일어나지 않는다. 다시 말해서, 우주초기에는 인플레이션 팽창이 엄청난 빠르기로 진행되었기 때문에, 초기에 관측 가능한 범위를 벗어나 있던 우주는 영원히 관측이 불가능하다는 뜻이다.

우주의 팽창은 그 규모가 상상을 초월할 정도로 엄청났기에, 풍선 위에 그려진 조그만 원, 즉 관측 가능한 우주의 주변은 평평한 것처럼 보인다. WMAP 위성의 관측결과가 이 사실을 증명하고 있다. 지구보다 덩치가 훨씬 작은 인간의 눈에는 둥근 지면이 평평하게 보이는 것처럼, 우주는 엄청난 스케일에 걸쳐 휘어져 있기 때문에 우리의 눈에 평평하게 보이는 것이다.

우주의 탄생초기에 급격한 팽창이 일어났다고 가정하면, 우주가 평평하고 균일하게 보이는 이유를 이와 같이 아주 쉽게 설명할 수 있다. 물리학자 조엘 프리막Joel Primack은 인플레이션이론에 대하여 다음과 같은 명언을 남겼다. "이토록 아름다운 이론이 틀린 것으로 판명된 사례는 지금까지 단 한 번도 없었다."[7]

다중우주

인플레이션이론은 WMAP 위성의 관측데이터와 잘 일치하고 있다. 그러나 여기에는 아직 풀리지 않은 한 가지 의문이 남아 있다. "인플레이션은 왜 일어났는가? 우주의 급격한 팽창을 야기한 반중력의 근원은 무엇인가?" 인플레이션으로부터 현재의 우주에 이르는 과정을 설명하는 이론은 학계에 발표된 것만도 무려 50여 종이나 되지만, 이들 중 어떤 이론도 절대다수의 지지를 얻지 못하고 있다. 지금도 많은 물리학자들은 우주의 급속팽창을 논리적으로 설명하기 위해 혼신의 노력을 다하고 있으나, 팽창의 얼개를 설명하는 확고한 이론은 아직 나타나지 않고 있다.

인플레이션의 기원이 알려지지 않았으므로, 이와 똑같은 현상이 언제 다시 반복될지는 아무도 알 수 없다. 즉, 인플레이션이 주기적으로 반복될 수도 있다는 뜻이다. 이 아이디어는 스탠퍼드대학의 러시아 물리학자 안드레이 린데Andrei Linde에 의해 처음으로 제기되었는데, "어떤 물리적 과정이 우주의 갑작스런 팽창을 야기해 지금까지 계속되고 있다면, 이와 동일한 현상은 우주의 다른 부분에서도 얼마든지 일어날 수 있다"는 내용을 골자로 하고 있다.

이 이론에 의하면 우주의 작은 부분이 어느 순간 갑자기 팽창하여 봉오리를 이루고, 그로부터 아기우주baby universe가 태어나 다시 봉오리로 성장하여 아기우주를 재생산하는 과정이 영원히 반복된다. 이것은 공기 중에서 비눗방울을 불 때 나타나는 현상과 비슷하다. 비눗방울이 충분히 커지면, 일부 비눗방울은 두 개의 작은 방울로 분리되는 경우가 종종 있다. 이와 마찬가지로, 우주는 새로운 우주를 낳으면서 영원히 번식을 계속할 수도 있다는 것이다. 이 각본에 따르면, 빅뱅은 지금도 우주의 도처에서 꾸준히 일어나고 있다는 이야기가 된다. 만일 이것이 사실이라면 우리는 수많은 '방울우주'가 떠다니는 망망대해 속에서 하나의 방울 속에 실린 채 표류하고 있는 셈이다. 이런 경우에는 '우주universe'라는 단어 대신 '다중우주

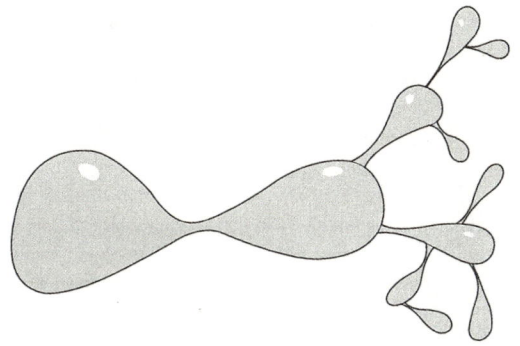

다중우주이론에 의하면 한 번 태어난 우주는 봉오리로 자란 후에 아기우주를 탄생시킨다. 만일 이것이 사실이라면 기독교의 창세기와 불교에서 말하는 열반의 경지는 하나로 통합될 수 있다. 즉, "영원히 계속되는 열반의 바다 속에서 이 세상이 창조되었다"고 말할 수 있는 것이다.

multiverse' 나 '거대우주megaverse' 라는 단어를 사용하는 것이 더욱 타당할 것이다.

린데는 '스스로 자신을 복제하는 우주'를 가리켜 '혼돈인플레이션chaotic inflation' 이라고 불렀다. 왜냐하면 다중우주에서는 인플레이션이 도처에서 시도 때도 없이 일어나고 있기 때문이다. 인플레이션이론을 처음 주창했던 앨런 구스는 "인플레이션이론을 연구하다 보면 다중우주이론을 도입하지 않을 수 없게 된다"고 했다.[8]

다중우주이론이 사실이라면 우리의 우주도 언젠가는 아기우주를 잉태하게 될 것이다. 뿐만 아니라, 우리의 우주도 과거의 어느 시점에 부모우주로부터 탄생해 한창 자라나는 과정에 있는지도 모른다.

영국의 천문학자 마틴 리스 경Sir Martin Rees은 다음과 같이 말했다. "우리가 흔히 말하는 우주는 여러 집합체 중 하나일 수도 있다. 거기에는 헤아릴 수 없을 정도로 많은 우주들이 각기 다른 물리법칙을 따르면서 고유의 방식으로 존재하고 있다. 그중에서 우리가 속한 우주는 아마도 복잡성과 의식意識이 허용되는 우주일 것이다."[9]

다중우주론을 접하다보면 "다른 우주들은 어떻게 생겼는가? 그곳에도 지적인 생명체가 살고 있는가? 만일 그렇다면 그들과 교신을 주고받을 수 있을까?" 등등의 질문이 자연스럽게 떠오른다. 칼텍 Caltech(캘리포니아공과대학)과 MIT, 프린스턴 고등과학원을 비롯하여 세계 각처에서 이 문제를 연구하고 있는 과학자들은 동시에 진행되고 있는 평행우주parallel universe들 사이를 오락가락하는 것이 물리적으로 타당한지를 확인하기 위해, 지금도 연구에 몰두하고 있다.

M-이론과 11차원 우주

평행우주의 개념은 원래 과학자들이 특유의 상상력을 발휘하여 만들어낸 허무맹랑한 가설이었다. 그래서 이 분야를 연구하는 과학자들은 다른 학자들 사이에서 놀림감이 되거나 자신의 연구경력에 손상이 가는 위험을 감수해야 했다. 실험적 증거가 전혀 없는 대상을 연구주제로 삼는 것은 어느 모로 보나 위험한 시도였기 때문이다.

그러나 최근 들어 초끈이론과 M-이론이 이론물리학의 첨병으로 부각되면서 상황은 급격하게 달라지기 시작했다. M-이론은 다중우주의 특성을 설명해줄 뿐만 아니라, 아인슈타인이 말했던 "신의 마음 읽어내기Read the Mind of God"를 현실적으로 가능하게 만들어주고 있다. 만일 초끈이론과 M-이론이 맞는 것으로 판명된다면, 이것은 2,000년 전에 그리스인들이 우주에 대한 이해를 처음 시도한 이후로 과학 역사상 가장 위대한 업적이 될 것이다.

지금까지 끈이론 및 M-이론과 관련하여 학계에 발표된 연구논문은 무려 수만 편에 이르고 있으며, 관련학회도 전 세계에 걸쳐 수백 회나 개최되었다. 그리고 전 세계 주요 대학의 물리학과에서는 초끈이론을 연구하는 팀이 활동 중이거나, 초끈이론을 배우기 위해 필사적으로 노력하고 있다. 초끈이론은 아직 실험적으로 검증되지 않았지만(이론 자체에 문제가 있는 것이 아니라, 현재 실험장비의 수준이 이론을 따라가지 못했기 때문이다-옮긴이), 이론물리학자와 수학자, 그리고 실험물리학자들의 지대한 관심을 끌고 있다. 특히 실험물리학자들은 앞으로 만들어질 중력파감지기와 초대형 입자가속기가 초끈이론과 M-이론의 진위 여부를 판가름해줄 것으로 기대하고 있다.

초끈이론은 빅뱅이론이 처음 등장했을 때 제기되었던 질문, "빅뱅 이전에는 어떤 일이 있었는가?"라는 질문에 궁극적인 답을 제시해줄 것이다.

물론, 이 작업을 완수하려면 지난 수백 년 동안 현대물리학이 쌓아온 모든 지식과 관련 데이터를 총동원해야 한다. 다시 말해서, 우리가 찾는 것은 지엽적인 이론이 아니라 우주의 모든 현상을 설명하는 '만물의 이론theory of everything'인 것이다. 아인슈타인은 이 이론을 찾기 위해 생의 마지막 30년을 고스란히 바쳤지만 별다른 소득을 얻지 못하고 세상을 떠났다.

지금까지 제시된 이론들 중에서 우주에 존재하는 모든 힘들을 하나의 체계 속에 통합할 수 있는 이론은 초끈이론(또는 초끈이론의 최신 버전이라 할 수 있는 M-이론)뿐이다. M-이론의 'M'은 막膜, membrane의 첫 글자를 따온 것이다. 그러나 물리학자들 사이에서는 '신비한mystery', '마술 같은magic', 또는 '어머니mother'의 첫 글자로 통하기도 한다. 초끈이론과 M-이론은 근본적으로 같은 이론이지만, M-이론은 여러 개의 초끈이론을 하나로 통합하는 이론으로서, 한층 더 신비하고 복잡한 형태를 취하고 있다.

고대 그리스의 철학자들은 모든 만물의 궁극적인 기본단위가 조그만 입자라고 생각했으며, 이 기본입자를 '원자atom'라는 이름으로 불렀다. 이 원시적인 원자가설은 오랜 세월 동안 그 명목을 유지해오다가 현대에 이르러 강력한 입자가속기가 개발되면서, 원자는 전자electron와 원자핵atomic nuclei으로 이루어져 있으며 원자핵은 더욱 작은 구성입자로 이루어져 있음이 밝혀졌다. 그러나 원자의 세부구조가 더욱 자세히 알려졌다고 해서 문제가 해결된 것은 아니었다. 입자가속기로 실험을 하는 와중에 뉴트리노neutrino(중성미자)와 쿼크quark, 메존meson(중간자), 렙톤lepton, 하드론hadron(강입자), 글루온gluon, W-보존W-boson 등 별의별 희한한 소립자들이 무더기로 검출되었기 때문이다. 자연에는 왜 이토록 많은 종류의 입자들이 한꺼번에 존재하는 것일까? 이 의문은 아직도 해결되지 않은 채 지독한 수수께끼로 남아 있다.

초끈이론과 M-이론의 기본 개념은 아주 간단하다. 우주를 이루고 있는 모든 입자들이 바이올린의 끈string이나 북의 막membrane과 같은 구조를 갖고 있다는 것이 이 이론의 핵심이다. 다시 말해서, 자연에 존재하는 다양한 입자들은 그 출신성분이 무엇이건 간에 모두 끈이나 막의 구조를 갖고 있으며, 이들이 진동하는 패턴에 따라 우리의 눈에 각기 다른 입자로 보인다는 것이다. 단, 여기서 말하는 끈이나 막은 일상적인 3차원 공간이 아니라 11차원 초공간 속에 존재한다.

전통적으로, 입자물리학자들은 전자를 무한히 작은 점입자point particle로 간주해왔다. 이 관점을 유지한 채 그 많은 소립자의 존재를 설명하려면, 수백 가지의 점입자들을 새로 도입해야 하는데, 이것은 누가 봐도 번거로울 뿐만 아니라 이론 자체도 복잡해질 것이 분명하다. 그러나 초끈이론을 도입하면 이 난처한 상황이 말끔하게 정리된다. 만일 누군가가 초강력 현미경을 개발하여 소립자 규모의 세계를 볼 수 있게 되었다면, 우리의 눈에 보이는 것은 수백 가지의 점입자가 아니라 단 하나의 '진동하는 끈' 뿐이기 때문이다(단, 끈의 진동패턴에 따라 입자의 종류는 달라진다). 즉, 소립자들이 하나의 점처럼 보이는 것은 그들이 정말로 점이기 때문이 아니라, 그들을 관측하는 기구가 너무 미개하기 때문이라는 것이다.

이 작은 끈들은 각기 다른 진동수와 다른 패턴으로 끊임없이 진동하고 있다. 만일 이들 중 하나를 골라서 기타 줄을 퉁기듯이 잡아뜯는다면, 끈의 진동패턴이 바뀌면서 다른 입자로(예를 들면 쿼크 같은 입자) 변환될 것이다. 그리고 끈을 또 한 차례 쥐어뜯으면 쿼크의 특성이 사라지면서 (예컨대) 뉴트리노로 바뀔 것이다. 이와 같이, 초끈이론은 자연에 존재하는 모든 입자들을 '각기 다른 형태로 진동하는 끈'으로 간주하고 있다. 이렇게 생각하면 우리는 그 많은 입자들을 일일이 상대할 필요가 없다. 즉, 초끈이론은 다양한 패턴으로 진동하는 하나의 끈으로부터 모든 입자들을 유추해내기 때문에, 통일된 이론체계를 세우는 데 매우 유리한 조건을 갖추고 있다.

이 논리에 의하면, 지난 수천 년 동안 수많은 실험을 통해 밝혀진 물리학의 모든 법칙들은 끈과 막의 조화법칙으로 요약될 수 있다. 화학은 이 끈으로 연주할 수 있는 멜로디에 비유할 수 있고, 우주는 끈으로 연주되는 교향곡에 해당된다. 또한, 아인슈타인이 말했던 '신의 마음'은 초공간에서 일어나는 우주적 공명이라 할 수 있다.

그렇다면 여기서 또 하나의 질문이 떠오른다. 만일 우주가 끈으로 연주되는 교향곡이라면, 그 곡은 누가 작곡했는가? 이 문제는 12장에서 다루기로 한다.

음악	초끈이론
음악기호	수학
바이올린 끈	초끈
음조	소립자
화성의 법칙	물리학
멜로디	화학
우주	끈의 교향곡
'신의 마음'	초공간에서 일어나는 음악적 공명
작곡가	?

우주의 종말

WMAP 위성은 초기우주의 모습을 재현했을 뿐만 아니라, 우주의 종말까지 구체적으로 예견하였다. 지금까지 알려진 바에 의하면, 우주의 탄생초기에 은하들을 서로 멀어지게 했던 반중력이 우주의 궁극적인 운명을 결정하게 된다. 과거의 천문학자들은 우주의 팽창속도가 서서히 느려진다고 생각했으나, 지금은 팽창속도가 점차 빨라지고 있다는 것이 정설로 굳어졌다. 우주의 질량과 에너지의 73%를 차지하고 있는 암흑물질이 은하들 사이의 거리를 더욱 빠르게 증가시키면서 우주의 팽창을 가속시키고 있다는 것이다. 천체망원경 연구소Space Telescope Institute의 애덤 리스Adam Riess는 이렇게 말했다. "자동차 운전자는 붉은색 신호등 앞에서 속도를 늦췄다가 푸른색 신호로 바뀌면 다시 가속페달을 밟는다. 우주의 팽창은 이와 비슷한 양상으로 진행되고 있다."[10]

팽창을 저지할 만한 사건이 전혀 발생하지 않은 채 앞으로 1,500억 년이 지나면, 은하수 주변에 있는 다른 은하의 99.9999%는 관측 가능한 범위를 벗어나게 될 것이다. 오늘날 우리에게 익히 알려져 있는 은하들은 엄청나게 빠른 속도로 멀어져서, 빛조차도 지구에 도달하지 않을 것이다. 은하들 자체가 사라지는 것은 아니지만, 그곳에서 방출된 빛이 지구의 망원경에 도달하지 않기 때문에 우리의 입장에서 보면 없는 거나 마찬가지다. 현재 관측 가능한 은하는 약 1,000억 개 정도인데, 1,500억 년 후에는 이 숫자가 수천 개로 줄어들 것이다. 그 후로 시간이 더 흐르면 은하수 근방에 있는 36개의 은하들만이 관측 사정거리에 남을 것이며, 나머지는 지평선 너머로 (관측 가능한 영역 밖으로) 사라질 것이다.

국소적으로 뭉쳐 있는 은하들 사이의 중력은 팽창을 극복할 정도로 강하기 때문에 시야에서 사라지지 않는다. 만일 이 시기에도 하늘을 관측하는 천문학자가 있다면 그는 우주가 팽창하고 있다는 사실을 전혀 눈치 채지 못할 것이다. 국소적으로 뭉쳐 있는 은하들은 서로 멀어지지 않기 때문이다. 아득한 미래의 천문학자들은 이 우주가 36개의 은하로 이루어져 있으며 정적인 상태를 영원히 유지한다고 믿을 것이다.

반중력이 계속해서 작용한다면 우주는 완전한 동결상태로 최후를 맞이하게 된다. 공간이 팽창하면 온도는 계속 하강하고, 절대온도 0K(영하 273°C)에 이르면 모든 분자의 움직임이 사라지기 때문이다. 이렇게 되면 우주에 존재하는 생명체들도 살아남을 방법이 없다. 앞으로 수조 년이 지나면 별의 내부에서 진행되는 핵융합반응이 일제히 멈추면서 모든 별들은 빛을 잃고 우주는 암흑으로 덮일 것이다. 우주의 팽창이 아무런 대책 없이 계속된다면 하늘에는 검은 왜성dwarf과 중성자별neutron star, 블랙홀 등만이 남게 될 것이다. 그리고 여기서 시간이 더 흐르면 블랙홀의 모든 에너지가 증발되면서 소립자들로 이루어진 차가운 안개만이 우주를 표류하게 될 것이다. 이렇게 차갑고 황량한 우주에서는 제아무리 지능이 뛰어난 생명체라 해도 생명활동을 유지할 수가 없다. 열역학의 법칙에 의하면, 완전히 얼어붙은 상태에서는 어떠한 정보도 전달될 수 없기 때문이다. 결국, 우주의 모든 생명체들은 '동사'라는 끔찍한 최후를 피할 길이 없는 것이다.

먼 미래에 우주가 동사한다는 이론은 18세기부터 제기되어 있었다. 진화론의 원조 찰스 다윈Charles Darwin은 우주의 종말을 인식하고 다음과 같이 언급했다. "먼 미래의 인간들이 아무리 뛰어난 능력을 획득한다 해도, 서서히 진행되는 종말의 과정에서 결코 살아남을 수는 없을 것이다."[11] 불행히도, WMAP 위성이 보내온 데이터는 다윈의 의견을 전폭적으로 지지하고 있다.

초공간으로의 탈출

우주에 존재하는 모든 생명체들이 궁극적으로 소멸한다는 것은 철학이나 종교에서 말하는 운명론이 아니라 엄밀한 물리법칙의 결과이다. 생명체는 거주지의 환경이 악화되면 그곳을 탈출하거나 적응하는 능력이 있긴 하지만, 범우주적으로 동결이 진행되는 상황에서 생명체가 취할 수 있는 선택은 얼어죽거나, 아니면 그곳을 탈출하거나, 둘 중 하나이다. 그렇다면, 수조 년 후에 우주의 종말을 맞이할 우리의 후손들은 차원을 넘나드는 방주를 만들어 더 젊고 따뜻한 우주로 이주할 수 있을 것인가? 아니면 타임머신을 발명하여 온도가 높았던 과거의 우주로 시간이동을 감행할 것인가?

순전히 이론적인 가설이긴 하지만, 일부 물리학자들은 최첨단의 물리학을 이용하여 차원을 넘나드는 몇 가지 방법을 제시하고 있다. 전 세계의 이론물리학자들은 '신비한 에너지'와 블랙홀을 통해 다른 우주로 이동하는 방법을 연구하느라 오늘도 칠판을 난해한 수식으로 가득 메우고 있다. 지금으로부터 수백만 년, 또는 수억 년 후에 태어날 인간들은 과연 물리법칙을 이용하여 다른 우주로 이주할 수 있을 것인가?

케임브리지대학에서 우주론을 연구 중인 스티븐 호킹Stephen Hawking은 다음과 같이 말했다.

"웜홀wormhole은 (만일 정말로 존재한다면) 공간을 빠르게 이동하는 가장 이상적인 교통수단이다. 웜홀을 통하면 은하의 반대편으로 여행을 갔다가 저녁식사 시간 전에 집으로 돌아올 수 있다."[12]

그리고 만일 초공간이나 웜홀의 입구가 너무 작아서 탈출을 시도할 수 없다 해도 절망할 필요는 없다. 이런 경우에는 그동안 인류가 이루어놓은 모든 문명과 정보를 분자의 규모로 축소시켜서 차원입구를 통해 전송하면 된다. 그러면 인류의 모든 문명은 초공간에서 (초소형 규모이긴 하지만) 완전히 동일한 형태로 재현될 것이다. 즉, 초공간은 이론물리학자들의 장난감이 아니라, 우주의 종말에 처한 지적 생명체의 문명을 구원하는 최후의 수단이 될 수도 있다는 것이다.

그러나 이 모든 상황의 내막을 제대로 이해하려면, 우주론학자와 물리학자들이 이러한 결론에 이르게 된 과정을 대략적으로나마 알고 있어야 한다. 내용을 모르는 상태에서 우주의 종말을 논하는 것은 종교적 맹신이나 공상과학소설의 범주를 크게 벗어나지 않기 때문이다. 지금부터 우주론의 역사를 대략적으로 조명해본 후에, 최첨단의 우주론이라 할 수 있는 인플레이션이론으로부터 다중우주의 개념이 도출되는 과정을 단계적으로 알아보기로 하자.

2

역설적인 우주

> 만일 내가 창세기에 살고 있었다면, 후손들을 위해 우주의 질서를
> 파악할 수 있는 몇 가지 힌트를 남겨놓았을 것이다.
> ― 현인 알퐁스Alphonse the Wise

> 빌어먹을 태양계! 빛은 희미하고 행성들은 너무 멀고,
> 혜성은 수시로 행성을 위협하고 있지 않은가. 이건 누가 봐도 엉터리로 만들어진
> 시스템이 분명하다. 내가 만들어도 이보다는 나았을 것이다.
> ― 제프리 경Lord Jeffrey

셰익스피어의 희곡 《뜻대로 하세요As You Like It》에는 다음과 같은 대사가 등장한다.

이 세상은 거대한 연극무대이며
모든 인간들은 그 위에서 연기에 몰두하고 있는 배우에 불과하다.
그들은 무대에 등장하는 시간과 퇴장하는 시간이 정해져 있다.

중세시대에 이 세상은 정말로 하나의 무대였다. 당시의 사람들은 지구가 평평하면서 영원히 그 모습을 유지한다고 생각했다. 그들이 생각했던 세상은 소규모의 정적靜的인 무대였던 것이다. 그리고 지구를 제외한 모든 천체들은 하늘에서 완벽한 궤적을 그리고 있으며,

그들 역시 지금의 운동상태를 영원히 유지한다고 믿었다. 어쩌다가 하늘에 혜성이라도 나타나면, 사람들은 그것이 왕의 죽음을 예견하는 징조라고 생각했다. 1066년에 영국의 하늘을 가로지르는 거대한 혜성이 나타났을 때, 해럴드Harold 왕이 이끌던 색슨족의 병사들은 공포에 질려 더 이상의 진군을 포기했고, 그 덕분에 윌리엄William의 군대가 영국을 장악하여 새로운 국가체계를 갖출 수 있었다.

이 혜성은 1682년에 또 한 차례 영국에 나타났는데, 이때에도 전 유럽이 공포에 휩싸였다. 평범한 농부에서 왕에 이르기까지, 모든 사람들은 하늘을 가로지르는 혜성을 경이로운 눈으로 바라보며 오만가지 의문을 떠올렸다. 대체 저 혜성은 어디에서 왔으며, 어디로 가고 있는가? 느닷없이 하늘에 나타난 혜성은 무엇을 의미하는가? 우리의 왕은 과연 저 불길한 혜성으로부터 안전할 것인가?

부유한 아마추어 천문학자 에드먼드 핼리Edmund Halley는 자신이 발견했던 혜성의 신비함에 매료되어 당대 최고의 물리학자였던 아이작 뉴턴Isaac Newton을 찾아가 자문을 구했다. "혜성의 운동을 관장하는 힘이 무엇이라고 생각하십니까?" 그러자 뉴턴은 확신에 찬 목소리로 조용히 대답했다. "혜성은 거리의 역제곱에 비례하는 힘(즉, 혜성에 작용하는 힘은 태양으로부터 멀어질수록 약해진다)의 영향을 받아 타원궤도를 돌고 있습니다. 저는 20년 전부터 혜성의 궤적을 망원경으로 관측해왔는데(그는 현대의 천문학자들이 사용하는 반사망원경을 처음으로 발명한 과학자이기도 했다), 혜성의 운동에 중력법칙을 적용하면 타원궤도가 자연스럽게 얻어집니다."

핼리는 확신에 찬 뉴턴의 대답에 경악을 금치 못했다. "아니, 대체 그걸 어떻게 아셨습니까?"[1] 뉴턴은 여전히 차분한 어조로 간단하게 말했다. "그야, 계산을 해봤으니까 아는 거지요." 핼리는 전 유럽인들을 공포로 몰아넣은 신비한 혜성의 비밀을 중력의 법칙으로 밝혀낸 뉴턴의 천재성에 그저 감탄을 연발할 수밖에 없었다.

자신이 발견한 혜성이 과학적으로 설명될 수 있다는 사실에 한껏 고무된 핼리는 사비를 들여 뉴턴의 새로운 이론을 출판하기로 결심했다. 결국 뉴턴은 핼리의 전폭적인 지원을 받아 1687년에 그 유명한 논저 《자연철학의 수학적 원리 Philosophiae Naturalis Principia Mathematica》(줄여서 《프린키피아 Principia》라고도 함)를 출판했다. 인류의 과학 역사상 가장 뛰어난 업적으로 평가되는 이 한 편의 논문으로 인해, 오랜 세월 동안 신비와 경이의 대상이었던 천체의 운동은 '수학적으로 정확하게 예견할 수 있는' 과학의 한 분야로 자리 잡게 되었다.

그 후로 뉴턴의 《프린키피아》는 유럽인의 사고방식에 엄청난 영향을 미치면서 당대의 우주관을 대표하는 논문으로 확고한 입지를 굳혔다. 뉴턴의 이론이 사람들에게 미친 영향은 시인 알렉산더 포프 Alexander Pope가 남긴 시구에 잘 묘사되어 있다.

자연, 그리고 자연을 지배하는 법칙은 어둠 속에 숨어 있었다.
그러나 신이 "뉴턴이 있으라!"고 선언하자 모든 것은 백일하에 드러났다.

혜성의 타원궤적을 수학적으로 계산할 수 있다면, 한번 나타난 혜성이 다시 나타나는 시기도 정확하게 예견할 수 있다. 이 사실을 잘 알고 있었던 핼리는 과거의 기록을 뒤져서 1531년과 1607년, 그리고 1682년에 나타났던 혜성들이 모두 같은 혜성이었음을 알아낼 수 있었다. 1066년에 영국의 역사를 바꿔놓았던 정체불명의 물체도 바로 이 혜성이었다. 당시 이 혜성은 영국뿐만 아니라 유럽전역에서 관측되었으며, 율리우스 카이사르Julius Caesar도 이 혜성을 목격한 것으로 기록되어 있다. 핼리는 이 혜성이 1758년에 다시 나타난다고 예견했고, 그의 예언은 정확하게 들어맞았다. 그러나 핼리는 오래전에 세상을 떠났으므로 자신의 예견을 확인하지 못했다. 사람들은 1758년 성탄절에 나타난 혜성을 바라보며 핼리의 예언이 실현되었음을 확신하면서 거기에 '핼리혜성'이라는 이름을 부여했다.

뉴턴이 중력법칙을 발견한 것은 페스트가 전 유럽을 휩쓸던 무렵이었다. 당시에는 마땅한 치료법이 없었으므로 케임브리지를 비롯한 모든 대학은 휴교에 들어갔고, 뉴턴은 학교를 떠나 고향인 울즈소프Woolsthorpe에 머물면서 전염병이 잦아들기를 기다렸다. 그러던 어느 날, 뉴턴은 집 근처를 산책하다가 사과나무에서 사과가 떨어지는 광경을 바라보면서 장차 인류의 역사를 바꾸게 될 하나의 질문을 떠올렸다. 사과가 땅으로 떨어지듯이, 달도 지구를 향해 떨어지고 있을까? 그는 천재적인 상상력을 발휘하여 사과와 달, 그리고 행성들이 모두 중력의 법칙을 따르고 있으며, 거리의 역제곱에 비례하는(또는 거리의 제곱에 반비례하는) 중력의 영향을 받아 '떨어지고 있다'는 사실을 알아냈다. 그런데 당시에는 이 현상을 서술할 만한 수학이 없었으므로, 뉴턴은 미적분학calculus이라는 수학의 한 분야를 직접 개발하여 떨어지는 사과와 달의 운동을 완벽하게 설명하였다.

뉴턴의 대표작인《프린키피아》에는 천체를 비롯한 모든 물체의 운동을 수학적으로 설명하는 역학법칙이 구체적으로 서술되어 있다. 이 법칙들은 훗날 다양한 기계와 증기기관 등을 발명하는 원천이 되었고 이로부터 유럽의 산업혁명과 근대화가 촉발되었으니, 인류가 이룬 현대문명의 상당부분은 뉴턴의 법칙에서 비롯되었다고 할 수 있다. 오늘날 하늘을 향해 뻗어 있는 초고층 건물과 수많은 다리들, 그리고 모든 우주선들은 뉴턴의 법칙에 기초하여 만들어진 것이다.

뉴턴이 우리에게 물려준 것은 운동법칙만이 아니다. 그는 신비한 천체들을 지배하는 법칙이 지구의 일상사를 지배하는 법칙과 완전히 동일하다는 놀라운 사실을 간파함으로써, 기존의 세계관을 완전히 갈아엎었다. 그 이후로 사람들은 하늘을 가로지르는 천체를 두려운 마음으로 바라볼 필요가 없게 되었다. 삶의 무대에 적용되는 법칙은 무대 위의 배우들에게도 똑같이 적용되었던 것이다.

벤틀리의 역설

뉴턴의《프린키피아》는 우주의 생성과정에 대하여 다양한 역설과 논쟁을 불러일으켰다. 삶의 무대라는 우주는 과연 얼마나 넓게 뻗어 있는가? 우주는 유한한가? 아니면 무한히 큰 무대인가? 사실 이것은 꽤 오래전부터 꾸준히 제기되어온 유서 깊은 질문이었다. 로마시대의 철학자였던 루크레티우스Lucretius는 이 문제를 깊이 파고든 끝에 다음과 같은 결론을 내렸다.

"우주는 모든 방향으로 무한히 뻗어 있다. 만일 우주에 끝이 있다면 어딘가에 경계가 있어야 하고, 이는 곧 우주의 바깥에 무언가 다른 것이 존재한다는 뜻이다. … 그런데 우주를 이루는 모든 차원들은 아무런 방향성도 없고 그 외부에 무언가가 존재한다는 것도 확인된 바 없으므로 우주는 끝이 없어야 한다."[2]

그러나 뉴턴의 이론에 의하면 우주가 유한하다거나, 또는 무한하다고 주장하는 이론들은 한결같이 어떤 모순에 봉착하게 된다. 우주의 유한/무한을 가정하면, 아주 간단한 질문조차도 역설적인 결과를 낳게 되는 것이다. 《프린키피아》를 출간하여 일약 스타덤에 오른 뉴턴조차도 자신의 중력이론에 풀리지 않은 역설이 숨어 있다는 사실을 잘 알고 있었다. 1692년, 성직자였던 리처드 벤틀리Richard Bentley는 뉴턴에게 한 통의 편지를 보내왔다. 그 편지에는 뉴턴이 고민하던 문제가 정중하면서도 직설적으로 서술되어 있었다. "만일 중력이라는 것이 잡아당기는 방향으로만 작용한다면, 은하를 이루고 있는 모든 별들은 결국 중심으로 모여들면서 와해될 것입니다. 그러므로 만일 우주가 유한하다면, 그곳은 고요하고 정적인 무대가 아니라 모든 별들이 한데 뭉개지면서 처참한 종말을 맞는 아수라장이 될 것입니다." 그러나 벤틀리는 반대의 경우도 지적했다. "그런데 만일 우주가 무한하다면 임의의 물체를 왼쪽, 또는 오른쪽으로 잡아당기는 힘도 무한할 것이므로, 이 경우에도 모든 별들은 조각조각 찢어지면서 혼돈에 찬 종말을 맞이하게 될 것입니다."

언뜻 보면 벤틀리는 이 한 통의 편지로 뉴턴을 곤경에 몰아넣었을 것 같다. 우주가 유한하건(별들이 한 곳으로 모여들면서 뭉개지는 우주), 또는 무한하건(별들이 사방으로 찢겨지는 우주) 간에, 뉴턴의 중력이론은 우주의 처참한 종말을 필연적으로 예견하고 있기 때문이다. 이리하여 벤틀리는 중력이론을 우주에 적용했을 때 나타나는 역설적인 결과를 최초로 지적한 인물로 역사에 남게 되었다.

뉴턴은 한동안 심사숙고한 끝에 벤틀리의 논박을 피해갈 수 있는 길을 발견했다. 뉴턴 자신은 무한하면서도 균일한 우주의 개념을 선호하고 있었으므로, 우주가 정적이라는 가설을 어떻게든 옹호하고 싶었을 것이다. 그가 떠올린 아이디어는 다음과 같았다. 우주공간에 떠 있는 하나의 별이 무한히 많은 다른 별들에 의해 당겨지고 있다면, 오른쪽으로 끌어당기는 힘과 왼쪽으로 끌어당기는 힘은 서로 상쇄된다(다른 방향으로 작용하는 힘들도 같은 원리로 상쇄된다). 모든 별들이 이런 식으로 균형을 이루고 있기 때문에 정적인 우주가 유지된다는 것이 뉴턴의 생각이었다. 그러므로 중력이 항상 인력으로만 작용한다는 가정하에서 벤틀리의 역설을 피해가려면, 이 우주가 "무한하면서 균일하다"는 주장을 받아들이는 수밖에 없다.

뉴턴은 위와 같은 논리로 벤틀리의 논박을 피해갔다. 그러나 인류 역사상 가장 위대한 천재였던 그가 이런 궁색한 변명으로 만족할 리는 없었다. 그는 벤틀리에게 보낸 답장에서 "저의 논리에 틀린 점은 없지만, 완벽한 해결책이 아니라는 점을 인정합니다"라고 적어놓았다. 뉴턴이 생각했던 '무한하면서 균일한 우주'는 카드로 쌓아올린 집처럼 불안정한 논리에 기초하고 있었기 때문이다. 그것은 겉으로 보기엔 안정된 것 같지만, 약간의 장애를 만나면 곧바로 와해될 수 밖에 없는 불안한 이론이었다. 이런 아슬아슬한 우주에서는 별 하나가 조금만 요동을 쳐도 주변의 균형이 연쇄적으로 와해되어, 결국 우주전체가 하나의 중심을 향해 붕괴된다. 뉴턴은 '신의 전능한 힘'이 이런 대형사고를 막아주고 있다고 굳게 믿으면서 다음과 같은 글로 편지를 마무리했다. "태양과 항성들이 중력에 의해 한 지점으로 와해되지 않으려면 전지전능한 신의 기적이 계속해서 일어나야 할 것입니다."³

뉴턴에게 있어, 우주는 탄생초기에 신이 태엽을 감아놓은 시계와도 같았다. 이 시계는 뉴턴이 발견한 운동의 법칙에 따라 태엽이 풀리면서 매 순간마다 특정시간을 가리키고 있다. 만일 이것이 이상적인 시계였다면 한번 태엽을 감아놓은 후로는 더 이상 신의 도움을 받을 필요가 없었을 것이다. 그러나 뉴턴은 이 우주가 아슬아슬하게 균형을 유지하고 있기 때문에, 한 점으로 와해되지 않으려면 가끔씩 신의 도움이 필요하다고 생각했다(즉, 무대에서 연기 중인 배우들의 안전을 위해 신이 가끔씩 무대와 세트를 보수한다는 것이다).

올베르스의 역설

우주가 무한하다고 주장하는 모든 이론들은 벤틀리의 역설과 함께 이보다 더욱 난해한 역설을 필연적으로 수반한다. 하인리히 빌헬름 올베르스Heinrich Wilhelm Olbers가 처음으로 제기했던 이 역설은

"밤하늘은 왜 검게 보이는가?"라는 질문에서 시작된다. 17세기 초에 케플러를 비롯한 천문학자들은 "우주가 무한히 크고 균일하다면, 어떤 방향을 바라봐도 그곳에는 무한히 많은 별들이 보여야 한다"는 것을 잘 알고 있었다. 밤하늘에서 임의의 방향으로 시선을 고정시켰을 때, 관측자의 눈이 향하는 곳으로 무한히 긴 직선을 그리면 무한개의 별이 이 직선과 만나게 된다. 그렇다면 관측자의 눈에는 무한한 양의 빛이 도달해야 하고, 따라서 밤하늘은 엄청난 빛으로 가득 차 있어야 한다. 그런데 실제로 우리의 눈에 보이는 밤하늘은 어둠으로 가득 차 있다. 대체 뭐가 잘못된 것일까? 이 문제는 지난 수백 년 동안 지독한 수수께끼로 남아 있었다.

올베르스의 역설은 벤틀리의 역설과 마찬가지로 언뜻 보기엔 간단한 것 같지만 그 속사정이 매우 복잡 미묘하여, 오랜 세월 동안 철학자와 천문학자들을 괴롭혀왔다. 벤틀리와 올베르스의 주장이 역설로 간주되는 이유는 간단하다. 무한히 큰 우주에서 무한히 많은 천체로부터 발생한 중력이나 빛이 서로 더해지면 무한히 강한 위력을 발휘해야 함에도 불구하고, 실제로는 그렇지 않기 때문이다. 그 후로 수백 년 동안 수많은 해결책이 제시되었지만 전 세계의 학자들을 설득시킬 만한 해답은 나타나지 않았다. 케플러도 이 역설 때문에 골머리를 앓다가 결국 우주가 유한하다는 속 편한 결론을 내리고 더 이상 문제 삼지 않았다. 우주가 유한한 크기의 껍질 안에 들어 있다면 유한한 양의 빛만이 우리의 눈에 들어올 것이므로 올베르스의 역설 때문에 고민할 필요가 없다.

올베르스의 역설은 너무도 난해하여, 현대의 과학자들도 종종 그

핵심을 놓치곤 한다. 1987년에 조사된 바에 의하면 천문학 관련서적의 무려 70%가 잘못된 답을 제시하고 있었다.

독자들도 올베르스의 역설에 나름대로의 답을 제시할 수 있을 것이다. 우선, 제일 먼저 "멀리 있는 별에서 방출된 빛은 지구로 여행하는 동안 먼지와 가스층에 흡수되기 때문에 지구에 모두 도달하지 못한다"는 점을 지적할 수 있다. 올베르스는 자신이 주장했던 역설을 1823년에 책으로 출간하면서, 방금 언급한 '가스층 흡수이론'을 해답으로 제시하였다. "그 많은 별에서 방출된 빛이 지구에 모두 도달하지 않는 것은 정말로 다행스런 일이 아닐 수 없다! 먼지와 가스층이 빛을 흡수해주지 않는다면, 지구에는 지금보다 9만 배나 강한 빛이 도달하여 모든 생명체들은 도저히 살아갈 수 없게 된다. 그러나 전능한 신이 존재한다면, 이런 악조건에서도 어떻게든 살아갈 수 있는 생명체를 만들었을 것이다."[4] 지구가 엄청난 빛과 열에 노출되어 펄펄 끓지 않는 이유를 설명하기 위해, 올베르스는 우주공간의 먼지와 가스구름이 빛의 상당부분을 차단해준다고 생각했다. 예를 들어, 태양계가 속해 있는 은하수의 중심부는 엄청난 빛과 열을 방출하면서 맹렬하게 타고 있지만 먼지구름에 가려 있기 때문에 맨눈으로는 거의 보이지 않는다. 은하수의 중심은 사수자리Sagittarius 근처에 자리 잡고 있는데, 망원경으로 바라봐도 맹렬한 불꽃은 관측되지 않는다.

그러나 먼지구름 이론만으로는 올베르스의 역설을 완전하게 해결할 수 없다. 먼지와 가스층이 우주공간을 메우고 있다 해도, 오랜 세월동안 무한히 많은 별들로부터 방출된 빛에 고스란히 노출되다보면 먼지구름은 결국 별의 표면처럼 강렬한 빛을 발산하게 된다. 따라서 지금쯤이면 먼지구름에서 방출된 빛이 밤하늘을 밝게 비추고 있어야 한다.

또 다른 해결책으로, 멀리 있는 별일수록 빛이 희미해진다는 점을 들 수 있다. 물론 이것은 분명한 사실이다. 그러나 이 역시 올베르스의 역설을 해결하지는 못한다. 왜 그럴까? 밤하늘의 한 부분을 바라보면 멀리 있는 별일수록 희미하게 보이지만, 멀리 갈수록 별의 개수는 더욱 많아지기 때문이다. 즉, 거리가 멀어지면서 빛이 희미해지는 효과는 거리가 멀어질수록 별이 많아지는 효과와 정확하게 상쇄되어, 밤하늘은 여전히 밝아야 하는 것이다(우주가 균일하다고 가정하면 별의 밝기는 거리의 제곱에 반비례하고 별의 개수는 거리의 제곱에 비례하므로, 우주공간은 거리에 상관없이 밝아야 한다).

독자들에게는 이상하게 들리겠지만, 올베르스의 역설을 처음으로 해결한 사람은 미국의 추리작가 에드거 앨런 포Edgar Allan Poe였다. 평소 천문학에 각별한 관심을 갖고 있던 그는 죽기 직전에 《유레카 *Eureka*》라는 제목의 산문시집을 출간했는데, 여기에는 그가 생전에 모아두었던 천체관측자료들이 난해한 산문시로 요약되어 있다. 이 시집에서 가장 눈에 띄는 부분을 잠시 읽어보자.

별들이 끝없이 나열되어 있다면 밤하늘은 눈부시게 빛나야 한다. 광활한 우주공간에서 '별이 존재할 수 없는 공간'이라는 것이 따로 있을 이유가 없기 때문이다. 그러므로 우주공간의 대부분이 비어 있는 것처럼 보이는 것은 멀리 있는 천체로부터 방출된 빛이 아직 우리의 눈에 도달

하지 않았기 때문이라고 생각할 수밖에 없다.[5]

그는 자신의 아이디어가 "너무도 아름답기 때문에 틀렸을 리가 없다"고 과감하게 결론지었다.

놀랍게도, 포가 제시한 아이디어는 천문학자들을 올바른 길로 안내하는 결정적인 실마리가 되었다. 결국 우리가 속한 우주는 무한히 늙은 우주가 아니었던 것이다. 우주는 과거의 어느 시점에서 돌연히 탄생했기 때문에 유한한 역사를 갖고 있으며, 따라서 멀리 있는 별들로부터 방출된 빛은 아직 무한히 먼 거리를 이동하지 못한 상태이다. 즉, 지구에서 가장 멀리 있는 별에서 방출된 빛은 아직 지구에 도달하지 않았다는 뜻이다. 천문학자 에드워드 해리슨Edward Harrison은 올베르스의 역설을 처음으로 해결한 사람이 소설가 포였음을 간파하고 다음과 같은 글을 남겼다. "포의 산문시를 처음 접했을 때, 나는 망치로 뒤통수를 얻어맞은 기분이었다. 시인이었던 그가 어떻게 그토록 심오한 직관을 키울 수 있었는지, 언뜻 상상이 가지 않는다. 그로부터 140여 년이 지난 지금에도 각급 학교에서는 잘못된 지식을 가르치는 경우가 비일비재한데, 아마추어 천문가에 불과했던 그가 어떻게 그 사실을 알 수 있었을까?"[6]

1901년에 스코틀랜드 출신의 물리학자 켈빈 경Lord Kelvin도 올베르스의 역설을 해결했는데, 그가 사용했던 논리는 다음과 같다. 밤하늘을 바라볼 때, 당신은 '지금 이 순간에 존재하는' 별의 모습을 보는 것이 아니라, 별의 과거 모습을 보고 있다. 별에서 방출된 빛은 엄청나게 빠른 속도로 전달되긴 하지만(빛의 속도는 초속 30만km이다), 어쨌거나 속도가 유한하기 때문에 특정 거리를 진행하려면 반드시 시간이 소요되기 때문이다. 게다가 별이 아주 멀리 있다면, 빛이 그곳에서 지구까지 주파하는 데 걸리는 시간은 100억 년이 넘을 수도 있다. 켈빈은 간단한 계산을 통해 "밤하늘이 밝게 빛나려면 우주는 적어도 수백조 광년(10^{14}광년) 이상 뻗어 있어야 한다"는 결론을 내렸다. 그러나 우리의 우주는 아직 그 정도로 나이를 먹지 않았기 때문에 밤하늘이 검게 보이는 것이다. 두 번째 이유로는 별의 수명이 유한하다는 점을 들 수 있다. 태양을 비롯한 모든 별들은 비슷한 과정을 거치면서 생사生死를 반복하는데, 그 주기는 대략 수십억 년 정도이다.

인공위성에 탑재된 허블우주망원경이 최근에 보내온 관측자료를 보면, 포의 예측이 옳았음을 다시 한 번 확인할 수 있다. 또한, 허블망원경은 어린아이들이 흔히 떠올리는 질문에도 매우 정확한 답을 제시하고 있다. "지구에서 가장 먼 별까지의 거리는 과연 얼마나 되는가? 그리고 그 너머에는 무엇이 있는가?" 천문학자들은 이 단순하면서도 중요한 질문에 답하기 위해 문자 그대로 천문학적인 예산을 들여 허블우주망원경을 제작하였고, 대기의 상태와 무관하게 항상 천체를 관측할 수 있도록 위성에 실어 우주공간으로 띄워 보냈다. 우주의 변방에서 날아오는 지극히 희미한 신호를 놓치지 않기 위해, 허블망원경은 그 전례를 찾아볼 수 없을 정도로 정밀한 직업을 수행하고 있다. 특히 허블망원경은 계속해서 움직이는 와중에도 오리온자리 근처의 한 지점에 수백 시간 동안 초점을 맞추고 있다. 이것은 결코 쉬운 작업이 아니어서, 한 번 초점을 맞추는 데 무려 4

개월씩 걸리기도 한다.

2004년에 놀라운 기사가 전 세계 일간지의 헤드라인을 장식한 적이 있었다. 빅뱅 때 형성된 수만 개의 은하집단으로부터 날아온 희미한 빛이 허블망원경의 렌즈에 도달한 것이다. 우주망원경연구소의 안톤 쾨케모어Anton Koekemoer는 흥분을 감추지 못하면서 "마침내 우리는 우주의 시작을 보았다"고 선언했다.[7] 각 신문에는 지구로부터 130억 광년 떨어져 있는 희미한 은하집단의 사진이 대대적으로 게재되었다. 이 은하에서 방출된 빛은 무려 130억 년이라는 장구한 세월 동안 여행을 한 끝에 지구 근처에 있는 허블망원경의 렌즈에 도달한 것이다. 현재 추정되는 우주의 나이는 대략 137억 년이므로, 이 은하들은 빅뱅의 초창기라 할 수 있는 7억 년경에 빅뱅의 잔해인 가스들이 응축되면서 생성되었을 것이다. 천문학자 마시모 스티바벨리Massimo Stivavelli는 격앙된 목소리로 "허블망원경이 우리를 빅뱅의 시점으로 데려다주었다"고 선언했다.[8]

그렇다면 이 시점에서 또 하나의 질문이 떠오른다. 가장 멀리 있다는 은하의 너머에는 대체 어떤 것들이 존재하고 있을까? 그 너머에 또 다른 은하가 있다면 망원경에 잡힌 것은 가장 멀리 있는 은하라 할 수 없다. 그러나 그 너머에 아무것도 없다 해서 은하가 발견된 곳을 우주의 끝으로 간주할 수도 없다. 망원경이 보내온 사진을 자세히 보면 은하들 사이가 암흑으로 덮여 있음을 알 수 있는데, 밤하늘이 검게 보이는 것도 바로 이런 이유 때문이다. 그러나 이 암흑의 세계는 텅 비어 있는 것이 아니라 '우주배경복사'라는 마이크로파로 가득 차 있다. 그러므로 밤하늘이 검게 보이는 이유는 "눈에 보이지 않는 빛으로 가득 차 있기 때문"이라고 할 수 있다. 만일 인간의 눈이 가시광선 이외의 빛을 볼 수 있다면, 빅뱅의 잔해인 마이크로파가 밤하늘을 밝게 비추는 장관을 매일 밤마다 볼 수 있을 것이다.

반항적인 아인슈타인

뉴턴의 운동법칙과 중력법칙은 너무도 성공적이었기에, 과학은 근 250년이 지난 후에야 다음 단계로의 도약을 시도할 수 있었다. 그리고 그 도약의 첨단에는 아인슈타인이라는 걸출한 천재가 자리 잡고 있었다. 아인슈타인은 현대과학에 일대 혁명을 가져온 선구자답지 않게, 다소 엉뚱한 곳에서 직장생활을 시작했다. 그는 스위스의 취리히에 있는 국립공과대학 폴리테크닉연구원Polytechnic Institute의 학사과정을 1900년에 마친 후 마땅한 취직자리를 얻지 못해 절망적인 나날을 보내고 있었다. 아인슈타인의 지도교수가 그의 자만심 강하고 오만한 자세를 싫어하여 추천서를 써주지 않았기 때문이다. 사실 아인슈타인은 대학 시절에 교수의 강의가 신통치 않다는 이유로 종종 수업을 빼먹곤 했다. 그는 대학을 졸업한 후 자신을 실패자로 여겼으며, 부모에게 학비를 받아쓰는 것도 매우 부담스러워했다. 심지어는 괴로운 현실을 도피하기 위해 자살까지 생각했을 정도였다. 당시 아인슈타인이 친구에게 보낸 편지를 보면 그가 얼마나 깊은 절망에 빠져 있었는지를 쉽게 짐작할 수 있다. "우리

부모님은 나 때문에 행복한 적이 거의 없었어. 특히 내 학비를 대기 위해 정말로 어려운 생활을 해오셨지. … 지금 나는 무위도식하면서 부모님과 친척들에게 짐만 될 뿐이야. … 이렇게 사느니 차라리 죽어버리는 게 낫다는 생각이 들어……."[9]

물리학으로 취직이 어렵다고 판단한 그는 보험회사를 첫 번째 직장으로 택했다. 그러나 회사에서 주는 월급만으로는 생활이 어려워서 어린아이들을 가르치는 아르바이트를 병행하였는데, 이것 때문에 직장상사와 말다툼을 벌인 후 결국 회사에서 해고되고 말았다. 그런 와중에 여자친구였던 밀레바 마리치Mileva Maric가 예기치 않은 임신을 하게 되자, 아인슈타인은 자신의 아이가 사생아로 태어난다는 생각에 더욱 깊은 절망 속으로 빠져들었다(그때 태어난 아인슈타인의 딸 리세럴Lieseral에 대해서는 아무런 기록도 남아 있지 않다). 게다가 그 무렵에 아버지의 갑작스런 죽음을 겪으면서 아인슈타인은 평생 지우지 못할 마음의 상처를 안게 된다. 그의 아버지는 죽는 순간까지 자신의 아들을 인생의 낙오자로 여겼다.

1901~1902년은 아인슈타인의 평생을 통틀어 최악의 해였을 것이다. 그러나 학교친구였던 마르첼 그로스먼Marcel Grossman이 아인슈타인을 스위스 베른에 있는 특허청의 하급사원으로 추천함으로써, 인류가 낳은 불세출의 천재는 절망으로 얼룩진 암울한 시기를 간신히 탈출할 수 있었다.

상대성이론의 역설

사실, 베른의 특허청은 뉴턴 이후로 가장 위대하고 혁명적인 물리학이론이 탄생하기에 그다지 적절한 장소는 아니었지만 나름대로 이점을 갖고 있었다. 그곳에서 아인슈타인은 특허관련 서류들을 일찍 정리한 후 의자에 편히 앉아 어린 시절부터 줄곧 생각해왔던 꿈속으로 빠져들 수 있었다. 그는 어린 시절에 아론 번스타인Aaron Bernstein의 《자연과학 입문서 People's Book on Natural Science》를 "숨조차 쉬기 어려울 정도로 집중해서" 읽은 적이 있는데, 거기서 번스타인은 "전깃줄을 타고 전송되는 전보를 똑같은 속도로 따라가면 어떻게 보일 것인가?"라는 질문을 제기하였다. 어린 아인슈타인은 이와 같은 맥락에서 "빛과 동일한 속도로 빛을 따라간다면 어떻게 보일까?"라는 질문을 스스로 제기하고 온갖 상상의 나래를 펼쳤었다. "만일 내가 c라는 속도(진공 중에서 빛의 속도)로 빛을 따라간다면 빛은 정지해 있는 전자기장처럼 보일 것이다. 그러나 전자기학에 관한 맥스웰의 방정식에 의하면 빛은 항상 움직이고 있다. 이 문제를 어떻게 해결해야 하는가?"[10] 소년 아인슈타인은 빛과 같은 속도로 빛을 따라가면 빛은 정지상태의 파동처럼 보인다고 생각했다. 그러나 이 세상 어디에도 '정지된 빛'을 본 사람은 없다. 그러므로 이 논리는 무언가 크게 잘못되어 있음이 분명했다.

20세기가 밝을 무렵, 물리학은 뉴턴의 역학 및 중력이론과 맥스웰의 전자기학이론에 전적으로 의지하고 있었다. 1860년대에 스코틀랜드의 물리학자 제임스 클러크 맥스웰James Clerk Maxwell은 빛이 진동하는 전기장과 자기장의 혼합체라는 사실을 간파하여 고전전자기학의 이론체계를 확립하였다. 그러나 아인슈타인은 뉴턴의 역학과 맥스웰의 전자기학이 서로 상충된다는 놀라운 사실을 알아냄으로써, 고전물리학의 명예로운 퇴장을 최초로 예견하였다.

아인슈타인은 맥스웰 방정식의 해解에서 맥스웰 자신도 생각하지 못했던 이상한 점을 발견했다. 맥스웰의 방정식에 의하면 빛은 관측자의 운동상태와 상관없이 항상 동일한 속도로 진행해야만 했다. 다시 말해서, 당신이 엄청나게 빠른 속도로 좇아가면서 빛의 속도를 측정한다 해도, 그 값은 항상 일정하다는 것이다. 물리학적으로 말하자면, 빛의 속도 c는 모든 관성계(등속으로 움직이는 기준좌표계)에서 동일하게 나타난다. 당신이 한 자리에 가만히 서 있거나 달리는 기차를 타고 있을 때, 또는 엄청난 속도로 내달리는 혜성에 올라타고 있을 때에도 당신이 바라보는 빛의 속도는 절대로 변하지 않는다. 그러므로 관측자가 제아무리 빠른 속도로 달린다고 해도, 앞서가는 빛을 따라잡을 수는 없다.

이것은 누가 봐도 상식적으로 이해가 되지 않는 현상이다. 예를 들어, 우주공간을 표류하고 있는 우주비행사가 빛을 따라잡기 위해 열심히 달리고 있는 모습을 떠올려보자. 비행사는 우주선의 출력을 최대한으로 높여서 빛과 거의 비슷한 속도로 달리고 있다. 만일 이 광경을 지구에 있는 관측자가 망원경으로 바라보고 있다면, 그의 눈에는 빛과 우주선이 거의 동일한 속도로 달리는 것처럼 보일 것이다. 그러나 정작 빛과 속도경쟁을 하고 있는 우주비행사의 눈에는 빛이 여전히 자신으로부터 c의 속도로 멀어져가고 있다. 우주선이 정지해 있을 때나, 부지런히 달리고 있을 때나, 빛의 속도가 전혀 달라지지 않은 것이다! 이게 대체 어떻게 된 영문일까?

아인슈타인은 다음과 같은 질문을 머릿속에 떠올렸다. "운동상태가 다른 두 사람이 동일한 사건을 관측했을 때, 결과가 다르게 나오는 이유는 무엇인가?" 뉴턴의 고전역학에 의하면 우주선은 빛을 얼마든지 따라잡을 수 있다. 빛보다 빠른 우주선을 제작하는 것이 문제이지, 일단 빛보다 빠른 우주선을 만들기만 하면 먼저 출발한 빛을 따라잡는 것은 오직 시간문제일 뿐이다. 그리고 우주선의 속도가 빛보다 느리다 해도, 빛을 따라가면서 측정한 빛의 속도가 정지해 있을 때 측정한 빛의 속도보다 느리게 나타난다는 것은 누구나 인정하는 상식이었다. 그러나 아인슈타인은 빛의 속도가 '누가 측정하건 간에' 항상 동일하다고 선언했다. 그는 고전물리학의 근간에 커다란 오류가 있음을 간파한 것이다. 1905년, 아인슈타인의 머릿속에 폭풍이 몰아치기 시작했다. 그것은 기존의 물리학을 송두리째 갈아엎는 대혁명의 전조였다. 그는 신중한 사고를 펼친 끝에, "시간은 관측자의 운동상태에 따라 각기 다른 빠르기로 흐른다"는 놀라운 결론에 도달했다. 관측자의 운동속도가 빠를수록 시간은 더욱 천천히 흐른다. 다시 말해서, 시간은 뉴턴의 생각과 달리 절대적인 양이 아니었던 것이다. 뉴턴은 시간이 전 우주에 걸쳐 동일한 속도로 흐르고 있으며, 지구에서의 1초는 화성이나 목성에서의 1초와 한 치의 오차도 없이 정확하게 같다고 생각했다. 뉴턴의 시간은 범우주적으로 맞출 수 있는 절대적인 시간이었다. 그러나 아인슈타인의 시간은 우주의 각 지점마다 다른 속도로 흐르는 '상대적인 시간'이었던 것이다.

아인슈타인의 새로운 발견은 이것으로 끝나지 않았다. 그는 관측자의 운동속도에 따라 시간이 다르게 흐른다면 물체의 길이와 질량, 에너지 등도 속도에 따라 달라져야 한다는 것을 깨달았다.[11] 예를 들어, 달리는 자동차는 이동방향으로 길이가 줄어든다. 그리고 속도가 빠를수록 수축되는 정도도 커진다. 이 현상은 흔히 로렌츠-피츠제럴드 수축Lorentz-FitzGerald contraction이라 불린다. 빠른 속도로 달리는 물체는 질량이 증가한다. 속도가 광속에 이르면 시간은 느리게 가다 못해 더 이상 흐르지 않게 되며, 길이는 0으로 줄어들고 질량은 무한대가 된다. 물론 이것은 말도 안 되는 이야기다. 그래서 아인슈타인은 빛을 제외한 어떤 물체도 광속과 같거나 더 빠른 속도로 움직일 수 없다는 또 하나의 놀라운 결론을 내렸다.

한 시인은 상대성이론으로 유도된 신기한 결과를 다음과 같은 시로 표현했다.

> 피스크라는 이름의 젊은이는
> 현란한 칼 솜씨의 소유자였다.
> 그가 휘두르는 칼은 너무도 빨라서
> 피츠제럴드의 수축에 의해
> 마치 둥그런 원반처럼 보였다.

뉴턴이 중력법칙을 발견하여 천체의 움직임과 사과의 움직임을 하나의 통일된 이론으로 설명한 것처럼, 아인슈타인은 시간과 공간을 '시공간spacetime'이라는 하나의 체계 속에 통합시켰다. 뿐만 아니라, 그는 질량과 에너지가 서로 교환될 수 있는 양임을 간파하여 이들도 하나로 통합하는 데 성공했다. 물체의 속도가 빠를수록 질량이 증가한다는 것은 운동에 의한 에너지가 물질로 전환된다는 것을 의미한다. 즉, 에너지가 질량으로 전환될 수 있다는 뜻이다. 그리고 그 반대현상도 가능하다. 적절한 환경이 조성되면 물질(질량)은 에너지로 변환될 수 있다. 아인슈타인은 질량과 에너지 사이의 관계를 그 유명한 공식 $E=mc^2$으로 표현하였는데, 이 식에 의하면 극소량의 질량이라 해도 일단 에너지로 변환되면 가공할 위력을 발휘하게 된다. 에너지와 질량을 연결하는 비례상수(광속의 제곱, c^2)가 엄청나게 크기 때문이다. 이 관계식이 알려진 후, 오랜 세월 미지로 남아 있었던 별의 비밀도 자연스럽게 해결되었다. 별의 내부에서는 핵융합반응을 통해 매 순간마다 질량이 에너지로 변환되고 있기 때문에 그토록 오랜 세월 동안 밝은 빛을 발휘할 수 있었던 것이다. 결론적으로 말해서, 별의 비밀은 "모든 관성기준계에서 빛의 속도는 일정하다"는 하나의 원리로부터 풀린 셈이다.

  뉴턴이 그랬던 것처럼, 아인슈타인도 인류의 우주관을 완전히 바꿔놓았다. 뉴턴이 생각했던 우주라는 무대에서 모든 배우들은 시간을 정확하게 알 수 있었고, 임의의 지점까지 거리도 마음만 먹으면 정확하게 측정할 수 있었다. 그곳에서 시간이 흐르는 속도와 무대의 크기는 범우주적으로 결정된 양이었다. 그러나 아인슈타인의 우주에 등장하는 배우들은 각기 다른 빠르기로 가는 시계를 차고 있다. 따라서 무대 위에 올라온 시계를 범우주적으로 동기화synchronized

시키는 것은 원리적으로 불가능하다. 어느 한순간에 시간이 일치하도록 만들 수는 있지만, 배우들이 제각기 다른 속도로 움직이는 순간부터 시간은 통일성을 잃게 된다. 무대감독이 "정오에 리허설을 한다"고 아무리 큰소리로 외쳐도, 그 정오라는 시간은 각 배우들에게 다른 의미를 갖게 되는 것이다. 무대 위를 빠른 속도로 가로지르는 배우의 시계는 다른 배우의 시계보다 늦게 가고 그의 체중은 평상시보다 무거워지며, 그의 몸은 앞뒤 방향으로 납작해진다.

아인슈타인의 특수상대성이론은 기존의 상식과 너무도 다른 사실을 주장하고 있었으므로 물리학자들을 납득시키기가 결코 쉽지 않았다. 그러나 아인슈타인은 그들이 이해할 때까지 기다리지 않고 곧바로 자신의 상대성이론을 중력에 적용하기로 마음먹었다. 물론 쉬운 작업은 아니었지만, 그는 과학 역사상 가장 위대한 물리학이론을 창출해낸 주인공이 되기 위해 모든 열정을 쏟아부었다. 양자이론을 창시했던 막스 플랑크Max Planck는 한 문제에 미친 듯이 몰두해 있는 아인슈타인에게 이런 조언을 했을 정도였다. "여보게. 이건 오랜 친구로서 하는 말인데, 지금 자네가 하고 있는 연구는 반드시 성공한다는 보장이 없다는 걸 명심하게나. 그리고 만일 성공한다고 해도 아무도 자네 말을 믿지 않을 걸세."[12]

아인슈타인은 자신이 추구하고 있는 새로운 중력이론이 뉴턴의 중력이론과 상충된다는 사실을 잘 알고 있었다. 뉴턴의 이론에 의하면 중력은 우주전역에 걸쳐 '즉각적으로' 전달된다. 즉, 아무리 먼 곳이라 해도 중력이 전달되는 데에는 아무런 시간도 걸리지 않는다는 뜻이다. 그렇다면 이 시점에서 어린아이들이 가끔씩 물어오는 질문이 떠오른다. "태양이 갑자기 사라지면 어떻게 되나요?" 뉴턴식으로 생각하면 우주에 있는 모든 생명체들은 태양의 부재로 인한 중력의 소멸을 동시에 즉각적으로 체험하게 된다. 그러나 특수상대성 이론에 의하면 이것은 불가능하다. "빛보다 빠를 수 없다"는 금지조항은 움직이는 물체뿐만 아니라 모든 종류의 신호에도 적용되기 때문이다. 그래서 아인슈타인은 어느 순간에 태양이 갑자기 사라지면 그곳에서 구형의 중력충격파가 형성되어 빛의 속도로 퍼져나간다고 생각했다. 이 구면파球面波가 도달하지 않은 곳에서는 태양의 중력이 여전히 작용하고 있으며(그리고 빛도 아직 도달하지 않았으므로 육안 상으로 태양은 아직 멀쩡하다), 구면파가 이미 도달한 지점에서는 태양의 부재를 실감하게 된다(중력이 사라지면서 태양의 모습도 같이 사라질 것이다. 중력과 빛은 정확하게 같은 속도로 전달되기 때문이다). 아인슈타인은 이 현상을 설명하기 위해 기존과 전혀 다른 시간과 공간의 개념을 도입하였다.

공간을 휘어지게 만드는 힘

뉴턴은 시간과 공간을 "운동법칙에 따라 우주의 모든 사건이 일어나는 방대한 무대"라고 생각했다. 시간과 공간이 왜 존재하는지는 알 수 없었지만, 어쨌거나 그것은 절대로 움직이지 않고 자연현상에 직접 개입하지도 않으면서 모든 사건을 조용히 바라보기만 하는 소극적인 무대였다. 그러나 아인슈타인은 뉴턴의 생각을 완전히 뒤엎었다. 그가 생각했던 시간과 공간은 소극적인 구경꾼이 아니라 자연현상에 매우 적극적으로 개입하면서 자연을 만들어가는 주체였던 것이다. 아인슈타인의 우주에서 시간과 공간은 매우 이상한 방식으로 휘어지거나 구부러질 수 있었다. 트램펄린 위에 배우가 올라서면 발아래 부분이 깊게 패는 것처럼, 시간과 공간은 물체의 존재 여부에 따라 다양하게 변형되는 양이었다. 그렇다면 우주라는 무대는 오로지 배우를 위해 존재하는 배경이 아니라, 배우와 함께 연극을 이끌어가는 주체가 된다.

침대 위에서 매트리스를 가만히 누르고 있는 볼링공을 떠올려보자. 공이 없을 때 침대의 표면은 평면이었지만, 이제 볼링공이 놓인 자리는 움푹 패어 있을 것이다. 이런 상황에서 볼링공을 향해 조그만 쇠구슬을 굴려 보내면 어떤 일이 벌어질까? 구슬은 똑바로 진행하지 못하고 볼링공의 주변을 공전하게 될 것이다(물론 구슬의 속도가 적당히 빠르면서 정면충돌을 하지 않는 경우의 이야기다. 구슬의 속도가 느리면 그냥 팬 곳으로 빨려 들어갈 것이며, 속도가 지나치게 빠르면 궤적에 약간의 변형을 겪으면서 볼링공을 스쳐 지나갈 것이다—옮긴이). 뉴턴의 관점에서 볼 때, 구슬이 적절한 거리를 두고 볼링공의 주변을 공전한다는 것은 볼링공이 구슬에게 어떤 '힘'을 행사하고 있다는 뜻이다. 즉, "볼링공이 구슬을 자기 쪽으로 잡아당겨서 궤도운동을 하도록 묶어두고 있다"는 해석이 가능하다.

그러나 아인슈타인의 관점에서 보면 굳이 '힘'이라는 개념을 도입할 이유가 없다. 구슬의 궤적이 휘어지는 것은 볼링공에 의해 침대의 표면이 휘어져 있기 때문이다. (일반)상대성이론에 의하면, 이런 경우에 당기는 힘 같은 것은 작용하지 않는다. 구슬의 궤적이 변한 이유는 구슬이 놓여 있는 표면이 휘어져 있기 때문이다. 이것이 전부이다. 이제 구슬을 지구로, 볼링공을 태양으로 대치시키고 휘어진 침대 면을 우주공간이라고 생각해보자. 여기에 동일한 논리를 적용하면 지구가 태양 주위를 도는 것은 태양의 중력 때문이 아니라 태양이 지구 근처의 공간을 왜곡시켰기 때문이라고 할 수 있다.

아인슈타인은 이러한 논리를 통해 중력이라는 것이 우주전역에 즉각적으로 전달되는 인력引力이 아니라, 질량에 의해 공간이 휘어지면서 나타난 결과라고 믿었다. 양탄자의 한쪽 끝을 세차게 흔들면 파동이 표면을 타고 특정속도로 전달되는 것처럼, 중력도 어떤 파동을 창출하여 공간을 타고 빛의 속도로 전달된다는 것이 아인슈타인의 생각이었다. 이렇게 생각하면 '사라진 태양'의 역설은 자연스럽게 해결된다. 만일 중력이라는 것이 휘어진 시공간의 부산물이라면, 태양의 갑작스러운 소멸은 침대 위에 놓여 있는 볼링공을 어느 순간 갑자기 제거한 행위에 비유될 수 있다. 그러면 휘어져 있던 침대의 면이 다시 평면으로 되돌아오면서 그 여파는 특정속도로 침대 면을 타고 전달될 것이다. 아인슈타인은 중력을 '시공간의 휘어짐'으로 해석함으로써, 상대성이론과 중력을 조화롭게 연결시킬 수 있었다.

개미 한 마리가 구겨진 종이 위를 기어가고 있다고 상상해보자. 개미는 구불구불한 지형에 영향을 받아, 마치 술 취한 선원처럼 이리저리 비틀거리며 진행할 것이다. 개미에게 음주측정을 권하면 개미는 "이거 왜 이래? 난 술 안 마셨어!"라며 항변하겠지만, 앞으로 진행하는 한 좌우로 비틀거리는 몸을 멈출 수는 없을 것이다. 개미의 입장에서 볼 때 공간은 텅 비어 있는 것처럼 보이겠지만, 알 수 없는 힘이 자신의 몸을 자꾸 흔들어서 똑바로 나아갈 수가 없다. 그러나 이 상황을 좀 더 가까운 곳에서 바라보면 개미의 몸에는 아무런 힘도 작용하지 않고 있다는 것을 알 수 있다. 개미가 느끼는 힘은 공간 자체가 휘어져 있기 때문에 나타나는 일종의 환영인 것이다. 다시 말해서, 개미가 느끼는 인력은 사실 인력이 아니라 종이의 굴곡에 의해 나타난 척력斥力이라는 것이다. 지금까지의 논리는 다음의 한 문장으로 요약될 수 있다. "중력은 물체를 잡아당기지 않는다. 휘어진 공간이 물체를 밀어내는 것뿐이다."

 1915년에 아인슈타인은 훗날 모든 우주론의 초석이 될 일반상대성이론general relativity을 완성하였다. 이 놀라운 이론에 의하면, 중력은 우주공간을 가득 메우고 있는 독립적인 힘이 아니라 시공간이 휘어지면서 나타나는 부수적인 효과에 불과했다. 그리고 이 이론에서 아인슈타인이 주장하는 모든 내용은 단 한 줄의 방정식으로 요약될 수 있었다. 이 막강한 방정식을 이용하면 질량과 에너지의 분포상태에 따라 시공간이 휘어지는 정도를 정확하게 계산할 수 있다. 고요한 연못에 돌을 던지면 수면파가 생성되어 사방으로 퍼져나간다. 돌멩이가 클수록 물결은 더욱 격렬하게 일어날 것이다. 이와 마찬가지로, 별의 덩치가 클수록(질량이 클수록) 시공간은 더욱 심하게 휘어진다.

우주론의 탄생

아인슈타인은 우주의 모든 삼라만상을 단 하나의 이론으로 설명하겠다는 원대한 꿈을 갖고 있었다. 그러나 이 꿈을 실현하려면 벤틀리의 역설과 필연적으로 마주칠 수밖에 없었다. 1920년대에 대부분의 천문학자들은 우주가 정적이면서 균일하다고 믿고 있었다. 그래서 아인슈타인도 우주전역에 걸쳐 먼지와 별들이 골고루 분포되어 있다고 가정했다. 우주는 커다랗게 부풀어 있는 풍선이나 비눗방울에 비유될 수 있는데, 별을 비롯한 모든 물체들은 풍선의 내부가 아닌 풍선의 표면에 존재하고 있다. 즉, 모든 천체들은 풍선의 표면에 그려진 작은 점으로 간주할 수 있다는 뜻이다(물론 우주공간은 3차원이고 풍선의 표면은 2차원이므로 정확한 비유라고 할 수는 없다. 그러나 물리학자들은 문제를 단순화시키기 위해 차원을 줄여서 생각하는 경우가 많다. 단, 차원의 단순화로 인한 정보의 손실이 크지 않아야 한다. 우주를 풍선의 표면에 비유한 것이 그 대표적인 사례이다—옮긴이).

그런데 실망스럽게도 아인슈타인이 얻은 답은 항상 '역동적인' 우주였다. 그 역시 200년 전에 벤틀리가 마주쳤던 문제에 직면한 것이다. 중력은 항상 인력으로만 작용하므로 별들은 결국 중심부를 향해 뭉칠 것이고, 이렇게 되면 우주는 파국적인 종말을 맞이할 수밖에 없다. 이것은 20세기 초의 천문학계를 지배하고 있던 '정적인 우주'와는 너무도 다른 결과였다.

현대물리학의 흐름을 송두리째 바꾼 아인슈타인이었지만, 그 역시 우주가 움직인다는 결과를 액면 그대로 받아들일 수는 없었다.

그는 뉴턴과 마찬가지로 우주가 정적인 상태를 영원히 유지한다고 굳게 믿고 있었으므로, 어떻게든 자신의 방정식으로부터 정적인 우주를 유도할 수 있어야 했다. 1917년, 결국 그는 자신의 방정식에 우주상수cosmological constant라는 새로운 항을 추가하여 난처한 상황을 피해가기로 했다. 자신의 방정식에 우주상수를 첨가하면 반중력antigravity이 도입되면서 우주의 파국적인 종말을 피해갈 수 있기 때문이었다. 그러나 당시의 물리학자들은 임시방편으로 떠올린 우주상수를 마치 미운 오리새끼처럼 불편한 존재로 여겼다. 이론적으로 우주상수는 '밀어내는 중력', 즉 반중력을 생성시키고, 이것이 중력과 서로 상쇄된다면 우주는 정적인 상태를 유지할 수 있게 된다. 그런데 아인슈타인은 기존의 중력이 정확하게 상쇄되도록 우주상수의 값을 임의로 결정했다. 다시 말해서, 그는 정적인 우주를 인위적으로 만들어낸 것이다. 이 논리에 의하면 잡아당기는 중력은 암흑물질이 생성한 반중력과 정확하게 상쇄된다. 그 후로 70년 동안 우주상수는 학자들에게 '부모 없는 고아' 취급을 당하며 제대로 된 대접을 받지 못했다. 그러다가 최근 몇 년 전에 새로운 사실이 밝혀지면서 우주상수는 우주의 비밀을 풀어줄 후보로 다시 주목을 끌기 시작했다.

1917년에 네덜란드의 물리학자 빌렘 드 지터Willem de Sitter는 '무한히 크면서 물질이 전혀 존재하지 않는 우주'도 아인슈타인의 방정식을 만족한다는 사실을 알아냈다. 그가 얻은 해는 에너지를 머금고 있는 진공, 즉 우주상수만으로 이루어진 우주였는데, 만일 이런 우주가 정말로 존재한다면 밀어내는 쪽으로 작용하는 반중력에 의해 엄청난 속도로 팽창하고 있어야 한다. 물질이 전혀 없는 우주라 해도, 그곳에 있는 암흑에너지가 우주를 팽창시킬 수 있다는 것이다.

드 지터의 논문이 발표되면서 물리학자들은 딜레마에 빠졌다. 아인슈타인의 우주는 정적이면서 그 안에 물질이 존재하고, 드 지터의 우주는 동적이면서 물질이 전혀 없다. 아인슈타인의 우주에서 우주상수의 역할은 중력을 상쇄시켜서 정적인 우주를 유지하는 것이었지만, 드 지터의 우주에서 우주상수는 팽창의 원인으로 작용한다.

전 유럽인들이 제1차 세계대전의 충격에서 벗어나기 위해 한창 애를 쓰던 1919년, 한 무리의 천문학자들이 아인슈타인의 일반상대성이론을 실험적으로 검증하기 위해 장거리 여행을 떠났다. 일찍이 아인슈타인은 "태양 근처의 공간이 휘어져 있으므로, 그곳을 지나는 별빛의 경로도 휘어진다"는 것을 예견한 바 있다. 이때, 빛이 구부러지는 정도는 아인슈타인의 방정식을 이용하여 정확하게 계산할 수 있다. 그런데 육안 상으로 태양 근처에 있는 별은 태양 빛에 가려 보이지 않기 때문에, 이 사실을 실험적으로 확인하려면 일식이 일어나는 곳을 찾아가야 했다.

영국의 천체물리학자 아서 에딩턴Arthur Eddington이 이끄는 관측팀은 아프리카 서해안의 기니 만Gulf of Guinea 근처에 있는 프린시페Principe 섬으로 가서 일식을 기다렸다. 이들의 임무는 일식이 진행될 때 태양 근처에 있는 별의 위치를 정확하게 측정하는 것이었다. 그리고 앤드루 크로멜린Andrew Crommelin이 이끄는 또 한 팀의 천문학자들은 브라질 남부의 수브랄Sobral로 가서 동일한 관측을 시

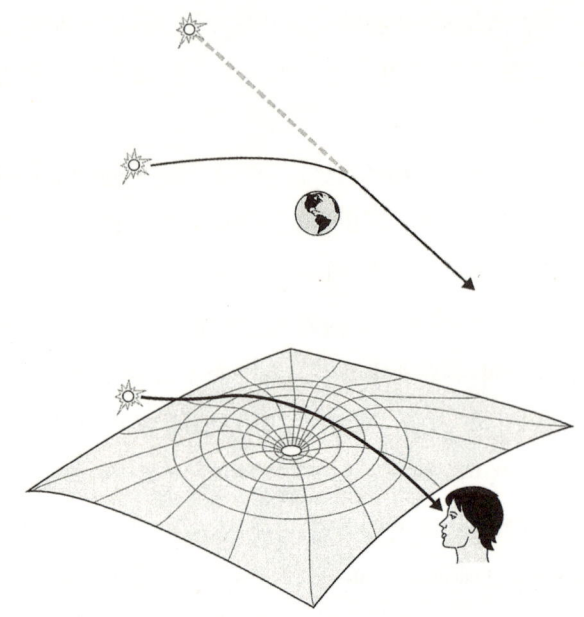

1919년에 두 팀의 천문학자들이 아인슈타인의 일반상대성이론을 실험으로 확인하기 위해 장거리 관측여행을 떠났다. 그들의 목적은 태양의 중력에 의해 빛의 궤적이 휘어진다는 아인슈타인의 예견을 확인하는 것이었다. 만일 이것이 사실이라면, 태양에 가려 눈에 보이지 않아야 할 별이 관측자의 시야에 들어올 것이다. 일반상대성이론에 의하면 태양의 질량에 의해 그 근처의 공간이 휘어져 있으므로 별빛은 휘어진 공간을 따라가게 된다. 즉, "중력이 물체를 잡아당기는 것이 아니라, 휘어진 공간이 물체를 밀어내는 것이다."

도했다. 이들이 관측한 별빛의 이탈각은 평균 1.79초(1초=1/60분=1/3600도)였는데, 이 값은 아인슈타인이 예견했던 1.74초와 거의 일치했다(이론과 실험의 차이는 오차범위를 벗어나지 않았다). 이로써 빛이 중력에 의해 휘어진다는 일반상대성이론의 예견은 사실로 확인되었으며, 이 사건을 계기로 아인슈타인은 세계적인 명사가 되었다. 훗날 에딩턴은 아인슈타인의 이론을 실험으로 확인한 것이 자신의 일생을 통틀어 가장 값진 업적이었다고 회고하였다.

1919년 11월 6일, 영국 왕립학회와 왕립천문학회의 연합모임에서 노벨상 수상자이자 왕립학회의 회장이었던 톰슨J. J. Thompson은 다음과 같이 말했다. "아인슈타인의 일반상대성이론은 인류 역사상 가장 위대한 인간사고의 산물이다. 비유적으로 말하자면, 아인슈타인은 외딴 섬을 발견한 것이 아니라 새로운 과학이 싹트는 새로운 대륙을 발견한 것이다. 중력을 설명하는 그의 이론은 뉴턴 이후로 가장 위대한 업적이 아닐 수 없다."[13]

여기서 한 가지 재미있는 일화를 소개한다. 한 신문사의 기자가 에딩턴과 인터뷰를 하면서 "아인슈타인의 이론을 이해하는 사람이 전 세계에 단 세 명뿐이라고 들었습니다. 그중 한 사람은 물론 당신이겠지요?"라고 물었다. 그러나 에딩턴은 깊은 생각에 잠긴 채 아무런 대답도 하지 않았다. 답답해진 기자가 "에딩턴 씨, 너무 겸손하신 거 아닌가요?"라고 다시 묻자, 그는 어깨를 으쓱하며 이렇게 대답했다고 한다. "천만에요. 저는 지금 세 번째 사람이 누구인지 생각하는 중입니다(에딩턴은 상대성이론을 이해하는 사람이 아인슈타인과 자신, 두 사람밖에 없다고 생각했다는 뜻이다—옮긴이)."[14]

그 다음날, 런던의 《타임스》에는 "과학의 혁명—우주를 설명하는 새로운 이론—뉴턴의 이론에 작별을 고하다"라는 기사가 헤드라인을 장식했다. 그것은 뉴턴의 시대가 끝나고 아인슈타인의 시대가 도래했음을 알리는 찬란한 서곡이었다.

아인슈타인의 이론은 가히 혁명적이었고 에딩턴은 그 이론을 실험으로 확인함으로써 세계만방에 알리는 데 큰 공헌을 했지만, 모든 사람들이 상대성이론을 환영한 것은 아니었다. 개중에는 상대성이론을 맹렬하게 비난하는 학자들도 있었는데, 특히 컬럼비아대학의 찰스 레인 푸어Charles Lane Poor는 "상대성이론을 접할 때마다 앨리스와 함께 이상한 나라를 헤매다가 매드 해터Mad Hatter(《이상한 나라의 앨리스》에 등장하는 모자장수—옮긴이)와 함께 차를 마시는 듯한 기분이다"라며 상대론을 혹평했다.[15]

상대성이론이 우리의 상식에 부합되지 않는 이유는 이론이 잘못되어서가 아니라 우리의 상식이 상대성이론을 따라가지 못하기 때문이다. 우리 인간들은 이 광활한 우주공간에서 특별히 안락한 곳에 살고 있다. 생명체에게 가장 적당한 온도에 다리가 견딜 만한 중력, 그리고 몸이 견딜 만한 속도로 움직이는 '우주 특구'에 살고 있는 것이다. 그러나 우주공간으로 나가면 별의 중심온도는 상상을 초월할 정도로 뜨겁고 텅 빈 공간은 절대온도 0도에 육박할 정도로 차가우며, 소립자들은 거의 광속으로 공간을 누비고 있다. 그러므로 인간의 상식이라는 것은 지구 근처에서만 통할 뿐, 범우주적인 관점에서 보면 지극히 편향된 지식에 불과하다. 다시 말해서, 상대성이론이 잘못된 것이 아니라 우리의 상식이 진실을 반영하고 있다는 믿음 자체가 틀렸다는 것이다.

우주의 미래

아인슈타인의 일반상대성이론은 태양의 중력에 의해 빛이 휘어지는 현상과 수성의 근일점이 이동하는 현상을 설명함으로써 최상의 성공을 거두었지만, 우주론과 관련된 부분에서는 분명한 답을 제시하지 못했다. 한편, 다양한 물질분포에 대해 아인슈타인 방정식의 해를 구한 사람은 러시아의 물리학자 알렉산드르 프리드만Aleksandr Friedmann이었다. 그가 가장 활발한 연구활동을 벌인 것은 1922년이었는데, 1925년에 젊은 나이로 세상을 뜨는 바람에 그의 업적은 최근까지도 거의 잊혀져 있었다.

아인슈타인의 이론은 일련의 방정식으로 이루어져 있다. 이 방정식들은 풀기가 너무 어려워서 종종 컴퓨터의 도움을 받아야 한다. 그러나 프리드만은 우주가 역동적이라고 가정한 후, 여기에 "우주공간은 등방적isotropic(한 지점에서 어떤 방향을 바라봐도 모두 똑같이 보인다는 뜻)이고 균질하다homogeneous(우주의 모든 지점에서 밀도가 균일하다는 뜻)"는 두 개의 가정을 추가해 방정식을 단순화시켰다.

프리드만의 가정을 수용하면 아인슈타인의 방정식은 매우 간단한 형태로 변환된다(사실, 아인슈타인과 드 지터가 구한 해는 프리드만이 구한 해의 특별한 경우에 해당된다). 프리드만의 해를 좌우하는 요인은 다음 세 가지 변수로 요약될 수 있다.

1. H — 우주의 팽창속도를 좌우하는 상수. 오늘날 이 상수는 허블상수Hubble's constant라는 이름으로 알려져 있다. 허블은 우

주의 팽창을 최초로 예견했던 천문학자이다.

2. Ω(오메가) — 우주공간의 평균밀도.
3. Λ(람다) — 빈 공간과 관련된 에너지, 또는 암흑에너지.

그동안 우주론을 연구하는 다수의 학자들은 H와 Ω, 그리고 Λ의 값을 정확하게 결정하기 위해 일생을 바쳐왔다. 이 세 개의 상수들은 서로 미묘한 관계를 유지하면서 우주의 미래를 좌우하고 있다. 예를 들어, 빅뱅 이후로 우주는 계속 팽창하고 있지만 천체들 간의 중력이 팽창을 저지하고 있기 때문에, 우주의 밀도 Ω는 우주의 팽창을 저지하는 일종의 브레이크 역할을 한다. 지표면에서 수직방향으로 던져진 돌멩이를 생각해보자. 일상적인 조건하에서 위로 상승하는 돌멩이는 지구중력의 영향을 받아 결국 아래로 떨어진다. 그러나 돌멩이를 아주 빠른 속도로 던지면 아래로 되돌아오지 않고 지구의 중력권을 영원히 탈출하게 된다. 이와 마찬가지로, 우주는 빅뱅에 의해 팽창을 시작했지만 물질(Ω)이 팽창을 저지하는 브레이크 역할을 하고 있다는 것이다. 돌멩이에 작용하는 지구의 중력과 팽창을 저지하는 Ω는 근본적으로 같은 역할을 하고 있는 셈이다.

앞으로 당분간은 우주공간에 진공에너지가 전혀 없다고 가정하기로 하자($\Lambda = 0$). 그리고 Ω는 우주의 밀도를 임계밀도로 나눈 값으로 정의하자(우주의 임계밀도는 $1m^3$당 수소원자 열 개 정도이다. 대충 비유를 들자면 농구공 세 개만한 부피에 수소원자 한 개가 존재하는 셈이다).

만일 Ω가 1보다 작다면, 즉 우주의 평균밀도가 임계밀도보다 작

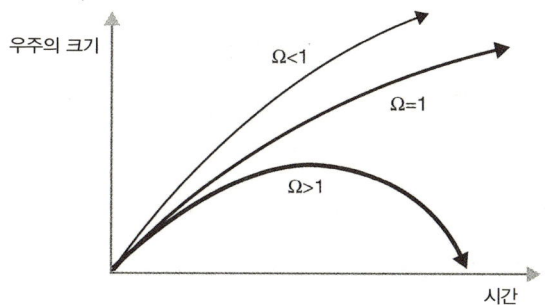

우주의 미래는 세 가지 가능한 시나리오로 설명될 수 있다. Ω<1이면(그리고 Λ=0이면) 우주는 계속해서 팽창하다가 전체적으로 얼어붙게 되고, Ω>1이면 어느 날 팽창을 멈추고 수축되기 시작해 빅크런치로 끝난다. 그리고 Ω=1이면 우주는 평탄한 상태를 유지하면서 영원히 팽창한다(WMAP 위성의 관측결과에 의하면 Ω+Λ=1이다. 즉, 우주는 평평하다는 뜻이다. 인플레이션이론도 이와 같은 주장을 펼치고 있다).

다면 이는 우주공간에 존재하는 물질의 총량이 원래의 팽창을 저지할 만큼 충분하지 않다는 뜻이다. 지구의 질량이 충분히 크지 않으면 비교적 느린 속도로 던져진 돌멩이도 중력권을 탈출할 수 있다. 이런 경우에 우주는 대책 없이 팽창하다가 절대온도 0도에 거의 접근했을 때 총체적으로 얼어붙게 될 것이다. 일반가정에서 흔히 사용하는 냉장고와 에어컨의 원리도 이와 비슷하다. 기체의 부피가 커지면 온도는 무조건 내려간다. 에어컨은 기체의 부피를 강제로 증가시켜서 온도를 내리는 장치이다.[16]

Ω가 1보다 크면 물체들이 행사하는 중력이 충분히 커서, 우주는 어느 시점에 팽창을 멈추고 수축되기 시작한다(지구의 질량이 충분히 크고, 위로 던져진 돌멩이의 속도가 느려서 최고점에 도달한 후 다시 지표

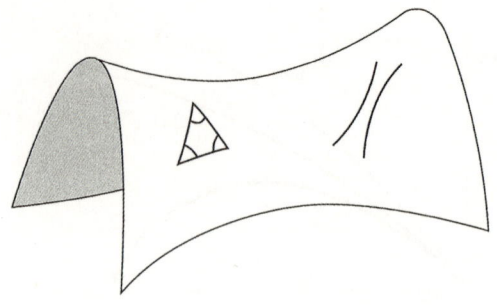

Ω<1이면(그리고 Λ=0이면) 우주공간은 말안장의 표면처럼 음(−)의 곡률을 갖게 된다. 이런 공간(표면)에서 평행선은 만나지 않으며 삼각형의 내각의 합은 $180°$보다 작다.

면으로 떨어지는 경우에 해당된다). 이렇게 되면 우주의 온도는 다시 올라가고 별과 은하들은 서로 가까워진다(독자들은 자전거의 타이어에 바람을 불어넣으면 타이어가 뜨거워진다는 사실을 잘 알고 있을 것이다. 이와 마찬가지로, 우주가 수축되면 중력에너지는 열에너지로 전환된다). 이런 식으로 수축이 계속되다보면 결국 우주는 초고온 상태가 되고 모든 생명체가 사라지면서 이른바 '빅 크런치big crunch'라 불리는 일대 파국을 맞이하게 된다. 천문학자 켄 크로스웰Ken Croswell은 이 과정을 '창조에서 화장까지from Creation to Cremation'라는 말로 표현했다.

마지막으로 Ω=1일 때, 즉 우주의 평균밀도와 임계밀도가 일치하는 경우 우주는 어떤 종말을 맞이하게 될 것인가? 이 경우에 우주는 두 가지 극단적인 종말의 중간상태를 절묘하게 유지하면서 영원히 팽창하게 된다. 앞으로 보게 되겠지만, 이것은 인플레이션이론의 예견과 일치한다.

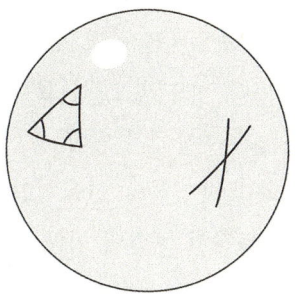

Ω>1인 경우, 우주는 닫혀 있으면서 양의 곡률을 갖게 되는데, 이 조건을 만족하는 대표적인 도형으로는 구면을 들 수 있다. 구면 위에 그려진 평행선은 어딘가에서 반드시 만나고 삼각형의 내각의 합은 180°보다 크다.

우주가 빅 크런치를 맞이하여 작은 점으로 수축된다면, 이로부터 새로운 빅뱅이 일어날 가능성도 얼마든지 존재한다. 우주론학자들은 이런 우주를 '진동하는 우주oscillating universe'라 부른다.

프리드만은 위에 열거한 세 개의 시나리오가 각기 시공간의 곡률 curvature(휘어진 정도)을 결정한다는 사실을 증명하였다. Ω가 1보다 작으면 우주는 영원히 팽창하게 되는데, 프리드만은 이 경우에 시간뿐만 아니라 공간까지도 무한대로 팽창한다는 것을 입증하였다. 이러한 우주를 '열려 있는 우주open universe'라 한다. 즉, 시간과 공간이 모두 무한대로 뻗어나갈 수 있다는 뜻이다. 프리드만은 몇 가지 계산을 수행한 끝에 이러한 우주가 음(−)의 곡률을 갖는다는 결론을 내렸다. 음의 곡률을 갖는 대표적인 도형으로는 말안장이나 트럼펫의 표면을 들 수 있다. 이런 도형 위에서 평행선은 만나지 않으며 삼각형의 내각의 합은 180°보다 작다.

Ω가 1보다 크면 우주는 작은 점으로 수축되며(빅 크런치), 시간과

공간은 유한한 특성을 갖게 된다. 프리드만의 계산에 의하면 이런 우주의 곡률은 0보다 크다. 마지막으로, $\Omega=1$이면 공간은 평평하고(곡률=0) 시간과 공간은 무한대가 된다.

프리드만은 아인슈타인 방정식의 현실적인 해를 최초로 구했을 뿐만 아니라, 우주의 궁극적인 종말의 형태까지 구체적으로 예견하였다. 그의 이론에 의하면 우주는 동결되거나, 한 점으로 응축되거나, 또는 영원히 진동할 운명에 처해 있다. 이 세 가지 가능성 중 어떤 것이 맞는지는 세 개의 상수(H, Ω, Λ) 값이 말해줄 것이다.

그러나 프리드만의 논리에도 맹점은 있다. 만일 우주가 팽창하고 있다면 팽창이 시작된 시점도 반드시 존재했을 것이다. 그런데 아인슈타인의 이론은 우주가 탄생한 시점에 대해 아무런 실마리도 제공하지 않고 있다. 우주의 현재상태와 앞날은 어느 정도 예측이 가능한데, 우주의 과거를 알아낼 방법이 없는 것이다. 빅뱅 무렵에는 대체 어떤 사건들이 일어났을까? 이제 곧 알게 되겠지만, 이 의문을 부분적으로나마 해결하는 데에는 세 사람의 과학자가 결정적인 역할을 했다.

3

빅뱅

> 우주는 우리가 생각했던 것보다 훨씬 더 기이할 뿐만 아니라,
> 앞으로 상상할 수 있는 그 어떤 것보다도 기이하다.
> — 홀데인 J. B. S. Haldane

> 우주 창조이론은 우리로 하여금 초월적인 세계를 경험하게 해주고,
> 그 안에 속해 있는 우리 자신의 모습을 되돌아보게 한다.
> 이것은 우리의 영혼이 제기할 수 있는 가장 궁극적인 질문이다.
> — 조지프 캠벨 Joseph Cambell

1995년 3월 6일자 《타임》지의 표지에는 '혼란에 빠진 우주론 Cosmology is in chaos'이라는 제목하에 거대한 나선은하 M-100의 사진이 게재되었다. 허블망원경이 최근에 보내온 자료를 분석한 결과, 우주의 나이가 가장 오래된 별의 나이보다 젊게 나왔던 것이다. 관측자료에 의하면 우주의 나이는 대략 80억~120억 년 정도였는데, 그때까지 알려진 가장 오래된 별의 나이는 무려 140억 년이나되었다. 애리조나대학의 크리스토퍼 임페이Christopher Impey는 "어머니보다 늙은 자식이 어떻게 존재할 수 있다는 말인가?"라며 당혹감을 감추지 못했다.

그러나 그 내용을 자세히 들여다보면 빅뱅이론은 그다지 큰 타격을 받지 않았음을 알 수 있다. 빅뱅에 대한 반론은 M-100이라는 단

하나의 은하로부터 유추된 이론에 불과했기 때문이다. 반론이 갖고 있는 논리적 구멍은 "〈스타트렉〉의 우주선 엔터프라이즈호가 지나갈 수 있을 정도로 거대했다." 허블망원경의 관측자료로부터 추정된 우주의 나이는 10% 내지 20%의 오차를 내포하고 있다.

빅뱅이론은 결코 상상의 산물이 아니다. 그것은 지난 수백 년 동안 수집된 방대한 관측자료에 기초한 이론이며, 모든 데이터는 거의 아무런 모순 없이 빅뱅이론에 부합되고 있다(과학이론이 탄생하는 과정은 실로 다양하다. 누구든지 자기 나름대로 우주 창조이론을 주장할 수 있다. 그러나 학계의 인정을 받으려면 주장하는 바가 기존의 관측자료와 일치해야 한다. 빅뱅이론은 이 조건을 충분히 만족시키고 있다).

지금까지 빅뱅이론은 세 차례에 걸쳐 설득력 있게 증명되었다. 증명의 주인공은 현실과 동떨어진 연구에 평생을 바치면서 자신의 분야에서 최고의 명성을 누렸던 세 사람, 에드윈 허블Edwin Hubble과 조지 가모브, 그리고 프레드 호일Fred Hoyle이었다.

천문학의 원조, 에드윈 허블

우주론의 이론적 기초를 닦은 사람이 아인슈타인이었다면, 천체 관측에 입각한 현대적 우주론을 창시한 인물은 단연 에드윈 허블이었다. 그를 20세기 최고의 천문학자로 꼽는 데 주저하는 사람은 어디에도 없을 것이다.

1889년에 미국 미주리 주 마시필드Marshfield의 오지에서 태어난 허블은 수줍음이 많으면서도 야망에 찬 소년기를 보냈다. 변호사이 자 보험 대리인이었던 그의 부친은 자신의 아들이 변호사로 성공하기를 바랐으나, 소년 허블은 쥘 베른Jules Verne의 소설과 별의 매력에 흠뻑 빠져 있었다. 당시 그는 《해저 2만 리Twenty Thousand Leagues Under the Sea》와 《지구에서 달까지From the Earth to the Moon》 등의 고전 공상과학소설을 가장 좋아했다고 한다. 또한 그는 실력 있는 권투선수이기도 했다. 한 프로모터는 허블에게 프로선수로 전향하여 당시 헤비급 세계챔피언이었던 잭 존슨과 타이틀전을 가질 것을 권유했을 정도였다.

고등학교를 졸업한 후 허블은 옥스퍼드대학에 로즈장학금을 받고 진학하여 법학을 공부했는데, 이 기간 동안 그는 영국 상류사회의 매너리즘에 점차 익숙해져갔다. 그는 이때부터 정장을 입고 파이프 담배를 피우기 시작했으며, 강한 영국식 억양으로 결투에서 얻은 상처를 자랑하곤 했다. 그러나 소문에 의하면 그 상처는 자해로 생긴 것이라고 한다.

일류대학의 장학생이 되었음에도 불구하고, 허블은 전혀 행복하지 않았다. 소송이나 재판과 같은 세속적인 일들은 결코 그를 즐겁게 할 수 없었다. 소년시절부터 그의 이상향은 언제나 밤하늘의 별이었기 때문이다. 결국 그는 다니던 학교를 과감하게 때려치우고 시카고대학으로 옮겼다. 그리고 캘리포니아에 있는 윌슨산천문대로 파견되어 본격적인 천문학자의 길을 걷기 시작했다. 다른 사람보다 천문학 공부를 늦게 시작한 허블은 남들보다 몇 배의 노력을 기울여 밀린 공부를 따라잡았고, 얼마 지나지 않아 천문학 역사상 가장 어려운 문제를 해결함으로써 현대천문학의 아버지로 세계만방에 이름을 떨치게 되었다.

1920년대의 천문학자들은 '엎질러진 우유' 처럼 밤하늘을 가로지르고 있는 은하수가 우주의 전부라고 생각했다(실제로 '은하galaxy'라는 말은 고대 그리스어의 우유를 뜻하는 단어에서 유래되었다). 1920년에 하버드대학의 천문학자 할로 섀플리Harlow Shapley와 릭천문대의 허버 커티스Heber Curtis는 '우주의 크기' 라는 주제로 일대 토론을 벌였다. 이들은 은하수와 우주의 크기에 관하여 각자의 의견을 주고받았는데, 섀플리는 은하수가 관측 가능한 우주의 전부라고 믿었고 커티스는 은하수 너머에서 희미하게 빛나는 나선형 성운spiral nebulae이 존재한다고 주장했다. 1700년대 초반에 철학자 이마누엘 칸트Immanuel Kant는 이 성운을 '섬우주island universe' 라고 불렀었다.

허블은 이들의 토론에 깊은 관심을 보였다. 토론에서 가장 큰 이슈가 된 것은 별까지의 거리를 결정하는 것이 예나 지금이나 천문학에서 가장 어려운 문제라는 점이었다. 먼 거리에서 밝게 빛나는 별은 가까운 거리에서 희미하게 빛나는 별과 비슷하게 보인다. 그동안 천문학자들을 흥분하게 했던 대부분의 논쟁은 바로 이 모호함에서 비롯되었다. 허블은 이 문제를 해결하기 위해, 우주 어디에서나 동일한 양의 빛을 방출하는 '표준촛불standard candle' 을 찾기로 마음먹었다. 요즘도 천문학자들의 가장 큰 작업은 표준촛불을 찾아서 그 밝기를 결정하는 것이다. 일단 표준촛불이 발견되면 천문학자들은 그 신뢰성을 놓고 열띤 논쟁을 벌이곤 한다. 우주전역에서 항상 동일한 양의 빛을 방출하는 표준촛불을 찾는다면, 이보다 4배 희미한 동종의 천체는 표준촛불보다 두 배 먼 거리에 있다고 결론지을 수 있다.

어느 날 밤, 허블은 나선형 성운 안드로메다의 사진을 분석하다가 갑자기 "유레카!"를 외쳤다. 헨리에타 리비트Henrietta Leavitt라는 천문학자가 집중적으로 연구해왔던 변광성變光星 variable star(세페이드Cepheid라고도 함)을 안드로메다 성운에서 발견한 것이다. 변광성이란 밝기가 주기적으로 변하는 천체로서, 별의 전체적인 밝기가 밝을수록 긴 주기를 갖는 것으로 알려져 있다. 그러므로 변광성의 주기를 측정하면 지구로부터의 거리와 실제적인 밝기를 유추할 수 있다. 허블은 안드로메다 성운에서 발견된 변광성이 31.4일을 주기로 밝아진다는 사실을 관측으로 확인한 후 지구로부터의 거리를 계산해보았다. 그랬더니 놀랍게도 이 별까지의 거리는 무려 100만 광년이나 되었다! 은하수의 폭은 약 10만 광년이므로, 그가 발견한 변광성은 은하수를 훨씬 벗어난 곳에서 빛나고 있음이 분명했다. 은하수는 태양계가 속해 있는 은하이다. 나중에 알려진 사실이지만, 허블은 안드로메다까지의 거리를 과소평가했었다. 현재 알려진 거리는 약 200만 광년이다.

허블은 다른 나선형 성운을 대상으로 동일한 관측을 시도하여 이들 역시 은하수의 바깥에 존재한다는 결론을 내렸다. 그동안 우주의 전부로 알고 있었던 은하수는 우주에 표류하고 있는 수많은 은하들 중 하나에 불과했던 것이다.

허블의 연구결과가 알려지면서 갑자기 우주는 방대한 영역으로 확장되었다. 단 하나의 은하로 생각했던 우주는 알고보니 수백만, 또는 수십억 개의 은하들로 우글거리는 아수라장이었고, 우주의 크기는 10만 광년 남짓한 규모에서 수십억 광년으로 확장되었다.

이 하나의 발견으로 허블은 천문학계의 영웅이 되었다. 그러나 그는 여기에 만족하지 않고 은하들이 지구로부터 멀어져가는 속도까지 관측하기로 마음먹었다.

도플러효과와 팽창하는 우주

멀리 떨어져 있는 물체의 이동속도를 알아내는 가장 쉬운 방법은 그 물체에서 생성된 소리나 빛의 변화를 관측하는 것이다. 이 현상은 흔히 '도플러효과Doppler effect'라는 이름으로 알려져 있다. 소리와 관련된 도플러효과는 고속도로를 달리는 자동차에서 쉽게 확인할 수 있다. 경찰관들은 자동차의 속도를 측정할 때 도플러효과를 이용한다. 우선 달리는 자동차에 특정 진동수의 레이저빔을 발사한 후, 자동차의 표면에 반사되어 되돌아온 레이저빔을 수신해 진동수의 변화를 분석하면 자동차의 속도를 알아낼 수 있다. 물론 이 모든 과정은 스피드건 속에서 자동으로 수행된다.

예를 들어, 특정한 별이 지구를 향해 다가오고 있다면 그 별에서 방출된 빛은 마치 아코디언처럼 압축된다. 물리적으로 말하자면, 빛의 파장이 짧아지는 것이다. 그러므로 지구를 향해 접근하는 별이 노란색 빛을 방출했다면 지구에 도달하는 빛은 푸르스름한 색으로 변형된다(푸른색 빛은 노란색 빛보다 파장이 짧다). 이와 비슷한 이유로, 지구로부터 멀어져가는 별에서 방출된 빛은 파장이 길어진 채로 지구에 도달한다. 이 경우에 노란색 빛은 붉은 기운을 띠게 될 것이다. 따라서 별빛의 진동수(또는 파장)가 변한 정도를 알아내면 그 별의 이동속도를 알 수 있다.

1912년, 천문학자 베스토 슬라이퍼Vesto Slipher는 은하들이 엄청나게 빠른 속도로 지구로부터 멀어지고 있다는 사실을 최초로 알아냈다. 우주는 사람들이 생각했던 것보다 훨씬 방대할 뿐만 아니라 엄청난 속도로 팽창하고 있었던 것이다. 슬라이퍼는 은하에서 도달한 빛의 스펙트럼에서 적색편이를 발견하여 은하들이 멀어지고 있다는 결론을 내렸다. 우리의 우주는 뉴턴이나 아인슈타인의 생각처럼 정적인 우주가 결코 아니었다.

지난 수백 년 동안 과학자들은 벤틀리와 올베르스의 역설과 씨름을 벌여왔지만, 우주가 팽창한다고 생각했던 과학자는 단 한 사람도 없었다. 1928년에 허블은 네덜란드로 여행을 떠나 드 지터를 만났다. 그 무렵에 허블은 "멀리 있는 별일수록 더욱 빠른 속도로 멀어져가고 있다"는 드 지터의 예측에 지대한 관심을 보이고 있었다. 그 내용을 이해하기 위해, 표면의 여러 곳에 점이 찍혀 있는 풍선을 예로 들어보자. 풍선에 바람을 불어넣으면 표면적이 늘어나면서 각 점들 사이의 거리는 점차 멀어진다. 그런데 이 과정을 주의 깊게 들여다보면 가까이 있는 점들은 서로 멀어지는 속도가 상대적으로 느리며, 멀리 있는 점들은 빠른 속도로 멀어진다는 것을 알 수 있다. 다시 말해서, 우주가 풍선의 표면처럼 팽창하고 있다면 멀리 있는 은하일수록 빠른 속도로 도망간다는 것이다.

　드 지터는 그동안 모아놓은 관측결과를 허블에게 보여주면서 자신의 이론을 강하게 주장했다. 물론 은하의 스펙트럼에 나타난 적색편이의 정도는 한결같이 드 지터의 주장을 뒷받침하고 있었다. 허블은 적색편이가 큰 은하일수록 빠른 속도로 멀어져가고 있으며, 지구로부터의 거리도 그만큼 멀다는 것을 인정할 수밖에 없었다(아인슈타인의 이론에 의하면 적색편이가 나타나는 것은 은하들이 지구로부터 멀어져가기 때문이 아니라, 지구와 은하 사이의 공간 자체가 팽창하고 있기 때문이다. 즉, 적색편이는 '은하들이 공간에 대해 움직이기 때문'이 아니라, '은하들은 거의 그 자리에 있지만 공간 자체가 팽창하고 있기 때문에' 나타나는 현상이라는 것이다).

허블의 법칙

　다시 캘리포니아로 돌아온 허블은 드 지터의 이론을 뒷받침하는 더욱 확실한 증거를 찾기 시작했다. 그는 24개의 은하들을 끈질기게 관측한 끝에 멀리 있는 은하일수록 더욱 빠른 속도로 멀어져간다는 것을 분명하게 확인할 수 있었다(이 결과는 아인슈타인의 방정식과도 일치한다). 은하의 이동속도를 거리로 나눈 값은 항상 일정하게 나타났는데, 훗날 이 상수는 허블상수, 또는 H로 불리게 된다. 허블상수는 우주의 팽창속도를 알려주는 지표로서, 지금도 천문학에서 가장 중요한 상수로 취급되고 있다.

우주가 정말로 팽창하고 있다면, 팽창이 시작된 시점도 분명히 존재할 것이다. 실제로, 허블상수의 역수($1/H$)를 계산하면 대략적인 우주의 나이를 알 수 있다. 빅뱅이 일어나던 순간을 누군가가 비디오카메라로 촬영했다고 가정해보자. 이 필름을 재생하면 빅뱅의 잔해들이 사방으로 흩어져나가는 광경이 보일 것이고, 이로부터 우리는 우주의 팽창속도를 계산할 수 있다. 그러나 필름을 반대로 돌리면 모든 잔해들이 한 점으로 집중되면서 갑자기 모든 것이 고요해지는 순간도 나타날 것이다. 그런데 우리는 팽창속도를 이미 알고 있으므로, 필름을 거꾸로 되돌리면 빅뱅이 일어난 시점을 역으로 추적할 수 있다.

허블이 처음으로 계산한 우주의 나이는 약 18억 년이었는데, 이 값은 후대의 천문학자들을 오랜 세월 동안 괴롭혔다. 과학적인 방법으로 알아낸 지구와 별의 나이가 우주의 나이보다 많았기 때문이다. 그로부터 몇 년 후, 천문학자들은 안드로메다 변광성의 밝기 측정에 오차가 있었음을 깨달았다. 지난 70년 동안 허블상수의 정확한 값을 놓고 천문학자들이 벌였던 논쟁은 흔히 '허블전쟁'이라고 불릴 정도로 격렬한 것이었다. 현재는 WMAP 위성이 전송해온 허블상수의 값을 가장 정확한 값으로 간주하고 있다.

1931년에 아인슈타인은 윌슨산천문대를 방문하여 허블과 역사적인 대면을 가졌다. 그 자리에서 아인슈타인은 우주가 팽창하고 있음을 인정하면서, 자신이 도입했던 우주상수가 일생에서 가장 커다란 실수였음을 고백했다. 그러나 아인슈타인의 실수는 우주론의 근간을 뒤흔들었다. 이 점에 관해서는 나중에 자세히 언급될 것이다. 이 방문길에 아인슈타인은 부인과 동행하였는데, 천문대의 연구원들은 아인슈타인 부인에게 천문대의 이곳저곳을 안내하면서 거대한 천체망원경이 우주의 궁극적인 형태를 밝혀줄 것이라고 설명했다. 그랬더니 그녀는 차분한 어조로 이렇게 대답했다고 한다. "지금까지 제 남편은 편지봉투 뒷면에 수식을 끄적이면서 그 일을 해왔답니다."

빅뱅

벨기에의 성직자 조지 르메트르Georges Lemaître는 "우주가 팽창하고 있으므로 시작도 있었다"는 논리에 각별한 관심을 보였다. 그는 학창시절에 아인슈타인의 상대성이론을 배운 적이 있었으며, 우주론에 관해 폭넓은 지식을 가진 유별난 성직자였다. 그는 기체를 압축하면 온도가 올라간다는 열역학 법칙에 착안하여, 탄생초기의 우주가 엄청난 고온상태였을 것으로 추정했다. 1927년에 르메트르는 이 우주가 초고온·초고밀도의 '초원자superatom' 상태에 있다가 갑자기 폭발을 일으켜 팽창하기 시작했다고 주장했다. "우주의 진화과정은 폭탄이 터진 후의 여파와 비슷한 방식으로 진행되었다. 폭탄이 점화되어 폭발하면 재와 찌꺼기들이 사방으로 흩어진다. 지금 우리는 충분히 식은 잿더미(지구) 위에 살면서 서서히 소멸해가는 태양을 바라보고 있다. 그리고 천문학자들은 폭발이 일어나던 순간에 전 우주를 밝혔다가 사라진 섬광을 재현하기 위해 노력하고 있다."[1]

우주의 기원을 설명하면서 초원자의 개념을 처음으로 도입했던 사람도 소설가 포였다. 그는 물질들이 서로 잡아당기고 있기 때문에 초창기의 우주는 아주 작은 영역 속에 초고밀도상태로 응축되어 있었다고 생각했다.

르메트르는 물리학회에도 종종 참석해 난해한 질문을 퍼부으면서 학자들을 괴롭혔다. 물리학자들은 그의 아이디어를 일종의 유머처럼 취급했고, 뒤돌아서면 곧바로 잊어버리곤 했다. 당대 최고의 물리학자였던 아서 에딩턴은 이렇게 말했다.

"나는 현재의 질서가 대폭발에서 비롯되었다는 주장을 믿지 않는다. … 이토록 질서정연한 자연이 어느 날 갑자기 시작되었다는 것은 과학적인 관점에서 볼 때 커다란 모순이 아닐 수 없다."[2]

그러나 여러 해에 걸쳐 끈질기게 반복되는 르메트르의 주장에 학계는 서서히 누그러지기 시작했다. 그러던 중 과학의 대중화에 앞장서던 한 물리학자가 르메트르의 주장을 입증하는 결정적인 단서를 발견하게 된다.

우주적 광대, 조지 가모브

당시 천문학의 최고 대가는 누가 뭐라 해도 허블이었지만, 그의 업적을 이어받아 더욱 발전시킨 사람은 현실과 동떨어져 살던 기인 과학자, 조지 가모브였다. 가모브는 많은 면에서 허블과 정반대의 성향을 가진 사람이었다. 그는 격식에 얽매이는 것을 몹시 싫어했으며, 재기 넘치는 농담과 재미있는 그림으로 항상 주변 사람들을 즐겁게 했다. 이러한 성향 때문에 '물리학계의 광대'로 통했던 가모브는 어린아이들을 위한 20여 권의 교양과학서적을 집필해 대중적으로도 널리 알려져 있었다. 나를 포함한 전 세계의 수많은 물리학자들은 어린 시절에 가모브의 책을 읽으며 과학을 향한 꿈을 키워왔다. 상대성이론과 양자역학이 현대물리학에 일대 혁명을 불러일으켰을 때에도, 이를 설명하는 가모브의 책은 가장 쉽고 뛰어난 과학교양서로서 전 세계의 청소년들에게 읽혔다.

평범한 과학자들은 독창적인 아이디어가 부족하여 산더미같이 쌓인 실험데이터와 씨름을 벌이면서 세월을 보내기 일쑤지만, 가모브는 넘쳐나는 아이디어를 주체하지 못해 핵물리학과 우주론, 그리고 심지어는 DNA까지 연구하는 등 다방면에서 발군의 실력을 발휘한 천재 중의 천재였다. DNA의 이중나선구조를 규명하여 프랜시스 크릭Francis Crick과 함께 노벨상을 수상한 제임스 왓슨James Watson의 자서전에 '유전자, 아가씨들, 그리고 가모브Genes, Girls, and Gamow'라는 제목이 붙어 있는 것만 봐도 그의 영향력을 짐작할 수 있다. 가모브의 연구동료였던 에드워드 텔러Edward Teller는 이런 말을 한 적이 있다. "가모브가 주장하는 이론의 90%는 틀린 이론이며, 틀렸다는 것을 증명하기도 아주 쉽다. 그러나 그는 이런 사실에 전혀 개의치 않는다. 그는 자신의 창조물에 대해 아무런 자부심도 갖고 있지 않다. 자신의 이론이 틀린 것으로 판명되면 가모브는 논문을 당장 휴지통에 버린 후 한물간 농담쯤으로 취급해버리곤 했다."[3] 그러나 그가 제안했던 나머지 10%의 아이디어는 과학의 기초를 송두리째 뒤흔들었다.

1904년에 러시아의 오데사Odessa에서 태어난 가모브는 어린 시절을 다음과 같이 회고하고 있다.

"적함이 오데사에 포격을 퍼부을 때마다 학교수업은 수시로 중단되었으며, 그리스와 프랑스, 영국의 군대가 총검을 들고 시내 중심가로 진격해오면 흰색, 붉은색, 또는 푸른색 등 다양한 색상의 제복을 입은 러시아의 군인들은 적군과 격렬한 전투를 치르곤 했다."⁴

가모브는 어린 시절에 교회에서 사용하는 성찬용 빵을 몰래 집으로 가져왔다가 삶의 커다란 전환점을 맞이하게 된다. 그는 훔쳐온 빵에 예수의 살점이 정말로 붙어 있는지 확인하기 위해 현미경까지 동원해 샅샅이 살펴보았다. 그러나 아무리 들여다봐도 사람의 살점은 발견되지 않았다. 그것은 어디서나 쉽게 구할 수 있는 평범한 빵이었던 것이다. "내 기억에는 아마 그때부터 과학자가 되기로 결심했던 것 같습니다." 가모브는 당시의 일을 이렇게 회고하였다.⁵

청년이 된 가모브는 레닌그라드대학에 진학해 알렉산드르 프리드만의 지도를 받으며 물리학을 공부했고, 학교를 졸업한 후에는 코펜하겐대학으로 자리를 옮겨 닐스 보어Niels Bohr를 비롯한 당대의 석학들과 친분을 쌓았다. 1932년에 가모브와 그의 아내는 소련국적을 버리고 터키로 망명을 시도했다가 실패했다. 후에 그는 브뤼셀에서 개최된 물리학회에 참석한다는 명목으로 소련을 탈출하여 결국 망명에 성공하였다. 그러나 소련정부는 그에게 사형을 언도하고 끝까지 그의 뒤를 추적했다.

가모브는 친구들에게 보내는 편지에 5행시를 즐겨 쓰곤 했는데,

그중 한 편을 여기 소개한다. 이 시에는 엄청나게 큰 숫자와 무한대에 직면한 천문학자들을 걱정하는 그의 마음이 재미있게 표현되어 있다.

> 트리니티에서 온 한 젊은이가
> 무한대의 제곱근을 계산했다네.
> 그런데 자릿수가 너무 많아서
> 조바심을 치기 시작했지.
> 결국 그는 수학을 포기하고
> 신학을 공부하기로 했다네.[6]

1920년대에 가모브는 방사능 붕괴가 일어나는 이유를 규명하여 러시아에서 첫 번째 성공을 거두었다. 그 무렵에 과학자들은 퀴리 부인의 연구 덕분에 우라늄원자가 알파선(헬륨원자의 핵)의 형태로 방사능을 방출한다는 사실을 잘 알고 있었다. 그러나 뉴턴 역학에 의하면 핵자들을 서로 단단하게 결합시키고 있는 핵력은 알파입자의 탈출을 방해하는 장애요인으로 작용한다. 그런데 어떻게 우라늄은 방사능을 방출하고 있는 것일까?

가모브(그리고 거니R. W. Gurney와 콘던E. U. Condon)는 양자역학의 불확정성원리 때문에 방사능 붕괴가 가능하다는 것을 알아냈다. 불확정성원리에 의하면 입자의 위치와 속도는 '동시에 정확히' 결정될 수 없다. 그러므로 방사능이 핵력에 의한 장애를 뚫고 밖으로 유출될 확률이 존재한다는 것이다(물리학자들은 이 현상을 '터널효과

tunneling effect'라 부른다. 오늘날 터널효과는 물리학의 핵심개념으로서, 각종 전자장비와 블랙홀, 그리고 빅뱅을 설명하는 데 사용되고 있다. 우주 자체도 터널효과에 의해 탄생했을지도 모른다).

가모브는 터널효과를 설명하면서 벽과 창살로 둘러싸인 감옥에 갇힌 죄수를 예로 들었다. 고전물리학에 의하면 이런 상황에서 탈옥은 절대로 불가능하다. 그러나 양자역학의 신비한 세계에서, 간수는 현재 죄수가 정확하게 어느 위치에서 어떤 속도로 움직이고 있는지를 알 수 없다. 죄수가 자신의 몸을 날려 담벼락에 계속해서 충격을 주고 있다면, 고전역학의 세계에서는 참으로 딱하고 한심한 죄수로 찍히겠지만, 양자적 세계에서는 이 미련한 행동으로 탈옥에 성공할 수도 있다. 다시 말해서, 에너지가 작은 입자가 단단한 벽을 통과할 확률이 0이 아니라는 것이다! 물론, 사람과 같이 커다란 물체가 담을 통과하는 사건은 발생확률이 아주 작아서 거의 우주의 나이에 육박하는 세월 동안 쉬지 않고 부딪쳐야 한 번 정도 일어날까 말까 하지만, 미시세계에서는 알파입자를 비롯한 소립자들이 엄청나게 큰 에너지로 벽을 두들기고 있기 때문에 이런 기적 같은 사건들이 수시로 발생한다. 많은 사람들은 가모브가 이 업적으로 노벨상을 수상해야 마땅하다고 생각했으나, 현실은 그렇지 않았다.

1940년대에 가모브는 아직 신천지에 가까운 우주론으로 관심을 돌렸다. 당시 우주에 대해 알려진 사실이라고는 우주공간이 어둠으로 가득 차 있고 우주가 팽창하고 있다는 정도였다. 가모브는 수십억 년 전에 빅뱅이 일어났음을 증명하는 '화석'을 찾기 위해 혼신의 노력을 기울였지만, 당시 학계의 분위기로 볼 때 이것은 그다지 유망한 연구분야가 아니었다. 그 무렵의 우주론은 실험에 기초한 과학이 전혀 아니었기 때문이다. 오늘날에도 빅뱅이 일어났음을 직접적으로 입증하는 방법이란 존재하지 않는다. 이런 점에서 볼 때, 우주론은 하나의 추리소설에 비유될 수 있다. 그것은 정확한 실험으로 형성된 과학이 아니라, 현장증거 및 정황증거를 수집하여 기존의 스토리에 끼워 맞추면서 형성된 이론이기 때문이다. 물론 의외의 증거가 발견되면 기존의 추론은 거기에 맞게 수정되어야 한다.

우주의 핵 취사장

가모브가 과학사에 남긴 그다음 업적은 초기우주에서 가벼운 원소를 탄생시킨 일련의 핵반응 과정을 규명한 것이다. 그는 이를 두고 '우주적 선사시대의 취사장prehistoric kitchen of the universe'이라 부르곤 했다. 빅뱅 때 생성된 뜨거운 열 속에서 우주를 이루는 모든 원소들이 '요리되었기' 때문이다. 오늘날 '핵합성nucleosynthesis'이라 불리는 이 과정은 우주에 존재하는 물질의 양을 계산할 때 유용하게 사용되고 있다. 가모브는 가장 가벼운 원소인 수소를 비롯하여 멘델레예프Mendeleev의 주기율표에 나와 있는 모든 원소들이 빅뱅의 열에 의해 연쇄적으로 만들어졌다고 주장했다.

가모브와 그의 학생들이 펼쳤던 논리는 다음과 같다. 창조의 순간에 우주는 초고온상태에서 양성자와 중성자가 한데 뭉쳐 있었다. 그러다가 어느 순간부터 핵융합반응이 일어나기 시작하여 수소(H)원자가 헬륨(He)원자로 변환되었다. 이것은 수소폭탄이나 별의 내부에서 진행되는 과정과 동일하다. 즉, 양성자들이 엄청난 고온상태에 놓이면 서로 결합하여 수소 다음으로 무거운(그리고 안정된) 원소인 헬륨을 생성하게 되는 것이다. 그 후, 수소의 원자핵과 헬륨의 원자핵들이 충돌을 반복하다보면 그다음으로 무거운 원소인 리튬(Li)과 베릴륨(Be) 등이 만들어진다. 가모브는 이와 같은 과정이 반복되면서 주기율표에 나와 있는 모든 원소들이 생성되었다고 가정했다. 다시 말해서, 우주를 이루는 모든 원소들이 초창기의 뜨거운 열에 의해 '요리되었다'는 것이다.

가모브는 이 과감한 시나리오의 대략적인 아우트라인을 작성했고, 그의 박사과정 제자였던 랄프 알퍼Ralph Alpher가 세세한 부분을 정리해 논문을 완성하였다.[7] 그런데 가모브는 논문의 공동저자 명단에 한스 베테Hans Bethe의 이름을 본인의 허락도 없이 올려놓았다. 그래서 이 논문은 학자들 사이에서 '알파—베타—감마 논문(각각 알퍼, 베테, 가모브를 의미함)'으로 불리게 되었다.

가모브의 주장에 의하면 우주질량의 25%를 차지하고 있는 헬륨은 빅뱅의 고열로부터 탄생하였다. 실제로 지금 존재하는 별과 은하의 성분을 분석해보면, 수소가 약 75%이고 25%는 헬륨이며 나머지 원소들이 극소량을 차지하고 있다(프린스턴대학의 천체물리학자인 데이비드 스퍼겔David Spergel은 이런 말을 한 적이 있다. "모든 풍선 속에 들어 있는 원자들 중 일부는 빅뱅 후 몇 분 이내에 만들어진 것이다."[8]).

가모브의 창조 시나리오는 특유의 상상력을 발휘하여 별 어려움 없이 작성되었지만, 실제로 계산을 하는 과정에서 약간의 문제점이 발생했다. 가벼운 원자핵의 경우에는 그의 이론이 잘 들어맞았으나, 양성자와 중성자가 5개, 또는 8개인 원소는 지극히 불안정해 더 무거운 원소를 만들어내는 가교의 역할을 할 수 없었던 것이다. 우주에 존재하는 대부분의 원소들은 5나 8보다 훨씬 많은 개수의 핵자(양성자와 중성자)들로 이루어져 있으므로, 이 문제가 해결되지 않는 한 가모브의 이론에는 구멍이 생길 수밖에 없었다. 그러나 여러 해가 지나도록 문제는 해결되지 않았고, "모든 원소들은 빅뱅의 열기 속에서 순차적으로 만들어졌다"는 가모브의 과감한 이론은 폐기될 위기에 처하게 되었다.

마이크로파배경복사

이와 비슷한 시기에 가모브의 관심을 끌었던 또 하나의 문제가 있었다. 만일 빅뱅이 엄청난 고온상태에서 진행되었다면, 그 열에너지의 여파는 지금까지 우주공간을 배회하고 있을지도 모른다. 만일 그렇다면, 이것은 빅뱅을 증명하는 화석이 될 수도 있다. 이론에 의하면 빅뱅은 상상을 초월할 정도의 대규모로 일어났으므로, 폭발의 잔해가 오늘날까지 복사에너지의 형태로 남아 있다는 주장은 그런대로 설득력이 있었다.

1946년에 가모브는 빅뱅이 초고온상태에서 응축되어 있는 중성자로부터 시작되었다고 가정했다. 사실, 그 무렵에는 전자와 양성자, 그리고 중성자를 제외한 대부분의 소립자들에 대해 알려진 내용이 거의 없었다. 이 응축물의 온도를 계산할 수 있다면, 이로부터 방출된 복사에너지의 양도 계산할 수 있다. 그로부터 2년 후, 가모브는 우주의 기원이라 할 수 있는 초고온 응축물을 흑체black body로 간주하고 여기에 흑체복사이론을 적용해 매우 성공적인 결과를 얻었다. 흑체란 빛에너지를 가장 잘 흡수하는 물체로서, 모든 종류의 빛을 가리지 않고 흡수했다가 독특한 형태로 복사radiation하는 것으로 알려져 있다. 예를 들어, 태양과 용암, 불 속에서 타는 석탄, 그리고 고온 세라믹 등은 황-적색 불꽃을 내면서 흑체와 같은 방식으로 복사에너지를 방출한다.

  흑체복사를 처음으로 발견한 사람은 18세기의 도자기공 토머스 웨지우드Thomas Wedgwood였다. 그는 도자기의 원료를 불가마 속에서 구울 때 온도가 높아짐에 따라 재료의 색깔이 붉은색에서 노란색, 흰색으로 변해간다는 사실을 처음으로 확인하였다.

  이 원리를 이용하면 물체의 색깔로부터 대략적인 온도를 유추할 수 있으며, 반대로 물체의 온도로부터 외관상의 색을 추정할 수 있다. 뜨거운 물체의 온도와 그로부터 방출되는 복사에너지의 상관관계를 처음으로 규명한 사람은 독일의 물리학자 막스 플랑크였다. 그는 1900년에 흑체복사에 관한 이론을 발표하여 양자역학의 아버지가 되었다.

  과학자들은 흑체복사이론을 이용하여 태양의 온도를 추정하고 있다. 태양은 주로 노란색 빛을 방출하고 있는데, 이에 해당되는 흑체의 온도는 대략 6,000K 정도이다. 태양표면의 온도가 6,000K라고 말하는 것은 바로 여기서 얻어진 결론이다. 붉은색 빛을 주로 방출하는 오리온자리의 적색거성 베텔기우스Betelgeuse의 온도를 흑체복사이론으로 추정해보면 약 3,000K 정도이며, 이것은 불에 타고 있는 석탄의 온도와 비슷하다.

가모브가 1948년에 발표한 논문은 빅뱅 때 생성된 복사에너지가 흑체복사와 같은 성질을 갖는다는 주장을 펼친 최초의 논문이었다. 흑체복사의 가장 중요한 특성은 온도이다. 따라서 가모브가 그다음으로 해야 할 일은 현재 우주의 온도를 계산하는 것이었다.

가모브의 지도하에 박사과정을 밟고 있던 랄프 알퍼와 로버트 헤르만Robert Herman은 스승이 행하던 온도계산을 마무리하기 위해 무진 고생을 했다. 가모브는 "우주의 초창기부터 현재까지의 진화과정을 추적하는 과정에서, 우리는 우주의 온도가 절대온도 5K(영하 268°C) 근처까지 식었음을 확인했다"고 선언하였다.[9]

1948년에 알퍼와 헤르만은 빅뱅이 일어나던 무렵에 엄청난 고온상태였던 우주가 오늘날 절대온도 5K까지 식은 이유를 설명하는 논문을 발표하였다(이들이 계산한 온도는 현재 알려진 2.7K와 거의 비슷하다). 이들은 빅뱅의 잔해가 마이크로파의 형태로 남아 지금도 우주 전역에 골고루 분포되어 있을 것으로 추정했다.

(그 이유는 다음과 같다. 빅뱅이 일어난 후 몇 년 동안 우주는 초고온상태에 있었으므로 어쩌다가 원자가 형성되었다 해도 그 형태를 유지하지 못하고 곧바로 해체되었을 것이다. 따라서 초창기의 우주에는 수많은 자유전자들이 빛을 산란시키고 있었을 것이며, 그 결과 우주공간은 지금처럼 투명하지 않았을 것이다. 초고온의 우주공간을 가로지르는 빛은 얼마 가지 못하고 자유전자에 흡수되었기 때문에, 만일 생명체가 있었다면 '우주공간

은 구름으로 가득 차 있다'고 생각했을 것이다. 그러나 빅뱅 후 38만 년이 흘렀을 때 우주의 온도는 3,000K까지 떨어졌다. 이보다 낮은 온도에서는 원자들이 서로 충돌한다 해도 낱개의 입자로 분해되지 않는다. 따라서 이 무렵부터 안정적인 원자들이 형성되었으며, 빛은 아무런 방해도 받지 않고 먼 길을 여행할 수 있게 되었다. 이때 방출된 복사파는 지금도 우주 전역을 떠돌고 있다)

알퍼와 헤르만은 우주의 온도를 열심히 계산하여 가모브에게 보여주었으나, 그의 얼굴에는 실망한 기색이 역력했다. 온도가 너무 낮아서 관측이 어렵다고 생각했기 때문이다. 결국 가모브는 1년이 지난 후에야 제자들의 계산을 완전히 믿게 되었지만, 관측이 어렵다는 사실에 대해서는 실망감을 감추지 못했다. 1940년대의 관측장비로는 이 희미한 에너지를 감지할 수 없었던 것이다(후에 가모브는 잘못된 가정하에 계산을 반복하여 우주배경복사의 온도가 50K라는 결론을 내린 적도 있다).

그들은 연구결과를 알리기 위해 여러 차례에 걸쳐 세미나를 개최했다. 그러나 학자들은 그들의 주장에 그다지 큰 관심을 보이지 않았다. 훗날 알퍼는 이때의 일을 다음과 같이 회상했다. "우리는 연구결과를 홍보하기 위해 혼신의 노력을 기울였습니다. 그런데 학자들의 반응은 썰렁하기 그지없었지요. 그 낮은 온도를 어떻게 측정하겠느냐고 빈정대는 사람까지 있었으니까요. … 1948년에서 1955년까지, 우리는 거의 포기한 상태로 세월을 보냈습니다."[10]

가모브는 이에 굴하지 않고 다양한 저술과 강연을 펼치면서 빅뱅 이론을 끝까지 고수했다. 그러던 중 그는 일생일대의 호적수인 프레드 호일을 만나게 된다. 가모브는 재기 넘치는 농담으로 청중들을 사로잡았던 반면, 프레드 호일은 타고난 천재성과 사교적인 언변으로 청중을 압도하는 스타일이었다.

타고난 반골, 프레드 호일

마이크로파배경복사는 빅뱅을 입증하는 '두 번째' 증거였다. 그리고 핵합성의 개념을 이용하여 빅뱅의 세 번째 증거를 찾은 사람은 프레드 호일이었다. 그러나 아이러니하게도, 당사자인 호일은 빅뱅이론을 가장 강하게 반박했던 과학자였다.

사실 호일은 학구적인 분위기와 영 어울리지 않는 사람이었다. 그는 완벽한 논리로 상대방의 주장을 여지없이 깔아뭉개는 '타고난 반골'이었으며, 한번 논쟁이 붙으면 상대방을 잡아먹을 듯이 덤비는 매우 호전적인 성격의 소유자였다. 허블은 옥스퍼드식 매너리즘에 익숙한 학자였고 가모브는 광대기질을 타고난 만물박사로서 타고난 언변과 농담, 그리고 가끔씩 튀어나오는 5행시로 청중을 사로잡는 재주가 있었다. 그러나 호일은 케임브리지대학을 졸업했음에도 불구하고, 학자라기보다 훈련받지 않은 불독에 가까운 사람이었다.

1915년, 호일은 영국 북부의 모직공단이 밀집해 있는 마을에서 직물상의 아들로 태어났다. 그 마을은 라디오가 처음으로 들어왔을 때 불과 20~30명의 사람들이 라디오수신장치를 장만했을 정도로 외진 시골이었다. 호일은 어린 시절부터 과학에 매료되어 있었는데,

부모님으로부터 천체망원경을 선물받으면서 과학자로서의 꿈을 본격적으로 키우기 시작했다고 한다.

호일은 어린 시절부터 호전적인 성격을 갖고 있었다. 그는 세 살 때 구구단을 외울 정도로 두뇌가 명석했는데, 개인교사는 그에게 로마식 숫자표기법을 가르쳤다. "8을 VIII이라고 쓰는 바보가 세상에 어디 있단 말입니까?"라며 그는 지난날을 회고했다. 호일이 여덟 살이 되어 "법에 의거하여 학교에 가야 한다"는 통지를 받았을 때, 그는 일기장에 다음과 같은 글을 남겼다.

"불행하게도 나는 '법'이라는 괴물이 지배하는 곳에서 태어났다. 누구도 법을 거스를 순 없지만 대부분은 바보 같은 내용이다."[11]

권위에 대항하는 그의 반골기질은 한 여교사와 논쟁을 벌이면서 완전히 제2의 천성으로 굳어지게 되었다. 그녀는 학생들에게 어떤 꽃의 꽃잎이 5개라고 가르쳤는데, 그 다음날 호일은 꽃잎이 6개 달려 있는 문제의 꽃을 직접 채집하여 학교로 갖고 와서는 "선생님이 틀리게 가르쳤다"며 강하게 항의했다. 어린 학생의 오만한 태도에 분개한 교사는 호일의 뺨을 세게 후려쳤고, 얼마 후 호일은 왼쪽 귀의 청력을 영원히 잃고 말았다.[12]

정상상태이론

1940년대에 호일은 빅뱅이론을 별로 좋아하지 않았다. 당시 빅뱅이론이 갖고 있던 결점 중 하나는 이론으로부터 계산된 우주의 나이가 18억 년에 불과하다는 것이었다. 물론 이것은 허블이 멀리 있는 은하의 밝기를 잘못 측정하여 발생한 오류였다. 그 무렵에 지질학자들이 주장하는 지구의 나이는 수십억 년 단위였으므로, 빅뱅이론은 당장 궁지에 몰리게 되었다. 무슨 수로 우주가 행성보다 젊을 수 있다는 말인가?

호일은 연구동료인 토머스 골드Thomas Gold, 헤르만 본디 Hermann Bondi 등과 함께 빅뱅이론의 라이벌이라 할 수 있는 정상상태이론steady state theory을 개발하였다. 들리는 소문에 의하면 이들의 이론은 1945년에 상영된 괴기영화 〈밤의 주검Dead of Night〉에서 영감을 떠올렸다고 한다. 마이클 레드그레이브Michael Redgrave 가 주연했던 이 영화는 귀신과 관련된 몇 개의 에피소드로 구성되어 있는데, 영화의 마지막 장면은 첫 장면과 똑같은 신으로 마무리된다. 즉, 영화 속에서 아무런 결말도 제시하지 않고 같은 사건이 무한히 반복된다는 것을 암시하고 있는 것이다. 호일과 골드, 그리고 본디가 정말로 이 영화를 보고 영감을 떠올렸는지는 확인할 수 없지만, 어쨌거나 이들의 이론은 '종말 없이 영원히 계속되는 우주' 를 제시하고 있다(후에 골드는 영화 관련 소문에 대해 다음과 같이 해명하였다. "논문을 쓰기 몇 달 전에 영화를 보긴 본 것 같습니다. 그 후 호일과 본디에게 정상상태우주를 제안하면서 이렇게 말했지요. '이봐, 어째 스토리가 〈밤의 주검〉하고 비슷한 것 같지 않아?'"[13]).

이들이 제안한 모델에서도 우주의 일부분은 팽창하고 있다. 그러나 빈 공간에서 새로운 물질들이 계속 만들어지고 있기 때문에 전체적인 밀도는 변하지 않는다. 아무것도 없는 공간에서 물질이 생성되는 과정을 구체적으로 설명하진 못했지만, 이들의 이론은 빅뱅을 별로 좋아하지 않는 보수적인 과학자들에게 선풍적인 인기를 끌었다. 호일은 초고온의 혼돈 속에서 질서정연한 우주가 탄생했다는 빅뱅이론을 결코 받아들일 수 없었다. 그는 격렬한 창조보다 '조용하고 완만한' 창조를 선호했다. 그가 생각하는 우주는 시간을 초월한 우주였던 것이다. "우주는 시작도, 끝도 없으며 그곳에 그냥 존재한다"는 것이 호일의 변치 않는 신념이었다.

정상상태이론과 빅뱅이론 사이의 공방은 지질학자와 다른 분야의 과학자들 사이에서 벌어지는 논쟁과 비슷하다. 지질학에서는 균일론uniformitarianism(지구의 외형변화가 서서히 진행되었다고 주장하는 이론)과 급변론catastrophism(지구가 갑작스런 대변화를 여러 차례 겪어왔다고 주장하는 이론)이 지금도 팽팽하게 맞서고 있다. 지질학 및 생태학적 관점에서 보면 균일론이 맞는 것 같지만, 생명체들의 갑작스런 멸종과 대륙의 이동 등은 소행성의 충돌로 설명해야 앞뒤가 맞아 들어간다.

BBC 강의

호일은 건전한 논쟁이라면 결코 피하는 법이 없었다. 1949년에 BBC 방송국은 우주의 기원을 주제로 한 토론 프로그램에 호일과 가모브를 초청하였는데, 방송이 진행되는 내내 호일은 빅뱅이론을 공격하면서 기억에 남을 명발언을 쏟아냈다. "당신의 주장에 의하면,

우주에 존재하는 모든 물질들은 까마득한 과거의 어느 한순간에 일어난 빅뱅으로부터 생성되었겠군요." 이 말이 끝나자 갑자기 방청석이 조용해졌다. '빅뱅'이라는 표현이 다소 상대방을 폄하하는 의미로 들렸기 때문이다. 그러나 가모브가 옹호하던 대폭발이론은 그날 이후로 별다른 반감 없이 '빅뱅'이라는 이름으로 불리게 되었다. 결국, 이론을 필사적으로 반대하던 사람이 작명을 해준 셈이다. 나중에 호일은 자신의 발언에 대해 "이론을 깎아내릴 의도는 없었다. 내가 그 이론을 '빅뱅'이라고 부른 것은 좀 더 자극적인 표현으로 시청자들의 관심을 끌려는 의도였다"라고 해명하였다.[14]

빅뱅이론을 옹호하는 학자들은 이론의 명칭을 바꾸기 위해 오랜 세월 동안 캠페인을 벌여왔다. 이름 자체가 저속하게 들리기도 했지만, 더 큰 이유는 이론을 반박하는 대표주자가 빈정대는 투로 얼떨결에 지은 이름이었기 때문이다. 게다가 이 이름은 논리적으로도 올바른 이름이 아니었다. 빅뱅은 전혀 큰 규모에서 일어난 사건이 아닐 뿐만 아니라(빅뱅이 일어나기 전에 우주는 원자보다 작은 점 속에 응축되어 있었다), 사람들이 흔히 생각하는 폭발하고는 거리가 먼 사건이었다(작은 점의 바깥은 우주가 아니었으므로 공기도 없었다). 1993년 8월에 《스카이 앤드 텔레스코프 Sky and Telescope》 잡지사는 빅뱅을 대신할 만한 새로운 명칭을 공모했는데, 심사위원들은 3만여 개에 달하는 응모작 중에서 빅뱅보다 나은 이름을 찾지 못했다.

가모브와의 TV 토론으로 유명세를 타기 시작한 호일은 BBC 라디오의 교양과학 프로에 출연하면서 확실한 저명인사가 되었다. 1950년대에 BBC 방송국은 매주 토요일 저녁마다 과학을 주제로 한 라디오 강연 프로그램을 방송하기로 계획했다. 그러나 원래 출연하기로 했던 과학자가 개인사정 때문에 나올 수 없게 되자 제작자는 급히 대타를 찾아야 했다. 결국 방송국 측은 호일에게 출연을 제안했고 호일은 흔쾌히 수락했다. 그런데 방송 관계자들이 자료실에 보관되어 있는 호일의 신상명세서를 뒤지다가 다음과 같은 경고문을 발견했다고 한다. "이 사람은 절대 쓰지 말 것!"

전임자가 남긴 무시무시한 경고문에도 불구하고 제작자는 호일을 고정출연자로 결정했고, 호일은 다섯 차례에 걸쳐 방송사에 길이 남을 흥미진진한 강연을 진행하였다. 이 프로는 엄청난 청취율을 자랑하면서 영국전역에 방송되었으며, 다음 세대의 천문학자들에게 커다란 영감을 불어넣어주었다. 천문학자 월리스 사전트Wallace Sargent는 이 프로를 다음과 같이 회고했다. "저는 열다섯 살 때 BBC 라디오에서 방송된 〈우주의 특성The Nature of the Universe〉이라는 프로에서 호일의 강연을 처음 들었는데, 태양 내부의 온도와 밀도에 대한 설명을 듣고 엄청난 충격을 받았습니다. 과학자들이 그 사실을 알아냈다는 것 자체가 제게는 경이의 대상이었지요."[15]

별 속에서 진행되는 핵융합반응

평소 연구실에 가만히 앉아 머리만 쓰는 학자들을 경멸했던 호일은 자신이 주장했던 정상상태우주론을 증명하기 위해 연구실을 박차고 밖으로 나갔다. 그는 우주를 이루는 원소들이 가모브의 생각처럼 빅뱅의 용광로 속에서 조리된 것이 아니라, 별의 중심부에서 서서히 생성되었다고 믿었다. 사실, 100종에 가까운 원소들이 별의 내부에서 모두 만들어질 수 있다면 굳이 빅뱅이론을 고집할 이유가 없다.

1940년대와 1950년대에 걸쳐 발표된 논문에서 호일과 그의 동료들은 별의 내부에서 다양한 원소가 만들어지는 과정, 즉 핵융합반응을 구체적으로 서술해 학계의 주목을 받았다. 그의 이론에 의하면 '모든 원소의 씨'라 할 수 있는 수소와 헬륨의 원자핵이 별의 내부에서 핵융합반응을 일으켜 탄소 등 무거운 원자핵이 탄생하고, 이 과정이 반복되면 철(Fe)까지도 만들어질 수 있다(또한 그는 질량수가 5보다 큰 원자핵이 만들어지는 과정도 논리적으로 설명함으로써, 가모브를 괴롭혀왔던 수수께끼를 해결했다. 이때 호일이 펼쳤던 논리는 다음과 같다.

"세 개의 헬륨원자핵으로부터 만들어진 불안정한 탄소원자가 다음 단계의 핵융합반응이 일어날 때까지 살아 있을 수 있다면, 이들은 무거운 원자의 생성을 위한 가교역할을 완수한 셈이다. 그러므로 별의 내부에서 불안정한 탄소원자가 발견된다면 빅뱅이 아닌 별의 내부에서 모든 원소가 만들어졌다는 이론은 확실하게 증명된다." 호일은 자연에 존재하는 원소의 비율을 계산하기 위해 방대한 양의 컴퓨터 프로그램을 제작하기도 했다).

그러나 별의 내부가 아무리 뜨겁다 해도, 철보다 무거운 구리(Cu), 니켈(Ni), 아연(Zn), 그리고 가장 무거운 우라늄(U) 등의 원소들이 만들어질 정도로 뜨겁지는 않다(철보다 무거운 원자핵의 융합과정에서 에너지를 추출하는 것은 거의 불가능하다. 양성자들 사이의 전기적

반발력이 작용할 뿐만 아니라, 핵자들을 한데 묶기 위해 요구되는 결합에너지가 턱없이 부족하기 때문이다). 무거운 원자핵들이 핵융합을 거쳐 더 무거운 원자핵으로 재탄생하려면, 초신성과 같이 엄청난 열로 끓고 있는 초고성능 용광로가 필요하다. 초신성은 수명을 다하여 죽는 순간에 온도가 조(10^{12})단위까지 올라가므로, 내부에서 철보다 무거운 입자가 생성될 수 있다. 다시 말해서, 철보다 무거운 원소들은 폭발하는 별의 대기나 초신성의 내부에서 발견될 수 있다는 것이다.

1957년에 호일은 마거릿 버비지Margaret Burbidge와 제프리 버비지Geoffrey Burbidge, 그리고 윌리엄 파울러William Fowler와 공동저술한 역사적인 논문을 발표했다. 이 논문에는 우주에 산재하는 원소들의 탄생과정과 분포상황이 구체적으로 제시되어 있었다. 이들의 논리는 워낙 정연하고 설득력이 있었으므로 가모브는 호일의 핵합성이론을 깊이 인정하면서 다음과 같은 글을 남겼다.

신은 우주를 창조하면서 질량수가 5인 원소를 빼먹는 바람에 더 무거운 원소를 만들어낼 수 없었다. 이에 깊이 실망한 신은 우주를 축소시킨 후 처음부터 다시 시작하려고 했으나, 그것은 신이 행하기에는 너무 단순한 해결책이었다. 그래서 신은 "호일이 있으라!"고 선언했고, 그의 말대로 호일이 나타났다. 신은 자신의 창조물인 호일에게 어떤 방법을 동원해도 좋으니 무거운 원소를 만들어내라는 특명을 내렸다. 그러자 호일은 별 속에서 무거운 원소를 만들어 폭발하는 초신성의 주변에 뿌려놓았다.[16]

정상상태를 부정하는 증거들

그러나 학계에는 정상상태우주론과 상반되는 증거들이 꾸준히 보고되고 있었다. 시간이 지날수록 반대증거는 더욱 쌓여갔고, 어느 순간부터 호일은 자신이 '질 수밖에 없는 전쟁'을 치르고 있다고 느끼기 시작했다. 그는 '아무런 변화 없이 새로운 물질을 계속 만들어내고 있는 우주'를 주장했으므로, 그의 이론에 의하면 까마득한 과거의 우주는 지금의 우주와 크게 다르지 않아야 한다. 다시 말해서, 지금의 은하는 수십억 년 전의 은하와 거의 동일한 모습을 유지해야 한다는 뜻이다. 따라서 지난 수십억 년 사이에 어떤 역동적인 변화가 단 한 건이라도 있었음이 증명된다면 정상상태우주론은 당장 폐기처분되어야 했다.

1960년대에 우주 저편에서 엄청난 빛을 발산하고 있는 미지의 천체가 발견되었다. 전 세계 천문학자들을 일순간에 흥분의 도가니로 몰아넣었던 이 천체에는 '퀘이사quasar', 또는 '준항성체quasi-steller object'라는 이름이 붙여졌다(이름이 아주 독특하여, 그 무렵에 출시된 TV 수상기의 명칭으로 사용되기도 했다). 퀘이사는 엄청난 에너지와 함께 커다란 적색편이를 보이고 있는데, 이로부터 추정되는 거리는 무려 수십억 광년이나 된다. 다시 말해서, 지금 보이는 퀘이사의 모습은 우주가 아주 젊었을 때의 모습인 것이다(천문학자들은 이 무지막지한 천체의 중심부에 거대한 블랙홀이 있을 것으로 추정하고 있다). 정상상태우주론이 맞는다면 오늘날에도 퀘이사가 수시로 발견되어야 하지만, 실제로는 아주 드물게 발견된다. 수십억 년의 세월이 지나면서 대부분의 퀘이사들이 사라져버린 것이다.

호일의 이론은 또 다른 문제점을 안고 있다. 우주에 존재하는 헬륨의 양이 정상상태우주론에서 예견된 양보다 훨씬 많은 것이다. 헬륨은 범우주적인 규모에서 볼 때 수소 다음으로 많은 원소지만, 지구 근처에서는 매우 희귀한 원소에 속한다. 실제로 과학자들이 헬륨을 처음 발견한 곳은 지구가 아닌 태양이었다(1868년에 과학자들은 태양빛을 프리즘에 통과시켜 얻은 스펙트럼을 분석하던 중 한 번도 본 적이 없는 스펙트럼 선을 발견하였다. 그들은 이것이 어떤 금속으로부터 방출된 빛이라고 생각하여, 그리스어로 태양을 뜻하는 'helios'에 금속을 의미하는 접미어 '~ium'을 붙여서 '헬륨helium'이라고 명명하였다. 그러나 1895년에 우라늄 광산에서 정작 헬륨을 발견하고보니, 그것은 금속이 아닌 기체였다. 과학자들은 그제야 이름이 잘못 붙여졌음을 알게 되었지만 이미 사용 중인 이름을 바꾸는 것도 무리라고 판단해 헬륨이라는 이름을 계속 사용하기로 합의했다).

호일의 주장대로 우주 초창기에 헬륨이 별의 내부에서 생성되었다면, 오늘날 헬륨은 별의 중심부에서만 발견되는 지극히 희귀한 원소로 남았을 것이다. 그러나 지금까지 얻어진 관측결과에 의하면 헬륨은 전체우주의 25%를 차지하고 있으며, 별의 중심부뿐만 아니라 우주전역에 골고루 분포되어 있다(이 점은 가모브의 주장과 일치한다).

핵합성(핵융합)에 관한 한, 가모브와 호일은 둘 다 진실의 일부만을 보았던 것이다. 가모브는 모든 화학원소들이 빅뱅의 잔해에서 탄생했다고 생각했으나, 그의 이론에서 질량수가 5 또는 8인 원소들이 연쇄적 창조의 가교역할을 하지 못하여 설득력을 잃고 말았다. 그리고 호일은 빅뱅이론 자체를 부정하면서 모든 원소들이 별의 중심부에 있는 용광로에서 '조리되었다'고 주장했지만, 헬륨이 우주의 25%나 차지하고 있는 이유를 설명하지 못했다.

결과적으로, 가모브와 호일은 상호보완적인 이론을 주장했던 셈이다. 가모브가 생각했던 대로, 질량수가 5 또는 8 이하인 가벼운 원소들은 빅뱅으로부터 탄생했다. 지금까지 알려진 바에 의하면, 현재 자연에서 발견되는 헬륨-3과 헬륨-4, 그리고 리튬-7 등은 빅뱅의 잔해로부터 만들어진 것이다. 그러나 이보다 무거운(그리고 철보다는 가벼운) 원소들은 호일의 주장대로 별의 내부에서 만들어졌다. 그리고 철보다 무거운 원소들(구리, 아연, 금 등)은 초신성에서 생성되어 폭발과 함께 우주공간으로 흩어져나왔다. 이상의 내용을 조합하면 우주에 존재하는 모든 원소들의 출처와 성분비율을 정확하게 설명할 수 있다(현재의 우주론에 반대하는 다른 이론들은 100종 남짓한 원소들과 모든 동위원소의 출처를 밝혀야 하는 어려운 문제에 직면하고 있다).

별의 탄생과정

핵합성에 관한 논쟁에서 우리가 얻은 부수입은 별이 탄생했다가 사라지는 일련의 과정을 완전하게 파악할 수 있었다는 점이다. 우리의 태양과 같이 전형적인 별은 수소가스가 모여 있는 형태로 탄생하여(이런 별을 원시성protostar이라 한다) 중력에 의해 점차 안으로 응축되는 과정을 겪는다. 이 과정에서 수소가스는 빠른 속도로 자전을 하게 되는데, 그 결과로 별이 두 개로 분리되어 연성계double-star system(두 개의 항성이 서로 상대방을 중심으로 공전하는 천체)가 형성되거나, 별의 자전축과 수직한 평면 위에서 행성들이 공전하는 태양계가 탄생한다. 별이 응축됨에 따라 중심부는 계속 뜨거워지며, 온도가 1,000만 도에 이르면 드디어 핵융합반응이 일어나면서 수소가 헬륨으로 전환되기 시작한다.

 약 100억 년에 걸쳐 이 과정이 반복되다가 별이 다 타고나면, 즉 원료가 고갈되면 별은 수소가 아닌 헬륨을 원료로 삼아 핵융합 제2라운드를 개시한다. 현재 우리의 태양은 수소를 반쯤 소모한 상태에 있다. 핵융합반응의 원료인 수소가 다 소모되면 태양의 내부에서는 헬륨원자핵을 원료로 삼아 새로운 핵융합반응이 일어나기 시작하는데, 이 과정에서 태양은 화성을 잡아먹을 정도로 덩치가 커지면서 이른바 적색거성red giant이 된다. 그러다가 헬륨마저 소진되고나면 태양의 바깥층이 서서히 분해되고 지구만한 크기의 중심부만 남게 된다. 천문학자들은 이때의 태양을 백색왜성white dwarf이라 부른다. 태양과 같이 비교적 작은 별들은 백색왜성이 되면서 찬란했던 일생을 마감하게 된다.

 그러나 질량이 태양보다 10~40배 정도 큰 별의 경우에는 핵융합 과정이 훨씬 빠르게 진행된다. 이런 별이 적색거성이 되면 중심부의 가벼운 원자핵들이 빠르게 융합되면서 별의 내부에 백색왜성이 형성된다. 이 백색왜성의 내부에는 주기율표에서 철 이하의 가벼운 원소들이 생성되며, 최종적으로 철이 만들어지고나면 핵융합과정에서 더 이상의 에너지를 추출하지 못하기 때문에 수십억 년 동안 끓어왔던 용광로는 드디어 수명을 다하게 된다. 그리고 이 시점부터 별은 급속하게 수축되면서 엄청난 압력으로 인해 모든 전자들이 핵의 내부로 밀려들어가고(이때의 밀도는 일상적인 물의 4,000억 배가 넘는다) 온도는 수조 도까지 상승한다. 이렇게 작은 영역에 응축되어 있는 중력에너지가 어느 날 폭발하면서 별은 초신성이 되는 것이다. 이 과정에서 발생한 엄청난 열에 의해 초신성의 내부에서는 또다시 핵융합반응이 일어나게 되는데, 철보다 무거운 원소들이 이때 만들어진다.

예를 들어, 오리온자리의 적색거성인 베텔기우스는 언제라도 폭발을 일으키면서 초신성이 될 수 있다(이 과정에서 다량의 감마선과 X선이 주변에 방출될 것이다). 만일 이런 일이 실제로 일어난다면 베텔기우스는 대낮에도 환하게 보일 것이며, 밤에는 달보다 더 밝게 빛날 것이다.

한때는 6,500만 년 전에 폭발한 초신성 때문에 공룡이 멸종했다고 주장하는 학자들도 있었다. 실제로, 10광년 거리에 있는 초신성은 지구에 있는 모든 생명체를 멸종시킬 수 있다. 다행히도 스피카 Spica(처녀자리의 α별)와 베텔기우스는 각각 지구로부터 260광년 및 430광년이나 떨어져 있기 때문에 어느 날 갑자기 폭발한다 해도 지구에 심각한 재난을 초래하지는 않는다. 그러나 일부 과학자들은 200만 년 전에 120광년 거리에 있는 초신성이 폭발해 해양생명체의 일부가 멸종했다고 주장하고 있다.

그러므로 태양은 지구의 진정한 '어머니'라 할 수 없다. 그동안 우리의 선조들은 지구를 탄생시킨 모체로서 태양을 극진히 숭배해왔으나, 과학적인 관점에서 보면 굳이 그럴 필요가 없었다. 지구가 태양으로부터 떨어져나온 것은 사실이지만(자전하는 태양의 원심력에 의해 표면의 잔해와 먼지들이 떨어져 나와 지구를 비롯한 행성으로 진화했다는 것이 학계의 정설이다), 현재 태양의 온도는 끽해야 수소의 핵융합반응으로 헬륨을 만들어낼 수 있는 정도이다. 그러므로 지구의 진정한 어머니별은 태양이 아니라 수십억 년 전에 우주 어딘가에서 수명을 다하고 사라진 초신성일 것이다. 그 초신성의 잔해(철보다 무거운 원소들)는 지구뿐만 아니라 근처에 있는 성운에 골고루 뿌려졌을 것이다. 즉, 인간의 몸은 수십억 년 전에 사라진 별의 잔해로부터 만들어졌으므로 우리 모두는 '별의 후손'인 셈이다.

초신성이 폭발한 후에는 '중성자별neutron star'이라 부르는 조그만 잔해가 남는다. 중성자별이란 중성자의 축퇴압縮退壓이 중력과 균형을 이루고 있는 초고밀도의 별로서, 크기는 대략 32km 정도로 맨해튼과 비슷하다(중성자별은 1933년에 스위스의 천문학자 프리츠 츠비키Fritz Zwicky에 의해 처음으로 예견되었다. 그러나 당시의 천문학자들은 츠비키의 논리가 지나치게 공상적이라는 이유로 중성자별의 존재를 인정하지 않았다). 중성자별은 빠르게 자전하면서 불규칙적으로 복사파를 방출하고 있기 때문에 흔히 '회전하는 등대'에 비유되곤 한다. 지구에서 보면 마치 맥박 치는 별처럼 보인다고 해서 맥동성pulsar이라는 이름도 갖고 있다.

태양보다 40배 이상 큰 별이 수명을 다하여 초신성 폭발을 일으키면 태양질량의 3배가 넘는 중성자별이 탄생한다. 이 중성자별의 중력은 중성자들 사이의 밀어내는 힘을 극복할 정도로 강력하여 별은 계속해서 수축되고, 결국에는 블랙홀이라는 신비한 천체로 변신한다. 블랙홀에 관해서는 이 책의 5장에서 따로 다룰 예정이다.

새의 배설물과 빅뱅

1965년에 아노 펜지어스Arno Penzias와 로버트 윌슨Robert Wilson은 입지가 위태로워진 정상상태우주론에 마지막 치명타를 날렸다. 이들은 뉴욕 뉴저지의 벨연구소에서 라디오망원경에 잡힌 신호를 분석하던 중 원치 않는 잡음이 계속해서 감지되는 이상현상을 발견하고 그 근원을 추적하고 있었다. 처음에 그들은 망원경의 수차收差 때문이라고 생각했다. 왜냐하면 그 이상한 신호라는 것이 특정 방향의 별이나 은하에서 날아온 것이 아니라, 모든 방향에서 균일한 강도로 감지되고 있었기 때문이다. 그래서 펜지어스와 윌슨은 망원경의 표면에 쌓인 먼지와 부스러기를 부지런히 닦아냈다(펜지어스는 이 작업을 가리켜 '전자장비의 백색코팅작업'이라고 불렀지만, 사실 이들이 한 일은 전파망원경의 표면에 묻어 있는 새의 배설물을 닦아내는 것이었다). 그러나 고된 노동에도 불구하고 잡음은 오히려 더 크게 나타났다. 당시 이들은 알지 못했지만, 그 잡음의 정체는 가모브가 1948년에 예견했던 마이크로파배경복사였다.

현대의 우주론은 세 그룹의 연구팀에 의해 비약적인 발전을 이루었다. 그러나 당시의 각 연구팀은 다른 연구팀의 학자들이 어떤 연구를 하고 있는지 전혀 알지 못한 채, 당장 발등에 떨어진 문제에만 몰두하고 있었다. 그중 한 그룹으로는 가모브와 알퍼, 그리고 헤르만을 들 수 있다. 이들은 1948년에 우주배경복사를 예견하면서 배경복사파의 온도가 약 5K일 것으로 추정하였으나, 당시의 낙후된 관측장비로는 그들의 주장을 입증할 수 없었다. 그 후 1965년에 펜지어스와 윌슨은 자신도 모르는 사이에 우주배경복사를 발견하였다. 그리고 세 번째 연구팀을 이끌었던 프린스턴대학의 로버트 디키Robert Dicke는 가모브와 상관없이 독립적으로 우주배경복사를 예견하였으나, 역시 낙후된 장비 때문에 실험적으로 확인하지는 못했다.

이 코미디 같은 상황은 펜지어스와 디키를 동시에 알고 있었던 천문학자 버나드 버크Bernard Burke가 디키의 연구결과를 펜지어스에게 알려줌으로써 극적으로 종료되었다. 두 연구팀이 만나서 연구내용을 비교해본 결과, 펜지어스와 윌슨이 발견했던 것은 빅뱅의 잔해가 분명했다. 이들 두 사람은 자신도 모르는 사이에 우주배경복사를 발견했던 것이다. 펜지어스와 윌슨은 이 공로를 인정받아 1978년에 노벨상을 수상하였다.

상반되는 두 이론의 선두주자였던 가모브와 호일은 1956년에 캐딜락 자동차 안에서 운명적인 만남을 가졌다. 당시 운전대를 잡고 있었던 가모브는 빅뱅의 잔해가 지금도 우주공간을 떠돌고 있다고 강력하게 주장했다. 그러나 가모브가 가장 최근에 계산한 배경복사의 온도는 50K나 되었다. 보조석에 앉아 있던 호일은 가모브의 말이 끝나자마자 당장 반론을 제기했다. 그는 앤드루 맥켈러Andrew

McKellar가 1941년에 발표한 논문을 거론하면서 "맥켈러의 계산에 의하면 우주공간의 온도는 3K보다 높을 수 없다"고 주장했다. 이보다 높은 온도에서는 새로운 반응이 일어나 탄소-수소(CH) 화합물과 탄소-질소(CN) 화합물이 생성되어야 한다. 따라서 우주공간의 화학성분을 스펙트럼으로 분석해보면 대략적인 온도를 알아낼 수 있다. 맥켈러는 우주공간에 존재하는 CN 화합물의 밀도를 관측하여 공간의 온도가 약 2.3K라고 결론지었다. 가모브도 모르는 사이에 배경복사의 온도가 이미 확인되어 있었던 것이다.

훗날 호일은 가모브와의 만남을 다음과 같이 회상했다.

"캐딜락의 승차감이 너무 좋아서 그랬는지, 아니면 배경복사의 온도를 놓고 열띤 공방을 벌이느라 기회를 놓쳤는지는 모르겠지만, 아무튼 가모브와 나는 배경복사의 공동관측에 관한 이야기를 단 한 마디도 나누지 못했습니다. 만일 그때 이야기가 나왔다면 배경복사의 온도를 펜지어스와 윌슨보다 먼저 알아냈을지도 모르지요."[17] 만일 가모브의 연구팀이 온도를 계산할 때 실수를 범하지 않았다면, 또는 호일이 빅뱅이론을 그토록 싫어하지 않았다면, 우주론의 역사는 사뭇 달라졌을 것이다.

빅뱅의 후유증

펜지어스와 윌슨이 배경복사를 발견한 사건은 가모브와 호일의 연구일생에 지대한 영향을 미쳤다. 특히 호일에게 이 발견은 거의 사형선고나 다름없었다. 결국 호일은 1965년에 《네이처Nature》지를 통해 정상상태우주론으로는 우주배경복사와 헬륨의 양을 설명할 수 없음을 천명하면서 자신의 패배를 솔직하게 인정하였다. 그러나 호일이 가장 불편하게 생각했던 것은 자신의 정상상태이론이 더 이상 아무것도 예측할 수 없게 되었다는 점이었다. "많은 사람들은 우주배경복사가 정상상태이론을 완전히 매장시켰다고 믿었다. 그러나 정상상태이론이 죽은 것은 배경복사 때문이 아니라 심리적인 이유 때문이었다. … 사실, 마이크로파배경복사는 지난 세월 동안 나의 사기를 끊임없이 저하시켜왔다."18(훗날 호일은 전열을 다시 정비하여 새로운 형태의 정상상태이론을 끈질기게 주장했다. 그러나 그의 이론은 점차 땜질자국이 많아지면서 사람들의 관심에서 멀어져갔다)

배경복사의 발견 때문에 손해를 본 사람은 호일뿐만이 아니었다. 빅뱅이론을 줄기차게 주장해온 가모브도 어느새 학계의 관심으로부터 멀어져 있었다. 사실, 당시에 가모브와 알퍼, 그리고 헤르만의 업적은 그다지 널리 알려지지 않았었다. 가모브는 이 점에 대해 굳게 입을 다물고 있었지만, 사적인 편지를 통해 "물리학자들과 역사학자들이 우리의 업적을 무시하는 것은 공평하지 못하다"며 솔직한 심정을 토로하였다.

펜지어스와 윌슨의 역사적인 발견으로 인해 정상상태이론은 역사의 뒤안길로 사라지고 빅뱅이론이 우주론의 최첨단에 자리 잡은 것은 사실이지만, 우주의 팽창과 관련된 자세한 사항들은 여전히 미지로 남아 있었다. 예를 들어, 프리드만의 이론에 의하면 우주공간에 분포되어 있는 물질의 평균밀도(Ω)를 알아야 우주의 진화과정을 이해할 수 있다. 그러나 이 우주에는 이미 알려져 있는 원소들뿐만 아니라, 일상적인 물질 총량의 10배나 되는 암흑물질이라는 신비의 물질도 함께 존재하고 있으므로, Ω의 값을 알아내는 것은 결코 만만한 작업이 아니었다. 그리고 이 분야를 선도하는 물리학자들 역시 우주배경복사의 경우처럼 학계의 관심을 끌지 못하고 있었다.

Ω와 암흑물질

암흑물질과 관련된 이야기는 우주론 역사상 가장 기이하고 신비로운 내용을 담고 있다. 1930년대에 스위스 출신의 물리학자이자 칼텍의 교수였던 프리츠 츠비키는 머리털자리 은하단Coma cluster에 있는 은하들의 움직임이 뉴턴의 중력법칙을 따르지 않는다는 놀라운 사실을 발견하였다. 그의 관측에 의하면 은하들이 엄청나게 빠른 속도로 움직이고 있었는데, 여기에 뉴턴의 중력법칙을 적용하면 은하단은 당장 해체되어야 했다. 이런 상황에서 머리털자리가 분해되지 않고 그 형태를 유지하려면, 그곳에는 망원경으로 보이는 것보다 수백 배 이상 많은 물질이 존재해야 한다. 다시 말해서, 머리털자리 은하단이 현 상태를 유지한다는 것은 뉴턴의 중력법칙이 천문학적 규모에 적용되지 않거나, 눈에 보이지 않는 엄청난 양의 물질이 그 근처를 가득 메우고 있음을 의미한다는 것이다.

"정체불명의 물질이 우주의 대부분을 구성하고 있다!" 이것은 누가 들어도 황당하고 파격적인 주장이었다. 당시의 천문학자들이 츠비키의 주장을 수용하지 않은 데에는 몇 가지 이유가 있었다.
 우선 첫째로, 천문학자들은 지난 수백 년 동안 물리학의 왕좌를 지켜왔던 뉴턴의 중력법칙이 틀렸다는 주장을 선뜻 받아들일 수가 없었다. 그리고 천문학계에서는 이와 비슷한 위기상황을 성공적으로 설명하고 넘어갔던 전례가 있었다. 19세기의 천문학자들은 천왕성의 공전궤도가 뉴턴의 중력이론으로 예견된 궤도에서 조금 벗어난다는 사실을 알고 있었다. 당시에도 학자들은 뉴턴의 중력법칙이 틀렸거나 우리가 모르는 행성이 천왕성에 중력을 행사해 궤도를 변형시키고 있다고 생각했다. 그 후 더욱 정밀한 관측을 통하여 미지의 행성이 발견되었고(1846년), 그 행성에는 해왕성이라는 이름이 붙여졌다. 그리고 해왕성에 의한 효과를 고려한 상태에서 뉴턴의 중력법칙을 이용하여 천왕성의 궤적을 다시 계산해보니, 관측결과와 정확하게 맞아떨어졌다. 역시 천문학적 규모에서도 뉴턴의 중력법칙은 불멸의 진리였던 것이다.
 두 번째 이유는 츠비키의 개인적인 성향에서 찾을 수 있다. 그는 혼자 사색에 빠지기 좋아하는 독불장군 스타일로서, 천문학계의 영원한 '아웃사이더'였다. 1933년에 그는 발터 바데Walter Baade와 함께 '초신성supernova'이라는 용어를 처음으로 만들어냈고, 죽은 별의 최종단계인 중성자별의 존재를 예언하기도 했다. 그러나 당시에는 이런 내용들이 지나치게 파격적인 주장으로 받아들여졌기 때문에, 1934년 1월 19일자 《로스앤젤레스 타임스》에는 그의 이론을 희화화시키는 만화까지 등장했다. 또한, 츠비키는 (그의 주장에 의하면) 자신의 아이디어를 애써 무시하면서 뒤로는 그 아이디어를 상습적으로 훔치는 소수의 엘리트집단을 몹시 싫어했다(1974년, 세상을 떠나기 직전에 츠비키는 '미국의 고명하신 천문학자들과 그들에게 붙어사는 아첨꾼들을 회고하며'라는 파격적인 제목하에 은하목록을 출판하였는데, 그 속에는 자기 사람만 끼고도는 배타적인 소수 천문학자들을 신랄하게 비판하는 글이 수록되어 있었다. "오늘날, 특히 미국의 천문학계에는 아첨꾼과 좀도둑들이 판을 치고 있다. 이들은 누군가가 기존의 세력에 조금이라도 대항하는 듯하면 철저하게 배척으로 일관하면서, 뒷구멍으로는 그의 아이디어를 훔치고 있다."[19] 츠비키는 이런 사람들을 '구형 좀도둑'이라고 불렀다. 그 말인즉, '어느 각도에서 바라봐도' 좀도둑으로 보인다는 뜻이다. 또한, 그는 자신이 중성자별을 최초로 예견했음에도 불구하고 그 명목으로 다른 사람이 노벨상을 수상한 것에 대해서도 끝까지 못마땅하게 생각했다[20]).

1962년에 거대한 천체의 운동과 관련하여 또 하나의 신기한 현상이 천문학자 베라 루빈Vera Rubin에 의해 발견되었다. 태양계가 속해 있는 은하수의 움직임이 비정상적으로 나타난 것이다. 그러나 루빈의 연구 역시 학계의 주목을 받지 못했다. 일반적으로, 태양에서 멀리 떨어져 있는 행성일수록 공전속도가 느리고 가까운 행성일수록 빠르게 움직인다. 태양으로부터 가장 가까운 거리에 있는 수성은 공전속도가 가장 빠르기 때문에 로마신화에서 가장 발이 빨랐던 신 '머큐리'의 이름을 갖게 되었으며, 가장 멀리 있는 명왕성의 공전속도는 수성보다 10배나 느리다. 그러나 베라 루빈이 은하수에 속해 있는 푸른 별들의 이동속도를 관측해보니, 은하 중심으로부터의 거리에 상관없이 모두 같은 속도로 움직이고 있었다. 두말할 것도 없이, 이것은 뉴턴의 운동법칙에 위배되는 현상이었다. 게다가 이렇게 빠른 속도로 회전하는 은하수는 원심력을 이기지 못하고 당장 분해되어야 했다. 그러나 우리의 은하수는 지난 100억 년 동안 지금과 같은 형태를 안정적으로 유지해왔다. 이것이 현실적으로 가능하려면 은하수의 총질량은 눈에 보이는 것보다 10배 이상 커야 한다. 다시 말해서, 뉴턴의 법칙이 맞는다면 은하수 질량의 90%가 우리의 눈으로부터 숨어 있다는 뜻이다.

천문학자들이 베라 루빈을 무시한 데에는 그녀가 여성이라는 점도 크게 작용했을 것이다. 루빈이 스워스모어Swarthmore대학 과학학부에 지원했을 때, 입학사정관에게 그림 그리기를 좋아한다고 말한 적이 있다. 그 후 면접시험을 보던 날 면접관이 그녀에게 물었다. "하늘의 천체를 그리는 화가가 될 생각인가요?" 훗날 그녀는 이 일을 다음과 같이 회상하였다. "그날 면접관이 했던 말은 우리 과 학생들의 구호가 되었어요. 친구들 중에 누군가가 안 좋은 일을 당하면 우리는 이렇게 말하곤 했지요. '천체를 그리는 화가로 전향하는 게 어때?'"[21] 그녀가 고등학교 담임교사에게 바사르Vassar대학에서 입학허가서가 왔다고 말했을 때, 교사는 이렇게 충고했다고 한다. "너는 과학하고 일정거리만 유지한다면 모든 일이 잘 풀릴 거다." 그녀는 이런 말을 들을 때마다 흔들리지 않기 위해 마음을 더욱 굳게 다잡았다고 했다.

대학을 졸업한 후 루빈은 하버드대학원에 지원했고 손쉽게 입학허가서를 받아냈다. 그러나 그 무렵에 코넬대학에서 화학을 공부하던 애인과 결혼을 하는 바람에 하버드 행을 포기하고 남편을 따라

코넬대학으로 진학하였다(그 후 하버드대학에서 그녀에게 한 통의 편지를 보내왔는데, 편지지의 하단에는 누군가의 친필로 다음과 같은 글귀가 적혀 있었다. "하여간, 여자들은 이래서 안 된다니까. 좀 쓸 만하다 싶어서 뽑아놓으면 결혼한답시고 다들 도망가버리지!"). 최근에 루빈은 일본에서 개최된 천문학회에 참석한 적이 있는데, 그곳에서도 여성은 그녀 한 사람뿐이었다. "한 세대가 지났는데도 남녀를 차별하는 관습은 크게 변하지 않았더군요." 그녀는 당시 학회의 분위기를 이렇게 평가하였다.

그러나 루빈의 신중한 논문과 몇몇 다른 학자들의 주장을 끝까지 무시할 수 없었던 천문학자들은 '잃어버린 질량'을 점차 중요한 문제로 인식하게 되었다. 1978년에 루빈과 그의 동료들은 11개의 은하를 관측하여 이들 모두가 지나치게 빠른 속도로 회전하고 있음을 확인하였다. 그리고 같은 해에 네덜란드의 천문학자 알베르트 보스마Albert Bosma는 수십 개의 나선은하들을 분석한 끝에 루빈과 동일한 결론을 내렸다. 이로써 천문학계는 암흑물질의 존재를 더 이상 부정할 수 없게 되었다.

이 문제는 별의 총질량보다 10배나 많은 미지의 물질들이 은하의 주변을 에워싸고 있다고 가정하면 쉽게 해결된다. 그동안 미지의 물질을 관측하는 다양한 방법들이 제시되었는데, 이들 중 가장 그럴듯한 방법은 미지의 물질 사이를 진행하는 별빛의 궤적을 관측하는 것이다. 암흑물질은 안경 렌즈처럼 빛의 경로를 변형시키기 때문이다(광학적인 이유로 굴절되는 것이 아니라, 중력에 의해 빛의 경로가 휘어지는 것이다—옮긴이). 최근 들어 과학자들은 허블우주망원경의 도움으로 우주에 산재하는 암흑물질의 분포도를 작성할 수 있게 되었다.

암흑물질은 과연 어떤 성분으로 이루어져 있을까? 천문학자들은 이 의문을 처음으로 해결했다는 영예를 안기 위해 치열한 경쟁을 벌여왔다. 일부 학자들은 암흑물질이 외형적으로 검다는 것 이외에는 일상적인 물질과 다를 것이 없다고 생각하고 있다[갈색왜성이나 중성자별, 블랙홀 등은 우리의 눈에(또는 망원경에) 거의 보이지 않는다]. 이런 물체는 바리온baryon으로 이루어진 일상적인 물체들(양성자나 중성자 등)처럼 견고하게 뭉쳐 있다. 과학자들은 이를 가리켜 마초MACHOs(Massive Compact Halo Objects)라 한다.

개중에는 암흑물질이 매우 뜨거우면서 뉴트리노neutrino(중성미자)와 같이 바리온이 아닌 다른 입자로 이루어져 있다고 생각하는 학자도 있다. 그러나 뉴트리노는 매우 빠른 속도로 움직이기 때문에 암흑물질과 같이 한데 뭉쳐 있는 물질을 만들기가 어렵다. 또 다른 학자들은 기존의 주장을 모두 부정하면서 암흑물질이 전혀 새로운 형태의 물질이라고 생각하고 있다. 이들이 주장하는 암흑물질은 윔프WIMPs(Weakly Interacting Massive Particles)라고도 하는데, 현재로서는 암흑물질을 설명하는 가장 그럴듯한 이론으로 받아들여지고 있다.

COBE 위성

갈릴레오 이후 천문학자들이 줄곧 사용해온 일상적인 천체망원경으로는 암흑물질의 비밀을 풀 수 없다. 그동안 천문학은 지구에 기반을 둔 광학망원경을 이용하여 장족의 발전을 이뤄왔다. 그러나 1990년대부터 최신위성 제작기술과 레이저, 컴퓨터 등이 천문관측에 도입되면서 우주론은 완전히 새로운 국면을 맞이하고 있다.

새로운 천문학의 신호탄은 1989년에 발사된 COBE 위성이었다. 과거에 펜지어스와 윌슨은 그 넓은 우주공간에서 불과 몇 개의 지점을 골라 배경복사를 관측한 후 빅뱅이론에 부합된다고 결론지었다. 그러나 COBE 위성은 다양한 지점의 배경복사를 관측하여 가모브와 그의 동료들이 흑체복사이론으로 배경복사를 설명했던 1948년도 논문을 확실하게 입증하였다.

1990년, 미국 천문학회에 모여든 1,500명의 천문학자들은 COBE 위성이 보내온 한 장의 사진을 바라보면서 일제히 탄성을 내질렀다. COBE가 관측한 배경복사의 온도가 이론과 거의 일치하는 2.728K였던 것이다.

프린스턴대학의 천문학자인 제레미아 오스트리커Jeremiah P. Ostriker는 이렇게 말했다. "바위 속에서 발견된 화석은 생명체의 근원을 분명하게 말해주고 있다. 이제, COBE 위성이 우주의 화석을 발견했으므로 우주의 기원은 곧 풀릴 것이다."[22]

그러나 COBE가 보내온 사진에는 아직도 풀어야 할 문제가 남아 있었다. COBE 위성이 관측할 수 있는 온도의 범위는 약 7°C 내외였기 때문에, 이 사진만으로는 우주배경복사에 나타난 '뜨거운 점hot spot'의 온도를 알 수 없었으며, 부분적으로 배경복사의 온도가 약 1°C의 폭으로 변하는 이유도 오리무중이었다. 그래서 과학자들은 21세기의 시작과 함께 발사될 최첨단 WMAP 위성에 모든 기대를 걸 수밖에 없었다.

4

인플레이션과 평행우주

완전한 무無에서는 아무것도 얻을 수 없다.
— 루크레티우스

나는 우리의 우주가 100억 년쯤 전에 돌연히 탄생했다고 생각한다. 우리의 우주는 가끔씩 태어났다가 수명을 다해 사라지는 여러 개의 우주들 중 하나일 것이다.
— 에드워드 트라이언Edward Tryon

우주는 최후의 방주이다.
— 앨런 구스

공상과학소설의 고전이라 할 수 있는 폴 앤더슨Poul Anderson의 《타우 제로Tau Zero》에서, 우주선 레오노라 크리스틴Leonora Christine 호는 근처에 있는 별을 향해 우주비행을 시작한다. 우주선은 50명의 승무원을 태운 채 거의 광속으로 날아가는데, 여기서 눈에 띄는 대목은 이 우주선이 "운동속도가 빠를수록 시간은 느리게 간다"는 특수상대성이론의 원리를 이용하고 있다는 점이다. 그래서 광속으로 달려가도 수십 년이 족히 걸리는 거리를 우주선은 단 몇 년 만에 주파한다. 만일 지구에 있는 관측자가 망원경으로 승무원들의 모습을 바라보았다면, 그들은 마치 TV의 느린 화면처럼 천천히 움직이고 있었을 것이다. 그러나 우주선에 타고 있는 승무원들의 입장에서 보면 모든 것이 정상이다. 목적지에 도착하여 우주선이 속도를 늦추면, 승무원들은 그제서야 30광년의 거리를 단 몇 년 만에 주파했다는 사실을 알게 될 것이다.

여기 등장하는 우주선은 우주공간에서 추출한 수소를 태워 고속으로 분출하는 램제트ramjet 방식으로 작동된다. 그 속도가 너무 빨라서, 승무원들은 도플러효과를 맨눈으로 관측할 수 있다. 즉, 우주선의 앞쪽에 있는 별은 푸른색으로 보이고 뒤쪽에 있는 별들은 붉은색으로 보이는 것이다.

그런데 어느 순간, 우주선에 일대 재난이 닥친다. 지구로부터 약 10광년 떨어진 지점에서 별들 사이에 형성된 먼지구름을 통과하던 중, 격렬한 요동을 겪으면서 우주선의 감속장치가 고장난 것이다. 그러자 우주선은 걷잡을 수 없이 빨라지면서 속도가 거의 광속에 육박했고, 승무원들은 제동장치가 전혀 없는 우주선 속에 아무런 대책 없이 갇힌 신세가 되었다. 이들은 창밖으로 멀어져가는 별들을 절망에 빠진 표정으로 바라볼 수밖에 없었다. 이런 식으로 몇 달 동안 비행을 하고나니 승무원들은 어느새 은하수의 절반을 지나쳐왔고, 통제불능상태의 우주선은 얼마 후 은하를 완전히 벗어나게 되었다(그러나 이 기간 동안 지구에서는 무려 수백만 년의 세월이 흘렀다). 이렇듯 광속에 가까운 속도(타우 제로)로 꾸준하게 비행한 끝에, 승무원들은 우주의 종말을 바로 눈앞에서 목격하게 된다.

그들이 본 우주는 격렬하게 수축되고 있었다. 수축과 함께 온도가 급격하게 상승하는 것으로 보아, 이제 곧 대파국big crunch을 맞이할 것이 분명했다. 승무원들은 사라져가는 우주를 바라보며 조용히 기도를 올렸다. 은하는 계속해서 수축되고, 그 와중에 우주의 원시

원자들이 생성되고 있었다. 한마디로 그것은 수명을 다한 우주의 화장터, 바로 그것이었다.

그들의 유일한 희망은 물질들이 유한한 영역 안에 유한한 밀도로 수축되었을 때 그 근처를 빠른 속도로 지나가는 것이었다. 그러면 우주선에 강한 중력이 작용하여 속도를 낮출 수 있을 것 같았다. 그런데, 막상 그 속으로 들어가보니 엄청난 장관이 그들을 기다리고 있었다. 파국을 맞이한 우주 속에서 새로운 우주가 탄생하고 있었던 것이다! 승무원들은 바로 코앞에서 새로운 별과 은하들이 만들어지는 모습을 생생하게 목격할 수 있었다. 그들은 우주선을 대충 수리한 후, 지금 생성되고 있는 은하들 중에서 생명체가 있을 만한 행성을 찾아보았다. 결국 그들은 인간과 비슷한 생명체가 번성하고 있는 행성을 찾아내는 데 성공한다.

1967년에 이 소설이 출간되자, 천문학자들 사이에서는 우주의 종말에 관해 격렬한 논쟁이 벌어졌다. 과연 우리의 우주는 앤더슨의 소설처럼 빅 크런치로 끝날 것인가? 아니면 얼어붙을 것인가? 또는 아무런 종말 없이 정상상태로 영원히 계속될 것인가? 그로부터 얼마 지나지 않아 이 모든 논쟁을 잠재울 만한 새로운 이론이 등장했다. 우주론의 가장 최신버전이자 가장 강한 설득력을 지녔다는 인플레이션이론이 바로 그것이었다.

인플레이션이론의 탄생

"극적인 실현." 1979년의 어느 날, 앨런 구스는 몹시 흥분하여 자신의 일기장에 이렇게 적어놓았다. 우주론의 역사를 바꿀 엄청난 아이디어가 그의 머릿속에 떠올랐기 때문이다. 구스는 지난 15년 동안 빅뱅이론을 끈질기게 연구한 끝에 이론의 생사를 좌우하는 결정적인 수정을 가했다. 그는 우주가 태어나자마자 그 누구도 상상할 수 없을 정도로 빠르게 팽창되었다고 가정함으로써(hyperinflation), 우주론과 관련된 몇 가지 수수께끼를 해결하였으며, 이로 인해 우주론은 혁명적인 변화를 겪게 되었다(최근에 얻어진 관측결과는 구스의 주장이 사실이었음을 입증하고 있다).

우주론의 난해한 문제들이 이런 간단한 아이디어로 해결된다는 것은 실로 놀라운 일이 아닐 수 없다. 인플레이션이론이 해결한 문제들 중 하나는 우주의 평평성flatness과 관련되어 있다. 관측자료에 의하면 우주의 곡률은 거의 0으로 나타나는데, 이는 과거의 천문학자들이 주장했던 내용과 일치한다. 즉, 우주를 빠르게 팽창하는 풍선의 표면에 비유하면, 인플레이션을 겪으면서 엄청난 규모로 팽창되어 풍선의 표면(공간)이 거의 평탄해졌다는 것이다. 이런 표면을 기어가는 개미(또는 공간을 가로지르는 인간)는 풍선의 작은 곡률을 인식하지 못하고 자기가 서 있는 바닥이 평탄하다고 생각할 것이다. 우주의 시공간은 인플레이션을 겪으면서 엄청난 규모로 팽창되어 지금은 거의 평탄해진 상태이다.

구스의 발견이 높게 평가되는 또 하나의 이유로는 그로부터 입자물리학과 우주론 사이에 긴밀한 협조관계가 형성되었다는 점을 들수 있다. 우주의 근원을 추적하다보면 빅뱅이 일어나던 무렵의 초미세영역까지 거슬러 올라가게 되는데, 이런 환경에서는 천문이나 우주론보다 입자물리학이 훨씬 더 유용하다. 현대의 천문학자들은 우주의 가장 깊은 비밀을 밝히는 데 미시세계의 물리학이 절실하게 요구된다는 사실을 잘 알고 있다. 이제 우주론은 입자물리학이나 양자역학과 운명을 같이하게 된 것이다.

통일을 위해

구스는 1947년 뉴저지의 뉴브런즈윅에서 태어났다. 아인슈타인이나 가모브, 호일 등과는 달리 구스의 어린 시절에는 과학에 관심을 가질 만한 특별한 계기가 없었다. 그의 부모는 대학을 다니지 않았고 과학에도 별다른 관심이 없는 평범한 사람들이었다. 그러나 구스의 기억에 의하면 그는 어린 시절부터 수학과 자연과학의 상호관계에 남다른 관심을 보였다고 한다.

1960년대에 MIT에 진학한 그는 입자물리학을 공부하기로 마음먹었었다. 특히 그는 자연계에 존재하는 모든 상호작용들을 하나의 체계로 통일하는 통일장이론unified field theory에 완전히 매료되어 있었다. 그 무렵에는 복잡다단한 우주를 간단한 법칙으로 통일시키는 이론이 물리학자들 사이에서 최고의 화두로 떠오르고 있었다. 그 옛날 그리스시대부터 과학자들은 궁극적인 단순함이 붕괴되면서 지금의 우주가 만들어졌다고 생각해왔다. 그러므로 이 과정을 거꾸로 거슬러 올라가면 그 단순하고 아름다웠던 '원초적 질서'를 찾을 수 있을지도 모른다.

지난 2,000여 년 동안 온갖 물질과 에너지를 연구해온 끝에, 과학자들은 자연에 존재하는 힘이 가장 근본적인 단계에서 네 종류로 분류된다는 것을 알아낼 수 있었다(현대의 과학자들은 다섯 번째 힘을 찾고 있지만, 지금까지는 별다른 소득이 없다).

첫 번째 힘은 태양과 행성들을 한 가족으로 맺어주고 있는 중력이다. 만일 중력이 어느 순간 갑자기 사라진다면, 별들은 당장 폭발하고 지구는 산산이 분해되며 우리 모두는 시속 수천 km의 속도로 우주공간을 향해 내던져질 것이다.

두 번째로는 도시의 밤거리를 밝히고 TV를 볼 수 있게 해주며 이동전화와 라디오, 레이저빔, 그리고 인터넷까지 가능하게 만들어주는 전자기력electromagnetic force이 있다. 만일 전자기력이 사라진다면 지금의 문명은 당장 수천 년 전으로 되돌아가 암흑과 고요 속에 잠길 것이다. 2003년도에 미국 북동부지역에서 대형 정전사고가 일어났을 때 모든 도시의 기능이 완전히 마비되었던 것만 봐도, 현대 문명이 전자기력에 얼마나 크게 의존하고 있는지 실감할 수 있다. 그런데 전자기력의 얼개를 초미세영역에서 자세히 들여다보면, 모든 것은 광자photon라는 작은 입자에 의해 전적으로 좌우되고 있다.

세 번째 힘은 방사능 붕괴과정에서 작용하는 약력weak force인데, 이 힘은 핵자(양성자와 중성자)들을 한데 묶어놓을 정도로 강하지 않기 때문에 핵자들이 떨어져나가거나 붕괴되는 과정에만 관여한다.

또한, 약력은 방사능물질을 통해 지구의 중심부를 뜨겁게 달궈서 화산활동을 일으키는 근본적 원인이기도 하다. 약력은 전자와 뉴트리노(질량이 없고 다른 입자와 상호작용도 거의 하지 않는 입자. 뉴트리노는 수조 km 두께의 금속을 자연스럽게 통과할 수 있다)의 상호작용에 기초하고 있는데, 이 과정에서 W-보존과 Z-보존이 교환된다.

마지막으로, 핵자들을 단단하게 묶어두는 핵력(nuclear force, 강력이라고도 함)이 있다. 핵력이 작용하지 않는다면 모든 원자핵은 당장 분해되며, 그 결과 우리의 눈에 보이는 모든 물체들도 근본적인 단계에서 순식간에 와해될 것이다. 우주를 구성하고 있는 원소가 106종(천연적으로 존재하는 원소는 90종이고 인공적으로 만들어진 16종을 합해 모두 106종으로 구성되어 있다)인 이유는 핵력에 의해 핵자들이 안정된 결합을 할 수 있는 경우의 수가 106가지이기 때문이다. 또한, 항성(별)이 아인슈타인의 $E=mc^2$을 통해 빛을 방출할 수 있는 것도 핵력과 약력이 함께 작용한 결과이다. 그러므로 핵력이 없으면 우주는 칠흑 같은 어둠으로 덮일 것이며, 지구의 바다는 모두 얼어붙을 것이다(바다가 얼어붙기 전에, 아예 바다라는 것 자체가 존재할 수 없다—옮긴이).

지금까지 나열한 네 종류의 힘들은 그 특성과 세기가 제각각이어서, 언뜻 보기에는 공통점이 별로 없을 것 같다. 예를 들어, 전자기력은 가장 약한 힘인 중력보다 무려 10^{36}배나 강하다. 지구의 질량은 6조×1조kg이나 되지만, 이로 인해 발생하는 중력은 아주 미미한 전자기력으로 상쇄된다. 독자들은 대전된 머리빗에 종이가 들러붙는 광경을 어디선가 본 적이 있을 것이다. 이는 곧 지구와 종이 사이의 중력보다 머리빗과 종이 사이의 전자기력이 더 강하다는 것을 의미한다. 또한, 중력은 항상 잡아당기는 방향(인력)으로 작용하지만, 전자기력은 전하의 부호에 따라 인력 또는 척력으로 작용한다.

통일의 순간-빅뱅

"우주에는 왜 네 종류의 힘만이 존재하는가? 그리고 이 힘들의 물리적 특성과 세기, 작용방향 등이 모두 다른 이유는 무엇인가?" 이것은 현대물리학이 해결해야 할 가장 근본적인 의문들 중 하나이다.

중력과 전자기력의 통합을 시작으로, 모든 힘의 이론적 통합을 처음 시도한 사람은 아인슈타인이었다. 그러나 그는 동시대의 과학자들보다 너무나 앞서나가는 바람에 성공을 거두지 못했다. 그리고 당시에는 핵력의 얼개도 통일의 대상으로 간주될 만큼 자세히 알려지지 않았었다. 하지만 아인슈타인의 선구적인 업적은 전 세계의 물리학자들에게 '만물의 이론theory of everything'이라는 과학의 영원한 희망봉을 유산으로 남겨주었다.

입자물리학이 총체적인 난관에 빠져 있었던 1950년대에는 통일장이론도 별로 희망이 보이지 않았다. 당시에는 입자가속기를 이용하여 작은 입자를 물체에 강하게 충돌시켜서 내부구조를 살피는 실험이 활발하게 진행되었는데, 이 과정에서 엄청나게 많은 입자들이 새롭게 발견된 것이다. 상황이 이렇다보니, '입자물리학'이라는 이름까지 무색해질 지경이었다. 고대 그리스의 철학자들은 모든 만물이 공통적인 기본요소로 이루어져 있다고 생각했다. 그러나 정작 뚜껑을 열어보니 상황은 정반대였다. 물리학자들은 쉴 새 없이 쏟아져 나오는 입자들에게 일일이 이름을 지어주기 위해 그리스 알파벳까지 동원해야 했다. 심지어 원자폭탄의 아버지로 일컬어지는 오펜하이머J. Robert Oppenheimer는 반 농담 삼아 "올해의 노벨 물리학상은 1년 동안 새로운 입자를 단 하나도 발견하지 않은 물리학자에게 줘야 한다. 그래야 수상자를 쉽게 결정할 수 있기 때문이다"라고 말했을 정도였다. 노벨상 수상자인 스티븐 와인버그Steven Weinberg는 "인간의 지성으로는 핵력의 비밀을 영원히 풀 수 없을지도 모른다"고 했다.

 이러한 혼돈 속에서 칼텍의 물리학자 머리 겔만Murray Gell-Mann과 게오르그 츠바이크George Zweig는 양성자와 중성자를 이루는 기본입자로서 쿼크의 존재를 이론적으로 제시하였다. 이들의 이론에 의하면 양성자와 중성자는 각각 세 개의 쿼크로 이루어져 있으며, 중간자meson(핵력을 매개하는 입자)는 쿼크와 반쿼크로 이루어져 있다. 물론 이것은 부분적인 해답에 불과했지만(자연에는 6종의 쿼크가 존재한다), 침체된 입자물리학계에 새로운 활력을 불어넣는 데에는 부족함이 없었다.

 1967년에 스티븐 와인버그와 앱더스 살람Abdus Salam은 전자기력과 약력의 통일이 가능하다는 것을 입증함으로써, 통일장이론에 본격적으로 불을 댕겼다. 이들은 전자와 뉴트리노가 새로운 입자인 W, Z-보존, 그리고 광자를 교환하면서 상호작용을 주고받는다는 새로운 이론체계를 만들어냈다. 즉, 광자와 W, Z-보존을 동일한 객체로 간주하면 전자기력과 약력을 하나의 이론체계로 통일시킬 수 있다는 것이 그들의 주장이었다. 그 후 1979년에 와인버그와 셸던 글래쇼Sheldon Glashow, 그리고 살람은 네 개의 힘들 중 두 개를 통일한 업적을 인정받아 노벨 물리학상을 수상했다. 물론, 물리학자들은 이들의 이론을 핵력에 적용하여 핵력까지도 하나의 체계 안에 통일시키기를 원했다.

  1970년대에 물리학자들은 스탠퍼드대학에 있는 선형입자가속기센터SLAC로 몰려들어 충돌실험에 몰두하고 있었다. 이 실험은 전자와 같은 탐사입자를 가속기 속에서 엄청난 속도로 가속시킨 후 미리 준비해둔 시료와 충돌시킴으로써 시료의 내부에 있는 양성자 및 중성자의 내부구조를 분석하는 방식으로 진행되었는데, 수많은 데이터를 분석한 끝에 물리학자들은 양성자를 구성하고 있는 세 개의 쿼크를 강하게 결합시키는 힘이 '글루온gluon'이라는 매개입자에 의해 생성되고 있음을 알아낼 수 있었다. 다시 말해서, 글루온은 강력을 이루는 최소단위의 양자quanta였던 것이다. 세 개의 쿼크들은 글루온을 서로 교환하면서 양성자라는 외형을 유지하고 있었다. 그 후 얼마 지나지 않아 핵력을 양자역학적으로 설명하는 이론, 즉 양자색역학Quantum Chromodynamics이 탄생했다.

  1970년대 중반에 물리학자들은 자연에 존재하는 네 종류의 힘들 중 중력을 제외한 세 개의 힘을 하나로 통일하는 이론을 거의 완성하였으며, 여기에는 '표준모형standard model'이라는 이름이 붙여졌다. 이 이론에 의하면 쿼크와 전자, 그리고 뉴트리노는 각각 글루온과 W, Z-보존, 그리고 광자를 교환하면서 상호작용을 하고 있다.

수십 년에 걸친 입자물리학의 꾸준한 진보가 드디어 결실을 거둔 것이다. 오늘날 표준모형은 입자물리학과 관련된 모든 실험결과를 단 하나의 예외도 없이 완벽하게 설명하고 있다.

표준모형은 물리학 역사상 가장 성공적인 이론이었지만, 생긴 모습 자체는 전혀 깔끔하지 못했다. 자연을 지배하는 가장 근본적인 법칙이 그토록 누더기 같은 형태로 표현된다는 것은 누가 봐도 쉽게 납득이 가지 않았다. 예를 들어, 표준모형에는 임의의 상수가 별다른 개연성도 없이 무려 19개나 도입되어 있다(입자의 질량과 상호작용의 세기 등은 이론만으로 결정할 수 없기 때문에 실험을 통해 값을 정해야 한다. 그러나 이상적인 이론이라면 이 모든 상수들도 이론적으로 예견할 수 있어야 한다).

뿐만 아니라, 소립자들은 세 개의 유사한 그룹(세대generation라고도 한다)을 형성하고 있다. 자연이 가장 근본적인 단계에서 소립자 시스템을 세 종류의 유사한 세트로 운영하고 있다는 것은 쉽게 납득이 가지 않는다. 각 그룹(세대)끼리 서로 대응되는 입자들은 질량을 제외하고 거의 비슷한 성질을 갖고 있다. 예를 들어, 제1세대의 전자에 대응되는 제2세대의 입자는 뮤온muon인데, 이 입자의 질량은 전자의 200배이다. 그리고 제3세대 타우tau입자의 질량은 전자의 3,500배나 된다. 그러나 뭐니 뭐니 해도 표준모형의 가장 큰 단점은 우주전역에서 가장 광범위하게 작용하고 있는 중력이 빠져 있다는 것이다.

표준모형은 실험결과를 거의 완벽하게 재현함으로써 대단한 성공을 거뒀지만 인위적인 구석이 많았기 때문에 그다지 만족스러운 이론은 아니었다. 그래서 물리학자들은 쿼크와 렙톤을 동일선상에서 서술하는 대통일이론grand unified theory(GUT)에 더 큰 매력을 느끼고 있었다. 이 이론에서는 글루온과 W, Z-보존, 그리고 광자도 동일한 맥락에서 서술된다(그러나 대통일이론 역시 중력을 포함시키지 못해 최종적인 이론으로 성공을 거두지 못했다. 앞으로 설명하겠지만, 전자기력과 약력, 그리고 강력을 통합한 이론체계 속에 중력을 포함시키는 것은 엄청나게 어려운 일이다).

물리법칙의 통일 프로그램은 우주론에 새로운 패러다임을 제시했는데, 그 아이디어는 매우 단순하면서도 아름다웠다. 빅뱅이 일어나던 순간에 네 종류의 힘들은 '초힘superforce' 이라는 단 하나의 힘으로 통합된 상태였다. 즉, 네 종류의 힘들이 모두 같은 세기로 작용하면서 구별이 되지 않는 상태였다는 뜻이다. 탄생의 순간에 우주는 이와 같이 완벽한 대칭성을 갖고 있었다. 그러나 우주가 급속하게 팽창하면서 온도가 내려감에 따라 원래의 초힘은 몇 개의 서로 다른 힘으로 분리되기 시작했다.

이 이론에 의하면, 빅뱅 이후에 우주가 식는 과정은 물이 얼음으로 변하는 과정과 비슷하다. 액체상태의 물은 분포가 균일하고 부드럽지만, 낮은 온도에 방치해두면 수백만 개의 작은 얼음결정으로 이루어진 고체로 변한다. 물이 얼어붙으면 원래 갖고 있던 균질성이 붕괴되면서 특정한 방향성을 갖는 결정체가 되는 것이다.

현재의 우주는 완전히 얼어붙은 상태이다. 다시 말해서, 우리의 눈에 보이는 우주는 전혀 균일하지 않고 대칭적이지도 않으며 산과 바다, 허리케인, 소행성, 폭발하는 별 등 온갖 잡다한 물체들이 불규

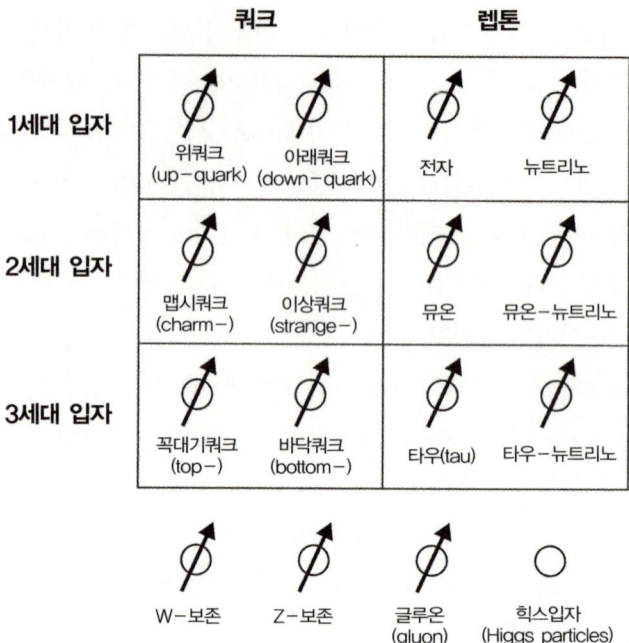

입자물리학에서 가장 성공적인 이론으로 알려진 표준모형의 입자분류도. 소립자들은 쿼크족(양성자와 중성자를 구성하는 입자들)과 렙톤족(전자, 뉴트리노 등), 그리고 기타 입자로 분류된다. 표에서 보다시피, 입자목록은 서로 유사한 세 종의 복사본으로 되어 있다(1, 2, 3세대). 표준모형은 중력을 포함하고 있지 않기 때문에, 최종적인 이론으로 볼 수는 없다.

칙적으로 배열되어 있다. 게다가 우주에 존재하는 네 종류의 힘들 사이에는 아무런 상관관계도 없다. 그러나 초창기의 우주는 그렇지 않았다. 오랜 세월 동안 온도가 끔찍하게 하강하면서 원래 갖고 있던 대칭성이 붕괴되었기 때문에 지금과 같이 무질서한 우주가 되어버린 것이다.

우주는 원래 완벽하게 통일된 상태에서 태어났지만, 장구한 세월 동안 온도의 하강과 함께 여러 차례의 위상변화와 상태변화를 겪으면서 하나였던 힘이 네 종류로 분리되었다. 물리학자들은 이 과정을 거꾸로 거슬러 올라가서 초기우주의 완벽한 대칭상태를 복원하기 위해 지금도 열심히 노력하고 있다.

여기서 가장 중요한 문제는 위상변화가 일어나는 과정을 정확하게 이해하는 것이다. 물리학자들은 이 과정을 가리켜 '대칭성의 자발적인 붕괴spontaneous symmetry breaking'라고 부른다. 얼음이 녹을 때나 물이 끓을 때, 또는 비구름이 형성될 때나 우주가 식을 때, 물체는 하나의 상태에서 전혀 다른 상태로 전환되는데, 이 과정을 위상변화phase transition라고 한다(예술가인 밥 밀러Bob Miller는 위상변화의 위력을 보여주기 위해 사람들에게 다음과 같은 수수께끼를 던지곤 했다. "250톤의 물을 아무런 기구의 도움 없이 허공에 떠 있게 하려면?" 답 : 구름을 만들면 된다[1]).

가짜진공

하나의 힘이 여러 개의 힘으로 분리되는 과정은 댐이 붕괴되는 과정과 비슷한 맥락에서 이해할 수 있다. 물은 항상 에너지가 작은 쪽을 향해 흐르므로 비탈길을 만나면 무조건 아래쪽을 향해 흘러간다(지구의 표면 근처에서 중력에 의한 위치에너지는 고도에 비례한다). 그렇다면 흐르는 강이 이르게 될 최종목적지는 어디일까? 육지에서 에너지가 가장 작은 곳(해발 고도가 가장 낮은 곳), 즉 바다를 만나면서 육로여행은 종결된다. 일반적으로, 에너지가 가장 낮은 상태를 진공vacuum이라 한다. 그런데, 진공 중에는 정상에서 벗어난 '가짜진공'이라는 것도 있다. 예를 들어, 흐르는 강을 댐으로 막아놓으면 물은 조용히 고여 있는 것처럼 보이지만 사실은 댐에 엄청난 압력을 가하고 있다. 이때 댐에 균열이 생기면 작은 틈 사이로 압력이 분출되면서 가짜진공상태(댐에 물이 갇혀 있는 상태)로부터 엄청난 양의 에너지가 쏟아져 나오고, 결국 강물은 진짜진공상태(해수면과 같은 높이)로 되돌아가게 된다. 댐이 자발적으로 붕괴되면 근처에 있는 마을전체가 물에 잠기면서 강물의 에너지는 가짜진공에서 진짜진공상태로 전환되는 것이다.

 대통일이론에 의하면, 우주는 댐의 경우와 마찬가지로 가짜진공상태에서 시작되었으며, 세 개의 힘들(중력을 제외한 힘들)은 하나의 힘으로 통합되어 있었다. 그런데 어느 순간부터 이러한 구조가 붕괴되면서 가짜진공은 진짜진공으로 전환되었고 그 과정에서 하나의 힘은 세 가지로 분리되었다.

 이것은 앨런 구스가 GUT(대통일이론)를 연구하기 전부터 이미 알려진 사실이었다. 그러나 구스는 다른 물리학자들이 간과했던 중요한 사실을 간파했다. 1917년에 드 지터가 예견했던 바와 같이, 가짜진공상태에서 우주는 점차 빠르게(지수함수적으로) 팽창하며, 팽창속도는 우주상수, 즉 가짜진공에 함유되어 있는 에너지에 의해 좌우된다. 이 대목에서, 구스는 중요한 의문을 떠올렸다. "드 지터가 예견했던 '점차 빠르게 팽창하는 우주'를 수용하면 우주론이 당면한 문제를 해결할 수 있지 않을까?"

자기홀극문제

GUT는 우주의 초창기에 다량의 자기홀극magnetic monopole이 존재했음을 예견하고 있다. 자기홀극이란, 간단히 말해서 남극(S), 또는 북극(N)만 갖고 있는 자석을 의미한다. 독자들도 잘 알다시피, 모든 자석은 N극과 S극이 '동시에' 짝으로 존재한다. 둘 중 하나의 극만 갖고 있는 자석은 본 적이 없을 것이다. 막대자석의 중간을 잘라서 두 토막을 내도, 각각의 자석은 N극과 S극을 모두 갖고 있다.

자석과 관련된 실험은 지난 수천 년 동안 수도 없이 실행되어왔지만, 자기홀극이 발견된 사례는 단 한 건도 없었다. 그래서 구스는 자기홀극의 존재를 허용하는 GUT 때문에 심각한 고민에 빠졌다. "자기홀극은 발견된 사례가 전혀 없음에도 불구하고, 마치 전설 속의 유니콘unicorn처럼 사람들의 마음을 사로잡아왔다."[2]

그러던 어느 날, 구스의 머릿속에 기발한 아이디어가 떠올랐다. 우주가 가짜진공상태에서 출발했다면 초기의 팽창속도는 지수함수적으로 점차 빨라졌을 것이다. 이것은 오래전에 드 지터에 의해 이미 예견된 사실이다. 가짜진공상태의 우주는 짧은 시간 동안에도 엄청난 비율로 팽창되기 때문에, 자기홀극의 밀도도 순식간에 작아졌을 것이다. 그동안 과학자들이 자기홀극을 발견하지 못한 이유는 그것이 없어서가 아니라, '있긴 있지만 너무나도 넓은 우주 속에 흩어져 있기 때문'이다. 구스가 찾은 해답은 바로 이것이었다.

  구스는 간단한 아이디어 하나로 GUT의 자기홀극문제를 해결했지만, 얼마 지나지 않아 자신도 미처 생각하지 못했던 훨씬 심오한 의미가 담겨 있음을 알게 되었다.

평평성문제

  구스는 자신의 이론이 우주의 평평성문제flatness problem까지 해결할 수 있음을 깨달았다. 당시만 해도, 표준빅뱅이론으로는 우주공간이 평평한 이유를 설명할 수 없었다. 1970년대의 과학자들은 우주공간의 밀도, 즉 Ω의 값이 거의 0.1에 가깝다고 믿었다(2장에서 말한 대로, Ω는 우주의 평균밀도를 임계밀도로 나눈 값이다). 그러나 빅뱅이 일어난 후 수십억 년이 지났을 때 우주의 밀도가 임계밀도와 거의 같았던 이유는 여전히 미지로 남아 있었다. 우주가 팽창하면 Ω도 당연히 시간과 함께 변해야 한다.

  우주 탄생초기의 Ω값을 적절히 가정하고 아인슈타인의 방정식을 풀어보면, 현재의 Ω는 거의 0이라는 결론이 얻어진다. 그러므로 빅뱅이 일어나고 수십억 년이 지났을 때 Ω의 값이 1에 가까웠다는 것은 거의 기적에 가깝다. 이것이 바로 천문학에서 말하는 '미세조율문제fine-tuning problem' 이다. 우주를 창조한 신이 있었다면, 그는 현재의 Ω가 0.1이 되도록 초창기의 Ω를 세밀하게 조절했을 것이다. 오늘날 Ω가 0.1에서 10 사이의 값을 가지려면 빅뱅이 일어나고

1초가 지났을 때 Ω의 값은 1.00000000000000이어야 한다. 다시 말해서, 초기의 Ω값은 100조 분의 1단위까지 세밀하게 조율되어 있었다는 뜻이다.

연필의 뾰족한 끝을 아래로 향한 채 책상 위에 똑바로 세운다고 상상해보자. 실험을 해보면 금방 알겠지만, 아무리 노력을 해도 연필은 쓰러지기 마련이다. 정말로 연필을 세우고 싶다면 처음부터 엄청난 정확도로 수직상태를 유지해야 한다. 어쩌다가 운이 좋아 성공했다 해도, 몇 초 이내에 연필은 쓰러질 것이다. 그러나, 연필이 똑바로 서 있는 상태를 몇 년 동안 지속해야 한다고 생각해보라! 웬만한 기적이 일어나지 않고서는 도저히 불가능한 일이다. 이와 마찬가지로, 현재의 Ω가 0.1이 되려면 초창기의 Ω는 엄청난 정확도로 조율되어 있어야 한다. 여기서 아주 조금만 달라져도 현재의 Ω는 전혀 다른 값이 되었을 것이다. 그렇다면 현재의 Ω는 왜 1에 가까운 값을 갖게 되었을까?

구스에게는 이것도 그다지 어려운 문제가 아니었다. 엄청난 크기로 팽창된 우주를 국소적인 규모에서 바라보면 당연히 평평하게 보일 것이다. 우리는 지구가 둥글다는 것을 잘 알고 있지만, 그것은 교육에 의한 효과일 뿐 실제로 '둥근 지구'를 느끼면서 사는 사람은 없다. 당장 눈앞에 지평선이 보이지 않는다면, 누구나 '지구는 평평하다'고 생각할 것이다. 이와 마찬가지로, 천문학자들은 우주가 충분히 크게 팽창되었기 때문에 Ω가 1에 가깝다는 결론을 내렸다.

지평선문제

인플레이션이론은 평평성문제와 함께 지평선문제도 해결하였다. 이 문제는 "밤하늘의 어느 쪽을 바라봐도 별들이 거의 균일하게 분포되어 있는 이유는 무엇인가?"라는 간단한 질문에서 출발한다. 실험삼아, 오늘 밤 밖으로 나가 하늘의 한 구역을 바라보라. 그리고 시선을 180° 돌려서 정반대쪽을 바라보라. 그러면 두 지역에서 별의 밀도가 거의 동일하다는 것을 알 수 있을 것이다. 그러나 당신이 바라본 두 지역은 거리상으로 거의 수백억 광년이나 떨어져 있다. 고성능망원경으로 하늘을 훑어봐도 밀도가 특별히 높거나 낮은 지역은 발견되지 않는다. 그리고 관측위성이 보내온 자료에 의하면 우주배경복사의 온도는 전 공간에 걸쳐 수천 분의 1도의 오차 이내에서 균일하게 분포되어 있다.

그러나 이것은 정말로 신기한 형상이 아닐 수 없다. 다들 알다시피 빛의 속도는 매우 빠르긴 하지만 무한히 빠르지는 않다. 따라서 어떤 정보를 담고 있는 빛이나 기타 신호가 밤하늘의 한쪽 끝에서 반대쪽 끝까지 전달되려면 우주의 나이보다 더 긴 시간이 소요된다. 예를 들어, 하늘의 한 특정방향에서 관측된 마이크로파배경복사는 빅뱅 이후 약 130억 년 동안 공간을 표류해왔다. 그리고 이와 정반대방향에서 관측되는 배경복사도 역시 130억 년 전에 생성된 것이다. 그런데 이들의 온도가 수천 분의 1도 이내로 동일하다는 것은, 우주의 초창기 때 이들 두 지역이 열역학적인 접촉상태에 있었음을 의미한다. 그렇다면 이들은 무슨 수로 수백억 광년이나 멀어질 수 있었을까? 우주의 나이는 130억 년에 불과하므로, 이들이 줄곧 빛의 속도로 멀어져왔다 해도 지금과 같은 거리만큼 멀어질 수는 없다.

우주배경복사가 처음 생성된 무렵, 그러니까 빅뱅 후 38만 년이 지난 시점으로 되돌아가면 상황은 더욱 혼란스러워진다. 이 시기에 반대쪽 하늘을 바라봐도 배경복사는 거의 동일한 온도를 유지하고 있다. 그런데, 빅뱅이론의 계산에 의하면 하늘의 대척점은 약 90억 광년의 거리를 두고 있다. 그렇다면, 태어난 지 38만 년밖에 안 된 우주에서 90억 광년이나 떨어져 있는 두 지점이 어떻게 같은 온도를 유지할 수 있다는 말인가? 가장 빠른 빛으로 신호를 전달한다 해도, 38만 년 사이에 90억 광년의 거리를 주파할 수는 없다.

논리적으로 생각해보면 우주의 반대편은 거리가 너무 멀어서 탄생 후 지금까지 단 한 번도 접촉한 적이 없으므로 각 지점의 온도와 밀도가 균일할 이유는 없을 것 같다. 그런데도 오늘날 우주공간을 채우고 있는 물질들은 매우 균일한 밀도로 분포되어 있다. 빛이 우주공간의 대척점을 가로지를 만큼 충분한 시간이 흐르지 않았는데, 어떻게 이런 분포가 가능한 것일까?(여기에 '지평선문제'라는 이름을 붙인 사람은 프린스턴대학의 물리학자 로버트 디키였다. 눈으로 볼 수 있는 가장 먼 곳이 지평선이듯이, 우주적 지평선은 주어진 시간 동안 빛이 이동할 수 있는 가장 먼 거리를 의미한다)

구스는 이 문제 역시 인플레이션이론으로 설명할 수 있음을 간파하였다. 그는 우리의 눈에 보이는 우주가 초창기에 있었던 불덩어리의 극히 일부분에 지나지 않는다고 생각했다. 그 무렵에 이 작은 부분의 온도와 밀도는 균일하게 분포되어 있었다. 그러나 어느 순간에 갑자기 인플레이션이 일어나면서 우주는 빛보다 빠른 속도로 10^{50} 배까지 팽창되었고, 그 결과 지금 우리의 눈에 보이는 우주는 여전히 균일한 분포를 유지하고 있다. 즉, 별의 밀도와 배경복사의 온도가 균일하게 분포되어 있는 이유는 현재 우리의 눈에 보이는 우주가 아주 작은 영역에 뭉쳐 있다가 인플레이션과 함께 엄청난 속도로 팽창했기 때문이라는 것이다.

인플라톤에 대한 반응

구스는 인플레이션이론이 옳다는 것을 굳게 믿고 있었지만, 자신의 주장을 공식적으로 발표할 때에는 긴장감을 늦추지 못했다. 그는 1980년에 인플레이션이론을 처음으로 발표하던 현장을 다음과 같이 회고하였다. "저의 이론에서 잘못된 결과가 나올까봐 몹시 걱정스러웠습니다. 무엇보다 두려웠던 것은 제가 우주론의 초심자라는 사실이 적나라하게 드러나는 것이었지요."[3] 그러나 구스의 이론은 매우 우아하고 강력했기에, 전 세계의 물리학자들은 그 중요성을 곧 인식하게 되었다. 노벨상 수상자인 머리 겔만은 "우주론의 가장 중요한 문제를 구스가 해결했다!"며 찬사를 아끼지 않았다. 역시 노벨상 수상자인 셸던 글래쇼는 구스에게 "당신의 이론을 듣고 스티븐 와인버그가 노발대발했다"고 귀띔해주었다. "스티븐이 내 이론에 반대한답니까?"라고 구스가 물었더니, 글래쇼는 이렇게 대답했다.

"아뇨, 자신이 그 이론을 진작 생각해내지 못했다고 해서 화가 난

겁니다."⁴ 글래쇼를 포함한 대다수의 과학자들은 한결같이 긴 탄식을 자아냈다. 그토록 간단한 아이디어를 왜 진작 떠올리지 못했을까? 전 세계의 이론물리학자들은 구스의 이론을 열광적으로 환영하였다.

인플레이션이론은 구스에게 새로운 일자리를 마련해주기도 했다. 사실, 그는 마땅한 일자리를 찾지 못해 실업수당을 받아야 할 처지에 놓여 있었다. 훗날 그는 자신이 "취업시장에서도 거의 소용없는 실업자 취급을 받았다"고 회고하였다.⁵ 그런데 인플레이션이론을 발표하자마자 사방에서 일자리 제안이 쏟아지기 시작했다. 그는 자신의 모교인 MIT에서 후배들을 가르치고 싶었으나 MIT에서만은 아무런 연락도 오지 않았다. 그러던 어느 날, 구스는 행운의 과자 fortune cookie(운수 등을 인쇄한 쪽지가 들어 있는 중국제 과자—옮긴이)에서 "당신이 소극적이지 않다면 아주 좋은 일자리를 구할 수 있을 것입니다"라는 문구를 읽고 용기를 내어 MIT대학에 전화를 걸었다. 그랬더니 담당자가 "그렇지 않아도 연락을 드리려던 참이었습니다"라면서 교수직을 제안해왔다. 호기심이 동한 구스가 또 하나의 행운의 과자를 뜯어보았더니, "순간적인 충동에 끌려 행동하지 말라"는 글귀가 적혀 있었다. 그러나 그는 "중국제 행운의 과자가 내 앞길을 좌우할 순 없다"고 생각하면서 MIT대학의 제안을 받아들였다.

그러나 이것으로 모든 문제가 해결된 것은 아니었다. 물리학자들은 구스의 이론을 대대적으로 환영했지만, 정작 천문학자들은 인플레이션이론에 결정적인 결함이 있다면서 별다른 관심을 보이지 않은 것이다. 그들이 지적한 결함이란, 바로 Ω에 관한 문제였다. Ω의 값이 거의 1에 근접하는 이유는 인플레이션이론으로 설명될 수 있다. 그러나 인플레이션이론은 여기서 한 걸음 더 나아가 Ω가(또는 $\Omega + \Lambda$가) 정확하게 1.0임을 예견하였다. 즉, 구스의 이론에 의하면 우주는 완전히 평평한 상태이다. 그러나 그 무렵에 얻어진 관측데이터들은 암흑물질의 존재를 강하게 시사하면서 Ω의 값이 1.3까지 커야 한다는 것을 설득력 있게 보여주고 있었다. 그 후로 10년 동안, 물리학자들은 인플레이션과 관련된 논문을 수천 편이나 발표했으나, 천문학자들 사이에서는 여전히 의문스런 이론으로 남아 있었다.

일부 천문학자들은 입자물리학자들이 인플레이션이론의 아름다운 외모에 현혹되어 실험적인 사실을 부정하고 있다고 비난했다(하버드대학의 천문학자 로버트 커쉬너Robert Kirshner는 그의 저서를 통해 "인플레이션이론은 한마디로 미친 생각이다. 평생교수직을 보장받은 학자들이 그 이론을 아무리 열심히 연구한다고 해도, 틀린 이론이 옳은 이론으로 뒤바뀔 수는 없다"며 구스의 이론을 비난했으며,[6] 옥스퍼드대학의 로저 펜로즈Roger Penrose는 인플레이션이론을 가리켜 "고에너지 물리학자들이 우주론에 개입하는 것은 하나의 유행이다. … 고슴도치도 자기 새끼는 귀엽다고 하지 않던가"라고 했다[7]).

구스는 관측데이터가 좀 더 축적되면 결국 우주가 평평하다는 자신의 주장이 입증될 것이라고 굳게 믿었다. 그러나 그 역시 인플레이션이론에 '작지만 결정적인' 결함이 존재한다는 사실을 인정하지 않을 수 없었다(이 문제는 오늘날까지도 완전하게 이해되지 않고 있다). 인플레이션은 우주론과 관련된 일련의 심오한 문제들을 일거에 해결했지만, 정작 문제는 인플레이션(팽창)을 멈출 방법이 없다는 것이었다.

물이 담긴 주전자가 가스 불 위에서 데워지고 있는 장면을 상상해보자. 물은 끓기 직전에 잠시 동안 고에너지상태에 놓이게 된다. 물은 당장이라도 끓고 싶어하지만, 기포가 생성되려면 약간의 불순물이 필요하다. 그러나 일단 끓기 시작하면, 물은 곧 저에너지상태(진짜진공)로 떨어지면서 다량의 기포를 만들어낸다. 이 기포들은 주전자의 내부가 증기로 가득 찰 때까지 조금씩 합쳐지면서 크기가 점차 커진다. 이런 식으로 모든 기포들이 하나로 합쳐지면 물의 기화과정이 끝나는 것이다.

이 기포는 구스의 이론에서 '진공으로부터 팽창하는 우주의 한 부분'에 비유될 수 있다. 그러나 막상 계산을 해보니, 기포들이 적절히 합체되지 않아서 상상을 초월할 정도로 혼란스러운 우주가 얻어졌다. 즉, 구스의 이론은 '증기거품이 주전자를 가득 채우고 있지만 하나로 합쳐지지 않아서 균일한 증기가 생성되지 않는' 희한한 상황을 만들어낸 것이다. 이리하여 구스의 이론은 현재의 우주를 재현시키는 데 실패한 것처럼 보였다.

1981년에 러시아의 레베데프P. N. Lebedev연구소의 안드레이 린데와 펜실베이니아대학의 폴 스타인하르트Paul J. Steinhardt와 안드레아스 알브레히트Andreas Albrecht는 이 수수께끼를 해결하는 한 가지 아이디어를 제안하였다. 즉, 가짜진공상태에서 생성된 하나의 기포가 충분한 크기로 자라나면 주전자를 가득 채울 수 있으므로, 이로부터 균일한 우주가 생성될 수도 있다는 것이다. 다시 말해서, 우리의 우주는 하나의 기포가 우주를 가득 채울 때까지 팽창되면서 만들어진 부산물이라는 것이다. 주전자의 내부를 균일한 증기로 가득 채우는 게 목적이라면 굳이 여러 개의 기포를 도입할 필요가 없다. 기포가 단 하나라 해도, 충분한 크기로 팽창되기만 하면 여러 개의 기포가 생성된 경우와 동일한 결과를 낳을 수 있다.

앞에서 예로 들었던 댐과 가짜진공으로 되돌아가서 생각해보자. 댐이 두꺼울수록, 물이 댐을 뚫고 나오는 데 걸리는 시간은 그만큼 길어진다. 댐이 충분히 두껍게 지어졌다면 물이 샐 때까지 걸리는 시간은 한정 없이 길어질 것이다. 만일 우주가 초창기 부피의 10^{50}배까지 팽창되었다면, 하나의 기포만으로 지평선문제와 평평성문제, 그리고 자기홀극문제 등을 일거에 해결할 수 있다. 다시 말해서, '뚫고 나오는 데 걸리는 시간'이 충분히 지연되었다면, 우주는 매우 긴 시간 동안 팽창되었을 것이고 그 결과 우주는 '평평하면서 자기홀극이 거의 없는 공간'으로 진화했을 거라는 이야기다. 그러나 여기에도 의문은 여전히 남아 있다. 초창기에 대체 어떤 힘이 작용했기에 우주가 무려 10^{50}배까지 팽창되었다는 말인가?

이 문제에는 '우아한 탈출문제'라는 이상한 이름이 붙여졌다. 하나의 기포가 우주전체를 가득 채울 정도로 긴 시간 동안 우주가 팽창할 수 있었던 이유는 무엇인가? 그 후로 몇 년 동안 50여 종의 해답이 제시되었지만, 누구나 인정하는 정답은 나타나지 않았다(연구해본 사람은 알겠지만, 이것은 결코 쉬운 문제가 아니다. 나 자신도 이 문제에 한동안 매달린 끝에 몇 가지 해결책을 제안한 바 있다. 초기 우주에서 적절한 속도의 팽창을 유도하는 것은 비교적 쉽다. 그러나 10^{50}배에 이르는 팽창을 유도하는 것은 엄청나게 어려운 일이다. 10^{50}이라는 숫자를 인위적으로 도입할 수는 있지만, 그렇게 하면 이론 자체가 인공적이고 작위적인 색채를 띠게 된다). 구스의 인플레이션이론이 자기홀극과 지평선문제, 그리고 평평성문제를 해결했다는 데에는 이견의 여지가 없었다. 그러나 우주의 팽창을 유도하고, 또 그것을 멈추는 요인에 대해서는 아무도 이렇다 할 해답을 제시하지 못했다.

혼돈인플레이션과 평행우주

'우아한 탈출문제'의 해답으로 제시된 수많은 아이디어들 중 만장일치로 채택된 답은 없었지만, 물리학자 안드레이 린데는 이 사실에 별로 동요하지 않았다. 그는 "만일 우주를 창조한 신이 있다면, 그는 자신의 창조물을 단순화시키기 위해 이 멋진 가능성을 틀림없이 사용했을 것이다"라고 말했다.[8]

린데는 인플레이션이론의 초기버전이 갖고 있는 약간의 단점을 보완하여, 새로운 버전의 인플레이션이론을 제안하였다. 그는 시간과 공간 속의 임의의 지점에서 자발적으로 붕괴되는 우주를 떠올렸다. 그의 이론에 의하면, 붕괴가 일어나는 각 지점에서는 새로운 우주가 탄생하여 약간의 팽창을 겪는다. 이때 나타나는 팽창효과는 그다지 크지 않지만 이런 과정이 무작위로 일어나기 때문에, 전체적으로 보면 우리의 우주가 만들어질 정도로 충분히 긴 시간 동안 하나의 기포가 꾸준히 팽창한 것과 동일한 효과를 낳는다는 것이다. 이 점을 사실로 받아들이면 팽창은 연속적으로 영원히 계속되며, 빅뱅이 수시로 일어나면서 여러 개의 우주가 탄생하게 된다. 즉, 하나의 우주로부터 새로운 우주가 연속적으로 탄생하는 '다중우주multiverse'의 세계가 열리는 것이다.

다중우주이론에 의하면 우리가 속해 있는 우주에서도 자발적인 붕괴가 일어날 수 있다. 즉, 우리의 우주가 장차 새로운 우주를 낳을 수도 있다는 뜻이며, 이는 곧 우리의 우주가 과거에 어떤 '모체우주 mother universe'로부터 탄생했음을 의미한다. 혼돈인플레이션이론에서 하나의 우주는 영원하지 않지만 다중우주 시스템 자체는 영원히 지속된다. 그리고 다중우주들 중 일부는 Ω의 값이 너무 커서 빅뱅으로 태어난 후 빅 크런치를 겪으면서 소멸되고, 개중에는 Ω가 작아서 영원히 팽창하는 우주도 있다. 그러므로 다중우주의 세계에는 엄청난 규모로 팽창된 우주가 주종을 이루고 있다.

평행우주의 개념은 언뜻 듣기에 황당무계한 소설 같지만, 곰곰 생각해보면 대단한 설득력을 갖고 있다. 입자물리학이 발달하면서 인플레이션이론은 기존의 우주론을 하나로 통합시켰다. 양자역학을 전적으로 수용한 입자물리학에 의하면, 평행우주의 탄생과 같이 도저히 일어날 것 같지 않은 사건들도 엄연히 일어날 확률을 갖고 있다. 그러므로 하나의 우주가 탄생할 확률을 허용한다는 것은, 그로부터 무수히 많은 우주가 연쇄적으로 탄생할 수 있는 가능성을 열어놓는다는 뜻이다. 전자의 양자역학적 설명방식을 예로 들어보자. 하이젠베르크Heisenberg의 불확정성원리에 의해, 하나의 전자는 공간상의 한 점에 존재하지 않고 원자핵의 주변에 분포되어 있는 '전자가 놓일 수 있는 모든 지점들'에 동시에 존재한다. 즉, 하나의 전자는 동시에 여러 곳에 존재할 수 있기 때문에, 원자핵의 주변에 안개처럼 퍼져 있는 것으로 간주해야 한다. 전자에 의한 분자들 간의 결합을 올바르게 설명하려면 이 방법밖에 없다. 물질을 이루고 있는 분자들이 스스로 분해되지 않는 이유는 여러 곳에 동시에 존재하는 '평행전자parallel electron'들이 양자적 춤을 추면서 분자들을 단단하게 묶어주고 있기 때문이다. 이 상황을 염두에 두고, 한때 우주가 전자보다 작은 영역 속에 응축되어 있었다고 가정해보자. 여기에 양자역학을 적용하면 다양한 상태의 우주들이 동시에 존재하게 된다. 다시 말해서, 우주공간에 양자적 요동을 허용하면 평행우주의 개념을 부정할 수가 없게 된다는 것이다.

무無에서 창조된 우주

대부분의 사람들은 다중우주의 개념을 쉽게 받아들이지 못할 것이다. 다른 문제는 차치하더라도, 일단 물질과 에너지의 보존법칙에 위배되는 것처럼 보이기 때문이다. 그러나 하나의 우주에 내재되어 있는 물질/에너지의 총량은 아주 작을 수도 있다. 우주에는 별과 은하, 행성 등 엄청나게 많은 양의 물질이 존재하지만, 중력에는 에너지가 음(−)의 형태로 저장될 수 있기 때문에 이들을 모두 더하면 우주의 총에너지는 0이 될 수도 있다! 어떤 면에서 보면, 이런 우주들은 '자유로운 우주'라고 생각할 수 있다. 총에너지가 0인 우주라면, 아무것도 없는 무無의 상태에서 탄생할 수도 있을 것이다(우주가 닫혀 있다면 에너지의 총량은 0이 되어야 한다).

〔이 점을 좀 더 분명히 이해하기 위해, 커다란 구덩이에 빠진 당나귀를 상상해보자. 이 불쌍한 당나귀를 꺼내려면 어떻게 해서든 당나귀의 몸에 에너지를 부여해야 한다. 일단 구덩이를 빠져나와 땅 위에 서면 당나귀의 에너지는 0이 된다. 그런데, 당나귀에게 에너지를 투여한 결과가 에너지=0으로 나타났다는 것은, 구덩이에 빠진 당나귀의 에너지가 음(−)이었음을 의미한다. 이와 마찬가지로, 태양 근처에서 궤도운동을 하고 있는 행성을 태양계 바깥으로 끄집어내려면 행성에 에너지를 투여해야 한다. 일단 태양계의 바깥으로 방출된 행성은 0의 에너지를 갖는다(물론, 필요 이상의 에너지를 투입하면 행성의 총에너지는 양수가 될 수도 있다. 그러나 지금은 '행성을 태양계에서 끌어내기 위해 최소한의 에너지가 투입된 경우'를 논하고 있다. 이렇게 하면 바깥으로 이탈된 행성은 별도의 운동에너지를 갖지 않으므로 총에너지는 0이 된다―옮긴이). 그런데 행성을 태양계에서 끌어내기 위해 에너지가 투입되었으므로, 총에너지가 0이라는 것은 행성이 태양계에 속해 있을 때 에너지가 음(−)이었음을 뜻한다.〕

실제로, 1온스 정도의 물체만 있으면 지금과 같은 우주를 만들 수 있다. "우주는 점심 도시락 하나 정도에 불과하다." 구스는 평소에 이런 표현을 즐겨 사용했다. 아무것도 없는 상태에서 우주가 탄생할 수 있다는 주장을 처음 제기한 사람은 뉴욕 헌터대학Hunter College의 에드워드 티론Edward Tyron이었다. 그는 1973년에 《네이처》지에 제출한 한 편의 논문을 통해 "우주란, 진공의 요동에 의해 수시로 탄생하는 그 무엇"이라고 주장했다(우주를 만들어내는 데 필요한 물체의 양은 거의 0에 가깝지만, 이 물체는 엄청나게 큰 밀도로 압축되어 있어야 한다. 이 문제는 12장에서 다시 언급될 것이다).

이것은 중국의 반고盤古신화처럼 우주가 '무에서 창조creatio ex nihilo' 되었음을 시사하고 있다. '무에서 창조된 우주론'은 기존의 논리로 증명될 수 없지만, 우주와 관련된 현실적인 질문에는 나름대로 적절한 해답을 제시하고 있다. 예를 들어, "우주는 왜 회전하지 않는가?"라는 질문을 생각해보자. 팽이나 허리케인에서 시작하여 행성과 은하, 심지어는 퀘이사에 이르기까지 거의 대부분의 물체들은 스스로 회전(자전)하고 있다. 그러나 정작 이 모든 것을 담고 있는 우주는 회전운동을 하지 않는다. 독자들은 우주공간에 떠 있는 은하들의 스핀을 모두 더하면 0이 된다는 사실을 알고 있는가?(5장에서 다시 설명하겠지만, 이것은 매우 다행스런 일이 아닐 수 없다. 만일 우주가 회전운동을 하고 있다면 시간여행이 자유롭게 허용되면서 역사라는 개념 자체가 사라지게 될 것이다) 우주가 회전을 하지 않는 이유는 아마도 우리의 우주가 무에서 창조되었기 때문일 것이다. 진공은 회전을 하지 않으므로, 그로부터 탄생한 우주가 회전운동을 할 이유는 없다. 실제로, 다중우주를 구성하고 있는 모든 기포우주들bubble universe의 순스핀net spin은 0이다.

또 하나의 질문, 우주에 존재하는 양전하와 음전하의 양이 정확하게 일치하는 이유는 무엇인가? 우주적인 규모에서 힘을 생각할 때, 우리는 보통 중력을 가장 중요하게 생각한다. 앞에서 지적한 대로 중력은 전자기력과 비교가 안 될 정도로 작은 힘에 불과하지만, 우주적인 스케일에서 전자기력을 특별히 문제 삼는 경우는 별로 없다.

왜 그럴까? 이유는 간단하다. 우주에 존재하는 양전하와 음전하의 양이 정확하게 같아서, 전체적으로 보면 전하가 아예 없는 것과 같기 때문이다. 그래서 이 우주는 전자기력이 아닌 중력의 지배를 받는 것처럼 보인다.

우리는 이 사실을 별 의심 없이 당연하게 받아들이고 있지만, 사실 따지고 보면 범우주적인 규모에서 양전하와 음전하가 상쇄되는 것은 매우 신기한 현상이 아닐 수 없다. 지금까지 관측된 바에 의하면, 양전하와 음전하의 총량은 10^{21}분의 1 이내에서 일치하는 것으로 알려져 있다(물론, 국소적으로 보면 양전하와 음전하는 상쇄되지 않는다. 이들이 어디서나 상쇄된다면 전기라는 현상은 애초부터 일어나지도 않았을 것이다. 그러나 범우주적인 규모에서 보면, 번개와 같은 현상을 고려한다 해도 양전하와 음전하의 총량은 거의 정확하게 일치한다).[9] 만일 우리의 몸을 이루고 있는 양전하와 음전하의 양이 0.00001% 정도 차이가 난다면, 우리의 몸은 순식간에 산산이 분해될 것이며, 강력한 전자기력에 의해 우주공간으로 날아가버릴 것이다.

독자들도 어느 정도 짐작하고 있겠지만, 이 의문 역시 우주가 무로부터 탄생했다는 논리로 해결할 수 있다. 바닥에너지, 즉 진공상태에서는 순스핀과 순전하net charge가 모두 0이므로, 이로부터 탄생한 우주도 스핀과 전하를 갖고 있지 않다는 것이다.

그런데, 이 법칙에는 한 가지 예외가 있다. 우리의 우주는 반물질antimatter이 아닌 물질matter로 이루어져 있다.[10] 물질과 반물질은 서로 상반되는 개념이므로(물질과 반물질은 전하의 부호가 반대이다), 언뜻 생각하기에 빅뱅으로부터 물질과 반물질이 같은 양만큼 생성되었다고 가정하지 못할 이유가 없을 것 같다. 그러나 문제는 물질과 반물질이 만나면 감마선을 방출하면서 완전히 사라져버린다는 점이다. 즉, 우리의 우주가 물질과 반물질의 양이 같은 상태에서 출발했다면, 인간은 물론이고 모든 물질들도 지금처럼 존재할 수 없다. 이런 우주에서는 다량의 감마선이 공간을 메우고 있을 것이다. 빅뱅이 완전한 대칭성을 갖춘 상태에서 일어났다면, 즉 무에서 출발했다면 물질과 반물질의 양은 같아야 한다. 그런데 지금의 우주에는 왜 물질이 이렇게 많이 존재하는 것일까? 물론, 빅뱅이 완전한 대칭 속에서 발생하지 않았다면 물질의 초과현상을 설명할 수 있다. 이것은 러시아의 물리학자 안드레이 사하로프Andrei Sakharov가 제시한 해결책이었다. 다시 말해서, 창조의 순간에 물질과 반물질의 양이 조금 달랐다면 물질과 반물질이 모두 결합하여 사라진 후에도 여분의 물질이 남아서 지금과 같은 우주를 생성할 수 있다는 것이다[물리학자들은 빅뱅의 시기에 붕괴된 대칭을 CP대칭이라 부른다. 여기서 C는 전하의 반전(+/−)을 뜻하고, P는 물질과 반물질 사이의 반전을 의미한다]. 이와 같이, 대칭성의 붕괴를 도입하면 물질이 반물질보다 많았던 이유를 설명할 수 있다. 그러나 우주의 초창기에 대칭성이 붕괴된 원인은 아직도 미지로 남아 있다.

다른 우주는 어떻게 생겼을까?

"우주의 초창기에 자발적인 대칭성의 붕괴가 무작위로 일어났다"

는 가정만 세우면, 일단 다중우주이론은 성립한다. 이것 이외에 다른 가정은 전혀 필요없다. 한 우주에서 자손우주가 탄생할 때마다 물리상수의 값은 달라지고 적용되는 물리법칙도 달라진다. 만일 이것이 사실이라면, 개개의 우주마다 완전히 다른 세상이 펼쳐지고 있는 셈이다. 그러나 여기에는 한 가지 의문점이 남아 있다. 다른 우주들은 어떻게 생겼는가? 평행우주를 논리적으로 이해하려면 이들의 탄생과정, 특히 자발적인 붕괴가 일어나는 과정을 정확하게 이해해야 한다.

하나의 우주가 탄생하여 자발적인 붕괴가 일어나면 기존의 이론에 포함되어 있는 대칭성도 함께 붕괴된다. 물리학자들은 '단순한 이론'과 '높은 대칭성을 가진 이론'을 특별히 선호하는 경향이 있다. 이론이 아름답다는 것은, 관측자료를 함축적·경제적으로 설명해주는 강력한 대칭성이 이론체계 안에 존재한다는 뜻이다. 좀 더 정확히 말해서, 아름다운 방정식이란 여러 개의 요소들을 맞바꿔도 그 형태가 변하지 않는 방정식을 의미한다. 물리학자들이 자연에 숨어 있는 대칭성을 찾기 위해 그토록 애를 쓰고 있는 것도, 겉보기에 전혀 다른 현상들을 대칭이라는 이름하에 하나의 현상으로 통일시킬 수 있기 때문이다. 예를 들어, 전기와 자기는 겉으로 보기에 전혀 다른 현상인 것 같지만, 맥스웰 방정식의 대칭성을 이용하면 동일한 현상(전자기)의 다른 모습임을 쉽게 확인할 수 있다. 그리고 아인슈타인은 시간과 공간이 한 객체의 다른 면임을 간파하여 시공간spacetime이라는 이름하에 이들을 하나로 통합시켰다.

6각형 결정구조로 되어 있는 눈송이를 생각해보자. 눈의 결정이 아름답게 보이는 근본적인 이유는 그 안에 모종의 대칭성이 존재하기 때문이다. 눈의 결정은 가운데를 중심으로 60°(또는 그 배수)만큼 회전시켜도 형태가 변하지 않는다(대칭이란, '어떤 변환에 대한 불변성'을 의미한다. 즉, 어떤 물리계에 수학적으로 정의되는 변환을 가했을 때 변하지 않는 성질이 있다면, 그 물리계는 대칭성을 갖고 있다고 말한다. 지금의 경우, 변환은 '60°회전'이고 변하지 않는 성질은 '눈 결정의 외형'이다. 대칭이라고 하면 흔히 물체의 외형이 변하지 않는 대칭을 떠올리지만, 외형이 변하더라도 무언가 변하지 않는 속성이 있으면 대칭성을 갖고 있는 것으로 간주된다-옮긴이). 그러므로 눈의 결정을 서술하는 방정식이 있다면, 이 방정식도 60°(또는 그 배수) 회전에 대하여 불변일 것이다. 수학자들은 이러한 대칭을 'C6대칭'이라 부른다.

대칭은 자연의 '숨어 있는 아름다움'을 반영하고 있다. 그러나 오늘날 이 대칭은 보기 흉할 정도로 붕괴되어 있다. 자연에 존재하는 네 종류의 힘들이 아무런 공통점을 갖고 있지 않은 것도, 초기우주의 대칭성이 붕괴되면서 나타난 결과이다. 사실, 지금의 우주는 불규칙성과 결함으로 가득 차 있다. 다시 말해서, 지금 우리는 빅뱅에 의해 붕괴된 원시대칭의 잔해에 둘러싸여 있다. 그러므로 평행우주를 이해하려면 빅뱅 직후에 발생한 대칭성의 붕괴과정을 이해해야 하는 것이다. 물리학자 데이비드 그로스David Gross의 말대로, "자연의 비밀은 대칭 속에 숨어 있다. 그러나 자연의 현재 모습은 대칭성의 붕괴과정 속에서 결정되었다."[11]

표면이 매끈한 거울은 매우 높은 대칭성을 갖고 있다. 거울을 임의의 방향, 임의의 각도로 회전시켜도 그 안에 비치는 영상은 변하지 않는다. 그러나 거울을 깨뜨리면 원래의 대칭성은 당장 붕괴된다. 그러므로 대칭성의 붕괴과정을 규명하는 것은 거울이 깨진 원인을 알아내는 것과 비슷하다.

대칭성의 붕괴

이 점을 이해하기 위해, 태아의 성장과정을 잠시 살펴보기로 하자. 수정된 후 며칠이 지나면 태아는 완전한 세포로 이루어진 구형의 모습을 띠게 된다. 각 세포들은 맡은 역할이 다르지만, 외부에서는 어떤 각도에서 바라봐도 다른 점이 별로 없다. 물리학자들의 표현을 빌리자면, 이 시기의 태아는 O(3)대칭(구형대칭spherical symmetry)을 갖고 있다. 즉, 임의의 축을 중심으로 어떤 각도로 돌려도 태아의 외형은 달라지지 않는다.

이런 태아는 아름답고 우아해 보이지만 생명체로서는 거의 무력한 상태이다. 기하학적으로는 완벽한 구형에 가깝다 해도, 주변환경에 적응하는 기능들은 아직 활성화되지 않은 상태이다. 그런데 여기서 시간이 더 흐르면 태아의 머리부분이 돌출되면서 기하학적 대칭성이 붕괴되어 볼링 핀과 비슷한 형태가 된다. 이 시기가 되면 구형대칭은 붕괴되지만 다른 대칭은 아직도 남아 있다. 가운데 축을 중심으로 회전시켜도 모양이 변하지 않는 O(2)대칭(원통형대칭 cylindrical symmetry)이 바로 그것이다. 수학적으로 말하면 원래의 O(3)대칭이 붕괴되면서, 전체적인 대칭이 O(2)대칭으로 축소되었다고 할 수 있다.

그러나 O(3)대칭의 붕괴는 다른 방향으로 진행될 수도 있다. 예를 들어, 불가사리는 초기의 구형대칭이 붕괴된 후 원통형대칭이나 좌우대칭이 아닌 C_5대칭(72° 회전에 대해 불변인 대칭)이 남으면서 별 모양의 몸체가 만들어진다. 즉, 초기배아의 O(3)대칭이 붕괴되는 방향에 따라, 앞으로 태어날 생명체의 외형이 결정되는 것이다.

이와 마찬가지로, 과학자들은 초창기의 우주가 완전한 대칭성을 보유한 채로 시작되었다고 믿고 있다. 이런 환경에서는 네 종류의 힘들도 하나의 힘으로 통합된다. 고도의 대칭성을 갖고 있던 초기의 우주는 아름답고 우아했지만 별로 유용하지는 않았다. 만일 이 시기에 생명체가 태어났다면 도저히 살아갈 수 없었을 것이다. 우주 안에서 생명활동이 가능하려면 온도가 내려가면서 대칭성이 붕괴되어야 한다.

대칭성과 표준모형

평행우주의 외형을 짐작하려면 먼저 강력과 약력, 그리고 전자기력에 존재하는 대칭성을 이해해야 한다. 강력은 세 개의 쿼크에 기초를 두고 있는데, 물리학자들은 이들을 구별하기 위해 색color(붉은색, 녹색, 푸른색 등)이라는 개념을 쿼크에 부여하였다. 그러므로 핵력을 서술하려면 쿼크의 색을 바꿔도 그 형태가 변하지 않는 방정식이 필요하다. 우리는 이러한 방정식을 가리켜 'SU(3)대칭을 갖고 있다'고 말한다. 즉, 세 개의 쿼크의 색을 이리저리 뒤바꿔도 방정식의 외형이 달라지지 않는다는 뜻이다. 물리학자들은 SU(3)대칭을 갖고 있는 이론이 강력을 가장 정확하게 서술한다고 믿고 있다(이것이 바로 양자색역학QCD이다). 만일 우리에게 초대형 슈퍼컴퓨터가 주어져 있다면, 쿼크의 질량과 상호작용의 크기를 입력으로 삼아 양성자와 중성자의 모든 물리적 성질 및 핵물리학과 관련된 모든 양들을 계산할 수 있을 것이다.

그다음으로, 두 개의 렙톤(한 개의 전자와 한 개의 뉴트리노)을 생각해보자. 이들 두 입자를 서로 바꿔치기해도 방정식이 변하지 않는다면, 이 방정식은 'SU(2)대칭을 갖고 있다'고 말한다. 또한, 전자기력을 매개하는 빛의 입자, 즉 광자는 U(1)대칭을 갖고 있다(빛을 서술하는 방정식은 빛의 편광성분을 서로 바꿔치기해도 모양이 변하지 않는다). 그러므로 약력과 전자기력을 통합하는 대칭군symmetry group은 SU(2)×U(1)이다.

세 개의 이론을 단순하게 이어 붙이려면 어떤 대칭군을 도입해야 할까? 독자들의 짐작대로, 해답은 SU(3)×SU(2)×U(1)이다. 이 대칭군은 세 개의 쿼크와 두 개의 렙톤을 독립적으로 섞는 효과가 있다(즉, 쿼크와 렙톤을 섞지는 않는다). 이렇게 탄생한 이론이 바로 표준모형으로서, 앞서 언급한 대로 물리학 역사상 가장 성공적인 이론으로 꼽힌다. 미시간대학의 고돈 케인Gordon Kane은 "이 세계에서 일어나는 모든 사건들(중력이 개입된 사건을 제외하고)은 표준모형으로 설명할 수 있다"고 호언장담했다.[12] 이로부터 예견되는 물리량들 중 일부는 실험을 통해 1억 분의 1이라는 오차범위 이내에서 사실임이 입증되었다(표준모형을 연구한 물리학자들 중 무려 20명이 노벨상을 수상했다).

이런 식으로 대칭을 확장해나가면 강력과 약력, 그리고 전자기력을 하나의 대칭으로 통합할 수 있다. 이것이 바로 GUT(대통일이론)로서, 여기에는 다섯 개의 입자들(세 개의 쿼크와 두 개의 렙톤)을 서로 뒤바꿔도 변하지 않는 방정식이 등장한다. 표준모형의 대칭성과는 달리, GUT의 대칭은 쿼크와 렙톤을 한꺼번에 섞을 수 있다(그 결과, 양성자는 전자로 붕괴될 수 있다). 수학적으로 표현하자면, GUT는 SU(5)대칭을 갖고 있다고 말할 수 있다. 그동안 수많은 대칭군을 분석한 결과, '주어진 데이터와 완벽하게 일치하면서 강력-약력-전자기력을 통일하는 가장 단순한 대칭군'은 SU(5)라는 결론이 내려졌다.

대칭성의 자발적 붕괴가 일어나면 GUT대칭은 몇 가지 방법으로 깨질 수 있다. 그중 하나는 GUT대칭이 $SU(3) \times SU(2) \times U(1)$로 붕괴되는 경우인데, 이렇게 서술되는 우주는 바로 우리가 속해 있는 지금의 우주이며, 여기에는 19개의 매개변수가 동원된다. 그러나 GUT대칭은 이 밖에도 얼마든지 다른 식으로 붕괴될 수 있다. 다른 우주들은 우리의 우주와 전혀 다른 여분대칭residual symmetry(GUT대칭이 붕괴되고 남은 대칭)을 갖고 있을 것이다. 그리고 이 평행우주를 서술하는 데 필요한 19개의 매개변수들은 우리의 우주와 다른 값을 가질 것이다. 다시 말해서, 개개의 우주마다 힘의 종류와 세기가 다르고, 따라서 우주의 기본적인 구조도 다르다는 뜻이다. 예를 들어, 핵력의 세기가 지금과 다른 우주에서는 별이 생성되지 못하므로 우주공간은 암흑으로 가득 차 있고 생명체는 전혀 존재하지 않을 것이다. 또는 이와 반대로 핵력이 강한 우주에서는 별의 진화가 너무 빠르게 진행되어 생명체가 형성될 기회조차 없을 것이다.

대칭군이 달라지면 생성되는 입자의 종류도 달라진다. 이런 우주에서 양성자는 안정된 상태를 유지하지 못하고 짧은 시간 내에 반전자antielectron로 붕괴된다. 그러므로 이곳에서도 생명체는 존재할 수 없으며, 모든 물질들이 순식간에 분해되어 전자와 뉴트리노가 전 공간을 가득 메우고 있을 것이다. 그 외에 다른 방식으로 GUT대칭이 붕괴된 우주에서는 양성자와 같이 안정된 입자가 존재할 수도 있다. 이런 우주에서는 우리가 알지 못하는 새로운 화학물질이 얼마든지 존재할 수 있을 뿐만 아니라, 우리보다 훨씬 복잡한 구조를 가진 생명체가 더욱 복잡한 DNA를 복제하면서 살아갈 수도 있다.

이 밖에도 GUT대칭은 다양한 형태로 붕괴되어, 심지어는 둘 이상의 U(1)대칭이 존재하는 우주가 생성될 수도 있다. 이런 우주는 말 그대로 '이상한 나라'임이 분명하다. 왜냐하면 이 세계의 빛은 두 가지 이상의 형태로 존재할 수 있기 때문이다. 이곳에 사는 생명체들은 빛의 종류에 따라 다양한 감각기관을 갖고 있을 것이며, 눈에 보이는 세계도 우리의 우주보다 훨씬 다양할 것이다.

이론적으로, GUT대칭은 무한히 많은 방식으로 붕괴될 수 있다. 이때 얻어지는 무수한 해들은 각기 다른 우주를 나타낸다. 다중우주란 단순히 '지금과 같은 우주가 여러 개 존재한다'는 의미가 아니라, '모든 특성이 천차만별인 우주들이 무수히 많이 존재하는 엄청나게 복잡한 복합우주 시스템'을 의미하는 것이다.

검증 가능한 예견들

각 우주마다 각기 다른 물리법칙이 적용된다는 다중우주는 이론적으로 큰 하자가 없지만 지금의 실험기술로는 그 진위 여부를 검증할 수 없다. 다른 우주에 도달하려면 빛보다 빠르게 움직여야 한다. 그러나 인플레이션이론을 적절히 이용하면 많은 우주들 중 하나인 우리 우주의 특성을 예견할 수 있다.

인플레이션이론은 일종의 양자이론이므로, 양자역학의 초석이라 할 수 있는 불확정성원리에 그 기초를 두고 있다(불확정성원리에 의하면 전자와 같은 입자의 위치와 속도를 '동시에 정확하게' 측정할 수 없다. 장비의 성능이 제아무리 완벽하다 해도, 관측이라는 행위에는 항상 오차가 수반된다. 전자의 속도를 정확하게 알고 있으면 위치를 결정할 수 없고 위치를 정확하게 알고 있으면 속도를 결정할 수 없게 된다). 빅뱅을 유발시킨 초기의 불덩이에 이 원리를 적용해보면, 우주적 폭발은 '매끈하게' 진행되지 않았음을 알 수 있다(만일 우주적 불덩이가 완벽하게 균일한 상태였다면 빅뱅에 의해 분출된 소립자들의 경로를 정확하게 계산할 수 있다. 그러나 이것은 양자역학의 불확정성원리에 위배된다). 양자역학을 이용하면 초기 불덩이가 요동친 정도를 계산할 수 있고, 이 미세한 양자적 요동을 그대로 팽창시키면 빅뱅 후 38만 년 만에 생성된 마이크로파배경복사의 양도 계산할 수 있다(또한, 이 요동을 현재의 시점까지 팽창시키면 지금 우리의 눈에 보이는 은하와 성단의 분포상태도 재현시킬 수 있다. 우리의 은하(은하수)는 초기의 미세한 양자적 요동으로부터 탄생한 수많은 은하들 중 하나이다).

과학자들이 COBE 위성의 관측데이터를 처음 분석했을 무렵에는 배경복사의 편차나 요동이 발견되지 않았았다. 그런데 배경복사가 아무런 요동의 흔적도 없이 매끈하게 분포되어 있다는 것은 인플레이션이론뿐만 아니라 양자역학의 불확정성원리에도 위배되는 결과였으므로 물리학자들은 걱정스런 마음을 감추지 못했다. 자칫 잘못하면 20세기 물리학을 지배했던 양자역학이 송두리째 폐기처분될 판이었다.

그러나 COBE 위성이 보내온 자료를 컴퓨터로 정밀하게 분석한 결과, 배경복사에서 10만 분의 1 정도의 희미한 요동이 발견되었다. 다행히도 이것은 양자역학의 타당성을 입증하기 위해 최소한으로 요구되는 양이었으며, 인플레이션이론과도 잘 부합되었다. 구스는 이 사건을 다음과 같이 회고하였다.

"배경복사문제는 저에게 커다란 스트레스였습니다. 신호가 너무 약해서 1965년이 되어서야 감지될 수 있었지요. 게다가 10만 분의 1에 불과한 요동을 감지하는 것도 결코 쉬운 일은 아니었습니다."[13]

관측자료가 쌓일수록 인플레이션이론은 점차 설득력을 얻어갔다. 그러나 과학자들은 한 가지 문제를 여전히 해결하지 못하고 있었다. "Ω의 값은 왜 1.0이 아닌 0.3인가?"

초신성 – 람다(Λ)의 재등장

COBE 위성이 보내온 관측자료는 인플레이션이론과 잘 일치했지만, 1990년대의 천문학자들은 이론적으로 예측된 Ω의 값이 관측결과와 다르다는 점을 여전히 문제 삼고 있었다. 그러나 1998년에 새로운 관측데이터가 얻어지면서 상황은 달라지기 시작했다. 당시 천문학자들은 먼 과거의 시점에서 우주의 팽창속도를 다시 계산하는 데 열을 올리고 있었다. 그들은 1920년대에 허블이 시도했던 변광성 분석법을 사용하는 대신 지구로부터 수십억 광년 거리에 있는 은하내부의 초신성을 분석하고 있었는데, 그중에서도 특히 표준촛불로 사용할 수 있는 Ia형 초신성에 초점을 맞추고 있었다.

천문학자들은 Ia형 초신성의 밝기가 어디서나 거의 동일하다는 사실을 잘 알고 있었다(Ia형 초신성의 밝기는 매우 정확하게 알려져 있으므로, 약간의 변화만 나타나도 그 원인을 추정할 수 있다. 예를 들어, 기준보다 밝게 빛나는 Ia형 초신성은 희미해지는 속도가 그만큼 느리다는 것을 의미한다). 이런 초신성은 연성계를 이루고 있는 백색왜성이 파트너의 질량을 서서히 빨아들이면서 탄생한다. 자신의 짝을 잡아먹는 백색왜성은 태양 질량의 1.4배가 될 때까지 서서히 몸집을 키워나간다(이 값은 백색왜성이 가질 수 있는 질량의 한계이다). 그러다가 질량이 이 한계를 넘어서면 안으로 붕괴되어 대규모의 폭발을 일으키면서 Ia형 초신성이 되는 것이다. Ia형 초신성의 밝기가 균일하게 나타나는 이유는, 이와 같이 명확한 한계점을 통과하면서 탄생하기 때문이다. 백색왜성이 질량을 키워나가다가 한계점에 이르러 내부의 중력에 의해 붕괴되는 것은 지극히 자연스러운 현상이다(1935년에 천체물리학자인 수브라마니안 찬드라세카르Subrahmanyan Chandrasekhar는 백색왜성의 내부중력이 전자들 사이의 척력과 균형을 이룬다는 사실을 알아냈다. 천문학자들은 이 힘을 축퇴압degeneracy pressure이라 부른다. 그러나 백색왜성의 질량이 태양의 1.4배를 초과하면 중력이 축퇴압보다 강해지면서 안으로 붕괴되며, 이렇게 탄생한 것이 Ia형 초신성이다[14]). 먼 거리에 있는 초신성은 아득한 과거에 존재했던 천체이므로, 이들을 분석하면 수십억 년 전 우주의 팽창속도를 계산할 수 있다.

당시 두 그룹의 천문학자들(사울 펄머터Saul Perlmutter가 이끄는 초신성 연구팀과 브라이언 슈미트Brian P. Schmidt가 이끄는 High-Z 초신성 관측팀)은 지금의 우주가 팽창되고는 있지만 팽창속도가 점차 느려지고 있다고 생각했다. 이것은 지난 수십 년 동안 천문학자들이 한결같이 믿어왔던 일종의 '천문학 교리'였으며, 모든 천문학교재에도 이 내용은 빠지지 않고 수록되어 있었다.

그러나 10여 개의 초신성을 분석한 결과, 과거 우주의 팽창속도가 생각했던 것만큼 빠르지 않았음이 밝혀졌다(즉, 초신성의 적색편이가 기대했던 것보다 작게 나타났다). 천문학자들은 우주초기와 현재의 팽창속도를 비교한 결과, 현재의 팽창 가속도가 더 크다는 결론을 내렸다. 두 그룹의 천문학자들은 우주의 팽창속도가 점차 빨라지고 있다는 사실에 놀라지 않을 수 없었다.

이들을 더욱 곤경에 몰아넣은 것은, 관측데이터에 부합되는 Ω의 값을 찾을 수 없다는 점이었다. 이론과 실험을 조화롭게 연결시키려면 아인슈타인이 처음 제기했던 진공에너지, 즉 람다(Λ)를 다시 도입해야만 했다. 게다가 어렵게 찾아낸 Λ의 값이 Ω를 압도할 정도로 커서, 우주는 드 지터가 예견했던 방식으로 팽창하고 있음을 인정해야 했다. 두 그룹의 천문학자들은 독립적으로 연구를 수행한 끝에 이와 같은 결론에 이르렀지만, 오랜 세월 동안 $\Lambda=0$이라는 의견이 천문학계를 지배해왔기 때문에 연구결과를 곧바로 발표하지는 않았다. 키트봉연구소Kitt's Peak Observatory의 조지 자코비George Jacoby는 Λ에 관하여 다음과 같이 말했다. "지난 세월 동안 Λ는 무모한 개념으로 취급되어왔다. Λ가 0이 아니라고 감히 주장하려면 정신 나간 사람이라는 비난을 들을 준비가 되어 있어야 했다."[15]

슈미트는 당시의 일을 다음과 같이 회고했다.

"저는 도저히 수긍을 할 수가 없었습니다. 그러나 우리는 모든 것을 다 확인했고 계산은 틀림없었습니다. … 저는 사람들에게 연구결과를 도저히 발표할 수가 없었습니다. 왜냐하면 그것은 $\Lambda=0$을 하늘같이 믿으면서 그 위에 연구업적을 쌓아온 학자들을 대량으로 학살하는 행위와 다름없다고 생각했기 때문입니다."[16] 1998년에 두 그룹은 거의 동시에 논문을 발표했고, 이와 함께 아인슈타인이 '일생 최대의 실수'라고 말했던 Λ도 새로운 생명을 얻게 되었다. 우주론학자들 사이에서 까맣게 잊혀졌던 Λ가 근 90년 만에 다시 우주론의 전방위로 화려하게 재등장한 것이다!

물리학자들은 한동안 벌어진 입을 다물지 못했다. 프린스턴 고등과학원의 에드워드 위튼Edward Witten은 이를 두고 "내가 물리학을 공부한 이후로 가장 이상한 관측결과"라고 했다.[17] 이미 알려져 있던 Ω의 값 0.3에 Λ의 값 0.7을 더하면 인플레이션이론의 예견대로 1.0이 얻어진다. 눈앞에서 제 위치를 찾아가는 퍼즐처럼, 우주론학자들은 인플레이션의 잃어버린 퍼즐조각이 기적처럼 맞아 들어가는 광경을 목격했다. 그 조각은 바로 진공 속에 숨어 있었던 것이다.

그 후 이 결과는 WMAP 위성에 의해 다시 한 번 확인되었다. 위성이 보내온 관측자료를 분석한 결과, Λ와 관계된 에너지(또는 암흑물질)가 우주를 이루는 총물질의 73%를 차지한다는 사실이 밝혀진 것이다. 이것으로 우주론 퍼즐의 가장 중요한 조각은 비로소 제자리를 찾아갈 수 있었다.

우주의 위상 phase

WMAP 위성은 과학자들로 하여금 자신이 우주론의 표준모형을 향해 나아가고 있음을 깨닫게 해주었다. 아직도 풀어야 할 문제는 많이 남아 있지만, 최근 들어 천체물리학자들은 관측자료에 기초한 표준이론의 윤곽을 잡아가기 시작했다. 지금까지 밝혀진 사실들을 종합해보면 우주는 온도가 식어감에 따라 여러 단계를 거치면서 진화해왔음이 분명하다. 하나의 상태에서 다음 상태로 넘어갈 때마다 대칭성이 붕괴되고 힘은 여러 종류로 분리되었다. 우리의 우주가 겪어온 진화과정을 연대별로 요약하면 다음과 같다.

1. 10^{-43}초 이전 – 플랑크 시대

이 시기의 우주에 관해서는 알려진 내용이 거의 없다. 플랑크에너지 영역에서(10^{19} 전자볼트) 중력은 다른 양자적 힘들과 거의 같은 세기로 작용했다. 그 결과, 네 종류의 힘들은 '초힘 superforce'이라는 하나의 힘 속에 통합되어 있었으며 우주는 완전한 무(또는 고차원의 빈 공간)의 상태에 존재했을 것으로 추정된다. 또한, 네 종류의 힘을 하나로 통합시켜서 모든 방정식을 똑같은 형태로 만들어준 신비한 대칭은 초대칭supersymmetry이었을 것으로 추정된다(초대칭의 구체적인 내용은 7장에서 다루기로 한다). 그 이유는 아직 알려지지 않았지만, 네 개의 힘을 통합시켰던 신비한 대칭이 붕괴되면서 양자적 요동이 무작위로 발생하였고, 이로부터 우주의 배아胚芽에 해당되는 기포가 형성되었다. 이 기포의 크기는 약 10^{-33}cm 정도였는데, 이 값을 '플랑크길이Planck length'라 한다.

2. 10^{-43}초 – GUT 시대

초기의 대칭이 붕괴되면서 기포는 빠른 속도로 팽창되기 시작했다. 기포가 커짐에 따라 초힘은 네 가지의 힘으로 순식간에 분리되었는데, 이들 중 중력이 가장 먼저 분리되면서 우주전역에 충격파를 발산하였다. 초힘이 보유하고 있던 대칭(SU(5)대칭으로 추정)은 좀 더 작은 대칭으로 축소되었으며, 중력을 제외한 약력과 강력, 그리고 전자기력은 여전히 GUT대칭 속에 통합되어 있었다. 이 시기에 우주는 빛보다 빠른 속도로 거의 10^{50}배까지 폭발적으로 팽창되었는데, 그 원인은 아직 알려지지 않았다. 이 시기의 온도는 약 10^{32}도였던 것으로 추정된다.

3. 10^{-34}초 – 인플레이션 종료

온도가 10^{27}도까지 떨어지면서 강력이 분리되었다(GUT대칭은

SU(3)×SU(2)×U(1) 대칭으로 붕괴되었다]. 이 순간에 인플레이션이 종료되면서, 우주는 프리드만의 예견대로 표준적인 팽창을 겪기 시작했다. 우주는 쿼크와 글루온, 렙톤 등이 자유롭게 돌아다니는 고온의 플라스마상태였다. 오늘날, 쿼크는 양성자와 중성자를 이루는 데 모두 사용되었고 자유로운 쿼크는 더 이상 존재하지 않는다. 이 시기에 우주의 크기는 지금의 태양계 정도였다. 물질과 반물질은 서로 충돌하면서 모두 소멸되었지만, 물질의 초과분(전체 양의 10억 분의 1 정도)이 남아 장차 만들어질 천체의 원료가 되었다(앞으로 몇 년 이내에 초대형 강입자가속기가 완성되면 이 정도의 에너지를 인공적으로 재현할 수 있게 된다).

4. 3분 - 핵자의 탄생

온도가 충분히 낮아지면서 원자핵이 형성되기 시작했다. 수소원자의 핵이 융합반응을 일으키면서 헬륨원자핵이 만들어졌으며[오늘날의 성분비(수소 75% : 헬륨 25%)는 이 시기에 결정되었다]. 리튬원자핵의 일부도 이 시기에 만들어졌다. 그러나 무거운 원자핵을 만들어내는 핵융합반응은 일어나지 않았다. 5개의 입자로 이루어진 원자핵이 안정된 상태를 유지하지 못했기 때문이다. 공간을 가득 채운 전자들이 빛을 산란시켰으므로 우주공간은 불투명했다. 학자들은 이 시기를 원시우주의 마지막 단계로 간주하고 있다.

5. 38만 년 - 원자의 탄생

우주의 온도는 절대온도 3,000K로 떨어지고 열에너지가 충분히 약해지면서 전기력에 의해 전자가 원자핵의 주변에 구속되기 시작했다. 즉, 원자가 만들어지기 시작한 것이다. 그리고 광자는 더 이상 흡수되지 않고 공간을 자유롭게 여행할 수 있게 되었다. COBE와 WMAP 위성이 관측한 배경복사는 이 시기에 방출된 것이다. 한때 플라스마로 가득 찬 채 불투명했던 공간은 이 시기가 되어 비로소 투명해졌다. 흰색이었던 우주공간이 검은색으로 변한 것이다.

6. 10억 년 - 별의 탄생

온도가 18K까지 떨어지면서, 원시 불덩이가 겪었던 양자적 요동의 결과로 퀘이사와 은하, 그리고 초대형 성단이 형성되기 시작했다. 별의 내부에서는 탄소와 산소, 질소 등 비교적 가벼운 원자들이 만들어지기 시작했고, 폭발하는 별은 철보다 무거운 원소들을 주변에 흩뿌렸다. 이 시기는 허블망원경으로 관측할 수 있는 가장 먼 과거에 해당된다.

7. 65억 년 - 드 지터식 팽창

프리드만식 팽창모드는 서서히 종결되고, 아직 정체를 알 수 없는 반중력이 작용하면서 드 지터식 팽창이 시작되었다(팽창속도가 점차 빨라졌다).

8. 137억 년 - 현재

우주공간의 온도는 2.7K(영하 271.3°C)까지 떨어지고 별과 은하, 행성 등 현재와 같은 우주의 모습이 형성되었다. 우주는 지금도 팽창하고 있으며, 팽창속도도 점차 빨라지고 있다.

미래

인플레이션이론은 우주와 관련된 여러 가지 비밀을 설득력 있게 설명하고 있지만, 이것만으로 인플레이션이론이 옳다고 단정 지을 수는 없다(현재 학계에서는 인플레이션에 반대하는 몇 개의 이론도 함께 통용되고 있다. 이에 관한 구체적인 내용은 7장에서 다룰 예정이다). 초신성으로부터 유도된 결과는 초신성 탄생기의 먼지구름과 비정상성 anomaly 등의 요소들을 충분히 고려하여 여러 차례 재확인되어야 확실하게 믿을 수 있다. 인플레이션이론의 진위 여부를 가려줄 가장 중요한 단서는 빅뱅 무렵에 생성된 중력파gravitational wave이다. 중력파는 배경복사와 마찬가지로 지금도 우주공간을 향해 퍼져나가고 있으며, 중력파감지기에 검출될 수도 있다(이것은 9장에서 설명할 예정이다). 인플레이션이론은 중력파의 특성을 구체적으로 예견하고 있으므로, 감지기에 잡히면 이론의 진위 여부를 검증할 수 있을 것으로 기대된다.

그러나 인플레이션이론이 예견한 내용들 중 가장 검증하기 어려운 것은 뭐니 뭐니 해도 다중우주의 존재 여부이다. 각 우주마다 다른 물리법칙이 적용된다는 다중우주의 개념을 제대로 이해하려면, 무엇보다 먼저 인플레이션이론이라는 것이 아인슈타인 방정식과 양자이론의 기이한 특성을 십분 활용한 이론이라는 점을 깊이 이해해야 한다. 아인슈타인의 이론은 다중우주의 존재를 허용하고 있으며, 양자이론은 다중우주들 사이의 이동 가능성을 강하게 시사하고 있다. 또한, M-이론은 다중우주와 시간여행을 서술하는 방정식을 제공해줄 강력한 후보로 부상하고 있다.

PART 2

다중우주

THE MULTIVERSE

5. 차원입구과 시간여행   6. 평행양자우주   7. 모든 끈의 모태, M-이론
8. 디자인된 우주   9. 11차원의 메아리를 찾아서

5

차원입구와 시간여행

붕괴되는 블랙홀의 내부에는 새로운 우주가 잉태되고 있을지도 모른다.
— 마틴 리스 경

블랙홀은 다른 세계로 들어가는 입구일 수도 있다.
사람들은 블랙홀의 내부로 뛰어들면 우주의 다른 부분, 다른 시간대로
이동한다고 추측하고 있다. … 그런데 블랙홀이 이상한 나라로 들어가는 입구라면,
과연 그곳에는 앨리스와 토끼가 살고 있을까?
— 칼 세이건Carl Sagan

 일반상대성이론은 트로이의 목마와 비슷하다. 일단 겉으로 드러난 모습만 보면 위대한 이론임이 분명하다. 여기에 몇 가지 가정을 추가하면 휘어지는 빛과 빅뱅을 포함한 우주의 일반적인 특성을 계산할 수 있으며, 이 모든 값들은 관측결과와 매우 정확하게 일치한다. 뿐만 아니라 초기우주에 우주상수를 인공적으로 끼워넣으면 인플레이션까지도 설명할 수 있다. 한마디로, 일반상대성이론은 우주의 탄생과 죽음을 설명해주는 가장 설득력 있는 이론이라 할 수 있다.
 그러나 막상 목마의 내부로 들어가보면 블랙홀과 화이트홀, 웜홀, 타임머신 등 상식을 거부하는 별의별 희한한 괴물들이 모습을 드러낸다. 이론의 창시자인 아인슈타인조차도 이런 비정상적인 개념들

을 수용하기가 부담스러울 정도였다. 그는 자신이 창조해낸 괴물들과 싸우면서 말년의 대부분을 보내버렸다. 일반상대성이론이 낳은 이상한 개념들은 지금까지도 그 정체를 시원하게 드러내지 않은 채 과학자들을 괴롭히고 있다. 일반상대성이론의 핵심을 이루고 있는 이 낯선 개념들은 인간을 비롯한 지적 생명체들을 우주의 거대한 동결로부터 구원해줄 유일한 희망이다.

아인슈타인 방정식이 낳은 비정상적인 해들은 평행우주와 그들 사이를 연결하는 통로의 존재를 암시하고 있다. 이 세상을 연극무대에 비유했던 셰익스피어의 글을 상기해보면, 일반상대성이론은 무대에서 탈출하는 비상구를 제공하고 있는 셈이다. 그러나 이 비상구는 지하실로 통하지 않고, 원래의 무대와 비슷하게 생긴 다른 무대로 통하고 있다. 내용이 다른 여러 편의 연극이 각 층마다 동시에 상연되고 있는 멀티플렉스형 무대를 상상해보자. 배우들은 다른 층에서 다른 내용의 연극이 상연되고 있다는 사실을 까맣게 모른 채, 자신이 출연하는 연극이 유일한 상연작품이라고 하늘같이 믿으면서 주어진 역할에 몰두하고 있다. 그러다가 무대에 나 있는 구멍에 빠져 아래층 무대로 떨어지면, 낯선 배우들이 새로운 대본에 따라 움직이고 있는 새로운 무대를 발견하게 될 것이다.

이런 식으로 무한히 많은 우주가 동시에 존재한다면, 우리와 전혀 다른 물리법칙에 순응하면서 살아가는 다른 형태의 생명체가 그곳에 살고 있을까? 이것은 아이작 아시모프 Isaac Asimov가 그의 대표적 SF소설 《신들 자신 The God Themselves》을 통해 제기했던 질문이다. 그는 이 작품에서 '핵력의 세기가 다른 우주'를 도입하여 여러 가지 신기한 현상을 선보였다. 기존의 물리법칙이 조금이라도 달라지면 우리가 사는 세계는 상상조차 하지 못했던 유별난 세계로 탈바꿈한다. 그만큼 우리 인간들이 일상적인 물리법칙에 익숙해져 있다는 뜻이다.

아시모프의 소설은 서기 2070년을 배경으로 시작된다. 과학자 프레더릭 핼럼Frederick Hallam은 텅스텐-186이 플루토늄-186이라는 신비의 물질로 변하는 광경을 목격하고 이 물질이 다른 우주에서 왔다는 의심을 품게 된다. 플루토늄-186은 중성자의 개수가 너무 많아서 안정된 상태를 유지할 수 없지만, '핵력이 강한 우주'에서는 양성자들 사이의 전기적 척력이 상대적으로 약해 이런 신비한 물질이 존재할 수도 있다. 핼럼은 플루토늄-186이라는 원소가 전자의 형태로 다량의 에너지를 방출하기 때문에 이로부터 엄청난 양의 에너지를 얻을 수 있다고 생각했다. 결국 그는 '전자펌프'를 발명해 지구에 닥친 에너지위기를 극복하고 큰 부자가 되었지만, 그보다 훨씬 혹독한 대가를 치러야 했다. 다른 우주에서 플루토늄-186을 자꾸 가져오다보니 이쪽 세계의 핵력이 전반적으로 강해져서 핵융합 에너지가 훨씬 더 강력해졌고, 그 결과 태양이 점차 밝아지기 시작한 것이다. 이대로 가다간 태양이 폭발해 태양계 전체가 사라질 판이었다!

알고보니, 이 모든 것은 저쪽 평행우주에 살고 있는 생명체들이 계획한 일종의 '생존작전'이었다. 그들의 우주에서는 핵력이 너무 강해 별들이 수소를 빠르게 소모했고, 따라서 별의 수명이 지나치게 짧았다. 별이 사라지면 행성의 생명체도 살아갈 수 없기에, 그들은 별로 쓸모없는 플루토늄-186을 이쪽 우주의 텅스텐-186과 계속해서 바꿔치기를 해왔던 것이다. 그들은 이렇게 획득한 텅스텐-186으로 '양전자펌프'를 만들어서 죽어가는 우주의 생명을 늘리는 데 성공했다. 물론 그 대가로 우리의 우주는 파멸을 눈앞에 두게 되었지만, 그 잔인한 생명체들은 이쪽 우주의 운명에 대해서는 아무런 관심도 없었다.

지구는 파멸을 향해 서서히 다가가고 있었다. 사람들은 핼럼이 만들어낸 공짜 에너지에 완전히 매료되어, 태양이 폭발한다는 경고를 심각하게 받아들이지 않았다. 그러던 중 또 한 사람의 천재적인 과학자가 기발한 해결책을 찾아냈다. 다중우주의 존재를 알고 있었던 그는 초강력 입자가속기를 개량해 다른 우주들로 통하는 구멍을 뚫었다. 그리고 이 구멍을 통해 다른 우주들을 탐색하다가, 이제 갓 태어난 아기우주cosmic egg를 발견하였다. 다행히도 그 우주는 엄청난 에너지를 갖고 있으면서 핵력은 아주 약한 상태였다.

그는 에너지 펌프를 제작하여 아기우주로부터 에너지를 빨아들였다. 그랬더니 부족한 에너지도 보충되면서, 강해진 핵력이 서서히 중화되어 태양의 폭발을 막을 수 있었다. 그러나 여기에도 문제는 있었다. 이쪽 우주의 핵력이 약해질수록 새로 찾아낸 우주의 핵력은 증가할 것이므로 머지않아 폭발을 일으킬 것이다. 과연 우리의 우주는 그 폭발로부터 안전할 것인가? 그러나 이 모든 것을 계획한 그 과학자는 아기우주의 폭발이 일종의 빅뱅이며, 그것은 새로운 팽창을 의미할 뿐 우리의 우주에는 아무런 영향도 없을 것이라고 사람들을 설득하였다. 간단히 말해서, 그는 새로 태어나는 우주의 산파역할을 하게 되는 셈이다.

아시모프의 공상과학소설은 핵물리학의 법칙을 인간의 탐욕과 호기심, 우주의 구원 등과 결부시킨 몇 안 되는 소설 중 하나였다. 아시모프는 자연의 힘이 조금이라도 변하면 우주전체가 파국에 이른다는 사실을 잘 알고 있었다. 그의 생각대로, 핵력이 강해지면 별들이 갑자기 밝아지면서 예정된 수명을 다 채우지 못하고 폭발하게 된다. 그렇다면 여기서 한 가지 질문이 떠오른다. 모든 평행우주들은 동일한 물리법칙을 따르고 있을까? 만일 그렇다면 다른 우주로 들어가는 통로는 어디에 있을까?

이 질문에 답하려면 먼저 웜홀과 음의 중력negative gravity, 그리고 블랙홀의 특성을 이해해야 한다.

블랙홀

1783년에 영국의 천문학자 존 미셸John Michell은 "빛이 빠져나오지 못할 정도로 별의 덩치가 커지면 무슨 일이 벌어질 것인가?"라는 의문을 최초로 떠올렸다. 다들 알다시피, 모든 천체들은 자신의 주변에 중력을 행사하고 있다. 천체의 표면에 있는 물체가 중력을 이기고 우주공간으로 탈출하려면 처음부터 아주 빠른 속도로 출발해야 하는데, 이때 요구되는 최소한의 속도를 탈출속도escape velocity라 한다. 지구에서의 탈출속도는 시속 약 4만km(마하 33)이며, 로켓이 지구의 중력권을 벗어나려면 이 속도까지 가속되어야 한다.

미셸이 문제 삼았던 것은, 별의 질량이 너무 커서 탈출속도가 빛의 속도보다 빠른 경우였다. 이런 천체에서는 빛뿐만 아니라 그 어떤 물체도 바깥으로 탈출할 수 없으므로, 밖에서 바라보면 완전히 검은색으로 보일 것이다. 그러므로 우주공간에서 이런 천체를 눈이나 망원경으로 확인할 수는 없다.

미셸이 최초로 떠올렸던 '검은 별'은 그 후 150년 동안 학자들로부터 별다른 관심을 끌지 못하다가 1916년에 독일의 물리학자 칼 슈바르츠실트Karl Schwarzschild에 의해 다시 도마 위에 오르게 되었다. 그는 러시아 전선에서 군복무를 수행하던 중 무거운 별에 대한 아인슈타인 방정식의 정확한 해를 구했는데, 그로부터 90년이 지난 오늘날에도 슈바르츠실트의 해는 아인슈타인 방정식의 가장 단순하면서도 우아한 해로 알려져 있다. 당시 아인슈타인은 그 복잡한 텐서방정식의 해를 한 젊은 병사가 포탄이 난무하는 전쟁터에서 구했다는 소식을 듣고 놀라지 않을 수 없었다. 그런데 아인슈타인을 더욱 놀라게 한 것은, 슈바르츠실트의 해가 그 어떤 해보다도 기이한 특성을 갖고 있다는 점이었다.

표면적으로, 슈바르츠실트 해는 평범한 별의 중력을 설명해주고 있었다. 아인슈타인은 이 해를 이용하여 태양 주변의 중력을 계산한 후 예전에 근사적으로 계산했던 값과 비교하여 자신의 계산이 크게 틀리지 않았음을 확인할 수 있었다(그는 이 일을 계기로 슈바르츠실트에게 감사하는 마음을 평생 동안 간직했다고 한다). 그러나 슈바르츠실트는 그의 두 번째 논문에서 질량이 큰 별의 중심이 '매직 스피어

magic sphere'라는 가상의 구형에 의해 둘러싸여 있음을 증명했다. 매직 스피어란, 어떤 물체가 질량이 큰 천체를 향해 접근하다가 '마음이 바뀌어도 결코 되돌아올 수 없는 한계선'을 의미한다. 일단 매직 스피어를 통과하면 아무리 발버둥을 쳐도 별의 중력에 빨려 들어갈 수밖에 없다. 빛조차도 이 한계선을 넘어가면 탈출이 불가능하다. 이것은 과거에 미셸이 상상했던 '검은 별'과 같은 개념이었으나, 정작 슈바르츠실트 자신은 그 사실을 전혀 모르고 있었다.

그는 곧바로 매직 스피어의 반지름을 계산하였다(이것을 '슈바르츠실트 반지름'이라 한다). 태양의 경우, 이 반지름은 약 3km이다(지구의 슈바르츠실트 반지름은 1cm 정도이다). 즉, 태양이 지금의 질량을 그대로 유지한 채 반경 3km까지 압축되면 빛조차도 탈출하지 못하는 검은 별이 된다는 뜻이다.

매직 스피어가 존재한다고 해서 현실적으로 문제 될 것은 없다. 태양은 결코 반경 3km까지 압축될 수 없기 때문이다. 이런 환상적인 별의 탄생과정에 대해서는 알려진 것이 거의 없다. 그러나 이런 별이 실재로 존재한다면 물리학은 당장 난처한 상황에 빠지게 된다. 아인슈타인의 일반상대성이론은 태양의 중력에 의한 빛의 휘어짐 등 관측 가능한 현상들을 성공적으로 예견했지만, 매직 스피어 근처로 가면 한순간에 무용지물이 된다. 그곳에서는 중력이 무한대로 커지기 때문이다.

그 후, 네덜란드의 물리학자 요하네스 드로스테Johannes Droste는 슈바르츠실트의 해가 더욱 기이한 성질을 갖고 있음을 발견하였다. 상대성이론에 입각하여 실행된 그의 계산에 의하면, 슈바르츠실트 반지름의 1.5배 거리를 지나는 빛은 휘어지는 정도가 극에 달해 아예 그 천체의 주변에서 원형궤적을 그리게 된다. 드로스테는 무거운 별 주변에서 일어나는 시간의 왜곡현상이 특수상대성이론의 예견보다 훨씬 크게 나타난다는 사실을 발견하고, "매직 스피어에 다가갈수록 시계는 점차 느려지며, 매직 스피어에 도달하는 순간 시간은 완전히 멈춘다"는 사실을 증명하였다. 만일 관찰자 A가 매직 스피어에 다가가는 모습을 원거리에 있는 관찰자 B가 바라보고 있다면, A의 몸이 매직 스피어에 도달하는 순간 B의 눈에는 A의 움직임이 완전히 멎은 것처럼 보인다는 것이다. 이 지점에서는 시간이 완전히 동결되어 흐르지 않기 때문에, 개중에는 "그런 희한한 천체는 존재할 수 없다"고 주장하는 물리학자도 있다. 더욱 재미있는 것은, 수학자 헤르만 바일Herman Weyl이 "매직 스피어의 내부에는 다른 우주가 존재한다"고 주장했다는 점이다.

    이 결과들은 너무도 황당하여 아인슈타인조차 선뜻 받아들이지 못했다. 1922년에 파리에서 개최된 국제 학술회의장에서 프랑스의 수학자 자크 아다마르Jacques Hadamard가 아인슈타인에게 "슈바르츠실트 반지름에서 중력이 무한대가 되는 게 사실이라면, 그다음은 어떻게 되는 겁니까?"라고 물었을 때, 아인슈타인은 이렇게 대답했다. "그게 사실이라면 저의 이론에 대재앙이 닥치는 거지요. 하지만 그 공식은 더 이상 적용될 곳이 없기 때문에 물리학에 어떤 일이 일어날지를 묻는 것은 의미가 없다고 생각합니다."[1] 훗날 아인슈타인은 이 문제를 두고 '아다마르의 재앙'이라고 불렀다. 그러나 그는 검은 별과 관련된 모든 논쟁들이 순수한 상상의 산물이라고 생각했다. 무엇보다도, 그런 이상한 천체가 관측된 사례가 전혀 없었으므로 거기에 물리적인 의미를 부여할 필요가 없다고 생각했을 것이다. 게다가 매직 스피어상에서는 시간이 흐르지 않기 때문에 그 안으로 들어가는 것 자체가 불가능하다. 검은 별의 내부에 별의별 희한한 세상이 존재한다 해도, 인간의 능력으로는 그것을 확인할 방법이 없는 것이다.

1920년대의 물리학계는 이 문제로 인해 엄청난 혼란을 겪었다. 그러나 빅뱅이론의 원조인 조지 르메트르가 1932년에 중요한 사실을 밝혀내면서 학계에 난무하는 논쟁은 다소 진정되었다. 르메트르의 주장은 다음과 같았다. "매직 스피어는 중력이 무한대가 되는 특이점singularity이 아니라, 잘못된 수학적 서술로부터 야기된 하나의 환상에 불과하다."(다른 좌표계, 또는 다른 변수를 사용해 매직 스피어를 분석하면 무한대가 나타나지 않는다)

우주론학자 로버트슨H. P. Robertson은 르메트르의 주장을 염두에 두고 드로스테의 논문을 재검토한 끝에 "매직 스피어에서 시간이 멈춘다는 것은, 그곳으로 향하는 우주선을 먼발치에서 바라보고 있는 관측자의 관점에서 볼 때 그렇다는 뜻이다. 매직 스피어로 진입하고 있는 우주선(승무원)의 관점에서 보면, 그 지점을 통과하여 괴물 같은 천체에게 잡아먹힐 때까지 불과 몇 분의 1초밖에 걸리지 않는다"고 말했다. 다시 말해서, 우주여행자가 불행히도 거대한 천체의 중력에 끌려 매직 스피어를 통과했다면, 본인의 입장에서는 순식간에 몸이 으스러지면서 죽음을 맞이하게 되지만, 바깥에 있는 다른 관측자의 눈에는 이 순간적인 사건이 수천 년에 걸쳐 일어나는 것처럼 보인다는 것이다.

이것은 매우 중요한 결과이다. 로버트슨의 논문으로 인해, 매직 스피어는 '수학적 허구'라는 누명을 벗고 우주론의 무대에 당당한 배역으로 등장하게 되었다. 그렇다면, 매직 스피어의 근처를 지나갈 때 구체적으로 어떤 현상이 나타날 것인가? 물리학자들은 매직 스피어를 통과하는 여행을 여행자의 입장에서 서술하기 위해 다양한 계산을 수행하였다. 요즘 학자들은 매직 스피어를 '사건지평선event horizon'이라는 이름으로 부르고 있다. 일반적으로, 지평선이란 '눈으로 볼 수 있는 가장 먼 거리'를 의미한다. 여기서 말하는 지평선은 '빛이 진행할 수 있는 가장 먼 거리'라는 뜻을 담고 있다. 사건지평선의 반지름을 '슈바르츠실트 반지름'이라 한다.

당신을 태운 우주선이 블랙홀에 접근하고 있다면, 당신은 블랙홀이 처음 생성되던 수십억 년 전에 블랙홀의 중력에 붙잡혀서 그 주변을 배회하고 있는 빛을 보게 될 것이다. 간단히 말해서, 블랙홀이 거쳐온 모든 역사가 당신의 눈앞에 드러나는 것이다. 여기서 좀 더 가까이 다가가면 엄청난 힘이 주기적으로 작용하면서 당신의 몸을 이루고 있는 원자들을 분해시킬 것이다. 그러므로 사건지평선을 통과하는 여행은 편도여행이 될 수밖에 없다. 일단 그 안으로 들어가면 엄청난 중력이 당신의 몸을 빨아들여 원자의 흔적조차 알아볼 수 없을 정도로 으깨버릴 것이기 때문이다. 사건지평선을 통과한 후 다시 빠져나오려면 바깥쪽을 향해 빛보다 빠르게 움직여야 한다. 물론 이것은 특수상대성이론에 의해 불가능하다.

1939년에 아인슈타인은 검은 별이 자연적으로 생성될 수 없음을 주장하는 한 편의 논문을 발표했다. 일반적으로 별은 먼지와 기체, 그리고 다양한 잔해들이 모여 소용돌이를 치다가 중력에 의해 서서히 압축되면서 탄생한다. 그런데 아인슈타인은 소용돌이치는 입자들이 슈바르츠실트 반지름 이내로 압축되지 않기 때문에 블랙홀은 자연적으로 생성될 수 없다고 결론지었다(이들이 중력에 의해 압축될 수 있는 한계는 슈바르츠실트 반지름의 1.5배이다). 아인슈타인은 다음과 같은 글로 논문을 마무리 지었다.

"본 연구에서 얻은 근본적인 소득은 '슈바르츠실트 특이점'이 물리적 실체가 아님을 분명하게 이해했다는 점이다."[2]

블랙홀에 대한 부정적인 생각을 평생 동안 버리지 않았던 아서 에딩턴은 공식석상에서 이런 말을 한 적이 있다.

"별이 이런 말도 안 되는 형태로 진화하는 것을 방지하는 법칙이 어딘가에 분명히 존재할 것이다."[3]

같은 해인 1939년, 훗날 원자폭탄을 제작하는 맨해튼 프로젝트의 총책임자가 되기도 했던 로버트 오펜하이머와 그의 제자 하틀랜드 스나이더Hartland Snyder는 색다른 과정을 통해 블랙홀이 생성될 수 있음을 입증하였다. 이들은 소용돌이치는 입자들이 중력에 의해 서서히 압축되면서 블랙홀이 만들어진다는 기존의 가정을 폐기하고, 핵융합 원료를 모두 소모한 크고 오래된 별이 중력에 의한 내파內破를 일으키면서 블랙홀이 생성된다고 주장하였다. 예를 들어, 죽어가는 별의 질량이 태양의 40배에 달하면, 슈바르츠실트 반지름인 128km의 크기로 응축되어 블랙홀이 될 수 있다. 오펜하이머와 스나이더는 블랙홀의 존재 가능성과 함께 모든 별들의 마지막 종착점이 블랙홀이라고 주장함으로써 전 세계의 학자들을 놀라게 했다. 훗날 오펜하이머는 원자폭탄을 설계할 때 1939년에 주장했던 블랙홀의 내파설에서 중요한 영감을 떠올렸을 것이다.

아인슈타인과 로젠

아인슈타인은 블랙홀에 대해 회의적인 생각을 갖고 있으면서도, 그보다 더욱 기이한 웜홀이라는 것이 블랙홀의 내부에 존재할 수도 있다는 가능성을 제기하여 사람들을 한층 더 헷갈리게 만들었다. 물리학자들이 여기에 웜홀이라는 이름을 붙인 이유는 땅 속의 지렁이worm가 파놓은 가느다란 통로가 두 지점을 연결하는 지름길이 되는 경우도 있기 때문이다. 경우에 따라서는 웜홀 대신 '차원입구dimensional portals', 또는 '차원통로dimensional gateways'라는 용어가 사용되기도 한다. 어떤 이름으로 부르건 간에, 웜홀은 차원 사이의 여행을 가능하게 만들어줄 강력한 후보임에 틀림없다.

웜홀의 개념을 처음으로 대중화시킨 사람은 루이스 캐럴Lewis Carroll이라는 필명으로 알려져 있는 찰스 도지슨Charles Dodgson이었다. 그의 작품《거울나라의 앨리스*Through the Looking Glass*》(《이상한 나라의 앨리스》의 속편)에는 옥스퍼드의 외곽지역과 이상한 나라Wonderland를 연결하는 웜홀이 등장한다. 도지슨은 옥스퍼드대학에서 수학을 전공했으므로 다중연결공간multiply connected space에 대하여 잘 알고 있었을 것이다. 다중연결공간이란, 그 안에서 밧줄로 올가미를 만든 후 고리의 크기를 줄여나간다고 했을 때 무한히 작은 점까지 줄일 수 없는 공간을 말한다. 일반적으로, 올가미 모양의 도형을 무한히 축소시키면 하나의 점으로 줄어든다. 그러나 도넛 모양의 공간 속에서 올가미를 줄여나간다면 중앙에 나 있는 구멍 때문에 무한히 작은 점까지 수축시킬 수 없다. 올가미가 구멍보다 작아지려면 도넛 모양의 공간을 찢고 나오는 수밖에 없는데, 이렇게 되면 공간을 이탈한 셈이 되므로 원래의 목적에 위배된다. 이런 공간에서 올가미는 아무리 줄어들어도 중앙에 나 있는 구멍보다 작아질 수 없다.

수학자들은 공간을 서술하는 데 전혀 쓸모없는 도형을 발견하고 매우 기뻐했다. 그러나 1935년에 아인슈타인과 그의 제자 네이선 로젠Nathan Rosen은 물리적 공간에 웜홀을 도입함으로써, 추상적인 도형을 현실세계와 결부시키는 데 성공했다. 이들은 소립자를 서술하는 모형으로 블랙홀을 이용한 것이다. 아인슈타인은 어떤 물체에 가까이 다가갈 때 중력이 무한대가 된다는 뉴턴식 아이디어를 별로 좋아하지 않았다[뉴턴의 중력은 거리의 제곱에 반비례하므로 거리가 무한히 가까워지면(즉, 거리가 0에 접근하면) 중력은 무한대가 된다]. 그는 이러한 특이성이 물리적 난센스이므로 반드시 제거되어야 한다고 생각했다.

아인슈타인과 로젠은 블랙홀을 이용하여 전자의 특성을 서술하는 획기적인 아이디어를 떠올렸다(일반적으로 전자는 크기가 없는 하나의 점으로 서술된다). 이는 곧 일반상대성이론의 언어로 양자적 세계를 서술한다는 것을 의미했다. 이들은 기다란 주둥이를 가진 초대형 항아리 모양의 표준 블랙홀에서 실마리를 풀어나갔다. 즉, 블랙홀의 주둥이를 잘라낸 후 다른 블랙홀을 뒤집어서 서로 연결시켰더니 전자와 비슷한 특성을 갖는 블랙홀이 탄생한 것이다. 아인슈타인은 이런 방법으로 블랙홀의 특이성을 제거하고 전자와 비슷한 방식으로 행동하는 블랙홀을 만들어낼 수 있었다.

불행하게도 아인슈타인의 아이디어는 성공적인 결말을 보지 못했다. 그러나 오늘날의 우주론학자들은 아인슈타인과 로젠이 놓았던 다리가 서로 다른 우주들을 연결하는 가교역할을 한다고 굳게 믿고 있다. 현재의 우주공간을 마음대로 돌아다니다가 우연히 블랙홀로 빨려 들어가면 화이트홀을 통해 반대편 우주로 나올 수 있다는 것이다.

아인슈타인은 논리적으로 타당한 관점에서 출발하여 자신의 방정식을 통해 얻어진 해는 현실적으로 가능한 결과를 낳아야 한다고 굳게 믿고 있었지만, 블랙홀에 빠져서 다른 우주로 이동한다는 황당한 발상만은 별로 문제 삼지 않았다. 블랙홀의 중심에서는 무한대의 중력이 주기적으로 작용하기 때문에, 누구든지 이곳으로 빨려 들어가면 모든 원자들이 산산이 분해되는 처참한 종말을 피할 길이 없다 (아인슈타인과 로젠이 개발한 통로는 아주 잠시 동안 열렸다가 금방 닫혀버리기 때문에 현실적인 물체를 이동시킬 수는 없다). "웜홀은 실제로 존재하지만, 살아 있는 생명체가 그곳을 탐사한 후 우리에게 여행담을 들려주는 것은 불가능하다"는 것이 아인슈타인의 입장이었다.

회전하는 블랙홀

그러나 이 모든 관점들은 1963년에 뉴질랜드의 수학자 로이 커 Roy Kerr가 회전하는 블랙홀에 대한 아인슈타인 방정식의 정확한 해를 구함으로써 커다란 변화를 맞이하게 된다. 어떠한 경우에도 각운동량angular momentum은 보존되어야 하므로, 중력에 의해 별이 안으로 수축될수록 회전속도는 빨라진다(나선형 은하가 바람개비처럼 보이고, 회전하는 피겨 스케이팅 선수가 양팔을 안으로 오므렸을 때 회전속도가 빨라지는 것도 각운동량 보존법칙의 결과이다) 회전하는 별에서는 원심력과 중력이 서로 균형을 이루면서 내부의 중성자들이 원형 고리 모양으로 배열된다. 이러한 형태의 블랙홀을 '커 블랙홀Kerr black hole'이라 하는데, 이 안으로 물체가 빨려 들어가면 다른 블랙홀의 경우처럼 처참하게 분해되지 않고 아인슈타인-로젠의 다리를 거쳐 다른 우주로 이동하게 된다. 커는 이 놀라운 사실을 발견한 후 동료들에게 이렇게 외쳤다고 한다. "이 마술고리를 통과하면 반지름과 질량이 음수인 이상한 우주로 진입할 수 있다!"[4]

이렇게 보면, 찰스 도지슨이 만들어낸 앨리스의 거울나라는 일종의 커 블랙홀이었던 셈이다. 그러나 커의 고리를 향해 떠나는 여행도 편도여행이 될 수밖에 없다. 커의 고리를 둘러싸고 있는 사건지평선을 통과할 때 여행자의 몸에 작용하는 중력은 여행자를 죽일 정도로 강력하진 않지만 여행자의 귀환을 막기에는 충분하다(커 블랙홀은 두 개의 사건지평선을 갖고 있는데, 두 번째 사건지평선을 적절히 이용하면 왕복여행이 가능하다고 믿는 물리학자도 있다). 어떤 면에서 보

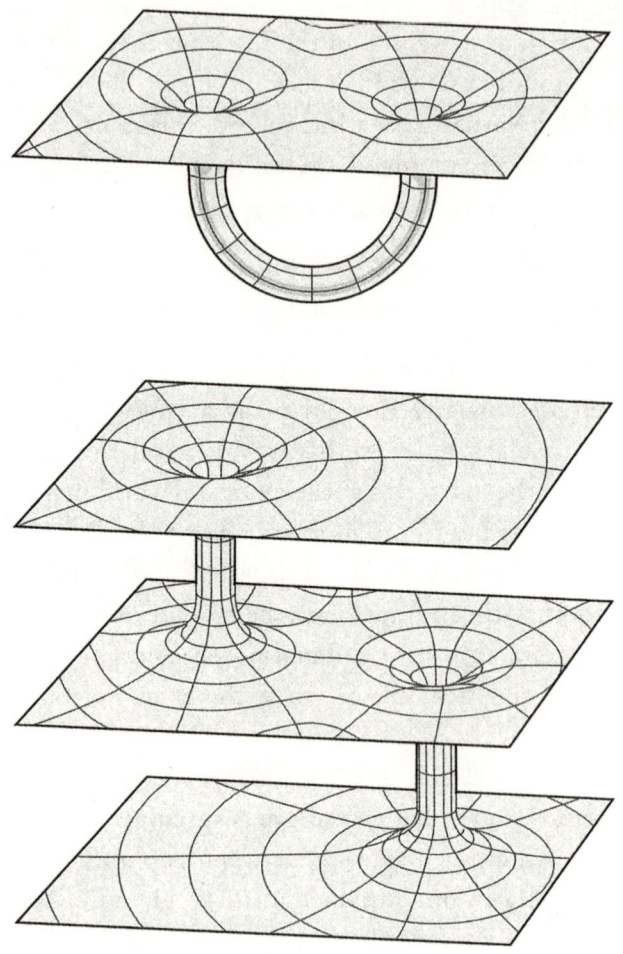

아인슈타인과 로젠이 제안했던 통로의 개요도. 블랙홀의 중심에 다른 우주(또는 우리 우주의 반대편)로 연결되는 가느다란 통로가 존재한다. 정지해 있는 블랙홀로 진입하는 것은 자살행위나 다름없지만, 회전하는 블랙홀은 반지 모양의 특이점을 갖고 있으므로 이 길을 따라 이동하면 다른 우주로 이동할 수 있다. 물론 이것은 어디까지나 이론상의 가정일 뿐이다.

면 커 블랙홀은 고층건물의 내부에서 운행되는 승강기와 비슷하다. 승강기는 건물의 각 층(각기 다른 우주)을 연결하고 있으므로, 아인슈타인-로젠의 다리와 같은 개념으로 생각할 수 있다. 다중우주를 고층건물에 비유한다면, 무한히 많은 층으로 이루어진 초고층건물 속에 실내장식이 제각각인 무한히 많은 방들이 존재하고 있는 셈이다. 그러나 승강기는 위로 올라가기만 할 뿐, 아래로 내려오지는 않는다. 건물 로비에서 일단 승강기를 타고 출발했다면 두 번 다시 로비로 되돌아올 수 없다. 승강기에 탄 사람들은 사건지평선을 이미 넘어갔기 때문이다.

커 블랙홀의 안정성 문제를 놓고 물리학자들의 의견은 두 갈래로 나뉘었다. 그중 하나는 원형고리를 통과하는 물체가 블랙홀의 안정성을 교란시켜서 입구가 금방 닫힐 것이라는 의견이었다. 예를 들어, 빛이 커 블랙홀로 진입하면 엄청난 에너지를 획득하면서 청색편이를 보이게 된다. 즉, 빛의 진동수와 에너지가 크게 증가한다는 뜻이다. 이런 빛이 사건지평선 쪽으로 진행하면 아인슈타인-로젠의 다리를 건너려는 모든 물체와 사람들을 사정없이 학살할 것이다. 또한, 이 빛으로부터 형성된 중력장이 원래의 블랙홀을 교란시켜서 입구를 파괴시킬 수도 있다.

반면에, 일부 물리학자들은 커 블랙홀이 가장 현실적인 블랙홀이며 다른 우주를 연결하는 통로라고 굳게 믿고 있다. 그러나 입구의 안정성과 여행객의 신변안전 문제는 여전히 미지로 남아 있다.

블랙홀의 관측

블랙홀은 성질이 워낙 기이하고 신비스러워서 1990년대 초반까지만 해도 공상과학물의 소재쯤으로 생각되었다. 1998년에 미시간대학의 천문학자 더글러스 리치스턴Douglas Richstone은 이런 말을 했다. "10년 전만 해도, 은하의 중심부에서 블랙홀로 추정되는 천체를 발견했다고 발표하면 학자들의 반 이상은 그 말을 믿지 않았습니다."[5] 그 후로 지금까지 천문학자들은 허블우주망원경과 찬드라 X-선망원경Chandra X-ray space telescope(별이나 은하에서 방출된 X-선을 감지하는 기구), 그리고 초대형 라디오망원경Very Large Array Radio Telescope(뉴멕시코에 있는 일련의 라디오망원경들)을 이용하여 무려 수백 개에 이르는 블랙홀을 발견하였다. 이제 대다수의 천문학자들은 거의 모든 은하(중심부가 불룩하게 돌출된 원반형 은하)의 중심부에 블랙홀이 존재하는 것으로 믿고 있다.

이론에서 예견한 대로, 우주공간에서 관측된 모든 블랙홀은 빠른 속도로 자전하고 있다. 허블망원경의 관측자료에 의하면 시간당 100만 회라는 가공할 속도로 회전하는 블랙홀도 있다. 은하의 중심부에는 지름이 1광년이나 되는 디스크 모양의 천체가 자리 잡고 있는데, 그 내부에 사건지평선과 블랙홀이 있는 것으로 추정된다.

블랙홀은 눈(망원경)에 보이지 않기 때문에 그 존재를 확인하려면 간접적인 관측법을 동원해야 한다. 그래서 블랙홀을 찾는 천문학자들은 망원경으로 찍은 사진 속에서 강착원반accretion disk이 있는지를 먼저 확인한다[강착원반이란 블랙홀의 주변을 돌고 있는 기체층으로,

우주에서 회전속도가 가장 빠른 천체로 알려져 있다. 우리의 태양도 처음 생성되던 무렵(약 45억 년 전)에 이와 비슷한 기체층을 거느리고 있었으며, 이들이 뭉치면서 지금의 행성들이 만들어진 것으로 추정된다. 먼지가 원반 모양으로 생성되는 이유는 빠르게 자전하는 물체의 에너지를 최소화시키는 형태가 원반형이기 때문이다]. 강착원반의 회전속도를 감안하여 뉴턴의 운동법칙을 적용하면 중심부에 있을 천체의 질량을 알아낼 수 있다. 그리고 이로부터 계산된 탈출속도가 광속과 일치하면 중심부의 물체가 블랙홀임이 간접적으로 확인되는 것이다.

사건지평선은 강착원반의 중심부에 존재한다. 그런데 사건지평선의 규모가 너무 작아서 현재의 관측기술로는 확인할 수 없다. 천문학자 풀비오 멜리아는 "사건지평선을 관측용 필름에 잡아낸다면 블랙홀과학은 성배를 찾은 것이나 다름없다"고 말했다. 블랙홀을 향해 빨려 들어간 기체들이 모두 사건지평선을 통과하는 것은 아니다. 이들 중 일부는 사건지평선을 우회하여 우주공간을 향해 엄청난 속도로 내던져지는데, 블랙홀의 남극과 북극에서 강력한 제트기류가 방출되는 것은 바로 이런 이유 때문이다(블랙홀의 주변에 특이한 모양의 분출선이 형성되는 것은 수축된 별의 자기력선이 남극과 북극으로 집중되기 때문인 것으로 추정된다. 별이 수축될수록 자기력선은 남극과 북극점으로 집중되는 경향이 있다. 이온화된 입자가 수축되는 별로 빨려들면 이 자기력선을 따라가게 된다).

지금까지 발견된 블랙홀은 크게 두 종류로 구분될 수 있다. 하나는 별이 자체중력에 의해 수축되면서 만들어진 항성형stellar 블랙홀이며, 다른 하나는 거대한 은하나 퀘이사의 중심부에 자리 잡고 있는 은하형galactic 블랙홀이다. 이들의 질량은 태양의 100만×100만 배 정도로 추정되며, 항성형 블랙홀보다 비교적 쉽게 발견될 수 있다.

최근 들어, 은하수(우리의 태양계가 속해 있는 은하)의 중심부에 블랙홀이 존재한다는 결론이 확실하게 내려졌다. 그런데 은하수의 중심은 먼지구름에 가려 있어서 고성능 망원경을 동원해도 잘 보이지 않는다. 만일 먼지구름이 없었다면, 궁수자리 근처에서 달보다 밝게 빛나는 천체를 매일 밤마다 볼 수 있었을 것이다. 은하수의 중심에 자리 잡고 있는 블랙홀은 질량이 태양의 250만 배 정도이며 규모는 수성의 공전궤도와 비슷한 크기로서, 비교적 작은 블랙홀에 속한다. 퀘이사의 내부에 있는 것으로 추정되는 블랙홀의 질량은 태양의 수십억 배에 달한다. 지구에서 비교적 가까운 거리에 있는 블랙홀들은 대체로 정적인 상태를 유지하고 있다.

지구에서 두 번째로 가까운 블랙홀은 안드로메다 성운의 중심부에 자리 잡고 있는데, 질량은 태양의 3,000만 배이고 슈바르츠실트 반지름은 약 6,000만km 정도이다. 안드로메다 성운의 중심에는 거대한 천체가 적어도 두 개 이상 존재하고 있는데, 그중 하나는 수십억 년 전에 안드로메다 성운에게 잡아먹힌 은하의 잔해일 것으로 추정된다. 앞으로 수십억 년 후에는 은하수와 안드로메다 성운이 충돌할 것으로 예상되며, 결국 은하수는 안드로메다의 '한 끼 식사거리'로 최후를 맞이할 것이다.

은하형 블랙홀의 사진 중 가장 아름다운 것을 꼽는다면 허블망원경이 촬영한 NGC 4261은하를 들 수 있다. 과거에 라디오망원경으로 이 은하를 촬영했을 때 은하의 북극과 남극에서 뻗어나오는 선이 발견되었지만 아무도 그 정체를 파악하지 못했었다. 허블망원경이 촬영한 사진에 의하면, NGC 4261은하는 직경이 400광년인 원반형 은하이며 그 중심에는 1광년 정도 크기의 강착원반과 함께 검은 점이 위치하고 있다. 허블망원경으로도 볼 수 없는 이 검은 점은 태양질량의 약 12억 배에 달하는 블랙홀로 확인되었다.

은하형 블랙홀은 은하에 속해 있는 모든 별들을 잡아먹을 수 있을 정도로 그 위세가 막강하다. 2004년에 NASA와 유럽우주국 European Space Agency ESA는 별 하나를 한 입에 잡아먹을 수 있는 초대형 블랙홀을 발견했다고 거의 동시에 발표했다. 또한, 찬드라 X-선망원경과 유럽 XMM-뉴턴 위성은 RX J1242-II은하에서 방출된 X-선을 관측했는데, 이는 질량이 태양의 1억 배에 달하는 거대한 블랙홀이 주변의 별을 잡아먹고 있음을 알리는 신호였다. 모험심 많은 별이 블랙홀의 사건지평선에 진입하면 무지막지한 중력에 의해 산산이 분해되면서 X-선을 방출한다. "이 별은 파괴점을 초과할 때까지 엄청난 힘으로 당겨집니다. 이웃의 영역을 침범한 대가치고는 너무 혹독하지요."[6] 막스플랑크연구소의 천문학자 스테파니 코모사Stefanie Komossa의 말이다.

블랙홀은 그동안 풀리지 않았던 천문학의 많은 미스터리를 해결해주었다. 예를 들어, 별들이 구형으로 뭉쳐 있는 M-87은하는 꼬리처럼 돌출된 부분을 갖고 있는데, 지난 세월 동안 천문학자들은 이 꼬리가 반물질로 이루어져 있다고 생각했다. 그러나 현재 알려진 바에 의하면 은하의 내부에 태양의 30억 배에 달하는 거대한 블랙홀이 존재하고 있으며, 꼬리의 정체는 은하로 빨려 들어가는 반물질이 아니라 블랙홀에서 분출된 플라스마의 흐름으로 판명되었다.

찬드라 X-선망원경은 관측 가능한 가장 먼 우주에서 먼지구름 사이의 조그만 틈으로 600여 개에 이르는 블랙홀 집단을 확인하였다. 이것은 블랙홀과 관련된 가장 극적인 발견으로 꼽힌다. 천문학자들은 우주전역에 걸쳐 적어도 3억 개 이상의 블랙홀이 존재할 것으로 추정하고 있다.

감마선폭발

위에서 언급한 블랙홀들은 수십억 년 전에 생성된 것이다. 그러나 현대의 천문학자들은 바로 눈앞에서 블랙홀이 탄생하는 장관을 목격할 수 있게 되었다. 물론 아무 때나 볼 수 있는 구경거리는 아니지만, 상상을 초월할 정도로 방대한 양의 감마선이 폭발적으로 방출되는 곳에서 블랙홀이 탄생하는 것으로 추정된다. 이를 감마선폭발 gamma ray burster이라고 한다. 이때 방출되는 에너지의 양은 범우주적 규모에서 볼 때 빅뱅 때 방출된 에너지 다음으로 크다.

감마선폭발의 관측은 재미있는 역사를 갖고 있다. 냉전이 치열했던 1960년대에 소련을 비롯한 동구 공산국가들이 무기협정을 어기고 사막이나 달에서 핵폭탄 실험을 할까봐 항상 신경을 곤두세우고 있던 미국은 궁리 끝에 핵폭발의 섬광을 감지하는 벨라Vela 위성을 쏘아올렸다(벨라 위성은 1970년대에 남아프리카공화국의 프린스에드워드 섬Prince Edward Island에서 두 건의 섬광을 발견하였다. 그런데 당시 그곳에는 이스라엘 군함이 정박하고 있었다).

그러나 벨라 위성은 엉뚱하게도 우주공간에서 날아온 핵폭발 신호를 감지해 펜타곤을 놀라게 만들었다. 혹시 소련이 최첨단 기술을 개발해 우주공간에서 핵폭탄 실험을 하고 있는 것은 아닐까? 무기 경쟁에서 소련이 미국을 압도했을지도 모른다는 생각에, 미국 국방성의 과학자들은 벨라 위성이 보내온 신호를 불안한 마음으로 분석하기 시작했다.

소련연방이 붕괴된 후, 더 이상의 감시작업이 무의미해진 펜타곤 측은 그동안 모아두었던 방대한 양의 관측자료를 학자들에게 넘겨주었다. 학술적 자료와는 비교가 안 될 정도로 정밀하고 다양한 관측데이터가 처음으로 세상에 공개된 것이다. 천문학자들은 자료를 분석하면서 그들이 예견했던 감마선폭발 현상을 발견했는데, 그 규모는 가히 상상을 초월하는 수준이었다. 그곳에서는 우리의 태양이 평생(약 100억 년)에 걸쳐 방출할 에너지가 단 몇 초 만에 방출되고 있었다. 그러나 지상의 천체망원경을 그쪽으로 향했을 때는 이미 그 위세가 상당히 위축되어 거의 아무것도 발견하지 못했다(대부분의 감마선폭발은 1~10초 동안 진행되지만, 개중에는 0.01초 만에 끝나는 경우도 있고 몇 분에 걸쳐 진행되는 경우도 있다).

요즘은 우주망원경과 컴퓨터 등 관측장비가 발달하여 감마선폭발을 감지하는 능력도 크게 향상되었다. 지금은 하늘에서는 하루당 약 세 건의 감마선폭발이 관측되고 있으며, 이로부터 복잡한 우주적 사건들이 연쇄적으로 일어나고 있다. 일단 감마선폭발의 징후가 관측위성에 감지되면, 천문학자들은 컴퓨터를 이용하여 정확한 위치를 재빨리 계산한 후 여러 개의 천체망원경을 그 지점으로 집중시킨다.

이렇게 얻어진 관측자료를 분석한 결과, 감마선폭발의 중심부에는 수십 km 크기의 물체가 존재하는 것으로 밝혀졌다. 다시 말해서, 상상을 초월할 정도로 엄청난 양의 에너지가 뉴욕 시만한 크기의 물체 안에 응축되어 있다는 뜻이다. 그 후로 한동안 감마선폭발은 연성계binary system를 이루고 있는 중성자별 간의 충돌에 의해 발생하는 것으로 추정되었다. 즉, 중성자별의 궤도가 서서히 작아지면서 이른바 '죽음의 나선궤도'를 돌다가 마침내 충돌하여 엄청난 양의 에너지를 방출한다는 것이다. 물론 이런 사건은 아주 드물게 일어나지만 우주라는 무대가 워낙 방대하기 때문에 하루에도 서너 번씩 관측할 수 있다.

그러나 2003년에 새로운 증거가 발견되면서 중성자별의 충돌로 감마선폭발이 일어난다는 이론은 설득력을 잃게 되었다. 감마선폭발이 일어나는 곳에서 엄청나게 큰 초신성이 발견된 것이다. 일반적으로 수명을 다한 별이 폭발을 일으키면 엄청난 세기의 자기장이 형성되면서 남극과 북극점으로부터 복사에너지가 방출되는데, 망원경에 잡힌 복사파의 에너지는 초신성의 경우보다 훨씬 크게 나타났다. 그렇다면 감마선폭발은 초신성보다 훨씬 큰 극초신성hypernova의 폭발에 의해 나타난 것일까? 아니면 복사파가 우연히 지구 쪽을 향해 방출되어 실제보다 강하게 보인 것일까?

감마선폭발이 블랙홀의 생성과정에서 일어나는 현상이라면, 차세대 천체망원경은 시간과 공간에 대한 역사 깊은 의문을 해결할 수 있을 것이다. 블랙홀이 공간을 심하게 왜곡시킨다면, 시간도 왜곡시킬 수 있지 않을까?

반 스토쿰의 타임머신

아인슈타인은 시간과 공간을 '분리될 수 없는 하나의 객체'로 통일시켰다. 그 결과, 공간상으로 떨어져 있는 두 지점을 연결하는 웜홀은 시간상으로도 떨어져 있는 두 지점을 연결시킬 수 있게 되었다. 다시 말해서, 아인슈타인의 이론은 시간여행을 허용하고 있는 것이다.

'시간'이라는 개념은 지난 수백 년 동안 수차례에 걸쳐 혁명적인 변화를 겪어왔다. 뉴턴은 시간이 날아가는 화살처럼 한쪽 방향(미래)으로만 흐른다고 생각했다. 뉴턴의 시간은 도중에 경로를 바꾸지 않고 빠르기도 결코 변하지 않으며 과녁(목적지)에서 빗나가는 법도 없었다. 그 후 아인슈타인은 휘어진 공간을 도입하면서 시간도 휘어진 강처럼 곡선경로를 따라 흘러가며, 경우에 따라서 빠르기가 변할 수도 있음을 천명하였다. 그러나 아인슈타인은 시간의 흐름이 지나치게 구부러져서 진행방향이 뒤바뀌는 경우에 대해 구체적인 언급을 피했다. 사실, 시간이라고 해서 소용돌이나 분기점이 존재하지 말라는 법은 없다.

1937년에 반 스토쿰W. J. Van Stockum은 아인슈타인 방정식을 풀다가 시간여행이 허용되는 해를 구함으로써 이 가능성을 현실화시켰다. 그의 출발점은 '회전하는 무한히 긴 원통'이었는데, 무한대라는 양은 물리적으로 의미를 가질 수 없지만 원통의 회전속도가 광속에 가까운 경우에는 믹서기 속에서 회전하는 걸쭉한 당밀처럼 원통의 회전에 의해 시공간이 휘말려 돌아가게 된다(이 현상을 '좌표계 이끌림frame-dragging'이라 하며, 회전하는 블랙홀 주변에서 실제로 관측되었다).

어느 운 없는 여행객이 회전하는 원통 주변에 던져졌다면 휘말린 시공간을 따라 빨려들 것이다. 이 장면을 바깥에서 바라보면 그 여행객은 빛보다 빠르게 움직이는 것처럼 보인다. 반 스토쿰은 자신이 문제를 풀고서도 인식하지 못했지만, 원통의 주변을 한 바퀴 돌아서 출발점으로 되돌아오면 시간을 역행하여 출발하기 전의 시점으로 되돌아오게 된다. 예를 들어, 정오에 출발하여 원통주변을 한 바퀴 돌았다면 전날 오후 6시에 출발점으로 되돌아오게 되는 것이다. 원통의 회전속도가 빠를수록 더욱 먼 과거로 되돌아갈 수 있다(그러나 원통이 형성되던 시점보다 더 먼 과거로 갈 수는 없다).

원통의 주변을 많이 돌수록 더욱 먼 과거로 이동할 수 있다. 물론, 이것은 원통의 길이가 무한히 길다는 가정하에서 얻은 해이므로 현실세계에 응용될 수는 없다. 설령 무한 원기둥을 만들었다고 해도 광속에 가까운 속도로 회전시키면 원심력이 너무 강해서 산산이 분해되고 말 것이다.

괴델의 우주

1949년에 위대한 수학논리학자 쿠르트 괴델Kurt Gödel은 우주전체가 회전하고 있다는 가정하에 아인슈타인 방정식을 풀어서 이상한 해를 구했다. 그가 얻은 시공간은 반 스토쿰의 해와 같이 당밀처럼 휘말려 돌아가고 있었으며, 이런 우주에서 로켓을 타고 계속 가다보면 원래의 출발점으로 되돌아오게 된다.

괴델의 우주에서는 시간과 공간상으로 떨어져 있는 임의의 두 지점 사이를 마음대로 이동할 수 있다. 아무리 먼 과거에 있었던 일이라 해도 마음만 먹으면 언제든지 달려가서 눈으로 확인할 수 있다는 뜻이다. 그런데 괴델의 우주는 중력에 의해 수축되려는 경향을 띠고 있다. 따라서 우주가 붕괴되지 않으려면 회전에 의한 원심력이 중력과 균형을 이루고 있어야 한다. 다시 말해서, 우주의 회전속도가 어느 임계값 이상으로 빨라야 한다는 뜻이다. 우주가 클수록 중력에 의한 수축력이 강해지므로, 회전속도도 그만큼 빨라져야 한다.

괴델의 계산에 의하면, 우리의 우주는 700억 년을 주기로 회전하고 있으며 시간여행을 위해 최소한으로 요구되는 반지름은 약 160억 광년이다. 그러나 시간을 거슬러가려면 거의 빛의 속도로 움직여야 한다.

괴델은 시간여행으로부터 야기되는 역설적인 문제들을 충분히 인식하고 있었다. 시간을 거슬러 갈 수 있다면 과거로 되돌아가 역사를 바꿀 수도 있다. "충분히 빠른 로켓을 제작해 왕복여행을 하면 과거와 현재, 그리고 미래 중 원하는 시점으로 시간여행을 한 후 원래의 시점으로 되돌아올 수 있다. 그러나 시간여행은 상식을 벗어나는 역설적 상황을 야기시킨다. 예를 들어, 가까운 과거로 이동해 젊은(또는 어린) 시절의 자신과 마주쳤다면, (현재의 기억에 의하면) 자신이 전혀 겪지 않았던 일을 겪게 되는 셈이다. 그렇다면 시간여행자의 기억은 어떻게 수정되어야 하는가?"[7]

괴델과 같은 동네에 사는 이웃이자 프린스턴 고등과학원의 동료이기도 했던 아인슈타인은 자신의 방정식으로부터 시간여행이 가능한 해가 도출되었다는 소식을 접하고 다음과 같은 반응을 보였다.

쿠르트 괴델의 해는 일반상대성이론의 시간개념을 정립하는 데 커다란 공헌을 했다. 이것은 내가 일반상대성이론을 개발하던 와중에 이미 직면했던 문제이다. 물론 그때는 이론이 완성되기 전이었으므로 문제의 심각성을 충분히 고려하지 않았었다. … 범우주적인 관점에서 보면 굳이 과거와 미래를 구별할 필요가 없지만, 괴델이 제기한 역설은 분명히 과학적 상식에 위배된다… 그러나 이것이 물리학의 법칙에 위배되는지를 따지는 것은 전혀 다른 문제이다. 시간여행의 물리적 타당성을 확인하는 것은 매우 흥미로운 연구과제가 될 것이다.[8]

아인슈타인의 반응은 두 가지 면에서 우리의 관심을 끈다. 첫째로, 그는 일반상대성이론을 개발하면서 시간여행과 관련된 문제 때문에 고민했음을 솔직하게 밝히고 있다. 시간과 공간은 마음대로 휘어지는 고무밴드처럼 취급할 수 있으므로, 그는 고무밴드가 심각하게 휘어져서 시간이 거꾸로 흐르게 될까봐 걱정스러웠다. 둘째로,

아인슈타인은 물리적 타당성을 언급하면서 괴델의 해가 현실성이 없음을 완곡하게 표현하고 있다. 아인슈타인이 생각했던 우주는 '회전하는 우주'가 아니라 '팽창하는 우주'였기 때문이다.

아인슈타인이 죽은 후, 그가 남긴 방정식이 이상한 현상들(시간여행, 웜홀 등)을 허용한다는 것은 일반적인 사실이 되었다. 그러나 대다수의 과학자들은 타임머신이나 시간여행이 이론상으로만 가능할 뿐, 현실적으로는 실현 불가능하다고 생각했기 때문에 뜨거운 이슈로 부각되지는 않았다. 평행우주로 가기 위해 블랙홀로 접어드는 것은 곧 자살을 의미하고, 우주는 회전하지 않으며, 무한히 긴 원기둥을 만들 수도 없다. 이런 이유 때문에 시간여행은 현학적인 사고와 공상과학물의 범주를 벗어날 수 없었다.

손의 타임머신

시간여행 문제는 학구적인 이슈로 처음 제기된 후 근 35년 동안 별다른 관심을 끌지 못하다가 1985년에 천문학자 칼 세이건이 소설 《콘택트Contact》를 발표하면서 학계뿐만 아니라 일반인들 사이에서도 커다란 관심을 끌게 되었다. 세이건은 이 소설에서 여주인공이 베가성Vega(직녀성, 거문고자리의 1등성)으로 여행하는 장면을 넣고 싶었으나, 거기에 논리적 타당성을 부여하기가 쉽지 않았다. 블랙홀 타입의 웜홀을 통해 베가성으로 이동하는 데 성공했다 해도, 그곳을 탐사한 후 다시 웜홀을 통해 되돌아오는 것은 아무래도 무리인 것 같았다. 결국 그는 물리학자 킵 손Kip Thorne을 찾아가 자문을 구했다. 손은 이전의 이론들과는 독립적으로 시간여행을 허용하는 아인슈타인 방정식의 해를 구하여 세상을 놀라게 한 학자로 유명하다. 그는 1988년에 연구동료인 마이클 모리스Michael Morris, 울비 유르트시버Ulvi Yurtsever와 함께 "음의 물질negative matter과 음의 에너지negative energy가 존재한다면 타임머신을 구현할 수 있다"는 결론을 내렸다. 물론, 음의 물질은 발견된 적도 없고 음의 에너지는 극소량만이 존재한다고 알려져 있었으므로 당시 물리학자들의 반응은 회의적이었지만, 이들의 논문은 그동안 공상과학소설의 소재쯤으로 취급되어왔던 시간여행에 학술적 가치를 부여하는 결정적인 계기가 되었다.

음의 물질과 음의 에너지가 있으면 웜홀을 통한 왕복여행이 가능해지기 때문에, 사건지평선 근처에서 일어난다는 대형사고를 걱정할 필요가 없다. 실제로 킵 손과 그의 동료들의 주장에 의하면, 시간여행은 일상적인 비행기여행보다 훨씬 안락한 환경에서 이루어질 수 있다.

한 가지 문제는 음의 물질이 너무 특이해 다루기가 어렵다는 점이다. 반물질과는 달리(반물질은 실제로 존재하며 중력에 의해 끌려간다는 점에서는 물질과 동일하다) 음의 물질은 중력에 끌리지 않고 반대로 '밀어내는' 특성을 갖고 있다. 다시 말해서, 음의 물질에 의한 중력은 인력이 아니라 척력(반중력)이라는 것이다. 음의 물질과 음의 물질, 그리고 일상적인 물질과 음의 물질 사이의 중력은 서로 밀어내는 방향으로 작용한다. 그러므로 음의 물질이 우주에 존재한다고 해도 발견하기가 쉽지 않다. 45억 년 전에 지구가 처음 생성되었을 때, 근처에 있던 음의 물질들은 모두 중력에 밀려 우주 저편으로 날아가버렸다. 그러므로 음의 물질들은 어떤 행성과도 어울리지 못한 채, 지금도 우주공간을 외롭게 떠돌고 있을 것이다(음의 물질은 일상적인 물질을 밀어내기 때문에 별이나 행성과 충돌하는 일도 없다).

음의 물질은 지금까지 단 한 번도 발견된 적이 없고 존재할 가능성도 별로 없다. 그러나 음에너지는 물리적으로 가능하며 아주 작은 양이긴 하지만 분명히 존재하고 있다. 1933년에 헨드리크 캐시미르 Hendrik Casimir는 대전되지 않은 평행판에서 음에너지가 생성될 수 있음을 증명했다. 정상적인 상태에서 대전되지 않은 채로 서로 마주 보고 있는 두 개의 평행판은 아무런 사건도 일으키지 않는다. 그러나 캐시미르는 이런 상황에서도 약간의 인력이 작용한다고 주장했고, 1948년에 그의 주장이 실험적으로 확인되면서 '음에너지'는 물리적 실체로 인정받게 되었다. 흔히 '캐시미르효과'라 불리는 이 현상을 이용하면 진공이 갖고 있는 기이한 특성을 설명할 수 있다. 양자역학에 의하면 텅 빈 공간은 수시로 나타났다가 사라지는 가상입자virtual particle들로 가득 차 있다. 언뜻 보기엔 에너지보존법칙에 위배되는 것 같지만, 양자역학의 근간을 이루는 하이젠베르크의 '불확정성원리'를 여기에 적용하면 잘못된 것이 전혀 없다. 불확정성원리에 의하면, 아무것도 없는 진공상태에서도 에너지(또는 질량)는 아주 짧은 시간 동안 나타났다가 사라질 수 있다. 예를 들어, 전자와 반전자(전자의 반입자)는 완전한 무無의 상태에서 갑자기 생성되었다가 금방 합쳐지면서 사라지곤 한다. 두 개의 평행판을 아주 가까운 거리에서 마주보도록 놓아두면 이들 사이의 좁은 공간보다 그 뒤쪽에 가상입자가 더 많이 생성된다. 따라서 이 입자들이 균일한 빈도수로 평행판과 충돌한다면, 평행판이 서로 가까워지는 쪽으로 미약한 힘이 작용할 것이다. 이 효과는 1996년에 로스앨러모스 과학연구소의 스티븐 라모로Steven Lamoreaux에 의해 매우 정밀하게 관측되었는데, 그가 측정한 힘의 크기는 개미 한 마리 몸무게의 3만 분의 1에 불과했다. 평행판 사이의 거리가 가까울수록 캐시미르의 힘은 더욱 크게 나타난다.

캐시미르의 힘은 킵 손이 상상했던 타임머신에 일말의 가능성을 부여했다. 우리보다 훨씬 발달된 문명을 가진 생명체가 존재한다면 두 개의 평행판을 거의 0에 가까운 거리까지 접근시켜서 거대한 음에너지를 만들어낼 수도 있을 것이다. 평행판을 구형으로 개조해도 동일한 효과가 나타난다. 속이 비어 있는 얇은 금속판으로 두 개의 구를 만들어서 가까이 위치시키면 이들도 서로 가까워지려는 경향이 있다. 다시 말해서, 두 개의 구 사이에 존재하는 좁은 틈새가 웜홀이 되어 이들 사이를 연결하는 통로의 역할을 할 수도 있다는 것이다(두 개의 구는 웜홀의 양쪽 입구를 에워싸고 있다).

정상적인 조건이라면 두 개의 구에서 시간은 같은 속도로 흐른다. 그러나 둘 중 하나의 구를 우주선에 싣고 광속에 가까운 속도로 날려보낸다면, 여행 중인 구의 시간은 지구에 남아 있는 구의 시간보다 느리게 갈 것이다. 따라서 누군가가 지구에 남아 있는 구에 뛰어오른 후 웜홀을 통해 다른 구로 이동한다면 어렵지 않게 과거로 갈 수 있다(그러나 이런 식으로는 타임머신이 만들어진 시점보다 더 먼 과거로 이동할 수 없다).

음에너지의 문제점

킵 손의 해는 학계에 일대 센세이션을 일으켰다. 그러나 고도로 발달된 문명이라 해도 그의 해를 현실세계에 구현하려면 몇 가지 심각한 문제를 해결해야 한다. 가장 큰 문제는 극히 드물게 존재하는 음에너지를 다량 확보해야 한다는 점이다. 웜홀의 입구가 열린 채로 장시간 유지되려면 많은 양의 음에너지가 필요하기 때문이다. 캐시미르효과를 이용하여 음에너지를 충당한다면, 이로부터 유지할 수 있는 웜홀의 입구는 원자 하나의 크기에 불과하다. 캐시미르효과 이외에도 음에너지를 얻을 수 있는 다른 방법들이 있긴 하지만, 제어가 어려워서 별로 현실성이 없다. 물리학자 폴 데이비스Paul Davies와 스티븐 풀링Stephen Fulling은 빠르게 움직이는 거울의 전면에 음에너지가 축적될 수 있다는 것을 증명한 적이 있는데, 거울을 거의 광속으로 움직여야 할 뿐만 아니라 얻을 수 있는 음에너지의 양도 너무 작아서 타임머신에 응용할 수는 없다.

음에너지를 얻는 또 하나의 방법은 고출력 레이저빔을 이용하는 것이다. 레이저의 에너지준위 안에는 '압축된 준위squeezed state'가 존재하는데, 여기에는 양에너지와 음에너지가 공존하고 있다. 그러나 이 경우 역시 에너지를 제어하기가 어려워서 타임머신에 응용하기는 적절치 않다. 레이저빔에서 양에너지와 음에너지의 펄스는 10^{-15}초라는 짧은 주기로 반복되며, 이들을 분리하려면 고도의 기술이 필요하다. 이 점에 관해서는 11장에서 좀 더 구체적으로 다룰 예정이다.

블랙홀의 사건지평선 근처에도 음에너지가 존재한다. 제이콥 베켄슈타인Jacob Bekenstein과 스티븐 호킹이 증명한 바와 같이, 블랙홀의 에너지는 서서히 증발되고 있기 때문에 완전히 검은색으로 보이지는 않는다.[9] 블랙홀의 엄청난 중력을 뚫고 복사가 방출될 수 있는 것은 불확정성원리 때문이다. 이런 식으로 블랙홀의 에너지가 계속 방출되면 사건지평선의 크기가 점점 줄어든다. 일반적으로 별과 같은 양의 물질이 블랙홀로 빨려 들어가면 사건지평선이 커지지만, 음의 물질을 블랙홀 속으로 던져넣으면 사건지평선은 수축된다. 그러므로 블랙홀의 에너지 복사는 사건지평선 근처에 음에너지를 생성시킨다. 일부 물리학자들은 웜홀의 입구를 사건지평선 근처에 연결시키면 음에너지를 포획할 수 있다고 주장했다. 그러나 이 아이디어를 실현하려면 사건지평선 근처로 직접 가야 하기 때문에 커다란 위험을 감수해야 한다.

"웜홀이 안정된 상태를 유지하려면 음에너지가 반드시 필요하다"는 사실을 처음으로 증명한 사람은 스티븐 호킹이었다. 그가 사용했던 논리는 아주 간단하다. 일반적으로 양의 에너지는 물질과 에너지가 집중되어 있는 웜홀을 생성시키며, 빛은 웜홀의 입구로 집중되는 경향이 있다. 그러나 빛이 웜홀의 반대쪽 출구로 빠져나오면 웜홀 중심부의 어딘가에서는 빛의 초점이 흐려진다. 단, 이런 현상은 음에너지가 존재할 때에만 나타난다. 그런데 음에너지는 항상 척력을 행사하기 때문에, 웜홀의 입구가 중력에 의해 붕괴되는 것을 방지할 수 있다. 그러므로 타임머신이나 웜홀을 현실세계에 구현하려면, 입구가 안정된 상태를 유지하도록 충분한 양의 음에너지를 확보해야 한다. 최근 들어, 강한 중력장이 걸려 있는 곳에서는 음에너지의 장을 쉽게 발견할 수 있다는 사실이 일단의 물리학자들에 의해 증명되었다. 이 에너지를 잘 활용하면 타임머신이 구현될 수도 있을 것이다.

타임머신과 관련된 또 하나의 문제는 다음과 같다.

"웜홀을 어떻게 찾아야 하는가?" 킵 손은 웜홀이 이른바 '시공간의 거품' 속에서 자연스럽게 만들어진다고 생각했다. 이 문제는 고대 그리스의 철학자 제논이 제기했던 의문을 상기시킨다. "공간상에서 이동할 수 있는 최소거리는 얼마인가?"

제논Zeno은 "아무도 강을 건널 수 없다"는 명제를 수학적으로 증명한 적이 있다. 대체 어떤 논리로 그런 황당한 주장을 정당화시킬 수 있었을까? 다들 알다시피, 강의 폭은 무한히 많은 점으로 세분될 수 있다. 따라서 무한히 많은 점을 통과하려면 무한히 긴 시간이 소요된다. 즉, 우주가 사라지는 그날까지 아무리 노를 저어도 강을 건널 수 없다는 뜻이다. 이 논리를 조금 변형시키면 "그 어떤 물체도 앞으로 나아갈 수 없다"는 명제도 증명할 수 있다(그 후로 2,000년이 지난 후 미적분학이 개발되면서 제논의 수수께끼는 비로소 해결되었다. 미적분학을 사용하면 점의 개수가 아무리 많아도 유한한 시간 내에 통과할 수 있음을 증명할 수 있다).

프린스턴대학의 존 휠러John Wheeler는 공간상의 최소거리를 찾기 위해 아인슈타인 방정식을 분석했는데, 플랑크길이(10^{-33}cm)의 영역에 아인슈타인의 일반상대성이론을 적용한 결과, 이 미세한 영역에서 공간의 곡률이 제법 크게 나타난다는 결론을 얻었다. 즉, 플랑크길이의 영역에서 공간은 구불구불하게 접혀 있다는 뜻이다. 진공에서 수시로 튀어나왔다가 사라지는 입자들 때문에, 초미세영역의 공간은 눈이 돌아갈 정도로 복잡한 구조를 갖고 있다. 아무것도 없이 텅 비어 있는 공간도 가장 작은 규모에서는 시공간의 미세한 거품들이 들끓고 있는 것이다. 정상적인 경우, 진공에서 태어난 전자와 양전자는 아주 잠시 동안 존재하다가 서로 합쳐지면서 금방 사라져버린다. 그러나 플랑크길이의 규모에서 볼 때 미세한 거품은 하나의 우주에 해당되며, 이런 환경에서 웜홀은 얼마든지 존재할 수 있다. 우리의 우주도 이렇게 '떠다니는 기포'에서 출발하여 어느 순간부터 갑작스런 팽창을 겪으면서 지금과 같은 모습으로 진화했는지도 모른다.

웜홀은 시공간의 거품 속에 존재하기 때문에, 킵 손은 "극도로 발달된 문명세계에서는 시공간의 거품 속에서 웜홀을 찾아내어 크게 확장시킨 후 음에너지를 이용하여 그 형태를 유지시킬 수 있다"고 생각했다. 물론 결코 쉬운 일은 아니지만, 물리법칙에 위배되는 구석은 하나도 없다.

킵 손의 타임머신은 제작이 어렵긴 하지만 이론적으로는 얼마든지 가능하다. 그러나 여기에는 짚고 넘어가야 할 문제가 아직도 남아 있다. 시간여행 자체가 물리법칙에 위배되지는 않을까?

침실 속의 우주

1992년에 스티븐 호킹은 이 문제를 연구한 적이 있다. 사실 그는 타임머신에 대하여 부정적인 생각을 갖고 있었다. 만일 미래의 어느 시기에 시간여행이 일요일 소풍처럼 일상화되었다면, 지금 우리 주변은 미래에서 온 관광객들로 북적이고 있어야 하지 않겠는가?

그러나 물리학자들은 화이트T. H. White의 소설 《과거와 미래의 왕Once and Future King》에 나오는 "금지되지 않은 것은 의무사항이다"[10]라는 구절을 인용하면서 시간여행의 가능성을 포기하지 않았다. 다시 말해서, 물리학의 법칙이 타임머신을 금지하지 않는다면 시간여행은 분명히 가능하다는 것이다(이들의 주장은 불확정성원리에 기초를 두고 있다. 이 원리에 의하면 물리적으로 금지된 사건이 아닌 한, 시간이 충분히 지나면 반드시 일어나게 되어 있다. 고전적으로는 불가능한 사건도 양자적 효과와 양자적 요동이 개입되면 얼마든지 일어날 수 있다). 호킹은 "한번 형성된 역사는 바뀔 수 없다"는 '역사보호가설'을 주장하면서 시간여행을 끝까지 반대했다. 그의 가설에 의하면 시간여행은 어떤 특정한 물리학원리에 위배되기 때문에 결코 실현될 수 없다.

웜홀은 직접 다루기가 까다로웠기에, 호킹은 메릴랜드대학의 찰스 미스너Charles Misner가 제안했던 간단한 우주(시간여행에 필요한 모든 요소들이 갖춰져 있는 우주)에서 출발하여 자신만의 논리를 전개해나갔다. 미스너의 우주란, 침실과 같이 좁은 공간 안에 우주전체를 요약시켜놓은 이상적인 우주를 말한다. 예를 들어, 왼쪽 벽에 있는 모든 점들이 오른쪽 벽에 있는 점들과 물리적으로 동등하다고 가정해보자. 보통의 침실에서 왼쪽 벽을 향해 무작정 걸어가면 벽에 코를 찧고 주저앉겠지만, 위와 같이 가정한 침실에서는 왼쪽 벽을 뚫고 나가는 순간 오른쪽 벽을 통해 다시 실내로 들어오게 된다. 다시 말해서, 왼쪽 벽과 오른쪽 벽이 하나로 연결되어 있는 것이다(이러한 사례는 컴퓨터게임의 화면에서 흔히 찾아볼 수 있다).

여기서 한 걸음 더 나아가, 앞에 있는 벽과 뒤쪽 벽, 그리고 바닥과 천장도 같은 방식으로 연결되어 있다고 가정해보자. 이런 침실에서는 어느 방향으로 벽을 뚫고 나가도 반대쪽 방향으로 다시 들어오게 된다. 아무리 발버둥을 쳐도 빠져나갈 방법이 없다. 침실이 바로 우주전체인 것이다!

무엇보다도 이상한 것은, 왼쪽 벽을 자세히 들여다보면 투명한 벽 너머에 이곳과 똑같은 방이 존재하고 있다는 점이다. 그곳에는 당신과 똑같은 사람이 똑같은 행동을 하면서 살고 있다. 왼쪽 벽뿐만 아니라, 어떤 방향을 바라봐도 똑같은 방을 볼 수 있다. 위, 아래, 앞, 뒤쪽방향으로 동일한 방들이 무한히 길게 나열되어 있는 것이다.

그러나 옆방에 있는 당신과 접촉하기란 결코 쉽지 않다. 당신이 왼쪽 방에 있는 당신의 얼굴과 마주치기 위해 왼쪽을 바라보면, 그 역시 왼쪽을 바라볼 것이다. 두 사람은 항상 똑같이 움직이기 때문에 결코 얼굴을 마주볼 수 없다. 한 사람이 간신히 들어갈 수 있을 정도로 작은 방이라면 오른손을 뻗어서 앞쪽 방에 있는 또 다른 당신의 어깨 위에 손을 얹을 수도 있을 것이다. 그런데 막상 이런 행동을 취하면 당신은 소스라치게 놀랄 것이다. 아무도 없을 것 같았던

미스너의 우주는 작은 방 속에 담을 수 있다. 이 속에서 모든 벽들은 자신의 반대쪽에 있는 벽과 경계선을 공유하고 있으며, 임의의 벽을 뚫고 나가면 반대쪽 벽을 통해 다시 방으로 들어오게 된다. 물론 바닥과 천장도 같은 방식으로 연결되어 있다. 미스너의 우주는 웜홀과 동일한 위상을 갖고 있지만, 수학적으로는 다루기가 훨씬 쉽다. 침실의 벽을 이동시키면 미스너의 우주 안에서 시간여행이 가능할 수도 있다.

뒤쪽 벽에서 손이 뻗어 나와 당신의 어깨를 만질 것이기 때문이다. 물론 그것은 앞쪽 벽을 뚫고 나간 당신의 손이다. 양옆에 있는 당신의 분신들과 나란히 손을 잡으면 우주전역에 걸쳐 좌우방향으로 인간사슬이 만들어질 것이다. (앞에서 얼쩡거리는 당신의 분신이 보기 싫다고 해서 총을 겨눌 생각은 하지 않는 게 좋다. 그에게 총알을 발사하면 뒤쪽에 있는 분신도 당신을 향해 방아쇠를 당길 것이기 때문이다!)

미스너 공간의 경계를 이루는 벽이 중심을 향해 수축되고 있다고 가정하면 매우 재미있는 상황이 연출된다. 예를 들어, 침실의 오른쪽 벽이 시속 2km의 속도로 당신을 향해 밀려온다고 가정해보자. 이런 상황에서 당신이 왼쪽 벽을 통과하여 오른쪽 벽으로 재등장한다면, 당신의 이동속도는 시속 4km가 된다. 모든 방에서 오른쪽 벽은 시속 2km로 중심을 향해 이동하고 있기 때문이다. 그러므로 왼쪽으로 계속 진행하여 벽을 한 번씩 통과할 때마다 당신의 이동속도는 시속 2km씩 빨라져서 시속 6km, 8km, 10km…로 증가할 것이고, 이런 상황이 계속 반복되다보면 당신의 이동속도는 거의 광속에 가까워진다.

미스너의 우주에서 이런 식으로 움직이다가 속도가 어느 임계값에 이르면 당신은 갑자기 과거로 이동하게 된다. 마음만 먹으면 시공간상에서 과거에 해당하는 어떤 지점이라도 갈 수 있다. 호킹은 미스너의 우주를 주도면밀하게 분석한 끝에, 왼쪽 벽과 오른쪽 벽이 웜홀의 양 입구와 수학적으로 거의 동일하다는 결론을 내렸다. 다시 말해서, 왼쪽 벽과 오른쪽 벽의 모든 점들이 일대일로 대응되는 침실은 '양쪽 입구가 동일하게 생긴 웜홀'로 간주할 수 있다는 뜻이다.

호킹은 여기서 한 걸음 더 나아가, 미스너의 우주가 고전적, 또는 양자역학적으로 불안정한 상태에 있음을 지적하였다. 예를 들어, 왼쪽 벽에 전등을 비추면 빛이 오른쪽 벽으로 재등장할 때마다 에너지가 증가하여 결국에는 무한대의 에너지를 획득하게 되는데, 이것은 물리적으로 도저히 있을 수 없는 일이다. 게다가 빛의 에너지가 마구 증가하다보면 스스로 엄청난 세기의 중력장을 형성하면서 침실/웜홀의 붕괴를 촉진시킨다. 따라서 당신이 웜홀의 입구로 진입하려고 하면 웜홀은 당장 붕괴된다. 웜홀의 입구를 확인하려면 그 근처에 반드시 빛을 쪼여야 한다. 또한, 복사에너지는 두 개의 벽을 무한번 통과할 수 있으므로 공간의 에너지와 물질의 분포상태를 말해주는 에너지-운동량 텐서energy-momentum tensor도 무한대가 된다.

호킹은 이러한 사실이 시간여행의 가능성을 완전히 봉쇄한다고 생각했다. 양자적 효과가 무한대로 커지면 시간여행자는 목숨을 부지할 수 없을 뿐만 아니라 웜홀의 입구도 닫혀버리기 때문이다.

시간여행의 무한대문제를 지적한 호킹의 논문이 발표되면서 학자들은 열띤 공방을 벌였고, 호킹이 주장했던 역사보호가설에 관해서는 찬반양론이 팽팽하게 대립되었다. 실제로 일부 물리학자들은 웜홀의 크기와 길이 등을 적절히 변형시켜 가면서 에너지-운동량 텐서가 무한대로 발산되지 않는 웜홀을 발견하기도 했다. 러시아의 물리학자 세르게이 크라스니코프Sergei Krasnikov는 여러 형태의 웜홀에 대하여 무한대문제를 분석한 끝에 "타임머신이 불안정하다는 증거는 어디에도 없다"고 단언하였다.[11]

프린스턴대학의 물리학자 리-신 리Li-Xin Li는 "물리학의 법칙은 닫힌 시간 꼴 곡선closed timelike curve을 금지하지 않는다"는 '반-역사보호가설'을 주장하면서 호킹의 주장에 반기를 들었다.[12]

1998년에 호킹은 "특별한 경우에 에너지-운동량 텐서가 무한대로 발산하지 않는다는 것은, 시간여행에 따르는 부수적 효과들이 역사보호가설을 지지하지 않는다는 것을 의미한다"며 한 걸음 뒤로 물러났다. 물론 이 말은 시간여행의 가능성을 인정한다는 의미가 아니라, 아직도 해결해야 할 문제가 많이 남아 있음을 지적한 것에 불과했다. 물리학자 매튜 비서Matthew Visser는 호킹의 선언이 "시간여행의 추종자들에게 가능성을 열어준 것이 아니라, 자신이 주장했던 역사보호가설을 입증하려면 양자중력이론이 더욱 완전한 형태를 갖춰야 한다는 사실을 인정한 것뿐"이라고 평가하였다.[13]

지금도 호킹은 시간여행이 비현실적이라는 생각을 고수하고 있지만, 이 문제에 관한 공식적인 언급을 피하고 있다. 물론 개중에는 시간여행을 필사적으로 반대하는 학자들도 있다. 그러나 뚜렷한 증거도 없이 물리적 가능성을 포기할 수는 없다. 만일 누군가가 다량의 양에너지와 음에너지를 이용하여 안전성문제를 해결한다면 시간여행은 현실이 될 수도 있다(미래에서 온 시간여행 관광객들이 우리 주변에서 보이지 않는 이유는 타임머신으로 과거를 여행할 때 '타임머신이 만들어진 시점'보다 먼 과거로는 갈 수 없기 때문일 것이다. 다들 알다시피, 타임머신은 아직 만들어지지 않았다).

고트의 타임머신

1993년에 프린스턴대학의 리처드 고트 3세J. Richard Gott III는 아인슈타인 방정식을 연구하던 중 시간여행을 허용하는 또 하나의 해를 발견하였다. 그것은 회전하는 물체나 웜홀, 음에너지 등의 개념을 전혀 도입하지 않은 새로운 형태의 해였으므로 학계의 관심을 끌기에 충분했다.

1947년에 켄터키의 루이빌Louisville에서 태어난 고트는 지금도 강한 남부 사투리를 쓰기 때문에 언쟁이 난무하는 학계에서 별종으로 통하는 사람이다. 그는 어린 시절에 아마추어 천문관측 클럽에 가입하면서 과학과 인연을 맺었다고 한다. 고등학교 시절에 그는 웨스팅하우스 과학영재상을 수상했으며, 학자가 된 후로 여러 해 동안 그 상의 수상자를 선발하는 일을 맡아오고 있다. 그는 하버드대학 수학과를 졸업한 후 프린스턴으로 학교를 옮겨 지금까지 연구생활을 계속하고 있다.

고트는 우주론을 연구하면서 빅뱅의 유적으로 추정되는 '우주끈cosmic string'에 관심을 갖게 되었다. 우주끈은 굵기가 원자보다도 가늘지만 길이가 수백만 광년에 달하기 때문에 거의 별에 필적하는 질량을 갖고 있다. 처음에 고트는 우주끈의 존재를 허용하는 아인슈타인 방정식의 해를 찾아내는 데 성공했다. 그러나 자세히 들여다보니 거기에는 전혀 예기치 않았던 중요한 정보가 들어 있었다. 두 개의 우주끈을 취하여 서로 상대방을 향해 다가가게 만들면, 충돌을 코앞에 둔 우주끈은 타임머신의 역할을 할 수 있다. 우주끈이 서로 충돌하는 지점까지 왕복여행을 하면, 그 사이에 공간이 수축되면서 기이한 현상이 나타난다. 예를 들어, 원형탁자의 주변을 한 바퀴 돌아 원위치로 돌아왔을 때 이동한 각도는 정확하게 360°이다. 그러나 우주선을 타고 '서로 다가가는 두 개의 우주끈'의 주변을 한 바퀴 돌면 회전각도는 360°보다 작다. 그 부근의 공간이 수축되었기 때문이다(이 상황은 원뿔의 경우와 비슷하다. 원뿔의 주변을 한 바퀴 돌아도 회전각도는 360°보다 작다). 그러므로 우주끈의 주변을 빠르게 움직이면, 멀리 있는 다른 관측자가 봤을 때 당신은 빛보다 빠르게 이동할 수 있다. 언뜻 생각하면 특수상대성이론에 위배되는 것 같지만, 사실은 그렇지 않다. 당신이 설정한 좌표계에서 봤을 때 우주선은 결코 광속을 초과하지 않기 때문이다.

이는 곧 충돌하는 두 개의 우주끈 근처를 선회하면 과거로 갈 수 있다는 것을 의미한다. 고트는 이 문제에 대해 다음과 같이 언급했다. "나는 이 해를 구했을 때 흥분을 감추지 못했다. 양의 물질, 그리고 빛보다 느린 운동만으로 시간여행을 구현했기 때문이다. 이와는 대조적으로, 웜홀은 음에너지가 있어야 타임머신의 역할을 제대로 할 수 있다."[14]

고트의 방식으로 타임머신을 구현하려면 엄청난 양의 에너지가 필요하다. 고트는 "과거로 시간여행을 하려면 우주끈은 1cm당 100만×10억 톤이라는 엄청난 밀도를 가진 채 광속의 99.999999996%로 움직여야 한다. 그런데 고에너지 양성자는 우주공간에서 최소한 이 정도의 속도로 움직이고 있으므로 전혀 불가능한 것은 아니다"라고 말했다.[15]

일부 비평가들은 "설령 우주끈이 존재한다 해도 개수가 극히 적을 것이며, 게다가 거의 광속으로 움직이는 우주끈은 더욱 희귀하기 때문에 고트의 타임머신은 현실성이 없다"고 지적하였다. 그러자 고트는 즉각적으로 다음과 같이 응대했다. "극도로 발달된 문명을 갖고 있는 생명체들이 우주공간에서 단 하나의 우주끈을 발견하기만 하면 문제는 해결된다. 거대한 우주선에 첨단장비를 싣고 그곳으로 날아가 우주끈을 약간 구부러진 사각형 모양(안락의자와 비슷한 형태)으로 개조하면 자체중력에 끌려 안쪽으로 붕괴될 것이며, 이로부터 두 쌍의 평행 우주끈이 광속에 가까운 속도로 접근하는 상황을 만들어낼 수 있다." 그러나 고트는 다음과 같은 단점을 솔직하게 지적하였다. "안으로 수축되는 사각형 우주끈의 주변을 한 바퀴 도는 데 1년이 걸린다면, 그 우주끈의 질량은 은하전체 질량의 절반을 넘을 정도로 방대하다."[16]

시간 역설

다수의 물리학자들이 시간여행에 대하여 부정적인 생각을 고수하고 있는 것은 각 이론의 세부사항을 문제 삼기 때문이 아니라 시간여행 자체가 다양한 역설을 야기시키기 때문이다. 예를 들어, 당신이 타임머신을 타고 당신이 태어나기 전의 과거로 돌아가 부모님을 살해했다면, 당신은 더 이상 존재할 수 없게 된다. 과학은 논리적으로 타당한 아이디어에 기초를 두고 있으므로, 이것은 결코 가볍게 넘길 문제가 아니다. 시간여행과 관련해 지금까지 제기된 역설들을 가만히 음미해보면, 역시 시간여행은 불가능하다는 결론을 내릴 수밖에 없을 것 같다.

시간과 관련된 역설은 다음과 같이 몇 개의 부류로 나눌 수 있다.

할아버지 역설 이것은 현재의 상황이 절대로 일어날 수 없도록 과거를 바꿈으로써 발생하는 역설이다. 예를 들어, 공룡을 직접 보기 위해 과거로 갔다가 인류의 조상과 우연히 마주쳤는데 그가 당신의 생명을 위협하여 어쩔 수 없이 죽였다면, 논리적으로 당신은 존재할 수 없다.

정보 역설 현재를 가능하게 만든 정보가 미래로부터 오는 경우이다. 예를 들어 한 늙은 과학자가 타임머신을 발명한 후 과거로 이동하여 젊은 자신에게 타임머신의 제작법을 알려주었다고 하자. 이렇게 되면 타임머신에 관한 정보는 그 근원을 상실하게 된다. 젊은 과학자가 보유하고 있는 타임머신 제작법은 자신이 알아낸 것이 아니라 미래의 자신으로부터 전수받은 것이기 때문이다.

빌커Bilker의 역설 미래에 발생할 사건을 미리 알고 있는 사람이 그 사건이 일어나지 않도록 무언가를 행함으로써 야기되는 역설이다. 예를 들어, 당신이 타임머신을 타고 미래로 갔다가 당신과 제인이 결혼하는 장면을 목격하고 현재로 돌아왔다. 그런데 당신은 제인과의 결혼을 원치 않았기에 억지로 헬렌과 결혼했다. 그렇다면 당신이 보고 온 미래는 어디로 사라진다는 말인가?

성sexual 역설 생물학적으로는 절대로 있을 수 없는 일이지만, 당신 자신이 당신의 아버지가 되는 경우이다. 영국의 철학자 조나단 해리슨Jonathan Harrison의 소설에서 주인공은 자신의 아버지가 되기도 하고, 심지어는 자신을 잡아먹는 황당한 일까지 겪는다. 그리고 로버트 하인라인Robert Heinlein의 소설 《너희들은 모두 좀비다*All You Zombies*》에 등장하는 주인공은 자신의 아버지이자 어머니, 그리고 딸과 아들의 신분을 두루 거치면서 온 가족의 정체성을 한 몸으로 겪는다(《너희들은 모두 좀비다》의 자세한 내용은 이 책 본문 뒤에 실린 '용어해설'에 소개되어 있다. 성 역설을 해결하려면 시간여행의 복잡한 논리와 함께 DNA의 구조까지 알고 있어야 한다).[17]

아이작 아시모프의 소설 《영원의 끝 The End of Eternity》에는 역설적 상황을 방지하는 '시간경찰'이 등장한다. 그리고 제임스 캐머런의 영화 〈터미네이터〉는 정보 역설을 고스란히 담고 있다. 이 영화에서는 미래에 만들어진 사이보그의 조그만 부품(마이크로칩) 하나가 어떤 과학자의 손에 들어가 사이보그들이 대량생산된다. 다시 말해서, 이 고성능 사이보그를 처음부터 발명한 사람이 아예 존재하지 않는다는 것이다. 시간여행을 다룬 또 하나의 영화 〈백 투 더 퓨처〉에서 마이클 제이 폭스는 과거로 갔다가 자신에게 연정을 느낀 젊은 시절의 어머니와 가까워지지 않으려고 발버둥을 친다. 만일 어머니가 (미래의) 아버지와 결혼을 하지 못하면 자신의 존재가 지워지기 때문에, 그는 두 사람을 엮기 위해 필사적으로 노력한다. 이 모든 행동은 할아버지 역설을 피하기 위한 몸부림이었다.

할리우드의 블록버스터를 만들어내는 시나리오 작가라면 물리법칙쯤은 가볍게 무시할 수 있어야 한다. 그러나 물리학으로 먹고사는 사람들은 결코 그럴 수가 없다. 위에 열거한 역설적 상황들이 상대성이론과 양자역학에 부합되지 않으면 미련 없이 폐기처분되어야 한다. 예를 들어, 상대성이론에 위배되지 않으려면 시간의 강은 끊임없이 흘러야 한다. 실제의 강은 댐으로 막을 수 있지만 시간의 흐름은 어느 누구도 막을 수 없다. 일반상대성이론에서 시간은 완만한 곡률을 가진 연속적인 면으로 표현되며, 이 면은 결코 찢어지거나 구겨지지 않는다. 시간면의 위상topology은 변할 수 있지만, 멈출 수는 없다. 다시 말해서, 당신이 과거로 돌아가 결혼하기 전의 부모를 죽였다고 해도 당신의 존재가 사라질 수는 없다는 뜻이다. 그것은 물리학의 법칙에 위배되기 때문이다.

현대의 물리학자들은 시간 역설과 관련하여 두 가지 가능한 해를 제시하고 있다. 첫 번째 해결책은 러시아의 우주론학자 이고리 노비코프Igor Novikov의 주장대로 "모든 사건들이 역설적 상황에 빠지지 않도록 질서를 유지시키는 힘이 어딘가에 존재한다"고 믿는 것이다. 예를 들어, 시간의 흐름이 어느 지점에서 갑자기 U-턴을 시도하여 소용돌이를 치게 되었다면, '보이지 않는 손'이 개입하여 역설적인 상황을 미연에 방지한다는 것이다. 그러나 여기에는 인간의 '자유의지'가 무시되어 있다. 시간여행자가 출생 전의 과거로 돌아가 부모를 만났다면, 그는 자신이 무슨 일이든 마음먹은 대로 할 수 있다고 생각할 것이다. 그러나 노비코프는 이런 상황에서 미래를 바꿀 수 있는 모든 행동들(부모를 죽이거나 결혼을 방해하여 당신이 태어나지 않도록 만드는 행위 등)이 '우리가 모르는 물리법칙'에 의해 저지된다고 주장했다. 그는 "타임머신을 타고 과거로 가서 아담을 만난다 해도, 그가 선악과를 따먹지 못하도록 방해할 수는 없다"고 굳게 믿었다.[18]

그렇다면, 과거 변경을 금지하여 역설적 상황을 원천봉쇄한다는 그 힘의 정체는 과연 무엇인가? 노비코프는 이렇게 말했다.

"우리의 자유의지를 제한하는 힘은 비정상적이고 신비한 구석이 있지만 비유적인 설명은 가능하다. 예를 들어, 나의 자유의지는 천장에 거꾸로 붙어서 걷는 것을 원할 수도 있으나 중력이라는 힘이 그 의지가 실현되는 것을 원천적으로 봉쇄하고 있다. 누군가가 그 일을 시도한다면 당장 바닥으로 떨어질 것이다. 우리의 자유의지는 이런 식으로 알 수 없는 힘에 의해 제한을 받고 있다."[19]

그러나 시간 역설은 자유의지가 아예 없는 무생물이 과거로 이동했을 때 나타날 수도 있다. 예를 들어, 마케도니아의 알렉산더 대왕과 페르시아의 다리우스 3세가 제국의 운명을 걸고 전쟁을 벌이기 직전(기원전 330년)으로 타임머신을 세팅해놓고 자동기관총 수천 자루와 고대어로 적힌 사용설명서를 다리우스 3세에게 전송한다면 유럽의 역사는 송두리째 바뀔 것이다〔만일 그랬다면 지금 우리는 유럽어가 아닌 페르시아어(이란어)를 공용어로 쓰고 있을 것이다〕.

사실, 과거사가 아주 조금만 달라져도 현재에 미치는 영향은 얼마든지 막대해질 수 있다. 카오스이론에서는 이런 현상을 '나비효과butterfly effect'라고 부른다. 지구의 날씨가 형성되는 중요한 시점에 나비 한 마리가 날갯짓을 했다면, 그 여파는 엄청난 폭풍으로 나타날 수도 있다. 이와 마찬가지로, 아주 사소한 물건을 과거로 보냈다 해도 그것 때문에 역사가 바뀔 가능성은 얼마든지 있는 것이다.

시간 역설을 해결하는 두 번째 방법은 '여러 갈래로 갈라지는 시간'을 허용하는 것이다. 다시 말해서, 당신이 출생 전의 과거로 돌아가 장래의 부모를 살해했다면 그 후의 모든 사건들은 다른 우주에서 진행된다고 생각하자는 것이다. 물론 당신의 부모가 무사하여 당신이 태어나는 우주도 '부모 소급 살인사건'의 영향을 받지 않은 채 별개로 존재한다.

흔히 '다중우주이론many worlds theory'이라 불리는 이 논리는 모든 가능한 양자적 세계가 여러 개의 우주 속에 공존한다는 것을 기본가정으로 삼고 있다. 이 이론을 수용하면 미스너의 우주에서 복사에너지가 무한대로 발산하는 문제를 피해갈 수 있다.[20] 다중우주에서 경계를 통과한 복사는 같은 우주로 재등장하지 않고 다른 우주로 진입하기 때문이다. 이것은 양자역학과 관련된 가장 심오한 질문이기도 하다. "상자 속의 고양이는 어떻게 살아 있는 상태와 죽어 있는 상태를 동시에 취할 수 있는가?"

물리학자들은 이 난해한 질문에 두 가지 답을 제시하였다. 우리 모두를 내려다보고 있는 어떤 우주적 의식이 존재하거나, 아니면 무한히 많은 우주들이 공존하고 있다는 다중우주이론이 바로 그것이었다.

6

평행양자우주

> 다른 건 몰라도, 양자역학을 제대로 이해하는 사람이
> 이 세상에 단 한 명도 없다는 것만은 자신 있게 말할 수 있다.
> — 리처드 파인만

> 양자역학을 접하고서도 놀라지 않는 사람은 그것을 제대로 이해하지 못한 사람이다.
> — 닐스 보어

 더글러스 애덤스Douglas Adams의 유별난 SF소설《은하수를 여행하는 히치하이커를 위한 안내서Hitchhiker's Guide to the Galaxy》에 등장하는 주인공은 기발한 방법으로 우주를 여행한다. 웜홀이나 초광속비행, 차원입구 등 다소 고리타분한 방식이 아니라, 양자역학의 불확정성원리를 이용하여 은하들 사이를 순식간에 이동하는 것이다. 사실, 일어날 가능성이 거의 없는 어떤 사건의 발생확률을 마음대로 조절할 수 있다면 초광속비행이나 시간여행도 얼마든지 실현될 수 있다. 상식적으로 생각하면 인간이 멀리 있는 은하에 발을 디딜 가능성은 거의 없지만, 양자적 확률을 제어할 수 있다면 은하행은 누구나 시도할 수 있는 일상사가 될 것이다.
 양자역학은 "아무리 기이하고 터무니없는 사건이라 해도, 발생확

률이 0이 아닌 한 반드시 일어난다"는 아이디어에 기초하고 있다. 또한, 이것은 인플레이션이론의 핵심 아이디어이기도 하다. 이 이론에 의하면, 빅뱅이 처음 일어나던 순간에 '우주가 갑자기 엄청난 규모로 팽창하는' 양자적 전이가 일어났기 때문에 지금과 같은 모습으로 진화하게 되었다. 지금 이 순간에도 우리의 우주에서는 발생확률이 지극히 작은 양자적 도약이 수시로 일어나고 있다. SF작가 애덤스는 반 농담처럼 글을 썼지만, 양자적 사건의 발생확률을 조절할 수만 있다면 마술과도 같은 신기한 현상들을 일상사처럼 구현할 수 있다. 그러나 현재의 기술수준으로는 아직 요원한 일이다.

나는 박사과정 학생들에게 수시로 다음과 같은 문제를 내주곤 한다. "자신의 몸이 갑자기 분해되었다가 벽 너머에서 재조립되어 짠~! 하고 나타날 확률을 계산하라." 고전역학에 의하면 이런 말도 안 되는 사건이 발생할 확률은 당연히 0이지만, 양자역학에 입각하여 계산해보면 분명히 0보다 큰 확률이 얻어진다. 사람뿐만 아니라 집 한 채가 갑자기 사라졌다가 화성에 나타날 확률도 0이 아니다. 양자역학에 의하면 별까지도 사라졌다가 엉뚱한 곳에서 나타날 수 있다. 물론, 이런 사건들은 발생확률이 아주 작아서 한 번 목격하려면 우주의 수명보다 긴 세월을 기다려야 한다. 이와 같이, 우리의 상식과 동떨어진 사건들은 발생확률이 매우 낮기 때문에 일상적인 생활 속에서 아예 무시하고 살아도 별 탈이 없는 것이다. 그러나 원자적 규모의 세계에서는 이런 확률이 무시 못할 정도로 커지기 때문에, 입자의 특성을 이해하려면 양자역학을 반드시 도입해야 한다.

실제로 컴퓨터와 CD 등에 들어 있는 전자들은 규칙적으로 사라졌다가 다른 장소에서 갑자기 나타나곤 한다. 만일 전자가 두 개의 장소에 동시에 존재할 수 없다면 현대문명은 당장 와해될 것이다(자연에 이런 원리가 존재하지 않는다면 우리의 몸을 이루고 있는 분자들도 당장 와해된다. 뉴턴의 중력법칙을 따르는 두 개의 태양계가 서로 충돌하는 광경을 상상해보자. 일단 충돌이 일어나면 태양계는 당장 와해되고 행성들은 사방으로 튀어나가 우주의 미아가 될 것이다. 이와 마찬가지로, 원자가 뉴턴의 법칙을 따른다면 다른 원자와 부딪칠 때마다 원자핵과 전자로 산산이 분해될 것이다. 그러나 다행히도 이런 끔찍한 사건은 일어나지 않는다. 원자들이 굳게 결합하여 하나의 안정된 분자를 이룰 수 있는 것은 하나의 전자가 여러 장소에 '동시에' 존재할 수 있기 때문이다. 전자는 하나의 점이나 공이 아니라 원자핵의 주변에 구름처럼 퍼져 있으면서 다른 원자와의 결합을 유지시키고 있다. 분자가 안정된 상태를 유지하고 우주가 분해되지 않는 것은 전자가 동시다발적으로 존재할 수 있기 때문이다).

하나의 전자가 이곳저곳에 동시에 존재하면서 미시세계를 종횡무진 누비고 있다면, 우주라고 해서 그러지 말라는 법이 어디 있겠는가? 빅뱅이 일어나기 전의 우주는 전자보다도 작았었다. 그러므로 우주에 양자역학을 적용한다면 평행우주를 반드시 고려해야 하는 것이다.

필립 딕Philip Dick의 《높은 성의 사나이The Man in the High Castle》는 바로 이런 점에 착안한 SF소설이라 할 수 있다. 이 책에는 하나의 결정적인 사건으로 인해 세상이 지금과 판이하게 달라지는 과정이 실감나게 묘사되어 있다. 1933년에 프랭클린 루스벨트 대통령이 암살되자 대통령직을 승계한 부통령 존 가너는 고립주의를 표방하면서 미국의 군사력을 크게 약화시킨다. 그 후 일본의 진주만 공격을 받은 미해군은 회생이 불가능할 정도로 타격을 입게 되고, 결국 1947년에 독일과 일본에게 항복하는 신세로 전락한다. 그 후 미국은 세 개의 부분으로 나뉘어 동부지역은 독일제국의 지배를 받게 되고 서부지역은 일본에 귀속되었으며 그 중간에 있는 로키산 주는 두 제국의 완충지대로 남게 된다. 이 평행우주에 사는 한 작가가 성경에 기초한 소설을 발표하자 나치는 당장 판매금지 조치를 내린다. 이 책은 루스벨트가 암살되지 않았다는 가정하에 미국과 영국이 나치를 무찌른다는 내용을 담고 있었다. 필립 딕의 책에 등장하는 여주인공의 임무는 폭정과 인종차별 대신 자유와 민주주의가 널리 통용되는 평행우주가 존재하는지를 알아내는 것이었다.

환상특급

《높은 성의 사나이》에 등장하는 우주와 우리가 사는 우주는 판이하게 다른 세상이지만, 그 차이는 어떤 암살자가 발사한 총탄 한 발에서 비롯되었다. 그러나 총알과는 비교도 안 될 정도로 작은 사건, 즉 거의 일어날 가능성이 없는 양자적 사건에 의해 우주전체의 운명이 달라질 수도 있다.

TV 시리즈로 방영되어 한동안 인기를 끌었던 〈환상특급〉의 에피소드 중에는 다음과 같은 내용이 있었다. 한 남자가 잠에서 깨어 일어났는데, 그의 아내가 자신을 알아보지 못한다. 그녀는 다짜고짜

비명을 지르며 집에 괴한이 들어왔다고 경찰에 신고한다. 간신히 집을 빠져나온 그는 시내를 돌아다니다가 여러 친구들을 만났는데, 그들 역시 자신을 알아보지 못했다. 결국 그는 최후의 보루인 부모를 찾아갔는데, 놀랍게도 그들은 아들을 가진 적이 없는 사람들이었다. 가족과 집, 그리고 친구들을 졸지에 잃어버린 그 불쌍한 주인공은 하릴없이 시내를 배회하다가 노숙자처럼 공원 벤치에 누워 잠이 들었다. 다음날, 잠에서 깬 그는 자신이 누워 있는 곳이 공원 벤치가 아니라 안락한 침대 위라는 것을 알아차리고 또 한 번 소스라치게 놀란다. 게다가 옆에 누워 있는 부인은 지금까지 한 번도 본 적이 없는 생면부지의 여자였다.

이런 터무니없는 일이 과연 현실세계에서 일어날 수 있을까? 그렇다. 확률은 작지만 분명히 일어날 수 있다. 만일 그 주인공이 어머니를 만났을 때 좀 더 구체적인 질문을 퍼부었더라면, 그녀가 옛날에 아들을 임신했다가 유산한 경험이 있다는 사실을 알아냈을지도 모른다. 하늘에서 쏟아지는 우주선cosmic ray 중 하나의 입자가 우연히 태아의 DNA를 때리면 세포의 구조에 어떤 변화가 일어나면서 결국 유산으로 연결될 수도 있다. 다시 말해서, 미세한 양자적 사건 하나로 인해 지금 당신이 겪고 있는 세계와 당신이 태어나지 않은 세계가 분리된다는 것이다.

이토록 판이하게 다른 두 세계 사이를 오가는 것은 물리법칙에 위배되지 않지만 가능성은 거의 0에 가깝다. 그러나 독자들도 이미 알고 있듯이, 양자역학이 말하는 우주는 아인슈타인의 우주보다 훨씬 신비롭고 기이하다. 상대성이론에 의하면 우리가 서 있는 삶의 무대는 배우의 이동속도에 따라 다양한 곡률로 휘어지는 고무판과 비슷하다. 뉴턴의 무대와 마찬가지로, 아인슈타인의 무대에 등장하는 배우들은 이미 완성되어 있는 대본에 따라 각자의 역할을 수행하고 있다. 그러나 양자적 무대에 등장하는 배우들은 어느 순간 갑자기 대본을 던져버리고 제멋대로 행동할 수도 있다. 인형이 자신의 몸에 묶여 있는 줄을 끊어버리고 자유의지를 발휘하는 것이다. 더욱 이상한 것은 한 명의 배우가 두 개의 무대에 동시 등장할 수 있다는 점이다. 모든 배우들은 상대역이 언제 어디로 사라질지 전혀 모르는 채 자신의 대사를 읽어 내려가고 있다.

괴물 같은 마음의 소유자, 존 휠러

아인슈타인과 보어를 제외하고, 황당한 양자역학과 가장 치열한 사투를 벌인 사람은 아마도 존 휠러일 것이다. 혹시 우리가 알고 있는 물리적 사실들이 모두 환영에 불과한 것은 아닐까? 양자적 평행우주는 정말로 존재하는가? 휠러는 이러한 양자적 역설로 골머리를 앓기 전에 원자폭탄과 수소폭탄의 개발에 참여했고 블랙홀 연구의 새로운 지평을 연 물리학자였다. 양자전기역학을 완성한 천재물리학자이자 한때 휠러의 제자였던 리처드 파인만은 그를 가리켜 마지막 거인, 또는 '괴물 같은 마음의 소유자'라고 불렀다.

1967년, 천문관측 역사상 처음으로 맥동성이 발견되었을 때 NASA의 고더드연구소Goddard Institute에서 학술회의가 개최되었는데, 그 자리에서 논문을 발표하던 휠러는 검은 별을 '블랙홀'이라고 칭함으로써 새로운 신조어를 만들어내기도 했다.¹

휠러는 1911년에 플로리다의 잭슨빌에서 태어났다. 아버지는 도서관 사서였지만, 그의 집안은 대대로 공학자의 피가 흐르고 있었다. 세 명의 삼촌은 모두 광산공학자로서 폭발물을 주로 다뤘는데, 어린 시절의 휠러는 다이너마이트의 파괴력에 완전히 매료되어 틈날 때마다 현장에서 발파하는 장면을 구경했다고 한다(그러던 어느 날, 휠러는 혼자서 다이너마이트를 갖고 놀다가 손안에서 폭발하는 바람에 손가락을 심하게 다쳤다. 아인슈타인도 대학시절에 손에 쥐고 있던 폭발물이 터져서 큰 상처를 입은 적이 있다).

어린 시절 남달리 조숙했던 휠러는 또래친구들이 한창 뛰어노는 동안 미적분학을 섭렵했고, 과학이론에 관한 책이라면 닥치는 대로 읽어댔다. 특히 그는 그 무렵에 최대의 화두로 떠올랐던 양자역학에 지대한 관심을 보였는데, 닐스 보어와 베르너 하이젠베르크, 에르빈 슈뢰딩거Erwin Schrödinger 등 당대의 석학들이 양자적 세계의 비밀을 풀어내는 현장을 생생하게 목격하면서 물리학자의 꿈을 키웠다. 사실, 몇 년 전만 해도 에른스트 마흐Ernst Mach의 추종자들은 원자론을 강하게 거부하고 있었다. 그들은 원자가 실험실에서 단 한 번도 관측된 적이 없으므로, 사람들의 상상력이 만들어낸 허구의 개념일 것이라고 생각했다. 열역학의 아버지로 통하는 위대한 물리학자 루트비히 볼츠만Ludwig Boltzmann이 1906년에 스스로 목숨을 끊은 것도, 원자론을 주장하면서 수많은 학자들에게 지독한 비난과 멸시를 받았기 때문이다(물론 이것 때문에 자살했다고 단정지을 수는 없지만, 부분적인 원인을 제공한 것만은 분명한 사실이다).

 1925~1927년 동안 원자와 관련된 새로운 발견들이 홍수처럼 쏟아져 나왔다. 현대물리학 역사상(아인슈타인이 특수상대성이론을 발표한 1905년을 제외하고) 단 3년 사이에 이토록 커다란 진보를 이룬 사례는 찾아보기 힘들 것이다. 휠러는 이 황금 같은 시기에 자신도 물리학의 첨단에 서서 업적을 남기고 싶었으나, 그가 보기에 미국은 결코 물리학의 선진국이 아닌 것 같았다. 그도 그럴 것이, 그 당시에 세계적으로 명성을 날리던 물리학자들 중 미국인은 단 한 사람도 없었다. 그래서 휠러는 오펜하이머처럼 미국을 떠나 코펜하겐에서 닐스 보어의 지도하에 물리공부를 시작했다.

 그 무렵에 실험물리학자들은 전자가 파동적 성질과 입자적 성질을 모두 갖고 있다는 것을 잘 알고 있었다. 실험적으로 확인된 사실이니 일단은 믿을 수밖에 없었지만, 이것은 정말로 신기한 현상이 아닐 수 없었다. 하나의 물체가 어떻게 입자도 되고 파동도 될 수 있다는 말인가? 이 신기한 이중성duality은 한동안 물리학자들을 괴롭히다가 결국 양자역학에 의해 그 전말이 드러나게 되었다. 원자핵의 주변에서 양자적 춤을 추고 있는 전자는 신비한 파동을 동반하고 있는 입자였다. 1925년에 오스트리아의 물리학자 에르빈 슈뢰딩거는 전자에 동반된 파동의 운동을 서술하는 방정식을 제안했는데, 이것이 바로 그 유명한 '슈뢰딩거의 파동방정식'이다. 보통 그리스 문자 프사이(Ψ)로 표현되는 이 파동은 전자와 원자의 행동을 거의 완벽하게 설명함으로써 물리학의 새로운 혁명에 불을 댕겼다.

 폴 디랙Paul Dirac은 이렇게 말했다. "물리학의 발전 덕분에 화학은 공학의 범주로 귀속될 것이다. 물리학과 화학의 모든 법칙들은 이미 완벽하게 알려졌으므로, 이제 남은 일은 현실세계에 응용하는 것뿐이다. 단, 방정식이 너무 복잡하여 정확한 해를 구할 수 없다는 것이 문제점으로 남아 있다."[2] 슈뢰딩거가 제안했던 파동함수 Ψ는 미시세계의 현상을 거짓말처럼 정확하게 서술하고 있었지만, Ψ의 정확한 의미는 여전히 베일에 가려져 있었다.

1928년, 물리학자 막스 보른Max Born이 마침내 그 의미를 알아냈다. 파동함수 Ψ는 주어진 장소에서 전자가 발견될 확률을 나타내는 함수였다. 다시 말해서, 우리는 전자의 위치를 100% 정확하게 결정할 수 없으며, 단지 Ψ를 통해 '그곳에 있을 확률'만을 계산할 수 있을 뿐이었다. 원자물리학이 '전자가 어떤 특정위치에 존재할 확률'만을 계산할 수 있고, 또한 전자가 둘 이상의 장소에 '동시에' 존재할 수 있다면, 전자의 진정한 위치를 어떻게 알 수 있다는 말인가?

마침내 보어와 하이젠베르크는 원자와 관련된 실험데이터를 완벽하게 재현하는 '양자조리법 안내서'를 완성하였다. 파동함수는 전자가 이곳 또는 저곳에 있을 확률만을 우리에게 알려주고 있다. 파동함수가 특정 위치에서 유난히 큰 값을 갖는다면, 전자가 그 위치에서 발견될 확률이 가장 높다는 뜻이다. 파동함수의 값이 작은 곳은 전자가 그곳에서 발견될 확률이 그만큼 낮다는 뜻이다. 예를 들어, 사람을 나타내는 파동함수를 눈으로 볼 수 있다면, 그것은 실제 사람의 외형과 거의 똑같은 형태를 취하고 있을 것이다. 또한, 파동함수는 주변으로 갈수록 값이 작아지기 때문에 사람이 달에서 발견될 확률은 지극히 작다(실제로, 한 사람을 나타내는 파동함수는 우주전역에 걸쳐 분포되어 있다).

나무를 나타내는 파동함수는 나무가 서 있을 확률과 쓰러질 확률을 구체적인 수치로 우리에게 알려줄 수 있지만, 나무가 쓰러질 것인지, 아니면 서 있을 것인지를 정확하게 예측할 수는 없다. 그러나 현실세계의 나무는 서 있거나, 아니면 쓰러져 있거나 둘 중 하나이다. '서 있으면서 동시에 쓰러져 있는' 나무란 결코 존재할 수 없다.

파동의 확률과 상식적인 존재 사이의 차이점을 해결하기 위해 보어와 하이젠베르크는 다음과 같은 가정을 내세웠다. "파동함수가 외부의 관찰자에 의해 관측되면 단 하나의 값으로 붕괴된다." 다시 말해서, 이런저런 가능성을 모두 갖고 있던 파동함수가 '관측'이라는 행위에 의해 단 하나의 값(관측결과)으로 단순화된다는 것이다. 아무도 바라보지 않는 나무는 서 있는 상태와 쓰러진 상태가 파동함수 속에 공존하고 있지만, 누군가가 나무를 바라보는 순간에 단 하나의 상태(대부분은 서 있는 상태)로 결정된다. 이 논리에 의하면 관측행위는 전자의 상태를 결정한다. 과거의 물리학자들은 전자의 상태가 이미 결정되어 있고, 그것을 확인하는 행위가 관측이라고 생각했지만 양자역학의 세계에서는 관측이라는 행위 자체가 물체의 상태를 결정한다. 전자를 바라보는 순간에 전자의 파동함수는 붕괴되고, 그 순간부터 전자는 명확한 특성(관측자가 알고자 했던 특성)을 갖게 된다. 즉, 관측이 일어난 후로는 더 이상 파동함수로 전자를 서술할 필요가 없는 것이다.

보어를 필두로 하는 코펜하겐학파의 가정은 다음과 같이 요약될 수 있다.

a. 모든 에너지는 양자quanta라고 하는 불연속 다발로 이루어져 있다(예를 들어, 빛의 양자는 광자photon이고 약력의 양자는 W, Z-보존이며 강력의 양자는 글루온, 중력의 양자는 중력자graviton이다. 단, 중력자는 아직 발견되지 않았다).

b. 물질은 점입자로 표현되지만 입자가 발견될 확률은 파동으로 주어진다. 그리고 이 파동은 특별한 파동방정식을 만족한다(슈뢰딩거 파동방정식).

c. 관측이 행해지기 전에, 물체는 모든 가능한 상태에 '동시에' 존재한다. 이들 중 어떤 상태에 있는지 확인하려면 관측을 해야 하고, 관측행위는 파동함수를 붕괴시켜서 단 하나의 상태만이 관측결과로 얻어진다. 즉, 관측이 행해진 후에야 물체는 확고한 실체가 되는 것이다. 파동함수는 물체가 특정한 상태에서 발견될 확률을 나타낸다.

결정론인가, 불확정성인가?

과학 역사상 가장 성공적인 이론으로 꼽히는 양자역학의 절정에는 표준모형이 자리 잡고 있다. 표준모형은 수십 년간 축적되어온 실험데이터를 완벽하게 재현함으로써 양자역학을 물리학의 왕좌에 올려놓았다. 이론적으로 계산된 물리량들 중에는 실험값과의 오차가 100억 분의 1에 불과한 것도 있다. 아무튼, 표준모형은 원자규모에서 일어나는 현상을 설명하는 가장 정확한 이론임이 분명하다.

양자역학이 이토록 큰 성공을 거두긴 했지만, 이론 자체가 파격적인 가정을 내세우고 있기 때문에 지난 80여 년 동안 철학적·종교적으로 수많은 논쟁을 야기했다. 특히, 코펜하겐학파의 두 번째 가정은 "누가 우리의 운명을 좌우하는가?"라는 질문과 함께 종교계의 커다란 반발을 불러일으켰다. 옛날부터 철학자와 신학자, 그리고 과학자들은 "인간의 미래와 운명은 예견될 수 있는가?"라는 문제를 놓고 많은 고민을 해왔다. 셰익스피어의 명작 《맥베스》에 등장하는 뱅코는 자신의 운명을 한탄하며 다음과 같은 명대사를 읊는다.

> 만일 그대가 시간의 씨앗을 들여다볼 수 있다면
> 어떤 종자가 싹을 틔우고 어떤 종자가 싹을 틔우지 못하는지
> 나에게 말해다오······.
> (1막 3장)

셰익스피어가 이 작품을 쓴 것은 1606년이었다. 그로부터 60년 후, 또 한 명의 영국인 아이작 뉴턴은 이 유서 깊은 질문의 해답을 구했다고 호언장담했다. 뉴턴과 아인슈타인은 모든 미래가 원리적으로 미리 결정되어 있다는 결정론을 믿었다. 뉴턴은 이 우주가 초창기에 신이 태엽을 감아놓은 거대한 시계라고 생각했다. 그 후로 우주는 서서히 태엽이 풀리면서 주어진 법칙에 따라 예견 가능한 방향으로 꾸준하게 진화해왔다. 프랑스의 수학자이자 나폴레옹의 수

학 자문위원이었던 피에르 시몽 드 라플라스Pierre Simon de Laplace
는 그의 저서에 "뉴턴의 법칙을 이용하면 과거를 회상하는 것만큼
정확하게 미래를 예측할 수 있다. 우주를 이루고 있는 모든 입자들
의 위치와 속도를 정확하게 알고 있다면, 우주의 모든 과거와 미래
를 아무런 모호함 없이 정확하게 알아낼 수 있다"고 적어놓았다.[3]
라플라스가 자신의 대표적 논문인 《천문 연구Celestial Works》를 나
폴레옹에게 제출했을 때, 황제는 이렇게 물었다. "자네는 신을 단
한 번도 언급하지 않은 채 하늘의 법칙을 논하고 있군. 어떻게 그럴
수가 있지?" 라플라스의 대답은 다음과 같았다. "폐하, 제게는 그런
가정이 필요없습니다."

뉴턴과 아인슈타인에게, "우리의 운명은 우리가 개척한다"는 인
간의 자유의지는 환상에 불과했다. 아인슈타인은 우리가 만질 수 있
는 물체들이 현실적으로 존재한다는 상식적인 관념을 '객관적 진
실'이라고 부르면서, 진리에 대한 자신의 관점을 다음과 같이 피력
하였다.

    나는 결정론을 주장하는 사람이지만 자유의지가 있는 것처럼 행동하
고 있다. 문명화된 세상에서 살아가려면 자신의 행동에 책임을 져야 하
기 때문이다. 철학적인 관점에서 볼 때 사람을 죽인 범죄자는 자신의 죄
에 책임이 없다고 하지만, 그런 사람과 마주앉아 차를 마시고 싶지는 않
다. 지금까지 나의 인생은 내가 제어할 수 없는 다양한 힘에 의해 결정되
어왔으며, 이제 와서 돌이켜보면 자연이 나의 길을 미리 만들어놓은 것
같은 느낌마저 든다. 헨리 포드Henry Ford는 이것을 '내면의 소리'라 했

고 소크라테스는 '신령daemon'이라고 불렀다. 무슨 이름으로 부르건 간에, 이들은 인간의 의지가 자유롭지 않다는 것을 보여주는 사례이다. … 하찮은 곤충부터 거대한 별에 이르기까지, 모든 것은 우리가 조절할 수 없는 힘에 의해 이미 결정되어 있다. … 인간과 식물, 우주의 먼지 등 모든 만물은 보이지 않는 존재의 지휘에 맞춰 신비한 시간의 흐름을 따라 춤을 추고 있는 것이다.[4]

신학자들도 이 문제를 놓고 오랜 세월 골머리를 앓아왔다. 대부분의 종교단체들은 전능하고omnipotent, 어느 곳에나 존재하며omnipresent, 모르는 것이 없는omniscient 신을 숭배하면서 숙명론을 어느 정도 받아들이고 있다. 심지어는 우리가 태어나기도 전에 천당행과 지옥행의 여부가 이미 결정되어 있다고 믿는 종교도 있다. 그들은 하늘의 어딘가에 모든 인간의 이름과 생일, 그들이 겪게 될 좌절과 성공, 기쁨과 슬픔, 사망날짜, 그리고 죽은 후의 행선지(천국 또는 지옥 등)까지 일목요연하게 기록되어 있는 '운명의 책'이 존재한다고 믿고 있다.

(1517년에 마틴 루터가 가톨릭교회에 95개 조항의 반박문을 발표하면서 교단 분리를 선언할 때에도 숙명론은 하나의 원인을 제공했다. 그는 교회에서 발행한 면죄부가 천국에 가고 싶어하는 부자들로부터 받아 챙기는 뇌물에 불과하다고 강력하게 주장했다. 아마도 루터는 다음과 같이 생각했을 것이다. "신은 인간의 운명을 이미 결정해놓았다. 그런데 인간이 뇌물을 바친다고 해서, 신이 한번 내린 결정을 수정하겠는가? 턱도 없는 소리다!")

확률이론을 받아들인 물리학자들에게는 세 번째 가정이 가장 큰 문제였다. 이것은 물리학자뿐만 아니라 철학자들에게도 커다란 화두를 던져주었다. 사실, 관측이란 물리적으로 정확하게 정의될 수 있는 개념이 아니다. 게다가 현대물리학은 두 가지 형태로 분리 적용되는 것처럼 보인다. 즉, 하나의 전자가 두 장소에 동시에 존재하는 것을 허용하는 양자역학이 그 하나이고, 다른 하나는 일상적인 세계에 적용되는 뉴턴의 고전역학이다.

보어는 원자규모의 미시세계와 우리에게 친숙한 거시세계를 분리하는 '보이지 않는 벽'이 있다고 생각했다. 원자적 세계는 괴상한 양자역학의 법칙을 따르고, 벽 너머에 있는 거시세계는 파동함수가 이미 붕괴되어 있기 때문에 고전역학의 법칙을 따른다는 것이다.

양자역학의 창시자로부터 물리학을 직접 배운 휠러는 이 문제를 논할 때 비유적 표현을 즐겨 사용했다. 그는 '야구경기의 판정기준에 대해 토론을 벌이고 있는 세 사람의 심판'을 예로 들었는데, 각 심판들이 주장하는 내용은 다음과 같다.

1루심 : 나는 야구공을 보면서 판정을 내린다.
2루심 : 나는 야구공의 현재 위치로 판정을 내린다.
3루심 : 내 눈으로 보지 않는 한, 야구공은 아무 의미도 없다.[5]

휠러가 볼 때, 두 번째 심판은 "절대적 진리는 인간의 경험과 무관하게 존재한다"고 굳게 믿었던 아인슈타인이었다. 누구나 인정하는 진리는 어떤 경우에도 인간의 방해를 받지 않고 항상 같은 모습으로 존재한다는 것이 아인슈타인의 생각이었다. 세 번째 심판은 보어인데, 그는 관측이 행해진 후에야 비로소 진리라는 것이 존재한다고 주장했다.

숲속의 나무

로마시대의 정치가였던 키케로Cicero는 이런 말을 한 적이 있다. "바보같이 들리는 말들은 모두 철학자의 입에서 나온 것이다." 물리학자들은 가끔씩 철학자를 비난할 때 키케로의 대사를 인용하곤 한다. 평소 '바보 같은 개념에 고명한 이름을 지어주는 행위'를 못마땅하게 생각했던 폴란드의 수학자 스타니슬라프 울람Stanislaw Ulam은 이렇게 말했다. "광기란 다양한 종류의 헛소리를 세분하는 능력이다."[6] 그런가 하면, 아인슈타인은 철학에 대하여 다음과 같은 글을 남겼다. "모든 철학서적은 잉크 대신 꿀로 써놓은 것 같다. 처음 읽을 때는 매우 그럴듯해 보이지만, 다시 읽어보면 싸구려 감상밖에 남지 않는다."[7]

또한, 물리학자들 사이에는 다음과 같은 출처불명의 이야기가 떠돌고 있다. 어느 대학의 총장이 물리학과와 수학과, 그리고 철학과의 예산신청서를 받아들고 몹시 분개하여 다음과 같이 말했다고 한다. "아니, 물리학과 교수들은 실험기구를 살 때 왜 이렇게 비싼 것만 고집하는 거야? 대학이 무슨 봉인 줄 알아? 수학과 교수들을 보라구. 이 사람들은 연필 값하고 종이 값, 그리고 종이를 버릴 쓰레기통 값만 청구했잖아. 그런데 철학과 교수들은 더 맘에 드는군. 이 사람

들, 쓰레기통 값은 아예 신청하지도 않았어!"⁸

그러나 현재의 상황으로 볼 때, 물리학자와 철학자가 논쟁을 벌인다면 철학자가 이길 가능성이 높다. 양자역학은 그 체계가 아직 불완전한데다가, 철학적 기초도 그리 탄탄하지 않기 때문이다. 양자적 논쟁에 몰입하다보면 18세기의 철학자 조지 버클리George Berkeley 주교의 생각을 떠올리지 않을 수 없게 된다. 그는 "모든 사물들이 존재하는 것은 그것을 봐주는 관측자가 있기 때문이다"라고 주장했다. 이러한 관점을 유아론唯我論, 또는 관념론이라 한다. 그의 주장에 의하면, 아무도 보는 사람이 없는 숲속에서 홀로 쓰러지는 나무는 진정으로 쓰러진 것이 아니다.

이제 우리는 쓰러지는 나무를 양자역학적으로 재해석해야 한다. 관측이 행해지기 전에는 나무가 서 있는지, 또는 쓰러졌는지를 알 길이 없다. 나무는 모든 가능한 상태에 '동시에' 존재하고 있다. 그것은 타버렸을 수도 있고 쓰러졌을 수도 있으며 장작이 되었거나 톱밥이 되어 바람에 날아갔을 수도 있다. 그러나 여기서 관측이 행해지면 나무의 상태는 단 하나로 명확하게 결정된다.

파인만은 상대성이론과 양자역학의 철학적 난점을 비교하면서 다음과 같이 말한 적이 있다. "과거에는 상대성이론을 이해하는 학자가 전 세계에 12명뿐이라고 말하던 시절도 있었다. 나는 그 말이 사실이라고 생각하지 않는다. 그러나 양자역학을 제대로 이해하는 사람이 이 세상에 단 한 명도 없다는 것만은 분명한 사실이다."⁹ 그는 또 양자역학에 대하여 이런 말을 남겼다. "양자역학은 상식적인 관점에서 볼 때 정말 터무니없는 방식으로 자연을 서술하고 있으며, 그 모든 것은 실험결과와 완전히 일치하고 있다. 그러므로 우리는 자연이라는 것 자체가 원래부터 터무니없는 존재였음을 사실로 인정해야 한다."[10] 물리학자를 꿈꾸며 열심히 공부하는 학생들에게 이런 말을 들려주면 모래 위에 집을 짓고 있다는 느낌을 갖기 십상일 것이다. 스티븐 와인버그는 이렇게 말했다. "나는 평생 아무도 이해하지 못하는 물리학이론을 개발해오면서 마음 한구석에 찜찜한 느낌을 떨쳐버릴 수 없었다."[11]

전통적인 과학에서, 관측자는 연구대상과 가능한 한 먼 거리를 유지하면서 공정한 관점을 유지하기 위해 노력해야 한다(세간에 떠도는 농담 중에는 이런 것도 있다. "나체클럽에서 과학자를 골라내기란 아주 쉽다. 쇼에 관심 없이 관객들의 반응을 연구하는 사람을 찾으면 된다"). 그러나 우리는 양자역학의 등장과 함께 관측자와 관측행위를 분리하기가 불가능하다는 것을 처음으로 인식하게 되었다. 막스 플랑크가 말한 대로, "과학은 자연의 궁극적 신비를 결코 풀지 못할 것이다. 자연을 탐구하다보면 자연의 일부인 자기 자신을 탐구해야 할 때가 반드시 찾아오기 때문이다."[12]

슈뢰딩거의 고양이

슈뢰딩거는 양자역학에 파동방정식을 도입하면서 방정식이 이론을 너무 앞서나간다고 생각했다. 그는 보어를 찾아가 자신의 심경을 다음과 같이 털어놓았다. "만일 제가 제안한 파동방정식 때문에 물리학에 확률이 도입된다면 저는 몹시 후회스러울 것입니다."

슈뢰딩거는 확률의 개념을 피해가기 위해 다음과 같은 실험을 제안하였다. 여기, 상자 안에 고양이 한 마리가 갇혀 있다. 상자 안에는 독가스가 들어 있는 병이 있고 병마개는 닫힌 상태이다. 병 근처에는 망치가 세팅되어 있는데, 이 망치는 가이거계수기와 연결되어 있고 계수기 근처에는 우라늄조각이 놓여 있다. 우라늄원자의 방사능 붕괴는 순수한 양자적 사건이므로 언제 붕괴될지 미리 예측할 방법은 없다. 일단, 우라늄원자가 1초 이내에 붕괴될 확률이 50%라고 가정하자. 우라늄원자가 붕괴를 일으키기만 하면 가이거계수기가 작동하고, 그 결과 망치를 붙잡고 있는 고리가 풀리면서 병을 내리치도록 되어 있다. 그러면 병 안에 들어 있는 독가스가 새어나오고, 그것을 마신 고양이는 죽게 될 것이다. 자, 이런 조건하에서 상자의 뚜껑을 닫아놓았다면 고양이의 상태에 대해 어떤 판단을 내릴 수 있을까? 다들 동의하다시피, 상자의 뚜껑을 열기 전에는 고양이의 생사여부를 전혀 알 수 없다. 이런 상황에서 고양이의 상태를 서술하려면 살아 있는 고양이와 죽은 고양이를 서술하는 파동함수를 도입하여 '50%는 죽어 있고 50%는 살아 있는' 희한한 상태를 만들어 내는 수밖에 없다.

이제 상자의 뚜껑을 열어보자. 당신이 상자의 내부를 들여다본다는 것은 관측이 행해졌다는 뜻이고, 그 결과 고양이의 상태를 나타내는 파동함수는 하나로 붕괴되어 살아 있는(또는 죽어 있는) 고양이만이 시야에 들어오게 된다. 슈뢰딩거는 이런 역설적인 상황을 받아들일 수 없었다. 우리가 상자의 내부를 들여다보지 않았다고 해서,

어떻게 죽은 고양이와 산 고양이가 동시에 존재할 수 있다는 말인가? 고양이가 살거나 죽는 것은 우리가 그것을 들여다보았기 때문인가? 마음이 편치 않은 것은 아인슈타인도 마찬가지였다. 그는 집에 손님이 찾아올 때마다 이런 말을 건넸다고 한다. "저기 떠 있는 달을 좀 보세요. 쥐 한 마리가 달을 바라보았다고 해서 없던 달이 갑자기 나타났겠습니까?" 아인슈타인은 결코 그럴 수 없다고 생각했다. 그러나 어떤 면에서 보면 그럴 수도 있는 일이었다.

이 문제는 1930년에 개최된 솔베이 물리학회에서 기어이 곪아터지고 말았다. 아인슈타인과 보어 사이에 세기적 논쟁이 시작된 것이다. 훗날 휠러는 이 사건이 인류 역사상 가장 위대한 논쟁이었다고 회고했다. 가장 뛰어난 두 지성인이 가장 심오한 주제에 대하여 가장 수준 높은 논쟁을 벌였다는 뜻이다.

언제나 거침이 없고 대담하며 언변에 뛰어났던 아인슈타인은 하나의 '사고실험thought experiment'을 제안하면서 양자역학을 향한 포문을 열었다. 이와는 대조적으로 어눌한 말투에 조용한 성격의 소유자였던 보어는 아인슈타인이 공격을 해올 때마다 휘청거리는 것 같았다. 훗날 물리학자 폴 에렌페스트Paul Ehrenfest는 두 거장의 세기적인 논쟁을 다음과 같이 회고했다. "체스경기처럼 일진일퇴를 거듭하며 흥미진진하게 진행되는 보어와 아인슈타인의 대화를 옆에서 경청할 수 있었던 것은 정말로 값진 경험이었다. 아인슈타인은 마치 페르페투움 모빌레perpetuum mobile(짧은 음표가 계속해서 빠르게 연주되는 기악곡의 한 종류—옮긴이)를 연주하듯이 양자역학에 대한 반론을 쉴 새 없이 쏟아냈고, 보어는 느긋한 자세로 아인슈타인의 반박을 하나씩 방어해나갔다. 학회가 진행되는 동안 아인슈타인은 매일 아침마다 잭인더박스jack-in-the-box(상자의 뚜껑을 열면 인형이 튀어나오는 장난감—옮긴이)처럼 벌떡 일어나서 다음 반론을 준비하곤 했다. 그러나 나의 생각은 아인슈타인보다 보어 쪽으로 기울고 있었다. 요즘 아인슈타인은 과거에 '절대적 동시성'을 주장했던 사람들이 논쟁에서 패한 후 아인슈타인을 대했던 바로 그 자세로 보어를 대하고 있다."¹³

마침내 아인슈타인은 양자역학에 최후의 일격을 가하는 마지막 실험을 제안했다. 광자기체(그냥 여러 개의 광자라고 생각하면 된다)가 담겨 있는 상자를 떠올려보자. 상자에는 조그만 셔터가 달려 있어서, 이것을 열 때마다 광자 하나가 바깥으로 탈출한다. 그런데 우리는 셔터가 움직이는 속도와 광자의 에너지를 정확하게 측정할 수 있으므로 광자의 물리적 상태를 아무런 오차 없이 결정할 수 있다. 즉, 이 경우에는 양자역학의 불확정성원리가 통하지 않는 것이다.

다시 에렌페스트의 회고담을 들어보자.

"아인슈타인이 제안했던 마지막 사고실험은 보어에게 치명적인 일격을 가했다. 보어는 그 자리에서 아무런 대답도 하지 못했다. 그날 저녁 내내 보어는 침통한 표정으로 여러 학자들을 찾아다니면서 하소연하듯이 말했다. '만일 아인슈타인이 옳다면 물리학은 여기서 끝장입니다. 그의 논리는 어딘가 분명히 틀렸을 겁니다. 반드시 그래야만 합니다!' 그러나 아무리 생각해봐도 아인슈타인의 논리에는 잘못된 구석이 없는 것 같았다. 나는 그 두 사람이 회의장을 떠나는 모습을 지금도 잊을 수가 없다. 아인슈타인은 역시 거장답게 여유 있는 미소를 지으며 유유히 걸어나갔고 보어는 몹시 격앙된 표정으로 종종걸음을 치고 있었다."[14]

그날 저녁에 에렌페스트를 만난 보어는 입을 굳게 다물고 있었다. 그의 표정으로 보아, 아인슈타인의 충격에서 벗어나지 못했음이 분명했다. 다만, 간간이 입을 열어 "아인슈타인… 아인슈타인… 아인슈타인…"을 되뇌고 있을 뿐이었다.

다음날, 밤을 꼬박 새운 보어는 드디어 아인슈타인의 논리에서 작은 오류를 발견했다. 질량과 에너지는 등가이므로 광자를 방출한 상자는 무게가 조금 가벼워진다. 아인슈타인의 중력이론에 의하면 에너지는 무게를 갖고 있으므로, 에너지를 방출한 상자는 중력장하에서 아주 조금 위로 솟아오를 것이다(상자는 용수철에 매달려 있다-옮긴이). 그러나 이것은 광자에 대한 불확정성원리를 재확인하는 사례에 불과하다. 상자무게의 불확정성과 셔터 속도의 불확정성을 계산해보면, 이 상자가 불확정성원리를 만족한다는 사실을 어렵지 않게 증명할 수 있다. 아이러니하게도, 보어는 아인슈타인의 주장을 반박하기 위해 아인슈타인의 이론을 사용한 것이다! 이로써 보어는 세기적 논쟁의 승리자가 되었고 아인슈타인은 입을 다물 수밖에 없었다.

그 후 아인슈타인은 "신은 이 세계의 운명을 주사위로 결정하지 않는다 God does not play dice with the world"면서 자신의 주장을 굽히지 않았고, 이 말을 전해들은 보어는 "제발 신 타령 좀 그만해라. 우리는 신학자가 아니라 물리학자이다"라고 반박했다. 훗날 아인슈타인은 마침내 자신의 패배를 인정하면서 이렇게 말했다. "양자역학이 확고한 진리의 한 조각을 포함하는 이론이라는 점은 인정한다."[15] (그러나 아인슈타인은 양자역학에 내재되어 있는 미묘한 역설을 이해하지 못하는 물리학자들을 끝까지 경멸했다. 그가 남긴 글 중에는 이런 내용도 있다. "요즘 물리학자들 사이에는 파격적인 생각을 펼치는 것이 무슨 유행처럼 퍼져 있다. 그들은 답을 알고 있다고 생각하겠지만, 사실 그것은 스스로를 기만하는 행위이다."[16])

양자역학과 관련하여 몇 차례의 뜨거운 논쟁이 거듭된 후 아인슈타인은 더 이상의 정면대결을 포기하고 반론을 제기할 다른 방법을 모색했다. 그는 양자역학이 옳다는 것을 인정했지만, 거기에는 '진리를 근사적으로 서술하는 이론'이라는 단서가 붙어 있었다. 일반상대성이론이 뉴턴의 고전역학을 붕괴시키지 않고 일반화시켰던 것처럼, 그는 양자역학을 포함하면서 더욱 일반적이고 강력한 위력을 발휘하는 통일장이론을 완성하기로 마음먹었다.

(아인슈타인과 슈뢰딩거, 그리고 보어와 하이젠베르크가 각각 한편이 되어 물리학계를 뜨겁게 달궜던 논쟁은 지금까지도 세간에 회자될 정도로 유명한 사건이었다. 그때 아인슈타인이 제기했던 사고실험은 그동안 실험기술이 발달한 덕분에 실험실에서 직접 실행할 수 있게 되었다. 다시 말해서, 이 실험은 더 이상 '사고실험'이 아닌 것이다. 오늘날의 과학자들은 죽은 상태와 살아 있는 상태가 공존하는 고양이를 만들어낼 수 없지만, 나노기술을 이용하여 개개의 원자를 직접 다룰 수 있게 되었다. 최근 들어, 60개의 탄소원자로 이루어진 버키볼Buckyball을 이용하여 이 놀라운 실험을 수행함으로써 보어가 말했던 '미시세계와 거시세계를 나누는 벽'의 개념은 완전히 폐기되었다. 실험물리학자들은 수천 개의 원자로 이루어진 바이

러스가 동시에 두 장소에 존재하려면 어떤 조건이 만족되어야 하는지를 연구하고 있다)

폭탄

아인슈타인과 보어의 세기적 논쟁은 히틀러의 등장과 원자폭탄 제작 등의 세속적인 사건에 밀려 갑작스럽게 중단되었다. 그 무렵에는 아인슈타인의 유명한 공식 $E=mc^2$에 의해 원자 속에 엄청난 양의 에너지가 내재되어 있다는 사실이 알려져 있었지만, 대다수의 물리학자들은 이 에너지를 꺼내 쓰는 것이 불가능하다고 생각했다. 원자핵을 발견한 어니스트 러더퍼드Ernest Rutherford조차도 "원자가 분해되면서 방출하는 에너지는 거의 실용성이 없다. 이것을 에너지원으로 사용하자는 것은 한마디로 정신 나간 생각이다"라고 말했을 정도였다.[17]

1939년에 보어는 뉴욕에 있는 휠러를 만나기 위해 운명적인 미국 여행길에 올랐다. 그 무렵 학계에서는 심상치 않은 이야기가 떠돌고 있었다. "오토 한Otto Hahn과 리제 마이트너Lise Meitner가 우라늄원자핵이 반으로 갈라지면서 에너지가 방출되는 현상을 관측했다"는 소문이 바로 그것이었다. 이른바 핵분열nuclear fission이 실험실에서 처음으로 확인된 것이다. 양자역학의 세계에서 모든 것은 우연과 확률에 의해 결정된다. 한과 마이트너는 중성자가 우라늄 원자핵을 두 조각으로 분열시킨 후, 두 개 이상의 중성자가 튀어나와서 다른 우라늄 원자핵들을 분열시키고, 이 과정에서 튀어나온 중성자들이 또 다른 우라늄 원자핵들을 분열시키는 일련의 연쇄반응이 일어날 확률을 계산하였다. 그랬더니, 반응이 이런 식으로 일어나면 도시 하나를 날려버릴 정도로 막강한 에너지가 발휘된다는 놀라운 결과가 얻어졌다(특정한 중성자가 우라늄 원자핵을 분열시킬지의 여부는 아무도 알 수 없다. 그러나 수십억 개의 우라늄 원자핵들이 분열되면서 가공할 위력을 발휘할 확률은 매우 정확하게 계산될 수 있다. 이것이 바로 양자역학의 위력이다).

한과 마이트너는 양자역학에 입각하여 치밀한 계산을 수행한 결과, 원자폭탄이라는 가공할 무기가 현실적으로 가능하다는 결론을 내렸다. 그로부터 두 달 후, 보어와 유진 위그너Eugene Wigner, 레오 실라르드Leo Szilard, 그리고 휠러는 프린스턴대학의 아인슈타인을 찾아가 원자폭탄의 가능성에 대해 신중한 토론을 벌였다. 보어는 원자폭탄을 만들려면 범국가적인 차원의 지원이 필요하다고 굳게 믿었다(그로부터 몇 년 후, 실라르드의 끈질긴 설득에 굴복한 아인슈타인은 루스벨트 대통령에게 "전쟁에서 이기려면 원자폭탄을 만들어야 한다"는 내용의 편지를 보냈다).

같은 해(1939년)에 나치는 우라늄원자로부터 가공할 만한 파괴력을 얻어낼 수 있다는 정보를 입수하고, 보어의 제자인 하이젠베르크에게 "히틀러를 위해 원자폭탄을 만들라"는 명령을 내렸다. 결과론이지만, 보어와 아인슈타인을 비롯한 일단의 물리학자들이 토론을 벌였던 바로 그날 밤에 인류의 운명은 결정된 셈이다. 고양이의 생존확률을 놓고 치열하게 벌어졌던 논쟁이 우라늄 원자핵의 분열확률에 대한 논의로 바뀌면서, 순수했던 물리학은 세속적인 권력다툼의 수단으로 변질되고 말았다.

나치가 유럽의 대부분 지역을 접수하면서 한창 위력을 떨치던 1941년에 하이젠베르크는 옛 스승 보어를 만나기 위해 코펜하겐으로 비밀스런 여행을 떠났다. 이 여행의 목적이 무엇이었는지는 아직도 수수께끼로 남아 있다. 그동안 수많은 사람들이 여기에 현상금까지 걸어놓고 온갖 추측을 제기해왔지만 아직도 진상은 시원하게 밝혀지지 않고 있다. 과연 하이젠베르크는 원자폭탄을 만들라는 나치의 명령을 일부러 수행하지 않은 것일까? 아니면 나치의 원자폭탄 프로젝트에 보어를 끌어들이기 위해 그를 만나러 갔던 것일까? 사건의 전말은 그로부터 60년이 지난 2002년에 보어의 유족들이 편지를 공개하면서 부분적으로 밝혀졌다. 보어는 1950년대에 하이젠베르크와 여러 통의 편지를 교환했는데, 개중에는 써놓기만 하고 보내지 않은 편지가 여러 장 남아 있다. 이 편지에 의하면 하이젠베르크는 나치의 승리를 확신하고 있었던 것 같다. 당시 나치의 위력은 그 누구도 대항할 수 없을 정도로 막강했으므로, 보어 역시 나치를 위해 일했던 것으로 추정된다.[18]

보어는 자신의 연구가 나치의 전쟁수단으로 이용되는 것을 원치 않았다. 그러나 조국 덴마크가 이미 나치의 수중에 떨어졌으므로, 그는 비밀리에 탈출을 시도하기로 마음먹었다. 급하게 마련된 엉성한 비행기를 타고 날아가는 동안, 보어는 산소부족 때문에 극심한 고통에 시달렸다고 한다.

한편, 컬럼비아대학의 엔리코 페르미Enrico Fermi는 연쇄적인 핵분열을 실험실에서 구현할 수 있다는 확실한 결론을 내렸다. 그의 계산에 의하면 원자폭탄은 뉴욕시의 모든 것을 한순간에 잿더미로 만들 수 있을 정도로 무시무시한 무기였다. 사태의 심각성을 깨달은 휠러는 당장 페르미와 합류하여 시카고대학의 스태그필드(원형트랙이 딸려 있는 시카고대학의 운동장-옮긴이) 밑에 있는 지하실에서 원자로를 제작했다. 인류의 핵에너지 시대는 이렇게 소박한 분위기에서 시작되었다.

1940년대에 휠러는 원자폭탄으로 얼룩진 전쟁사를 생생하게 경험했다. 전쟁기간 동안 그는 워싱턴 주에서 '핸퍼드 보호구역Hanford Reservation'이라는 거대한 방사능폐기물 처리장의 건설에 참여했는데, 이곳에서 처리된 플루토늄은 훗날 일본의 나가사키를 초토화시킨 원자폭탄에 사용되었다. 그로부터 몇 년 후, 휠러는 또 다시 폭탄제조에 참여하여 1952년에 태평양의 한 섬에서 수소폭탄이 터지는 광경을 목격했다. 10여 년에 걸쳐 대량살상용 무기개발에 끌려다닌 휠러는 마침내 모든 것을 버리고 그의 첫사랑이었던 양자역학으로 되돌아오게 된다.

경로합

전쟁이 끝난 후 휠러에게 물리학을 배운 제자들 중에 리처드 파인만이라는 천재가 있었다. 그는 복잡하기 이를 데 없는 양자역학을 가장 간단하고도 심오한 방법으로 요약함으로써 이론물리학의 새로운 시대를 열었다(그는 이 업적으로 1965년에 노벨상을 수상했다). 예를 들어, 당신이 방을 가로질러 걸어가려 한다고 가정해보자. 고전적으로 생각해보면, 별다른 장애물이 없는 한 당신은 A점과 B점을 연결하는 직선, 즉 최단거리를 따라가려고 할 것이다. 그러나 파인만식 논리에 의하면 당신은 A와 B를 연결하는 '모든 가능한 경로'를 탐색해야 한다. 이 경로들 중에는 화성이나 목성, 심지어는 멀리 있는 별을 거쳐 돌아가는 경로까지 포함되어 있으며 시간적으로는 빅뱅이 일어나던 시간까지 거슬러 돌아가는 경로도 포함되어 있다. 그 경로가 아무리 터무니없고 황당하다 해도, 일단 가능하기만 하면 무조건 고려해야 한다. 파인만은 이렇게 찾아낸 모든 경로에 숫자를 하나씩 대응시킨 후 이 숫자를 계산하는 일련의 법칙을 개발하였다. 놀라운 것은, 이 숫자들을 모두 더하면 당신이 A에서 B로 이동할 양자역학적 확률이 정확하게 얻어진다는 사실이다. 진정 놀랍고도 아름다운 계산법이 아닐 수 없다.

  모든 가능한 경로에 할당된 숫자들을 일일이 더하면 무한대가 되지 않고 서로 상쇄되면서 아주 작은 값이 얻어진다. 이것이 바로 양자적 요동의 근원이다. 그러나 우리의 상식과 부합되는 뉴턴역학의 경로는 상쇄효과가 나타나지 않기 때문에 큰 값을 갖게 된다. 즉, 뉴턴의 물리학으로 얻어진 물체의 경로는 '유일하게 가능한 경로'가 아니라 '가장 확률이 큰 경로'라는 것이다. 그러므로 우리가 알고 있는 물리적 우주는 무한히 많은 가능성들 중에서 가장 확률이 높은 우주에 해당된다. 다른 가능성들 중에는 공룡과 현대인이 함께 사는 우주나 지구의 코앞에 초신성이 존재하는 우주 등이 있지만 확률이 너무 낮아서 대세에는 거의 영향을 미치지 못한다(이런 희한한 경로들은 상식적인 뉴턴의 경로를 벗어나게 할 수도 있다. 그러나 확률이 너무 작아서 이런 일이 실제로 일어날 가능성은 거의 없다).

정말로 이상하게 들리겠지만, 당신이 방을 가로질러 걸어갈 때마다 당신의 몸은 퀘이사를 거쳐가는 길과 빅뱅을 거쳐가는 길까지 포함해서 모든 가능한 경로들에 대한 확률을 평가한 후 이들을 모두 더하고 있다. 여기에 파인만이 개발한 경로적분법을 적용하면, 뉴턴의 고전역학으로 구한 경로는 유일하게 가능한 경로가 아니라 무한히 많은 경로들 중 가장 확률이 높은 경로임을 알 수 있다. 파인만은 거의 예술작품이라 할 만한 특유의 계산법을 개발하여, 이토록 이상한 접근법이 기존의 양자역학과 완전하게 동일한 결과를 준다는 놀라운 사실을 알아냈다(파인만은 이 방법을 이용하여 슈뢰딩거의 파동방정식을 유도하기도 했다).

파인만이 고안한 '경로합sum over path' 접근법은 오늘날에도 대통일이론과 인플레이션이론, 그리고 초끈이론 등에 걸쳐 막강한 위력을 발휘하고 있으며, 전 세계 모든 대학원의 물리학과에서는 양자역학을 공식화하는 가장 편리한 방법으로 파인만의 경로적분법을 강의하고 있다.

[나는 지금도 파인만의 경로적분을 거의 끼고 살다시피 하고 있다. 나의 연구노트는 이와 관련된 방정식으로 빼곡하게 채워져 있다. 대학원생 시절에 파인만식 접근법을 처음 배운 후로, 우주를 바라보는 나의 관점은 완전히 달라졌다. 그 무렵에 나는 양자역학과 일반상대성이론에 등장하는 추상적인 수학을 이해하고는 있었지만, 내가 방을 가로질러 갈 때 화성이나 멀

리 있는 별을 거쳐가는 경로까지 모두 탐색하고 있다는 사실을 깨달은 후로는(물론, 나의 두뇌가 이 일을 하는 것은 아니다) 이 세상이 전혀 다른 모습으로 보이기 시작했다. 그때부터 내가 양자적 세계에 살고 있다는 것을 실감하게 되었으며, 양자역학이 상대성이론보다 훨씬 더 기이하고 역설적이라는 사실을 실감나게 느낄 수 있었다.]

파인만이 이 희한한 이론체계를 완성했을 때, 소식을 전해들은 프린스턴대학의 휠러는 바로 옆에 있는 프린스턴 고등과학원의 아인슈타인에게 달려가 "방금 파인만이 정말로 기이하고도 아름다운 방법으로 양자역학을 재탄생시켰다"고 침을 튀겨가며 열변을 토했다. 그러나 아인슈타인은 고개를 내저으며 "신은 주사위놀이를 하지 않는다"는 그만의 대사를 반복할 뿐이었다. 그는 흥분한 휠러를 진정시키며 이렇게 말했다고 한다. "물론, 내 생각이 틀릴 수도 있겠지. 하지만 나는 틀린 생각을 고집할 권리가 있다고 생각한다네."

위그너의 친구

대부분의 물리학자들은 양자역학의 난해한 역설에 손사래를 치면서 더 이상의 추적을 포기하였다. 그들이 보기에 양자역학은 '이유는 잘 모르겠지만 어쨌든 기가 막힐 정도로 정확하게 맞아떨어지는' 일종의 조리법 안내서 같았다. 물리학자이자 성직자였던 존 폴킹혼John Polkinghorne은 이렇게 말했다. "양자역학을 연구하는 물리학자의 철학은 모터 수리공의 철학과 비슷한 수준이다."[19]

그러나 생각이 깊은 일부 물리학자들은 양자적 역설과의 전쟁을 결코 포기하지 않았다. 예를 들어, 슈뢰딩거의 고양이 역설을 해결하는 방법은 여러 가지가 있다. 그중 하나는 노벨상 수상자인 유진 위그너와 그의 추종자들이 제안한 방법으로, "의식이 존재를 결정한다"고 생각하는 것이다. 위그너는 자신의 저서를 통해 "관측자의 의식을 도입하지 않으면 양자역학의 법칙을 일관된 논리로 표현할 수 없다. … 외부세계를 탐구하다보면, 궁극적인 진리는 의식에 담겨 있다는 결론을 내릴 수밖에 없다"라고 주장했다.[20] 또한, 영국의 시인 존 키츠John Keats는 "대상이 무엇이건 간에, 그것을 직접 경험하기 전에는 실재한다고 말할 수 없다"고 했다.[21]

그러나 내가 무언가를 관측했을 때, '나'의 상태를 결정하는 요인은 무엇인가? 나의 상태를 나타내는 파동함수가 붕괴되려면 다른 누군가가 나를 관측해야 한다. 물리학자들은 '무언가를 관측하고 있는 나'를 관측하는 또 다른 인물을 칭할 때 '위그너의 친구Wigner's friend'라는 용어를 사용한다. 그러나 위그너의 친구는 '위그너의 친구의 친구'에 의해 관측될 수도 있고 이 사람은 또 '위그너의 친구의 친구의 친구'의 눈에 관측될 수도 있다. 그렇다면 이러한 관측의 연결고리를 결정하는 우주적 의식이 따로 존재하는 것일까? 친구의 친구의 친구…는 끝없이 계속될 수 있는 것일까?

인플레이션이론을 구축한 물리학자들 중 한 사람이자 평소 의식의 역할을 중요하게 생각했던 안드레이 린데는 이 점에 관하여 다음과 같이 주장하였다.

우리 모두는 의식을 가진 인간이므로, 이 우주가 관측자 없이도 존재할 수 있다고 주장할 만한 근거는 없다. 우주와 우리는 의식의 세계 속에서 함께 존재하고 있다. 우주 안의 모든 것을 설명하는 만물의 이론에는 인간의 의식이 반드시 고려되어야 한다. 영상이나 음향을 기록하는 장치는 관측자의 역할을 대신할 수 없다. 기록된 정보의 내용을 확인하려면 그것을 보거나 들어줄 관측자가 어차피 있어야 하기 때문이다. 우리가 어떤 사건을 목격하고 그것을 다른 사람에게 전할 수 있으려면, 우리에게는 우주가 있어야 하고 기록장치가 있어야 하며 다른 사람들이 있어야 한다. 관측자가 없는 우주는 죽은 우주나 다름없다.[22]

린데의 철학에 의하면, 인간에게 발견되지 않은 공룡의 화석은 아예 존재하지 않는 것과 같다. 그러나 화석이 고고학자에게 발견되는 순간, 수백만 년에 걸쳐온 그 존재가 갑자기 의미를 갖게 된다.

물리학에 의식이 개입되는 것을 꺼리는 물리학자들은 "카메라는 의식이 없음에도 불구하고 전자의 형태를 기록할 수 있으므로 파동함수는 의식이 개입되지 않아도 붕괴될 수 있다"고 주장한다. 그러나 거기 카메라가 존재한다는 사실은 누가 확인해줄 것인가? 이 카메라의 존재를 확인하려면 다른 카메라로 그것을 관측해야(찍어야) 하고, 이 과정에서 첫 번째 카메라의 파동함수는 붕괴된다. 그리고 두 번째 카메라의 존재를 확인하려면 세 번째 카메라가 있어야 하고… 이러한 연결고리는 무한히 반복된다. 그러므로 인간이 아닌 카메라를 동원한다 해도 파동함수의 붕괴를 설명할 수는 없다.

결어긋남

이 난해한 철학적 문제를 해결하는 수단으로 1970년에 독일의 물리학자 디터 제Dieter Zeh는 '결어긋남'의 개념을 도입해 물리학자들로부터 커다란 호응을 얻었다. 그는 제일 먼저 "현실세계에서는 고양이와 주변환경을 분리할 수 없다"는 점을 지적하였다. 고양이는 주변의 공기분자와 상자, 그리고 심지어는 우주에서 날아오는 우주선cosmic ray과 끊임없이 접촉하고 있으며, 이 접촉을 완전히 차단할 방법도 없으므로 '주변환경과 완전히 고립된 고양이'는 문제의 취지에 어긋난다는 것이다. 고양이와 주변환경의 상호작용은 그 강도가 아무리 작다 해도 파동함수에 근본적인 변형을 일으킨다. 고양이에게 극히 미세한 영향이 미쳐도 파동함수는 살아 있는 고양이와 죽은 고양이로 갈라지며, 두 개의 파동함수는 더 이상 상호작용을 하지 않는다. 디터 제는 "단 하나의 분자가 고양이를 교란시켜도 고양이의 파동함수는 살아 있는 고양이와 죽은 고양이로 분리되며, 일단 분리된 파동함수는 서로에게 영향을 미치지 않는다"는 사실을 증명했다. 다시 말해서, 상자의 뚜껑을 열기 전에도 고양이는 공기분자와 상호작용을 하고 있으므로 이미 죽었거나, 혹은 살아 있거나 둘 중 하나라는 것이다.

디터 제는 그동안 간과되어왔던 중요한 사실을 발견하였다. 살아 있는 고양이와 죽은 고양이가 공존하려면 산 고양이의 파동함수와 죽은 고양이의 파동함수가 거의 동일한 모드로 진동하고 있어야 한다. 즉, 두 개의 파동함수가 '결맞음coherence상태'에 있어야 한다는 것이다. 그러나 현실세계에서 이런 조건이 만족될 가능성은 거의 없다. 진동패턴이 완전히 동일한 둘 이상의 객체를 실험실에서 만들어내기란 거의 불가능에 가깝다(실제로, 몇 개의 원자들이 결맞음 상태로 진동하도록 만드는 것도 아주 어렵다. 다른 원자들과 상호작용을 하지 않도록 이들을 고립시킬 수가 없기 때문이다). 현실세계에서 모든 물체는 주변환경과 상호작용을 하고 있으며, 외부로부터 약간의 영향이 개입되면 두 개의 파동함수는 더 이상 결맞음상태를 유지하지 못하고 결어긋남상태로 변환된다. 그리고 두 파동함수의 진동모드가 일치하지 않으면 이들은 더 이상의 상호작용을 주고받지 않게 되는 것이다.

다중세계

언뜻 보면 결어긋남은 매우 그럴듯한 해결책인 것 같다. 이 논리에 의하면 파동함수는 의식에 의해 붕괴되는 게 아니라 외부세계와 무작위로 상호작용을 주고받으면서 붕괴되기 때문이다. 그러나 이것은 아인슈타인이 제기했던 의문에 근본적인 해답이 될 수 없다. 자연은 여러 개의 상태들 중에서 '붕괴시켜야 할' 상태를 어떤 기준으로 선택하고 있는가? 공기분자가 고양이의 몸을 때렸을 때, 고양이의 최종상태를 결정하는 것은 과연 누구인가? 결어긋남이론은 이런 경우에 두 개의 파동함수가 분리되면서 더 이상의 상호작용을 교환하지 않는다는 점만 지적하고 있을 뿐, "고양이는 살았는가, 죽었는가?"라는 원래의 질문에 답을 제시하지는 못한다. 다시 말해서, 결어긋남을 도입하면 양자역학에 의식을 도입할 필요가 없어지지만, 두 개의 파동함수 중 어떤 것이 선택될지는 여전히 미지로 남는다는 것이다.

그러나 결어긋남을 자연스럽게 확장하면 이 문제를 해결할 수 있다. 휠러의 또 다른 제자인 휴 에버렛 3세Hugh Everett III는 죽은 고양이와 살아 있는 고양이가 서로 다른 우주에 동시에 존재한다는 가설을 도입하여 선택과 관련된 문제를 우회적으로 해결하였다. 에버렛은 '다중우주이론'을 주제로 하여 1957년에 박사학위논문을 제출했으나, 당시만 해도 그런 황당한 이론에 관심을 갖는 사람은 거의 없었다. 그러나 세월이 지나면서 그의 이론은 점차 진가를 발휘하기 시작했고 지금은 양자역학의 역설을 해결해줄 가장 강력한 후보로 인정받고 있다.

에버렛의 다중우주해석에 의하면 상자의 뚜껑을 여는 순간에 우주는 두 갈래로 갈라져서 진행된다. 이들 중 하나의 우주에서 고양이는 살아 있고, 다른 우주의 고양이는 죽은 채로 존재한다. 고양이뿐만 아니라, 임의의 관측이 행해질 때마다 양자적 분기점이 형성되면서 우주는 끊임없이 갈라지고 있다. 조금이라도 가능성이 있으면 그 사건이 발생하는 우주가 반드시 존재하며, 이 모든 우주들은 우리가 살고 있는 우주만큼 현실적이다. 각 우주에 살고 있는 사람들은 자신의 우주가 유일한 현실이라고 믿으면서, 다른 우주를 상상이나 허구의 세계로 간주하고 있다. 그러나 모든 평행우주들은 결코 환영이 아니며, 거기 속해 있는 모든 물체들은 지금 우리가 보고 느끼는 물체들처럼 구체적이고 확고한 실체로 존재한다.

다중세계해석의 장점은 양자역학의 세 번째 가정, 즉 파동함수의 붕괴를 도입할 필요가 없다는 것이다. 다중우주에서 파동함수는 붕괴되는 것이 아니라 여러 개의 파동함수로 분리되면서 영원히 계속된다. 파동함수는 마치 거대한 나무처럼 관측이 행해지는 순간마다 가지를 쳐나가고, 각 가지의 끝에는 하나의 완전한 우주가 대응된다. 이것은 파동함수의 붕괴를 주장하는 코펜하겐학파의 해석보다 훨씬 단순하고 명확하다. 수백, 수천만 갈래로 갈라지는 우주를 받아들이기만 하면 '관측과 파동함수의 붕괴'라는 골치 아픈 문제로부터 해방될 수 있다(일부 물리학자들은 우주의 증식과정을 추적하기가 어렵다는 점을 다중우주론의 문제로 지적하고 있다. 그러나 슈뢰딩거의 파동방정식을 고려하면 이 문제는 자동으로 해결된다. 방정식에서 예견되는 파동의 변화과정을 그대로 따라가면 증식된 파동들을 곧바로 구할 수 있다).

만일 다중우주가 정말로 존재한다면, 지금 이 순간에도 당신의 몸은 다른 우주에 다른 상태로 존재하고 있을 것이다. 개중에는 당신이 사나운 공룡과 생존경쟁을 벌이는 우주도 있고 나치가 세계를 점령한 우주도 있으며 외계인과 동업해 햄버거 가게를 운영하는 우주, 심지어는 당신이 아예 태어나지 않은 우주도 있다. 앞서 언급했던 《높은 성의 사나이》와 〈환상특급〉도 이들 중 하나의 우주에 해당될 것이다. 그러나 애석하게도 다른 우주에 살고 있는 당신은 이곳에 있는 당신과 결어긋남상태에 있기 때문에 상호작용을 주고받을 수는 없다.

앨런 구스는 "엘비스가 아직 살아 있는 우주도 존재한다"고 말했고,[23] 물리학자 프랭크 윌첵은 "나와 아주 조금 다른 무수히 많은 인간들이 평행우주에 살고 있으며, 그들이 무언가를 관측할 때마다 또 다른 내가 생겨나서 각자 다른 미래를 경험하고 있다"고 했다.[24] 그는 트로이전쟁의 원인이었던 헬렌의 코에 커다란 사마귀가 나 있었다면 그리스 문화와 서양의 역사는 지금과 전혀 다른 방향으로 진행되었을 것이라고 지적하면서 다음과 같이 부언했다. "사마귀는 하나의 세포에 변형이 일어난 결과이며 이것은 자외선을 과다하게 쏘였을 때 흔히 나타난다. 따라서 헬렌의 코에 사마귀가 나 있는 우주는 도처에 널려 있을 것이다."

올라프 스테이플던Olaf Stapledon의 고전 SF소설 《스타메이커Star Maker》에는 다음과 같은 문구가 등장한다. "한 생명체가 여러 개의 가능성 중에서 하나를 선택하는 순간, 우주는 여러 갈래로 갈라지면서 서로 다른 역사가 개별적으로 진행된다. … 그동안 우주의 진화 과정 속에서 수많은 생명체들이 살다 갔고, 그들이 살아 있는 동안 수많은 선택이 이루어졌을 것이므로 지금은 거의 무한개에 가까운 평행우주들이 어디선가 진행되고 있을 것이다."[25]

상상할 수 있는 모든 가능한 우주들이 동시에 진행되고 있다는 양자역학의 해석은 마치 공상과학소설처럼 우리의 흥미를 자극하긴 하지만, 현실로 받아들이기엔 다소 황당한 구석이 있다. 다른 우주로 이동하려면 웜홀이 필요할 수도 있겠지만, 사실 이 많은 양자적 현실들은 우리가 기거하는 바로 그 방에 같이 존재하고 있다. 우리가 어디를 가건, 이들은 항상 우리 옆에 공존하고 있는 것이다. 그렇다면 우리는 방안을 가득 채우고 있는 다른 우주들을 왜 볼 수 없는가? 바로 이 시점에서 결어긋남의 개념이 도입된다. 우리의 파동함수는 다른 우주의 파동함수와 결어긋남상태에 있기 때문에(즉, 개개의 파동들이 다른 위상을 갖고 있기 때문에) 다른 우주와 접촉하는 것은 불가능하다. 다시 말해서, 주변으로부터 아주 미세한 영향이 가해지기만 해도 여러 개의 파동함수들은 상호작용을 주고받을 수 없게 된다는 것이다(2장에서 말한 대로, 고도의 지성을 가진 생명체라면 다른 우주들 사이를 오락가락할 수도 있다).

다중우주는 과연 존재할 것인가? 노벨상 수상자인 스티븐 와인버그는 다중우주이론을 라디오방송에 비유하곤 했다. 지금 이 순간에도 당신의 주변공간은 먼 거리에 있는 방송국으로부터 송출된 수백 종의 전파로 가득 차 있다. 사무실에서 일을 하고 있건, 거실의 소파에 앉아 있건, 또는 자동차를 운전 중이건 간에, 수백 종의 라디오전파는 언제 어디서나 당신을 따라다니고 있다. 그러나 당신이 라디오를 켜면 그들 중 단 하나의 전파만을 수신할 수 있다. 주파수가 맞지 않는 다른 전파들은 결어긋남상태에 있기 때문에 각기 다른 위상을 갖고 있으며, 그 결과 당신의 라디오는 한번에 단 하나의 방송만을 듣게 되는 것이다.

이와 마찬가지로, 우리가 살고 있는 우주는 물리적 진실과 일치하도록 진동수가 세팅되어 있다. 평행우주는 다들 비슷하게 생겼지만, 함유하고 있는 에너지의 양이 서로 다르다. 각각의 우주는 무수히 많은 원자들로 이루어져 있으므로, 에너지의 차이도 매우 클 것이다. 그런데 파동의 에너지는 파동의 진동수에 비례하기 때문에(플랑크의 법칙), 각 우주를 나타내는 파동들은 진동수가 서로 달라서 상호작용을 하지 않으며 서로에게 영향을 줄 수도 없다.

놀랍게도 과학자들은 이 희한한 우주관을 수용했을 뿐만 아니라, 이를 이용하여 코펜하겐학파가 얻은 결과를 고스란히 재현하는 데 성공했다. 물론 이것은 파동함수의 붕괴를 전혀 고려하지 않은 상태에서 이룬 쾌거였다. 코펜하겐학파의 실험결과와 다중우주를 가정하고 행해진 실험결과가 정확하게 일치한다는 것은, 다중우주이론이 현실세계에 위배되지 않는다는 것을 의미한다. 보어가 제안했던 파동함수의 붕괴는 '주변환경에 의한 교란'과 수학적으로 동등한 의미를 갖는다. 다시 말해서, 슈뢰딩거의 고양이를 공기분자와 우주선 등 모든 주변환경으로부터 완전히 고립시킬 수 있다면, 고양이는 살아 있는 상태와 죽은 상태에 동시에 존재할 수 있다는 뜻이다. 물론 이것은 현실적으로 불가능하다. 일단 고양이가 우주선 입자에 노출되기만 하면 살아 있는 고양이의 파동함수와 죽은 고양이의 파동함수는 결어긋남상태가 되어, 마치 파동함수가 붕괴된 것처럼 보이는 것이다.

비트에서 비롯된 존재

양자역학의 원로 격이었던 휠러는 관측문제에 깊은 관심을 갖고 있었다. 또한, 그는 물리학의 의식문제에 완전히 매료된 뉴에이지풍의 마니아들 사이에서 '위대한 스승'으로 추대되기도 했다(그러나 휠러는 이들과 어울리는 것을 항상 좋아하지는 않았다. 언젠가 그는 이 모임에서 세 명의 심령심리학자들과 대화를 나누다가 문득 이런 말을 한 적이 있다. "연기가 나는 곳에는 연기가 있기 마련이지요Where there's smoke, there's smoke(원래는 "안 땐 굴뚝에 연기 날까Where there's smoke, there's fire"라는 속담인데, "양자역학은 관측 가능한 것만을 실체로 여긴다"는 점을 강조하기 위해 'smoke'를 반복 사용한 것이다-옮긴이)."]26

양자역학의 역설이 제기된 지 근 70년이 지났지만, "나는 모든 해답을 가지고 있지 않다"고 솔직하게 인정한 사람은 휠러가 처음이었다. 그는 자신이 내세웠던 가정에 스스로 질문을 제기하면서 꾸준히 해결책을 찾아왔다. 양자역학의 관측문제에 대하여 사람들이 질문을 해오면 그는 이렇게 대답하곤 했다. "저는 그런 질문을 받을 때마다 정말 미칠 것 같습니다. 저는 이 세계가 '인간의 상상이 만들어낸 허구일지도 모른다'고 생각하다가도, '외부세계는 우리와 상관없이 독립적으로 존재한다'는 생각에 빠지기도 합니다. 그러나 저는 다음과 같은 고트프리트 라이프니츠Gottfried Leibniz의 주장에 완전히 동의합니다. '이 세계는 환상일 수도 있고 모든 존재는 꿈에 불과할지도 모르지만, 내가 보기에 이들은 너무도 현실적이어서 우리가 환상에 현혹되고 있지 않다는 것을 입증하기에 충분하다.'"27

요즈음 다중세계/결어긋남이론은 많은 물리학자들에게 환영받고 있다. 그러나 휠러는 이 이론이 "꾸려야 할 짐이 너무 많다"는 이유로 그다지 큰 관심을 보이지 않고 있다. 그는 슈뢰딩거의 고양이 문제를 해결하는 다른 방법을 모색하고 있는데, 그 대표적인 이론으로는 '비트에서 비롯된 존재It from bit'를 들 수 있다(이 이름도 휠러가 붙인 것이다). 이것은 정통물리학으로부터 약간 벗어난 이론으로서, 모든 존재는 정보에 뿌리를 두고 있다는 가정에서 출발한다. 달이나 은하, 원자 등을 바라볼 때 존재의 본질은 그 안에 저장되어 있는 정보에서 비롯된다는 것이 그의 주장이다. 단, 이 정보는 우주가 자기 자신을 관측했을 때 비로소 현실적인 존재로 드러난다. 휠러는 우주의 역사를 원형 다이어그램으로 표현했는데, 이 그림에 의하면 초창기의 우주는 누군가에 의해 관측되었기 때문에 존재하게 되었다. 즉, 우주를 구성하는 물질들(it)이 존재하게 된 것은 우주의 정보(bit)가 관측되었기 때문이라는 것이다. 휠러는 이것을 '참여우주 participatory universe'라고 명명했다. 그의 주장에 의하면 우리가 우주에 적응하듯이 우주도 우리에게 적응하고 있으며, 우리가 있기 때문에 우주도 존재할 수 있다(양자역학의 관측문제에 대해서는 누구나 동의하는 해답이 아직 제시되지 않았으므로, 대부분의 물리학자들은 휠러의 이론을 '무엇이 될지 기다리는 자세'로 관망하고 있다).

양자컴퓨터

물리학을 철학적 관점에서 문제 삼으면 이야깃거리는 얼마든지 만들어낼 수 있지만 현실세계에 적용할 수가 없기 때문에 별다른 소득이 없다. 그래서 물리학자들은 바늘 끝에 얼마나 많은 천사들이 올라설 수 있는지를 논하는 대신, 얼마나 많은 전자들이 동시에 같은 장소에 위치할 수 있는지를 논하고 있는 것이다.

그러나 이 모든 논쟁들은 언제까지나 상아탑의 탁상공론으로 남아 있지만은 않을 것이다. 중요한 실마리가 풀린다면, 응용분야는 무궁무진하게 널려 있다. 양자역학이 현실세계에 적용되는 날이 오면, 아마도 세계경제의 추이는 양자역학에 의해 전적으로 좌우될 것이다. 한 국가의 부富가 '슈뢰딩거의 고양이'라는 미묘한 논리에 좌우되는 세상이 올 수도 있다. 이때가 되면 우리의 컴퓨터는 평행우주와 관련된 정보들을 계산할 수 있을 것이다. 지금 우리가 사용하고 있는 컴퓨터는 거의 대부분 실리콘 트랜지스터에 의존하고 있다. "컴퓨터의 계산능력은 18개월마다 두 배씩 향상된다"는 무어의 법칙Moore's law이 통용될 수 있었던 것은, 자외선빔을 이용하여 실리콘칩 위에 미세한 회로를 새기는 능력이 꾸준하게 향상되어왔기 때문이다. 그동안 현대과학기술은 무어의 법칙에 따라 혁명적으로 발전해왔지만, 이런 추세가 영원히 계속될 수는 없다. 현재 상용화되어 있는 최첨단의 펜티엄칩은 원자 20개에 불과한 얇은 층으로 이루어져 있다. 앞으로 15~20년이 지나면 이 두께는 원자 5개 정도까지 줄어들 것이다. 이렇게 작은 영역에서 뉴턴의 고전역학은 더 이상 적용되지 않는다. 컴퓨터의 회로에도 하이젠베르크의 양자역학이 적용되는 시대가 머지않아 찾아온다는 이야기다. 이렇게 작은 영역에서는 전자의 위치를 정확하게 결정할 수 없다. 이는 곧 전자가 절연체나 반도체의 내부에 있지 않고 밖으로 빠져나가서 회로를 단락시킬 수도 있음을 의미한다.

실리콘에 새기는 회로의 크기를 더 이상 줄일 수 없게 되면 실리콘시대는 막을 내리고 양자시대가 도래할 것이다. 이때가 되면 지금의 실리콘밸리는 폐광촌처럼 버려진 도시가 될지도 모를 일이다. 회로소자가 원자규모로 작아지면 컴퓨터의 작동원리도 완전히 달라져야 한다. 현재 컴퓨터를 이용한 모든 계산은 0과 1만으로 이루어진 2진법에 기초하고 있다. 그러나 원자의 스핀은 위와 아래, 또는 그 사이에 있는 임의의 방향을 '동시에' 가리킬 수 있으므로, 컴퓨터의 비트(0 또는 1)는 이른바 '큐비트qubit(0과 1 사이에 있는 임의의 값)'로 대치되어야 한다. 이렇게 만들어진 양자컴퓨터는 기존의 컴퓨터보다 훨씬 강력한 계산능력을 발휘할 수 있다.

 양자컴퓨터는 국제안보의 기초를 송두리째 뒤흔들 수도 있다. 오늘날 거대은행이나 다국적기업, 그리고 첨단산업국가들은 보안이 요구되는 기밀사항들을 복잡한 암호발생 알고리듬으로 암호화시켜서 보관하고 있는데, 가장 흔하게 사용되는 방법은 엄청나게 큰 두 개의 소수prime number(1과 자기 자신 이외의 약수를 갖지 않는 수)를 곱해 그 결과를 암호로 저장하는 것이다. 숫자의 단위가 100자리를 넘어가면 소수를 찾기가 쉽지 않기 때문에, 이것은 가장 간단하면서도 실용적인 암호제작법으로 널리 사용되고 있다. 그러나 양자컴퓨터를 이용하면 이런 계산은 거의 거저먹기로 할 수 있다. 즉, 기업과 국가의 보안체계가 송두리째 와해되는 것이다.

 양자컴퓨터의 원리를 이해하기 위해, 자기장 안에서 스핀이 모두 같은 방향을 향하고 있는 여러 개의 원자를 생각해보자. 여기에 레이저빔을 비추면 원자들이 교란되면서 스핀의 방향이 달라진다. 이때 반사된 레이저를 관측하면 원자에 의해 산란되는 빛의 양을 알아낼 수 있다. 만일 이 과정을 파인만의 방법대로 계산한다면 '모든 가능한 스핀상태'와 '모든 가능한 위치'를 한꺼번에 고려하여 계산결과를 모두 더해주어야 한다. 이 계산을 양자적으로 처리한다면 몇 분의 1초 이내에 끝낼 수 있지만, 지금 사용하고 있는 보통의 컴퓨터로는 아무리 시간이 많이 주어져도 결코 끝낼 수 없을 것이다.

옥스퍼드대학의 다비드 도이치David Deutch가 지적한 바와 같이, 양자컴퓨터를 사용하면 모든 가능한 평행우주에 대한 계산결과가 모두 더해진 값을 얻게 된다. 우리는 다른 우주와 접촉할 수 없지만 원자컴퓨터는 '다른 우주에 존재하는 스핀'을 이용하여 이 계산을 쉽게 해낼 수 있다(거실에 앉아 있는 우리는 다른 우주와 더 이상 결맞음상태에 있지 않지만, 양자컴퓨터 안에 있는 원자들은 다른 우주의 원자들과 결맞음상태로 진동하도록 만들 수 있다).

양자컴퓨터가 엄청난 잠재력을 갖고 있다는 것은 분명한 사실이지만, 이것을 구현하려면 엄청나게 많은 문제들을 해결해야 한다. 현재 양자컴퓨터에 사용된 원자개수의 최대기록은 7개인데, 이런 컴퓨터로는 끽해야 $3 \times 5 = 15$ 정도를 계산할 수 있을 뿐이다. 양자컴퓨터가 요즘 사용되는 개인용 컴퓨터와 비슷한 능력을 발휘하려면 적어도 수백, 또는 수백만 개의 원자들이 결맞음상태에서 진동하도록 만들어야 한다. 그런데 단 하나의 공기분자가 침투해도 원자의 결맞음상태는 쉽게 붕괴되기 때문에, 양자컴퓨터를 구현하려면 주변환경과 완전히 고립된 상태를 만드는 기술이 필요하다(현재의 컴퓨터를 능가하는 양자컴퓨터를 만들려면 결맞음상태에 있는 원자가 1,000~100만 개까지 필요하다. 이런 점을 감안하면 양자컴퓨터는 아직 먼 훗날의 이야기라고 할 수 있다).

양자적 공간이동

물리학자들이 평행양자우주에 대해 하는 말들은 실용성이 전혀 없는 현학적 말장난처럼 들릴 수도 있지만, 좀 더 멀리 바라보면 또 다른 응용분야를 찾을 수 있다. 이론적으로, 평행우주의 개념은 양자컴퓨터 이외에 '양자적 공간이동quantum teleportation'에도 응용될 수 있다. 사람이나 물건을 순식간에 먼 거리로 전송하는 공간이동장치는 그 유명한 TV 시리즈 〈스타트렉〉을 비롯하여 수많은 공상과학소설에 단골메뉴로 등장하는 환상적인 장비이다. 그러나 공간이동은 양자역학의 불확정성원리에 위배되는 것처럼 보이기 때문에 한동안 물리학자들의 관심을 끌지 못했다. 원자의 복제품을 만들려면 일단 그 원자를 관측해야 하는데, 관측이라는 행위 자체가 원자를 교란시키기 때문에 원본과 완전히 똑같은 원자를 만드는 것이 원리적으로 불가능하다고 생각했던 것이다.

그러나 1993년에 일단의 과학자들은 '양자적 얽힘quantum entanglement'이라는 현상을 연구하던 중 이 논리의 중요한 허점을 발견했다. 양자적 얽힘은 1935년에 아인슈타인과 그의 연구동료였던 보리스 포돌스키Boris Podolsky, 그리고 네이선 로젠이 양자역학의 한계를 지적하기 위해 제안했던 역설적인 실험에서 유래되었다 (줄여서 EPR 역설이라고도 한다). 그 내용을 이해하기 위해, 한 가지

예를 들어보자. 한 지점에서 폭발이 일어나, 두 개의 전자가 거의 빛의 속도로 서로 반대방향을 향해 날아간다고 가정해보자. 전자는 팽이처럼 자전하고 있는데, 두 전자의 스핀이 서로 '연관되어 있다 correlated'고 가정하자. 즉, 한 전자는 반시계방향으로 자전하고 있고(이러한 스핀을 'up'이라고 한다), 다른 전자는 시계방향으로 자전하고 있다(이런 스핀을 'down'이라고 한다)(이런 경우, 두 전자의 총스핀은 0이다). 그러나 전자를 직접 관측하기 전에는 누구의 스핀이 'up'이고 누가 'down'인지 알 수 없다.

폭발이 일어나고 몇 년의 세월이 흘렀다고 하자. 이쯤 되면 두 전자들 사이의 거리는 몇 광년 단위로 벌어져 있을 것이다. 이제, 둘 중 한 전자의 스핀을 관측하여 up이라는 결과를 얻었다고 하자. 그러면 다른 전자의 스핀은 볼 것도 없이 down으로 결정된다. 한 전자의 스핀을 관측하는 바로 그 순간에 다른 전자의 스핀까지 자동으로 결정되는 것이다. 이는 곧 "한 전자의 스핀을 알아내면 몇 광년이나 떨어져 있는 다른 전자의 스핀도 '즉각적으로' 알아낼 수 있다"는 것을 의미한다(스핀뿐만 아니라 다른 물리적 특성도 마찬가지다. 이것은 전자의 정보가 빛보다 빠르게 전송된 것과 마찬가지이므로, '모든 물체와 정보는 빛보다 빠르게 이동할 수 없다'는 특수상대성이론에 위배된다). 아인슈타인은 이와 같은 논리를 통하여 한 쌍의 전자 중 하나를 관측함으로써 불확정성원리를 극복할 수 있다고 주장했다. 더욱 놀라운 것은, 그의 논리가 '전에는 모르고 있었던 양자역학의 기이한 특성'을 적나라하게 그려냈다는 점이다.

그 전까지만 해도, 물리학자들은 이 우주가 국소적local이어서 우주의 한 부분을 교란시키면 그곳을 중심으로 영향이 파급되어나간 다고 생각했다. 그러나 아인슈타인은 양자역학이 근본적으로 비국소적nonlocal인 특성을 갖고 있으며, 한 곳에 가해진 교란은 다른 곳에 '즉각적으로' 영향을 미친다는 것을 증명하였다. 그는 이것을 '원거리 유령작용spooky action-at-a-distance'이라 부르면서, 상식적으로 말도 안 되는 결과라고 치부하였다. 이리하여 평소에 양자역학을 부정적으로 생각해왔던 아인슈타인은 자신의 신념을 더욱 굳히게 되었다.

(양자역학을 부정하면 EPR 역설을 어렵지 않게 해결할 수 있다. 즉, "실험장비의 성능이 완벽하다면 전자들의 스핀방향을 사전에 결정할 수 있다"고 가정하면 된다. 이렇게 되면 전자의 스핀과 위치에 관한 불확정성은 실험장비의 불완전함에서 비롯된 일종의 환상인 셈이다. 아인슈타인을 지지하는 물리학자들은 "불확정성을 야기시키지 않으면서 양자역학보다 더욱 근본적인 물리이론이 존재한다"고 믿었는데, 이것을 '숨은 변수이론 hidden variable theory'이라 한다)

1964년에 물리학자 존 벨John Bell은 EPR 역설을 실험적으로 확인하는 방법을 개발하여 학계를 더욱 긴장하게 만들었다. 그는 EPR식 실험을 수행하면 두 전자의 스핀 사이에 어떤 산술적 관계가 성립한다는 것을 증명했다. 중요한 것은, 이 산술적 관계가 어떤 이론을 채택했느냐에 따라 다르게 나타난다는 점이다. 만일 숨은 변수이론이 맞는다면 두 전자의 스핀은 특정한 방식으로 연결되어 있어야 했다. 벨의 실험결과에 따라 양자역학(그리고 현대 원자물리학의 모든 것)의 진위 여부가 결정되는 운명적 순간이 도래한 것이다!

벨은 자신의 논리에 따라 정교한 실험을 수행하였고(이 실험은 흔히 '벨의 실험'이라고 부르지만, 이 책에서는 'EPR 실험'으로 칭하고 있다. 아무튼, 기본적인 아이디어를 제공한 사람은 EPR이었고 그 진위 여부를 독특한 실험으로 검증한 사람은 벨이었다—옮긴이), 그 결과는 양자역학의 승리로 끝났다. 인류 역사에 길이 남을 위대한 천재 아인슈타인도 자신의 패배를 인정하지 않을 수 없었다. 그로부터 3년 후, 프랑스의 물리학자 알랭 아스펙Alan Aspect과 그의 동료들은 칼슘원자에서 방출된 광자를 13m 간격으로 떨어져 있는 두 개의 감지기로 관측하여 벨의 실험결과를 재확인했고, 1997년에는 11km 간격으로 설치된 감지기를 이용하여 동일한 실험이 실행되었는데, 이들 모두 양자역학이 옳다는 쪽으로 결론지어졌다. 어떤 특정한 형태의 정보는 정말로 빛보다 빠르게 전달되고 있었던 것이다[EPR 실험에서는 아인슈타인이 틀린 것으로 판명되었지만, 정보가 빛보다 빠르게 전달될 수 없다는 점에서는 그의 생각이 옳았다. EPR 실험에 의하면 다른 은하에 관한 정보를 즉각적으로 입수할 수 있지만, 이런 방법으로 구체적인 메시지(예를 들어, 모르스부호 등)를 전달할 수는 없다. 전자의 스핀은 측정할 때마다 무작위로 달라지기 때문에, 'EPR 전송장치'는 무작위 신호random signal만을 전송할 수 있을 뿐이다. 다시 말해서, 우주 반대편에 있는 은하의 정보를 즉각적으로 수신할 수는 있어도, '유용한' 정보를 이런 식으로 교환할 수는 없다는 뜻이다].

벨은 이 결과를 베텔스만Bertelsman이라는 수학자의 경험담에 종종 비유하곤 했다. 베텔스만은 매일 아침마다 한쪽 발에는 초록색 양말을, 다른 쪽 발에는 푸른색 양말을 신고 나가는 버릇이 있었는데, 양말의 좌우관계는 때마다 무작위로 결정하였다. 그러던 어느 날, 당신이 그의 왼쪽 발에 푸른색 양말이 신겨져 있는 것을 목격했다면, 당신은 그의 오른쪽 발에 신겨 있는 양말의 색상정보를 '빛보다 빠르게' 접수할 수 있다. 그러나 이 사실을 알았다고 해서, 정보를 이런 식으로 교환할 수는 없다. 정보를 '알아내는 것'과 '전송하는 것'은 전혀 다른 행위이기 때문이다. EPR 실험(벨의 실험)이 빛보다 빠른 정보입수를 허용한다 해도, 텔레파시를 빛보다 빠르게 전송할 수 있다는 뜻은 아니다. 한 가지 확실한 것은, 우리 스스로를 우주로부터 완전히 격리시킬 수 없다는 것이다.

이렇게 된 이상, 기존의 우주관은 수정될 수밖에 없다. 우리의 몸을 이루고 있는 모든 원자들과 우주 저편에 있는 원자들은 '우주적으로 얽혀 있는' 관계에 있다. 우주의 모든 만물은 빅뱅이라는 하나의 사건으로부터 탄생했으므로, 우리의 몸을 이루고 있는 원자들은 모종의 '우주적 연결망cosmic web'을 통하여 우주 저편에 있는 원자들과 어떻게든 연결되어 있을 것이다. 양자적으로 얽혀 있는 입자들은 천문학적 거리에 걸쳐 일종의 탯줄(파동함수)로 연결되어 있는 쌍둥이라고 할 수 있다. 이들 중 한쪽에 어떤 일이 일어나면 다른 한쪽에 그 영향이 즉각적으로 전달되며, 한 입자에 관한 정보가 알려지면 다른 입자의 정보도 즉각적으로 알려진다. 양자적으로 얽혀 있는 한 쌍의 입자들은 그들 사이의 거리가 아무리 멀다 해도 마치 하나의 물체처럼 행동한다(빅뱅이 일어날 때 모든 입자의 파동함수는 결맞음상태에 있었으므로, 이들은 130억 년이 지난 지금도 부분적으로 연결되어 있을 것이다. 따라서 파동함수의 일부가 교란되면 멀리 있는 파동함수의 일부도 영향을 받게 된다).

1993년에 물리학자들은 EPR 얽힘을 이용해 양자적 공간이동장치를 이론적으로 고안하였다. 그 후 1997년과 1998년에 칼텍과 덴마크 오르후스대학Aarhus Univ., 그리고 웨일스대학Wales Univ.의 과학자들은 광자 하나를 책상 너머로 공간이동시키는 데 성공했다. 이 실험팀의 일원이었던 웨일스대학의 사무엘 브라운스타인Samuel Braunstein은 양자적으로 얽힌 관계에 있는 입자들을 사랑하는 연인에 비유하였다. "연인들은 서로 상대방을 잘 알고 있으므로, 먼 거리에서 사랑을 보내도 금방 느낄 수 있다. 얽힌 관계에 있는 입자들도 이와 비슷하게 행동한다."[28]

〔양자적 공간이동 실험을 하려면 세 개의 대상(A, B, C)이 필요하다. 여기서 B와 C는 양자적으로 얽혀 있다. B와 C 사이를 아무리 벌려놓아도 이 관계는 변하지 않는다. 이런 조건에서 A와 B를 접촉시키면 A의 정보가 B로 옮겨가면서 멀리 있는 C도 동일한 정보를 획득하게 된다. 즉, C가 A의 복사본으로 변하는 것이다. 이것은 A가 C로 공간이동한 것과 동일한 결과이다.〕

양자적 공간이동 기술은 빠르게 발전하고 있다. 2003년에 스위스 제네바의 과학자들은 광케이블을 이용하여 광자를 약 2km 거리까지 공간이동시키는 데 성공하였다. 이들은 파장이 1.3mm인 광자를 공간이동시켜서 파장 1.55mm짜리 광자를 얻어냈는데, 이들 사이는 기다란 광케이블로 연결되어 있었다. 이 실험에 참여했던 니콜라스 기신Nicolas Gisin은 "아마도 내가 죽기 전에 원자가 아닌 분자가 공간이동되는 광경을 볼 수 있을 것이다. 그러나 눈에 보이는 커다

란 물체를 이동시키는 것은 아직 불가능하다"고 말했다.[29]

2004년에는 미국표준기술연구소NIST의 과학자들이 원자 하나를 통째로 공간이동시키는데 성공했다. 이들은 세 개의 베릴륨(Be)원자를 양자적으로 얽히게 만든 후, 한 원자의 특성을 다른 원자에 복사하여 전체적인 공간이동을 실현시켰다.

양자적 공간이동의 응용분야는 실로 무궁무진하다. 그러나 여기에는 몇 가지 기술적인 문제가 남아 있다. 첫 번째 문제는 이동시키는 과정에서 원본에 해당하는 물체가 파괴되기 때문에 여러 개의 복사본을 만들 수 없다는 것이다. 이 방법으로는 오직 하나의 복사본만을 만들어낼 수 있다. 두 번째, 양자적 공간이동에도 상대성이론이 적용되기 때문에 물체를 빛보다 빠르게 이동시킬 수 없다(물체 A를 물체 C로 이동시키려면 이들을 연결하는 B라는 매개체를 통해야 하는데, B가 빛보다 빠르게 움직일 수 없기 때문에 이동과정도 빛보다 빠를 수 없다). 세 번째 문제는 양자컴퓨터가 직면했던 문제와 동일하다. 즉, 공간이동과 관련된 모든 물체들이 양자적 결맞음상태에 있어야 한다는 것이다. 이들 중 어느 하나라도 주변환경에 의해 교란되면 공간이동은 불가능해진다. 그러나 21세기가 끝나기 전에 인류는 바이러스를 통째로 공간이동시킬 수 있을 것이다.

사람을 공간이동시킬 때는 또 다른 문제가 발생한다. 브라운스타인은 이 문제를 다음과 같이 지적하였다. "인간의 몸에는 너무나 많은 정보가 담겨 있다. 현재 동원할 수 있는 가장 뛰어난 정보전달 수단을 사용한다 해도, 한 사람의 정보를 모두 전송하려면 거의 우주의 나이에 맞먹는 시간이 소요될 것이다."[30]

우주의 파동함수

하나의 광자가 아닌 우주전체에 양자역학을 적용하는 것이야말로 양자이론이 이룰 수 있는 가장 궁극적인 성과일 것이다. 스티븐 호킹은 "슈뢰딩거의 고양이 문제를 접할 때마다 손을 뻗어 권총을 잡고 싶었다"며 농담 삼아 자신의 심정을 토로했다. 그는 이 문제를 '우주의 파동함수'라는 새로운 관점에서 해결하려고 노력했다. 만일 이 우주가 거대한 파동함수의 일부라면 관측자(우주의 바깥에 존재하는)를 고려할 필요조차 없어진다.

양자역학에 의하면 모든 입자들은 파동적 특성을 갖고 있다. 그리고 이 파동은 특정 장소에서 입자가 발견될 확률을 말해준다. 그런데 우리의 우주는 아득한 과거에 원자보다도 작은 존재였으므로 우주 자체도 파동함수를 갖고 있었을 것이다. 전자는 동시에 여러 상태에 존재할 수 있고 과거의 우주는 전자보다 작았으므로, 초창기의 우주는 전자처럼 여러 상태에 동시에 존재했을 것이다. 초창기의 우주를 서술하는 파동함수를 '초파동함수super wave function'라 부르기도 한다.

독자들도 이미 눈치챘겠지만, 이것은 일종의 다중세계이론이라 할 수 있다. 이러한 가정하에서는 우주전체를 한눈에 바라보는 관측자를 도입할 필요가 없다. 그러나 호킹이 말하는 파동함수는 슈뢰딩거의 파동함수와 사뭇 다른 특성을 갖고 있다. 슈뢰딩거의 파동함수는 모든 시간, 모든 지점마다 존재하는 함수인 반면에, 호킹의 파동함수는 각 우주마다 하나씩 할당되는 파동함수이다. 즉, 호킹의 파동함수는 전자의 모든 가능한 상태를 나타내는 Ψ가 아니라, 우주의 모든 가능한 상태를 나타내는 Ψ이다. 기존의 양자역학에서 전자는 일상적인 공간에 존재하지만, 우주의 파동함수는 모든 가능한 우주들로 이루어진 초공간 속에 존재한다.

이 마스터 파동함수master wave function(모든 파동함수의 어머니)는 하나의 전자가 만족하는 슈뢰딩거 방정식을 따르지 않고, 모든 가능한 우주들에 적용되는 휠러-드위트 방정식Wheeler-DeWitt equation을 따른다. 1990년대 초에 호킹은 한 편의 논문을 통해 자신이 우주적 파동함수의 부분적인 해를 구했으며, 가장 가능성이 높은 우주는 우주상수가 0인 우주라고 주장하였다. 그런데 이 결과는 모든 가능한 우주의 경로합을 계산하는 방법에 따라 달라질 수도 있었기 때문에 그다지 큰 호응을 얻지 못했다. 호킹은 모든 가능한 우주들을 연결하는 웜홀까지도 경로합에 포함시켰던 것이다(무수히 많은 비눗방울이 공기 중에 떠다니고 있는 광경을 상상해보자. 호킹은 모든 비눗방울들이 가느다란 섬유(웜홀)로 연결되어 있다고 가정하고 이들에 대한 경로합을 계산한 것이다).

호킹의 논문은 많은 의문점을 남겼다. 특히, "우리의 길을 안내할 '만물의 이론'이 발견되지 않는 한, 다중우주의 경로합은 수학적으로 신뢰할 수 없다"는 것이 학계의 중론이었다. 만물의 이론이 등장할 때까지, 비평가들은 타임머신이나 웜홀, 빅뱅, 그리고 우주적 파동함수 등과 관련된 모든 계산들을 부정적인 시각으로 바라볼 것이다.

그러나 다수의 물리학자들은 만물의 이론이 이미 발견되었다고 믿고 있다. 아직 완전한 형태를 갖추진 못했지만, 초끈이론과 M-이론이 그 강력한 후보이다. 과연 이 이론은 아인슈타인이 하늘같이 믿었던 '신의 마음'을 읽을 수 있을 것인가?

7

모든 끈의 모태, M-이론

> 우주를 하나의 통일된 관점에서 바라볼 수 있다면,
> 모든 피조물에서 유일한 진리와 필연성을 찾을 수 있을 것이다.
> — 달랑베르J. D' Alembert

> 끈이론은 이제 거의 완성단계에 접어들었다고 본다. 궁극적인 이론은 이제 곧
> 천상의 세계에서 떨어져 어느 운 좋은 과학자의 무릎 위에 안착할 것이다.
> 그러나 현실적으로 생각해보면 지금 우리는 과학 역사상 가장 심오한 이론을
> 추구하고 있으므로 우리 세대에서 결말을 짓기는 어려울 것 같다.
> 앞으로 내가 나이가 들어 이 분야에서 더 이상 쓸모 있는 생각을 못 하게 되었을 때,
> 우리가 정말로 궁극의 이론을 찾아냈는지는 후배 과학자들이 판단해줄 것이다.
> — 에드워드 위튼Edward Witten

1897년에 발표된 웰스H. G. Wells의 소설 《투명인간Invisible Man》은 다음과 같은 이야기로 시작된다. 어느 추운 겨울날, 검은 옷을 입은 이방인이 눈보라를 헤치고 나타난다. 그의 얼굴은 온통 붕대로 감겨져 있고 그 위에는 짙은 푸른색 선글라스를 쓰고 있었다.

처음에 마을사람들은 그 이상한 이방인이 끔찍한 사고를 당한 줄 알고 그를 불쌍히 여겼다. 그러나 이방인이 온 후로 마을에는 이상한 일이 벌어지기 시작한다. 하루는 여관주인이 그가 투숙 중인 방에 들어갔다가 옷과 모자, 그리고 가구들이 혼자서 제멋대로 움직이는 광경을 보고 비명을 지르며 뛰쳐나온다.

이런 일이 있은 후 마을에는 이상한 소문이 떠돌고, 결국 일단의 마을사람들이 진상을 규명하기 위해 이방인을 찾아간다. 정체를 밝

히라는 사람들의 추궁을 묵묵히 듣고 있던 이방인은 드디어 얼굴의 붕대를 서서히 풀기 시작하는데… 이럴 수가! 얼굴이 있어야 할 부분에 뒤쪽 벽면이 그대로 보이지 않는가! 사실 그는 투명인간이었던 것이다. 사람들은 경악해 비명을 질러대고, 마을사람들은 그를 잡기 위해 한바탕 소동을 피우게 된다.

투명인간은 연속해서 범죄를 저지른 후 옛친구를 찾아가 자초지종을 털어놓는다. 그의 진짜 이름은 미스터 그리핀이었다. 그는 대학에서 약학을 공부하다가 근육의 반사율과 굴절률을 변화시키는 방법을 우연히 발견하고 자신의 몸을 대상으로 실험을 했다가 투명인간이 되고 말았다. 그런데 그가 발견한 방법의 비밀은 네 번째 차원에 있었다. 그는 켐프 박사를 향해 강하게 주장한다. "저는 일반적인 원리를 알아냈습니다. … 그 원리는 4차원 기하학의 방정식으로 표현될 수 있습니다."[1]

불행히도, 그의 아이디어는 인류의 행복을 위해 사용되지 않고 사리사욕을 채우는 범죄수단으로 전락하였다. 게다가 그는 자신의 친구에게도 투명인간이 될 것을 권유했다. 둘이서 힘을 합치면 전 세계의 부를 마음대로 약탈할 수 있다고 생각했던 것이다. 그러나 그의 친구는 유혹을 뿌리치고 그리핀을 경찰에 신고했고, 대대적인 수색작업이 벌어지면서 그리핀은 몸에 치명적인 상처를 입게 된다.

웰스의 소설은 그 후에 발표된 수많은 공상과학소설의 모태가 되었다. 누구든지 네 번째 공간차원(시간을 네 번째 차원으로 간주하는 경우에는 다섯 번째 차원)으로 접어들 수만 있다면, 그의 존재가 시야에서 사라지면서 신이나 도깨비만이 할 수 있었던 기상천외한 일들을 쉽게 행할 수 있을 것이다. 에드윈 애벗Edwin Abbot이 1884년에 발표한 소설 《평면세계Flatland》에서처럼, 2차원 평면우주에 어떤 생명체들이 살고 있다고 가정해보자. 이 2차원 생명체들은 평면이 세상의 전부라고 하늘같이 믿으면서 그들을 에워싸고 있는 세 번째 차원은 상상조차 못 하고 있을 것이다.

그러던 어느 날, 평면세계에 살고 있는 어떤 과학자가 차원을 이탈하는 방법을 개발하여 평면으로부터 몇 cm 뛰어올랐다면, 그의 모습은 평면에 붙어 있는 생명체들의 시야에서 사라지게 된다. 2차원 세계에서 빛은 오로지 평면을 따라 이동하기 때문이다. 그는 평면 위를 떠다니면서 자신이 속해 있던 2차원의 세계를 거의 전능한 관점에서 바라볼 수 있다.

그의 몸은 빛의 경로를 이탈했으므로 시야에서 사라질 뿐만 아니라, 2차원 물체를 마음대로 관통할 수도 있다. 2차원 생명체의 입장에서 볼 때, 그의 몸이 갑자기 사라졌다가 벽 너머에서 마술처럼 나타나는 것이다. 어떻게 이런 일이 가능한 것인가? 원리는 간단하다. 차원 이탈법을 알고 있는 그 과학자가 길을 가다가 장애물을 만났을 때 위로 솟아오르면 다른 생명체들의 시야에서 사라진다. 이때 허공에서 앞으로 전진하여 장애물을 지나친 후 다시 평면으로 되돌아오면 평면 생명체의 눈에는 마치 벽 앞에서 사라졌다가 벽 뒤에서 갑자기 나타난 것처럼 보인다. 따라서 그는 어떤 감옥에서도 탈출할 수 있다. 2차원 세계의 감옥이란 닫힌 선 안에 생명체를 가두는 것이 전부이므로, 평면 위로(세 번째 차원으로) 솟구치기만 하면 얼마든지 밖으로 나갈 수 있는 것이다.

이러한 초월적 존재 앞에서 비밀을 간직하기란 불가능하다. 2차원 금고 안에 넣어둔 금덩어리도 3차원의 관점에서는 얼마든지 들여다볼 수 있고, 마음만 먹으면 집어갈 수도 있다. 2차원 금고란 그냥 평면 위에 그려진 사각형에 불과하기 때문이다. 땅위에 그려진 사각형 안에서 금덩어리를 꺼내는 것은 어린아이도 할 수 있는 일이다. 물론, 내용물을 다 꺼내가도 2차원 금고는 전혀 손상되지 않는다. 차원을 초월한 존재는 피부를 절개하지 않고서도 심장수술을 할 수 있다.

웰스는 이 아이디어를 2차원 평면에서 3차원 공간으로 확장시킨 것이다. 인간과 같은 3차원의 생명체는 4차원의 관점에서 볼 때 평면세계에 사는 미물과 다를 것이 없다. 우리는 눈에 보이는 세계가 모든 것이라고 하늘같이 믿고 있지만, 4차원의 방향으로 조금만 '떠서' 바라보면 전혀 다른 세계가 눈앞에 펼쳐진다. 다른 우주가 이런 식으로 네 번째 차원에 떠 있다면 우리는 그 존재를 전혀 인식하지 못할 것이다. 빛은 3차원 공간만을 거쳐서 진행하기 때문이다.

보통 유령이나 영혼 등 육체를 초월한 존재들은 인간보다 월등한 능력을 갖고 있는 것으로 알려져 있다. 그래서 웰스는 또 한 편의 공상과학소설을 통해 초자연적인 존재들이 더 높은 차원에서 살고 있을지도 모른다는 가능성을 제시했는데, 그의 아이디어는 오늘날 수많은 이론물리학자들의 연구대상이 되고 있다. "더 높은 차원에 적용되는 물리법칙이 따로 있는 것은 아닐까?" 1895년에 발표된 소설 《기이한 방문*The Wonderful Visit*》에는 인간의 세계로 우연히 접어든 천사가 성직자가 쏜 총에 맞는 장면이 나온다. 어떤 이유에서든 우리의 우주가 다른 우주와 일시적으로 충돌한다면, 다른 차원에 사는 천사(또는 악마)가 인간세계로 떨어질 수도 있다. 웰스의 말에 의하면 "여러 개의 3차원 우주들이 나란히 붙어 있을 수도 있다."[2] 성직자는 총에 맞은 천사가 비정상적으로 행동하는 것을 보고 크게 놀란다. 알고보니, 천사가 사는 세계는 우리와 전혀 다른 물리법칙이 적용되고 있었다. 예를 들어, 그 세계는 공간이 심하게 휘어져 있어서 모든 평면이 원통 모양을 하고 있었다(웰스는 아인슈타인의 일반상대성이론보다 20년 앞서서 '휘어진 공간'의 개념을 도입한 셈이다). 성직자는 이렇게 말한다. "그 세계의 평면은 실린더형으로 휘어져 있으므로 그들의 기하학은 우리와 전혀 다른 구조를 갖고 있으며 중력도 거리의 제곱에 반비례하지 않는다." 그로부터 100여 년이 지난 지금, 물리학자들은 이곳과 전혀 다른 소립자로 이루어진 평행우주가 존재한다는 것을 인식하기 시작했다(앞으로 9장에서 보게 되겠지만, 평행우주를 관측하는 몇 가지 실험들이 현재 실행되고 있다).

초공간의 개념은 그동안 수많은 예술가와 음악가, 신비주의자, 신학자, 철학자들에게 번뜩이는 영감을 제공해왔다. 특히 20세기로 접어들면서 초공간에 대한 관심은 크게 고조되어, 예술역사가인 린다 달림플 헨더슨Linda Dalrymple Henderson과 천재화가 파블로 피카소는 네 번째 차원을 예술에 접목하여 '큐비즘cubism(입체파)'이라는 미술사조를 탄생시켰다(피카소의 그림을 보면 인물의 코는 옆을 향하고 있지만 눈은 우리를 바라보고 있는데, 이것은 2차원 화폭에 3차원적인 영상을 표현한 것이다. 이와 마찬가지로, 초공간에 속한 존재들은 전-후-좌-우에서 바라본 우리의 '모든 모습'을 한눈에 인지할 수 있다). 살바

도르 달리Salvador Dalí의 작품 〈십자가의 예수Christus Hypercubus〉에는 입체형 십자가에 매달린 예수의 형상이 초현실적인 분위기로 표현되어 있으며, 〈기억의 집착Persistence of Memory〉에서는 녹아서 흘러내리는 듯한 시계를 통해 4차원의 시간이 표현되어 있다. 또한, 마르셀 뒤샹Marcel Duchamp은 〈계단을 내려오는 누드 2Nude Descending a Staircase No.2〉에서 네 번째 차원인 시간을 2차원 평면 위에 표현하기도 했다.

M-이론

오늘날, 네 번째 공간차원은 끈이론string theory과 그 최신버전 이론인 M-이론을 통해 새롭게 부각되고 있다. 사실, 지난 오랜 세월동안 물리학자들은 초공간의 개념을 신비주의자들이나 허풍 떨기 좋아하는 사람들의 전유물 정도로 취급했으며, 눈에 보이지 않는 세계를 연구하는 과학자는 학계의 조롱거리가 되기 일쑤였다.

그러나 M-이론이 등장하면서 상황은 완전히 달라졌다. 일반상대성이론과 양자역학 사이에 심각한 충돌이 야기되면서, 3차원 이상의 공간이 해결사로 등장했기 때문이다. 지금 전 세계의 이론물리학자들은 머리에 떠올리기조차 어려운 고차원 공간에서 상상의 나래를 펼치고 있다. 가장 근본적인 단계에서 우주에 관한 모든 지식은 일반상대성이론과 양자역학에 담겨 있다고 해도 과언이 아니다. 최근 들어 M-이론이 각광을 받는 이유는 이 두 이론 사이의 충돌을 무마시켜서 '만물의 이론'을 창출해낼 가장 강력한 후보로 대두되고 있기 때문이다. 지금까지 제시된 모든 이론들 중에서 아인슈타인이 말한 대로 '신의 마음을 읽을 수 있는' 가능성을 가진 이론은 M-이론뿐이다.

자연에 존재하는 모든 힘들을 하나의 우아한 이론체계로 통일하려면 10차원, 또는 11차원의 초공간이 도입되어야 한다. 언뜻 듣기엔 황당한 소리 같지만, 이 이론이야말로 인류의 영원한 의문에 해답을 제시할 수 있는 유일한 후보이다. 우주가 태어나기 전에는 무엇이 있었는가? 시간은 거꾸로 흐를 수 있는가? 우리를 우주 저편으로 데려다줄 차원입구는 과연 존재하는가?(일부 학자들은 초끈이론이 현재의 기술수준으로 검증될 수 없음을 지적하면서 회의적인 시각으로 바라보고 있지만, 이 상황을 바꿀 수 있는 일련의 야심찬 실험이 현재 계획되고 있다. 구체적인 내용은 9장에서 언급될 것이다)

지난 50년 동안 물리학자들은 우주의 모든 것을 하나의 통일된 논리로 설명하기 위해 필사의 노력을 기울여왔지만, 성공적인 이론은 단 하나도 없었다. 아인슈타인을 비롯한 불세출의 천재들이 한결같이 실패한 이유는 무엇일까? 그 답은 자명하다. 우주의 특성을 물리적으로 설명하려면 일반상대성이론과 양자역학이 반드시 고려되어야 하는데, 이 두 개의 이론은 적용분야가 전혀 다르기 때문이다. 일반상대성이론은 블랙홀이나 빅뱅, 퀘이사, 팽창하는 우주 등 거시적인 규모에 적용되는 이론으로서, 트램폴린의 막처럼 부드럽게 휘어진 대상을 다루는 구면기하학에 기초를 두고 있다. 그러나 양자역학의 적용분야는 이와 정반대이다. 양자역학은 원자, 양성자, 중성자, 쿼크 등 지극히 작은 세계에 적용되는 물리학으로서, 양자quanta라는 작은 에너지 덩어리에 기초하고 있다. 상대성이론과는 달리 양자역학은 어떤 물리적 사건이 일어날 '확률'만을 계산할 수 있기 때문에, 전자와 같은 입자들의 위치를 정확하게 알 수는 없다. 이 두 개의 이론은 서로 다른 수학과 다른 가정, 그리고 다른 원리에 기초하고 있으며, 적용분야도 판이하게 다르기 때문에 이들을 통합하려는 모든 시도가 실패로 끝난 것은 그다지 놀라운 일도 아니었다.

에르빈 슈뢰딩거와 베르너 하이젠베르크, 볼프강 파울리Wolfgang Pauli, 아서 에딩턴을 비롯한 물리학의 거인들은 아인슈타인의 뒤를 이어 물리법칙을 하나로 통일하는 작업에 전념하였으나 아무도 성공하지 못했다. 1928년에 아인슈타인은 통일장이론의 초기버전을 발표한 적이 있었는데, 그 논문의 일부가 《뉴욕타임스》에 실리면서 수백 명의 기자들이 그의 집 앞에 몰려들었다. 심지어 아서 에딩턴은 영국에서 이런 전보까지 보내왔다. "지금 런던에서 제일 큰 백화점(셀프리지 백화점)의 쇼윈도에도 당신의 논문이 붙어 있습니다. 지나가는 사람들이 발길을 멈추고 벌떼처럼 모여들어 당신의 세기적인 논문을 열심히 읽고 있습니다."[3]

1946년에 에르빈 슈뢰딩거도 자신이 통일장이론을 완성했다면서 급하게 기자회견을 요청한 적이 있었다(그 무렵에 학자가 기자회견을 소집하는 것은 극히 이례적인 일이었다. 물론 요즘은 자주 있는 일이다). 심지어 당시 아일랜드의 수상이었던 이몬 드 벌레라Eamon De Valera는 자세한 내용을 듣기 위해 슈뢰딩거를 직접 찾아오기도 했다. 벌레라가 슈뢰딩거에게 자세한 설명을 부탁하자, 다음과 같은 대답이 돌아왔다. "저는 이 이론이 옳다고 확신합니다. 하지만 틀린 것으로 판명된다면 국제적인 바보가 되겠지요."[4] 《뉴욕타임스》의 기자들은 슈뢰딩거의 기자회견 내용을 정리하여 아인슈타인을 비롯한 몇몇 물리학자들에게 보내면서 이론의 진위 여부에 대한 자문을 구했다. 그러나 아인슈타인은 자신이 연구초기에 발견한 내용을 슈뢰딩거가 재발견한 것에 지나지 않는다며 공개적인 평을 거절했다. 아인슈타인은 자신의 견해를 솔직하게 밝힌 것뿐이었지만, 슈뢰딩거는 이 소식을 듣고 자존심이 크게 상했다)

1958년에 물리학자 제레미 번스타인Jeremy Bernstein은 컬럼비아 대학에서 개최된 학회에 참석하였다. 그곳에서는 볼프강 파울리가 하이젠베르크와 함께 개발한 통일장이론을 발표하고 있었다. 그러나 청중석에 앉아 있던 닐스 보어는 파울리의 이론에 회의적인 반응을 보이다가 마침내 자리에서 벌떡 일어나 이렇게 외쳤다.

"지금 우리는 당신이 제정신이 아니라는 점에 모두 동의하고 있소. 단지, 정신이 얼마나 심하게 나갔는지에 대해서 약간의 의견차이가 있을 뿐이오!"[5]

파울리는 보어가 하는 말의 의미를 금방 알아차렸다. 하이젠베르크와 파울리의 이론은 너무 상투적이고 평범하여 결코 통일장이론이 될 수 없다는 뜻이었다. '신의 마음을 읽으려면' 새로운 수학과 파격적인 아이디어가 절실하게 요구되었던 것이다.

많은 물리학자들은 그 내용이 아무리 터무니없고 황당하다 해도 '우주의 모든 것'을 커버하는 단순하고 우아한 이론이 반드시 존재한다고 믿고 있다. 프린스턴 고등과학원의 존 휠러는 이런 말을 한 적이 있다. "19세기 사람들은 지구에 살고 있는 수많은 생명체들을 하나의 이론으로 설명하는 것이 불가능하다고 생각했다. 그러나 찰스 다윈은 '자연선택natural selection'에 기초한 진화론을 도입하여 그 다양한 생명체들의 기원을 성공적으로 설명할 수 있었다."

노벨상 수상자인 스티븐 와인버그는 다른 비유를 들었다. 콜럼버스의 항해가 세상에 알려진 후 유럽의 항해사들이 만든 지도에는 지구에 '북극점'이 존재한다는 사실이 강하게 암시되어 있었지만 아무도 확인한 사람은 없었다. 그러나 모든 지도들이 북극점 근처에서 커다란 차이를 보이고 있었으므로 항해사들 사이에서는 "눈으로 본 적은 없지만 북극점은 반드시 존재해야 한다"는 의견이 지배적이었다. 이와 마찬가지로, 오늘날의 물리학자들은 "아직 구체적인 형태는 알 수 없지만 만물의 이론은 반드시 존재해야만 한다"는 간접적인 증거들을 여러 개 확보해놓고 있다.

끈이론의 역사

끈이론과 M-이론은 완전히 미쳐 돌아가는 듯하면서도 통일장이론의 가장 유력한 후보로 꼽히고 있다. 특히 끈이론은 물리학의 모든 이론들 중에서 가장 희한한 역사를 갖고 있다. 원래 끈이론은 아주 우연히 발견되어 잘못된 분야에 적용되었다가 폐기처분된 후, 어느 날 갑자기 만물의 이론으로 화려하게 부활하였다. 이 이론은 약간의 조절이 전체를 와해시킬 정도로 수학적 구조가 치밀하기 때문에 '만물의 이론theory of everything'이거나, 아니면 '아무것도 아닌 이론theory of nothing'이거나, 둘 중 하나이다.

끈이론이 이토록 희한한 역사를 갖게 된 데에는 그럴 만한 이유가 있다. 한마디로 말해서, 끈이론은 '거꾸로 진화한' 이론이다. 일반적으로, 상대성이론과 같은 '정상적인' 이론들은 기본적인 원리에서 출발하여 일련의 방정식을 유도하는 식으로 진화하는 것이 상례이다. 그 후, 방정식으로부터 양자적 요동이 성공적으로 계산되면 정식이론으로 등극하게 되는 것이다. 그러나 끈이론은 이 과정을 완전히 거꾸로 밟아왔다. 즉, 끈의 양자이론이 제일 먼저 발견되어 지금에 이르고 있는 것이다. 그래서 물리학자들은 끈이론의 원리가 대체 무엇인지 지금도 고민에 싸여 있다.

끈이론의 기원은 1968년까지 거슬러 올라간다. 당시 두 사람의 젊은 물리학자 가브리엘레 베네치아노Gabriele Veneziano와 마히코 스즈키Mahiko Suzuki는 18세기의 천재 수학자 레온하르트 오일러 Leonhard Euler가 발견한 오일러 베타함수Euler beta function와 씨름을 벌이던 중, 이 함수가 원자세계의 물리학을 신기할 정도로 정확하게 서술하고 있다는 놀라운 사실을 발견했다. 두 개의 π중간자가 충돌하면서 엄청난 에너지가 양산되는 물리적 과정이 추상적인 수학공식과 너무도 정확하게 일치했던 것이다. 그 후 베네치아노의 모형은 물리학계에 일대 센세이션을 일으키면서 그의 아이디어를 핵력에 적용하는 수백 편의 논문들이 줄줄이 발표되었다.

사실, 끈이론은 아주 우연히 발견된 이론이었다. 프린스턴 고등과학원의 에드워드 위튼(그는 현재 자타가 공인하는 끈이론의 대가이다)

은 이런 말을 한 적이 있다.

"끈이론은 어느 모로 보나 20세기에 어울리지 않는 이론이다. 그것은 물리학이 좀 더 발전한 후에 발견되었어야 했다."[6]

나는 끈이론이 탄생하던 순간을 지금도 생생하게 기억하고 있다. 당시 나는 버클리 캘리포니아대학의 대학원생이었는데, 물리학과 교수들이 고개를 내저으며 "물리학이 이럴 수는 없다"고 중얼거리는 모습을 하루에도 여러 번 볼 수 있었다. 그때까지만 해도 물리학은 자연을 주의 깊게 관측한 후 몇 가지 가정하에 관측자료를 끈질기게 반복검증하면서 형성되어왔다. 그러나 끈이론은 아무런 계획도 없이 오로지 해답을 추측해가면서 만들어진 이론이다. 당시만 해도 이런 식의 '지름길 물리학'이 가능하리라고 생각했던 사람은 거의 없었다.

원자세계의 입자들은 크기가 너무 작아서 성능이 가장 뛰어난 기구를 사용한다 해도 눈으로 직접 볼 수는 없다. 그래서 물리학자들은 엄청난 에너지로 이들을 두드렸을 때 나타나는 현상을 관측함으로써 소립자의 특성을 간접적으로 추정해왔다. 이때 사용되는 기구가 바로 입자가속기particle accelerator인데, 소립자를 빠른 속도로 가속시켜서 표적과 충돌시켜 원자의 내부구조를 관측하는 장비로서, 큰 것은 직경이 수 km에 이른다(입자가속기는 한 대당 수십억 달러의 건설비용이 소요되어 '돈 잡아먹는 괴물'로 유명하다). 물리학자들은 이 장비를 이용해 초대형 충돌사건을 일으킨 후, 거기서 튀어나오는 파편을 분석함으로써 원자의 내부구조를 간접적으로 연구하고 있다. 이 실험의 최종목적은 산란행렬scattering matrix(또는 Smatrix)을 이루는 일련의 숫자들을 알아내는 것이다. 아원자세계의 모든 정보들은 이 숫자에 들어 있기 때문에, 일단 산란행렬이 알려지기만 하면 소립자의 모든 특성을 유추할 수 있게 된다.

입자물리학이 추구하는 목표 중 하나는 강력에 관한 산란행렬의 수학적인 구조를 예측하는 것이다. 그러나 그 과정이 너무 어렵고 복잡하여 과거의 물리학자들은 '현재의 물리학 수준으로는 이룰 수 없는 목표'라고 생각했었다. 그런데 베네치아노와 스즈키가 오래된 수학책을 뒤지다가 "강력의 산란행렬은 오일러 베타함수와 일치한다"는 사실을 발견했으니, 그 여파는 독자들도 짐작할 수 있을 것이다.

이들이 제시한 모형은 전례를 찾아볼 수 없을 정도로 독특한 것이었다. 일반적으로, 누군가가 새로운 이론(예를 들면 쿼크이론 등)을 제기하면 물리학자들은 그 이론에 포함되어 있는 간단한 변수들(입자의 질량이나 결합상수 등)을 이리저리 바꿔가면서 진위 여부를 검증하곤 한다. 그러나 베네치아노가 제시한 모형은 처음부터 너무 완벽하게 짜여져 있어서 변수를 조금만 바꿔도 이론전체가 와해될 지경이었다. 그것은 마치 완벽하게 세공된 보석처럼, 어떠한 형태의 변형도 허용하지 않는 희한한 이론이었다.

물리학자들은 베네치아노가 제안했던 모형의 변수들을 조금씩 변형시켜서 수백 편의 논문을 발표했지만 지금까지 살아남은 이론은 단 하나도 없다. 지금까지 기억되는 논문은 변수를 수정한 것이 아니라, 베네치아노의 모형이 현실과 일치하는 이유를 추적한 논문들이다. 즉, 이론이 보유하고 있는 대칭성을 분석한 논문만이 오늘날까지 그 생명력을 유지하고 있다. 결국, 물리학자들은 베네치아노의 이론이 어떠한 수정도 허용하지 않는다는 것을 인정할 수밖에 없었다.

그러나 베네치아노의 모형은 몇 가지 문제점을 안고 있었다. 첫 번째 문제는 오일러 베타함수가 산란행렬의 정확한 값이 아닌 '1차 근사값'에 해당한다는 점이었다. 위스콘신대학의 분지 사키타Bunji Sakita와 미구엘 비라소로Miguel Virasoro, 그리고 케이지 키카와Keiji Kikawa는 산란행렬이 무한급수의 형태로 표현될 수 있으며 베네치아노의 모형은 이중 가장 중요한 첫 번째 항에 해당된다는 사실을 알아냈다(대충 말하자면 급수의 각 항들은 '입자들이 충돌할 수 있는 다양한 방법들 중 하나'에 대응된다. 이들은 어떤 규칙을 가정하여 근사식의 고차항을 계산했다. 그 무렵에 나는 동료인 유L. P. Yu와 함께 베네치아노 모형의 모든 가능한 보정항들을 계산해 박사학위논문으로 제출했다).

마침내 시카고대학의 요이치로 남부Yoichiro Nambu와 니혼대학의 데쓰오 고토Tetsuo Goto가 베네치아노 모형의 비밀을 풀었다. 그것은 바로 진동하는 끈의 수학적 표현이었던 것이다(레너드 서스킨드Leonard Suskind와 홀거 닐센Holger Nielsen도 독립적으로 이 사실을 알아냈다). 두 개의 끈이 서로 충돌했을 때 나타나는 산란행렬은 베네치아노의 모형으로 서술되는데, 이때 개개의 입자들은 점point이 아니라 진동하는 끈string으로 간주할 수 있다(이 점에 관해서는 나중에 자세히 다룰 예정이다).

그 후로 상황은 빠르게 변해갔다. 1971년에 존 슈바르츠John Schwarz와 앙드레 느뵈André Neveu, 그리고 피에르 라몽Pierre

Ramond은 끈모형에 스핀을 도입하여 입자들 간의 상호작용을 끈이론으로 서술할 수 있는 기초를 마련했다(앞으로 보게 되겠지만, 모든 입자들은 팽이처럼 자전(스핀)하고 있다. 각 입자의 스핀은 양자단위로 0, 1, 2, 3…과 같은 정수이거나 1/2, 3/2… 과 같이 반정수인 경우가 있는데, 느뵈-슈바르츠-라몽이 예견한 끈의 스핀도 이와 동일한 분류를 보이고 있다).

그러나 나는 이것으로 만족할 수 없었다. 영국의 물리학자 마이클 패러데이Michael Faraday가 장field, 場의 개념을 도입한 후로 지난 150여 년 동안 물리학자들은 물리적 장에 기초하여 모든 것을 이해하고 있었다. 예를 들어, 막대자석의 주변에 형성되는 자기장의 선 (자기력선)을 생각해보자. 이 선은 마치 거미줄처럼 전 공간에 퍼져 있으며, 우리는 각 지점마다 자기장의 세기와 방향을 계산할 수 있다. 일반적으로, 장이란 공간의 모든 지점에서 각기 다른 값을 갖는 수학적 객체를 통칭하는 용어이다. 따라서 장은 우주내의 모든 지점에서 자기력과 전기력, 그리고 핵력 등의 크기와 방향에 관한 정보를 담고 있다. 바로 이런 이유 때문에 전기와 자기, 핵력, 그리고 중력을 가장 근본적인 단계에서 서술할 때 장의 개념이 도입되어왔던 것이다. 그렇다면 끈이라고 해서 예외일 이유가 없지 않은가? 이론에 담겨 있는 모든 내용을 단 하나의 방정식으로 요약해주는 '끈의 장이론'을 구축하려면 어떤 것이 필요한가?

1974년에 나는 이 문제에 도전하기로 마음먹고 오사카대학에 있는 케이지 키카와와 함께 끈의 장이론을 유추해내는 데 성공했다. 우리는 끈이론에 담겨 있는 모든 정보들을 약 4cm 길이의 방정식에 함축시킬 수 있었다.[7] 끈의 장이론을 완성시킨 후, 나는 물리학계의 학자들을 일일이 만나서 내가 구축한 이론의 잠재력과 아름다움을 설득시켜야 했다. 그해 여름에 나는 콜로라도의 애스펀센터Aspen Center에서 개최된 물리학회에 참석하여 소수의 선별된 물리학자들 앞에서 나의 이론을 소개하였다. 당시 좌중에는 두 명의 노벨상 수상자, 머리 겔만과 리처드 파인만이 함께하고 있었는데, 이들은 날카롭고 신랄한 질문을 퍼부어 발표자를 당혹스럽게 만드는 것으로 유명한 사람들이었다(한번은 스티븐 와인버그가 세미나를 하면서 칠판에 W라는 기호를 쓴 적이 있다. 그것은 특정 각도를 나타내는 기호로서, 자신의 이름을 따 '와인버그 각도'라고 명명되어 있었다. 그러자 파인만이 질문을 던졌다. "방금 칠판에 쓴 W는 무슨 뜻입니까?" 와인버그가 속사정을 막 설명하려는데, 파인만이 갑자기 소리쳤다. "틀렸다Wrong는 뜻이겠지요?" 좌중에서는 한바탕 웃음이 터져나오고 파인만도 웃고 있었지만 긴장한 와인버그는 한참 후에야 안면에 미소를 지었다고 한다. 이 각도는 전자기력과 약력을 통일하는 약전자기이론의 핵심을 이루는 개념으로, 훗날 그는 이 공로를 인정받아 노벨상을 수상하였다).

나는 강연을 진행하면서 "끈의 장이론을 도입하면 방정식들이 뒤죽박죽으로 엉켜 있는 끈이론을 가장 단순하고 포괄적인 형태로 정리할 수 있다"고 강조하였다. 끈의 장이론을 도입하면 베네치아노의 모형과 건드림근사법perturbation approximation의 무한히 많은 항들, 그리고 회전하는 끈의 모든 특성들을 길이 4cm 남짓한 방정식으로부터 유추해낼 수 있다. 나는 끈이론의 대칭성이 수학적인 아름다움과 함께 막강한 위력을 갖고 있다는 점을 특히 강조하였다. 끈이 시공간 속에서 진행하면 얇은 고무판 같은 2차원 궤적이 만들어진다. 그런데 이 2차원 면을 어떤 좌표계에서 서술해도 이론은 변하지 않는다. 내 강연이 끝난 후 파인만이 했던 말을 나는 지금도 생생하게 기억하고 있다.

"저는 끈이론에 완전히 동조하는 입장은 아닙니다만, 당신의 강연은 제가 지금까지 들었던 강연들 중에서 단연 최고였습니다."

10차원

그러나 끈이론은 탄생하자마자 곧바로 심각한 문제에 부딪혔다. 뉴저지주립대학의 클로드 러블레이스Claude Lovelace가 다음과 같은 사실을 발견했기 때문이다. "베네치아노의 모형에는 조그만 수학적 결함이 있는데, 이 문제가 해결되려면 끈이 살고 있는 시공간은 26차원이어야 한다." 또한, 느뵈와 슈바르츠, 그리고 라몽이 제안했던 초끈이론superstring theory에서는 시공간이 10차원이어야 했다.[8] 이 사실이 알려지면서 물리학자들은 엄청난 충격에 휩싸였다. 과학 역사상 이토록 황당한 주장이 또 있었을까? 대체 얼마나 대단한 이론이기에 시공간의 차원을 제멋대로 정한다는 말인가? 뉴턴과 아인슈타인은 다른 차원에서 이론을 전개할 수도 있었지만 '3차원 공간+1차원 시간'의 영역을 결코 벗어나지 않았다. 예를 들어, 거리의 제곱에 반비례한다는 중력법칙은 4차원 공간으로 확장하여 '거리의 세제곱에 반비례하는' 4차원 중력이론으로 대치될 수 있다. 그러나 끈이론은 '차원을 확장할 수도 있다' 가 아니라, '확장된 차원에서만 성립한다' 는 황당한 이론인 것이다.

현실적인 관점에서 볼 때, 이것은 일대 재앙이 아닐 수 없다. 우리가 속한 우주는 아무리 눈을 씻고 봐도 3차원의 공간(전후, 좌우, 상하)과 1차원의 시간으로 이루어져 있음이 분명하다. 이것을 10차원으로 확장한다는 것은 과학을 공상과학소설의 영역으로 확장하는 것이나 다름없다. 그래서 초기의 끈이론학자들은 종종 비웃음의 대상이 되곤 했다(언젠가 존 슈바르츠가 파인만과 같이 엘리베이터를 타고 있을 때, 파인만이 이런 농담을 건네왔다고 한다. "하이, 존! 오늘은 몇 차원에서 살고 계신가?"[9]). 그들은 이론의 단점을 극복하기 위해 필사적으로 노력했지만 만족한 결과를 얻지 못하고 대부분 연구를 그만두었다. 오직 끈이론을 자신의 목숨처럼 여기는 고집불통 학자들만이 근근 명목을 유지해나갈 뿐이었다.

이 암울했던 시기에 끝까지 끈이론을 고집했던 두 명의 물리학자가 있었다. 칼텍의 존 슈바르츠와 파리 고등사범학교의 조엘 셔크 Joël Scherk가 바로 그들이었다. 그때까지만 해도 끈이론은 핵력을 설명하는 이론으로 알려져 있었는데, 거기에는 한 가지 문제점이 있었다. 질량이 0이고 스핀이 2인, 강력과 무관한 입자가 끈이론에 포함되어 있었던 것이다. 학자들은 이 성가신 입자를 어떻게든 없애보려고 백방으로 노력했지만 모두 헛수고로 끝났다. 스핀 2인 입자를 없애기만 하면 이론전체가 와해되면서 신비한 능력을 상실해버리곤 했다. 아무래도 이 입자가 이론에 숨어 있는 비밀의 근원인 것 같았다.

셔크와 슈바르츠는 이 문제를 해결하기 위해 대담한 추론을 제안했다. 스핀 2인 성가신 입자를 중력자(중력을 매개하는 입자)로 간주하면 아인슈타인의 중력이론과 끈이론이 조화롭게 합병되었던 것이다!(다시 말해서, 아인슈타인의 일반상대성이론은 초끈의 가장 낮은 진동상태에서 유추되는 이론이라는 뜻이다) 다른 양자이론들은 가능하면 중력자를 이론에 포함시키지 않으려고 애를 썼던 반면에, 끈이론은 중력자를 전면에 내세우고 중력과의 화해를 시도하였다(중력을 포함시키지 않으면 이론 자체가 맞아 들어가지 않는다는 것은 끈이론의 커다란 장점으로 작용하였다). 이리하여 과학자들은 그동안 끈이론이 엉뚱한 분야에 적용되어왔다는 사실을 깨닫게 되었다. 그것은 핵력만을 위한 이론이 아니라 자연의 모든 것을 서술하는 만물의 이론이었던 것이다. 위튼이 강조한 바와 같이, 끈이론의 커다란 매력 중 하나는 이론체계 안에 중력이 포함되어 있다는 점이다. 표준 장이론은 중력을 설명하는 데 실패했지만, 끈이론에서 중력은 필수 불가분의 요소였다(지금 저자는 '끈이론'과 '초끈이론'을 혼용해서 쓰고 있는데, 정확하게 말해서 초끈이론은 '초대칭이 도입된 끈이론'을 의미한다. 이 점에 관해서는 추후에 따로 설명할 예정이다 — 옮긴이).

그러나 대부분의 물리학자들은 셔크와 슈바르츠의 아이디어를 수용하지 않았다. 끈이론이 중력과 원자세계에 모두 적용되려면 끈의 길이는 10^{-33}cm(플랑크길이)를 넘지 않아야 하는데, 이것은 양성자 크기의 10억×10억 분의 1에 불과했으므로 입자를 서술하기에는 너무 작다고 생각했던 것이다.

통일장이론을 완성하려는 다양한 시도는 1980년대 중반까지 계속되었다. 그러나 표준모형에 중력을 끼워넣기만 하면 예외 없이 '무한대'라는 괴물이 등장하여 애써 구축한 이론을 사지로 몰아넣었다(이 내용은 잠시 후에 설명하기로 한다). 양자역학과 중력을 연결시키려는 모든 시도는 수학적인 모순을 낳으면서 이론 자체를 붕괴시켰다(아인슈타인은 신이 우주를 창조할 때 다른 선택의 여지가 없었다고 믿었다. 이런 생각은 "수학적 모순을 야기시키지 않는 이론은 단 하나뿐이다"라는 믿음에 기초하고 있다).

양자역학과 중력 사이에 야기되는 수학적 모순은 크게 두 가지로 분류될 수 있다. 첫 번째는 무한대에 관한 문제이다. 일반적으로, 양자적 요동은 지극히 작은 영역에서 미세한 강도로 발생한다. 양자적 효과는 뉴턴의 법칙에 아주 작은 수정을 가할 뿐이다. 그래서 우리에게 친숙한 거시세계에서는 양자역학에 의한 효과를 아예 무시하고 살아도 별 탈이 없는 것이다. 그러나 양자역학에 중력이 개입되면 양자적 요동이 무한대로 커지면서 더 이상의 논리를 전개할 수가 없게 된다. 두 번째는 양자적 요동을 이론에 첨가했을 때 이론이 정상에서 이탈하는 정도, 즉 비정상성anomaly에 관한 문제이다. 즉, 이론이 보유하고 있는 대칭성이 비정상성에 의해 붕괴되면서 원래의 위력을 상실하게 되는 것이다.

예를 들어, 로켓 디자이너가 대기 중을 비행할 매끈한 유선형 로켓을 설계한다고 가정해보자. 대기의 저항을 최소한으로 줄이려면 로켓의 몸체는 높은 대칭성을 갖고 있어야 한다(이 경우에 로켓은 원통대칭형으로 만들어야 한다. 즉, 로켓의 중심을 지나는 세로축을 중심으로 몸체를 회전시켰을 때 외형상 아무런 변화가 없어야 한다). 이러한 대칭성을 O(2)대칭이라 한다. 그러나 여기에는 아직 두 가지 문제가 남아 있다. 첫째, 로켓은 매우 빠른 속도로 움직일 것이므로 날개에 진동이 발생할 수 있다. 음속보다 느린 민항기의 경우에는 진동의 폭이 작기 때문에 큰 문제가 되지 않지만, 음속을 초과하게 되면 날개의 진동이 갑자기 커지면서 몸체에서 떨어져나갈 수도 있다. 양자역학과 중력을 합칠 때에도 이와 비슷한 문제가 발생한다.[10] 정상적인 경우에는 양자적 요동이 아주 작아서 거의 무시할 수 있지만 양자중력이론으로 넘어가면 일대 재앙이 초래된다.

로켓이 갖고 있는 두 번째 문제는 선체에 균열이 생기는 경우이다. 이렇게 되면 원래 갖고 있던 O(2)대칭이 붕괴되고 균열이 점차 커지면서 결국 몸체가 통째로 찢겨나갈 수도 있다. 이와 마찬가지로, 아주 작은 '균열'은 중력이론의 대칭성을 통째로 와해시킬 수 있다.

이 문제를 해결하는 방법은 두 가지가 있다. 하나는 문자 그대로 임시변통인데, 몸체에 난 균열을 접착제로 바르고 날개에 지지대를 받친 후 로켓이 폭발하지 않기를 간절히 기도하는 것이다. 다소 원시적인 방법이긴 하지만, 물과 기름 같은 양자역학과 중력을 '결혼시키려는' 과거의 물리학자들은 이 방법에 의존하는 수밖에 없었다. 간단히 말해서, 그들은 문제를 해결한 것이 아니라 양탄자로 덮어둔 것이다. 두 번째 방법은 공기저항을 견뎌낼 수 있는 신비한 소재를 개발하여 모든 작업을 처음부터 다시 시작하는 것이다.

물리학자들은 중력의 양자이론을 완성하기 위해 지난 수십 년 동안 온갖 노력을 기울여왔으나, 때마다 나타나는 무한대와 비정상성에 막혀 뜻을 이루지 못했다. 그러는 동안 학계에서는 임시변통을 포기하고 완전히 다른 기초에서 새롭게 시작해야 한다는 의견이 서서히 대두되기 시작했다.[11]

떠오르는 끈이론

1984년에 칼텍의 존 슈바르츠와 런던 퀸메리대학Queen Mary's College의 마이크 그린Mike Green이 끈이론에 존재하는 수학적 불일치를 해결하면서 끈이론은 극적인 전환기를 맞이하게 된다. 당시 물리학자들은 끈이론에 수학적 무한대가 존재하지 않는다는 것을 이미 알고 있었다. 그러나 슈바르츠와 그린은 그동안 심각한 문제를 야기시켰던 비정상성까지 말끔하게 제거했고, 그 후로 끈이론은 '만물의 이론'을 구현할 가장 강력한 후보로 급부상하게 되었다.

불과 얼마 전까지만 해도 '이미 죽은 이론'으로 치부되던 끈이론은 이 하나의 사건으로 극적인 부활을 맞이하였다. '아무것도 아닌 이론'에서 '만물의 이론'으로, 하루아침에 그 평가가 달라진 것이다. 물리학자들은 앞다투어 끈이론과 관련된 논문을 읽기 시작했고, 전 세계의 연구소에서는 끈이론을 다룬 논문들이 봇물 터지듯 쏟아져 나왔다. 도서관 한구석에서 먼지에 덮여 있던 옛 논문들(베네치아노 등)은 갑자기 물리학 초유의 관심사로 부각되었으며, 황당무계한 공상과학소설쯤으로 치부되던 평행우주이론도 물리학의 주요 이슈로 떠오르면서 수백 건의 학회와 수만 편의 관련논문들이 학계에 난무하기 시작했다.

(일부 학자들이 '노벨상증후군'이라고 부를 정도로 끈이론을 향한 열풍은 대단한 것이었다. 1991년 8월에 발행된 《디스커버 *Discover*》지의 표지에는 다음과 같은 제목이 실렸다. "새롭게 등장한 만물의 이론 : 한 물리학자가 우주의 궁극적인 수수께끼에 도전장을 던지다." 이 기사에는 명예를 추구하는 한 물리학자의 말이 다음과 같이 인용되어 있었다. "저는 결코 겸손한 사람이 아니며, 그런 사람이 되고 싶지도 않습니다. 만일 제가 끈이론으로 성공을 거둔다면 노벨상은 당연히 저에게 주어질 것입니다."[12] 또한, 그는 끈이론이 아직 불완전하다고 주장하는 사람들을 향해 다음과 같이 포문을 열었다. "끈이론에 반대하는 사람들은 이론의 진위 여부가 증명되려면 적어도 400년 이상을 기다려야 한다고 주장하고 있는데, 저는 그들에게 이런 말을 해주고 싶습니다. '입 다물고 지켜보기나 해라!'")

끈이론을 향한 골드러시는 이렇게 시작되었다.

그러나 '초끈이론 지상주의'를 반대하는 사람들도 많았다. 하버드대학의 물리학자 중 한 사람은 "끈이론은 물리학이 아니라 수학이나 철학에 가까운 이론이다"며 반박했고, 노벨상 수상자인 하버드대학의 셸던 글래쇼는 끈이론 추종자들을 '스타워즈 프로그램'에 비유했다(검증할 수 없는 이론에 엄청난 예산을 소비한다는 뜻이다). 글래쇼는 끈이론을 연구한다고 해서 반대론자들을 방해하는 것은 아니므로, 다수의 젊은 물리학자들이 끈이론에 관심을 보이는 것은 바람직한 현상이라고 했다. 위튼은 "양자역학이 지난 50년 동안 물리학을 이끌어온 것처럼, 끈이론은 향후 50년 동안 물리학을 이끌어갈 것이다"라고 했다. 이 말에 대해 어떻게 생각하느냐고 글래쇼에게 물었더니, 그는 칼루자-클라인이론Kaluza-Klein theory이 지난 50년 동안 물리학자들에게 받았던 대접을 끈이론도 받게 될 것이라고 했다(그는 이 이론을 '미치광이의 이론'이라고 했다). 글래쇼는 하버드의 물리학자들이 끈이론을 연구하는 것을 원치 않았으나, 차세대의 물리학자들이 끈이론으로 몰려가는 대세를 바꾸기에는 역부족이었다(그 후 하버드대학 물리학과는 끈이론을 연구하는 젊은 물리학자를 여러 명 채용하였다).

우주의 음악

언젠가 아인슈타인은 이런 말을 한 적이 있다.

"아무리 뛰어난 이론이라 해도 어린아이가 이해할 수 있는 수준으로 설명하지 못한다면 아무짝에도 쓸모없다." 다행히도 끈이론의 내용은 음악이라는 매개체를 통해 아주 쉽게 설명될 수 있다.

끈이론이 주장하는 바는 기본적으로 다음과 같다. 입자의 구체적인 형태를 보여주는 초고성능 현미경이 개발되어 이 기구로 전자를 비롯한 소립자들을 들여다본다면, 우리의 눈에 보이는 것은 점point이 아니라 진동하는 끈string이라는 것이다(이 끈의 길이는 10^{-33}cm, 즉 양성자 크기의 10억×10억 분의 1에 불과하다. 그래서 모든 입자들을 점으로 간주해도 크게 틀리지 않았던 것이다). 만일 누군가가 이 끈을 퉁긴다면 진동패턴이 달라지면서 입자의 종류가 달라질 것이다. 예를 들자면 전자가 뉴트리노로 바뀌는 식이다. 여기서 끈을 또 한 번 퉁기면 쿼크가 될 수도 있다. 실제로 끈을 충분히 세게 퉁길 수만 있다면 현존하는 모든 입자들을 만들어낼 수 있다. 끈이론은 자연계에 다양한 입자들이 존재하는 이유를 이런 식으로 설명하고 있다. 즉, 모든 입자들은 동일한 끈이 다양한 패턴으로 진동하면서 나타난 결과라는 것이다. 예를 들어, 바이올린 줄이 내는 A음과 B음, 그리고 $C^\#$음은 근본적인 음이 아니다. 왼손가락의 운지에 따라 바이올린 줄은 모든 음을 만들어낼 수 있다. 그러므로 B^b이 G보다 더 근본적인 음이라고 말할 수 없는 것이다. 이와 마찬가지로 전자와 쿼크는 근본적인 입자가 아니며, 모든 입자들은 진동하는 끈으로부터 창출된다. 입자의 종류가 다양한 것은 끈의 진동패턴이 그만큼 다양하기 때문이다. 그렇다면 끈은 얼마나 다양하게 진동할 수 있을까? 이것을 결정하는 것이 바로 물리학의 법칙이다.

 끈은 분리되거나 합쳐질 수 있다. 전자나 양성자들 간의 상호작용이 관측되는 것은 바로 이러한 이유 때문이다. 그래서 끈이론을 이용하면 원자물리학과 핵물리학의 모든 법칙들을 재현시킬 수 있다. 끈이 연주하는 멜로디는 화학법칙에 해당되며, 우주는 수많은 끈들이 동시에 진동하면서 만들어내는 거대한 교향곡에 비유될 수 있다.

 끈이론은 양자역학에 등장하는 입자들뿐만 아니라 아인슈타인의 중력이론(일반상대성이론)까지도 끈의 진동으로 설명하고 있다. 끈의 최저 진동상태, 즉 질량=0이고 스핀=2에 해당하는 입자는 중력의 매개입자인 중력자로 해석함으로써, 이론물리학의 오랜 숙원이었던 '중력의 양자화'를 실현한 것이다. 끈이론이 예견한 중력자를 대상으로 상호작용을 계산하면 아인슈타인의 중력이론은 양자역학 버전으로 변환된다. 끈이 움직이고, 분리되고, 또는 변형되면서 시공간에 커다란 제약을 가하게 되는데, 이러한 제한조건으로부터 아인슈타인의 일반상대성이론을 유추해낼 수 있다. 다시 말해서, 끈이론 속에는 일반상대성이론이 이미 포함되어 있다는 것이다. 에드워드 위튼은 이렇게 말했다. "아인슈타인이 상대성이론을 발견하지 못했다 해도, 그것은 끈이론의 부산물로 어차피 탄생할 이론이었다." 이런 점에서 보면 일반상대성이론은 일종의 '공짜이론'인 셈이다(모두 그런 것은 아니지만, 끈이론을 연구하는 학자들은 과거의 물리학자들을 다소 가볍게 생각하는 경향이 있다. 끈이론이 그만큼 막강한 위력을 발휘하고 있는 것은 사실이지만, 이 시점에서 우리는 뉴턴의 명언을 되새길 필요가 있다고 생각한다. "내가 과거의 과학자들보다 멀리 내다볼 수 있었던 것은 그들의 어깨 위에 올라서 있었기 때문이다."—옮긴이).

끈이론이 아름답게 여겨지는 이유는 음악과 일맥상통하는 부분이 많기 때문이다. 우주는 미시적 규모나 거시적 규모에서 음악과 비슷한 특성을 갖고 있다. 세계적인 바이올리니스트 예후디 메뉴인 Yehudi Menuhin은 이런 말을 한 적이 있다. "음악은 혼돈 속에서 질서를 창출하는 능력이 있다. 리듬은 다양한 대상에 일치감을 부여하며, 멜로디는 불연속적인 대상에 연속성을 부여한다. 그리고 화성은 판이하게 다른 것들 속에서 화합을 이끌어낸다."[13]

아인슈타인은 통일장이론의 연구를 '신의 마음을 읽는 행위'에 비유하곤 했다. 만일 끈이론이 맞는다면, 우리는 10차원 공간에 울려퍼지는 음악을 통해 신의 마음을 읽을 수 있을 것이다. 고트프리트 라이프니츠의 말대로, "음악이란 무의식중에 계산이 수행되고

있는 마음의 수학이다."¹⁴

　음악과 과학의 상호관계를 처음으로 규명한 사람은 기원전 5세기 경에 살았던 피타고라스Pythagoras였다. 그는 화성의 법칙이 간단한 수학으로 표현된다는 사실을 발견하고 수학적 언어를 이용하여 화성과 음의 체계를 확립하였다. 피타고라스를 따르던 추종자들은 현악기의 줄을 퉁겼을 때 생성되는 소리의 고저가 줄의 길이와 밀접하게 관계되어 있다는 사실을 잘 알고 있었다. 줄의 길이를 두 배로 늘리면 한 옥타브octave 낮은 소리가 나고, 반으로 줄이면 한 옥타브 높은 소리가 난다. 또한, 줄의 길이를 3분의 2로 줄이면 5도 위(C→G)의 음이 생성된다. 따라서 음악과 화성의 법칙은 숫자들 간의 상호관계를 이용하여 매우 정확하게 표현될 수 있다. 피타고라스학파의 사람들은 모든 만물의 근본이 수數라고 믿었다. 그들은 화성의 법칙을 수학적으로 표현하는 데 성공한 후, 그 결과를 우주적 규모까지 확장시키려고 했다. 그러나 물질의 구조는 음악과 달리 너무나 복잡했기 때문에 간단한 정수들만으로는 우주의 법칙을 표현할 수 없었다. 이런 점에서 볼 때, 현대의 끈이론학자들은 끈이론을 이용하여 우주를 설명하려는 '피타고라스학파의 후예'인 셈이다.

　역사적인 연관성과 관련하여, 제이미 제임스Jamie James는 이렇게 말했다. "음악과 과학은 (한때) 심오하게 연결된 분야로 간주되어, 이들 사이에 근본적인 차이가 있다고 주장하는 사람은 무식쟁이로 취급되던 시절이 있었다. 그러나 요즘은 상황이 달라져서, 음악과 과학의 친밀함을 주장하는 사람은 문외한이라는 꼬리표를 달고 다닐 각오를 해야 한다. 더욱 난처한 것은, 음악가와 과학자 모두에게 이런 취급을 받게 된다는 점이다."[15]

초공간의 문제점

그러나 자연에 높은 차원의 공간이 정말로 존재한다면, 끈이론학자들은 1921년에 시어도어 칼루자Theodor Kaluza와 펠릭스 클라인Felix Klein이 최초로 고차원이론을 연구하면서 마주쳤던 문제에 똑같이 직면하게 된다. 높은 차원들은 대체 어디에 숨어 있는가?

무명의 수학자였던 칼루자는 아인슈타인 방정식을 5차원(4차원 공간과 1차원 시간)에서 재구성한 후 아인슈타인에게 한 통의 편지를 보냈다. 사실, 아인슈타인의 방정식은 임의의 차원으로 쉽게 확장시킬 수 있었으므로 칼루자의 아이디어는 전혀 새로운 것이 아니었다. 그러나 그가 보낸 편지에는 놀라운 내용이 적혀 있었다. 아인슈타인 방정식을 5차원으로 확장시킨 후 다섯 번째 차원에 해당되는 부분을 골라내서 보니, 맥스웰의 방정식과 거짓말처럼 일치하더라는 것이다! 다시 말해서, 맥스웰의 전자기이론이 5차원 아인슈타인 방정식에 자동으로 포함되어 있다는 뜻이다. 우리는 다섯 번째 차원을 볼 수 없지만, 이곳에서 형성된 파동이 바로 빛에 해당된다는 이야기다! 이것은 정말로 기쁜 소식이 아닐 수 없었다. 지난 150년 동안 물리학자들과 공학자들은 복잡하기 그지없는 맥스웰방정식을 외우기 위해 무진 고생을 해왔다. 그러나 이 방정식이 5차원으로 확장된 아인슈타인 방정식의 일부였다니, 이 얼마나 환상적이고 다행스런 일인가!

　수련이 떠 있는 얕은 연못 속에서 헤엄치는 물고기를 상상해보자. 이 물고기는 자신이 살고 있는 우주가 2차원이라고 하늘같이 믿고 있다(물론 물의 깊이가 있으므로 정확하게 2차원은 아니지만, 논리를 쉽게 풀어나가기 위해 물의 깊이는 무시하기로 한다). 우리가 살고 있는 3차원 세계는 물고기의 시야를 넘어선 곳에 존재하고 있다. 그러나 물고기는 세 번째 차원을 간접적으로 감지할 수 있다. 비가 내리는 날 연못 속에서 수면 쪽을 올려다보면 빗방울에 의해 생성된 수면파가 보일 것이다. 이와 마찬가지로, 우리는 다섯 번째 차원을 볼 수 없지만 그곳에 형성된 파동은 빛의 형태로 우리 눈앞에 나타나고 있는 것이다.

　[칼루자의 이론은 아름답고 심오한 대칭의 위력을 여실히 보여주고 있다. 나중에 증명된 사실이지만, 아인슈타인 방정식의 차원을 더 확장하여 진동의 특성을 부여하면 고차원 진동으로부터 W-보존과 Z-보존(약력의 매개입자), 그리고 글루온(강력의 매개입자)이 자연스럽게 유도된다! 칼루자의 접근방법이 옳다면 이 우주는 우리가 생각했던 것보다 훨씬 단순한 구조를 갖고 있는 셈이다. 아인슈타인 방정식을 출발점으로 삼아 차원을 계속 확장시켜나가면 자연에 존재하는 모든 힘들이 하나씩 그 모습을 드러낸다.]

　아인슈타인은 칼루자의 편지를 받고 커다란 충격을 받았다. 모든 것이 거짓말처럼 잘 맞아 들어갔기 때문이다. 그러나 몇 년이 지난 후 칼루자의 아이디어에서 몇 가지 문제점이 발견되었다. 첫 번째 문제는 그의 이론이 양자중력이론과 마찬가지로 무한대와 비정상성을 포함하고 있다는 점이었고, 두 번째는 더욱 근본적인 문제로서 "우리는 왜 다섯 번째 차원을 볼 수 없는가?"였다. 하늘을 향해 쏘아올린 화살은 결코 다른 차원 속으로 사라지지 않는다. 공간의 모든 지점으로 골고루 퍼지는 연기조차도 결코 사라지는 법이 없다. 그래서 물리학자들은 "우리가 살고 있는 공간에 더 높은 차원이 존재한다면, 그것은 원자보다 작은 영역 속에 숨어 있어야 한다"고 생각했다. 지난 한 세기 동안 신비론자들과 수학자들이 고차원의 아이디어에 몰두하고 있을 때, 물리학자들은 현실적인 증거가 없다는 이유로 그들을 비웃곤 했다. 그러나 칼루자의 아이디어가 물리학의 중앙무대에 등장하면서, 물리학자들은 고차원과 관련된 문제들을 더 이상 무시할 수만은 없게 되었다.

위기에 빠진 칼루자의 이론을 구제하기 위해, 물리학자들은 높은 차원이 아주 작은 영역 속에 숨어 있기 때문에 우리 눈에 보이지 않는다는 가정을 내세웠다. 우리가 사는 세계는 공간과 시간을 합해 4차원이므로, 만일 다섯 번째 차원이 정말로 존재한다면 원자보다 작은 영역 속에 원형으로 '돌돌 말려 있어서' 눈에 뜨이지 않는다고 생각하는 수밖에 없다.

끈이론도 이와 동일한 문제에 직면하였다. 초기의 끈이론이 주장했던 시공간은 10차원이었으므로, 우리가 알고 있는 4차원을 제외한 나머지 '여분의 차원'들을 극미의 영역 속에 구겨넣어야 했다(이것을 '차원다짐dimensional compactification'이라 한다). 끈이론에 의하면 이 우주는 원래 모든 힘들이 한 종류로 통합되어 있는 10차원의 객체였다. 그러나 10차원 초공간은 매우 불안정한 상태였으므로, 빅뱅이라는 거대한 사건을 겪으면서 여섯 개의 차원은 아주 작은 영역 속으로 말려 들어가고 지금과 같이 4차원의 시공간만 남게 되었다는 것이다. 말려 들어간 여섯 개의 차원은 너무나 작은 곳에 숨어 있기 때문에 눈(또는 가장 정밀한 관측기구)으로 볼 수도 없고, 그 안에 어떤 다른 객체가 존재할 수도 없다(예를 들어, 정원에 물을 뿌릴 때 사용하는 호스를 멀리서 보면 길이만 있는 1차원 물체처럼 보이지만, 가까이 다가가서 보면 호스의 면은 1차원이 아니라 2차원 곡면임을 알 수 있다. 즉, 호스의 원형단면을 따라 돌아가는 또 하나의 차원이 숨어 있는 것이다. 공간에 여분의 차원이 숨어 있다는 가정도 이와 같은 맥락에서 이해할 수 있다).

왜 하필 끈이론인가?

지난 세월 동안 끊임없이 제기되어왔던 다양한 통일장이론들은 모두 사장되었지만 끈이론은 끝까지 살아남았다. 지금은 끈이론을 대신할 만한 다른 이론이 전무한 상태이다. 끈이론이 이토록 막강한 위력을 발휘할 수 있었던 원인은 크게 두 가지로 요약해볼 수 있다.

첫째, 크기를 가진 최소단위(끈)를 만물의 기본으로 삼으면, 점입자이론에 수시로 나타나는 무한대문제를 피해갈 수 있다. 뉴턴의 중력만 해도, 점입자를 향해 점차 가까이 접근하면 중력의 크기는 무한대로 발산한다[뉴턴의 중력은 거리의 제곱에 반비례하므로($\propto 1/r^2$), r이 0으로 접근하면 중력은 1/0, 즉 무한대가 된다].

양자역학에서도, 점입자에 가까이 접근하면 힘은 무한대로 발산한다. 지난 수십 년 동안 물리학자들은 이 문제를 해결하기 위해 별의별 방법을 다 동원해왔다. 파인만은 재규격화renormalization라는 과정을 통해 무한대를 제거했고, 다른 물리학자들은 주로 무한대를 '옆으로 치워놓는' 식으로 무한대문제를 피해왔다. 그러나 양자중력이론에서는 파인만의 처방을 적용해도 무한대가 제거되지 않았다. 이 모든 것은 입자를 '크기가 없는 점'으로 간주했기 때문에 나타난 결과였다.

끈이론은 입자를 점이 아닌 끈으로 간주하고 있으므로, 점입자에 의한 무한대문제는 발생하지 않는다. 끈이론이 보유하고 있는 '무한대 방지장치'는 크게 두 가지가 있다. 끈의 위상topology과 초대칭supersymmetry이 바로 그것이다.

끈은 점입자와 완전히 다른 위상을 갖고 있기 때문에, 무한대문제도 전혀 다른 형태로 나타난다(대충 말하자면, 끈은 유한한 길이를 갖고 있으므로 여기에 가까이 접근해도 힘의 크기는 무한대로 커지지 않는다. 끈 근처에서 힘은 $1/L^2$에 비례하는데, 여기서 L은 끈의 길이이며 구체적인 값은 약 10^{-33}cm(플랑크길이)로서, 무한대를 잘라내는 역할을 한다). 끈은 무한히 작은 점과 달리 유한한 길이를 갖고 있기 때문에, 무한대는 끈을 따라 '무마되고' 모든 물리량들은 유한한 값을 갖게 되는 것이다.

끈이론에서 무한대가 나타나지 않는 것은 직관적으로 자명해 보이지만, 수학적으로 엄밀하게 증명하려면 매우 어렵고 까다로운 절차를 거쳐야 한다. 이 과정에는 '타원 모듈라함수elliptic modular function'라 부르는 유별난 함수가 등장하는데, 이는 할리우드 영화 〈굿 윌 헌팅Good Will Hunting〉에서 핵심적인 역할을 했던 함수이기도 하다. 케임브리지의 뒷거리를 주무대로 삼았던 이 영화에는 선천적으로 수학적 재능을 타고난 천재(매트 데이먼Matt Damon분)가 주인공으로 등장하는데, 그는 동네 불량배들과 주먹다짐을 하면서 어린 시절을 보내다가 우연한 기회에 MIT의 일용직 청소부로 고용된다. 그러던 어느 날, MIT의 한 수학과 교수가 학생들에게 문제를 내주면서 "답을 아는 사람은 복도에 걸려 있는 칠판에 적어놓으세요. 누군지는 몰라도, 그 학생은 틀림없이 위대한 수학자가 될 것입니다"라고 공언한다. 그런데 놀랍게도 정답을 적은 사람은 수학과 학생이 아니라 주먹질을 일삼던 바로 그 청소부였다. 문제를 냈던 교수는 이 사실을 알고 엄청난 충격을 받는다. 그 천재는 혼자서 틈틈이 현대수학을 공부했던 것이다. "제2의 라마누잔이 나타났다"며 잔뜩 흥분한 교수는 그 야성적인 천재를 다듬어서 당대의 석학으로 만들고 싶어하지만, 심리적으로 불안한 상태에 있었던 그는 사려 깊은 상담교수(로빈 윌리엄스Robin Williams분)와 긴 대화를 나눈 끝에 모든 기회를 저버리고 사랑하는 여인을 찾아 케임브리지를 떠난다…….

사실, 〈굿 윌 헌팅〉의 줄거리는 20세기 최고의 천재수학자 스리니바사 라마누잔Srinivasa Ramanujan의 일대기에 극적인 요소를 추가해 재구성한 것이다. 라마누잔은 1887년에 인도의 마드라스Madras 근방에서 지독하게 가난한 집안의 아들로 태어났다. 그가 살던 마을은 너무나도 외진 곳이었기에, 어린 시절부터 수학에 남다른 관심을 보였던 그는 19세기 유럽수학의 대부분을 독학으로 공부했다. 그러나 라마누잔의 삶은 마치 초신성처럼 짧은 순간에 엄청난 빛을 발하고 금방 사라져버렸다. 젊은 인도인의 천재성을 한눈에 알아본 케임브리지대학의 하디Godfrey Harold Hardy가 그를 영국으로 초청하여 수학연구에 몰두할 수 있는 환경을 만들어주었으나, 추운 기후에 적응하지 못한 라마누잔은 결국 1920년, 32세의 젊은 나이에 결핵으로 세상을 뜨고 말았다. 〈굿 윌 헌팅〉에 나오는 매트 데이먼처럼, 라마누잔도 26차원에서 특이한 성질을 발휘하는 타원 모듈라함수와 그 함수가 만족하는 방정식에 깊은 관심을 갖고 있었다. 지금도 수학자들은 라마누잔이 죽으면서 남긴 연구노트를 해독하느라 비지땀을 흘리고 있다. 라마누잔의 함수는 8차원까지 확장시킬 수 있는데, 이 정도면 끈이론에도 응용이 가능하다. 물리학자들은 끈이론과 결부시키기 위해, 여기에 두 개의 차원을 더 추가시켰다(예를 들어, 태양광선을 차단하는 편광 선글라스는 위-아래와 좌-우, 두 개의 방향으로 편광되어 있는 빛의 특성을 이용한 것이다. 그러나 빛의 성질을 수학적으로 표현한 맥스웰방정식은 4개의 성분을 갖고 있다. 물론 이들 중 두 개는 다른 두 개와 동일한 진동을 나타낸다). 라마누잔의 함수에 두 개의 차원을 추가하면 10과 26이라는 '마법의 숫자'가 나타나는데, 이는 끈이론에 등장하는 마법의 수와 정확하게 일치한다. 그러므로 라마누잔은 제1차 세계대전이 발발하기도 전에 이미 끈이론을 연구했던 셈이다!

　희한한 특성을 갖고 있는 타원 모듈라함수는 끈이론이 오직 10차원(또는 26차원)에서 성립하는 이유를 설명해주고 있다. 초끈이론은

10차원, 보존 끈이론bosonic string theory은 26차원에서 존재해야 무한대문제가 발생하지 않는다. 그러나 끈의 위상만으로는 모든 무한대를 해결할 수 없다. 남아 있는 무한대를 마저 제거하려면 끈이론의 또 다른 특징, 즉 대칭성을 십분 활용해야 한다.

초대칭

끈은 지금까지 알려진 모든 과학적 대상들 중에서 가장 높은 대칭성을 갖고 있다. 이 책의 4장에서 인플레이션이론과 표준모형에 대해 언급할 때, 원자세계의 입자들을 가장 우아하게 정렬시키는 방법이 바로 '대칭에 따른 분류'임을 지적한 바 있다. 예를 들어, 세 가지 종류의 쿼크는 SU(3)대칭으로 완벽하게 표현할 수 있다. 그리고 다섯 종류의 쿼크와 렙톤lepton(경입자)이 등장하는 GUT(대통일이론)는 SU(5)대칭으로 표현된다.

끈이론에서 대칭은 남아 있는 무한대와 비정상성을 상쇄시키는 중요한 역할을 한다. 대칭성은 우리가 사용할 수 있는 도구들 중에서 가장 아름답고 강력한 도구이므로, 우주를 설명하는 이론은 아마도 가장 우아하고 강력한 대칭성을 보유하고 있을 것으로 기대된다. 논리적으로 생각해보면, 이것은 쿼크에 한정된 대칭이 아니라 자연에서 발견되는 모든 종류의 입자들을 포함하는 초대형 대칭일 것이다. 다시 말해서, 우리가 원하는 것은 모든 입자들을 자기들끼리 바꿔치기 해도 형태가 변하지 않는, 그런 방정식이다. 이러한 대칭을 초대칭supersymmetry이라 하며, 초대칭을 갖고 있는 끈을 초끈 superstring이라 한다.[16] 초대칭은 물리학에 등장하는 모든 입자들을 맞바꾸는 유일한 대칭으로서, 우주를 구성하는 모든 입자들을 하나의 통일된 체계로 나열하는 가장 우아한 방법이다.

우주에 존재하는 모든 입자들은 스핀값에 따라 '페르미온 fermion'과 '보존boson'의 두 종류로 구분될 수 있다. 앞에서 말한 대로, 입자는 다양한 빠르기로 팽이처럼 회전하고 있는데, 이 특성을 간단한 숫자로 표현한 것이 스핀이다. 예를 들어, 전자기력을 매개하는 빛의 입자인 광자photon와 약력을 매개하는 W-보존, 그리고 강력을 매개하는 글루온의 스핀은 모두 1이며, 중력을 매개하는 중력자의 스핀은 2이다. 이상과 같이 스핀이 정수인 입자들을 보존이라고 한다. 또한, 물질을 구성하는 모든 입자들은 $1/2$, $3/2$, $5/2$ 등 반정수의 스핀을 갖고 있는데, 이들을 페르미온이라 한다(전자, 뉴트리노, 쿼크 등이 여기에 속한다). 초대칭은 보존과 페르미온을 연결하는 대칭이므로 힘(매개입자)과 물질(물질입자)을 연결시켜주는 대칭이라고 할 수 있다.

초대칭이론에 의하면 모든 입자들은 파트너를 갖고 있다. 각각의 페르미온들은 특정한 보존과 초대칭짝을 이룬다. 초대칭짝에 해당하는 입자는 아직 한 번도 발견된 적이 없지만, 물리학자들은 이 가상의 파트너 입자들에게 이미 이름까지 붙여놓았다. 예를 들어, 전자의 초대칭짝은 셀렉트론selectron이며, 스핀은 0이다(초대칭짝 입자의 이름은 대개 s로 시작한다). 또한, 약력에 관여하는 렙톤의 초대칭짝은 슬렙톤slepton이고 쿼크는 스핀=0인 스쿼크squark를 초대칭짝으로 갖고 있다. 일반적으로, 이미 알려져 있는 입자들(쿼크, 렙톤, 중력자, 광자 등)의 초대칭짝을 통칭해 초대칭입자superparticle(또는 sparticle)라 한다. 그러나 현재의 입자가속기에서는 이런 입자들이 발견된 사례가 아직 없다(아마도 가속기의 출력이 모자라기 때문일 것이다).

모든 소립자들은 페르미온 아니면 보존에 속하므로, 간단한 대칭 속에 모든 입자들을 아우를 수 있는 이론은 초대칭이론뿐이다. 지금 우리는 우주전체를 포함할 수 있는 초대형 대칭을 이미 확보하고 있다.

예를 들어, 공중에 휘날리는 눈의 결정에서 6갈래로 뻗어 있는 가지의 끝부분을 입자에 대응시켜보자. 1, 3, 5번째 가지에는 보존을 대응시키고 2, 4, 6번째 가지에는 페르미온을 대응시킨다. 그런데 눈의 결정은 $60°$(또는 그 정수 배) 회전대칭을 갖고 있으므로, 가운데를 중심으로 $60°$, $120°$, $180°$…만큼 돌려도 전체적인 모양은 변하지 않는다. 즉, 보존과 페르미온을 가지 끝에 달고 있는 눈의 '초결정 대칭'을 이용하면 모든 입자들을 하나의 통일된 체계 속에 통합시킬 수 있다. 그러므로 만일 누군가가 여섯 개의 입자들을 통합하는 통일장이론을 구축하고자 한다면, 6각형의 초결정 눈이 가장 유력한 후보가 될 것이다.

초대칭은 다른 이론들이 직면했던 무한대문제를 제거해준다. 앞에서 우리는 대부분의 무한대가 끈의 위상에 의해 제거된다는 사실을 확인한 바 있다. 즉, 끈은 무한히 작은 점과 달리 유한한 크기(길이)를 갖고 있기 때문에, 그 근처에 아무리 가깝게 접근한다 해도 힘이 무한대로 커지는 대형사고는 일어나지 않는다. 끈의 위상을 이용하여 무한대를 제거한 후에도 여전히 남아 있는 무한대는 두 가지 형태로 분류할 수 있는데, 페르미온의 상호작용에서 나타나는 무한대와 보존의 상호작용에서 나타나는 무한대가 바로 그것이다. 그런데 이 두 종류의 무한대는 항상 크기가 같고 부호는 반대이기 때문에 서로 정확하게 상쇄된다! 다시 말해서, 페르미온과 보존에 의한 공헌도가 항상 반대부호로 나타나서 이론에 남아 있는 무한대가 말끔하게 사라진다는 것이다. 그러므로 초끈이론은 겉보기만 그럴듯한 이론이 결코 아니다. 그것은 자연에 존재하는 모든 입자들을 하나의 대칭으로 통합시킬 뿐만 아니라 끈이론에 나타나는 무한대문제까지 깨끗하게 해결해주는 이상적인 이론이다.

고속용 로켓을 디자인하는 문제로 다시 돌아가서 생각해보자. 날개의 진동에 의한 몸체손상을 방지하려면 날개를 좌우대칭으로 설계하여 한쪽 진동이 다른 쪽 진동과 상쇄되도록 만들면 된다. 대부분의 로켓이 좌우대칭형인 것은 미적 감각 때문이 아니라 날개의 진동을 상쇄시키기 위한 방편인 것이다. 이와 마찬가지로, 초대칭은 페르미온이 만들어낸 무한대와 보존이 만들어낸 무한대를 서로 상쇄시킨다.

(또한, 초대칭은 GUT에 치명적 결함을 초래하는 기술적인 문제까지 해결해준다. GUT가 안고 있는 복잡한 수학적 불일치를 제거하려면 초대칭이 반드시 도입되어야 한다.[17])

초대칭은 난처한 문제를 해결해주는 강력한 아이디어임에 틀림없지만, 아직은 실험적인 증거가 확보되지 않은 상태이다. 우리는

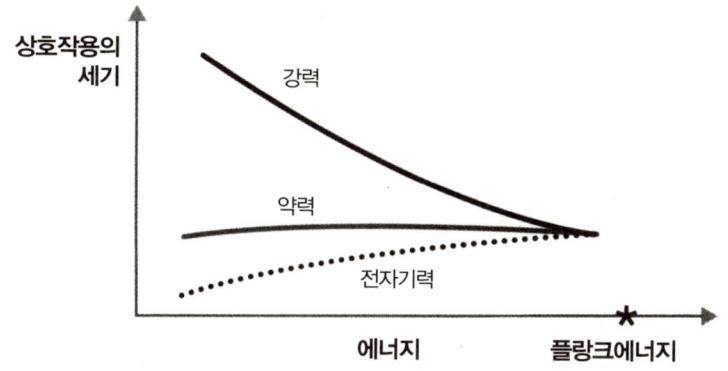

정상적인 환경에서 약력과 강력, 그리고 전자기력은 모두 다른 세기로 작용한다. 그러나 빅뱅과 비슷한 고에너지 상태로 가면 이들의 세기는 거의 하나의 값으로 수렴한다. 이것은 초대칭이론을 도입했을 때 얻어지는 결과로서, 이로부터 우리는 초대칭이론이 통일장이론의 핵심적인 요소임을 짐작할 수 있다.

중력을 제외한 세 종류의 힘의 세기가 모두 다르다는 사실을 잘 알고 있다. 낮은 에너지에서 강력은 약력보다 30배쯤 강하고, 전자기력보다는 100배나 강하다. 그러나 이러한 대소관계가 항상 성립하는 것은 아니다. 빅뱅이 일어나던 무렵에 모든 힘들은 똑같은 크기였을 것으로 추정되고 있다. 물리학자들은 빅뱅이 일어나던 무렵까지 거슬러 올라가 세 힘의 크기를 계산하는 데 성공했다. 표준모형에 의거한 계산결과에 의하면 우주 초창기에 전자기력과 약력, 그리고 강력의 크기는 거의 비슷했지만 완전히 같지는 않았다. 그러나 여기에 초대칭을 도입하면 세 힘의 크기가 완전히 같아지면서, 모든 물리학자의 희망봉인 통일장이론에 한 걸음 더 다가서게 된다. 물론 이것은 초대칭이론의 직접적인 증거가 될 수 없지만, 지금까지 알려진 물리학과 초대칭 사이에 어떤 모순이 유발되지 않는 것만은 확실하다.

표준모형 유도하기

초끈이론은 조절 가능한 변수가 전혀 없지만 끈이론은 잡다한 입자와 19개의 변수(입자의 질량과 결합상수 등)를 포함하는 표준모형과 거의 비슷한 해를 제시하고 있다. 이 밖에도 표준모형은 모든 쿼크와 렙톤에 대하여 세 개의 불필요한 복사본을 양산해내고 있다. 다행히도, 끈이론을 이용하면 표준모형의 중요한 특징들을 아주 쉽게(사실은 거의 공짜로) 유도할 수 있다. 1984년에 텍사스주립대학의 필립 칸델라스Philip Candelas와 샌타바버라 캘리포니아대학의 게리 호로비츠Gary Horowitz, 앤드루 스트로밍거Andrew Strominger, 그리고 프린스턴대학의 에드워드 위튼은 초대칭을 유지한 상태에서 초끈이론이 주장하는 10차원 중 6차원을 작은 영역 속에 구겨넣으면 이 조그만 6차원 세계는 칼라비-야우 다양체Calabi-Yau manifold로 표현된다는 것을 증명했다. 또한 이들은 칼라비-야우 다양체의 몇 가지 사례로부터 "끈의 대칭성이 붕괴되면 표준모형과 거의 비슷해진다"는 사실을 입증했다.

끈이론은 표준모형에 불필요한 복사본이 존재하는 이유를 설명해주고 있다. 끈이론에 의하면 쿼크모형에서 중복된 입자의 수는 칼라비-야우 다양체에 나 있는 구멍의 수와 관련되어 있다(예를 들어, 가운데 구멍이 뚫린 도넛이나 손잡이가 달린 커피잔은 구멍이 하나인 다양체이고 안경테는 구멍이 두 개인 다양체에 해당된다. 일반적으로 칼라비-야우 다양체에 나 있는 구멍의 개수에는 아무런 제한이 없다). 따라서 특정 개수의 구멍을 갖는 칼라비-야우 다양체를 적절히 선택하면 여러 가지 형태의 표준모형을 재구성할 수 있다(그러나 우리는 칼라비-야우 공간을 볼 수 없으므로 그 안에 정말로 구멍이 있는지는 확인할 수 없다). 그동안 전 세계의 끈이론학자들은 모든 가능한 칼라비-야우 다양체를 분류해내면서, 숨어 있는 6차원 공간의 위상이 쿼크와 렙톤의 특성을 결정한다는 사실을 확인할 수 있었다.

넘쳐나는 끈이론

1984년에 시작된 끈이론 열풍은 한동안 전 세계의 이론물리학계를 휩쓸면서 물리학 최대의 화두로 자리 잡았다. 그러나 1990년대 중반으로 접어들 즈음, 끈이론 추종자들의 열정은 이미 많이 식어 있었다. 그들은 어려운 문제를 저만치 제쳐두고, 쉬운 문제만을 집중공략하고 있었다. 끈이론이 직면한 어려운 문제들 중 하나는 끈을 서술하는 방정식이 무려 수십억 개나 된다는 점이었다. 시공간의 차원을 줄이는 방법에 따라 끈이론의 해는 4차원뿐만 아니라 다양한 차원에서 얻어질 수 있으며, 각각의 해는 나름대로 타당한 우주를 서술하고 있었다.

물리학자들은 홍수처럼 쏟아지는 해에 익사할 지경이었다. 게다가 그 많은 해들 중 대부분은 수학적으로 현재의 우주와 거의 비슷했다. 칼라비-야우 공간을 적절히 선택하면 표준모형의 특성을 거의 똑같이 재현할 수 있었으며, 심지어는 '불필요한 복사본'들까지 그대로 만들어낼 수 있었다. 그러나 19개 변수의 특정 값과 세 종류의 불필요한 입자족을 포함하는 표준모형을 정확하게 결정하기란 지극히 어려운 일이었다(이것은 지금까지도 물리학의 난제로 남아 있다. 다중우주의 개념을 선호하는 물리학자들은 끈이론의 해가 엄청나게 많은 상황을 오히려 반갑게 받아들였다. 각각의 해가 무수히 많은 우주들 중 하나를 서술한다고 생각하면 문제될 것이 없기 때문이었다. 그러나 그들도 수많은 해들 중에서 '우리의 우주'와 일치하는 해를 찾아낼 수는 없었다).

우리가 살고 있는 저-에너지 세계에서는 초대칭의 존재를 확인할 수 없다. 전자의 초대칭짝인 셀렉트론을 본 사람은 어디에도 없다. 그래서 초끈이론을 현실세계에 적용하려면 어쩔 수 없이 초대칭을 붕괴시켜야 한다. 만일 초대칭이 붕괴되지 않았다면 각 입자는 자신의 초대칭짝과 동일한 질량을 갖고 있어야 한다. 물리학자들은 자연의 초대칭이 이미 붕괴되어 초대칭짝들의 질량이 현재의 입자가속기로는 감지할 수 없을 정도로 엄청나게 커졌다고 믿고 있다. 그러나 초대칭이 어떤 과정을 통해 붕괴되었는지는 아직 미지로 남아 있다.

샌타바버라에 있는 캘비이론물리연구소Kalvi Institute for Theoretical Physics의 데이비드 그로스David Gross는 "3차원 공간에 걸맞은 끈이론의 해는 무수히 많지만, 이들 중 하나를 골라낼 마땅한 방법이 없다"고 했다.

문제는 이것뿐만이 아니다. 수학적으로 자체모순이 없는 끈이론도 다섯 개나 된다. 과연 이 우주는 다섯 가지의 통일장이론에 따라 운영되어온 것일까? 아인슈타인은 신이 우주를 창조할 때 다른 선택의 여지가 없었다고 믿었다. 그렇다면 끈이론은 왜 다섯 개나 존재하는 것일까?

베네치아노의 초창기 이론에 입각한 초끈이론은 'I형type I 초끈이론'이라 한다. I형 초끈이론은 열린끈open string(두 개의 끝을 갖는 끈)과 닫힌끈closed string(원형으로 감긴 끈)을 모두 허용하고 있다. 1970년대의 물리학자들은 I형 끈이론을 집중적으로 연구했다〔이 시기에 키카와와 나는 끈의 장이론을 이용해 I형 끈의 상호작용이 모두 다섯 종류로 분류될 수 있음을 입증했다. 이들 중 네 개는 열린끈에 적용되고 닫힌끈의 상호작용은 단 한 가지뿐이다(그림 참조)〕.

또한, 키카와와 나는 닫힌끈만으로도 자체모순이 없는 이론을 만들 수 있다는 사실을 입증하였다(훌라후프를 닮은 끈을 연상하면 된다). 이 이론은 현재 II형type II 끈이론으로 알려져 있으며, 닫힌끈들은 두 개의 작은 닫힌끈으로 분열하면서 상호작용을 주고받는다(이것도 세포분열 과정과 비슷하다).

가장 현실적인 끈이론으로는 프린스턴의 연구팀(데이비드 그로스, 에밀 마티넥Emil Martinec, 라이언 롬Ryan Rohm, 제프리 하비Jeffrey Harvey)이 구축한 이형끈이론heterotic string theory을 들 수 있다. 닫힌끈만을 허용하는 이형끈이론은 $E(8) \times E(8)$, 또는 $O(32)$대칭군을 채용하고 있는데, 대칭의 규모가 매우 커서 GUT까지도 포함할 수 있다. 1980년대와 1990년대에 물리학자들이 특별한 부연설명 없이

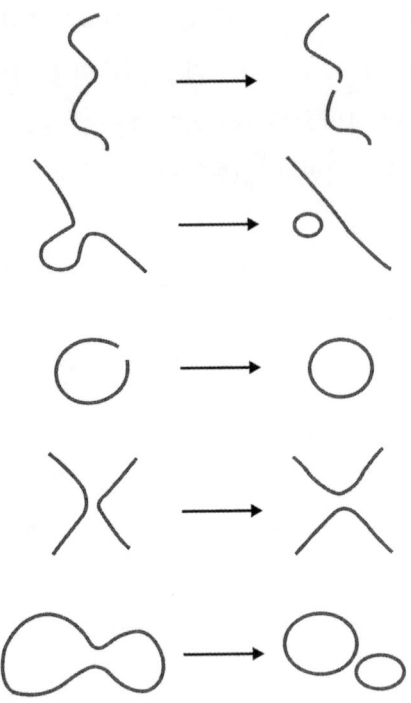

I형 끈의 상호작용 분류도. 그림에서 보다시피 끈은 분열되거나 합쳐질 수 있다. 닫힌끈의 상호작용은 마지막 그림만 고려하면 된다(세포가 분열되는 과정과 비슷하다).

끈이론을 언급하면 대부분 이형끈이론을 의미하는 것으로 통했다. 이론에 담겨 있는 대칭성이 워낙 높아서 표준이론을 분석하기에 아주 적절했기 때문이다. 예를 들어, $E(8) \times E(8)$대칭군은 $E(8)$, 또는 $E(6)$대칭군으로 쉽게 붕괴되는데, 이것만으로도 표준모형의 $SU(3) \times SU(2) \times U(1)$대칭군을 충분히 포함할 수 있다.

초중력의 수수께끼

끈이론이 다섯 종류나 가능하다는 것 말고도, 끈이론을 향한 골드러시의 와중에 잊혀진 문제가 하나 있었다. 1976년에 스토니브룩의 뉴욕주립대에서 끈이론을 연구하던 세 사람의 물리학자, 피터 반 노이벤후이젠Peter Van Nieuwenhuizen과 세르지오 페라라Sergio Ferrara, 그리고 다니엘 프리드먼Daniel Freedman은 아인슈타인의 중력이론에서 원래의 중력장에 초대칭짝(초중력자gravitino, 스핀=3/2)을 도입하면 초대칭을 보유한 중력이론으로 전환될 수 있음을 증명하였다. 흔히 초중력supergravity으로 일컬어지는 이 이론은 끈이 아닌 점입자에 기초한 이론이었는데, 무한히 많은 진동과 공명패턴을 갖고 있는 초끈이론과 달리, 초중력이론은 단 두 개의 입자만을 포함하고 있었다. 그 후 1978년에 파리 고등사범학교의 유진 크리머 Eugene Cremmer와 조엘 셔크, 그리고 버나드 줄리아Bernard Julia는 11차원에서 가장 일반적인 초중력이론을 구축하였고(12차원이나 13차원에서 초중력이론을 펼치면 수학적 모순이 발생한다), 1970년대 후반부터 1980년대 초반에 걸쳐 초중력은 통일장이론의 강력한 후보로 부상하게 되었다. 스티븐 호킹은 뉴턴의 뒤를 이어 케임브리지대학 수학과의 루카스 석좌교수Lucasian Chair로 취임하면서 "이론물리학의 끝이 보이고 있다"는 취임사를 남겼다. 그러나 얼마 지나지 않아 초중력은 다른 이론들을 사장시켰던 무한대 문제에 똑같이 직면하게 되었다. 다른 이론과 비교할 때 무한대가 그다지 빈번하게 등장하진 않았지만, 어쨌거나 초중력의 무한대는 끝까지 제거되지 않은 채 물리학자들을 괴롭혔다.

초대칭을 채용한 또 하나의 이론으로는 11차원 초막이론 supermembrane theory을 들 수 있다. 끈은 1차원적인 객체로서 길이만을 갖고 있는 반면, 초막은 표면을 갖고 있기 때문에 2차원, 또는 그 이상의 객체가 될 수 있다. 지금까지 알려진 바에 의하면, 11차원에서 성립하는 초막이론은 두 가지(2차원 막2-brane과 5차원 막5-brane)가 있다.

그러나 초막이론도 나름대로의 문제점을 안고 있다. 이 이론은 다루기가 엄청 까다로울 뿐만 아니라, 양자역학 버전으로 가면 역시 무한대문제가 빠지지 않고 등장한다. 바이올린의 줄은 형태가 매우 단순하여 무려 2,000년 전에 살았던 피타고라스조차도 화성의 법칙을 간단하게 유도할 수 있었지만, 줄에서 한 차원 더 확장된 막은 다루기가 너무 어려워서 아직도 만족할 만한 이론체계를 갖추지 못하고 있다. 게다가 막은 상태가 매우 불안정해 점입자로 붕괴될 수도 있다.

이리하여 1990년대 중반으로 접어들면서 물리학자들은 지독한 수수께끼에 직면하게 되었다. 10차원 끈이론은 왜 다섯 개나 존재하는가? 11차원에서 성립하는 이론은 왜 두 개(초중력과 초막이론)인가? 해답은 알 수 없지만 한 가지 확실한 것은 이들 모두가 초대칭을 보유하고 있다는 사실이다.

11차원

 1994년, 물리학계에 초대형 폭탄이 떨어졌다. 프린스턴의 에드워드 위튼과 케임브리지대학의 폴 타운센드Paul Townsend가 혁명적인 아이디어를 제안하여 지지부진하던 끈이론에 새로운 활력을 불어넣은 것이다. 이들은 10차원 끈이론이 '그 기원을 알 수 없는 신비한 11차원 끈이론'의 근사적인 서술에 지나지 않는다는 놀라운 사실을 알아냈다. 이와 더불어, 위튼은 11차원 막이론에서 하나의 차원을 작은 영역 속에 말아넣으면 10차원의 IIa형 끈이론type IIa string theory이 된다는 것을 증명하였다!

 그후 얼마 지나지 않아, 다섯 개의 끈이론들은 위튼이 발견했던 '신비한 11차원 이론'의 각기 다른 근사적 이론이었음이 밝혀졌다. 11차원에는 여러 종류의 막이 존재할 수 있었으므로, 위튼은 새로운 이론을 'M-이론'이라고 불렀다. 그러나 나중에 알고보니 M-이론은 다섯 개의 끈이론뿐만 아니라 초중력이론까지 설명하는, 그야말로 만능의 이론이었다.

 11차원 초중력이론은 아인슈타인의 중력자와 그 초대칭짝인 초중력자, 이렇게 두 개의 입자만을 포함하는 이론이다. 그러나 M-이론에는 질량이 제각기 다른 입자들이 무한정으로 등장하며(각 질량은 11차원 막에 주름을 형성하는 고유한 진동에 대응된다), 11차원 초중력이론까지 그 안에 포함하고 있다. 또한, 11차원 막이론에서 하나의 차원을 작은 영역 속에 감아넣으면 막이 끈으로 전환되면서 전체적인 이론은 II형 끈이론과 일치한다! 예를 들어, 11차원의 구球에

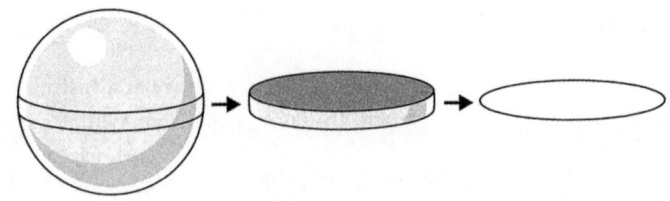

11차원의 막에서 하나의 차원을 작은 영역 속에 말아넣으면 10차원 끈이 자연스럽게 유도된다. 위의 그림과 같이, 차원을 하나 줄이면 구형 막의 적도부분은 끈으로 변환되는 것을 알 수 있다. 이러한 차원축소 과정은 다섯 가지 방법으로 진행될 수 있으며, 각각은 이미 알려져 있는 다섯 개의 10차원 끈이론에 대응된다.

서 하나의 차원을 제거하면 원래의 형태가 붕괴되면서 적도에 해당하는 부분이 닫힌끈으로 남을 것이다(그림 참조). 이와 마찬가지로, 11차원 막이론에서 열한 번째 차원을 작은 영역에 숨기면 그 결과는 10차원 끈이론과 일치하게 된다.

그러므로 우리는 10차원의 모든 끈이론과 11차원 이론들을 하나로 통합하는 아름다운 '통일이론'을 갖게 된 셈이다! 그것은 진정 물리학의 역사가 낳은 걸작 중의 걸작이 아닐 수 없다.

나는 끈이론의 제2혁명기가 시작되던 순간을 지금도 생생하게 기억하고 있다. 그 당시 나는 약속된 세미나를 하기 위해 케임브리지 대학으로 갔었는데, 폴 타운센드가 나를 청중들에게 소개하였다. 그러나 타운센드는 나의 발표순서가 돌아오기 전에 "모든 끈이론들은 11차원에서 하나의 이론으로 통합된다"는 위대한 발견을 청중들에게 발표하였고, 10차원 끈이론을 주제로 준비했던 나의 강연은 졸지에 한물간 이론이 되고 말았다.

나는 혼자서 중얼거렸다. "하나님 맙소사……." 타운센드가 완전히 미쳤거나, 아니면 물리학이 송두리째 뒤바뀌거나, 둘 중 하나는 분명한 사실이었다.

나는 내 귀를 도저히 믿을 수가 없어서 그에게 질문공세를 퍼부었다. 제일 먼저, 나는 11차원 초막이론이 수학적으로 다루기 어려울 뿐만 아니라 안정적이지도 않기 때문에 신뢰할 수 없다고 주장했다. 그러나 그는 나의 반론을 인정하면서도 그 문제는 차차 해결될 것이라며 자신만만한 표정을 잃지 않았다.

계속해서 나는 11차원 초중력이론의 무한대문제가 해결되지 않았음을 지적했다. 그러나 타운센드는 그것이 더 이상 문제되지 않는다고 했다. 당황한 내가 그 이유를 물었더니, "초중력은 그 정체를 알 수 없는 M-이론의 근사적인 서술에 불과하다"고 대답했다. M-이론은 막의 개념을 이용해 기존의 끈이론을 11차원에서 재구성한 신비의 이론으로서, 무한대문제는 더 이상 나타나지 않는다고 했다.

나는 오래전에 썼던 박사학위 논문을 떠올리며 "충돌과 재형성 등 초막에 관한 상호작용은 아직 규명되지 않았으므로 수용될 수 없다"고 주장했다. 타운센드는 이 문제 역시 인정했지만, 이제 곧 풀릴 것이라면서 여전히 여유 있는 표정을 짓고 있었다.

마지막으로, 나는 M-이론의 기본적인 방정식이 아직 알려지지 않았으므로 그것은 정상적인 이론이 아니라고 주장했다. 끈이론과는 달리(끈이론의 모든 내용은 간단한 장 방정식으로 요약될 수 있다) 막이론은 그에 해당하는 장이론이 존재하지 않았다. 그러나 타운센드는 여전히 자신만만한 표정을 지으면서 M-이론의 방정식도 머지않아 알게 될 것이라고 했다.

나는 무척 심란해졌다. 만일 그의 말이 모두 옳다면 끈이론은 엄청난 혁명을 겪게 될 판이었다. 그것은 물리학의 변방으로 밀려나 있던 막이론의 화려한 부활을 알리는 서곡이었다.

끈이론은 이처럼 혁명적인 변화를 겪으면서 발전해왔지만, 이론의 근간을 이루는 원리라는 것이 아예 없기 때문에 아직도 많은 의문점을 안고 있다. 나는 끈이론을 "사막을 걷다가 우연히 발에 채인 조그맣고 예쁜 조약돌"에 비유하곤 한다. 돌을 덮고 있는 모래를 걷어내고 보니, 그것은 사막 위에 건설된 거대한 피라미드의 끝부분이었다. 앞으로 수십 년 동안 부지런히 모래를 파내면 피라미드의 웅장한 모습과 함께 벽에 새겨진 신비한 상형문자와 온갖 밀실들, 그리고 복잡한 내부 터널들이 서서히 그 모습을 드러낼 것이다. 모래를 파내는 삽이 드디어 피라미드의 바닥에 닿는 날, 우리는 피라미드로 들어가는 정문을 발견할 수 있을 것이다.

브레인세계

M-이론의 가장 큰 특징은 끈뿐만 아니라 다양한 차원의 막membrane이 등장한다는 점이다. 이 세계의 용어를 따르자면 점입자는 '0-브레인zero-brane'에 해당된다. 점은 기하학적으로 아무런 차원도 갖고 있지 않기 때문이다. 길이를 갖고 있는 1차원 끈은 '1-브레인'이며, 농구공의 표면처럼 길이와 폭으로 정의되는 물체는 '2-브레인'에 해당된다(농구공 자체는 3차원 물질이지만 공의 표면은 2

차원이다. 지구 표면 위에서 두 개의 좌표(경도와 위도)를 정의하기만 하면 한 점이 결정되는 것은 지표면이 2차원이기 때문이다]. 우리가 살고 있는 우주는 길이와 폭, 그리고 너비를 갖고 있는 일종의 '3-브레인'이라 할 수 있다[이런 식으로 이름을 붙이면 p차원의 공간은 p-브레인이 되는데(p는 정수), 발음상으로는 pea-brane(완두콩 표면)이 되어 원래의 뜻에 자동으로 부합된다].

막의 차원을 줄여서 끈으로 만드는 방법은 여러 가지가 있다. 열한 번째 차원을 작게 말아서 없앨 수도 있지만, 11차원 막의 적도부분을 얇게 썰어서 원형리본을 얻어낸 후 리본의 폭을 0으로 가져가면 10차원 끈을 만들어낼 수 있다. 페트르 호라바Petr Horava와 에드워드 위튼은 이 방법을 이용하여 M-이론으로부터 이형끈이론이 유추될 수 있음을 입증했다.

11차원 M-이론을 10차원 이론으로 줄이는 데에는 다섯 가지 방법이 있다. 그리고 각각의 방법으로 얻어진 이론들은 이미 알려져 있는 다섯 개의 10차원 초끈이론과 정확하게 일치한다. 이로써 M-이론은 "끈이론은 왜 다섯 개나 존재하는가?"라는 의문에 빠르고 직관적인 답을 제시하였다. 들판에 사는 사람은 산과 언덕에 가려 한정된 시야를 가질 수밖에 없지만, 높은 산에 올라 아래를 내려다보면 모든 들판과 산들을 하나의 통일된 관점(3차원적 관점)에서 관망할 수 있다. 이와 마찬가지로, 11차원의 관점에서 10차원을 내려다보면 다섯 개의 끈이론들은 한 이론(M-이론)의 다섯 가지 단면에 불과했음을 알 수 있다.

이중성

폴 타운센드는 내가 제기했던 대부분의 질문에 답을 제시하지 못했지만 새로운 대칭의 위력을 실감한 나는 그 자리에서 설득될 수밖에 없었다. M-이론은 이론물리학 역사상 가장 큰 대칭성을 갖고 있었을 뿐만 아니라, 이중성duality이라는 또 하나의 강력한 도구를 이용해 다섯 개의 끈이론을 하나로 통일할 수 있었다.

전기와 자기현상을 설명하는 맥스웰의 방정식을 생각해보자. 이 방정식에서 전기장과 자기장을 서로 맞바꿔도 방정식은 거의 변하지 않는다. 여기에 자기홀극magnetic monopole(N극, 또는 S극만 있는 자석)을 추가하면, 전기장과 자기장을 맞바꾸고 전기전하 e를 자기전하 g의 역수와 맞바꿔도 방정식은 전혀 변하지 않는다. 즉, 전기와 자기의 맞바꿈에 대해 완벽한 대칭성을 보유하게 되는 것이다. 이것은 전기(전기전하가 작을 때)와 자기(자기전하가 클 때)가 동일하다는 뜻이며, 이러한 성질을 '이중성'이라 한다.

자기홀극은 (오늘날까지도) 단 한 번도 발견된 적이 없으므로 과거의 물리학자들은 이중성을 '과학적 호기심을 자극하는 트릭' 정도로 생각했다. 그러나 현대의 물리학자들은 이를 두고 "맥스웰의 방정식에 '(적어도 우리의 우주에서는) 자연이 사용하지 않는' 대칭성이 존재한다"는 식으로 이해하고 있다.

다섯 종류의 끈이론들도 이와 비슷한 이중성을 갖고 있다. 예를 들어, I형 끈이론과 이형 SO(32) 끈이론을 생각해보자. 기존의 관점에서 보면, 이들 사이에는 아무런 공통점도 없다. I형 끈이론은 열린끈과 닫힌끈을 모두 허용하며, 모든 끈은 끊어지거나 합쳐지는 등 다섯 가지의 경로를 통해 상호작용을 주고받을 수 있다. 그러나 이형 SO(32) 끈이론에서는 오직 닫힌끈만 허용되고, 상호작용도 세포분열을 닮은 단 한 가지 과정을 통해 이루어진다. 또한, I형 끈이론은 10차원 공간에서 정의된 이론인 반면에 이형 SO(32) 끈이론은 26차원에서 정의된 이론이다.

이렇게 보면 두 이론 사이의 공통점은 전혀 없는 것 같다. 그러나 맥스웰방정식의 경우처럼 이들 사이에는 마술과도 같은 이중성이 존재한다. 끈들 사이에 작용하는 상호작용의 세기를 증가시키면 I형 끈이론은 이형 SO(32) 끈이론으로 전환되는 것이다!(이 사실을 처음 알았을 때, 나는 거의 뒤로 넘어갈 뻔했다. 전혀 다르게 보였던 두 개의 물리이론이 수학적으로 동등하다고 판명되는 것은 극히 드문 일이다)

리사 랜들

M-이론은 기존의 끈이론을 모두 포함하는 강력한 이론이지만, 그 중에서도 가장 매력적인 점을 꼽는다면 열한 번째 차원의 규모가 실험실에서 관측 가능할 정도로 크다는 점을 들 수 있다. 기존의 끈이론에서 우리가 감지할 수 있는 4차원 시공간을 제외한 나머지 6차원은 칼라비-야우 다양체라는 극미의 영역 안에 돌돌 말려 있기 때문에 현재의 실험기술로는 관측이 불가능했다. 또한, 먼 훗날 고차원의 초공간으로 뛰어올라 3차원 공간(4차원 시공간)을 조망하겠다

는 희망도 물 건너간 꿈처럼 보였다.

그러나 끈이 아닌 '막'에 기초하고 있는 M-이론을 수용하면 사정은 전혀 달라진다. 지금보다 훨씬 큰 우주에서 바라보면 막의 형태로 떠다니고 있는 우리의 우주를 전체적으로 조망할 수 있다. 다시 말해서, 여분의 차원들이 모두 작은 영역 속에 말려 있는 것이 아니라, 그들 중 일부는 아주 큰 규모에(심지어는 무한대까지) 걸쳐 존재할 수도 있다는 것이다.

이와 같이 전혀 새로운 시각에서 우주를 연구한 대표적인 물리학자로는 하버드대학의 리사 랜들Lisa Randall을 들 수 있다. 영화배우 조디 포스터와 비슷한 용모를 지닌 그녀는 과격한 언사가 난무하고 경쟁이 치열한 남성 위주의 물리학계에서 단연 돋보이는 물리학자이다. 그녀는 "이 우주가 정말로 고차원 공간을 표류하고 있는 3-브레인이라면, 이로부터 중력이 다른 힘들보다 현저하게 약한 이유를 설명할 수 있을지도 모른다"는 생각을 고수하면서, 지금도 자신만의 연구에 몰두하고 있다.

랜들은 뉴욕의 퀸즈(TV 연속극 〈일가족All in the Family〉의 주연배우인 아치 벙커Archie Bunker의 고향으로 유명하다)에서 자라났다. 어린 시절에는 물리학에 별다른 관심이 없었고, 수학을 유별나게 좋아했다고 한다. 나는 모든 아이들이 과학자로서의 자질을 타고난다고 생각한다. 단지 과학을 좋아하는 마음을 오랜 세월 동안 유지하지 못하는 것뿐이다. 가장 큰 이유는 아마도 수학이라는 난관을 넘지 못하기 때문일 것이다.

좋건 싫건 간에, 과학자가 되려면 자연의 언어인 수학에 익숙해져야 한다. 수학이 없다면 우리는 자연이라는 무대에 활동적으로 참여하지 못하고 수동적인 관객으로 남을 수밖에 없다. 아인슈타인의 말대로, "순수수학은 논리적인 생각을 표현하는 한 편의 시詩이다."[18] 한 가지 비유를 들어보자. 누구나 프랑스 문화를 좋아할 수는 있지만, 그 속에 완전히 젖어들려면 프랑스어를 배워서 동사의 활용법에 익숙해져야 한다. 과학과 수학의 경우도 마찬가지다. 일찍이 갈릴레오는 자신의 저서에 다음과 같은 글을 남겼다. "우주를 이해하려면 그에 적절한 언어를 반드시 익혀야 한다. 그 언어란 삼각형과 원을 비롯한 여러 도형들이 알파벳으로 사용되는 수학이다. 수학 없이 우주를 논리적으로 이해하기란 불가능하다."[19]

그러나 수학자들은 자신이 가장 '무용한' 과학을 연구하고 있다는 특이한 자부심을 갖고 있다. 수학은 추상적이고 무용할수록 더욱 큰 빛을 발하는 희한한 학문이다. 랜들은 하버드의 대학원생이었던 1980년대 초에, 우주의 '구체적인 모델'을 제시하는 물리학에 매력을 느껴 진로를 바꿨다고 한다. 물리학자들은 이론을 처음 내놓을 때, 수학자들처럼 한 무더기의 방정식을 늘어놓지 않는다. 새로운 물리학이론은 자연현상을 근사적으로 서술하는 간단하고 이상적인 모형에서 출발하는 것이 보통이다. 그리고 대부분의 모형들은 상당히 시각화되어 있어서 이해하기도 쉽다. 예를 들어, 쿼크모형은 하나의 양성자가 세 개의 쿼크로 이루어져 있다는 간단한 아이디어에서 출발하였다. 랜들은 이렇게 간단한 모형으로 자연현상을 시각화시켜주는 물리학이 우주를 연구하는 데 훨씬 적절하다고 생각했다.

1990년대에 랜들은 우주전체가 하나의 막이라는 브레인세계가설

brane world scenario에 매력을 느껴 M-이론에 대한 본격적인 연구를 시작했다. 특히 그녀는 중력이 다른 힘들보다 형편없이 약한 이유를 집중적으로 파고들었다. 이것은 중력이론의 원조라 할 수 있는 뉴턴과 아인슈타인조차도 심각하게 생각해본 적이 없는, 매우 까다로운 문제였다. 우주에 존재하는 다른 세 종류의 힘들(전자기력, 약력, 강력)은 거의 비슷한 세기로 작용하는 반면, 중력은 이들과 비교가 안 될 정도로 미미한 힘이다.

특히, 쿼크의 질량은 양자중력과 관계된 질량보다 훨씬 작은 값을 나타내고 있다. 이 문제에 관한 랜들의 평은 다음과 같다.

"그 차이는 실로 대단합니다. 두 질량의 차이는 무려 10^{16}배나 되거든요. 이 엄청난 차이를 설명할 수 있는 이론이 있다면, 그 이론은 표준모형까지도 완벽하게 설명할 수 있을 겁니다."[20]

중력이 약한 이유는 별의 덩치가 그토록 큰 이유와 일맥상통한다. 우리의 지구는 바다와 산, 대륙 등으로 덮여 있는 거대한 행성이지만 태양의 덩치에 비하면 그야말로 작은 점에 불과하다. 이렇게 중력 자체가 워낙 약한 힘이기 때문에, 양성자들 사이에 작용하는 전기적 척력을 이겨내고 안으로 수축되려면 중력을 행사하는 질량이 엄청나게 많아야 한다. 별의 덩치가 상대적으로 큰 것은 바로 이런 이유 때문이다.

M-이론이 세계적인 관심사로 떠오르면서, 일부 연구팀들은 이 이론을 우주에 적용해보았다. 우리의 우주가 5차원 세계에 떠다니는 3-브레인이라고 가정해보자. 이런 경우, 3-브레인의 표면에서 일어나는 진동은 우리 주변에 있는 원자에 대응된다. 따라서 이 진동은

3-브레인을 떠나서는 일어날 수 없으며 다섯 번째 차원으로 전달될 수도 없다. 우리의 우주가 정말로 다섯 번째 차원을 표류하고 있다 해도, 우리 주변에 있는 원자들은 우리의 우주를 이탈할 수 없다. 왜냐하면 이들의 진동은 오직 3-브레인의 표면에서만 일어나고 있기 때문이다. 이로부터 우리는 1921년에 칼루자와 클라인, 그리고 아인슈타인이 제기했던 질문에 나름대로의 해답을 제시할 수 있다. "우리는 다섯 번째 차원을 표류하고 있지만 그 안으로 들어갈 수는 없다. 왜냐하면 우리의 몸은 3-브레인의 표면을 이탈할 수 없기 때문이다."

그러나 이 논리에는 한 가지 허점이 있다. 중력은 공간의 곡률과 밀접하게 관련되어 있으므로, 중력이 3차원 공간에만 한정되어 있다고 생각할 필요는 없다. 어쩌면 중력은 5차원 공간을 가득 메우고 있는지도 모른다. 만일 이것이 사실이라면 중력은 3-브레인을 이탈하면서 더욱 약해질 것이다. 물론 이것은 중력이 다른 힘보다 약한 이유를 설명하는 데 도움이 되긴 하지만, 약해지는 정도가 너무 지나쳐서 또 다른 문제를 야기시킨다. 행성과 별, 은하 등에 잘 적용되어온 뉴턴의 '역제곱 비례법칙'이 더 이상 성립하지 않게 되는 것이다. 지금까지 우리가 관측해온 우주공간에서 중력이 거리의 제곱에 반비례하지 않는 사례는 발견된 적이 없다(어두운 방을 비추는 백열전구를 예로 들어보자. 필라멘트에서 발생한 빛은 전구의 표면에 닿을 때까지 사방으로 퍼져나가면서 거리의 제곱에 반비례해 점차 흐려진다. 그러므로 전구의 반경을 두 배로 키운다면 전구표면의 빛은 네 배(2^2배)로 흐려질 것이다. 그런데 n차원 공간에 놓여 있는 전구의 표면은 $n-1$차원이므로, 빛의 강도는 2^{n-1}배로 흐려진다. 즉, n이 4 이상의 정수이면 빛의 강도는 훨씬 빠른 속도로 감소하게 된다].

아카니 하미드N. Arkani-Hamed와 디모폴로스S. Dimopoulos, 그리고 드발리G. Dvali가 이끄는 연구팀은 이 문제를 해결하기 위해 다섯 번째 차원이 무한히 크지 않고 우리의 우주로부터 수mm 정도 '떠 있다'는 가정을 내세웠다(만일 다섯 번째 차원이 이보다 멀리 떨어져 있다면 뉴턴의 중력법칙에서 벗어난 효과가 실험을 통해 관측될 것이다). 아주 짧은 거리에서 뉴턴 중력법칙의 성립 여부를 확인하면 이들의 가정을 검증할 수 있다. 그동안 뉴턴의 중력법칙은 천문학적 스케일에서 여러 차례 검증되었지만, mm 단위의 짧은 거리에서 정밀하게 관측된 적은 단 한 번도 없었다. 현재 실험물리학자들은 짧은 영역에서 뉴턴의 중력법칙이 벗어나는 정도를 열심히 관측하고 있는데, 자세한 내용은 9장에서 다시 설명할 예정이다.

리사 랜들과 그녀의 연구동료인 라만 선드럼Raman Sundrum은 다섯 번째 차원이 우리로부터 수mm가 아니라 무한히 멀리 떨어져 있을 가능성을 확인하기 위해 새로운 접근방법을 선택했다. 우선 그들은 다섯 번째 차원이 뉴턴의 중력법칙을 어기지 않은 채로 무한대를 유지할 수 있는 비결을 설명해야 했는데, 랜들이 제시한 해답은 다음과 같다. "3-브레인의 중력은 중력자가 다섯 번째 차원으로 이탈하는 것을 방지한다." 즉, 3-브레인이 행사하는 중력 때문에 중력자들이 3-브레인에 들러붙어 있다는 것이다(벌레잡이용 끈끈이에 들러붙어 있는 파리와 비슷하다). 그러므로 뉴턴의 중력법칙은 우리의 우주에서 거의 정확하게 들어맞는다. 물론 3-브레인을 이탈하면 중력이 약해지지만, 중력자가 3-브레인으로부터 멀리 이탈하지 못하기 때문에 역제곱 비례법칙은 거의 정확하게 유지된다(또한, 랜들은 우리의 우주와 나란히 존재하는 또 하나의 브레인을 도입했다. 두 브레인 사이의 미묘한 중력적 상호작용을 계산할 수 있다면 중력이 약해지는 정도를 수치적으로 정확하게 설명할 수 있다).

여기서 잠시 랜들의 말을 들어보자. "여러분의 차원이 계층문제의 기원을 설명할 수도 있다는 가능성이 처음 제시되었을 때, 물리학자들은 흥분을 감추지 못했습니다. 눈에 보이지 않는 공간차원이 존재한다는 아이디어는 일견 황당하기도 하지만, 지금 우리는 그것을 뒷받침하는 강력한 논리를 갖고 있습니다."[21]

만일 이들의 주장이 옳다면 중력은 원래 다른 힘들과 거의 비슷한 크기였는데, 일부가 더 높은 차원으로 새나가면서 약해졌다고 설명할 수 있다. 이로부터 얻어지는 가장 심오한 결과는 양자적 효과에 의한 에너지가 과거의 생각처럼 플랑크에너지(10^{28}전자볼트)만큼 크지는 않다는 것이다. 만일 이 에너지가 수조(10^{12}) 전자볼트 정도라면 2007년에 완공예정인 초대형 강입자가속기Large Hadron Collider를 이용해 관측할 수 있을 것이다. 실험물리학자들은 표준모형을 넘어서 존재하는 신비의 입자를 남보다 먼저 관측하기 위해 다양한 실험계획을 세워놓고 있다. 잘하면 앞으로 몇 년 이내에 양자중력에 의한 효과가 관측될지도 모를 일이다.

막의 개념은 아직 이론에 머물러 있긴 하지만, 암흑물질에 대한 나름대로의 설명을 제시하고 있다. 웰스의 소설《투명인간》에서 주인공은 네 번째 공간차원을 떠다녔기 때문에 다른 사람들의 눈에 보이지 않았다. 이와 비슷하게, 우리의 우주 바로 위에서 떠다니는 평행우주를 상상해보자(앞에서도 이런 표현을 자주 사용했지만, '떠 있다'는 표현은 3차원의 높낮이 개념이 아니라 우리의 3차원 공간과 아예 '분리되어 있다'는 뜻이다. 그러므로 '떠다니는' 우주를 상상하기 위해 하늘을 떠올릴 필요는 없다―옮긴이). 물론, 이 평행우주에 속해 있는 은하는 우리의 눈에 보이지 않을 것이다. 그러나 초공간의 굴곡은 중력을 야기시키기 때문에, 중력은 두 우주 사이를 건너뛸 수 있다. 즉, 다른 우주에 있는 은하가 초공간을 통해 우리 우주에 있는 은하와 중력을 주고받을 수도 있다는 것이다. 그러므로 우리 은하의 특성을 잘 관측하면 은하의 중력이 뉴턴의 법칙으로 예견되는 값보다 크게 나올 수도 있다. 근처에 숨어 있는 브레인에 다른 은하가 추가로 존재하고 있기 때문이다. 이 은하들의 질량이 우리 은하의 질량보다 압도적으로 크다면(약 9배), 암흑물질의 정체는 평행우주에 속한 은하라고 생각할 수 있다.

충돌하는 우주

M-이론을 우주론에 적용하는 것은 아직 시기상조일 것이다. 그러나 물리학자들은 기존의 인플레이션이론에 새로운 활력을 불어넣기 위해 '브레인물리학'을 우주에 적용하고 있다. 이들 중 학계의 관심을 끄는 세 가지 우주론을 여기 소개하기로 한다.

첫 번째 우주론은 다음 질문에 답하려고 노력 중이다. "우리가 속한 시공간은 왜 4차원인가?" 원리적으로 M-이론은 11차원 이내의 모든 차원에서 전재될 수 있으므로, 시공간이 굳이 4차원일 이유는 없을 것 같다. 로버트 브란덴버거Robert Brandenberger와 쿰룬 바파 Cumrun Vafa는 시공간이 4차원인 이유를 끈의 기하학적 특성에서 유추하려고 노력했다.

그들의 주장에 의하면 우주는 높은 차원들이 플랑크길이의 영역 안에 감긴 채 완벽한 대칭성을 갖고 출발했다. 우주의 초창기에는 고리형 끈들이 다양한 차원들을 단단하게 감고 있었기 때문에 팽창이 일어나지 않았다. 그러다가 어느 순간에 끈이 끊어지면서 차원의 규모가 커지기 시작했다.

초창기의 우주는 끈과 반끈antistring이 차원을 감고 있었기 때문에 팽창하지 않았다(반끈이란, 대충 말해서 끈과 반대방향으로 차원을 감고 있는 끈을 말한다). 그러다가 끈과 반끈이 충돌하여 무無로 사라지면서 속박된 차원이 풀려나게 되었다. 그런데 규모가 큰 차원은 빈 공간이 많았으므로 끈의 충돌이 거의 일어나지 않아서 풀려나지 못했다. 브란덴버거와 바파는 3차원, 또는 그 이하의 차원에서 끈과 반끈의 충돌이 더욱 빈번하게 일어난다는 것을 증명했다. 일단 충돌이 일어나면 차원은 급격하게 팽창하기 시작한다. 그들은 이것이 빅뱅의 근원이라고 주장했다. 이 이론에 의하면 시공간이 4차원인 이유를 끈의 위상topology으로부터 유추할 수 있다. 더 높은 차원의 우주도 가능하긴 하지만, 이들은 아직도 끈과 반끈으로 묶여 있을 가능성이 높기 때문에 지금과 같은 우주가 탄생했다는 것이다.

그러나 M-이론은 또 다른 가능성을 제시하고 있다. 만일 하나의 우주가 다른 우주로부터 탄생할 수 있다면 그 역과정도 가능할 것이다. 즉, 우주끼리 서로 충돌할 수도 있다는 뜻이다. 우주가 충돌하면 섬광이 발생하고 그로부터 새로운 우주가 탄생할 가능성도 있다. 이 논리를 따른다면 빅뱅은 한 우주에서 다른 우주가 발화하면서 발생한 것이 아니라, 두 개의 평행한 브레인우주가 충돌하면서 발생한 사건으로 해석할 수 있다.

이 두 번째 이론을 주장한 사람은 프린스턴대학의 폴 스타인하르트와 펜실베이니아대학의 버트 오브럿Burt Ovrut, 그리고 케임브리지대학의 닐 튜록Niel Turok이었다. 이들은 막이론과의 조화로운 결합을 위해 "여분차원의 규모는 무한대까지 커질 수도 있다"는 에크피로틱 우주모형ekpyrotic universe model(ekpyrotic은 그리스어로 '돌발적인 사건'을 의미한다)을 제안하였다. 이 모형은 평평하고 균질한, 최저에너지상태의 평행 3-브레인에서 출발한다. 원래 이 브레인들은 차갑고 텅 빈 우주였지만 중력에 의해 서서히 끌리다가 결국 충돌하여 방대한 양의 운동에너지가 물질과 복사로 전환되면서 지금과 같은 우주가 탄생하였다. 여기에는 기본적으로 '두 브레인의 충돌'이라는 가정이 깔려 있기 때문에, 일부 물리학자들은 이 이론을 빅뱅이라는 이름 대신 '빅 스플랫big splat'으로 부르고 있다[splat은 얇은 물체들이 부딪힐 때 나는 소리(철썩!)를 의미한다—옮긴이].

두 우주가 충돌한 후에는 서로 상대방을 밀쳐내고, 각각의 우주는 급격하게 식으면서 지금과 같은 우주로 진화한다. 온도의 하강과 부피의 팽창은 우주의 온도가 절대온도 0K에 이르고 밀도가 1,000조 광년^{3}당 전자 하나가 존재할 정도로 낮아질 때까지 수조 년에 걸쳐 계속된다. 이 정도가 되면 우주는 사실상 완전히 비어 있는 거나 다름없다. 그러나 중력은 두 우주를 다시 끌어당길 것이므로 수조 년이 지나면 다시 충돌을 겪으면서 동일한 주기를 반복하게 된다.

이 새로운 이론은 여러 면에서 기존의 인플레이션이론을 보완해주고 있다(평평성 및 균질성 문제). 우주가 평평한 이유는 두 개의 브레인이 원래 평평했기 때문이며, 우주가 모든 방향으로 균질한 이유는 평형상태에 도달할 만큼 충분한 시간이 흘렀기 때문이다. 인플레이션이론은 우주의 팽창이 갑작스럽게 일어났다는 논리로 지평선문제를 해결하고 있지만, 브레인 충돌가설은 우주가 평형상태를 찾아 서서히 변해간다는 가정으로 이 문제를 해결했다.

(이 가설에 의하면 초공간에 떠다니는 다른 우주도 존재할 수 있다. 그리고 이 우주들은 먼 훗날 우리의 우주와 충돌하여 또 하나의 빅 스플랫을 야기시킬 수도 있다. 우리의 우주는 팽창이 가속되고 있으므로 다른 충돌이 일어날 가능성은 얼마든지 있다. 스타인하르트는 "우주팽창의 가속현상은 충돌의 전조라고 할 수 있다. 우리에게 다가올 미래치곤 그다지 반가운 사건이 아니다"라고 했다.[22])

현재 널리 수용되고 있는 인플레이션이론에 도전장을 던지는 새로운 이론이 제시되면, 곧바로 사방에서 날카로운 비평이 날아들곤 한다. 브레인 충돌가설이 인터넷을 통해 처음 공개되었을 때에도 안드레이 린데와 그의 아내인 리나타 캘로쉬Renata Kallosh(그녀도 끈이론학자이다), 그리고 토론토대학의 레프 코프만Lev Kofman은 일주일 만에 신랄한 비평을 제기하였다. 이들 중 린데의 주장은 다음과 같았다. "두 우주의 충돌과 같이 혼돈스러운 사건이 발생하면 온도와 밀도가 무한대로 발산하면서 이론 자체에 비정상성이 야기된다. 이것은 블랙홀에 의자를 던지는 것과 비슷하다. 의자가 블랙홀에 가까이 가면 모든 입자들은 산산이 분해되어 증발해버리는데, 이런 상황에서도 '의자는 원래의 모습을 어떻게든 유지한다'고 주장하는 것이나 다름없다."[23]

스타인하르트도 가만히 있지 않고 다음과 같이 응대했다.

"4차원에서 비정상성으로 보인다 해도, 5차원으로 가면 정상으로 바뀔 수도 있다. … 두 개의 브레인이 충돌하면 다섯 번째 차원은 일시적으로 사라지지만, 브레인 자체는 그대로 존재한다. 따라서 온도와 밀도는 결코 무한대로 발산하지 않으며, 시간도 정상적으로 흐른다. 이런 극단적인 상황에 일반상대성이론을 적용할 수는 없지만 끈이론은 아무런 문제도 일으키지 않는다. 우리의 이론에서 대재앙처럼 보이는 요인들이 있겠지만, 사실 그런 것들은 아무런 문제가 되지 않는다."

스타인하르트에게는 비정상성을 제거해주는 M-이론이 있었다. 그러나 린데는 이론의 취약점을 끈질기게 따지고 들었다. "초기의 브레인이 균일하면서 완전평면이었다면, 그 이유를 설명할 수 있어야 한다. 그러나 당신은 아직 답을 제시하지 않고 있다. 우주는 무슨 수로 완전한 상태에서 출발할 수 있었는가?"[24] 스타인하르트는 짤막한 문장으로 대답했다. "평면 더하기 평면은 역시 평면이다."[25] 다시 말해서, 막membrane은 최저에너지에 해당하는 평평한 상태에서 출발했다고 가정해야 한다는 뜻이다.

앨런 구스는 좀 더 유연한 사고로 대응했다. "나는 폴과 닐이 자신의 주장을 완벽하게 증명했다고 보지 않는다. 그러나 그들의 아이디어는 고려할 만한 가치가 충분히 있다."[26] 그러고는 방향을 돌려서 끈이론학자들에게 인플레이션이론을 설명해보라고 건의했다. "앞으로 초끈이론과 M-이론은 인플레이션이론을 설명해야만 할 것이다. 인플레이션이론은 우주가 균일하고 평평한 이유를 설명하는 유일한 해결책이기 때문이다."[27] 구스의 의문은 다음 한 문장으로 요약된다.

"M-이론은 표준 인플레이션이론을 재현시킬 수 있는가?"

마지막으로, 끈이론을 채용한 우주론으로는 1968년부터 끈이론의 원조로 통했던 가브리엘레 베네치아노의 '선빅뱅이론pre-big bang theory'을 꼽을 수 있다. 이 이론은 우주가 블랙홀에서 시작되었다는 가정으로부터 출발한다. 따라서 블랙홀의 내부구조를 알고 싶다면 그 안을 직접 들여다볼 필요없이 바깥세상을 탐구하면 된다.

선빅뱅이론에 의하면 우주는 거의 무한대에 가까운 나이를 먹었으며, 아득한 옛날에 차갑고 텅 빈 상태에서 시작되었다. 우주의 초창기에 중력이 작용하면서 물질들이 한 곳에 집중되기 시작했고, 일부 지역의 밀도가 서서히 높아지면서 블랙홀이 되었다. 그리고 블랙홀의 주변에 형성된 사건지평선은 내부와 외부를 영원히 차단하게 되었다. 각 사건지평선 안에서는 물질들이 중력에 의해 더욱 압축되어, 결국 블랙홀은 플랑크길이까지 축소되었다.

바로 이 시점에서 끈이론이 개입되기 시작한다. 플랑크길이는 끈이론이 허용하는 가장 짧은 거리이다. 이렇게 작은 규모까지 압축된 블랙홀은 엄청난 규모의 폭발을 일으켰다. 이것이 바로 빅뱅이다.

그런데 이 과정은 블랙홀이 생성된 곳이라면 어디서나 일어날 수 있으므로, 지금도 우주 저편에는 다른 블랙홀이나 다른 우주가 존재할 수도 있다.

〔우리의 우주가 블랙홀이라는 것은 그다지 허황된 주장이 아니다. 우리는 (거의 습관적으로) 블랙홀의 밀도가 엄청나게 크다고 생각하지만, 반드시 그렇지만은 않다. 블랙홀 주변에 있는 사건지평선의 크기는 블랙홀의 질량에 비례한다. 즉, 블랙홀이 무거울수록 사건지평선의 규모도 커진다. 그러나 사건지평선이 크다는 것은 물질이 그만큼 넓은 부피에 걸쳐 퍼져 있다는 뜻이므로, 블랙홀의 질량이 커지면 밀도는 오히려 줄어드는 경향을 보인다. 실제로 블랙홀이 우리의 우주와 맞먹는 질량을 갖고 있다면 밀도는 형편없이 작아져서 우리 우주의 밀도와 비슷해진다.〕

그러나 일부 천체물리학자들은 끈이론과 M-이론을 우주에 적용하는 것에 대해 부정적인 시각을 갖고 있다. 특히, 샌타크루즈의 캘리포니아대학 교수인 조엘 프리막은 강경한 입장을 고수하고 있다. "이 문제를 가지고 그런 결과를 내놓는 것은 정말로 바보 같은 짓이다. 이 논문에 들어 있는 아이디어는 근본적으로 검증 자체가 불가능하다."[28] 프리막의 주장이 옳은지는 아직 알 수 없지만, 끈이론은 점차 빠르게 진보하고 있으므로 머지않아 진정한 해답이 밝혀질 것이다. 그리고 그 해답은 아마도 관측위성이 보내온 자료에서 발견될 가능성이 높다. 이제 9장에서 보게 되겠지만, 2020년에 LISA Laser Interferometer Space Antenna(레이저 간섭 우주안테나)와 같은 차세대 중력파감지기가 우주로 발사되면 이 이론의 진위 여부는 곧바로 밝혀질 것이다. 예를 들어, 인플레이션이론이 맞는다면 LISA는 팽창과정에서 생성된 강력한 중력파를 감지하게 될 것이다. 그러나 에크피로틱 우주모형은 우주가 서서히 충돌한다고 예견하고 있으므로, 중력파는 생각보다 훨씬 약할 수도 있다. 어떤 경우이건 간에, LISA는 위에 열거한 이론들 중 일부를 사장시킬 것이다. 다시 말해서, 원래의 빅뱅으로부터 생성된 중력파에 담긴 정보가 이론의 진위 여부를 판별해준다는 것이다. 아마도 LISA는 인플레이션과 끈이론, 그리고 M-이론을 검증하는 최초의 실험기구가 될 것이다.

미니블랙홀

끈이론은 우주전체를 대상으로 삼고 있으므로, 실험을 통해 검증하려면 일단 실험실에서 우주를 만들어낼 수 있어야 한다(9장 참조). 중력의 양자적 효과는 현재 우리가 보유하고 있는 가장 강력한 입자가속기보다 수천조 배(10^{15}배)나 큰 에너지 영역에서 나타나기 때문에, 끈이론을 실험으로 검증하는 것은 현실적으로 불가능하다. 그러나 우리와 불과 몇 mm 떨어진 곳에 평행우주가 존재한다면(물론 이 거리는 우리가 느끼는 공간상의 거리가 아니라 우리의 눈에 보이지 않는 새로운 차원상의 거리이다), 양자적 효과는 비교적 낮은 에너지에서도 일어날 수 있으므로 강입자충돌가속기(LHC)와 같은 차세대 가속기를 이용하면 검증이 가능할 수도 있다. 그래서 물리학자들은 실험실에서 만들 수 있는 미니블랙홀mini-black hole에 뜨거운 관심을 보이고 있다. 미니블랙홀은 소립자와 비슷하게 행동하는 초소형 블랙홀로서, 끈이론을 검증할 수 있는 유력한 후보이다(미니블랙홀의 크기는 전자electron와 비슷하므로, 지구를 집어삼킬 걱정은 안 해도 된다. 지구와 끊임없이 충돌하고 있는 우주선cosmic ray 입자들만 해도 미니블랙홀보다 훨씬 큰 에너지를 갖고 있지만 지구에 아무런 영향도 미치지 않는다).

소립자와 닮은 미니블랙홀의 개념을 처음 도입한 사람은 아인슈타인이었다. 그는 1935년에 소립자로 이루어진 물질들을 일종의 '시공간의 변형'으로 간주하는 통일장이론을 제시하였다. 즉, 멀리서 바라볼 때 입자처럼 보이는 전자와 같은 객체들이 실제로 웜홀의 입구일 수도 있다는 것이다. 아인슈타인과 네이선 로젠은 이 아이디어를 한 단계 더 발전시켜 "전자는 미니블랙홀일 수도 있다"는 파격적인 주장을 펼쳤다. 그들은 소립자를 기하학적으로 해석하여 통일장이론을 완성하려고 했던 것이다.

블랙홀의 에너지가 서서히 증발되고 있음을 입증했던 스티븐 호킹도 자신의 이론에 미니블랙홀을 도입한 적이 있다. 블랙홀이 오랜 세월에 걸쳐 많은 양의 에너지를 방출하다보면 몸집이 점차 작아져서 마침내 소립자와 비슷한 크기로 줄어든다는 것이 그의 생각이었다.

끈이론도 미니블랙홀의 존재를 예견하고 있다. 일반적으로, 다량의 물질이 자체중력에 의해 응축되다가 슈바르츠실트 반지름 이내로 작아지면 블랙홀이 생성된다. 그런데 질량과 에너지는 서로 전환될 수 있으므로, 에너지를 압축하면 블랙홀이 생성될 수도 있다. 그래서 물리학자들은 LHC를 이용해 14조 전자볼트의 에너지로 두 개의 양성자를 충돌시켰을 때, 그로부터 튀어나온 파편들 중 일부가 미니블랙홀로 전환될 수도 있다는 가능성을 조심스럽게 제기하고 있다. 이렇게 생성된 블랙홀은 크기가 매우 작고 질량은 전자의 1,000배에 불과하며 수명도 10^{-23}초밖에 되지 않지만, LHC를 이용하면 분명하게 관측될 수 있다.

또한, 물리학자들은 하늘에서 쏟아지는 우주선에 미니블랙홀이 섞여 있을 가능성도 배제하지 않고 있다. 아르헨티나의 피에르 오거 우주선관측소Pierre Auger Cosmic Ray Observatory에는 현재 세계에서 가장 예민한 우주선 감지기가 설치되어 있는데, 만일 우주선 속에 정말로 미니블랙홀이 섞여 있다면 이 장비에 잡힐 가능성이 매우 크다. 이론적인 계산에 의하면 매년 약 10개의 미니블랙홀이 감지될 것으로 기대되고 있다.

미니블랙홀은 앞으로 10년 이내에 스위스에 건설 중인 LHC나 아르헨티나에 있는 오거 우주선감지기에 의해 그 존재가 입증될 것이다. 그렇게 되면 평행우주이론의 타당성도 함께 입증되는 셈이다. 물론 끈이론 자체는 미니블랙홀만으로 검증될 수 없지만, 적어도 '잘못된 길로 가고 있지는 않다'는 확신을 심어주기에 충분할 것이다.

블랙홀과 정보 역설

끈이론은 정보이론information theory에 등장하는 난해한 역설과도 밀접하게 관련되어 있다. 앞에서 지적했던 바와 같이, 블랙홀은 완전히 검은 천체가 아니다. 소량의 에너지가 양자역학의 터널효과에 의해 서서히 밖으로 새어나오고 있기 때문이다. 양자역학에 의하면 물질이나 에너지의 흐름이 강한 장벽에 부딪혔을 때, 그들 중 일부는 벽을 뚫고 빠져나올 수 있다. 그 결과 블랙홀은 소량의 복사를 서서히 방출하고 있는데, 이것을 '호킹복사Hawking radiation'라 한다.

블랙홀의 복사는 고유한 온도를 갖고 있다(사건지평선의 면적에 비례한다). 호킹은 이와 관련된 방정식을 유도했는데, 정확한 결과를 얻으려면 통계역학적 이론을 십분 활용해야 한다(블랙홀이 취할 수 있는 양자상태의 개수를 헤아릴 때 특히 필요하다). 일반적으로 통계역학적 계산이란 원자나 분자가 취할 수 있는 상태의 수를 헤아리는 작업을 의미한다. 그렇다면 블랙홀의 상태수는 어떻게 헤아려야 하는가?

이 문제를 해결하기 위해, 하버드대학의 앤드루 스트로밍거와 쿰룸 바파는 M-이론을 이용하여 블랙홀의 특성을 분석하였다. 블랙홀을 직접 다루기는 어려웠으므로, 그들은 다른 각도로 문제에 접근하면서 다음과 같은 질문을 제기하였다. "블랙홀의 듀얼dual은 무엇인가?"〔전자의 듀얼은 자기홀극이다. 그러므로 약한 전기장 속에서 전자의 특성을 연구하면(이 실험은 별로 어렵지 않다) 강한 자기장 속에 놓인 자기홀극의 특성을 유추할 수 있다(이 실험을 직접 수행하기는 매우 어렵다).〕 블랙홀의 듀얼을 찾아내어 그 특성을 분석하면 블랙홀을 직접 상대하지 않고서도 많은 정보를 얻을 수 있다. 스트로밍거와 바파는 일련의 수학적 과정을 거친 끝에 블랙홀의 듀얼은 1-브레인과 5-브레인의 조합이라는 사실을 알아냈다. 이것은 매우 희망적인 결과가 아닐 수 없었다. 왜냐하면 1-브레인과 5-브레인의 양자적 상태수는 비교적 쉽게 계산할 수 있기 때문이다. 스트로밍거와 바파는 이 계산을 수행하여 호킹과 동일한 결과를 얻어내는 데 성공했다.

물리학자들에게 이것은 커다란 희소식이었다. 실제세계에 적용할 수 없다는 비난을 감내하던 끈이론이 블랙홀 열역학의 해를 가장 우아한 방법으로 구한 것이다.

이제 끈이론학자들은 블랙홀물리학의 가장 커다란 수수께끼인 '정보 역설information paradox' 문제를 해결하기 위해 노력하고 있다. 호킹은 블랙홀로 무언가를 던졌을 때 그 안에 들어 있는 정보는 영원히 소실된다고 주장했다(이것은 완전범죄의 수단으로 사용될 수도 있다. 일단 범죄를 저지른 후 모든 증거들을 블랙홀 속으로 던져넣으면 복구할 방법이 없다). 멀리서 바라볼 때, 블랙홀에 관하여 우리가 얻을 수 있는 정보라곤 질량과 스핀, 그리고 전하량뿐이다. 어떤 물체이건 간에, 일단 블랙홀 안으로 빨려 들어가면 그 물체와 관련된 모든 정보들은 결코 복구될 수 없다(그래서 물리학자들은 "블랙홀은 머리카락이 없다"고 말한다. 그 안에서는 질량과 스핀, 그리고 전하를 제외한 모든 정보들이 소실되기 때문이다).

우주에 관한 정보가 손실되는 것은 아인슈타인 이론의 필연적인 결과처럼 보이지만, 사실 이것은 정보가 결코 손실되지 않는다는 양자역학의 원리에 위배된다. 원래의 물체가 블랙홀에게 잡아먹힌 후에도, 그 물체와 관련된 정보는 우주의 어딘가에 남아 있어야 한다.

호킹의 책에는 다음과 같은 구절이 있다.

"대부분의 물리학자들은 정보가 손실되지 않는다고 믿고 있다. 아마도 그 저변에는 우리의 세계가 안전하고 예견 가능하다는 생각이 깔려 있을 것이다. 그러나 아인슈타인의 일반상대성이론에 의하면 시공간에는 일종의 매듭이 형성되어 있고, 그 근방에서 정보는 얼마든지 유실될 수 있다. 정보의 유실 여부를 결정하는 것은 오늘날 이론물리학이 안고 있는 커다란 숙제이다."[29]

호킹이 물리학자들에게 던져준 이 역설은 아직도 시원하게 해결되지 않고 있다. 그러나 끈이론학자들은 잃어버린 정보의 행방을 언젠가는 알아낼 수 있을 것으로 굳게 믿고 있다. 예를 들어, 블랙홀을 향해 책을 던졌다면 책에 들어 있는 정보들은 호킹복사를 통해 서서히 우주공간으로 방출될 것이다. 또는 블랙홀의 반대쪽에 있는 화이트홀을 통해 밖으로 유출될 수도 있다. 나 자신도 개인적으로는 블랙홀로 빨려 들어간 정보가 완전히 소실되지 않고 우주 어딘가를 떠다닐 것이라고 생각한다.

2004년에 호킹은 TV 카메라 앞에서 정보이론에 대한 자신의 생각이 틀렸음을 시인했고 인터뷰 내용은 《뉴욕타임스》의 머리기사를 장식했다(30년 전에 그는 "블랙홀로 빨려 들어간 정보는 결코 재현될 수 없다"고 단언하면서, 그의 의견에 반대하는 물리학자들과 백과사전 전질을 걸고 내기를 벌인 적이 있다). 호킹은 과거에 했던 계산을 다시 수행한 끝에 "블랙홀로 빨려 들어간 책은 복사장을 교란시키며, 이 과정에서 책에 담긴 정보는 밖으로 유출될 수 있다"는 결론을 내렸다. 물론 정보 자체는 이리저리 난도질을 당하여 완전히 망가져 있겠지만,

어쨌거나 정보의 흔적이 블랙홀 밖으로 서서히 유출된다는 점을 시인한 것이다.

이로써 호킹은 정보가 유실되지 않는다고 믿는 양자역학의 주류에 합류할 수 있었다. 그러나 여기에는 아직 해결되지 않은 문제가 남아 있다. 정보는 평행우주들 사이를 오락가락할 수 있을까? 표면적으로 보면 호킹의 결과는 웜홀을 통한 평행우주들 간의 정보교환을 부정하는 듯이 보이지만, 이것을 최종적인 사실로 받아들이는 사람은 아무도 없다. 끈이론이나 양자중력이론이 완성되기 전까지, 정보 역설은 여전히 미해결 문제로 남아 있을 것이다.

홀로그램우주

M-이론은 우주에 관하여 다분히 철학적이고 근본적인 질문을 제기하고 있다. 혹시 우리의 우주가 홀로그램은 아닐까? 우리의 몸이 2차원 그림자로 투영되는 '그림자 우주'가 어딘가에 존재하는 것은 아닐까? 이 질문은 또 다른 난해한 질문을 연쇄적으로 야기시킨다. "우주는 컴퓨터 프로그램인가? 우주의 모든 것을 CD에 담아서 재미 삼아 재현시키는 것이 과연 가능할까?"

오늘날 신용카드나 어린이 박물관, 또는 놀이공원 등지에서 일상적으로 활용되고 있는 홀로그램은 2차원 평면에 3차원 입체영상을 재현시켜주는 환상적인 도구이다. 2차원 종이 위에 인쇄된 사진은 보는 각도를 아무리 변화시켜도 내용이 달라지지 않는다. 그러나 홀로그램 영상은 보는 각도에 따라 다양한 모습이 나타난다. 일상적인 3차원 물체를 다른 각도에서 바라보면 모양이 조금씩 변하는 것처럼, 홀로그램 영상도 이와 동일한 방식으로 변해가는 것이다. 그래서 홀로그램 영상을 바라보고 있으면 마치 창문이나 열쇠구멍을 통해 물체를 바라보는 듯한 착각에 빠지게 된다(홀로그램을 적절히 응용하면 3차원 TV나 영화를 제작할 수 있다. 멀지 않은 미래에 우리는 거실에 느긋하게 앉아 벽면에 투영된 3차원 영화를 즐길 수 있을 것이다. 홀로그램을 처음 보는 사람은 벽이 뚫린 듯한 착각을 불러일으키기에 충분하다. 여기서 한 걸음 더 나아가, 거실의 벽면을 원통형으로 설계하여 벽면 전체에 홀로그램 영상을 투영시키면 마치 신세계에 와 있는 듯한 착각이 들 것이다. 여기에 우주의 모습을 담은 홀로그램 CD를 실행시키면 저렴한 가격으로 실감나는 우주여행을 즐길 수 있다).

홀로그램의 기본적인 원리는 3차원 영상을 재현하는 데 필요한 모든 정보를 2차원 평면에 담는 것이다(이것은 레이저를 물체에 쪼인 후 그로부터 반사된 레이저를 예민한 필름에 새김으로써 이루어진다. 서로 다른 지점에서 반사되어 필름의 한 지점에 도달한 레이저는 위상이 다르기 때문에 간섭을 일으키게 되는데, 모든 지점에 대해 간섭무늬를 기록해놓으면 3차원 영상을 2차원 평면(필름)에 담을 수 있다].

일부 우주론학자들은 우리가 속해 있는 우주도 거대한 홀로그램이라는 추론을 제기하고 있다. 다시 말해서, 우리가 보고 있는 영상 자체가 하나의 홀로그램이라는 것이다. 이 황당한 가설은 블랙홀물리학에 그 뿌리를 두고 있다. 베켄슈타인과 호킹은 블랙홀에 담겨있는 정보의 양이 사건지평선(구형)의 면적에 비례한다는 추론을 제기한 적이 있다. 일반적으로, 물체에 담겨 있는 정보의 양은 부피에 비례한다. 예를 들어, 책에 담겨 있는 정보의 양은 표지의 면적이 아닌 책의 부피(표지면적×두께)에 비례한다. 우리는 이 사실을 직관적으로 알고 있기에, "책의 표지만 보고 내용을 판단할 수는 없다"는 말을 종종 구사하곤 한다(물론 사람도 마찬가지다). 그러나 블랙홀에는 이 논리가 적용되지 않는다. 블랙홀은 오직 겉모습만으로 모든 것이 결정된다.

우리는 "블랙홀이란 워낙 이상한 물체여서 상식이 통하지 않을 수도 있다"는 생각으로 베켄슈타인과 호킹의 가설을 받아들일 수도 있다. 그러나 이 결과는 우주를 가장 훌륭하게 설명하고 있는 M-이론에도 그대로 적용된다. 1997년에 프린스턴 고등과학원의 후안 말다세나Juan Maldecena는 끈이론으로부터 새로운 형태의 홀로그램우주를 유도하여 물리학계에 일대 센세이션을 일으켰다.

그의 이론은 끈이론과 초중력이론에 자주 등장하는 5차원 '반-드지터 우주anti-de Sitter universe'에서 출발한다. 드 지터 우주란, 양(+)의 우주상수를 가진 채 점차 빠른 속도로 팽창하는 우주를 말한다[우리 우주의 은하들도 점차 빠르게 멀어져가고 있으므로, 드 지터의 우주이론이 잘 맞아 들어가고 있다. 반-드 지터 우주는 음(-)의 우주상수를 가진 채 안으로 수축하는 우주이다]. 말다세나는 이 5차원 우주와 그 경계에 해당하는 4차원 우주 사이에 이중성의 관계가 성립한다는 것을 증명하였다.[30] 다시 말해서, 5차원 공간에 살고 있는 생명체와 그 경계면인 4차원 우주에 살고 있는 생명체는 수학적으로 동등하기 때문에, 이들을 따로 분리해서 서술하는 것 자체가 무의미하다는 것이다.

딱 들어맞는 비유는 아니지만, 금붕어가 들어 있는 어항을 떠올려보자. 금붕어에게 어항은 분명한 실체로 존재한다. 이제, 어항의 표면에 금붕어의 2차원 홀로그램 영상이 투영되었다고 가정해보자. 이 영상은 평면이라는 것만 제외하고 원래의 금붕어와 완전히 동일하다. 금붕어가 움직이면 평면에 투영된 영상도 똑같이 움직인다. 어항 속에서 헤엄치는 금붕어와 표면에 투영된 금붕어는 모두 자신이 '진짜' 금붕어라고 생각하면서, 서로 상대방을 환영으로 취급할 것이다. 이들은 모두 살아 있으며, 진짜 금붕어처럼 생각하고 행동한다. 이들 중 누가 '진정한' 금붕어인가? 답은 '둘 다'이다. 이들은 수학적으로 완전히 동일한 객체이기 때문에 구별이 불가능하다.

4차원 장이론은 다루기가 까다롭기로 악명이 높지만, 5차원 반-드 지터 공간은 비교적 쉽게 다룰 수 있다. 끈이론학자들이 관심을 가진 것은 바로 이런 이유 때문이었다(4차원 쿼크모형은 수십 년 전에 제기되었지만, 현재 가장 강력한 컴퓨터를 동원한다 해도 이 모형으로부터 양성자의 질량조차 계산할 수 없다. 쿼크에 관한 방정식은 잘 알려져 있으나, 이로부터 양성자나 중성자의 물리적 특성을 계산하는 것은 엄청나게 어려운 작업으로 판명되었다).

홀로그램 이중성은 블랙홀의 정보 역설과 같은 실질적인 문제에 응용될 수도 있다. 4차원에서는 블랙홀로 빨려 들어간 정보가 유실되지 않는다는 것을 증명하기가 매우 어렵지만, 이 문제를 이중적 관계에 있는 5차원으로 옮겨오면 정보가 어떻게든 보존된다는 것을 쉽게 증명할 수 있다. 그래서 물리학자들은 4차원에서 풀기 어려운 문제들(정보문제, 쿼크의 질량 등)이 수학적 구조가 비교적 간단한 5차원에서 해결되기를 바라고 있다.

우주는 컴퓨터 프로그램인가?

앞서 언급했던 대로, 존 휠러는 모든 물리적 실체들이 순수한 정보로 전환될 수 있다고 믿었다. 그리고 베켄슈타인은 블랙홀의 정보 개념을 한 단계 발전시켜서 다음과 같은 질문을 제기했다.

"혹시 우주전체가 하나의 거대한 컴퓨터 프로그램은 아닐까? 과연 우리는 우주적 CD의 한 비트bit에 지나지 않는 것일까?"

우리가 컴퓨터 프로그램 안에 살고 있을지도 모른다는 아이디어는 할리우드 영화 〈매트릭스Matrix〉에 실감나게 표현되어 있다. 이 영화에서 모든 물리적 실체들은 컴퓨터 프로그램 속에 존재한다. 인간이 만든 컴퓨터가 지나치게 영리해져서 수십억의 인간들을 누에고치 같은 관 속에 가둬두고, 그들의 머리에 컴퓨터로 구현된 가상현실을 주입하여 마치 현실세계에서 살고 있는 듯한 착각을 불러일으킨다는 것이 이 영화의 기본 아이디어였다. 그리고 모든 계획을 주도한 컴퓨터는 갇혀 있는 인간들로부터 에너지를 착취하고 있었다.

이 영화에서는 조그만 컴퓨터 프로그램을 실행하여 미니-가상현실을 만들어내고 있다. 만일 누군가가 쿵푸의 대가가 되고 싶다거나 헬기를 조종하고 싶다면 컴퓨터에 CD를 밀어넣고 머릿속으로 프로그램을 주입하면 된다. 아무리 재주가 없는 사람이라고 해도, 순식간에 원하는 분야의 대가가 될 수 있는 것이다! CD가 돌아가면서 그의 머릿속에는 완전히 새로운 현실이 창조된다. 그러나 이쯤 되면 한 가지 질문을 제기하지 않을 수 없다. "모든 현실을 CD에 담는 것이 과연 가능할 것인가?" 실제로 잠들어 있는 수십억의 사람들에게 각기 다른 현실을 주입시키려면 엄청난 규모의 컴퓨터가 필요하다. 지구만 해도 결코 만만치 않은데, 우주에 깔려 있는 모든 정보들을 디지털화해서 하나의 프로그램으로 축약하는 것이 과연 가능할까?

이 질문의 기원은 우리에게 이미 친숙한 뉴턴의 운동법칙으로 거슬러 올라간다. 마크 트웨인Mark Twain은 반 농담 삼아 이런 말을 자주 했다. "누구나 날씨에 대해 불평을 늘어놓지만, 정작 날씨를 바꾸려는 시도는 아무도 하지 않는다." 현대과학을 총동원한다 해도 단 하나의 번개조차 조절할 수 없는 것이 지금의 현실이다. 그러나 물리학자들은 다소 겸손한 자세로 질문을 제기하고 있다. "어떻게 하면 날씨를 정확하게 예견할 수 있을까? 지구대기의 복잡한 기상패턴을 예견하는 컴퓨터 프로그램을 만들 수는 없을까?" 이것은 수확량을 미리 알고 싶은 농부를 비롯하여 지구의 온난화를 걱정하는 기상학자에 이르기까지, 수많은 사람들의 관심을 끌 만한 주제이다.

원리적으로, 컴퓨터는 뉴턴의 운동법칙을 이용하여 기상변화를 초래하는 공기분자의 움직임을 거의 완벽하게 계산할 수 있다. 그러나 현실세계로 돌아와서 보면, 기상예보용 컴퓨터는 기껏해야 며칠 뒤의 날씨를 대충 비슷하게 추측할 수 있을 뿐이다. 날씨를 100% 정확하게 예측하려면 대기를 이루는 모든 분자들의 운동을 계산해야 하는데, 현재의 컴퓨터 수준으로는 도저히 불가능한 일이다. 뿐만 아니라 조그만 나비의 날갯짓이 수백 km 떨어져 있는 곳의 날씨를 크게 변화시킨다는 카오스이론의 '나비효과butterfly effect'도 고려해야 한다.

수학자들은 이 상황을 두고 "기상상태를 정확하게 서술하는 가장 작은 모델은 바로 기상 그 자체이다"라는 말로 표현하곤 한다. 그러므로 우리의 최선은 개개의 분자를 상대하지 않고 당장 내일의 날씨를 통계자료에 입각하여 예보하거나 지구온난화와 같은 거시적인 변화를 추적하는 것이다.

뉴턴의 세계에는 변수와 '나비'가 너무도 많기 때문에 컴퓨터 프로그램으로 축약하는 것이 불가능하다. 그러나 양자적 세계로 넘어가면 상황은 극적으로 달라진다.

앞서 말한 대로, 베켄슈타인은 블랙홀에 담겨 있는 정보의 양이 사건지평선의 면적에 비례한다는 것을 증명했다. 정보의 양이 부피가 아닌 표면적에 비례한다는 것은 언뜻 납득이 가지 않지만, 이것을 직관적으로 이해하는 방법이 있다. 많은 물리학자들은 물리적으로 의미를 갖는 가장 짧은 거리가 10^{-33}cm(플랑크길이)라고 믿고 있는데, 이 짧은 영역에서 시공간은 더 이상 매끈하게 연결되지 않고 마치 게거품처럼 울퉁불퉁한 형태를 띠게 된다. 블랙홀의 사건지평선을 한 변의 길이가 10^{-33}cm인 사각형 조각으로 잘게 쪼개보자. 한 조각당 1비트의 정보가 담겨 있다고 했을 때, 이 조각들을 모두 수거하면 블랙홀의 모든 정보를 거의 복구할 수 있다. 그러므로 한 변의 길이가 플랑크길이와 같은 '플랑크 사각형'은 정보를 담을 수 있는 최소단위일 가능성이 높다. 베켄슈타인은 이 논리를 근거로 "물리학의 진정한 언어는 장이론field theory이 아니라 정보이다. 무한대로 발산하는 장이론은 결코 궁극적인 이론이 될 수 없다"고 주장했다.[31]

19세기에 마이클 패러데이가 위대한 업적을 남긴 이후로, 모든 물리학은 장이론에 기초하여 확고한 체계를 구축해왔다. 장이란 매끄럽고 연속적인 물리적 객체로서 전기력과 자기력, 그리고 중력 등의 크기를 나타내며 시공간의 각 지점마다 고유한 값을 갖고 있다. 장이론은 디지털이 아닌 연속성에 기초한 이론이기 때문에, 한 지점에서 장은 임의의 값을 가질 수 있지만 디지털화된 숫자는 0과 1에 기초한 값만을 가질 수 있다. 이들 사이의 차이는 매끄러운 고무판(일반상대성이론)과 촘촘한 격자형 그물망(양자역학) 사이의 차이와 비슷하다. 고무판은 무한히 작은 점까지 분해될 수 있지만 그물망은 각 격자들 사이의 간격 이하의 단위로는 분해될 수 없다(그 이하로 분해되면 더 이상 그물망이라 할 수 없다). 베켄슈타인은 다음과 같이 주장했다. "궁극의 이론은 물리적 과정을 장이나 시공간이 아닌 '정보의 교환'으로 설명할 수 있어야 한다."[32]

만일 우주를 디지털화해 0과 1의 조합으로 축약시킬 수 있다면, 전체 정보의 양은 얼마나 될까? 베켄슈타인의 계산에 의하면, 직경 1cm짜리 블랙홀은 약 10^{66}비트에 해당하는 정보를 담고 있으며, 우주전체의 정보는 무려 10^{100}비트에 달한다(이론적으로 이 정도의 정보는 직경이 0.1광년인 구sphere 안에 모두 담을 수 있다. 10^{100}은 1 다음에 0이 100개나 붙어 있는 가공할 수로서, 흔히 '구글google'이라고 한다).

우주를 디지털 정보로 바꿀 수 있다면 신기한 상황에 직면하게 된다. 뉴턴의 고전적 세계는 컴퓨터로 재현될 수 없지만(굳이 컴퓨터로 재현하기를 원한다면 이 세계와 크기가 비슷한 컴퓨터가 동원되어야 한다. 앞서 말한 대로 고전적인 세계는 더 이상의 압축이 불가능하기 때문이다), 양자적 세계에서 우주는 CD 안에 축약될 수 있다! 10^{100}비트에 해당하는 정보를 CD 안에 담을 수 있다면, 우리는 거실에 앉아 우주의 모든 것을 감상할 수 있다. 뿐만 아니라 우리는 CD에 담긴 정보를 가공할 수 있으므로 우리가 원하는 대로 우주의 진화과정을 바꿔서 취향에 맞는 우주를 컴퓨터로 만들어낼 수도 있다. 이렇게 되면 인간은 신에 버금가는 무소불위의 능력을 갖게 되는 셈이다〔여기서 잠시 역자의 의견을 추가하고자 한다. 10^{100}비트를 CD에 담으려면 과연 몇 장의 CD가 필요할까? CD 한 장에 약 1GB(=10^9바이트≒10^{10}비트)가 저장된다고 치면 $10^{100}/10^{10}=10^{90}$장의 CD가 필요하다. CD 한 장의 두께가 약 1mm이므로 이것을 차곡차곡 쌓아올리면 그 높이는 10^{90}mm=약 10^{71}광년이나 된다! 관측 가능한 우주의 크기가 대략 10^{10}광년 단위이므로, CD를 쌓은 높이가 우주의 크기보다 무려 10^{60}배 이상 크다는 뜻이다. 우주의 정보를 디지털화하는 데 성공하고 나노과학이 극도로 발달하여 최소단위의 끈에 정보를 새긴다 해도, 10^{100}비트의 정보를 몇 장의 CD에 담는다는 것은 허황된 꿈에 불과하다—옮긴이〕.

 (베켄슈타인은 우주에 담겨 있는 정보의 양이 우주자체의 크기와 비슷하다는 점을 인정했다. 실제로 우주의 모든 정보를 담으려면 우주자체와 거의 비슷한 그릇이 필요할 수도 있다. 만일 이것이 사실이라면 우리의 논지는 다시 원점으로 되돌아간다. "우주를 서술하는 가장 작은 모형은 우주

자체이다.")

그러나 끈이론은 '최소거리' 및 '우주의 디지털화'에 대해 조금 다른 해석을 내리고 있다. 고대 그리스의 철학자였던 제논은 선을 무한히 많은 점으로 분할할 수 있다고 생각했지만, 베켄슈타인과 같은 현대의 양자물리학자들은 10^{-33}cm가 분할할 수 있는 최소단위라고 믿고 있다. 그러나 M-이론은 기존의 상식을 한 번 더 뒤집는다. 예를 들어, 끈이론에 등장하는 끈 하나를 취하여 반경 R인 원의 주위를 감고, 또 하나의 끈으로는 반경 $1/R$인 원의 주위를 감았다고 가정해보자. 이들은 R의 값에 따라서 전혀 다른 끈이 될 것 같지만, 사실은 완전히 동일하다(이것을 T-이중성T-duality이라 한다).

그러므로 R이 플랑크길이에 견줄 정도로 작아지면, 플랑크길이 이하의 영역에 적용되는 물리학은 그 바깥영역에 적용되는 물리학과 동일해진다. 플랑크길이에서 시공간은 엄청나게 복잡한 곡률을 갖지만, 그 이하의 극미영역과 바깥의 거시적 영역에서 물리학은 부드럽게 연결되며, 사실은 완전히 똑같아진다.

이러한 이중성은 1984년에 나의 옛 동료인 오사카대학의 케이지 키카와와 그의 제자였던 마사미 야마사키Masami Yamasaki에 의해 처음으로 발견되었다. 끈이론은 플랑크길이를 가장 짧은 거리로 단정짓고 있긴 하지만, 물리학은 그 영역에서 갑자기 끝나지 않는다. 플랑크길이보다 작은 영역의 물리학은 그보다 큰 영역의 물리학과 동일하기 때문이다.

만일 이것이 사실이라면, 플랑크길이의 영역 안에도 온전한 우주가 존재할 수 있게 된다. 다시 말해서, 플랑크길이보다 작은 초미세영역에서도 디지털화되지 않은 연속적 장이론을 적용할 수 있다는 뜻이다. 이렇게 보면 우주는 컴퓨터 프로그램이 아닐 수도 있다. 지금 당장은 답을 알 수 없지만, 어쨌거나 문제 자체는 잘 정의되어 있으므로 언젠가는 반드시 밝혀질 것으로 믿는다.

(T-이중성은 앞서 언급했던 베네치아노의 '선빅뱅이론'을 입증하고 있다. 그의 이론에 의하면, 블랙홀 안으로 수축되다가 플랑크길이에 이르면 다시 팽창하면서 빅뱅이 일어난다. 그러나 수축에서 팽창으로 갑자기 바뀌는 것이 아니라, '플랑크길이 이하로 수축된 블랙홀'과 '플랑크길이보다 큰 팽창하는 우주' 사이의 T-이중성에 의해 서서히 바뀌게 된다)

M-이론은 물리학의 끝인가?

만일 M-이론이 성공을 거둔다면, 그것은 정말 만물의 이론이 될 것인가? 물리학은 과연 거기서 끝나버릴 것인가?

아니다, 결코 그렇지 않다. 체스의 규칙을 잘 안다고 해서 체스 마스터가 될 수 없는 것처럼, 우주가 운영되는 법칙을 모두 알았다고 해서 우주의 모든 것을 이해할 수는 없다.

M-이론은 우주의 시작에 관하여 많은 정보를 제공하고 있지만, 나는 개인적으로 M-이론을 우주론에 적용하는 것이 아직 시기상조라고 생각한다. 이론이 제시하고 있는 모형 자체가 아직 완성되지 않았기 때문이다. M-이론이 만물의 이론으로 발전할 가능성은 얼마든지 있지만, 완성된 모습을 보려면 아직 한참을 기다려야 한다.

1968년에 처음 탄생한 끈이론은 결코 짧지 않은 역사를 갖고 있음에도 불구하고 최종적인 방정식은 아직 발견되지 않고 있다(끈이론은 키카와와 내가 과거에 시도했던 대로 장이론 쪽으로 개발될 수도 있다. 그러나 이에 해당하는 M-이론도 아직 알려지지 않은 상태이다).

현재 M-이론은 몇 가지 문제점을 안고 있다. 그중 하나는 이론에서 허용되는 막이 너무 많다는 점이다. 요즘은 p-브레인과 관련된 논문들이 홍수를 이루고 있는데, 구멍 하나짜리 도넛에서 시작하여 다중구멍 도넛, 서로 교차하는 막 등 실로 다양한 브레인들이 난립하고 있다.

독자들은 장님들이 코끼리를 만지는 우화를 기억할 것이다. 그들은 자신이 만진 부위에 따라 각기 다른 이론을 만들어낸다. 꼬리를 만진 사람은 코끼리가 1-브레인(끈)이라고 주장하고 귀를 만진 사람은 2-브레인(막)이라고 주장한다. 그리고 또 다른 장님은 다리를 더듬으면서 코끼리는 나무 그루터기와 같은 3-브레인이라고 주장한다. 이들은 모두 앞을 보지 못하기 때문에 전체적인 윤곽을 알 수 없고, 따라서 상대방의 주장과 자신의 주장을 융화시키지 못한다. 그러나 실제의 코끼리는 1, 2, 3-브레인이 모두 섞여 있는 한 마리의 동물이다.

이와 마찬가지로, M-이론에 등장하는 수백 가지의 브레인들은 근본적인 개념이 아닐 것이다. 지금 우리는 M-이론을 제대로 이해하지 못하고 있다. 현재 연구를 진행하고 있는 학자로서, 나는 막과 끈을 공간의 '응축물'로 해석하고 싶다. 아인슈타인은 물질을 오로지 시공간의 기하학적 특성으로 설명하였다. 즉, 전자를 비롯한 모든 소립자들을 '시공간의 기하학적 교란'으로 해석한 것이다. 비록 그의 시도는 실패로 끝났지만, 그의 아이디어는 M-이론에서 화려한 부활을 맞이할지도 모를 일이다.

나는 아인슈타인이 올바른 길을 갔다고 믿는다. 그의 목적은 기하학을 이용하여 미시세계 물리학을 재구성하는 것이었다. 그는 입자를 점으로 간주한 상태에서 기하학적인 접근을 시도했지만, 입자를 끈이나 막으로 해석하면 새로운 결과가 얻어질 수도 있다.

물리학의 역사를 돌아보면 이 접근법이 채용하고 있는 논리를 잘 이해할 수 있다. 과거의 물리학자들은 물체의 스펙트럼을 접할 때마다 더욱 근본적인 사실을 발견하곤 했다. 예를 들어, 수소기체의 스펙트럼이 처음으로 발견되었을 때 과학자들은 그것이 원자핵의 주변을 돌고 있는 전자가 양자적 도약을 일으키면서 나타난 현상임을 알아냈다. 그리고 1950년대에 강력을 주고받는 입자들이 처음 발견되었을 때에도 물리학자들은 그것이 '3개의 쿼크가 구속되어 있는 상태'임을 알아낼 수 있었다. 그리고 쿼크를 비롯한 온갖 소립자들과 대면했을 때, 다수의 물리학자들은 그 모두가 진동하는 끈에서 비롯되었다고 믿었다.

M-이론이 이론물리학의 총아로 떠오른 지금, 우리는 수많은 종류의 p-브레인들과 대면하고 있다. 브레인은 종류가 너무 많고 불안정하기 때문에, 자연의 근본적인 요소라고 하기에는 다소 무리가 있다. 물리학의 역사에 비춰볼 때, M-이론은 기하학과 같이 더욱 단순한 원형으로부터 탄생했을 가능성이 높다.

이 근본적인 질문의 답을 찾으려면 난해한 수학뿐만 아니라 이론의 근간을 이루는 물리적 원리를 알아야 한다. 컬럼비아대학의 물리학자이자 《엘러건트 유니버스*Elegant Universe*》의 저자로 유명한 브라이언 그린Brian Greene은 다음과 같이 말했다.

"오늘날 끈이론학자들은 '등가원리equivalence principle를 빼앗긴 아인슈타인'과 비슷한 처지에 놓여 있다. 1968년에 베네치아노에 의해 처음 제기된 후로, 끈이론은 흩어진 조각들을 모으고 새로운 발견을 꾸준히 이루어내면서 혁명적인 발전을 거듭해왔다. 그러나 모든 요소들을 하나로 아우르고 끈의 존재에 필연성을 부여하며 이론의 앞길을 인도할 만한 기본원리는 아직 발견되지 않았다. 이 원리가 발견되면 끈이론은 다시 한 번 혁명적인 변화를 겪으면서 모든 것이 명쾌하게 드러날 것이다."[33]

수백만 개에 달하는 끈이론의 해들은 각기 나름대로 자체모순이 없는 우주를 서술하고 있을지도 모른다. 과거의 학자들은 이 산더미 같은 해들 중에 올바른 해는 단 하나뿐이라고 생각했지만, 지금은 상황이 많이 달라졌다. 우리의 우주에 해당하는 단 하나의 해를 골라낼 수 없는 것은, 그런 것이 아예 존재하지 않기 때문일 수도 있다. 모든 해들은 똑같이 옳으며, 각각의 해에 해당되는 다중우주들이 동일한 물리법칙을 만족하면서 어딘가에 존재하고 있을지도 모른다. 만일 그렇다면, 우리는 발생학적 원리에 입각하여 '디자인된 우주'라는 문제를 떠올리지 않을 수 없다.

8

디자인된 우주?

> 수많은 우주들은 영원의 시간을 거쳐오는 동안 이곳저곳 망가지고 훼손되었다.
> 이 상태를 극복하기 위해 많은 노력이 투입되겠지만 거의 대부분은
> 헛수고로 끝날 것이다. 그러나 앞으로 또 한 번의 영원한 시간 동안
> 창조의 예술이 발휘되면서 우주는 서서히, 그리고 꾸준하게 개선될 것이다.
> — 데이비드 흄David Hume

    나는 초등학교 2학년 때 담임선생님에게 들은 한마디를 아직도 기억하고 있다. "신은 지구를 사랑하셨기 때문에 지구를 태양 근처에 갖다놓으셨답니다." 아직 어린아이에 불과했던 나는 이 짧은 한마디에 커다란 충격을 받았다. 만일 신이 지구를 태양에서 먼 곳에 갖다놓았다면 바다는 모두 얼어붙었을 것이고, 가까운 곳에 놓았다면 바닷물이 끓어넘쳤을 것이다. 선생님은 이것이 신이 존재한다는 증거일 뿐만 아니라 신이 지구를 사랑한다는 증거라고 확신에 찬 어조로 말했다.
    사실, 지구와 태양 사이의 거리는 더할 나위 없이 적당하게 조절되어 있다. 태양의 밝기를 고려할 때, 바닷물이 액체상태를 유지하면서 생명체의 탄생에 필요한 화학반응을 일으키려면 지금과 같이

1억 5,000만km를 유지하는 것이 최선의 선택이다. 만일 여기서 조금만 더 멀어지면 지구는 화성처럼 얼어붙은 사막이 될 것이며, 물과 이산화탄소까지 얼어붙는 황량한 불모지가 될 것이다. 실제로 화성표면을 덮고 있는 영구동토층 바로 아래에는 과거에 형성된 얼음층이 깔려 있다.

이와는 반대로, 지구와 태양 사이의 거리가 지금보다 가까웠다면 지구는 금성처럼 '온실행성'이 되었을 것이다. 금성은 태양과의 거리가 너무 가까운데다가 대기의 주성분이 이산화탄소이기 때문에 표면온도가 거의 480°C에 달한다. 그래서 금성은 태양계의 행성들 중 평균온도가 가장 높다. 게다가 수시로 황산비가 내리고 기압은 지구의 100배가 넘는다. 금성이 이토록 (생명체에게) 혹독한 환경을 갖게 된 것은 오직 단 한 가지 이유, 태양과 가깝기 때문이다.

나의 초등학교 선생님이 했던 말을 과학자들이 들었다면, "'자연의 법칙은 생명체가 탄생하기에 적절하도록 세팅되어 있다'고 주장하는 인간 중심적 발생원리"라고 평했을 것이다. 과연 이 세상은 생명체가 살아가기에 적절하도록 어떤 전능한 존재가 디자인한 것일까? 아니면 우연히 그런 환경이 조성된 것일까? 최근 들어 생명체의 탄생과 관련된 여러 가지 '우연한 일치'가 발견되면서, 이 문제를 두고 격렬한 논쟁이 벌어지고 있다. 생명체가 지구에서 살아갈 수 있도록 신이 모든 환경을 조성해놓았다고 주장하는 사람들이 있는가 하면, 이 모든 것이 우연히 형성되었다고 주장하는 학자들도 있다. 인플레이션과 M-이론을 연구하는 학자들 중에는 다중우주의 존재를 믿는 사람도 꽤 많이 있다.

지구에 생명체가 탄생하고 번성하려면 어떤 조건들이 필요한지 잠시 생각해보자. 지구는 태양과의 거리뿐만 아니라 다른 요소들도 거의 기적이라 할 만큼 절묘하게 세팅되어 있다. 예를 들어, 달은 지구가 지금의 공전궤도를 유지하는 데 가장 적절한 크기를 갖고 있다. 만일 달의 크기가 지금보다 작았다면 지구의 자전을 방해하는 요인들이 수억 년 동안 누적되어 이리저리 흔들리면서 커다란 기상변화를 초래했을 것이고, 이 대재난의 와중에 모든 생명체는 멸종했을 것이다. 또한, 지금과 같은 달(지구 크기의 1/3)이 없었다면 지구의 자전축은 수백만 년을 주기로 무려 90°씩 돌아가게 된다(이것은 컴퓨터 시뮬레이션으로 얻은 결과이다). 그런데 생명의 근원인 DNA가 생성되려면 안정된 기상상태가 수억 년 이상 지속되어야 하므로 달이 없었다면 생명체도 탄생하지 못했을 것이다. 다행히도 우리의 달이 아주 적절한 크기와 거리를 유지해온 덕분에 지구는 커다란 재앙 없이 생명체의 천국으로 진화할 수 있었다(실제로 화성의 달은 화성의 자전축을 안정하게 유지시킬 만큼 충분히 크지 않다. 천문학자들은 과거 한때 화성의 자전축이 45°가량 기울었을 것으로 예측하고 있다).

주기적으로 작용하는 약한 힘 때문에, 지금도 달과 지구 사이의 거리는 매년 4cm씩 멀어지고 있다. 이런 추세로 앞으로 20억 년이 지나면 달의 거리가 너무 멀어져서 지구는 더 이상 안정된 상태를 유지하지 못하게 될 것이다. 그때가 되면 달은 우리의 시야에서 사라질 것이고, 지구의 자전축이 심각하게 돌아가면서 지금과는 전혀 다른 별자리들이 밤하늘에 나타날 것이다. 물론 지구의 날씨도 심각한 영향을 받아 생명활동 자체가 불가능해질 가능성이 높다.

워싱턴대학의 지질학자 피터 워드Peter Ward와 천문학자 도널드 브라운리Donald Brownlee는 이렇게 말했다.

"달moon이 없으면 달빛도, 달month도 없고 NASA의 아폴로계획도 무의미해진다. 또한 달 때문에 나타나는 광기lunacy도 사라지고 시인들은 소재가 빈곤해지며 전 세계의 밤하늘은 지금보다 훨씬 어두워질 것이다. 달이 없으면 새와 삼나무, 고래, 삼엽충 등 지구의 다양함에 큰 몫을 했던 수많은 생명체들도 살아갈 수 없다."[1]

우리의 태양계를 컴퓨터로 분석해보면 목성이 우리에게 얼마나 고마운 존재인지를 실감할 수 있다. 목성은 태양계를 떠도는 온갖 소행성들을 태양계 바깥으로 '내던지는' 역할을 착실하게 수행해왔다. 이른바 '소행성 전성시대'로 일컬어지는 35억~45억 년 전에, 태양계는 별과 행성에서 떨어져나온 파편들, 즉 소행성들로 가득 차 있었다. 만일 목성이 지금보다 훨씬 작아서 강한 중력을 행사하지 못했다면 지금도 태양계는 소행성으로 초만원을 이루고 있을 것이며, 그들 중 몇 개만 지구로 떨어져도 지구의 생명체는 멸종을 피할 수 없을 것이다. 지구가 지금의 상태를 유지할 수 있었던 이유 중 하나는 목성이 지금과 같이 적절한 크기를 갖고 있었기 때문이다.

지구의 질량도 가장 적절한 값으로 '세팅' 되어 있다. 만일 지구의 질량이 지금보다 조금이라도 작았다면 중력이 작아져서 대기 중에 산소를 붙잡아둘 수 없었을 것이며, 질량이 조금이라도 컸다면 원시시대에 형성된 유독가스가 대기 중에 섞여서 생명체가 살 수 없었을 것이다. 즉, 지구는 생명체가 살아가기에 가장 적당한 질량을 갖고 있는 것이다.

행성들의 공전궤도도 우리에게 아주 적절하게 형성되어 있다. 명왕성을 제외한 모든 행성들의 궤도는 원형에 가까운데(실제로는 아주 조금 일그러진 타원형이다), 이 덕분에 지구는 거대가스gas giant와 같은 다른 천체들과의 충돌을 효과적으로 피할 수 있다. 생명체가 탄생하려면 수억 년 동안 안정된 기후가 유지되어야 한다는 점을 고려할 때, 이것 역시 우리에게는 매우 다행스런 일이 아닐 수 없다.

태양계가 은하수의 중심으로부터 은하수 반경의 3분의 2만큼 떨어진 지점에 위치하고 있는 것도 우리에게는 커다란 행운이다. 만일 태양계가 은하수의 중심에 더 가까이 있었다면 중심부에 숨어 있는 블랙홀의 강력한 복사장 때문에 생명체가 살 수 없었을 것이다. 그리고 태양계가 은하수의 중심에서 너무 멀리 있었다면 유기물에 필요한 원소들이 충분히 많지 않았을 것이다.

이런 식의 행운적인 요소들은 (책의 페이지에 제한이 없다면) 얼마든지 나열할 수 있다. 워드와 브라운리는 "지구는 너무나도 많은 요인들이 가장 적절하게 맞춰져 있는 행운의 행성이다. 이처럼 운 좋은 행성이 우주에 또 존재할 가능성은 거의 없다"고 주장했다. 실제로 바닷물의 양과 지각의 구조, 산소의 양, 열량, 자전축의 기울어진 정도 등 모든 것이 생명체에게 유리한 방향으로 기적처럼 세팅되어 있는 것이 사실이다. 만일 이들 중 단 하나라도 적정 값에서 벗어났다면, 이런 질문을 제기할 만한 생명체는 지구상에 존재하지도 않았을 것이다.

정말로 신이 지구를 각별히 사랑했기 때문에 지구가 이런 엄청난 행운을 누려온 것일까? 그럴지도 모른다. 그러나 이 상황은 신의 존재를 개입시키지 않고서도 얼마든지 설명할 수 있다. 개중에는 태양과 너무 가깝거나 달이 너무 작아서, 또는 목성이 너무 작거나 은하의 중심에 너무 가까워서 옛날에 사라져버린 행성들이 수도 없이 많을 것이다. 그러므로 지구가 모든 조건들을 만족한다고 해서 신이 지구를 특별히 사랑한다고 주장할 수는 없다. 조건에 맞지 않는 행성들은 모두 사라졌고, 우리는 이 모든 조건들을 만족하는 행성에 우연히 살게 되었다고 생각할 수도 있는 것이다.

원자설을 주장했던 고대 그리스의 철학자 데모크리토스Democritos는 후손들에게 다음과 같은 글을 남겼다.

"이 우주에는 크기가 제각각인 세상이 무수히 많이 존재하고 있다. 개중에는 태양이나 달이 없는 세상도 있으며, 두 개 이상의 태양과 달이 떠 있는 세상도 있다. 각 세상들 사이의 거리도 제각각이며 어떤 특정방향으로는 유난히 많은 세상이 존재하고 있다. … 이들은 서로 충돌하면서 종말을 맞는다. 개중에는 동물이나 식물이 번성하지 못하고 습기로 가득 찬 세상도 있다."[2]

2002년까지 우주에서 발견된 외계행성(별을 중심으로 여러 행성들이 공전하고 있는 천체집단)은 무려 100개가 넘는다. 우리의 태양계 밖에서는 평균 2주에 한 개씩 새로운 행성이 발견되고 있다. 이런 행성들은 스스로 빛을 발하지 않기 때문에, 천문학자들은 간접적인 방법으로 이들의 존재를 확인하고 있다. 가장 그럴듯한 방법은 태양계의 중심에 있는 별의 미세한 움직임을 관측하는 것이다. 별에서 방출되는 빛의 도플러효과Doppler effect를 관측하면 별의 미동상태를 알 수 있고, 여기에 뉴턴의 운동법칙을 적용하면 그 주변을 도는 행성의 질량을 계산할 수 있다.

카네기연구소의 크리스 매카시Chris McCarthy는 이런 말을 한 적이 있다. "별과 행성은 팔을 뻗어 상대방의 손을 잡고 원형궤도를 따라 춤을 추고 있는 댄스파트너에 비교할 수 있다. 바깥쪽 파트너(행성)는 덩치가 작기 때문에 커다란 궤도를 돌고 안쪽 파트너(별, 항성)는 덩치가 커서 아주 작은 궤도를 돌고 있다. 이 궤도는 별자체의 크기보다 훨씬 작기 때문에 마치 별이 그 자리에서 조금씩 흔들리는 것처럼 보인다."[3] 지금의 관측기술은 1광년 거리에서 초속 3m의 속도로 일어나는 변화를 관측할 수 있는 정도이다.

외계의 행성을 관측하는 방법은 이것 말고도 여러 가지가 있는데, 그중 하나는 행성에 의한 일식을 관측하는 것이다. 즉, 행성이 별을 가렸을 때 별의 밝기가 감소하는 정도를 관측하면 행성의 존재 여부를 간접적으로 확인할 수 있다. NASA는 앞으로 15~20년 이내에 외계의 행성을 관측하는 간섭망원경을 우주에 띄울 예정이다(중심부의 별빛 때문에 보통 망원경으로는 행성을 관측할 수 없다. 그래서 이 망원경은 간섭현상을 이용하여 별에서 방출된 빛을 제거하도록 설계되었다).

태양계 바깥에서 목성 정도의 크기를 가진 지구형 행성은 아직 발견된 사례가 없다. 대부분의 행성들은 이미 죽은 것으로 추정된다. 지금까지 발견된 행성들은 궤도가 극히 비정상적이거나 별과의 거리가 아주 가까운 행성들인데, 이들이 지구와 같은 조건을 만족할 가능성은 거의 없다. 이러한 태양계에서는 목성과 크기가 비슷한 행성이 다른 조그만 행성들을 태양계 바깥으로 날려버려서 생명체의 탄생을 원천봉쇄했을 수도 있다.

우주에서는 비정상적인 궤도를 돌고 있는 행성들이 수시로 발견된다. 이런 행성들이 하도 흔하기에, 2003년에 '정상적인' 궤도를 돌고 있는 행성이 발견되었을 때 여러 과학잡지들은 이 기사를 1면 톱으로 다루었다. 당시 미국과 호주의 천문학자들은 목성과 크기가 비슷한(정확하게는 금성의 두 배인) HD 70642라는 행성을 거의 동시에 발견했는데, 이 행성은 별까지의 거리도 우리의 목성과 비슷하다.[4]

미래의 천문학자들은 우리 근처에 있는 모든 태양계의 목록을 작성하게 될 것이다. 1995년에 최초로 외부 태양계를 발견했던 카네기연구소의 폴 버틀러Paul Butler는 이렇게 말했다.

"지금 우리는 2,000개에 달하는 태양계를 관측하고 있다. 이들 중에는 우리로부터 150광년이나 떨어져 있는 태양계도 있다. 우리의 목적은 두 가지이다. 하나는 '우주의 이웃에 대해 좀 더 자세히 알고 지내자'는 것이고, 또 하나는 우리의 태양계와 같은 시스템이 얼마나 귀한 존재인지를 확인하는 것이다."[5]

우주적 우연

행성에서 생명체가 탄생하려면, 안정된 환경이 적어도 수억 년 이상 지속되어야 한다. 그러나 하나의 행성이 수억 년 동안 큰 변화를 일으키지 않는다는 것은 거의 기적에 가깝다.

예를 들어, 원자가 형성되는 과정을 생각해보자. 원자의 중심부에 있는 원자핵은 양성자와 중성자로 이루어져 있는데, 양성자의 질량은 중성자보다 아주 조금 작다. 이는 곧 중성자가 결국에는 붕괴되어 양성자로 전환되면서 최저에너지상태로 되돌아간다는 것을 의미한다. 만일 양성자의 질량이 지금보다 1%만 컸다면, 양성자가 중성자로 붕괴되면서 모든 원자핵이 불안정한 상태가 되어 결국에는 모두 분해되고 말 것이다. 이렇게 되면 원자는 형성될 수 없고 생명체도 탄생할 수 없다.

생명체의 탄생을 가능하게 했던 또 하나의 우주적 우연을 꼽는다면, 양성자가 매우 안정한 상태를 유지하여 반전자antielectron로 붕괴되지 않았다는 점을 들 수 있다. 지금까지 알려진 실험결과에 의하면 양성자의 수명은 우주의 수명보다 훨씬 길다. 그러므로 양성자는 안정된 DNA의 탄생에 커다란 공헌을 해온 셈이다.

강력(핵력)이 지금보다 조금 더 약했다면 중수소와 같은 원자핵들은 안정된 상태를 이루지 못했을 것이므로, 별의 내부에서 핵융합반응이 일어난다 해도 무거운 원자핵을 만들어내지 못했을 것이다. 이와 반대로 핵력이 조금 더 강했다면 별들은 핵원료를 너무 빨리 소모하여 수명이 짧아졌을 것이고, 태양이 없는 지구에는 생명체가 탄생하지 못했을 것이다.

약력의 세기가 달라져도 생명체는 존재할 수 없다. 약력을 통해 상호작용하는 뉴트리노는 폭발하는 초신성의 에너지가 외부로 전달되는 데 결정적인 역할을 하며, 이 에너지가 없으면 철보다 무거운 원소는 만들어질 수 없다. 만일 약력이 지금보다 조금 더 약했다면 뉴트리노는 상호작용을 거의 하지 않았을 것이고, 그 결과 초신성은 철 이상의 무거운 원소를 만들어내지 못했을 것이다. 또한, 약력이 지금보다 조금 강했다면 뉴트리노는 별의 중심부에서 쉽게 탈출하지 못하여 우리의 몸과 주변환경의 대부분을 이루고 있는 무거운 원소들을 역시 만들어내지 못했을 것이다.

그동안 과학자들은 '우주적 우연'이 기록되어 있는 긴 목록을 만들어냈다. 이 목록을 보고 있노라면, 우주와 관련된 그 많은 상수들이 한결같이 생명체의 탄생에 가장 적절한 값으로 세팅되어 있다는 사실에 놀라지 않을 수 없다. 이들 중 단 하나라도 값이 달랐다면, 생명체는 고사하고 별조차도 형성되지 못했을 것이다. 별이 없으면 행성도 없고, 행성이 없으면 유기물도, DNA도, 생명체도 존재할 수 없다.

천문학자 휴 로스Hugh Ross는 이 기적과도 같은 상황을 다음과 같이 비유적으로 설명했다. "우주의 모든 상수들이 지금과 같이 적절한 값으로 세팅될 확률은 폐품창고에 태풍이 불어닥쳐서 보잉747 제트기가 자동으로 만들어질 확률과 비슷하다."

인류학적 원리

지금까지 펼친 여러 가지 논리는 인류학적 원리하에 하나로 묶을 수 있다. 어린 시절 나의 선생님은 이 모든 우연들이 신의 의지에 따라 디자인된 것이라고 믿었던 반면, 물리학자 프리먼 다이슨 Freeman Dyson은 "이 우주는 우리의 등장을 미리 알고 있었던 것 같다"고 했다. 인류학적 관점에서 볼 때, 물리적 상수들이 적절한 값을 갖고 있는 것은 단순한 우연이 아니라 '모종의 의지가 개입된 계획우주'를 연상케 한다(인류학적 원리에 따르면 우주적 물리상수의 값은 생명체와 의식이 발생 가능한 쪽으로 맞춰져 있다).

물리학자 돈 페이지Don Page는 수년 동안 제기되어온 인류학적 원리를 다음과 같이 네 종류로 축약하였다.

인류학 약弱원리 : 우주가 관측되려면 관측의 주체인 '우리'가 반드시 존재해야 한다.
인류학 강-약원리 : 수많은 다중우주들 중 적어도 한 곳에는 생명체가 번성하고 있어야 한다.
인류학 강원리 : 우주는 적어도 어느 한 시기 동안 생명체에게 적절한 환경을 갖고 있어야 한다.
인류학 최종원리 : 우주에는 지적 생명체가 반드시 존재하며, 이들은 결코 사라지지 않는다.[6]

인류학 강원리를 심각하게 받아들이고 있는 MIT의 물리학자 베라 키스티아코프스키Vera Kistiakowsky는 이렇게 말했다. "물리적 세계에 존재하는 고도의 질서를 생각하면 신의 존재를 떠올리지 않을 수 없다."[7] 이 의견에 찬성하는 또 한 사람의 물리학자로는 존 폴킹혼을 들 수 있다. 그는 케임브리지대학에서 입자물리학을 연구하다가 어느 날 갑자기 교수 직을 내던지고 영국교회의 성직자가 된 특이한 이력을 갖고 있다. 그는 "우리의 우주는 '낡고 버려진 세상'

이 아니라 생명체를 위해 모든 환경이 절묘하게 맞춰진 특별한 세상이다. 왜냐하면 우주를 창조한 창조주가 그렇게 되기를 원했기 때문이다"라고 주장했다.⁸ 별과 행성의 움직임을 좌우하는 불변의 운동법칙을 발견한 아이작 뉴턴도 "신이 없다면 이토록 우아한 법칙도 존재할 수 없었을 것이다"라며 조물주의 존재를 시인했다.

그러나 노벨상을 수상한 물리학자 스티븐 와인버그는 이러한 생각에 동의하지 않는다. "인간이라면 자신이 우주와 긴밀하게 연결되어 있다는 생각을 떨치기 어려울 것이다. 인간의 삶은 '태초우주의 3분'으로부터 야기된 연쇄적 사건의 결과가 아니라, 우주가 시작될 때부터 이미 결정된 운명이었다."⁹ 그러나 그는 인류학의 강원리가 '미신에 가까운 신화'라고 결론지었다.

인류학의 원리에 동의하지 않은 사람은 와인버그뿐만이 아니었다. 물리학자 하인즈 파겔Heinz Pagel은 한때 인류학 원리에 동의했다가 "무언가를 예견하는 능력이 없다"는 이유로 생각을 바꿨다. 그의 주장에 의하면 인류학의 원리는 검증될 수 없고 그로부터 새로운 정보를 얻어낼 수도 없으며, "우리는 이곳에 있기 때문에 이곳에 있다"는 똑같은 말을 되풀이하고 있다.

앨런 구스도 인류학 원리에 반대하면서 다음과 같이 말했다.

"나는 인류학 원리를 부르짖는 사람들을 믿지 않는다. 그런 말도 안 되는 원리로 우주의 역사를 설명하는 것은 정말 어리석은 짓이다. 일부 과학자들이 인류학 원리를 받아들이는 이유는, 그보다 더 좋은 생각을 떠올릴 능력이 없기 때문이다."¹⁰

다중우주

케임브리지대학의 마틴 리스 경은 우주적 우연이야말로 다중우주의 존재를 입증하는 강력한 증거라고 믿는 사람이다. 그는 "바깥 어딘가에 수백만 개의 평행우주들이 존재하고 있다"는 가정을 내세우지 않고서는 우리의 세계에 이렇게 많은 우연과 기적이 발생한 이유를 설명할 수 없다고 주장했다. 만일 그렇다면, 평행우주들 중 대부분은 이미 '죽은 우주' 일 것이다. 개중에는 양성자가 안정된 상태를 유지하지 못하거나 원자가 형성되지 않은 우주도 있고, DNA가 만들어지지 않은 우주도 있을 것이다. 그러므로 우리의 우주에서 일련의 기적이 일어난 것은 신의 보살핌 때문이 아니라, 바로 '평균의 법칙' 때문이다.

마틴 리스 경은 평행우주의 개념을 발전시킬 수 있는 마지막 과학자일지도 모른다. 그는 대영제국을 대표하는 천문학자이자 현대의 우주관에 커다란 영향을 미치고 있는 저명인사이다. 눈부신 은발과 완벽한 옷매무새로 유명한 리스는 일반대중들에게 우주의 기적을 설명할 때에도 특유의 카리스마를 발휘하여 청중을 완전히 사로잡곤 한다.

그는 우주의 모든 환경이 생명체에게 적합하도록 최적화되어 있는 것은 전혀 우연이 아니라고 했다. "나도 한때는 모든 조건들이 생명체에게 적합하도록 세팅되어 있는 것이 우연이나 행운이라고 생각했다. 그러나 이것은 지나치게 편협한 관점이다. … 그냥, 생명체가 번성하기 위해 요구되는 조건들이 지나치게 많았다고 생각하면 된다. 이런 관점을 받아들이면 신학자들이 주장하는 신의 섭리를 굳이 도입할 필요가 없다."[11]

리스는 이러한 개념들 중 일부를 정량화함으로써 자신의 논리를 더욱 강화시켰다. 그는 이 우주가 이상적으로 세팅된, 측정 가능한 여섯 개의 숫자에 의해 지배되고 있으며, 이 숫자들은 생명체의 탄생에 결정적인 공헌을 했다고 주장했다.

첫 번째 숫자는 빅뱅을 통해 수소가 헬륨으로 전환되는 과정에 관여하는 입실론(ε=0.007)이다. 만일 이 값이 0.006이었다면 핵력이 지금보다 약해져서 양성자와 중성자는 서로 결합하지 못했을 것이다. 그러면 중수소(양성자 1+중성자 1)가 형성되지 않았을 것이고, 우리의 몸과 우주의 대부분을 이루는 무거운 원자들도 존재하지 않았을 것이므로, 오직 수소로 가득 찬 썰렁한 우주로 남았을 것이다. 핵력이 지금보다 조금만 약했다면 주기율표에 있는 대부분의 원자들은 안정된 상태를 유지할 수 없으므로 생명체는 결코 태어나지 못했을 것이다.

반면에, ε의 값이 0.008이었다면 핵융합이 너무 빠르게 진행되어 빅뱅 이후 수소는 곧 고갈되었을 것이며, 지구 같은 행성에 에너지를 공급하는 별도 오래전에 모두 소멸했을 것이다. 리스는 "핵력의 세기가 지금의 4%만 작았어도 무거운 원소의 출발점인 탄소(C)는 별 속에서 만들어지지 못했을 것이며, 그 결과 생명체는 탄생하지 못했을 것이다"라는 프레드 호일의 말을 인용하면서 ε값의 중요성을 강조했다.[12] 핵력의 크기가 조금이라도 달라지면 베릴륨(Be)원자핵이 불안정해지기 때문에, 연쇄적인 핵융합이 더 이상 진행되지 못하여 탄소원자가 존재할 수 없게 된다. 그런데 탄소는 모든 유기물에 반드시 필요한 원소이므로 이것 없이는 생명체가 탄생할 수 없다.

우주의 운명을 좌우하는 두 번째 숫자는 전자기력의 세기와 중력의 세기의 비율을 나타내는 $N=10^{36}$이다. 즉, 전자기력은 중력보다 무려 10^{36}배나 강하다. 그런데 중력이 이보다 더 약하면 별이 충분히 응축되지 않아서 핵융합반응을 일으킬 수 없다. 그러면 별들은 빛을 발할 수 없게 되고 그 주변의 행성들은 꽁꽁 얼어붙은 암흑의 세계가 되었을 것이다.

이와 반대로, 중력이 지금보다 조금 강했다면 별들은 너무 빨리 타올라서 이미 옛날에 소멸했을 것이므로 이 경우 역시 생명체는 존재할 수 없게 된다. 또한, 중력이 강하면 별들 사이의 간격이 지금보다 훨씬 가까워져서 서로 충돌할 가능성도 높아진다.

세 번째 숫자는 우주의 상대적 밀도를 나타내는 오메가(Ω)이다. 만일 Ω의 값이 지나치게 작았다면 우주는 너무 빠르게 팽창하고 너무 빠르게 식었을 것이다. 또한, Ω가 너무 크면 우주는 생명체가 탄생하기도 전에 완전히 수축되었을 것이다. 리스는 자신의 저서에 다음과 같이 적어놓았다. "우주가 지금처럼 팽창하면서 $\Omega \sim 1$을 유지하려면, 빅뱅이 일어나고 1초가 지났을 때 Ω의 값이 1에서 0.000000000000001 이상 벗어나지 않아야 한다."[13]

네 번째 숫자는 우주팽창의 가속도를 결정하는 우주상수 람다(Λ)이다. 만일 우주상수가 지금보다 몇 배 정도 컸다면, 우주는 반중력에 의해 즉각적으로 대동결big freeze상태가 되었을 것이다. 물론 이런 상황에서 생명체의 존재는 어림도 없는 소리다. 또한, 우주상수가 음수였다면 우주는 안으로 붕괴되어 역시 생명체는 살아갈 수 없다. 다시 말해서, 생명체가 번성하려면 우수상수는 우주의 밀도 Ω와 마찬가지로 아주 작은 영역 이내의 값을 가져야 한다.

다섯 번째 수는 우주배경복사의 불규칙성을 나타내는 $Q(10^{-5})$이다. 만일 이 값이 조금 더 작았다면 우주전역에는 먼지와 가스가 극도로 균일하게 분포되어 별이나 은하가 형성되지 못했을 것이며, 우주는 별다른 특색이 없는 어둡고 균일한 공간으로 남았을 것이다. 반면에, Q가 지금보다 컸다면 지금보다 훨씬 빠른 시기에 초대형 은하가 형성되어 주변의 물질들을 마구 잡아먹으며 거대한 블랙홀로 진화했을 것이다.[14] 리스의 계산에 의하면 이 블랙홀은 은하전체보다 큰 질량을 갖고 있으므로 모든 별과 행성들은 그 안으로 빨려들어가 최후를 맞이했을 것이다.

마지막으로, 우주의 운명을 좌우하는 여섯 번째 숫자는 공간의 차원을 나타내는 D이다. M-이론이 등장한 후로 물리학자들은 "지금보다 높거나 낮은 차원에서 생명체가 존재할 수 있는가?"라는 질문에 관심을 갖기 시작했다. 일단, 1차원 공간(선)은 너무나 단순하기 때문에 생명체가 존재하지 않을 것 같다. 1차원 공간의 양자역학에서, 입자들은 상호작용을 전혀 하지 않는다. 즉, 1차원에서는 생명체의 기본단위인 입자들이 결합을 아예 하지 않기 때문에, 생명체가 존재할 가능성은 거의 없다.

2차원 공간에서도 이와 비슷한 문제가 발생한다. 2차원 평면에 살고 있는 생명체를 상상해보자. 이들의 내장은 과연 어떻게 생겼을까? 체내에서 완전소화를 하지 않는 한, 2차원의 생명체들도 입과 배설기관을 동시에 갖고 있을 것이다. 그런데 2차원 도형의 기하학적 특성상, 입구와 출구가 한몸에 존재하려면 이들의 몸은 두 조각으로 분리되어야 한다. 그러므로 2차원에도 복잡한 생명체가 존재할 수는 없을 것 같다.

1, 2차원에 생명체가 존재할 수 없다는 것은 생물학적인 논리로도 증명할 수 있다. 우리의 두뇌는 수많은 뉴런(신경단위)들이 서로 연결되어 방대한 전기적 네트워크를 형성하고 있다. 그런데 1차원이나 2차원에서 사는 생명체의 경우, 두 개 이상의 신경망이 교차하면 전기신호가 단락되거나 혼선을 일으키기 때문에 복잡한 신경망을 만들어낼 수가 없다. 신경망이 교차하지 않으려면 모두 나란히 배열되는 수밖에 없다(게다가 1차원에서는 단 한 가닥의 뉴런밖에 허용되지 않는다). 예를 들어, 우리의 두뇌에는 1,000억 개의 뉴런이 복잡한 논리회로를 구성하고 있으며(이것은 은하 속에 들어 있는 별의 개수와 맞먹는 양이다), 각각의 뉴런은 1만 개의 다른 뉴런과 연결되어 있다. 이 정도로 복잡한 두뇌를 3차원 미만의 좁은 영역에서 구현하는 것은 도저히 불가능하다.

4차원 공간으로 가면 또 다른 문제에 직면하게 된다. 이런 우주에서는 행성들이 안정된 궤도를 유지할 수가 없다. 4차원 공간에서는 뉴턴의 중력이 거리의 제곱에 반비례하지 않고 거리의 세제곱에 반비례한다. 아인슈타인의 절친한 연구동료였던 폴 에렌페스트는 1917년에 다른 차원에서 물리학이 어떻게 변할 것인지를 예견하여 학계의 관심을 끌었다. 그는 푸아송-라플라스 방정식Poisson-

Laplace equation(행성과 전자의 운동을 서술하는 방정식)을 분석한 끝에 4차원 이상의 공간에서는 행성의 궤도가 불안정하다는 것을 수학적으로 증명했다. 그런데 원자핵의 주변을 돌고 있는 전자도 기본적으로는 태양계와 비슷한 구조이므로 고차원 공간에서는 원자와 태양계가 존재하지 않을 것으로 추정된다. 다시 말해서, 생명체가 살기에는 3차원 공간이 가장 이상적이라는 뜻이다.

지구의 환경이 생명체에게 가장 이상적으로 세팅되어 있다는 것은, 태양계 바깥에 또 다른 행성들의 존재 가능성을 강하게 시사하고 있다(그렇지 않다면 조물주의 보살핌 등을 또 다시 운운해야 한다). 이와 같은 맥락에서, 리스는 우주의 운명을 좌우하는 모든 상수들이 가장 적절한 값으로 세팅되어 있기 때문에 평행우주가 존재해야 한다고 주장했다. "옷이 많이 쌓여 있는 곳에서 무심코 하나를 집어들었다면, 그것이 몸에 딱 맞는다 해도 별로 놀라지 않을 것이다. 이와 마찬가지로, 수없이 많은 우주들 중에는 생명체에게 가장 적합한 우주가 반드시 존재하며, 우리가 바로 그곳에서 살고 있다."[15] 다시 말해서, 우리의 우주는 조물주에 의해 디자인된 우주가 아니라 무수히 많은 평행우주들 중에서 생명체에게 가장 이상적인 우주일 뿐이라는 것이다.

와인버그는 이 점에 동의하고 있다. 사실 그는 다중우주이론을 지적인 유희감으로 즐기는 사람이다. 그는 시간이 빅뱅 이후부터 흐르기 시작했다거나, 빅뱅 이전에는 시간이 흐르지 않았다는 주장을 믿지 않는다. 다중우주에서 우주는 언제든지 만들어지고 사라질 수 있기 때문이다.

리스가 다중우주이론을 좋아하는 데에는 또 다른 이유가 있다. 그는 우주에서 약간의 '단점ugliness'을 발견했다. 지구의 공전궤도가 완벽한 원에서 조금 벗어나 있는 것이 하나의 사례이다. 만일 지구의 궤도가 완벽한 원이었다면, 많은 사람들은 신학자들처럼 "신이 우주를 창조했다!"고 자신 있게 주장했을 것이다. 그러나 지구의 궤도는 완벽한 원이 아니다. 즉, 가장 이상적인 궤적에 약간의 무작위성이 개입되어 있는 것이다. 이와 마찬가지로, 우주상수가 정확하게 0이 아니라 0에서 조금 벗어나 있는 것은, 우리의 우주가 그다지 특이한 존재가 아님을 보여주는 사례라고 할 수 있다. 또한, 이것은 우주가 우연한 사건에 의해 무작위로 탄생했다는 증거이기도 하다.

우주의 진화

리스는 철학자가 아닌 천문학자로서, 자신의 이론이 검증 가능하다는 점을 강조하였다. 사실 이것은 그가 신비주의적인 이론보다 다중우주이론을 선호하는 이유이기도 하다. 그는 다중우주이론이 앞으로 20년 내에 검증될 수 있다고 장담했다.

다중우주이론에 약간의 변형을 가한 이론은 지금도 검증할 수 있다. 물리학자 리 스몰린Lee Smolin은 리스보다 한술 더 떠서 "우주의 진화는 다윈의 진화론처럼 궁극적으로 우리의 우주와 같은 형태가 되는 쪽으로 진행된다"고 주장했다. 예를 들어, 혼돈인플레이션이론chaotic inflationary theory에 의하면 아기우주는 부모우주의 물리상수와 약간 다른 값을 갖고 태어난다. 그런데 일부 물리학자들의 주장대로 블랙홀로부터 우주가 탄생할 수도 있다면, 다중우주들 중 상당수의 우주 속에는 블랙홀이 여러 개 존재하고 있을 것이다. 그러면 동물의 세계에서 후손을 많이 낳는 동물이 생존에 유리하고 유전자 정보도 많이 퍼뜨릴 수 있는 것처럼, 블랙홀을 많이 보유하고 있는 우주일수록 많은 아기우주를 양산하여 물리상수를 대물림하게 될 것이다. 만일 이것이 사실이라면 우리의 우주는 무수히 많은 '선조우주'를 갖고 있어야 한다. 즉, 수조 년 동안 대를 이어오면서 우주적 '자연선택'에 의해 지금과 같은 우주로 진화했다는 논리가 성립하는 것이다. 다시 말해서, 우리의 우주는 블랙홀을 가장 많이 보유해온 '제법 있는 집안'의 후손이라는 뜻이다.

다윈의 진화론을 우주에 적용하는 것은 다소 무리가 있지만, 스몰린은 블랙홀의 개수를 측정하면 자신의 논리를 입증할 수 있다고 믿고 있다. 그의 이론대로라면 우리의 우주는 평행우주들 중에서 블랙홀이 가장 많은 우주에 속한다(그러나 블랙홀이 많은 우주가 생명체에게도 유리하다는 증거는 아직 없다).

이 아이디어는 검증이 가능하므로 반증의 사례도 고려되어야 한다. 예를 들어, "물리적 변수들을 잘 조절하면 생명체가 없는 우주에서 블랙홀이 가장 쉽게 생성될 수 있다"거나, "핵력이 지금보다 강한 우주에서는 별들이 빠르게 초신성으로 진화하기 때문에 블랙홀의 수도 많다"는 결론이 내려질 수도 있다. 이런 우주에서는 별의 수명이 짧기 때문에 생명이 탄생할 기회가 거의 없음에도 불구하고 블랙홀의 수가 많으므로 스몰린의 주장에 정면으로 위배된다. 이 아이디어는 검증될 수 있고 재생될 수 있으며 수정이 용이하다는 장점을 갖고 있다(사실로 판명된 대부분 과학이론들의 공통점이기도 하다). 정확한 답은 멀지 않은 미래에 밝혀질 것이다.

초끈과 웜홀, 그리고 높은 차원의 존재를 인정하는 모든 이론들은 지금의 기술로 검증할 수 없다. 앞으로 실험기술이 더욱 발달하면 이 모든 이론들의 진위 여부가 판가름날 것이다. 우리는 지금 실험과학의 혁명적 과도기에 살고 있다. 초고성능의 관측위성과 중력파 감지기, 그리고 레이저를 이용한 다양한 장비들이 우리의 의문을 풀기 위해 지금도 만들어지고 있다. 앞으로 관측데이터가 충분히 축적되면 우주론에 관한 가장 깊은 의문들은(적어도 그들 중 일부는) 시원하게 해결될 것이다.

9

11차원의 메아리를 찾아서

훌륭한 주장은 훌륭한 증명이 수반되어야 한다.
— 칼 세이건

평행우주와 차원입구, 고차원공간 등은 그 자체만으로도 매우 흥미롭긴 하지만, 이들이 과학적 설득력을 가지려면 엄밀한 증명이 수반되어야 한다. 천문학자 켄 크로스웰은 이렇게 말했다. "당신이 다중우주에 대해 아무리 황당한 주장을 한다 해도, 그것을 눈으로 확인하지 않는 한 아무도 반론을 제기할 수 없다."[1] 얼마 전까지만 해도 다중우주를 실험으로 검증하는 것은 요원한 희망사항에 불과했다. 그러나 컴퓨터와 레이저, 그리고 관측위성의 획기적인 발전에 힘입어, 그 희망사항은 서서히 현실로 다가오고 있다.

다중우주의 직접적인 검증은 아직도 요원한 이야기지만, 간접적인 방법을 동원하면 검증될 수 있는 부분도 있다. 사실, 대부분의 천문관측도 간접적인 방법으로 이루어지고 있다. 태양이나 다른 별을 인류가 탐사했다는 말을 들어본 적이 있는가? 우리는 별의 성분을 분석할 때, 별에서 채취해온 광물이나 가스덩어리를 직접 다루지 않고 별에서 방출된 빛의 스펙트럼을 분석한다. 태양의 주성분이 수소와 헬륨이라는 것도, 스펙트럼에 나타난 선의 위치를 판독하여 알아낸 것이다. 뿐만 아니라, 블랙홀도 눈으로 직접 확인된 적은 단 한 번도 없다. 블랙홀은 빛을 전혀 방출하지 않으므로, 본다는 것 자체가 어불성설이다. 그러나 우리는 강착원반accretion disk을 찾아 그로부터 블랙홀의 존재를 간접적으로 확인할 수 있다.

이와 같이, 우리는 별과 블랙홀의 특성을 알아내기 위해 그들의 메아리를 추적하고 있다. 그러므로 직접 관측할 수 없는 11차원의 세계도 간접적으로 접근하여 초끈이론과 인플레이션이론을 검증하는 방법이 어딘가에 있을 것이다.

GPS와 현실

일상생활에서 위성의 위력을 가장 실감나게 느낄 수 있는 분야는 아마도 GPSGlobal Positioning System(위성항법장치)일 것이다. GPS는 지구의 주변을 돌고 있는 24개의 위성들로부터 동기화된 신호를 수신한 후 삼각측량법을 이용하여 지구상에 있는 특정인의 위치를 매우 정확하게 결정하는 시스템으로서, 도로를 달리는 자동차부터 크루즈 미사일에 이르기까지 광범위하게 활용되고 있다. 각 위성에는 500억 분의 1초 이내의 오차로 동기화된 신호를 내보낼 수 있는 시계가 탑재되어 있고, 이로부터 계산된 위치의 오차범위는 약 10~15m이다.[2] 그러나 이 정도로 정확한 결과를 얻으려면 뉴턴의 중력법칙에 상대론적 수정을 가해야 한다. 위성이 우주공간을 여행하는 동안 일반상대성이론의 법칙에 따라 라디오파의 진동수에 약간의 변화가 초래되기 때문이다.[3] 이 과정이 누락되면 GPS의 시계는 매일 4조 분의 1초씩 빨라져서 시스템 자체를 신뢰할 수 없게 된다. 우리도 모르는 사이에 아인슈타인의 일반상대성이론이 상업과 군사분야에 깊이 관여하고 있는 것이다. 미국 공군에게 '일반상대성이론에 입각한 GPS 시스템 보정의 필요성'을 역설했던 물리학자 클리포드 윌Clifford Will은 "미국 국방성의 고위간부들에게 브리핑을 하면 상대성이론의 시대가 활짝 열리게 될 것"이라고 했다.

중력파감지기

지금까지 수행되어온 천문관측은 예외없이 별빛이나 라디오파, 마이크로파 등 전자기파를 감지하는 방식으로 진행되어왔다. 그러나 현대의 천문학자들은 역사상 최초로 새로운 매개체를 이용하여 중력의 존재를 증명하려 하고 있다. 칼텍의 천문학자이자 중력파 탐지 프로젝트의 부위원장을 맡고 있는 게리 샌더스Gary Sanders는 이런 말을 했다. "그동안 우리는 새로운 방식으로 하늘을 바라볼 때마다 새로운 우주를 발견했다."[4]

아인슈타인은 1916년에 중력파의 존재를 처음으로 예견했다. 예를 들어, 태양이 갑자기 사라지면 어떤 일이 일어날지 상상해보자. 매트리스나 트램폴린 위에 놓여 있던 볼링공을 갑자기 치우면 트램폴린의 표면이 튀어오르면서 한동안 진동을 겪게 될 것이다. 여기서 볼링공을 태양으로 대치시키고 트램폴린을 공간으로 대치시키면, 태양이 갑자기 없어졌을 때 중력적 충격파가 특정 속도(빛의 속도)로 퍼져나가는 현상을 이해할 수 있을 것이다.

아인슈타인은 자신의 방정식에서 중력파를 허용하는 정확한 해를 구하는 데 성공했지만, 자신의 예견이 입증되는 것을 보지 못한 채 세상을 뜨고 말았다. 중력파는 전자기파와 비교가 안 될 정도로 약하기 때문에, 별들이 서로 충돌할 때 생성되는 중력파조차도 지금의 장비로는 관측하기가 쉽지 않다.

현재 과학자들은 중력파를 간접적인 방법으로 관측하고 있다. 러셀 헐스Russell Hulse와 조지프 테일러 2세Joseph Taylor Jr.는 연성계 binary system(서로 상대방의 주위를 돌고 있는 두 개의 천체)를 이루고 있는 중성자별들이 점차 가까워지면서 중력파를 방출한다고 추정했다. 이것은 점성이 큰 당밀을 휘저을 때 흔적이 남는 현상과 비슷하다. 이들은 수명을 다한 중성자별들이 나선궤적을 그리며 서로 가까이 다가가고 있는 PSR 1913+16을 주 관측대상으로 삼았다. 지구로부터 1만 6,000광년 거리에 있는 이 천체는 7시간 45분을 주기로 서로 상대방에 대해 공전하고 있으며, 이 과정에서 중력파를 방출하는 것으로 추정된다.

헐스와 테일러는 여기에 아인슈타인의 일반상대성이론을 적용하여 두 개의 중성자별이 매 주기마다 1mm씩 가까워지고 있음을 알아냈다. 물론 별의 크기와 비교하면 형편없이 작은 값이지만, 1년이 지나면 이 효과는 1m까지 커지고 70만km에 달하는 궤도도 점차 작아진다. 이들은 모든 관측결과를 종합하여, 궤도의 감소현상이 중력파에 기초한 아인슈타인의 이론과 정확하게 일치한다는 결론을 얻었다(아인슈타인의 방정식에 의하면 PSR 1913+16은 중력파를 꾸준히 방출하면서 자체 에너지가 감소하여, 앞으로 2억 4,000만 년이 지나면 하나로 합쳐지게 된다). 헐스와 테일러는 이 공로를 인정받아 1993년에 노벨상을 수상했다.[5]

이 실험은 일반상대성이론을 검증하는 데 사용될 수도 있다. 구체적인 계산에 의하면, 일반상대성이론의 정확도는 거의 99.7%에 달한다. 이 정도면 마음놓고 믿어도 될 것 같다.

LIGO 중력파감지기

그러나, 초기 우주와 관련해 유용한 정보를 얻으려면 중력파를 직접 관측해야 한다. 2003년에 가동되기 시작한 최초의 중력파감지기 LIGOLaser Interferometer Gravitational-Wave Observatory는 중력파와 관련된 우주의 비밀을 풀어줄 유력한 후보로 떠오르고 있다. LIGO의 임무는 망원경으로 감지할 수 없을 정도로 먼 거리에서 발생하는 우주적 사건(블랙홀이나 중성자별의 충돌 등)을 직접 관측하는 것이다.

LIGO는 두 개의 거대한 레이저로 작동되며, 그중 하나는 워싱턴의 핸퍼드Hanford에 설치되어 있고 다른 하나는 루이지애나의 리빙스턴 패리쉬Livingston Parish에 설치되어 있다. 여기에는 4km짜리 파이프 두 개가 L자형으로 연결되어 있는데, 각각의 입구에서 발사된 레이저가 접합부에서 충돌하면 간섭을 일으키게 된다. 만일 여기에 레이저를 교란시키는 요소가 전혀 없다면 두 가닥의 레이저파는 정확하게 상쇄간섭을 일으켜 사라지도록 위상이 맞춰져 있다. 그러나 블랙홀이나 중성자별이 서로 충돌하면서 발생한 희미한 중력파가 이 장치에 도달하면 둘 중 한쪽 파이프의 길이가 아주 조금 수축되어 레이저빔의 간섭에 영향을 미치게 된다. 즉, 두 가닥의 레이저빔이 완전하게 상쇄되지 않고 간섭무늬를 만드는 것이다. 이 무늬를 컴퓨터로 전송하여 정밀한 분석과정을 거치면 중력파의 진원지와 강도 등을 확인할 수 있다. 물론, 중력파가 강할수록 간섭무늬도 크게 나타난다.

  LIGO는 '공학의 기적'이라 불릴 만큼 정교하고 안정된 장치이다. 레이저가 공기분자에 흡수되는 것을 방지하기 위해 파이프의 내부압력은 대기압의 1조 분의 1을 유지하고 있으며, 감지기의 크기는 30만m^3에 달한다. 이것은 인공적으로 만든 진공실 중 세계최대 규모이다. LIGO가 중력파에 극도로 예민하게 반응할 수 있는 것은 여섯 개의 조그만 자석으로 작동하는 거울이 달려 있기 때문이다. 이 거울은 300억 분의 1인치 이내의 오차로 매끈하게 가공되어 있는데, 거울을 직접 관리하고 있는 게릴린 빌링슬레이GariLynn Billingsley는 "거울을 지구에 비유한다면 1인치 이상의 굴곡이 없을 정도로 매끈한 표면을 갖고 있는 셈"이라고 했다.[6] 게다가 이 거울은 100만 분의 1m만 움직여도 그 변화가 감지되도록 설계되어 있으므로, 가히 '세계에서 가장 예민한 실험장비' 라는 칭호를 붙일 만하다. LIGO 과학자 마이클 주커Michael Zucker는 "공학자들에게 LIGO의 작동원리를 들려주면 벌린 입을 다물지 못한다"고 했다.[7]

LIGO는 극도로 예민하면서 거의 완벽하게 세팅된 장비이기 때문에, 아주 미세한 교란에도 쉽게 영향을 받는다. 예를 들어, 루이지애나에 설치된 감지기는 500m 거리에서 일하는 벌목꾼들 때문에 낮에는 가동되지 않고 있다(벌목현장이 1~2km 바깥에 있다 해도 낮에는 가동할 수 없다). 밤에도 자정부터 새벽 6시 사이에 근처를 지나는 화물열차 때문에 LIGO의 가동시간은 많은 제약을 받고 있다.

수 km 바깥에서 발생하는 해변의 파도도 LIGO의 관측결과에 영향을 미칠 수 있다. 미국 북부해안에는 평균 6초마다 한 번씩 파도가 밀려오고 있는데, 중력파감지기는 여기서 발생한 진동까지도 놓치지 않을 정도로 예민하다. 파도에 의한 교란은 진동수가 매우 작기 때문에 지구를 그냥 관통한다. 주커는 파도에 의한 영향을 언급하면서 "루이지애나에 허리케인이 상륙하면 정말로 골치 아프다"고 했다〔지금 이 글을 번역하는 순간(2005년 8월 30일), 루이지애나에 초대형 허리케인이 상륙하여 그 일대를 초토화시켰다—옮긴이〕.[8] 또한, 태양과 달에 의한 중력의 변화도 수백만 분의 1cm 단위로 LIGO의 관측결과에 영향을 미친다.

LIGO를 관리하는 공학자들은 이 미세한 잡음을 제거하기 위해 대부분의 장비들을 가능한 한 길게 만들었다. 각 레이저 시스템은 스테인리스강으로 만든 4층구조의 거대한 지지대 위에 놓여 있는

데, 각 층 사이에는 진동을 흡수하는 완충장치가 설치되어 있다. 그리고 예민한 광학기계들은 지진의 영향을 거의 받지 않도록 설계되었다. 바닥은 76cm 두께의 콘크리트 구조물로서, 진동의 전달을 최소화하기 위해 벽과 분리되어 있다.[9]

사실, LIGO는 프랑스-이탈리아가 협조해 이탈리아의 피사에 건축한 VIRGO와 일본 도쿄의 외곽지역에 설치된 TAMA, 그리고 영국-독일이 연합하여 독일의 하노버에 건축한 GEO600과 함께 '중력파감지 국제 컨소시엄'의 일부이다. 앞으로 투입될 예산을 모두 합하여 LIGO에 들어가는 총예산은 2억 9,200만 달러(여기에 유지보수비와 기타 용역비로 8,000만 달러가 추가로 소요된다)에 달한다. 이것은 미국과학재단이 지금까지 벌인 사업 중 가장 규모가 큰 프로젝트이다.[10]

이렇게 뛰어난 성능에도 불구하고, 많은 과학자들은 LIGO가 '정말로 흥미로운' 우주적 사건을 관측할 정도로 예민하지는 않다고 생각하고 있다. 그래서 과학자들은 이보다 더욱 성능이 뛰어난 LIGO II를 설계하고 있는데, 재정확보에 지장이 없다면 2007년에 완공될 예정이다. 만일 LIGO가 중력파를 감지하지 못한다면, 그 한을 LIGO II가 풀어줄 것이다. LIGO 과학자 케네스 리브레히트 Kenneth Libbrecht는 LIGO II가 LIGO보다 수천 배 이상의 성능을 발휘할 것이라고 장담했다. "관심을 끌 만한 우주적 사건이 10년에 한 번씩 관측된다면 그것만큼 심심한 직업이 없겠지만, 사흘에 한 번 정도라면 해볼 만하지요."[11]

3억 광년 거리 이내에 있는 두 블랙홀의 충돌이 LIGO에 포착되려면 1~1,000년을 무작정 기다려야 한다. 대부분의 천문학자들은 이 절호의 기회를 증손자의 증손자의 증손자의… 증손자에게 넘겨주는 것을 별로 달가워하지 않고 있다. LIGO 과학자인 피터 사울슨 Peter Saulson은 이 점에 관해 다음과 같이 말했다.

"중세의 건축가들은 살아생전에 완공된 성당의 모습을 보지 못할 것을 알면서도 신명을 바쳐 일했습니다. 그러나 내 평생에 중력파를 볼 기회가 전혀 없다면 저는 이 일을 하지 않을 것입니다. 물론, 노벨상에 대한 욕심 때문은 아닙니다. … 중력파를 탐지하기 위해 기술을 향상시키는 것은 기대에 찬 도전입니다. 기대감이 없다면 도전정신도 그만큼 약해지겠지요."[12] LIGO II가 완성되면 흥미로운 천체사건을 관측할 가능성은 훨씬 높아질 것이다.[13] LIGO II는 60억 광년 이상의 거리에서 블랙홀이 충돌하는 사건을 하루당 10건, 또는 10년당 10건 정도 관측할 것으로 기대된다.

그러나 우주 초창기에 발생한 중력파를 감지하기에는 LIGO II도 역부족이다. 그래서 과학자들은 앞으로 15~20년 후에 완공될 예정인 LISA에 커다란 기대를 걸고 있다.

LISA 중력파감지기

LISALaser Interferometer Space Antenna(레이저 간섭 우주안테나)는 중력파를 감지하는 차세대 첨단장비로서, 지구상에 붙어 있는 LIGO와 달리 우주공간에 설치될 예정이다. 현재 NASA와 유럽 우주국은 세 개의 위성을 2010년에 발사할 목적으로 관련 프로젝트를 추진하고 있다. 세 개의 레이저감지기는 한 변이 500만km인 정삼각형을 형성한 채 지구로부터 4,800만km 떨어진 곳에서 태양의 주변을 돌게 된다. 각 위성은 두 개의 레이저를 통해 다른 두 개의 위성들과 끊임없이 신호를 주고받도록 설계되어 있다. 여기서 방출되는 레이저빔의 출력은 0.5와트에 불과하지만 광학장비가 워낙 예민하여 외부로부터 날아온 중력파를 10^{-21}의 오차 이내에서 관측할 수 있다(원자 하나의 1/100에 해당된다). LISA는 90억 광년의 거리에서 발생한 중력파의 관측을 목표로 삼고 있다. 이것은 현재의 기술로 관측할 수 있는 가장 먼 거리이다.

또한, LISA는 빅뱅 때 발생한 충격파를 관측할 수 있을 정도로 정밀하게 설계되어 있다. 만일 이것이 실현된다면, 우리는 창조의 순간을 뒤늦게나마 목격할 수 있다. 지금의 계획대로라면 LISA는 빅뱅 후 1조 분의 1초가 지난 시점을 관측할 수 있는데, 이 정도면 역사상 가장 정밀한 천문관측기구로 손색이 없다.[14] 물리학자들은 LISA가 통일장이론과 만물의 이론의 정확한 특성을 밝혀줄 것으로 기대하고 있다.

LISA가 추구하는 중요한 목적 중 하나는 인플레이션이론을 검증하는 것이다. 지금까지 누적된 관측자료(평평성, 배경복사의 요동 등)만 갖고 보면 인플레이션이론에는 아무런 모순이 없다. 그러나 이것만으로 이론이 옳다고 단정지을 수는 없다. 과학자들은 인플레이션이론의 타당성을 확실히 검증하기 위해, 인플레이션이 막 시작되던 순간에 발생한 중력파를 찾고 있다. 빅뱅이 일어나던 시점에 발생한 중력파의 '지문'은 인플레이션이론과 이에 반하는 다른 이론들의 진위 여부를 판별해줄 것이다. 칼텍의 물리학자 킵 손은 LISA가 올바른 끈이론을 골라줄 것으로 믿고 있다. 7장에서 말한 대로, 인플레이션이론은 빅뱅 때 매우 강력한 중력파가 발생하여 엄청나게 빠른 속도로 퍼져나갔다고 주장하는 반면, 에크피로틱 우주모형은 우주의 팽창이 서서히 진행되었으며 중력파도 그다지 강력하지 않았음을 주장하고 있다. LISA는 이 모든 의문과 함께 끈이론의 진위 여부까지 확실하게 밝혀줄 '차세대 과학의 희망'이다.

아인슈타인의 렌즈와 고리

이 밖에, 우주를 탐사하는 강력한 수단으로 중력렌즈와 '아인슈타인의 고리ring'를 들 수 있다. 1801년에 베를린의 천문학자 요한 게오르그 폰 솔드너Johan Georg von Soldner는 태양의 중력에 의해 별빛이 구부러지는 정도를 처음으로 계산하였다(그러나 솔드너는 뉴턴의 이론만을 고려했기 때문에 최종결과에 '2'라는 인자를 빠뜨렸다. 훗날 아인슈타인은 "빛의 궤적이 편향되는 원인의 절반은 뉴턴의 중력장 때문이며, 나머지 반은 시공간의 곡률에 기하학적인 수정을 가한 결과이다"라고 선언했다[15]).

일반상대성이론이 완성되기 전인 1912년에 아인슈타인은 중력에 의해 빛이 휘어지는 현상을 일종의 '렌즈효과(빛이 가공된 유리 면을 통과하면서 궤적이 변하는 일반적인 현상)'로 이해한다는 아이디어를 떠올렸다. 그 후 1936년에 체코의 공학자 루디 맨들Rudi Mandl은 아인슈타인에게 보내는 편지에서 중력렌즈가 근처에 있는 별에서 방출된 빛을 확대할 수 있는지를 물었고, 아인슈타인의 답은 'yes'였다. 그러나 당시의 관측기술로는 그의 대답을 검증할 수 없었다.

아인슈타인은 빛이 중력렌즈를 통과할 때 일반적인 광학기계처럼 영상이 두 개로 보이거나 원형수차收差가 나타날 수도 있다고 생각했다. 예를 들어, 멀리 있는 은하에서 방출된 빛이 태양의 좌·우를 지난 후 한데 합쳐져서 우리의 눈에 들어올 수도 있다. 즉, 은하가 고리ring모양으로 보이는 것은 일반상대성이론 때문에 나타나는 일종의 '광학적 환영'일 수도 있다는 것이다. 그러나 아인슈타인은 이 현상이 직접 관측될 가능성은 거의 없다고 지적하면서,[16] "물리적으로 그다지 큰 가치는 없지만 무료한 물리학자들(루디 맨들)에게는 기쁜 소식"이라고 평했다.

그로부터 다시 40년이 지난 1979년에, 영국 조드럴뱅크천문대Jodrell Bank Observatory(JBO)의 연구원이자 이중퀘이사 Q0957+561을 발견한 데니스 월시Dennis Walsh가 중력렌즈효과의 부분적인 증거를 발견했고,[17] 1988년에는 MG1131+0456이 방출한 라디오파에서 '아인슈타인의 고리' 효과가 처음으로 관측되었다. 그리고 1997년에는 허블우주망원경과 영국의 메를린MERLIN라디오망원경이 1938+666은하에서 아인슈타인의 고리를 발견함으로써, 일반상대성이론의 타당성을 재확인하였다(이때 발견된 링의 규모는 3km 거리에서 바라본 1페니짜리 동전의 크기와 비슷했다). 이 역사적인 사건을 접한 맨체스터대학의 이언 브라운Ian Brown은 다음과 같이 말했다. "그 영상을 처음 봤을 때는 무언가 다른 광학적 요인에 의해 왜곡된 것처럼 보였다. 그러나 우리가 본 것은 분명히 아인슈타인의 고리였다!" 오늘날 아인슈타인의 고리는 천체물리학자들이 보유하고 있는 가장 강력한 무기이다. 평균적으로, 지금까지 관측된 퀘이사의 500개 중 하나는 아인슈타인의 중력렌즈효과를 증명해주고 있다.[18]

중력에 의해 빛이 왜곡되는 현상을 적절히 이용하면 암흑물질과 같이 눈에 보이지 않는 물체까지도 관측할 수 있다. 우주전역에 대한 '암흑물질 분포지도'는 이 방법을 통해 만들어진 것이다. 아인슈타인의 렌즈효과는 은하의 중심부를 거대한 원호arc모양으로 왜곡시키기 때문에, 왜곡된 정도로부터 중심부에 분포되어 있는 암흑물질의 양을 계산할 수 있다. 이 현상은 1986년에 미국 스탠퍼드대학의 광학천문대National Optical Astronomy Observatory와 프랑스의 미디피레네천문대Midi-Pyrenees Observatory에 의해 최초로 발견되었으며, 그 후로 이와 유사한 현상이 100여 차례 관측되어 천문학자들을 흥분시키고 있다. 이들 중 가장 극적인 발견으로는 아벨 2218Abell 2218은하를 꼽을 수 있다.[19]

아인슈타인의 중력렌즈효과는 MACHO(죽은 별이나 갈색왜성, 먼지구름 등을 이루는 성분)의 총량을 알아내는 또 하나의 방법으로 이용될 수 있다. 1986년에 프린스턴대학의 보던 패친스키Bohdan Paczynski는 별 근처를 지나는 MACHO가 별의 밝기를 강조하여 광학적 2차 영상을 만들어낸다는 사실을 확인하였다.

1990년대 초반에 몇몇 연구팀들(프랑스의 EROS, 미국-호주 연합

MACHO, 폴란드-미국 연합 OGLE 등)은 은하수의 중심부에 이 방법을 적용하여 500여 건에 달하는 미세렌즈효과를 발견하였다(그러나 이들 중 일부는 MACHO가 아니라 질량이 작은 별들의 집합인 것으로 밝혀졌다). 천문학자들은 태양계 바깥의 행성을 찾을 때도 중력렌즈효과를 이용하고 있다. 행성들은 자신의 주인에 해당하는 별에게 '미약하지만 관측 가능한 정도'의 중력을 행사하고 있으므로, 이 경우에도 아인슈타인의 중력렌즈효과가 나타날 수 있다. 지금까지 행성으로 추정되는 몇 개의 후보가 은하수의 중심부에서 발견되었다.

아인슈타인의 렌즈효과는 허블상수와 우주상수를 측정하는 데에도 이용될 수 있다. 허블상수는 천체의 움직임과 미묘하게 관련된 상수이다. 퀘이사는 밝기가 수시로 변하는 천체인데, 하나의 퀘이사가 두 개의 영상으로 나타나는 이중퀘이사의 경우, 두 천체의 밝기는 동일한 패턴으로 변할 것 같지만 실제로 관측해보면 그렇지 않다. 그 일대의 물질분포상태를 알고 있다면, 쌍둥이 퀘이사의 밝기가 변하는 시간차로부터 퀘이사까지의 거리를 계산할 수 있으며, 이 빛이 적색편이를 일으키는 정도를 관측하면 허블상수까지 알아낼 수 있다(Q0957+561 퀘이사까지의 거리가 대략 140억 광년이라는 것도 이 방법으로 알아낸 것이다. 그 후 추가로 발견된 7개의 퀘이사로부터 허블상수를 계산했는데, 그 값은 이미 알려져 있는 결과와 거의 일치했다. 더욱 흥미로운 것은, 이 방법이 별의 밝기와 무관하다는 것이다. 천문학자들이 세페이드 변광성Cepheids variable과 Ia형 초신성에 대하여 독립적으로 계산한 허블상수의 값은 오차범위 이내에서 잘 일치하고 있다).

우주의 앞날을 좌우하는 우주상수도 이 방법으로 구할 수 있다.

그다지 우아한 계산법은 아니지만 다른 방법으로 구한 우주상수와 잘 일치한다. 수십억 년 전에 우주의 부피는 지금보다 작았으므로 아인슈타인의 중력렌즈효과를 일으키는 퀘이사는 지금보다 찾기가 쉬웠을 것이다. 따라서 각 시간대에 존재했던 이중퀘이사의 개수를 알아내면 우주의 부피와 우주상수의 대략적인 값을 계산할 수 있다. 1998년에 하버드-스미스소니언 천체물리연구소의 천문학자들은 이 방법으로 우주상수를 계산했는데, 그 값에 포함된 물질/에너지는 우주전체의 62%에 불과하다고 결론지었다(WMAP가 관측한 값은 약 73%이다).[20]

거실에 숨어 있는 암흑물질

암흑물질dark matter이 전 우주에 골고루 퍼져 있는 것이 사실이라면, 그것이 차가운 우주공간에만 존재한다는 법도 없을 것이다. 실제로 암흑물질은 우리 집의 거실에 숨어 있을 수도 있다. 현재 일단의 연구팀들은 실험실에서 암흑물질을 발견한 최초의 과학자가 되기 위해 혼신의 노력을 기울이고 있다. 이들 중 누구든지 암흑물질의 기본입자를 발견하는 사람은 지난 2,000년 사이에 새로운 형태의 물질을 최초로 발견한 과학자로 역사에 남을 것이다.

이 실험의 핵심 아이디어는 암흑물질과 상호작용을 주고받을 만한 다량의 물질(요드화나트륨, 산화알루미늄, 프레온, 게르마늄, 실리콘 등)을 일종의 '미끼'로 사용하는 것이다. 암흑물질 입자가 원자핵과 충돌하면 가끔씩 특정한 붕괴현상이 일어날 수도 있다. 이 과정에서 방출되는 입자의 궤적을 촬영하면 암흑물질의 존재를 간접적으로 확인할 수 있다.

이 실험을 수행 중인 과학자들은 실험장비의 우수성에 나름대로 자부심을 갖고 있으면서도 결과에는 신중한(때로는 낙관적인) 입장을 고수하고 있다. 우리의 태양계는 은하수의 중심부에 있는 블랙홀의 주변을 초속 220km의 속도로 공전하고 있다. 이 과정에서 지구는 엄청난 양의 암흑물질을 헤쳐가게 되는데, 물리학자들은 $1m^2$의 면적에 초당 10억 개의 암흑물질 입자가 우리의 몸에 쏟아지는 것으로 추정하고 있다.[21]

우리의 태양계는 이처럼 엄청난 양의 암흑물질 속을 헤쳐가고 있지만, 암흑물질을 이루는 입자들은 일상적인 물질과 상호작용을 거의 하지 않기 때문에 실험실에서 관측하기가 결코 쉽지 않다. 관련 학자들의 예상에 의하면, 샘플 1kg당 1년에 0.01~10회 정도의 상호작용이 일어날 것으로 추정된다. 다시 말해서, 암흑물질에 의한 효과를 실험실에서 확인하려면 엄청나게 많은 '미끼'를 뿌려놓고 몇 년을 기다려야 한다는 뜻이다.

암흑물질을 찾는 프로젝트는 흔히 알파벳 약자로 표기한다. 현재 영국의 UKDMC와 스페인 칸프랑Canfranc의 ROSEBUD, 그리고 프랑스의 SIMPLE과 Edelweiss 등의 프로젝트가 진행 중인데, 아직은 이렇다 할 성과를 거두지 못하고 있다.[22] 로마의 외곽지역에서 진행 중인 DAMA 팀이 1999년에 암흑물질을 발견했다고 주장했지만 검증된 사실은 아니다. DAMA는 100kg짜리 요드화나트륨을 시료로 사용하고 있는데, 이것은 세계에서 가장 큰 규모이다. 그러나 다른 실험팀들이 DAMA와 동일한 조건하에서 아무리 실험을 해봐도 그들이 보았다는 암흑물질은 발견되지 않았다.

물리학자 데이비드 클라인David B. Cline은 이렇게 말했다.

"암흑물질 감지기에 신호가 잡힌다면, 그것은 2,000년 과학 역사상 가장 위대한 발견으로 기록될 것이다. … 그리고 현대천문학의 가장 큰 수수께끼도 함께 풀릴 것이다."[23]

물리학자들의 소원대로 가까운 미래에 암흑물질이 발견된다면, 초대칭이론은(그리고 희망사항이지만 초끈이론까지) 입자가속기의 도움 없이 커다란 지지세력을 얻게 될 것이다.

초대칭과 암흑물질

초대칭이론이 예견하는 입자들 중에는 암흑물질의 후보로 추정되는 것이 몇 개 있는데, 그중 하나가 뉴트리노의 초대칭짝인 뉴트럴리노neutralino이다. 이 입자는 전기적으로 중성이며 눈으로 볼 수 있고 중력에 반응할 정도로 질량도 제법 큰데다가 안정적인 상태를 오래 유지할 수 있기 때문에(이미 가장 낮은 에너지상태에 있기 때문에 더 낮은 상태로 붕괴되지 않는다) 암흑물질의 강력한 후보로 추대되고 있다.

만일 암흑물질의 정체가 뉴트럴리노로 판명된다면, 암흑물질이 우주의 23%를 채우고 수소와 헬륨은 4%밖에 되지 않는 이유를 설명할 수 있을 것이다.

빅뱅이 일어나던 무렵에는 우주의 온도가 너무 높아서 원자핵과 전자가 따로 놀았지만, 그로부터 38만 년이 흐른 뒤에는 우주가 적당히 식으면서 원자가 형성되기 시작했다. 지금 우주에 존재하는 원자들은 대부분 이 시기에 만들어졌다. 다시 말해서, 우주 곳곳에 분포되어 있는 모든 물질들은 안정된 원자가 형성될 수 있을 정도로 우주가 차가워진 시기에 탄생했다는 것이다.

뉴트럴리노에 대해서도 이와 동일한 논리를 펼칠 수 있다. 빅뱅이 일어난 직후에는 온도가 너무 높아서 뉴트럴리노도 충돌에 의해 붕괴되었다. 그러나 온도가 점차 내려가다가 어느 시점에 이르자 뉴트럴리노는 안정된 상태를 유지하면서 그 수가 점차 늘어나기 시작했다. 이론적인 계산에 의하면 뉴트럴리노의 수는 원자를 훨씬 능가하며, 현재 추정되고 있는 암흑물질의 양과 거의 비슷하다. 그러므로 초대칭입자를 도입하면 우주에 암흑물질이 지금처럼 많은 이유를 설명할 수 있다.

슬론 스카이 서베이

21세기에는 위성을 비롯한 천문관측기술이 비약적으로 발전하겠지만, 그렇다고 해서 지상에 설치된 광학망원경이나 라디오망원경이 폐기되지는 않을 것이다. 사실, 디지털혁명이 전 세계를 휩쓸면서 광학망원경과 라디오망원경의 입지가 과거보다 좁아진 것은 사실이다. 관측기술이 디지털화되면서 천문학자들은 수십만 개의 은하들을 통계적으로 분석할 수 있게 되었으며, 망원경 제작기술도 혁명적인 변화를 겪고 있다.

과거의 천문학자들은 세계최대의 천체망원경을 사용할 수 있는 기회가 그리 많지 않았다. 그래서 한번 기회가 오면 춥고 습기 찬 관측소에서 밤을 꼬박 새워가며 필사적으로 관측에 매달려야 했다. 이런 구식 관측법은 효율이 떨어질 뿐만 아니라 일부 학자들이 망원경을 독점하는 등 시간배정이 공정치 못하여 천문학자들 사이에서 반목의 원인이 되곤 했다. 그러나 이런 답답한 상황은 초고속 컴퓨터와 인터넷이 상용화되면서 극적으로 달라졌다.

오늘날에는 많은 천체망원경들이 전산화되어 있어서, 천문학자들은 지구 반대편에 있는 망원경을 컴퓨터로 제어할 수 있다. 그리고 관측결과는 인터넷을 통해 거의 실시간으로 전송되며, 강력한 슈퍼컴퓨터는 관측자료를 정리하고 분석하여 천문학자들의 식탁에 올려놓는다. 지금도 세티앳홈SETI@home을 방문하면 디지털관측의 위력을 실감할 수 있다. 버클리 캘리포니아대학에서 관장하고 있는 이 프로젝트의 목적은 외계생명체들이 보낸 신호를 분석하는 것이다. 푸에르토리코에 있는 아레시보Arecibo 라디오망원경이 방대한 양의 관측자료를 보내오면, 연구원들은 이것을 작은 디지털 신호로 세분한 후 인터넷을 통해 완전히 공개한다. 그리고 컴퓨터를 사용하지 않을 때 실행되는 '화면보호기screen saver' 프로그램이 보이지 않는 곳에서 이 데이터를 분석한다. 연구원들은 이와 같은 방법으로 전 세계 500만 대의 개인용 컴퓨터를 서로 연결한 세계최대의 네트워크를 구축하였다.

현재 가장 뛰어난 디지털 천문관측 시스템으로는 슬론 스카이 서베이Sloan Sky Survey를 꼽을 수 있다. 이것은 천문 역사상 가장 야심 찬 관측 시스템으로, 과거에 팔로마 스카이 서베이Paloma Sky Survey팀이 망원경으로 찍은 하늘의 영상을 일일이 사진으로 인화하면서 수행했던 작업을 처음부터 끝까지 디지털화하여 그대로 수행하고 있다. 이들의 목적은 역사상 가장 정확한 하늘의 지도를 3차원 버전으로 제작하는 것이다. 앞으로 슬론 스카이 서베이팀은 기존의 것보다 수백 배 이상 큰 지도를 완성하게 될 것이다. 관측 가능한 우주의 4분의 1을 커버할 이 지도에는 1억 개에 달하는 천체의 밝기와 구체적인 위치가 기록될 예정이다. 또한, 이들은 100만 개가 넘는 은하와 10만 개에 달하는 퀘이사까지의 거리를 정확하게 관측하겠다는 야심 찬 계획까지 세우고 있다. 이 모든 정보들을 디지털화하면 대략 15테라바이트(1만 5,000GB)가 되는데, 이 정도면 미국 국회도서관에 저장되어 있는 정보의 양과 비슷하다.

슬론 스카이 서베이의 '눈'은 뉴멕시코 남부에 있는 직경 2.5m짜리 천체망원경인데, 여기에는 세계에서 가장 정교한 카메라와 함께 CCDcharge coupled device라 불리는 $6.5cm^2$짜리 광센서 30개가 진공상태에서 부착되어 있다. 각 센서는 400만 개의 화소를 담을 수 있으며, 액체질소를 이용하여 영하 $80°C$의 온도를 유지하도록 설계되어 있다. 망원경으로 모아진 별빛은 CCD를 거치면서 디지털 정보로 바뀌고, 이 데이터는 곧바로 컴퓨터로 전송되어 자동처리 과정으로 들어간다. 더욱 놀라운 것은 이 프로젝트에 투입된 비용이 허불망원경의 100분의 1(2,000만 달러)에 불과하다는 점이다.

디지털화된 정보가 인터넷에 오르면 전 세계의 천문학자들이 순식간에 몰려들어 자료를 열람한다. 이들은 각자 정보를 분석하여 나름대로의 결과를 발표할 것이므로, 슬론 스카이 서베이는 전 세계 천문학자들을 맨파워로 사용하고 있는 셈이다. 과거 제3세계의 천문학자들은 최신 관측자료와 학술지를 접할 기회가 거의 없었다. 당시에는 문제 삼는 사람이 거의 없었지만, 사실 이것은 학계의 입장에서 볼 때 엄청난 손실이었다. 그러나 지금은 인터넷 덕분에 누구든지 최신정보를 접할 수 있으며, 자신의 연구결과를 '광속으로' 웹사이트를 통해 출판할 수 있다.

슬론 스카이 서베이는 천문학 연구방식에 혁명적인 변화를 불러일으켰다. 몇 년 전만 해도 수십만 개의 은하들을 분석한다는 것은 꿈도 못 꿀 일이었다. 2003년 5월에 스페인과 독일, 미국의 천문학자들은 암흑물질의 증거를 찾기 위해 25만 개의 은하를 분석했다고 발표했다. 그들은 이 많은 자료들 중에서 골라낸 3,000개의 은하에 뉴턴의 법칙을 적용하여 은하의 중심부에 있을 것으로 추정되는 암흑물질의 양을 계산했는데, 이들과 경쟁관계에 있는 다른 팀의 이론은 전혀 고려하지 않았다(1983년에 처음 발표된 또 하나의 이론은 뉴턴의 법칙에 약간의 수정을 가하여 은하 속에서 발견된 비정상적인 별의 궤도를 성공적으로 설명하였다. 만일 이 이론이 옳다면, 천체들이 비정상적으로 움직이는 이유는 암흑물질 때문이 아니라 뉴턴의 운동법칙이 틀렸기 때문이다. 그러나 대다수의 천문학자들은 암흑물질을 선호하는 경향을 보이고 있다).

2003년 7월에 독일과 미국의 천문학자로 이루어진 연구팀은 슬론 스카이 서베이를 이용해 12만 개의 은하를 분석했다. 이들의 목적은 은하의 중심부에 있는 블랙홀이 은하에 미치는 영향을 규명하는 것이었는데, 여기서 제기된 가장 중요한 질문은 다음과 같다. "은하와 블랙홀, 둘 중 어느 것이 먼저 형성되었는가?" 이들은 여러 가지 사항들을 분석/종합한 끝에 "블랙홀과 은하는 매우 긴밀하게 연관되어 있으므로 거의 동시에 형성되었을 가능성이 높다"는 결론을 내렸다. 이들이 분석했던 12만 개의 은하들 중 2만 개가 중심에 블랙홀을 갖고 있었으며, 이 블랙홀들은 지금도 자라고 있는 것으로 판명되었다(은하수의 중심에 있는 블랙홀은 성장이 멈춘 상태이다). 지금까지 알려진 바에 의하면, 점차 커지는 블랙홀을 보유하고 있는 은하들은 우리의 은하수보다 훨씬 크고, 자신의 주변에 있는 차가운 가스를 먹어치우면서 몸집을 계속 키우고 있다.

열에 의한 교란을 보정하다

 모든 관측자료들이 디지털화된 지금, 광학망원경이 아직도 창고로 들어가지 않은 것은 대기에 의한 빛의 교란을 레이저가 보정해주고 있기 때문이다. 아이들이 부르는 동요 중에 "반짝반짝 작은 별…"이라는 노래가 있지만, 사실 별들은 반짝이지 않는다('작은 별'도 사실은 '희미한 별'로 바꿔야 한다). 별이 반짝이는 것처럼 보이는 이유는 별빛이 대기에 의해 '열적 교란thermal fluctuation'을 겪고 있기 때문이다. 대기가 없는 우주공간에서 챌린저호의 승무원들이 우주유영을 하고 있을 때, 그들의 몸에 비추는 별빛은 전혀 반짝이지 않는다. 시인의 눈에는 반짝이는 밤하늘이 아름답게 보이겠지만, 천문학자에게는 악몽, 그 자체이다. 제아무리 뛰어난 망원경을 동원한다 해도, 사방으로 퍼진 영상밖에 얻을 수 없기 때문이다(나는 어린 시절에 망원경으로 찍은 화성의 모습을 보면서 사진이 희미하게 나온 것을 몹시 아쉬워한 적이 있었다. 대기에 의한 빛의 교란을 어떻게든 줄일 수만 있다면 망원경으로 화성인도 볼 수 있다고 생각했던 것 같다).

이러한 퍼짐현상을 보정하는 한 가지 방법은 레이저와 고성능 컴퓨터를 이용하여 왜곡된 영상을 제거하는 것이다. 흔히 '적응광학adaptive optics'이라 불리는 이 혁신적인 방법은 나의 하버드대학 룸메이트였던 로렌스 리버모어 연구소의 클레어 맥스Claire Max와 그의 동료들이 두 개의 대형 망원경(하와이에 있는 세계최대의 케크Keck 망원경과 캘리포니아 릭 연구소에 있는 직경 3m짜리 셰인Shane망원경)을 이용하여 처음으로 구현하였다. 이들은 우주공간을 향해 레이저빔을 발사하여 대기 중에서 일어나는 미세한 온도변화를 측정한 후, 이 정보를 컴퓨터로 분석하여 대기에 의한 교란을 제거할 수 있었다.

적응광학을 이용한 관측법은 1996년에 완전히 검증된 후로 행성과 별, 은하 등의 선명한 모습을 담아내면서 천문학자들을 고무시켰다. 이들은 직경 3m짜리 망원경에 부착된 18와트 출력의 다이레이저dye laser로부터 레이저빔을 하늘로 발사하여, 대기에 의한 교란이 제거된 영상을 CCD 카메라에 담아 디지털화시키는 방식으로 사진의 선명도를 개선하였는데, 들어간 돈은 그다지 많지 않았지만 사진의 품질은 허블망원경이 찍은 사진과 거의 비슷했다. 지금도 천문학 관련 사이트에 들어가면 광학적인 방법으로 촬영한 별과 은하, 그리고 퀘이사 등의 사진을 쉽게 찾아볼 수 있다.

또한, 이 방법은 케크망원경의 분해능을 10배까지 향상시켰다. 하와이의 휴화산 마우나케아Mauna Kea 정상(해발 4,200m)에 자리 잡고 있는 케크천문대는 무게가 270톤이나 되는 초대형 망원경 두 개를 보유하고 있다. 직경이 10m에 달하는 망원경의 반사거울은 36개의 육각형 조각으로 세분되어 있으며, 개개의 조각은 컴퓨터를 통해 독립적으로 제어된다. 1999년, 케크II망원경에 적응광학 시스템이 도입되면서 초당 670회까지 모양을 바꿀 수 있는 정밀한 거울이 부착되었다. 현재 케크II망원경은 은하수 중심부에서 블랙홀 주변을 돌고 있는 별을 비롯하여 해왕성과 타이탄(토성의 여섯 번째 위성)의 세밀한 표면, 그리고 지구로부터 153광년 떨어져 있는 외부 태양계의 일식까지 관측할 수 있다(HD 209458 별이 주변 행성에 가려 어두워지는 모습이 실제로 관측되었다).

라디오망원경의 약진

라디오망원경도 컴퓨터혁명에 힘입어 화려하게 부활하였다. 과거에 라디오망원경의 성능은 '접시'의 크기에 따라 전적으로 좌우되었다. 접시형 안테나가 클수록 많은 양의 신호를 수신할 수 있기 때문이다. 그러나 접시가 커지면 제작비도 '천문학적으로' 커지는 것이 문제였다. 이 문제를 극복하는 한 가지 방법은 작은 접시를 여러 개 합쳐서 대형접시의 효과를 얻어내는 것이다(이론적으로, 우리가 만들 수 있는 라디오망원경의 최대크기는 지구의 크기와 같다). 그동안 독일과 이탈리아, 그리고 미국에서 이 방법을 시도하여 부분적인 성공을 거둔 바 있다.

그러나 여러 개의 접시안테나를 한 곳에 모아놓으면 각기 수신된 신호들을 정확하게 결합시키기가 어렵다. 과거에는 이 작업이 너무 어려워서, 신호 중 일부가 손실되는 것을 감수해야 했다. 그러나 요즘은 컴퓨터의 가격이 파격적으로 낮아지고 인터넷이 전 세계에 보급되면서 비용이 많이 절감되었으므로, 지구만한 라디오망원경을 제작하는 것도 더 이상 꿈이 아니다.

간섭현상을 이용한 최첨단의 라디오망원경 VLBAvery long baseline array는 현재 미국의 뉴멕시코와 애리조나, 뉴햄프셔, 워싱턴, 텍사스, 버진아일랜드, 하와이 등 10개 장소에 나뉘어 설치되어 있다. 각 기지국에는 직경 25m, 무게 250톤의 거대한 접시안테나가 10층 높이로 서 있으며, 여기 수신된 신호들은 곧바로 뉴멕시코에 있는 소코로 관제센터Socorro Operation Center로 전송되어 하나로 합쳐진다. 1993년에 처음 가동된 이 시스템에는 미화 8,500만 달러가 소요되었다.

10개의 망원경에서 전송된 신호가 하나로 결합되면 직경 8,000km짜리 접시안테나와 거의 비슷한 성능을 발휘하게 된다. 이 정도면 '지구 크기와 맞먹는 망원경'이라고 해도 별 무리가 없다. 지금까지 VLBA는 초신성이 폭발하는 장면을 생생한 동영상으로 잡아낸 것을 비롯하여 은하수 바깥에 있는 천체까지의 거리를 그 유례가 없을 정도로 정확하게 측정하는 등, 천문관측에 막대한 기여를 해왔다.

빛의 파장이 워낙 짧아서 다루기가 어렵긴 하지만, 간섭을 이용한 광학망원경은 앞으로 한동안 그 위력을 발휘하게 될 것이다. 하와이에 있는 두 개의 케크망원경이 수집한 광학 데이터도 하나로 합쳐지면 막강한 위력을 발휘할 수 있는데, 이 프로젝트는 현재 추진 중에 있다.

11차원 관측하기

암흑물질과 블랙홀을 찾는 것 이외에, 물리학자들의 애간장을 태우는 또 하나의 과제는 고차원 시공간을 실험으로 확인하는 것이다. 만일 뉴턴의 역제곱 비례법칙(중력법칙)이 맞지 않는 사례가 발견된다면, 고차원 공간의 존재는 간접적으로 증명되는 셈이다. 이 실험은 콜로라도대학의 물리학자들에 의해 수행되었다.

뉴턴의 중력법칙에 의하면, 3차원 공간에서 두 물체 사이에 작용하는 중력은 거리의 제곱에 반비례한다($F \propto r^{-2}$). 지구와 태양 사이의 거리가 지금의 두 배로 멀어진다면, 이들 사이에 작용하는 중력은 4분의 1로 작아진다. 그런데 공간의 차원이 달라지면 중력법칙도 달라진다[일반적으로, n차원 공간에서 작용하는 중력은 거리의 $n-1$제곱에 반비례한다($F \propto r^{-(n-1)}$)].

뉴턴의 법칙은 천문학적인 스케일에서 매우 정확하게 맞아 들어 간다. 그렇다면 미세한 거리에서도 이 법칙이 성립할 것인가? 언뜻 생각하면 쉽게 검증할 수 있을 것 같지만 사실은 그렇지 않다. 중력이라는 힘 자체가 워낙 약해서, 지극히 미세한 교란도 실험에 심각한 영향을 주기 때문이다. 실험대상이 아주 작으면 근처 도로를 지나가는 트럭조차도 실험을 망쳐놓을 수 있다.

콜로라도대학의 물리학자들은 고주파공명기high-frequency resonator라는 장비를 개발하여 0.1mm 거리에서 중력법칙의 검증을 시도했다(이렇게 짧은 거리에서 중력을 측정한 것은 역사상 처음이었다). 이들은 조그만 텅스텐 조각 두 개를 진공 중에 매달아놓고 둘 중 하나를 1초당 1,000회 진동시키면서 다른 조각에 나타나는 변화를 관측했는데, 아쉽게도 원하는 결과를 얻지 못했다. 이 실험에 사용된 장비는 모래 한 알 무게의 10억 분의 1까지도 감지할 수 있을 정도로 예민했지만 두 번째 조각의 이상징후는 전혀 발견되지 않았다. 이 실험결과를 《네이처》지에 투고했던 이탈리아 트렌토대학의 호일C. D. Hoyle은 "뉴턴의 법칙은 아직 건재하다"고 선언하였다.[24]

이들의 실험은 비록 실패로 끝났지만, 미시적 스케일에서 뉴턴의 법칙을 확인하려는 물리학자들의 투지를 한껏 고무시키는 계기가 되었다.

퍼듀대학Perdue Univ.에서는 또 다른 실험이 실행될 예정이다. 이곳의 물리학자들은 mm 단위가 아니라 원자단위에서 뉴턴의 법칙을 검증할 계획을 세우고 있다. 이들은 ^{58}Ni(니켈)와 ^{64}Ni의 차이를 감지하기 위해 나노과학을 이용할 예정인데, 이 두 개의 원소는 화학적 성질이 동일하지만 중성자의 수가 다르다(^{64}Ni의 중성자가 ^{58}Ni 보다 6개 더 많다. 양성자의 수는 같으면서 중성자의 수가 다른 원소들을 동위원소isotope라 한다). 그러므로 이들 사이의 다른 점이라곤 오직 질량뿐이다.

  퍼듀대학의 과학자들은 두 개의 중성 동위원소 판으로 이루어진 '캐시미르 장치Casimir device'를 머릿속에 그리고 있다. 두 개의 판은 전기적으로 중성이기 때문에, 이들 사이의 거리가 가까워져도 전기적인 현상은 일어나지 않는다. 그러나 거리가 지극히 가까워지면 이른바 '캐시미르효과'가 발생하여, 두 개의 판 사이에 서로 끌어당기는 힘이 작용하게 된다. 이것은 실험물리학자들 사이에 익히 알려져 있는 사실이다. 그런데 두 개의 판을 동위원소로 제작하면 이들 사이에 작용하는 중력의 크기에 따라 다른 반응이 나타날 것이다.

  캐시미르효과를 극대화하려면 두 개의 판을 가능한 한 가깝게 가져가야 한다(캐시미르효과는 둘 사이의 거리의 네제곱에 반비례한다). 퍼듀의 물리학자들은 판 사이의 간격을 좁히기 위해 최첨단 장비인 '초소형 전자기계식 비틀림 진동자microelectromechanical torsion oscillator'를 사용하기로 했다. 이 장비가 동원되면 ^{58}Ni와 ^{64}Ni의 모든 차이는 중력의 차이에서 기인하는 것으로 간주할 수 있게 된다. 이 방법으로 뉴턴의 법칙이 미세영역에서 달라지는 것이 확인된다면, 원자크기의 영역에 또 다른 우주가 존재한다는 놀라운 사실이 입증되는 셈이다.

대형 강입자가속기

그러나 물리학의 수수께끼들 중 상당수를 일거에 규명해줄 가장 강력한 도구는 뭐니뭐니해도 대형 강입자가속기Large Hadron Collider(LHC)일 것이다. 이 거대한 장비는 현재 스위스 제네바 근처에 있는 유럽원자핵공동연구소CERN에 건설 중이며, 머지않아 완공될 예정이다. 자연에 존재하는 신기한 물질이나 입자를 찾아 헤매는 기존의 실험과 달리, LHC는 엄청난 에너지를 발휘하여 실험실에서 입자를 만들어낼 수 있다. 이 기구가 완성되면 양성자보다 1만 배나 작은 10^{-19}m 영역까지 탐사할 수 있을 뿐만 아니라, 빅뱅 이후로 한 번도 도달한 적이 없는 초고온상태를 재현할 수 있게 된다. 현재 런던대학의 학장이자 한 때 CERN에서 연구를 진두지휘했던 크리스 리웰린 스미스Chris Liewellyn Smith는 자신의 저서에 다음과 같이 적어놓았다. "물리학자들은 자연의 비밀을 밝히는 수단으로 충돌실험에 커다란 기대를 걸고 있다. 힉스보존Higgs boson이나 초대칭입자를 비롯해 현대물리학이 직면하고 있는 커다란 수수께끼들은 결국 충돌실험을 통해 그 진상이 규명될 것이다. 입자가속기는 물리학의 미래를 좌우하는 가장 중요한 실험장비이다."[25] 현재 CERN에서는 7,000명이 넘는 학자들이 연구를 수행하고 있는데, 이는 전 세계에서 활동 중인 실험-입자물리학자의 절반이 넘는 수치이다. 그리고 이들 중 대부분은 앞으로 시작될 LHC 실험에 직접 참여하게 될 것이다.

LHC는 직경이 27km에 달하는 초대형 입자가속기로서, 지구상에 있는 대부분의 도시들보다 덩치가 크다. 실제로 LHC는 내부 터널이 하도 길어서 행정적으로는 스위스에 속해 있지만 반대쪽 끝은 프랑스 국경을 한참 넘어서 있다. 여기에는 천문학적인 제작비가 소요되기 때문에, 유럽의 여러 국가들이 컨소시엄을 조직하여 경비를 공동으로 분담하고 있다. 이들의 예정대로 2007년에 LHC가 가동되기 시작하면 14조 전자볼트에 달하는 엄청난 에너지를 유감없이 발휘하면서 그동안 '가설'이라는 이름으로 명맥을 유지해온 이론들을 가차없이 실험대 위에 세울 것이다.

LHC는 진공상태의 거대한 원형터널과 그 주위를 둘러싸고 있는 거대한 자석으로 이루어져 있다. 입자빔이 터널을 따라 거대한 원을 그리면서 움직이면 그 안에 에너지가 주입되어 점차 속도가 빨라진다. 이렇게 가속된 입자빔이 표적과 충돌하면 엄청난 양의 복사에너지가 방출되는데, 이때 튀겨나오는 입자들을 감지기로 잡아내면 새로운 입자의 생성 여부를 확인할 수 있다.

LHC는 실로 거대한 실험기구이다. LIGO와 LISA는 '예민함'에 초점을 맞춘 장비인 반면에, LHC의 목적은 오직 '강력한 파워'이다. 양성자의 길을 인도하는 자석만 해도 8.3테슬라tesla의 자기장을 만들어내는데, 이것은 지구 자기장의 160,000배에 달하는 엄청난 위력이다. 이토록 무지막지한 자기장은 영하 271°C로 냉각된 코일에 1만 2,000암페어의 전류가 흐르면서 생성된다(온도가 이 정도로 내려가면 전선의 저항이 거의 사라지면서 초전도체가 된다). 설계도에 의하면 15m 길이의 자석 1,232개가 원형가속기 둘레의 85%를 휘감게 된다.

가속기의 내부에서 양성자는 광속의 99.999999%까지 가속된 후 표적에 충돌한다. 양성자의 최종 도달지점에는 4개의 표적이 기다리고 있으며 1초당 수십억 차례의 충돌을 일으킬 수 있다. 충돌과 함께 튀어나오는 분출물들은 주변을 에워싸고 있는 감지기에 도달하고(제일 큰 감지기는 6층 건물과 크기가 비슷하다), 그곳에서 자세한 분석이 이루어진다.

스미스가 지적한 대로, LHC의 임무 중 하나는 표준모형이 예견하는 힉스보존을 발견하는 것이다. 힉스보존은 입자물리학에서 말하는 '대칭성의 자발적 붕괴'와 깊이 관련되어 있으며, 양자적 세계에서 모든 입자들에게 질량을 부여하는 원천으로 알려져 있다. 힉스보존의 질량은 대략 1,150억~2,000억 전자볼트 정도일 것으로 추정되고 있다(양성자의 질량은 약 10억 전자볼트이다).[26] (입자의 질량이 그리 크지 않다면 시카고 외곽의 페르미연구소에서 가동되고 있는 입자가속기 테바트론Tevatron이 힉스입자를 제일 먼저 발견할 것이다. 테바트론이 계획한 대로 작동된다면 한 번의 충돌로 1만 개의 힉스보존이 생성된다. 그러나 LHC는 에너지가 이보다 7배나 큰 입자를 만들어낼 수 있다. 14조 전자볼트의 에너지를 발휘하는 LHC는 양성자의 충돌로부터 수백만 개의 힉스입자를 만들어낼 수 있다)

LHC의 또 다른 임무는 빅뱅과 비슷한 환경을 인위적으로 만들어내는 것이다. 빅뱅이 일어나고 10만 분의 1초가 지났을 때, 우주는 뜨거운 쿼크와 글루온이 뒤섞인 쿼크-글루온 플라스마상태였을 것으로 추정되고 있다. LHC는 납(Pb)의 핵자를 1.1조 전자볼트의 에너지로 충돌시킬 수 있는데, 이런 고에너지상태에서는 약 400개의 양성자와 중성자가 '녹아서' 쿼크-플라스마상태가 되므로, LHC는 초기우주에 얽힌 비밀을 상당 부분 풀어줄 것으로 기대되고 있다. LHC가 실험물리학의 전방에 나서면 우주론은 관측중심의 과학에서 실험중심의 과학으로 일대 전환을 맞이하게 될 것이다.

LHC는 7장에서 언급한 미니블랙홀을 실험실에서 만들어낼 수도 있다. 일반적으로 양자적 블랙홀은 LHC가 발휘할 수 있는 에너지보다 1,000조 배(10^{15}배)나 큰 플랑크에너지 범위에서 생성된다. 그러나 우리의 우주와 불과 몇 mm 떨어진 곳에 다른 우주가 존재한다면 양자적 중력효과가 관측될 수 있는 에너지영역이 아주 작아지기 때문에 LHC로 미니블랙홀을 만들 수 있게 된다.

LHC는 입자물리학의 오랜 숙원인 초대칭을 발견해줄 후보이기도 하다. 만일 입자의 초대칭짝이 발견된다면 입자물리학은 역사적인 도약을 맞이하게 된다. 초대칭이론에 의하면, 모든 입자들은 자신의 파트너에 해당하는 초대칭짝을 갖고 있다. 초끈이론과 M-이론도 초대칭의 개념을 도입하고 있는데, 아쉽게도 초대칭입자는 지금까지 단 한 번도 발견된 적이 없다. 아마도 기존의 입자가속기들이 그만한 에너지를 발휘하지 못했기 때문일 것이다.

초대칭짝이 발견되면 물리학의 최대현안인 끈이론의 타당성도 간접적으로 입증될 수 있다. 끈의 존재를 직접 확인할 수는 없겠지만, 끈이론에서 예견되는 부수적인 현상들은 LHC로 관측 가능하다. 그래서 전 세계의 끈이론학자들은 LHC가 가동되는 날을 손꼽아 기다리고 있다(물론 그렇다고 해서 끈이론의 타당성이 완벽하게 입증되는 것은 아니다).

앞서 말한 대로, 초대칭입자는 암흑물질의 강력한 후보이다. 만일 암흑물질이 소립자로 이루어져 있다면 전기적으로 중성이면서 안정된 상태를 유지할 것이며(그렇지 않다면 우리의 눈에 보여야 한다), 중력적 상호작용을 주고받아야 한다. 이 모든 특성들은 끈이론이 예견하는 입자에서 발견될 것이다.

LHC가 완공되면 세계에서 가장 강력한 입자가속기로 등극하겠지만, 사실 모든 것이 순조로웠다면 LHC는 '제2인자'가 될 운명이었다. 로널드 레이건 대통령은 1980년대에 직경 80km짜리 초대형 초전도 입자가속기Superconducting Supercollider(SSC)의 제작을 승인했었다. 만일 이 무지막지한 장비가 텍사스의 댈러스 외곽지역에 예정대로 건설되었다면 LHC는 난쟁이 취급을 받았을 것이다. 그러나 미국 의회가 마지막 청문회에서 갑자기 예산집행을 철회하는 바람에 한껏 부풀었던 물리학자들의 꿈은 기약 없이 연기되고 말았다(초대형 입자가속기의 제작비는 서울-부산 간 고속철도의 건설비용보다 훨씬 싸다. 우리나라의 국회의원들은 이런 장비들을 '소수 과학자들의 전유물'로 생각하는 경향이 있는데, 입자가속기는 모든 과학의 출발점이자 한 나라의 기초과학의 수준을 가늠하는 척도이다—옮긴이).

110억 달러에 달하는 제작비와 과학의 육성, 어느 쪽이 더 중요한 문제인가? SSC 프로젝트를 놓고 과학자들 사이에서도 의견이 분분했다. 일부 물리학자들은 SSC가 과학기금을 혼자서 독식한다며 비난했고《뉴욕타임스》는 논평을 통해 "초대형 과학이 소형 과학을 잡아먹을 수도 있다"며 과도한 예산지출을 경계했다(나는《뉴욕타임스》의 논평이 적절치 않았다고 생각한다. SSC의 건설비는 과학분야에 배정된 일반예산이 아니라 별도의 재원에서 충당될 예정이었다. 굳이 예산낭비를 지적하고 싶다면 SSC가 아닌 우주정거장을 도마 위에 올려야 할 것이다).

냉전시대에는 "소련이 대형 입자가속기를 만들려고 한다"는 이유만으로 엄청난 규모의 가속기 예산에 승인이 떨어지곤 했다. 실제로 구소련의 정치인들은 미국의 SSC 프로젝트에 자극을 받아 UNK라는 초대형 입자가속기의 건설을 승인했었다. 그러나 소련이 붕괴되면서 이 계획은 백지로 돌아갔고, 그 여파가 SSC 프로젝트의 철회로 이어진 것이다.[27]

탁상용 입자가속기

LHC의 완공이 임박하면서 물리학자들은 현재의 기술수준으로 이를 수 있는 가장 높은 에너지영역을 코앞에 두고 있다. LHC의 규모는 웬만한 도시를 능가하고 제작비만도 수십 억 달러에 이르기 때문에 유럽의 선진국들이 컨소시엄을 조직하여 비용을 충당하고 있다. 초대형 가속기는 물리학의 진보를 위해 없어서는 안 될 도구임이 분명하지만 제작비가 너무 비싸서 가난한 나라의 물리학자들은 자신의 이론을 확인할 기회가 거의 없는 것이 사실이다. 그래서 실험물리학자들은 '출력은 크고 덩치는 작은' 가속기를 항상 마음속에 그리고 있다. 그러나 소형 가속기의 한계를 극복하려면 새로운 아이디어와 새로운 원리를 꾸준히 개발해야 한다. 수십억 전자볼트의 에너지를 발휘하면서 작고 저렴한 '탁상용 가속기', 이것은 모든 실험물리학자들이 추구하는 영원한 성배聖杯이다.

이 문제를 좀 더 구체적으로 이해하기 위해, 육상선수들이 경주를 펼치고 있는 거대한 원형트랙을 생각해보자. 각 선수들은 트랙을 한 바퀴 돈 후 다음 선수에게 바통을 넘겨주게 되어 있다. 그리고 바통이 넘겨질 때마다 새로운 에너지가 투입되어, 나중에 뛰는 선수일수록 더욱 빠른 속도로 달릴 수 있다고 가정해보자.

바통을 입자빔으로, 그리고 원형트랙을 원형터널로 바꾸면 이 상황은 입자가속기와 동일해진다. 입자빔은 원형터널을 한 바퀴 돌 때마다 주기적으로 에너지를 공급받으면서 점차 속도가 빨라진다. 지난 반세기 동안 입자가속기는 이와 같은 원리를 이용하여 만들어졌다. 그러므로 가속기를 소형화하려면 주기적으로 에너지를 공급하는 방법에 혁신적인 변화가 있어야 한다.

이 골치 아픈 문제를 해결하기 위해, 과학자들은 에너지를 공급하는 다른 방법을 찾고 있다. 그중 하나가 레이저빔을 발사하여 입자빔의 에너지를 높이는 방법인데, 레이저는 보통 빛과는 달리 '결맞음상태coherent state(모든 파동들이 동일한 위상으로 진동하는 상태)'를 유지하는 빛이므로 강력한 파워를 충당하기에 적절한 후보라고 할 수 있다. 현재 레이저는 짧은 시간 동안 수조 와트watt의 파워를 발휘하는 수준까지 개발되어 있으며(핵발전소에서 만들어낼 수 있는 에너지는 수십억 와트에 불과하지만, 이런 생산력을 장시간 동안 유지할 수 있다는 점에서 레이저와 구별된다), 가장 강력한 레이저는 1,000조 (10^{15}) 와트까지도 가능하다.

레이저는 '증폭된 빛'으로서, 기체플라스마상태(이온화된 원자들의 집합)를 만들어낼 수 있을 정도로 온도가 높다. 그리고 이렇게 만들어진 기체플라스마는 바닷가의 파도처럼 매우 빠른 속도로 전달되는 파동을 만들어낸다. 소립자로 이루어진 빔beam이 이곳을 관통하면 마치 파도타기 선수처럼 플라스마의 파동을 타고 이동하게 된다. 이때 레이저를 더욱 강하게 주입하면 플라스마의 파동은 더욱 빨라지며, 그것을 '타고 가는' 입자빔의 속도도 증가하게 된다. 최근 들어 영국 러더퍼드 애플턴 연구소Rutherford Appleton Laboratory의 과학자들은 50조 와트의 레이저를 고체표적에 발사하여 4억 전자볼트의 양성자빔을 얻어내는 데 성공했다. 또한, 파리 에콜 폴리테크니크École Polytechnique의 물리학자들은 이 방법으로 전자빔의 에너지를 (1mm 구간 안에서) 2억 전자볼트(200MeV)까지 끌어올리는 데 성공했다.

아직은 레이저가속기의 성능이 기대에 못 미치고 있지만, mm 단위가 아니라 m 단위의 거리에서 작동하도록 개선된다면 2,000억 전자볼트의 위력을 발휘하는 입자가속기를 보통 크기의 테이블 위에 올려놓을 수 있게 된다. 다시 말해서, 탁상용 입자가속기의 시대가 열리는 것이다. 2001년에 SLAC의 물리학자들은 전자를 1.4m까지 이동시키는 데 성공했다. 이들은 레이저빔 대신 하전입자의 빔을 주입하여 플라스마 파동을 만들어냈는데, 에너지는 그리 많지 않았지만 플라스마 파동이 입자를 m 단위 길이까지 가속시킬 수 있음을 확인한 기념비적 실험이었다.

이 분야의 기술은 매우 빠른 속도로 발전하고 있다. 특히 가속기의 에너지는 매년 5배씩 증가하고 있는데, 이런 추세로 나간다면 탁상용 가속기는 머지않아 실현될 것이며, LHC는 쓸데없이 몸집만 큰 공룡 취급을 받게 될 것이다. 물론 해결해야 할 문제도 많이 남아 있다. 파도타기 선수가 변덕스러운 파도 때문에 고생하는 것처럼, 플라스마 파도를 탄 입자빔이 일정한 방향으로 진행하도록 만드는 것은 결코 쉬운 일이 아니다(빔의 초점을 맞추고 일정한 강도를 유지하기가 매우 어렵다). 그러나 이런 문제들은 가까운 미래에 반드시 해결될 것이다.

미래

끈이론을 증명하는 것은 결코 만만한 과제가 아니다. 에드워드 위튼은 이렇게 말했다. "빅뱅이 일어나던 순간에 우주는 엄청난 속도로 팽창했으므로, 그와 함께 팽창된 거대한 끈이 우주 어딘가를 떠다닐 수도 있다. 물론 공상과학소설 같은 이야기지만, 만일 이것이 사실이라면 끈이론은 천체관측만으로 입증될 수 있다. 우주공간을 표류하고 있는 거대한 끈이 발견되는 날은 곧 끈이론이 물리학을 통일하는 날이 될 것이다."[28]

브라이언 그린은 끈이론을 직접, 또는 간접적으로 입증할 수 있는 실험 데이터를 다음과 같이 다섯 가지로 분류했다.[29]

1. 유령 같은 입자, 뉴트리노의 질량이 실험을 통해 결정되면 끈이론은 이 값을 설명할 수 있다.

2. 모든 입자를 기하학적 점point으로 간주하는 표준모형의 작은 오차(입자의 붕괴 등).
3. 중력과 전자기력 이외에 먼 거리까지 작용하는 새로운 힘이 실험적으로 발견되면 수많은 칼라비-야우 다양체들 중 하나를 고르는 데 결정적인 힌트가 될 수 있다.
4. 암흑물질이 발견되면 끈이론의 예견을 검증할 수 있다.
5. 끈이론은 우주에 존재하는 암흑에너지의 양을 계산할 수 있다.

내가 보기에, 끈이론은 실험이 아닌 순수수학에 의해 입증될 가능성이 높다. 끈이론이 '만물의 이론'의 진정한 후보라면, 우주적 스케일의 에너지와 함께 일상적인 규모의 에너지도 설명할 수 있어야 한다. 그러므로 미래의 어느 날 끈이론이 완성된다면 우주공간에서 발견되는 이상한 물체들뿐만 아니라 우리 주변에 있는 일상적인 물체의 특성도 끈이론으로 설명할 수 있을 것이다. 예를 들어, 끈이론의 원리로부터 양성자와 중성자, 그리고 전자의 질량을 계산할 수 있다면, 이것은 역사에 길이 남을 업적이 될 것이다. 끈이론을 제외한 다른 이론에서는 입자의 질량을 실험적으로 확인한 후 이론 속에 우겨넣었었다. 다시 말해서, "입자들이 왜 그러한 질량을 가져야만 하는지"를 아무도 몰랐다는 것이다. 물론 이 상황은 끈이론이 유명세를 타고 있는 지금도 크게 달라지지 않았지만 이 궁금증을 해결해 줄 유일한 후보가 끈이론인 것도 사실이다. 만일 끈이론이 이 계산을 해낸다면 LHC는 (어떤 면에서 보면) 무용지물이 될 수도 있다. 각 입자의 질량은 이미 알고 있으므로, 끈이론이 이 값들을 이론적으로 재현한다면 굳이 LHC를 가동할 이유가 없기 때문이다.

아인슈타인은 이렇게 말했다.

"우리는 물리적 개념과 법칙을 순수수학만으로 발견할 수 있다. … 이렇게 발견된 법칙들은 자연현상을 이해하는 데 핵심적인 역할을 할 것이다. 과거의 경험은 '적절한 수학적 개념'을 우리에게 제시할 수도 있지만, 모든 개념을 오직 경험에 의존해 도출할 수는 없다… 그래서 나는 고대인들이 그랬던 대로, 오직 순수한 사고만이 우리를 진리로 데려다준다고 생각한다."[30]

만일 아인슈타인의 생각이 옳다면 M-이론(또는 양자중력이론을 구현한 임의의 이론)은 우주에 살고 있는 모든 지적 생명체들로 하여금 수조×수조 년 동안 죽어가고 있는 우주에서 탈출하여 새로운 보금자리를 찾게 해줄 것이다.

PART 3

초공간으로의 탈출

ESCAPE INTO HYPERSPACE

10. 모든 것의 종말 11. 우주탈출 12. 다중우주를 넘어서

10

모든 것의 종말

물리학자들은 앞으로 태양에 거대한 천체가 충돌하여 새로운 에너지를 창출하지 않는 한, 태양과 행성이 차갑게 식어서 생명체가 살 수 없게 될 것으로 예견하고 있다. 그러나 인간을 비롯한 모든 생명체는 상상을 초월할 정도로 적응력이 뛰어나기 때문에, 급격한 변화가 아닌 한 나름대로 적응하며 살아갈 것이다. 환경이 지금과 달라지면 생명체가 멸종한다고 주장하는 것은 생명의 적응력을 과소평가한 섣부른 판단이다.
— 찰스 다윈Charles Darwin

노르웨이의 전설에 의하면, 라그나뢰크Ragnarok(신들의 몰락)라는 최후의 날이 오면 지각이 크게 융기되어 모든 것을 삼켜버린다고 한다. 천상의 세계와 미드가르드Midgard(인간계)는 뼛속까지 에는 추위로 모두 얼어붙고, 귀를 찢는 듯한 광풍과 코앞이 안 보일 정도로 몰아치는 폭설, 당장 세상을 끝낼 것 같은 무시무시한 지진 속에서 대부분의 인간들은 무력하게 죽어간다는 것이다. 일련의 엄청난 재난에 의해 지구는 완전히 마비되고, 굶주린 늑대들이 태양과 달을 먹어버리는 바람에 온 세상은 암흑천지로 변한다. 하늘의 별들은 땅으로 떨어지고 지구는 극심한 혼돈상태가 되며, 갇혀 있던 괴물들이 풀려나와 혼란을 더욱 가중시킨다. 한마디로 말해서, 이 세상은 '총체적인 혼돈'에 빠지게 된다.

모든 신의 아버지인 오딘Odin은 전쟁의 신들을 발할라Valhalla신전 앞에 소집하여 최후의 결전을 명령한다. 그러나 악의 신 수르트 Surtur가 내뿜는 불과 유황에 신들은 하나 둘씩 죽어가고 온 하늘과 땅도 서서히 지옥으로 변한다. 결국은 우주전체가 불꽃에 휩싸이면서 지구는 망망대해 속에 잠기고 시간도 더 이상 흐르지 않게 된다.

그러나 이 엄청난 잿더미 속에서 새로운 세계가 탄생한다. 바다 속에서 이전과는 다른 새로운 지구가 서서히 솟아올라 새로운 식물들이 비옥한 땅에서 풍성하게 자라고 새로운 종족의 인간이 탄생하여 지구를 지배하게 된다.

온 세상이 얼어붙은 후 불길에 휩싸인다는 바이킹의 전설은 지구의 종말을 비극적으로 예견하고 있다. 그러나 세상의 종말을 비극적으로 그린 전설은 다른 문화권에서도 쉽게 찾아볼 수 있다. 기후가 악화되어 사방에 불길이 솟고 지진과 광풍이 몰아닥치며, 선과 악이 최후의 결전을 벌이고… 그러나 결국에는 새로운 세상이 다시 시작된다는 희망적인 결말로 맺는 경우가 대부분이다.

한 가지 흥미로운 것은, 오로지 엄밀한 법칙만을 신봉하는 과학자들도 종말을 예언하는 전설과 비슷한 예견을 하고 있다는 점이다. 지금까지 얻어진 관측자료와 아인슈타인 방정식의 가능한 해들을 분석해보면 이 세상은 얼어붙거나 불꽃에 휩싸일 수도 있고, 총체적인 혼돈 속에서 종말을 맞이할 수도 있다. 그렇다면, 과학적인 견지에서 볼 때에도 새로운 세상의 출현이 가능할 것인가?

WMAP 위성이 보내온 사진을 분석해보면, 신비한 반중력이 우주의 팽창을 가속시키고 있음을 알 수 있다. 이런 식으로 수십억 년,

또는 수조 년 동안 팽창이 계속되면 우주는 전설이 예견하는 대로 완전히 얼어붙게 될 것이다. 천체들 사이의 거리를 계속 증가시키고 있는 반중력의 크기는 우주의 부피에 비례한다. 즉, 우주가 커질수록 반중력도 더욱 세게 작용하여 은하들은 더욱 빠르게 멀어지고, 그 결과 우주의 부피도 더욱 빠르게 증가한다.

이렇게 되면 관측 가능한 거리에는 36개의 은하들만이 남고 나머지는 무지막지한 팽창과 함께 사건지평선 너머로 사라질 것이다. 은하들 사이의 거리가 빛보다 빠른 속도로 멀어지면 우주 안의 모든 지점들은 완전히 고립될 것이다. 이와 함께 온도는 급격하게 떨어지고 공간에 남아 있는 에너지도 점차 희미해진다. 그러다가 절대온도 0K에 이르면 모든 생명체들은 최후의 운명인 거대한 동결big freeze을 맞이하게 된다.

열역학을 지배하는 세 개의 법칙

셰익스피어의 말대로 이 세상이 하나의 연극무대라면, 그 위에서 상연되는 연극은 총 3막으로 구성되어 있다고 할 수 있다. 1막은 빅뱅에서 시작하여 지구에서 생명체가 탄생하는 과정을 담고 있고 2막의 주인공은 별과 은하이며, 3막은 거대한 동결로 종말을 맞이한 우주의 모습이 장렬하게 펼쳐진다.

그러나 불행히도 연극대본은 열역학법칙에서 벗어날 수 없다. 19세기의 물리학자들은 열물리학을 지배하는 세 개의 법칙을 발견한 후, 그것을 우주의 종말과 연관지어 생각하기 시작했다. 1854년에 독일의 위대한 물리학자 헤르만 폰 헬름홀츠Hermann von Helmholtz는 열역학법칙을 우주에 적용한 결과 "별과 은하를 비롯한 모든 만물은 언젠가 반드시 죽게 된다"는 사실을 깨달았다.

열역학 제1법칙은 물질과 에너지의 양이 변하지 않는다는 '에너지 보존법칙'이다. 물질과 에너지는 아인슈타인의 $E=mc^2$를 통해 서로 오락가락할 수는 있지만 이들을 합한 양은 절대로 증가하거나 감소하지 않는다.[1]

열역학 제2법칙은 간단히 말해서 "엔트로피entropy(무질서도)의 총량은 항상 증가한다"는 것인데, 여기에는 세 가지 법칙 중 가장 신기하고 의미심장한 내용이 담겨 있다. 다시 말해서, 모든 만물은 꾸준히 나이를 먹다가 결국 종말을 맞이한다는 뜻이다. 숲에서 일어나는 화재와 기계에 스는 녹, 제국의 붕괴, 세월과 함께 늙어가는 인간 등은 우주의 엔트로피가 증가하면서 자연스럽게 일어나는 현상이다. 예를 들어, 종이를 태우기는 아주 쉽다. 그냥 마른 종이에 성냥이나 라이터 등을 켜서 갖다대면 된다. 이것은 엔트로피가 증가하는 현상에 해당된다. 그러나 타고난 재를 모아서 종이로 복구하는 것은 불가능하다. 이 과정에서는 엔트로피가 감소하기 때문이다(냉장고와 같은 기계적 장치를 이용하여 엔트로피를 감소시킬 수는 있다. 그러나 이것은 한정된 지역 안에서만 가능하다. 냉장고를 포함한 주변환경을 모두 고려하면 결국 엔트로피는 증가하게 된다).

아서 에딩턴은 열역학 제2법칙에 대해 이런 말을 한 적이 있다. "엔트로피가 항상 증가한다는 열역학 제2법칙은 모든 물리학법칙에 우선한다. 그러므로 만일 당신의 이론이 이 법칙을 따르지 않는다면 그냥 조용히 포기하는 것이 상책이다. 그런 이론을 아무리 고집해봐야 개선될 희망이 없기 때문이다."[2]

(언뜻 생각해보면 지구에 복잡한 생명체가 탄생한 것도 열역학 제2법칙에 위배되는 것처럼 보인다. 원시지구의 혼란스러운 상태에서 DNA 같은 고도의 질서가 스스로 형성되려면 엔트로피가 감소해야 하기 때문이다. 그래서 개중에는 이것이야말로 창조주의 존재를 입증하는 증거라고 주장하는 사람도 있다. 그러나 모든 생명활동의 근원은 태양에너지이므로, 이와 관련된 엔트로피의 변화량을 계산할 때에는 태양도 포함시켜야 한다. 지구와 태양을 하나의 물리계로 간주하여 총엔트로피를 계산해보면 생명체의 탄생에도 불구하고 엔트로피는 항상 증가해왔음을 알 수 있다.)

열역학 제3법칙은 어떤 냉장고도 절대온도 0K(영하 273°C)에 이를 수 없음을 말해주고 있다. 냉장고의 성능을 이상적으로 개선하여 거의 0K에 가까워질 수는 있지만 완전히 0K에 이르는 것은 불가능하다[양자역학적 관점에서 볼 때, 이것은 입자의 에너지가 0이 될 수 없다는 뜻으로 해석할 수 있다. 에너지가 0이 되면 입자의 움직임이 완전히 사라지므로 입자의 위치와 속도(=0)를 동시에 정확히 알 수 있게 되는데, 이는 하이젠베르크의 불확정성원리에 위배된다].

열역학 제2법칙에 의하면, 우리의 우주는 영원히 유지되지 못하고 언젠가는 반드시 멈추게 된다. 별빛의 원천인 핵연료가 고갈되면 별과 은하가 빛을 잃으면서 우주는 죽은 별과 중성자별, 블랙홀 등이 넘쳐나는 암흑천지가 될 것이다.

종말을 싫어하는 일부 우주론학자들 중에는 우주가 완전히 끝나지 않고 주기적인 변화를 반복한다고 주장하는 사람도 있다. 즉, 우주가 팽창하면서 엔트로피도 계속 증가하다가 나중에는 다시 수축된다는 것이다. 그러나 우주가 완전히 수축된 빅 크런치big crunch(2장 참조)상태에 이른다 해도, 그 후에 엔트로피가 어떻게 변할지는 아무도 알 수 없다. 일부 학자들은 그 후에도 팽창과 수축이 반복된다고 믿고 있다. 만일 그렇다면 다음 주기로 넘어갈 때마다 현재의 엔트로피가 '차기이월' 되어 우주의 수명이 점차 길어질 가능성이 높다. 그러나 우주가 제아무리 주기적인 변화를 반복한다 해도, 결국에는 모든 것이 파괴되고 생명체도 사라질 것이다.

빅 크런치

우주의 종말을 물리적으로 설명한 최초의 논문은 1969년에 마틴 리스가 발표한 〈우주의 붕괴: 종말론적 연구The Collapse of the Universe: An Eschatological Study〉였다.[3] 그 당시에는 Ω의 값이 전혀 알려지지 않은 상태였으므로, 리스는 이 값을 2로 가정하였다. 다시 말해서, 앞으로 우주가 팽창을 멈추고 수축되어 빅 프리즈big ferrze(거대 동결)가 아닌 빅 크런치로 끝난다고 가정한 것이다(2장 참조).

그는 은하들 사이의 거리가 지금의 두 배로 멀어지면 우주는 팽창을 멈추고 수축모드로 전환된다고 주장했다. 이렇게 되면 은하들 사이의 거리가 빠른 속도로 가까워지기 때문에 현재 관측되는 적색편이는 청색편이로 바뀐다.

리스의 계산에 의하면 우리의 우주는 앞으로 500억 년 후부터 혼란스러운 사건에 휘말리면서 종말의 조짐을 보이기 시작한다. 최후의 붕괴를 1억 년 남긴 시점에서 은하수를 포함한 모든 은하들은 서로 충돌하여 하나로 합쳐지고 개개의 별들은 충돌하기 전에 이미 분해되는데, 여기에는 두 가지 이유가 있다. 하나는 우주가 수축되면 별에서 방출된 복사가 엄청난 양의 에너지를 획득하기 때문이고, 또 한 가지 이유는 우주배경복사의 온도가 극도로 높아지기 때문이다. 이 두 가지 효과가 동시에 나타나면 우주공간의 온도가 별의 표면온도보다 높아져서 별이 에너지를 흡수하는 형국이 된다. 이렇게 되면 별들은 고온을 견디지 못하고 기체구름으로 완전히 분해된다.

이런 환경에서 생명체는 당연히 소멸될 수밖에 없다. 근처에 있는 별과 은하로부터 쏟아지는 무자비한 복사열에 단 한 마리의 박테리아조차도 살아남지 못할 것이다. 아무리 발버둥을 쳐도 탈출구는 없다. 프리먼 다이슨은 이렇게 말했다.

"유감스럽게도, 이런 상황에서 모든 생명체들은 통구이 신세를 면하기 어렵다. 땅을 깊이 파서 그 속에 숨으면 생존기간을 수백만 년 정도 늘릴 수는 있겠지만, 맹렬하게 쏟아지는 초고온의 우주배경복사는 결국 지구의 모든 것을 녹여버릴 것이다."[4]

만일 지금의 우주가 빅 크런치를 향해 나아가고 있다면, 그것으로 끝나고 말 것인가? 아니면 일부 물리학자들의 주장대로 또다시 팽창이 이어지면서 주기적인 변화를 반복할 것인가? 폴 앤더슨의 소설 《타우 제로》는 후자의 경우를 주 내용으로 삼고 있다. 만일 우주가 뉴턴의 법칙을 따른다면, 그리고 은하가 압축된 후에도 약간의 공간이 존재한다면 주기적 우주는 가능할 수도 있다. 은하가 하나의 점으로 수축되지 않는다면 별들이 가까워져도 서로 충돌하지 않고 다른 쪽으로 퍼지면서 새로운 팽창이 시작될 수도 있기 때문이다.

그러나 우리의 우주를 지배하는 것은 뉴턴의 방정식이 아니라 아인슈타인의 방정식이다. 로저 펜로즈와 스티븐 호킹은 일반적인 환경에서 은하들이 한 점으로 압축된다는 것을 수학적으로 증명하였다. 이렇게 되면 은하 속의 별들은 서로 비껴갈 틈이 없으므로 파국을 피할 길이 없다.

우주의 5단계

그러나 WMAP 위성이 최근에 보내온 관측자료를 보면, 우주는 빅 크런치보다 빅 프리즈로 끝날 가능성이 높다. 미시간대학의 프레드 애덤스Fred Adams와 그레그 래플린Greg Laughlin과 같은 과학자들은 우주의 역사를 다섯 단계로 나누어 해석하고 있다. 지금 우리는 천문학적 단위의 시간을 고려하고 있으므로, 해수에 상용로그를 취하여 단순하게 표현하기로 하자(즉, 10^{20}년을 20으로 표기하자는 뜻이다).

이제, 한 가지 질문을 던져보자. 각 단계에서 지능을 가진 생명체들은 과연 살아남을 수 있을까?

제1단계 : 원시기

첫 번째 단계의 우주(-50~5, 또는 10^{-50}~10^5년)는 엄청나게 빠른 속도로 팽창하면서 온도도 빠르게 식어갔다. 우주가 식으면서 하나로 뭉쳐 있던 힘들이 서서히 분리되어 오늘날 존재하는 네 종류의 힘으로 자리를 잡았다. 가장 먼저 분리된 힘은 중력이었고 그다음으로 강력이 분리되었으며 약력과 전자기력은 가장 나중에 분리되었다. 초기우주에서는 빛이 방출되자마자 곧바로 흡수되었기 때문에 공간전체가 불투명하고 하늘은 흰색이었다. 그러나 빅뱅이 일어나고 38만 년이 지난 후 우주가 충분히 식으면서 원자가 생성되기 시작했고 우주배경복사도 이 무렵에 생성되었다. 그리고 빛이 공간을 자유롭게 통과하면서 하늘은 검은색으로 변했다.

이 시기에 원시수소가 핵융합과정을 통해 헬륨으로 변하여 오늘날 사방에서 반짝이고 있는 별들의 모태가 형성되었다. 그러나 DNA나 촉매분자 등 안정된 화합물이 형성되기에는 온도가 너무 높았으므로 생명체가 탄생하지는 못했다.

제2단계 : 별과 은하의 전성기

지금 우리는 우주의 제2단계(6~14, 또는 10^6~10^{14}년)에 살고 있다. 이 시기에는 별 속의 수소원자들이 맹렬하게 핵융합반응을 일으켜 하늘을 밝히고 있으며, 이런 별들의 수명은 수십억 년에 이른다. 허블우주망원경이 찍은 사진을 분석해보면 젊은 별의 주변에는 먼지와 작은 알갱이들이 원반모양으로 분포된 채 회전운동을 하고 있는데, 이들이 뭉쳐지면서 지구와 같은 행성이 형성된 것으로 추정된다.

　이 단계는 DNA와 생명체가 탄생하기에 가장 적절한 시기이다. 천문학자들은 관측 가능한 우주 안에서 과학적인 법칙에 입각하여 태양계 바깥의 행성에 생명체가 존재한다는 것을 나름대로 설명하고 있지만, DNA와 비슷한 화학물질이 형성되었다고 해서 모든 과정이 순조롭게 진행되는 것은 아니다. 외계의 생명체들이 오랜 시간 동안 살아남으려면 대기오염과 온난화현상, 그리고 핵폭탄 등 자연·인공재해를 모두 극복해야 한다. 그들이 전쟁과 같은 자멸의 길을 용케 피해갔다 해도, 일련의 자연재해를 모두 극복하지 못한다면 종말을 피하기 어려울 것이다.

　지난 160만 년 사이에 지구는 빙하기라는 혹독한 시기를 여러 차례 겪었다. 빙하기에 북미대륙의 대부분은 얼음으로 덮여 있었으며, 이런 환경에서는 인류의 문화라는 것이 탄생할 수 없다. 지금으로부터 1만 년 전에 인류는 늑대들처럼 고립된 집단생활을 하면서 식량을 찾아 헤매고 다녔다. 이들에게는 당장 살아남는 것이 급선무였으므로, 과학이나 문화를 발전시키는 것은 고사하고 문자를 발명할 생각조차 하지 못했다. 그 후, 빙하기가 끝나고(왜 끝났는지는 아직도 모른다) 인간은 빠른 속도로 진보하여 별을 탐사할 정도의 문명을 이룩했다. 그러나 이 문명은 그리 오래가지 못할 것이다. 지금은 간빙기間氷期에 불과하며, 언제가 될지는 정확히 알 수 없지만 1만 년에 걸친 빙하기가 또다시 도래하여 지구를 온통 얼음으로 덮어버릴 것이다. 지질학자들의 주장에 의하면 지구의 자전에 나타나는 미세한 변화가 오랜 세월 동안 축적되어 제트기류가 형성되고, 그 결과 북극을 덮고 있는 얼음층이 저위도 지방으로 서서히 내려오면서 빙하기가 시작된다고 한다. 이 시기에 인간이 살아남으려면 땅을 부지런히 파고 들어가서 깊은 지하에 숨는 수밖에 없다. 한때 지구전체는 얼음으로 덮여 있었고, 이런 상황은 앞으로도 얼마든지 재현될 수 있다.

지구의 역사를 1만 년 단위로 끊어서 볼 때, 인류의 생존을 가장 크게 위협하는 것은 빙하기이다. 그러나 100만 년 단위로 끊어서 보면 빙하기와는 비교가 안 될 정도로 무시무시한 재앙이 그 모습을 드러낸다. 거대한 운석(소행성)이나 혜성이 지구와 충돌하는 끔찍한 사건이 바로 그것이다. 6,500만 년 전에 지구를 지배했던 공룡들이 한순간에 멸종된 것도 거대한 운석이 지구를 강타했기 때문이다. 멕시코의 유카탄반도에 있는 직경 290km짜리 원형 분화구도 직경 15km 남짓한 운석이 떨어지면서 생긴 흔적으로 추정되고 있다. 이 거대한 충돌이 일어나면서 파편조각들이 대기로 유입되어 태양 빛을 차단하는 바람에 지구는 갑자기 추워지기 시작했고, 대부분의 식물과 공룡들이 떼죽음을 당했다. 이 시기에 공룡을 비롯한 다른 생명체들이 멸종하기까지는 채 1년도 걸리지 않았다.

과거의 충돌사례로 미루어볼 때, 앞으로 50년 이내에 운석이나 혜성이 지구와 충돌하여 또 한 번의 대재앙이 일어날 확률은 약 10만 분의 1 정도이다. 그리고 향후 수백만 년 사이에 이런 사건이 다시 일어날 확률은 거의 100%에 육박한다.

(현재 태양계의 내부에는 직경 1km가 넘는 소행성이 1,000~1,500개가량 떠돌고 있으며, 직경 50m 이상의 소행성은 수백만 개나 된다. 케임브리

지에 있는 스미스소니언 천체물리연구소에서는 하루에 평균 1만 5,000개의 운석이 관측되고 있는데, 다행히도 지금까지 발견된 운석들 중 지구와 충돌할 가능성이 조금이라도 있는 것은 42개에 불과하다. 몇 년 전에 천문학자들이 운석의 궤도를 잘못 계산하여 "앞으로 30년 후에 1997XF11 소행성이 지구와 충돌한다"는 충격적인 발표를 한 적이 있다. 그때 각 언론사들은 이 뉴스를 대서특필했고, 전 세계는 잠시 경악과 충격에 휩싸였다. 그러나 궤적을 다시 계산해보니, 문제의 소행성은 2880년 3월 16일에 지구와 충돌할 확률을 '아주 조금' 갖고 있는 것으로 판명되었다. 샌타크루즈에 있는 캘리포니아대학의 과학자들은 컴퓨터로 분석한 끝에 "이 행성이 바다에 떨어지면 높이 120m에 달하는 파도가 일어나 바닷가에 있는 대부분의 도시들이 수장된다"는 결론을 내렸다.[5]

지구의 역사를 10억 년 단위로 끊어서 보면, 태양이 지구를 삼켜버리는 끔찍한 재앙도 일어날 수 있다. 현재 태양의 온도는 초창기 때보다 30% 이상 뜨거워진 상태이다. 컴퓨터의 분석결과에 의하면 앞으로 35억 년 후에 태양의 온도는 지금보다 40% 정도 상승할 것으로 예상되며, 지구는 극심한 온난화현상으로 몸살을 앓게 될 것이다. 뿐만 아니라 태양의 덩치가 점차 커져서 온 하늘을 다 덮어버릴 것이다. 이렇게 되면 지구의 생명체들은 목숨을 부지하기 위해 진화과정을 거꾸로 거슬러갈 것이다. 즉, 모든 생명체들은 뜨거운 태양을 피해 바다 속으로 숨어 들어갈 것이므로, 이들의 몸은 다시 어류쪽으로 진화해갈 가능성이 높다. 그러나 10억 년이라는 시간규모에서 볼 때, 이것은 임시방편에 불과하다. 태양의 표면이 점차 지구로 다가오면 바닷물은 결국 펄펄 끓게 되고, 그 속에서 간신히 목숨을 부지하던 생명체들은 끓는 물에 던져진 생선처럼 최후를 맞이할 수밖에 없다. 앞으로 50억 년이 지나면 태양은 에너지원인 수소를 모두 소진하여 갑자기 적색거성으로 변할 것이다. 지금까지 관측된 적색거성 중에는 (만일 지금의 태양이 있는 곳에 가져온다면) 수성, 금성, 지구, 그리고 화성까지 잡아먹을 정도로 큰 것도 있다. 그러나 우리의 태양이 적색거성으로 변하면 지구까지 잡아먹는 선에서 멈출 것으로 예상된다. 그러나 지구에 살고 있는 우리의 입장에서는 달라질 것이 없다. 결국 지구는 불덩어리에 휩싸여 한 줌의 재로 사라질 것이다. 다시 말해서, 우리의 지구는 얼음이 아닌 불에 의해 최후를 맞이한다는 뜻이다.

인류가 이 재난에서 살아남으려면 태양이 지구를 삼키기 전에 좀 더 먼 곳으로 이주해야 한다. 우리의 후손들은 과연 그 정도 수준까지 과학을 발전시킬 수 있을까? 천문학자이자 작가로 활동하고 있는 켄 크로스웰은 이렇게 말했다.

"인간의 두뇌가 태양이 뜨거워지는 속도보다 빠르게 진보하는 한, 인류는 어떠한 재난 속에서도 살아남을 것이다."[6]

그동안 과학자들은 지구의 궤도를 바꾸는 몇 가지 방법을 제안했는데, 그중 하나는 일련의 소행성들을 원래의 궤도에서 벗어나게 하는 것이다. 이렇게 하면 마치 고무줄처럼 소행성들이 지구를 잡아당겨서 공전궤도의 반지름을 지금보다 늘릴 수 있다. 몇 개의 소행성으로는 눈에 띄는 효과를 낼 수 없지만, 오랜 세월에 걸쳐 수백 개의 소행성들을 이런 식으로 조절하면 지구의 종말을 피할 수 있다. 크로스웰은 이 문제에 대해 다음과 같이 첨언하였다. "태양이 적색거성으로 변할 때까지는 아직 수십억 년의 시간이 남아 있으므로, 우리의 후손들은 지구의 공전궤도를 극적으로 바꿔서 태양 근처를 지나가는 다른 별의 행성으로 입양시킬 수도 있다."[7]

우리의 태양은 지구와 다른 운명을 맞이할 것이다. 적색거성으로 변한 태양이 7억 년 동안 헬륨을 태우다가 이마저 고갈되면 자체 중력에 의해 지구만한 크기로 줄어들면서 백색왜성이 된다. 우리의 태양은 초신성 → 블랙홀로 진화할 정도로 충분한 질량을 갖고 있지 않기 때문이다. 태양이 백색왜성으로 변한 후에는 온도가 내려가면서 붉은색의 희미한 빛을 방출하다가 갈색으로 바뀌고, 결국에는 완전히 죽은 검은 별이 되어 우주공간을 떠돌아다닐 것이다. 즉, 태양의 최후는 불이 아니라 얼음인 것이다. 우리의 몸을 이루고 있는 모든 원자들은 완전히 타고 남은 재가 되어 검은 왜성의 주변을 돌게 될 것이다. 태양의 시체에 해당되는 왜성은 원래 질량의 0.55배밖에 되지 않기 때문에 지금보다 70% 먼 궤도를 공전하게 된다.[8]

그러므로 지금 번성하고 있는 동식물들은 앞으로 수십억 년이 지나면 모두 사라질 것이다(지금 우리는 이 황금기의 중간을 살고 있다). 천문학자 도널드 브라운리는 이렇게 말했다. "애초부터 우주는 인간에게 유리한 쪽으로 설계되지 않았다."[9] 우주전체의 수명과 비교해보면 생명체가 존재하는 기간은 그야말로 찰나에 불과하다.

제3단계 : 쇠퇴기

우주에 존재하는 모든 별의 에너지가 남김 없이 고갈되면 우주는 3단계(15~39)로 접어든다. 영원히 계속될 것 같았던 수소원자의 핵융합반응이 완전히 종결되고 무거운 원자의 핵융합반응도 더 이상 일어나지 않으면서, 우주공간에는 핵반응의 찌꺼기라 할 수 있는 왜성과 중성자별, 그리고 블랙홀만이 남게 된다. 하늘의 별은 더 이상 빛을 발하지 않으며, 우주는 총체적인 암흑 속으로 서서히 빠져든다.

별의 내부에서 진행되던 핵융합반응이 멈추면서 우주의 온도는 급격하게 떨어지고 별의 주변을 돌던 행성들은 완전히 얼어붙는다. 이 시기에 지구가 아직 남아 있다고 해도 표면은 얼음으로 덮여 있을 것이므로, 만일 생명체가 남아 있다면 새로운 서식지를 빨리 찾아야 한다.

거성의 수명은 수백만 년, 그리고 수소를 태우고 있는 별(우리의 태양)의 수명은 수십억 년 정도지만, 조그만 적색왜성은 수조 년 동안 타오를 수 있다. 그래서 지구를 다른 적색왜성의 행성으로 편입시킬 수만 있다면 수명을 엄청나게 늘릴 수 있다. 지구에서 태양 다음으로 가장 가까운 별인 켄타우로스자리 프록시마별Proxima Centauri이 바로 적색왜성인데, 지구와의 거리는 약 4.3광년이며 질량은 태양의 15%에 불과하고 밝기는 400분의 1밖에 되지 않는다. 따라서 이 별의 주위를 공전한다면 생명체에게는 유리한 점이 많다. 지구가 켄타우로스자리 프록시마별의 행성이 되어 지금과 같은 양의 빛을 수용하려면, 공전궤도의 반지름은 지금의 20분의 1로 줄어들어야 한다. 그러나 일단 이 궤도 속으로 진입하기만 하면 생명활동에 필요한 에너지를 수조 년 동안 확보할 수 있다(그러나 지구의 자전 및 공전주기가 달라질 것이므로 생명체는 지금과 전혀 다른 모습으로 진화할 것이다—옮긴이).

결국, 핵융합반응을 일으키면서 최후까지 빛을 발할 수 있는 별은 적색왜성뿐이다. 그러나 100조 년이 지나면 이마저도 수명을 다할 것으로 예상된다.

제4단계 : 블랙홀기

우주가 4단계(40~100)로 접어들면 블랙홀에서 방출되는 에너지 이외의 모든 에너지원이 사라진다. 베켄슈타인과 호킹이 증명했던 대로, 블랙홀은 희미한 양의 에너지를 서서히 방출하고 있기 때문에 완전히 검지 않다('블랙홀의 증발'이라 불리는 이 현상은 너무 미약하기 때문에 지구에서 관측하기가 쉽지 않다. 그러나 장시간 계속된 에너지의 증발은 블랙홀의 운명을 좌우한다).

증발하는 블랙홀의 수명은 질량에 따라 다양하다. 양성자와 질량이 비슷한 미니블랙홀은 태양계의 수명동안 100억 와트의 에너지를 방출하며,[10] 태양과 비슷한 질량을 가진 블랙홀의 수명은 10^{66}년에 이른다. 그리고 은하의 중심부에 있는 블랙홀은 10^{117}년 동안 에너지를 방출할 수 있다. 그러나 블랙홀이 말년에 이르면 에너지를 서서히 방출하다가 갑작스런 폭발을 일으킨다. 모든 난관을 극복하고 이 시기까지 살아남은 생명체가 있다면, 블랙홀에서 방출되는 희미한 에너지를 얻기 위해 그 주변으로 몰려들어 살다가 결국 폭발과 함께 최후를 맞이할 것이다.

제5단계 : 암흑기

우주가 5단계(101 이상)에 접어들면 블랙홀의 증발에너지마저 고갈되어 전 공간이 완전한 암흑으로 뒤덮인다. 이 시기가 되면 우주의 온도가 절대온도 0K로 서서히 접근하고, 모든 원자들은 아무런 미동도 없는 정지상태가 된다. 또한, 양성자가 스스로 붕괴되어 뉴트리노와 전자, 반전자(전자의 반입자)들이 수프처럼 엉킨 채로 떠다닐 것이다. 그리하여 우주는 전자와 양전자가 서로 공전하는 새로운 형태의 원자인 '포지트로늄positronium'으로 가득 차게 될 것이다.

일부 물리학자들은 전자와 반전자로 이루어진 포지트로늄이 암흑기의 우주에서 새로운 생명체의 기원이 될 수도 있다는 가설을 조심스럽게 제시하고 있다. 그러나 여기에는 극복하기 어려운 문제가 도사리고 있다. 포지트로늄의 크기는 일반적인 원자와 비슷하지만 암흑기가 도래했을 때 각 입자들 사이의 거리는 10^{18}파섹parsec(1파섹=3.26광년)까지 멀어진다. 이것은 현재 관측 가능한 우주의 크기보다 수백만 배나 먼 거리이다. 암흑기가 되면 우주는 이미 엄청난 규모로 팽창된 후이기 때문에 포지트로늄 하나의 크기가 지금의 (관측 가능한) 우주보다 커진다. 따라서 그 시대의 화학은 지금과 전혀 다른 천문학적 스케일의 학문이 될 것이다.

천문학자 토니 로스만Tony Rothman은 자신의 저서에 다음과 같이 적어놓았다. "앞으로 10^{117}년이 지나면 전자와 양전자가 서로 상대방의 주위를 공전하고 있는 포지트로늄과, 바리온이 붕괴되면서 나타난 뉴트리노와 광자, 포지트로늄이 소멸되면서 남은 양성자, 그리고 블랙홀 등이 우주를 구성하고 있을 것이다."[11]

생명체는 살아남을 것인가?

빅 프리즈(거대 동결)의 마지막 단계에서 나타날 것으로 예상되는 이 황당한 환경에서 과연 생명체는 살아남을 수 있을 것인가? 그동안 과학자들은 이 문제를 놓고 열띤 토론을 벌여왔다. 언뜻 생각해보면, 온도가 영하 $273°C$(절대온도 0K)까지 내려가는 5단계의 우주에서 생명체의 생존가능성을 논하는 것 자체가 무의미할 것 같다. 그러나 물리학자들은 특유의 상상력을 발휘하여 이 말도 안 되는 토론을 끈질기게 이어오고 있다.

이들의 논쟁은 두 개의 핵심적인 질문에 기초하고 있는데, 첫 번째 질문은 다음과 같다. "지적 생명체의 몸은 절대온도 0K에서도 작동할 수 있는가?" 열역학의 법칙에 의하면 에너지는 높은 곳에서 낮은 곳으로 흐른다. 그리고 모든 기계들은 이 흐름의 과정에서 추출된 에너지로 작동된다. 예를 들어, 온도가 다른 두 지역을 연결하는 열기관을 이용하면 역학적인 일을 수행할 수 있다. 이때, 온도의 차이가 클수록 열기관의 효율은 높아진다. 18~19세기에 걸쳐 유럽의 산업혁명을 주도했던 증기기관과 증기기관차는 모두 이런 원리로 만들어진 것이다. 그러나 우주의 5단계에서는 모든 곳의 온도가 균일하기 때문에 에너지를 추출할 방법이 없을 것 같다.

두 번째 질문은 좀 더 실질적이다. "지적인 생명체는 정보를 주고받을 수 있는가?" 정보이론에 의하면 주고받을 수 있는 정보의 최소단위는 온도에 비례한다. 그러므로 온도가 0K 근처로 떨어지면 정보교환이 어려워진다. 우주가 차갑게 식을수록 정보의 최소단위인

비트의 크기가 점점 작아지기 때문이다.

 우주의 온도가 전체적으로 내려가면 생명체들은 목숨을 부지하기 위해 자신의 체온을 낮추는 쪽으로 진화할 것이다. 에너지 공급이 줄어드는 상황에서는 이것이 최선의 생존전략이다. 그러나 체온이 섭씨 $0°C$까지 내려가면 부드러운 근육과 신선한 피를 포기하고 로봇과 같이 단단한 몸으로 변해야 한다. 추운 기온에 적응하려면 싱싱한 근육보다는 기계적인 몸을 갖는 편이 훨씬 유리하다. 그런데 기계적인 몸도 정보이론과 열역학 법칙을 따라야 하므로, 로봇처럼 진화하는 데 성공했다 해도 생명을 유지하기가 결코 쉽지 않을 것이다.

 지적 생명체가 육체를 아예 포기하고 순수한 의식으로 진화한다 해도, 정보이론과 관련된 문제점은 여전히 남아 있다. 날이 갈수록 추워지는 환경에서 살아남으려면 가능한 한 생각을 '천천히' 해야 한다. 프리먼 다이슨은 미래의 생명체가 정보처리에 걸리는 시간을 길게 늘리거나 스스로 가수면상태에 빠져 에너지 소모량을 줄임으로써 생명을 이어갈 것이라고 결론지었다. 정보를 처리하고 생각하는 데에는 수십억 년의 물리적 시간이 소요될 수도 있지만, 주관적인 시간은 달라지지 않는다는 것이다. 즉, 이들은 자신이 $1+1$을 계산하는 데 수십억, 또는 수조 년의 시간을 들이고 있다는 사실을 전혀 눈치채지 못한다는 이야기다. 시간이 오래 걸린다는 것만 빼고, 이들은 우리와 똑같은 방식으로 생각하고 판단할 것이다. 다이슨은 미래의 지적 생명체들이 이런 식으로 '하염없이 느리게' 정보를 처리하고 생각한다고 결론지었다. 단 하나의 생각을 떠올리는 데 수조 년이 걸릴 수도 있지만, 어쨌거나 그들의 입장에서는 지극히 정상적인 과정으로 느껴질 것이다.

그런데 생각의 속도가 이 정도로 느린 생명체들은 우주적 규모에서 일어나는 양자적 전이cosmic quantum transition를 목격할 수 있을지도 모른다. 사실, 아기우주의 탄생이나 다른 양자우주로 전환하는 등의 우주적 양자사건들은 수조 년에 걸쳐 일어나기 때문에, 우리가 사는 세상에서는 실험으로 확인할 수 없는 순수한 이론일 뿐이다. 그러나 5단계의 우주에서 수조 년의 '주관적인 시간'은 생명체들에게 단 몇 초에 불과하므로, 이들은 길고 긴 세월에 걸쳐 일어나는 우주적 양자사건을 일상적인 시간규모에서 관측할 수 있을 것이다. 아기우주가 아무것도 없는 무無에서 갑자기 태어나는 광경이나 다른 우주를 향해 양자적 도약을 일으키는 사건 등은 이들에게 별다를 것 없는 일상적인 사건에 지나지 않을 것이다.

그러나 최근 들어 우주의 팽창속도가 점차 빨라지고 있다는 사실이 분명해지면서, 다이슨의 이론에 대한 반론이 다양하게 제기되고 있다. 이들 중 대부분은 "팽창이 가속되는 우주에서 생명체는 멸종할 수밖에 없다"는 점을 강조하고 있는데, 물리학자 로렌스 크라우스Lawrence Krauss와 글렌 스타크만Glenn Starkman은 다음과 같이 주장했다. "수십억 년 전에 우주는 너무 뜨거워서 생명체가 살 수 없었다. 앞으로 장구한 세월이 지나면 우주가 커질 대로 커져서 온도는 0K에 육박할 것이다. 제아무리 똑똑한 생명체라 해도 이런 온도에서는 결코 생명활동을 유지할 수 없다."[12]

다이슨은 "현재 절대온도 2.7K(영하 271.3°C)인 마이크로파배경복사의 온도는 앞으로 영원히 하강추세를 유지할 것이며(물론, 온도가 아무리 떨어져도 0K 아래로 내려갈 수는 없다. 그러므로 이 말은 "시간이 흐를수록 온도의 하강속도는 느려진다"는 뜻으로 이해해야 한다―옮긴이), 모든 지점이 똑같이 떨어지지는 않을 것이므로 똑똑한 생명체들은 미세한 온도차이로부터 생존에 필요한 에너지를 얻어낼 수 있다"고 가정하였다. 즉, 우주의 온도가 계속해서 떨어지는 한, 그로부터 에너지를 추출하는 것이 항상 가능하다는 것이다. 그러나 크라우스와 스타크만은 배경복사의 온도가 기본스-호킹 온도(약 10^{-29}K)에 이르면 더 이상 하강하지 않는다는 점을 지적하였다. 이 온도에 이르면 우주는 더 이상 추워질 수 없기 때문에 우주의 온도는 어디서나 일정해질 것이며, 따라서 생명체들은 아무리 효율 높은 열기관을 발명한다 해도 더 이상 에너지를 얻을 수 없게 된다는 것이다. 우주의 온도가 완전히 균일해지면 정보의 전달이 불가능해지기 때문이다.

(1980년대에 과학자들은 액체 속의 브라운운동을 포함하는 몇 가지 양자적 시스템이 외부의 온도와 관계없이 일종의 컴퓨터로 사용될 수 있음을 발견하였다. 이 기계는 외부의 온도가 아무리 낮아도 극미량의 에너지만 있으면 별 문제 없이 작동될 수 있다. 언뜻 듣기에는 다이슨에게 좋은 소식 같지만, 여기에도 문제점은 있다. 이 시스템은 두 가지 조건을 만족해야 하는데, 주변환경과 열적 평형상태에 있어야 한다는 것과 입수된 정보를 폐기할 수 없다는 조건이 그것이다. 그러나 팽창하는 우주에서는 복사에너지가 넓게 퍼지면서 파장이 길어지기 때문에 기계는 평형상태를 유지할 수 없다. 물론 팽창속도가 점점 빨라진다면 평형은 더욱 어려워진다. 또한, 정보를 폐기할 수 없다는 것은 생명체의 기억이 영원히 지워지지 않는다는

것을 의미한다. 이렇게 되면 모든 생명체들은 엄청난 기억에 짓눌려 과거만 회상하며 살게 될 가능성이 높다. 크라우스와 스타크만은 이렇게 반문했다. "기억을 지울 수 없다면 영원의 시간은 감옥에 불과하다. 새로 습득한 정보가 위력을 발휘하려면 과거의 기억은 순차적으로 사라져야 한다. 영원한 기억은 일종의 열반涅槃일 수도 있다. 그러나 과연 그것이 사는 것일까?"[13])

결론적으로 말해서, 우주상수가 0에 가까운 값을 갖는다면 우주가 식으면서 정적인 상태로 변해갈수록 지적 생명체의 생각과 신진대사도 함께 느려질 것이다. 그러나 우리의 우주처럼 팽창이 가속되고 있다면 이것은 불가능한 일이다. 모든 생명체들은 물리법칙을 따라 멸종의 길을 걷게 될 것이다.

우주적 스케일에서 볼 때, 생명체의 탄생과 멸종은 거대한 양탄자의 한 부분에서 일어나는 지엽적인 사건에 불과하다. 생명체가 살기에 적절한 환경은 오직 그곳에만 조성되어 있으며, 그나마 오래 지속되지도 않는다. 결국, 생명체는 우주라는 무대에 잠시 나타났다가 사라지는 단역에 불과하다.

평행우주로 탈출하기

죽음은 '모든 정보가 단절된 상태'로 정의될 수 있다. 우주 안의 모든 생명체들은 물리학의 근본법칙을 깨닫는 순간부터 '우주의 궁극적 죽음'이라는 피할 수 없는 운명에 직면하게 된다.

다행히도 아직은 시간이 많이 남아 있으므로 여러 가지 방법을 차분하게 물색해볼 수 있다. 앞으로는 다음의 질문에 초점을 맞추어 생각해보자. "물리법칙은 다른 평행우주를 향한 인류의 대탈출을 허용할 것인가?"

11

우주탈출

충분히 개발된 기술은 대체로 마술과 비슷하다.
— 아서 클라크Arthur C. Clarke

　　SF작가 그레그 베어Greg Bear의 소설 《누대*Eon*》에는 평행우주로 탈출하는 이야기가 비장한 필체로 묘사되어 있다. 거대한 행성이 지구를 향해 다가온다는 비극적인 뉴스가 전해지자, 전 인류는 공포와 히스테리에 휩싸이고 사회는 걷잡을 수 없는 혼란에 빠져든다. 그러나 문제의 행성은 신기하게도 지구와 충돌하지 않고, 달과 같이 지구의 주변을 공전하는 위성으로 자리 잡는다. 새로운 위성의 정체를 확인하기 위해 우주로 파견된 탐사팀은 위성의 표면을 관측하다가 놀라운 사실을 발견한다. 그것은 자연적으로 탄생한 소행성이 아니라, 고도의 지성을 가진 생명체들이 우주공간에 버리고 간 것이었다. 게다가 놀랍게도 그 위성은 속이 비어 있었다. 이 소설의 여주인공인 이론물리학자 패트리샤 바스케즈는 위성의 내부로 들어갔다가 호수, 숲, 나무, 도시 등 각기 다른 세계로 이어지는 일곱 개의 거대한 방을 발견한다. 그리고 잠시 후에는 위성을 만들었던 외계종족의 모든 역사가 보관되어 있는 거대한 도서관에 이른다.

그녀는 서가에서 낡은 책 한 권을 꺼내들었다. 놀랍게도 그 책은 서기 2110년에 출간된 마크 트웨인의 《톰 소여의 모험 *Tom Sowyer*》이었다. 알고보니 그 위성은 외계인의 작품이 아니라 1300년 후의 지구인들이 만든 것이었다. 곧이어 패트리샤는 더욱 충격적인 사실을 깨닫게 된다. 지구의 전쟁사가 기록되어 있는 책을 뒤지다가 지구인들이 핵폭탄을 남용하여 한순간에 수십억의 인구가 사망하고, 그로부터 초래된 기후변화에 의해 또다시 수십억 명의 인구가 죽는 초유의 사건이 발생했다는 것이다. 그런데 날짜를 계산해보니 그 끔찍한 핵전쟁은 바로 2주 후에 일어나도록 되어 있었다! 그녀는 사랑하는 사람들을 모두 앗아갈 끔찍한 운명 앞에서 아무것도 할 수 없는 자신을 한스럽게 생각했다.

그런데 신기하게도 그 책에는 패트리샤 자신에 관한 기록도 남아 있었다. 책의 내용에 따르면, 이론물리학자이자 시공간의 특성을 주로 연구했던 그녀는 다중우주의 존재를 증명했을 뿐만 아니라, 다른 우주로 이동할 수 있는 가능성을 제시한 선구적인 물리학자로 추앙받고 있었다. 그래서 미래의 지구인들은 패트리샤의 이론에 기초하여 행성의 내부에 다른 우주와 연결되는 거대한 터널을 뚫어서(책의 저자는 이 터널을 길Way이라고 불렀다) 지구인들을 피신시켰다. 다른 우주에서는 이곳과 전혀 다른 역사가 펼쳐지고 있기 때문에 일단 그곳으로 가기만 하면 핵전쟁은 피할 수 있었다. 호기심이 발동한 패트리샤는 터널 안으로 들어갔다가 아직도 그 속에서 살고 있는 후손들과 마주치게 된다.

그곳은 정말로 이상한 세계였다. 그들은 이미 수백 년 전에 인간의 외형을 포기하고 각기 다양한 모습으로 살고 있었다. 그리고 이미 죽은 사람의 기억과 정체성을 대형 컴퓨터에 저장해놓았다가 필요하면 언제든지 되살릴 수 있었으므로, 죽은 후에도 다양한 모습으로 몇 번이고 부활(또는 다운로드)을 거듭하면서 영원한 삶을 누리고 있었다. 뿐만 아니라 그들은 무한대의 정보를 저장하고 조회하는 기술까지 갖고 있었다. 이 신기한 종족(사실은 지구인의 후손)은 본인이 원하기만 하면 무엇이든 가질 수 있었지만, 패트리샤가 보기에는 최첨단의 감옥에 갇혀 사는 정말로 외롭고 불쌍한 사람들이었다. 그녀는 사랑하는 가족과 남자친구, 그리고 지구가 이제 곧 핵전쟁으로 사라진다는 것이 너무도 안타까워서, 전쟁이 일어나지 않는 다중우주를 골라 그곳으로 옮겨간다(그러나 불행히도 그녀는 수학 계산에서 약간의 실수를 범하는 바람에 이집트제국이 영원히 붕괴되지 않는 우주로 가게 되고, 그곳을 탈출하기 위해 남은 여생 동안 안간힘을 쓴다).

이 소설에 등장하는 차원입구는 어디까지나 이야기에 불과하지만, 여기서 우리는 한 가지 질문을 떠올리게 된다.

"우리의 우주가 비극적인 운명을 코앞에 두고 있을 때, 다른 우주로 탈출하는 것이 과연 가능할까?"

우리의 우주가 장차 전자와 뉴트리노, 그리고 광자의 안개로 뒤덮인다는 것은 생명체가 더 이상 존재하지 못하는 시점이 반드시 찾아온다는 것을 의미한다. 우주적 시간 스케일에서 볼 때, 생명체라는 것은 참으로 나약하고 덧없는 존재이다. 생명체가 번성하는 기간은 별들이 빛을 발할 수 있는 아주 짧은 시기에 국한되어 있기 때문이다. 우주가 나이를 먹고 온도가 내려갈수록 생명체가 생존할 확률은 거의 0으로 사라진다. 이 점에서 물리학과 열역학의 법칙은 매우 단호하다. 우주의 팽창속도가 계속해서 빨라지면 생명체는 결코 살아남을 수 없다. 그러나 온도의 하강이 아주 느리게 진행된다면 진보된 문명을 가진 생명체들은 목숨을 부지할 방법을 찾아낼 수도 있지 않을까? 딱히 지구인이 아니더라도, 자신의 과학문명을 최대한으로 활용하여 거대한 동결을 피해 끝까지 살아남는 종족이 어딘가 있지 않을까?

우주가 거치게 될 각 단계들은 (원시기를 제외하고) 최소한 수십억 년에서 수조 년 이상 계속되므로, 진보된 생명체들이 '시간이 모자라서' 탈출을 못 하는 일은 없을 것이다. 물론 진보된 문명이 첨단의 장비를 개발하여 종말을 피해간다는 것은 어디까지나 지어낸 이야기에 불과하다. 그러나 지금까지 알려진 물리법칙에 입각해서 앞으로 수십억 년 후에 등장할 '우주탈출 기법'의 유형을 짐작해볼 수는 있다. 지금의 물리학 수준으로는 고도의 문명을 가진 종족이 과연 어떤 방법을 동원할지 단정지을 수 없지만, 지금부터 탈출을 위해 어떤 변수들이 어떤 범위에서 조정되어야 하는지를 현대물리학의 범주 안에서 생각해보기로 하자.

공학자의 입장에서 볼 때, 우주탈출의 가장 큰 문제는 탈출에 필요한 기계장치를 제작하는 것이다. 그러나 물리학자의 입장에서 보면 "그러한 기계가 물리법칙상 가능한가?"를 따지는 것이 가장 시급한 문제이다. 물리학자들은 '원리에 입각한 증명'을 원한다. 수십억 년 후에 우리의 후손들이 도달할 과학수준은 별로 중요한 문제가 아니다. 과학이 아무리 진보한다 해도 탈출 자체가 원리적으로 불가능하다면 더 할 이야기가 없기 때문이다.

천문학자 마틴 리스 경은 이렇게 말했다. "웜홀과 여분의 차원, 그리고 양자컴퓨터의 개념은 우주전체를 '살아 있는 삶의 현장'으로 만들었으며, 무궁무진한 가능성을 우리 앞에 열어놓았다."[1]

문명의 I, II, III단계

물리학자들은 수천 년, 혹은 수백만 년 후의 문명과 과학기술을 예견할 때, 인류의 에너지소모량과 열역학법칙에 따라 문명의 유형을 몇 가지로 분류하곤 한다. 그들은 하늘에서 날아오는 신호로부터 외계의 생명체를 찾을 때 머릿속에 '조그맣고 푸른 난쟁이'를 떠올리지 않고 에너지의 사용량에 따라 외계문명을 I, II, III단계로 분류한다. 이 분류법은 1960년에 러시아의 물리학자 니콜라이 카르다셰프Nikolai Kardashev가 외계로부터 날아온 라디오파 신호를 분석하면서 처음으로 제안한 것이다. 각 단계의 문명은 고유한 형태의 복사에너지를 방출하고 있다(어떤 외계종족이 자신의 존재를 숨기고 싶어 한다 해도, 그들의 존재는 우리의 관측기구로 감지될 수 있다. 문명이 제아무리 발달했다 해도 열역학 제2법칙을 거스를 수는 없으므로, 지적 생명체가 사는 곳에서는 엔트로피가 열에너지 형태로 반드시 방출되고 있어야 한다. 우주에서 문명의 존재를 완전히 감추는 것은 원리적으로 불가능하다).

제I단계는 '행성에너지'를 이용하는 문명이다. 이들이 소모하는 에너지의 양은 정확하게 측정될 수 있다. 이들은 자신의 행성에 쏟아지는 에너지를 모두 활용할 수 있으며, 그 양은 약 10^{16}와트이다. 이 정도의 에너지를 활용할 수 있다면 날씨를 제어하여 허리케인의 방향을 바꾸거나, 바다 위에 도시를 건설할 수도 있다. 이들은 분명히 행성전체를 지배하면서 고도의 문명을 향유하고 있을 것이다.

제II단계는 행성에너지를 모두 소모한 후 가장 가까운 별의 에너지를 끌어다 쓰는 문명인데, 이들이 활용할 수 있는 에너지의 총량은 대략 10^{26}와트 정도이다. 이들은 별이 갖고 있는 모든 에너지를 활용할 수 있으며, 이 정도의 수준이라면 다른 별의 핵융합반응을 인공적으로 제어할 수도 있을 것이다.

제III단계는 가장 가까운 별의 에너지까지 모두 소모하여, 그들이 속한 은하에 있는 상당수의 별을 식민지화시키는 데 성공한 문명이다. 에너지를 끌어다 쓸 수 있는 별이 100억 개라면, 활용 가능한 에너지는 무려 10^{36}와트나 된다.

각 단계의 문명은 바로 전 단계의 문명보다 100억 배나 많은 에너지를 사용할 수 있다. 은하를 점령한 III단계의 문명이 사용하는 에너지는 II단계 문명보다 100억 배 많고, II단계 문명은 행성에너지만을 사용하는 I단계 문명보다 역시 100억 배 많은 에너지를 사용할 수 있다. 이렇듯 각 단계들 사이에는 실로 '천문학적인' 차이가 존재하지만, 우리의 문명이 III단계까지 진화하는 데 걸리는 시간을 대략적으로 계산해볼 수는 있다. 일단, 에너지의 사용량이 매년 2~

3%씩 증가한다고 가정해보자(경제성장률과 에너지소모량은 밀접한 관계에 있으므로 이 정도면 타당한 가정이라 할 수 있다. 경제의 규모가 커질수록 에너지소모량은 많아진다. 현재 많은 국가들의 GDP 성장률이 1~2% 수준이므로, 에너지소비의 증가율도 이와 비슷할 것이다).

이런 추세로 나간다면 우리의 문명이 제I단계로 진보하는 데에는 약 100~200년이 소요되며, 여기서 다시 II단계로 진보하는 데에는 약 1,000~5,000년이 걸린다. 그리고 III단계의 문명에 도달하려면 10만~100만 년을 더 기다려야 한다. 지금 우리는 과거에 죽은 식물로부터 에너지를 충당하고 있으므로(석탄과 기름), 굳이 분류한다면 우리의 문명은 0단계라고 할 수 있다. 핵폭탄 100개의 위력을 발휘하는 허리케인의 방향을 임의로 바꾸는 것은 아직 허황된 꿈에 불과하다.

칼 세이건은 현재의 문명수준을 정확하게 평가하기 위해, 문명의 단계를 좀 더 구체적으로 세분화할 것을 제안하였다. 앞에서 우리는 미래의 문명을 세 가지 단계(10^{16}, 10^{26}, 10^{36}와트)로 분류했는데, 세이건은 지수가 증가할 때마다 소수점 이하 자릿수를 하나씩 증가시켜서 문명의 단계를 세분화했다. 예를 들어, 에너지의 소모량이 10^{17}와트인 문명은 I.1단계에 해당되고 10^{18}와트를 소모하는 문명은 I.2단계로 분류하는 식이다. 이렇게 따지면 지금 우리의 문명은 0.7단계라고 할 수 있다(숫자만 보면 I단계에 꽤 가까이 접근한 것 같지만, 정의에 의하면 에너지소모량이 지금보다 1,000배 많아져야 I단계 문화에 도달할 수 있다).

우리의 문명은 아직 원시적인 수준이지만 곳곳에서 변화의 조짐이 보이고 있다. 나는 신문기사나 뉴스를 접할 때마다 지금 우리가 혁명적인 변화를 겪고 있음을 실감한다. 개중에서 특별히 우리의 관심을 끄는 사건이나 경향을 나열해보면 다음과 같다.

- 인터넷은 I단계 문화권의 전화시스템으로 부상하고 있다. 앞으로 인터넷은 범세계적인 통신수단으로 자리 잡게 될 것이다.
- I단계의 사회는 한 국가에 의해 주도되지 않고 유럽연합과 같이 여러 국가들의 공조 속에 형성될 것이다.
- I단계 사회에서 통용되는 언어는 아마도 영어일 것이다. 지금도 영어는 전 세계 공용어로 이미 자리 잡고 있다. 제3세계의 국가들도 학생들에게 자신들의 모국어와 영어를 함께 가르치고 있다. 그러므로 I단계 사회의 모든 시민들은 자신의 모국어와 영어를 모두 사용하는 이중언어 시스템에 익숙해질 것이다.[2]
- 국가라는 형태는 당분간 지속되겠지만 그 의미는 점차 퇴색될 것이다. 국가들 간의 경제적 상호의존도가 높아질수록 국경은 더욱 불편해지기 때문이다(오늘날의 국경은 단일통화와 하나의 법으로 통치하기를 원하는 지배자들과 자본가들에 의해 형성되었다. 그러나 사업이 국제화되면 국가 간의 경계는 의미를 상실할 것이다). 아무리 강한 국력을 소유한 국가라 해도 혼자만의 힘으로는 I단계 사회로 진화하는 거대한 흐름을 막을 수 없을 것이다.
- 전쟁은 앞으로도 멈추지 않겠지만, 재산모으기와 여행에 관심이 많은 중산층이 '타인을 지배하고 정치·경제를 컨트롤하는' 소수의 권력자들을 압도하면서 전쟁의 양상은 크게 달라

질 것이다.
- 환경오염은 전 인류의 공통된 화두로 부상하게 될 것이다. 온실가스와 산성비, 열대우림의 화재 등은 국경을 초월한 범세계적인 문제로 다루어질 것이며, 환경을 오염시킨 국가에 대한 책임추궁도 강도 높게 제기될 것이다. 환경문제를 범지구적인 차원에서 접근하면 훨씬 효율적으로 대처할 수 있다.
- 수산물과 곡식, 물 등의 자원은 과도한 경작과 무분별한 소비로 인하여 급속히 줄어들 것이다. 전 인류가 기아로 공멸하지 않기 위해서는 범세계적인 차원에서 자원의 소비를 제어할 필요가 있다.
- 모든 정보는 거의 무료로 습득할 수 있게 된다. 그래야 권력이 한 사람이나 특정집단에 집중되는 것을 방지하고 더욱 민주적인 사회로 나아갈 수 있다.

이러한 추세는 한 개인이나 국가가 선도한다고 해서 조장되는 것이 아니다. 인터넷은 누군가가 독점하거나 금지할 수 없다. 사실 이런 움직임은 경제, 과학, 문화, 그리고 오락산업을 촉진하기 때문에 공포보다는 웃음이 만연한 분위기에서 더욱 활성화될 수 있다.

그러나 0단계에서 I단계로 옮겨가는 길은 매우 위험한 여정이 될 수도 있다. 우리 인간은 숲에서 살던 본능을 아직 완전히 떨쳐버리지 못했기 때문이다. 어떤 면에서 보면 문명의 발달은 시간과의 전쟁이라고 할 수 있다. I단계의 문화는 인간에게 평화와 행복을 안겨주겠지만, 다른 한편으로는 엔트로피(온실효과, 오염, 핵전쟁, 근본주의, 질병 등)를 지나칠 정도로 양산하여 사람들 사이를 갈라놓을 수도 있다. 마틴 리스 경은 이런 것들이 시민의 안전을 위협하는 테러나 생체공학으로 만들어진 병균처럼 미래사회의 질서를 가장 심각하게 위협하는 요인이라고 지적하면서, 우리의 후손들이 이 모든 위험요인을 극복하고 살아남을 확률은 거의 50%라고 전망하였다.

아마도 이것은 외계생명체가 우리에게 발견되지 않는 이유 중 하나일 것이다. 만일 외계인이 정말로 존재한다면, 그들은 매우 진보된 문명을 향유하면서 아직 0.7에 불과한 우리의 문명에 관심이 없을지도 모른다. 또는 I단계의 문명에 이르자마자 전쟁이나 환경오염에 의해 멸종했을 수도 있다(만일 이것이 사실이라면 현재 지구에 살고 있는 우리들은 인류의 운명을 좌우할 기로에 서 있는 가장 중요한 세대라고 할 수 있다).

그러나 프리드리히 니체Friedrich Nietzsche의 말대로, 우리를 죽이지 않는 것들은 우리를 더욱 강하게 만든다. 앞으로 우리의 후손들은 I단계 문명으로 다가가면서 위험한 상황을 여러 차례 겪게 될 것이다. 강철은 두들길수록 더욱 견고해지듯이, 그들이 시련을 이겨낸다면 더욱 강해질 것이다.

I단계 문명

문명이 제I단계로 접어들었다고 해서, 곧바로 우주를 향해 나아가지는 않을 것이다. 일단은 국가 간의 문제나 인종문제, 그리고 종교간의 갈등을 해결하는 데 수백 년의 세월이 소요될 것이다. 공상과학소설을 쓰는 작가들은 우주여행과 우주식민지화의 어려움을 과소평가하는 경향이 있다. 오늘날, 임의의 물체를 지구근처의 궤도로 쏘아올리려면 1파운드(0.45kg)당 1만~4만 달러의 비용이 소요된다(따라서 우주선을 정지궤도로 쏘아올리는 것보다 우주선과 무게가 같은 금을 구입하는 것이 훨씬 싸게 먹힌다. 일반적으로, 인공위성의 제작비도 동일중량의 금값보다 비싸다). 또한, 우주왕복선을 한 차례 발사하여 임무를 마치고 귀환시키는 데 들어가는 비용은 평균적으로 따져볼 때 8억 달러를 상회한다. 앞으로 기술이 발달하면 우주여행에 들어가는 비용은 다소 절감되겠지만, 앞으로 수십 년 이내에 재사용 우주왕복선Reusable Launch Vehicles(RLV, 귀환 후 곧바로 재사용이 가능한 우주선)이 실용화된다 해도 총 비용이 10분의 1 이상 줄어들지는 않을 것이다. 금세기에는 (지금까지 그래왔듯이) 우주여행이 엄청난 부자나 국가기관의 전유물에 머물 가능성이 높다.

〔'우주엘리베이터'가 발명된다면 이야기는 달라진다. 최근에 나노과학자들은 초강력·초경량의 탄소 나노튜브(가느다란 끈)를 만드는 데 성공했다. 이론적인 계산결과이긴 하지만 이 탄소끈을 인공위성에 묶고 정지궤도(지상 3만 2,000km)에 올린 후 지구로 추락하지 않을 정도로 '휘둘러도' 줄은 끊어지지 않는다. 따라서 우주선과 지구 사이를 탄소튜브로 연결한 후 콩나무를 타는 잭처럼 줄을 타고 올라가면 큰 비용을 들이지 않고 우주공간으로 나갈 수 있다. 과거의 우주과학자들은 이 정도로 강한 끈을 만들 수 없다고 생각했기 때문에 우주엘리베이터를 심각하게 고려하지 않았었다. 그러나 초강력 탄소섬유가 개발된 지금은 사정이 많이 달라졌다. 현

재 NASA는 이 기술을 개발하기 위해 기본적인 단계에서 연구를 지원하고 있으며, 몇 년 후에는 가시적인 결과가 나올 것으로 보인다. 그러나 우주엘리베이터가 실현된다고 해도, 이 방법으로는 지구의 정지궤도보다 멀리 갈 수 없다. 다른 행성까지 가려면 어차피 다른 방법을 강구해야 한다.]

우주식민지를 개척하려면 일단 달이나 다른 행성에 선발대가 가야 하고, 그곳에 사람을 보내려면 우주왕복선 프로젝트와는 비교가 안 될 정도로 많은 비용을 지출해야 한다. 수세기 전, 콜럼버스를 비롯한 스페인의 항해가들이 만만한 식민지를 찾아 대양을 누비던 시절에는 스페인의 경제규모와 비교할 때 그야말로 '껌값'에 불과한 배 한 척으로 막대한 이득을 창출할 수 있었다. 그러나 달이나 화성에 식민지를 개척하는 것은 커다란 이득이 돌아온다는 보장도 없거니와, 자칫하면 한 국가의 경제를 거덜낼 수도 있는 위험천만한 사업이다. 그저 단순히 '화성으로 한 사람을 보내는' 프로젝트라 해도, 여기 들어가는 비용은 무려 1,000억~5,000억 달러에 달한다.

막대한 비용도 문제지만, 승무원이나 탑승객의 안전도 장담할 수 없다. 지난 50여 년 동안 우주선에 액체연료를 줄곧 사용해온 결과, 70회에 한 번꼴로 대형참사가 일어났다(여기에는 두 번에 걸쳐 발생한 우주왕복선의 폭파사건도 포함된다). 우주여행을 일종의 관광으로 생각한다면 정말로 큰 오산이다. 그것은 언제라도 폭발할 수 있는 연료를 가득 실은 채, 목숨을 위협하는 수많은 위험 속을 곡예하듯 피하면서 돈 될 가능성이 별로 없는 임무를 수행하기 위해 우주공간에 천문학적인 돈을 뿌리며 날아가는 '무모한 투기사업'에 가깝다.

그러나 미래를 수백 년 단위로 끊어서 볼 때, 이 열악한 상황은 서서히 개선될 것이다. 우주여행에 들어가는 비용이 서서히 줄어들면서 화성을 식민지로 활용하는 날이 언젠가는 찾아올 것이다. 일부 과학자들은 혜성의 궤도를 변화시켜서 화성근처로 끌어들인 후, 그곳에서 혜성을 기화시켜 화성의 대기에 수증기를 공급하는 방법을 제안하였다. 대기 중에 수분이 함유되어 있으면 생명체가 살아갈 수 있는 가능성이 매우 높아진다. 다른 과학자들은 화성의 대기에 메탄가스를 주입하여 인공적 온실효과를 유도하자고 제안하였다. 이렇게 하면 대기의 온도가 올라가면서 화성표면을 덮고 있는 영구동토층이 녹을 것이고, 화성에는 수십억 년 만에 호수와 강이 형성될 것이다. 개중에는 화성의 지하에서 핵폭탄을 폭발시켜 얼음층을 물로 바꾸자는 제안도 있었으나(우주식민지의 필요성을 강력하게 주장하는 사람이라면 이 방법을 선호할 것 같다), 위험부담이 너무 커서 아직은 수용되지 않고 있다.

앞서 말한 대로, 인류가 I단계 문명에 도달한 후 처음 수세기 동안은 우주식민지 개척을 서두르지 않을 것이다. 그러나 장기적인 안목에서 볼 때 우주식민지 개척은 인류의 생존에 반드시 필요한 사업이다. 촌각을 다투는 일이 아니라면 태양/이온 엔진을 개발하여 우주선의 동력으로 사용할 수도 있을 것이다. 이 엔진은 태양에너지로 세슘(Cs)과 같은 기체를 가열하여 외부로 빠르게 방출함으로써 추진력을 얻는 장치인데, 속도는 빠르지 않지만 연료보충 없이 수년간 작동할 수 있다. 행성들 사이를 연결하는 고속도로가 개통된다면 태양/이온 엔진을 장착한 자동차가 가장 이상적인 교통수단으로 부각될 것이다.

I단계 문명은 가까운 별을 탐사하는 우주선을 언젠가는 띄워보내게 될 것이다. 그러나 화학연료를 쓰는 로켓은 속도에 명백한 한계가 있으므로 수백 광년 떨어진 곳을 탐사하려면 로켓의 분사방식에 무언가 획기적인 변화가 있어야 한다. 한 가지 가능성은 우주공간에서 수소를 취하여 핵융합반응을 유도한 후 램제트ramjet(전진속력으로 압축된 공기에 연료를 주입하는 식으로 작동되는 제트엔진) 방식으로 분출하는 것인데, 양성자끼리의 핵융합반응은 우주에서는 물론이고 지구에서도 잘 일어나지 않으므로 미래의 과학자들은 이 문제를 반드시 해결해야 할 것이다.

II단계 문명

별의 에너지를 끌어다 쓰는 II단계 문명은 TV 시리즈〈스타트렉〉에 나오는 '행성연방'과 비슷한 형태일 것으로 추정된다(단, 빛보다 빠르게 움직이는 우주선은 만들지 못할 것이다). 이 시대의 인류는 은하수의 극히 일부에 해당하는 별들을 인공적으로 제어하여 필요한 에너지를 충당하고 있을 것이다.

물리학자 프리먼 다이슨은 II단계 문명인들이 태양에너지를 남김없이 활용하기 위해 거대한 구sphere를 태양주변에 접근시켜서 모든 에너지를 흡수할 것이라고 추측하였다. 아마도 그들은 금성과 비슷한 크기의 행성을 마음대로 제어할 수 있을 것이다. 그러면 열역학 제2법칙에 의해 구가 뜨거워지면서 특정한 적외선 복사에너지를 방출하게 된다. 일본문화연구소의 준 주가쿠Jun Jugaku와 그의 동료들은 80광년 거리 이내에서 자외선 복사의 흔적을 찾고 있다(태양계가 속해 있는 은하수의 직경은 10만 광년이나 된다). 만일 자외선 복사가 발견된다면 그 일대에 II단계 문명이 존재한다는 강력한 증거가 될 것이다.[3]

II단계 문명은 같은 태양계에 속해 있는 다른 행성들을 식민지로 거느리면서 다른 별을 탐사하는 프로젝트도 수행하게 될 것이다. 이들은 방대한 양의 에너지원을 확보하고 있으므로, 물질과 반물질이 결합하면서 방출하는 에너지로 우주선을 추진하여 거의 광속에 가까운 속도로 비행할 수 있을 것이다. 원리적으로 이러한 추진방식은 100%의 효율을 발휘할 수 있으며, 실험적으로 간단하게 구현할 수도 있다. 그러나 I단계 문명권에서는 비용문제 때문에 우주선에 적용하기는 어려울 것이다(입자가속기로 반양성자빔을 가속시키면 반원자를 만들어낼 수 있다).

지금으로서는 II단계 문명사회의 운영방식을 짐작만 할 수 있을 뿐이다. 이 문명은 핵폭탄과 같은 과학적 산물에 의해 결코 붕괴되지 않는 영원불멸의 문명이 될 수도 있다(그러나 자기들끼리 반목하는 어리석음을 범한다면 하루아침에 멸망할 수도 있다. 이것은 과학이 아무리 발전한다 해도 변치 않는 사실이다). 이들은 혜성이나 행성의 궤도를 변형하여 날씨를 인공적으로 조절함으로써 빙하기를 피해갈 수도 있고, 근처에 있는 초신성이 폭발조짐을 보이면 즉시 다른 행성으로 주거지를 옮겨 종말을 피할 수도 있을 것이다. 또는 죽어가는 별의 내부에 열핵엔진thermonuclear engine을 심어서 인공적으로 수명을 늘릴 수도 있다.

III단계 문명

지적 생명체들로 이루어진 사회가 III단계 문명에 이르면 시간과 공간이 불안정해질 정도로 막대한 에너지를 소모하게 된다. 앞서 지적한 대로, 플랑크에너지 스케일로 가면 양자적 효과가 두드러지게 나타나고 시공간은 작은 거품이나 웜홀로 위축된다. 현재의 기술로는 플랑크에너지에 이를 수 없는데, 이것은 우리가 0.7단계 문명의 관점에서 에너지를 평가하고 있기 때문이다. 인류의 문명이 III단계에 이르면 지금의 100억×100억 배(10^{20}배)에 달하는 에너지에 이를 수 있게 된다.

런던대학의 천문학자 이언 크로퍼드Ian Crawford는 III단계 문명을 다음과 같이 평가하였다. "10광년 이내의 천체들을 식민지화시키고, 광속의 10%로 달리는 우주선을 보유한 문명이 있다고 가정해보자. 이들이 400년 만에 식민지의 규모를 두 배로 늘린다고 가정했을 때, 가장 멀리 있는 식민지까지의 거리는 매년 0.02광년 씩 멀어진다. 은하수의 전체 폭이 10만 광년이므로 III단계 문명을 이룬 종족이 은하수 전체를 식민지로 만드는 데는 대략 500만 년이 걸린다. 이것은 인간의 수명과 비교할 때 엄청나게 긴 세월이지만, 은하의 수명의 0.05%에 지나지 않는다."[4] (그러나 500만 년 동안 잠시도 쉬지 않고 줄기차게 식민지 확장사업에만 매달린다면 은하의 약탈자라는 악명

을 떨치기 어려울 것 같다-옮긴이)

그동안 과학자들은 은하수 안에서 III단계 문명의 흔적이라 할 수 있는 라디오파를 감지하기 위해 많은 노력을 기울여왔다. 푸에르토리코에 있는 아레시보 라디오망원경은 전 은하를 대상으로 수소기체에서 방출되는 스펙트럼선의 진동수와 비슷한 1.42기가헤르츠(1.42×10^9헤르츠)의 라디오신호를 검색해왔는데, 아직 $10^{18} \sim 10^{30}$와트 사이의 복사에너지 흔적은 발견되지 않았다(다시 말해서, I.2단계~II.4단계 사이의 문명을 찾지 못했다는 뜻이다). 그러나 우리보다 조금 우수한 0.8단계~I.1단계 사이의 문명이나 II.5단계 이상의 문명이 존재할 가능성은 여전히 남아 있다.[5]

외계 문명의 정보전달 방식이 우리와 전혀 달라서 '지구식 망원경'에 감지되지 않을 수도 있다. 예를 들어, 고도의 문명을 가진 생명체라면 라디오파가 아닌 레이저로 정보를 전달할 수도 있다. 또한, 그들이 라디오신호를 사용한다 해도 주파수가 1.42기가헤르츠와 일치하지 않을 수도 있다. 다양한 주파수대의 신호를 송출한 후에 그들을 다시 합쳐서 정보를 재구성할 수도 있는 것이다. 이렇게 하면 그 근처에 별이나 행성이 지나가도 정보가 손상되지 않으며, 흩어진 신호를 우연히 접한다 해도 원래의 뜻을 해독할 수 없다(우리가 흔히 사용하는 전자우편도 처음에는 여러 조각으로 분해되어 각기 다른 곳으로 보내졌다가 책상 위의 PC에서 최종적으로 합성된다. 고도의 문명을 가진 종족들은 이와 비슷한 방식으로 정보를 교환할지도 모른다).

III단계 문명이 우주 어딘가에 존재한다면 이들의 가장 큰 현안은 은하전체를 연결하는 거대한 네트워크를 구축하는 일일 것이다. 물론 이 작업이 완수되려면 웜홀과 같이 '빛보다 빠른 정보전달 방법'이 개발되어야 한다. 만일 이 기술을 개발하지 못한다면 III단계 문명의 발전은 커다란 제한을 받을 수밖에 없다. 프리먼 다이슨은 장 마르크Jean Marc와 레비-르블롱Levy-Leblond의 연구결과를 인용하면서 "이러한 사회는 '캐럴우주Carroll Universe(《이상한 나라의 엘리스》의 저자인 루이스 캐럴의 이름에서 따온 것)'와 비슷할 것"이라고 예견했다. 다이슨은 과거의 인간사회가 절대적인 공간과 상대적인 시간에 기초하고 있었다고 지적했다. 이는 곧 지리적으로 멀리 떨어져 있는 종족들은 교류가 불가능하며, 대부분의 인간들은 자신이 태어난 곳 근방에서 평생을 살다왔다는 것을 의미한다. 과거의 각 종족들은 그들 나름대로의 생활패턴을 유지하며 타 종족과의 교류 없이 독자적으로 살아왔다. 그러나 산업혁명의 물결이 일어나면서 인류는 시간과 공간이 모두 절대적인 뉴턴의 우주에서 살게 되었으며, 다양한 운송수단이 발명되면서 멀리 떨어져 있는 종족들 사이의 교류가 가능해졌다. 그 후 20세기로 접어들면서 우리는 시간과 공간이 모두 상대적인 아인슈타인의 우주로 진입했고, 전보와 전화, 라디오, TV 등을 비롯한 문명의 이기 덕분에 거리와 상관없이 즉각적인 교류가 가능해졌다. 그러므로 III단계 문명이 획기적인 운송수단을 개발하지 못하면 방대한 우주공간에서 과거처럼 고립된 채로 살아가게 될 것이다. 이처럼 '조각난' 캐럴우주가 되지 않으려면 III단계 문명은 빛보다 빠르게 이동할 수 있는 웜홀 통로를 개발해야 한다.[6]

IV단계 문명

언젠가 나는 런던천문대에서 강연을 한 적이 있는데, 강연이 끝난 후 조그만 사내아이가 나를 찾아와서는 IV단계 문명도 있어야 한다고 강력하게 주장했다. 나는 그 아이에게 "우리가 알고 있는 천체는 행성과 별, 그리고 은하뿐이며 지적 생명체를 둘러싸고 있는 모든 환경은 이들로부터 만들어진다"고 말해주었다. 그랬더니 그 소년은 연속체continuum의 에너지를 활용하는 IV단계 문명이 있을 수도 있다며 자신의 주장을 굽히지 않았다.[7]

나중에 곰곰 생각해보니, 그 소년의 말이 맞는 것 같았다. 만일 IV단계의 문명이 존재한다면 그들은 은하뿐만 아니라 우주의 73%를 이루는 암흑에너지까지 에너지원으로 사용하고 있을 것이다. 암흑물질은 방대한 에너지의 보고임이 분명하지만, 반중력장antigravitational field이 먼 곳까지 깔려 있기 때문에 그 존재를 확인하기가 매우 어렵다.

천재적인 전기공학자이자 토머스 에디슨의 라이벌이었던 니콜라 테슬라Nikola Tesla는 진공에서 에너지를 취하는 방법에 많은 관심을 갖고 있었다. 그는 진공 속에 엄청난 양의 에너지가 숨어 있으며, 이 에너지를 꺼내 쓸 수만 있다면 인류는 혁명적인 변화를 겪게 될 것이라고 굳게 믿고 있었다. 그러나 이것은 말처럼 간단한 일이 아니다. 바다 속에 가라앉아 있는 금괴를 상상해보자. 아마도 전 세계의 바다를 모두 뒤지면 현재 유통되고 있는 양보다 더 많은 금을 얻을 수 있을지도 모른다. 돈 버는 데 도가 튼 자본가나 사업가들이 이 사실을 모르고 있을 리가 없다. 그러나 탐사에 들어가는 비용을 따져보면 본전을 건지기가 어렵기 때문에, 욕심은 나지만 어쩔 수 없이 그대로 방치해두고 있는 것이다.

이와 마찬가지로, 암흑물질(암흑에너지)을 모두 활용하면 우주전체의 별과 은하를 모두 합한 것보다 훨씬 많은 에너지를 얻을 수 있지만, 수십억 광년에 걸쳐 있는 물질들을 한 곳에 모으기가 어렵기 때문에 실천에 옮기지 못하는 것이다. 그러나 III단계 문명이 은하의 에너지를 모두 고갈시키고나면 어떻게 해서든 암흑물질을 사용하는 수밖에 없다. 그리고 이 시점부터 문명은 IV단계로 접어들게 된다.

정보의 분류

새로운 기술을 이용하면 문명의 수준을 더욱 구체적으로 세분할 수 있다. 카르다셰프의 분류법은 컴퓨터의 소형화가 이루어지기 전인 1960년대에 제안된 것이다. 여기에는 나노기술과 환경오염 등 과학기술의 발전에 결정적인 영향을 미치는 요소들이 누락되어 있다. 새로운 요인들을 고려하면 문명의 발달은 조금 다른 방향으로 나아갈 수도 있다. 여기에는 정보기술의 혁명적인 발달도 커다란 몫을 하게 될 것이다.

문명이 발달할수록 발전속도는 더욱 빨라지고, 이와 함께 엄청난 양의 쓰레기(남은 에너지)가 방출되면서 지금 우리는 지구온난화라는 심각한 환경문제에 직면하고 있다(쓰고 남은 에너지가 방출되는 것은 기술의 부족 때문이 아니라 열역학의 법칙에 따른 필연적인 결과이다. 효율이 100%인 열기관은 원리적으로 만들 수 없다—옮긴이). 미생물을 배양하는 페트리 접시 속의 박테리아는 식량이 떨어질 때까지 줄기차게 번식하다가 자신이 배출한 배설물 속에 완전히 파묻힌다. 이와 마찬가지로 우리 인류는 I단계 문명으로 나아가는 과정에서 어쩔 수 없이 열을 방출해야 하며, 이로 인한 재앙을 피하려면 정보를 소형화하거나 효율적으로 축약하는 기술을 개발해야 한다. 외계의 별을 탐사하거나 다른 행성을 식민지로 개척하는 것은 엄청난 양의 에너지가 소모되는 초대형 프로젝트이기 때문이다.

정보의 축약이 얼마나 효율적인 대책인지를 실감하기 위해, 인간의 두뇌를 잠시 떠올려보자. 우리의 뇌는 1,000억 개의 뉴런이 복잡하게 얽혀 있음에도 불구하고(이것은 관측 가능한 우주 안에 존재하는 은하의 수와 비슷하다) 열이 거의 발생하지 않는다. 인간의 두뇌와 비슷한 성능을 가진 컴퓨터는 초당 1,000조 바이트의 연산을 수행해야 하는데, 이 정도 기능을 갖추려면 차지하는 면적만 수 m^2는 족히 될 것이며, 열을 식히기 위해 끊임없이 찬물을 퍼부어야 한다. 그러나 인간은 아무리 복잡한 생각에 빠져 있어도 '생각하는 행위'만으로는 거의 땀을 흘리지 않는다.

인간의 두뇌가 이처럼 뛰어난 성능을 발휘할 수 있는 것은 분자와 세포들이 가장 효율적으로 분포되어 있기 때문이다. 두뇌의 정보처리방식은 컴퓨터와 전혀 다르다(컴퓨터의 전형이라 할 수 있는 튜링머신은 입력테이프와 출력테이프, 그리고 중앙처리장치로 이루어져 있다).

인간의 두뇌는 운영체계operating system(OS)나 윈도, CPU, 펜티엄 칩 등이 전혀 필요없다. 두뇌는 매우 효율적인 신경망 조직으로서, 스스로 학습이 가능하며 기억과 사고회로가 한 곳에 집중되어 있지 않고 두뇌 전체에 골고루 퍼져 있다. 두뇌의 신경을 타고 흐르는 정보는 근본적으로 화학적 신호이기 때문에 연산속도가 컴퓨터처럼 빠르진 않지만 다양한 연산을 동시에 수행할 수 있고 새로운 것을 습득하는 속도도 엄청나게 빨라서, 결과적으로 컴퓨터보다 월등한 성능을 발휘할 수 있는 것이다.

과학자들은 컴퓨터의 성능을 향상시키기 위해 여러 가지 궁리를 하고 있는데, 주된 흐름은 크게 두 가지로 요약된다. '두뇌구조 흉내내기'와 '회로의 소형화'가 바로 그것이다. 프린스턴의 과학자들은 DNA 분자를 이용한 연산기법을 개발하여(0과 1에 기초한 2진법이 아니라 네 종류의 핵산 A, T, C, G에 기초한 4진법을 사용했다) '다리품 파는 외판원 문제travelling salesman problem(N개의 도시를 최단거리로 거쳐가는 방법)'를 해결하였다. 그 외에 분자의 전이와 양자상태를 이용한 양자컴퓨터quantum computer의 연구도 전 세계적으로 활발하게 진행되고 있다.

고도의 문명을 가진 종족들은 나노과학을 이용하여 정보의 양을 최소화함으로써 폐기에너지로 인한 대재앙을 피해갈 것으로 예상된다. 그것 이외에는 달리 뽀족한 방법이 없기 때문이다.

A~Z형

칼 세이건은 문명의 수준을 정보의 양으로 가늠하는 새로운 방법을 고안하였다. 예를 들어, A형 문명은 10^6비트에 해당하는 정보를 소유한 문명으로, 문자 없이 언어만으로 의사소통을 하던 원시문명이 여기에 속한다. 칼 세이건은 이 문명이 소유하고 있는 정보의 양을 스무고개에 비유하였다. 즉, 이 문명에 속해 있는 임의의 대상은 '네' 또는 '아니오'로 답할 수 있는 질문을 20회 거치면 하나로 결정된다는 것이다. 예를 들어, "그것은 살아 있습니까?"라는 질문을 던지면 대상이 반으로 줄어들고, 이런 식으로 계속해서 반씩 줄여나가다 보면 2^{20}개, 또는 10^6개의 대상들 중에서 하나를 골라낼 수 있다. 이것이 A형 문명이 갖고 있는 정보의 총량이다.

그 후, 문자가 발명되면서 원시사회의 정보량은 폭발적으로 증가하기 시작했다. MIT의 물리학자 필립 모리슨Phillip Morrison은 고대 그리스에서 출간된 책을 모두 합하면 10^9비트가 된다고 평가했는데, 이는 칼 세이건의 분류법에 의하면 C형 문명에 속한다.

세이건은 전 세계의 도서관에 보관되어 있는 책의 수(수천만 권)에 평균 페이지 수를 곱하고, 거기에 한 페이지당 평균 글자 수를 곱해 현대문명의 정보량이 대략 10^{13}비트라는 결론을 내렸다. 여기에 사진과 그림 등 영상정보까지 합하면 10^{15}비트로 증가하며, 이것은 H형 문명에 해당되는 양이다. 따라서 지구의 문명은 0.7H단계에 와 있다고 말할 수 있다.

칼 세이건은 지구의 문명이 1.5J~1.8K단계에 이르렀을 때 비로소 외계문명과 접촉할 수 있을 것으로 추정하였다. 우주여행과 관련된 역학은 이 단계가 되어야 완전히 습득할 수 있기 때문이다. 우리가 이 단계에 이르려면 앞으로 최소한 수백~1,000년을 기다려야 한다. III단계 문명의 정보량도 이와 비슷한 방법으로 계산할 수 있다. 즉, 하나의 행성이 보유할 수 있는 정보의 양에 '은하 안에 존재하는 행성들 중 생명체가 살 만한 행성의 수'를 곱하면 되는데, 칼 세이건은 하나의 은하를 완전히 지배하는 문명을 IIIQ단계, 그리고 수천 억 개의 은하를 모두 지배하는 문명을 IIIZ단계로 추정하였다.

이것은 상상하기 좋아하는 과학자들의 심심풀이 계산이 결코 아니다. 지금의 우주를 떠나 다른 우주로 이주할 수 있을 정도의 문명이라면 우주 반대편의 환경을 순수한 계산만으로 알아낼 수 있어야 한다. 그런데 아인슈타인의 장방정식은 풀기 어렵기로 유명하다. 임의의 지점에서 공간의 곡률(휘어진 정도)을 알아내려면 우주전체의 질량분포상태를 하나도 빠짐없이 알고 있어야 하기 때문이다. 뿐만아니라 블랙홀에 대해 양자적 보정quantum correction을 가하는 방법도 알고 있어야 하는데, 아직은 요원한 이야기다. 사정이 이러하기에, 현대의 물리학자들은 블랙홀을 '단 하나의 수축된 별로 이루어진 우주'로 간주하는 근사적인 접근을 시도하고 있다. 블랙홀의 사건지평선 내부와 웜홀의 입구 근처에 적용되는 역학을 좀 더 현실에 가깝게 이해하려면 그 근방에 있는 모든 천체들의 정확한 위치와 에너지, 그리고 양자적 요동을 계산할 수 있어야 하는데, 이 역시 지금의 수준으로는 불가능한 작업이다. 수천억 개의 은하는 고사하고, 단 하나의 별을 상대로 하는 방정식의 해조차 구하지 못하는 것이 지금의 현실이다.

바로 이러한 이유 때문에, 웜홀을 통해 여행을 시도할 만한 문명은 지금의 0.7H를 훨씬 능가하는 계산능력을 보유하고 있어야 하는 것이다. 웜홀여행은 적어도 IIIQ단계 이상의 문명권에서나 가능한 이야기다.

지적 생명체는 카르다셰프의 분류법을 초월하여 더욱 수준 높은 문명을 창출할 수도 있다. 마틴 리스는 이렇게 말했다.

"현재 생명체가 확인된 곳은 지구밖에 없지만 앞으로 문명이 발달하면 지구의 생명체가 은하, 또는 그 밖의 다른 곳으로 이주하거나 외계에서 다른 생명체가 발견될 수도 있다. 그러므로 생명체는 우주적 스케일에서 볼 때 반드시 짧고 덧없는 존재만은 아니다. 나는 생명체가 앞으로 우주전역으로 널리 퍼져나간다고 생각하는 것이 바람직하다고 본다."[8] 이와 동시에 그는 다음과 같이 경고하고 있다. "그러나 자칫 잘못하면 우리 스스로 그 가능성을 저버릴 수도 있다. 생명체가 지구에만 존재한다고 해서 우주의 한 점에 불과하다고 단정지을 필요는 없다."[9]

고도의 문명을 가진 생명체들은 과연 죽어가는 우주에서 탈출할 수 있을까? 이것을 실현하려면 일련의 난해한 문제들을 먼저 해결해야 한다.

탈출 1단계 : 만물의 이론을 구축하고 검증하기

우주탈출을 시도하고자 한다면, 우선 '만물의 이론theory of everything'을 완벽하게 구축해야 한다. 그것이 끈이론이건, 혹은 다른 무엇이건 간에, 우리는 아인슈타인의 방정식에 양자적 보정을 가하는 방법을 알아내야 한다. 이것이 선행되지 않으면 우리가 갖고 있는 모든 이론들은 무용지물이 되기 때문이다. 다행히도 M-이론이 빠르게 발전하고 있고, 지구에서 가장 뛰어난 물리학자들이 이 문제를 열심히 연구하고 있으므로 앞으로 수십 년 이내에 결말이 날 것으로 보인다.

일단 양자중력을 구현한 만물의 이론이 완성되면, 그다음으로 할 일은 최첨단 기술을 이용해 이론의 타당성을 검증하는 것이다. 이는 대형 입자가속기로 초대칭입자를 직접 만들어내거나, 거대한 중력파감지기를 우주공간에(또는 태양계의 다른 위성표면에) 설치함으로써 구현할 수 있다(각 행성의 위성들은 오랜 세월 동안 안정된 상태를 유지해왔고 표면의 침식이나 대기의 요동이 거의 일어나지 않기 때문에 중력파감지기를 설치하기에는 더없이 좋은 환경이다. 이것이 실현되면 빅뱅의 구조를 더욱 세밀하게 추적하여 양자중력의 실체 및 새로운 우주의 탄생과 관련된 의문들을 말끔하게 해결할 수 있다).

양자중력이론을 완성한 후 초대형 입자가속기로 양자적 보정을 확인하면 아인슈타인의 방정식과 웜홀에 관한 의문들은 점진적으로 풀려나갈 것이다.

1. 웜홀은 안정적인가?

로이 커의 '회전하는 블랙홀' 주변에 접근할 때, 우리(여행객)의 몸이 블랙홀을 교란시키지는 않을까? 이렇게 되면 아인슈타인-로젠의 다리를 건너기도 전에 블랙홀이 붕괴될 수도 있다. 웜홀의 안정성에 관한 계산은 양자적 보정방법이 확립된 후에 다시 한 번 수행되어야 한다. 그때가 되면 결과는 얼마든지 달라질 수 있다.

2. 무한대문제가 발생하지는 않는가?

서로 다른 두 시간대를 연결하는 웜홀을 통과할 때, 웜홀입구 주변의 복사에너지가 무한대로 커지면 일대 재앙이 초래된다(웜홀의 입구로 진입해 과거로 간 복사에너지가 시간이 흘러 또다시 입구로 진입하고, 이 과정이 무한히 반복되면 복사에너지는 무한대가 될 수 있다. 그러나 이 문제는 다중세계이론을 도입하여 해결할 수 있다. 즉, 복사에너지가 웜홀로 진입할 때마다 다른 우주로 간다면 한 곳에 누적되어 무한대가 되는 일은 발생하지 않을 것이다. 만물의 이론이 완성되면 어느 쪽이 맞는지 자연스럽게 알게 될 것이다).

3. 다량의 음에너지를 찾을 수 있는가?

웜홀이 안정된 상태를 유지하려면 음에너지가 반드시 있어야 한다. 음에너지의 존재는 이미 확인된 사실이지만 그 양이 너무 적어서 아직은 현실성이 없다. 과연 우리는 거시적인 물체가 웜홀을 통과할 수 있을 정도로 많은 양의 음에너지를 찾을 수 있을 것인가?

충분한 양의 음에너지가 발견되면, 고도 문명의 우주탈출 프로젝트는 본격적으로 시작된다.

탈출 2단계 : 웜홀과 화이트홀 찾기

웜홀과 차원입구, 그리고 우주적 스케일의 끈은 우주공간에 자연적으로 존재하고 있을 것이다. 빅뱅이 일어날 때 엄청난 양의 에너지가 한꺼번에 분출되었으므로, 웜홀과 우주끈도 그 순간에 자연적으로 생성되었을 것으로 추정된다. 초기우주가 짧은 시간 동안 엄청난 규모로 팽창되면서 웜홀은 거시적인 스케일로 커지고, 이와 함께 신비한 음의 물질negative matter도 그 모습을 드러냈을 것이다. 이러한 사실들은 우주탈출을 꾀하는 생명체들에게 커다란 도움을 제공한다. 그러나 이것은 어디까지나 가정일 뿐, 탈출 가능한 웜홀이 반드시 존재한다는 보장은 어디에도 없다. 고도의 문명을 가진 생명체라면 확인되지 않은 가설에 한 종족의 운명을 걸 정도로 어리석지 않을 것이다.

또 하나의 가능성은 하늘을 이 잡듯이 뒤져서 화이트홀white hole을 찾아내는 것이다. 화이트홀은 아인슈타인의 방정식에서 시간을 뒤집어(거꾸로 흐르게 해) 얻어낸 해이기 때문에, 블랙홀과 반대로 '모든 물체를 뱉어내는 구멍'으로 통한다. 이론적으로 화이트홀은 블랙홀의 반대편에 존재하기 때문에, 블랙홀로 빨려 들어간 물체는 화이트홀을 통해 다시 밖으로 분출된다. 천문학자들은 아직 화이트홀의 흔적을 발견하지 못했지만 우주공간에 쏘아올릴 차세대 관측기가 완성되면 그 존재 여부가 확인될 것으로 믿고 있다.

탈출 3단계 : 블랙홀 탐사선 띄우기

이러한 블랙홀을 웜홀로 활용하면 크게 좋은 점이 있다. 블랙홀은 우주 도처에 꽤 많이 분포되어 있으므로, 기술적인 문제만 해결된다면 다른 우주로 이동하는 '손쉬운' 탈출구로 활용될 수 있다. 또한, 블랙홀을 통과할 때에는 "시간여행은 타임머신이 만들어진 시점보다 더 먼 과거로 이동할 수 없다"는 제한도 받지 않는다. 커의 고리Kerr ring의 중심부에 위치한 웜홀은 우리의 우주와 다른 우주를 연결하거나 한 우주의 서로 다른 지점을 연결하는 통로로 활용될 수도 있다. 이 모든 가능성의 사실 여부를 확인하려면 탐사선을 보내서 관측자료를 수집한 후 슈퍼컴퓨터를 이용하여 질량의 분포상태와 아인슈타인 방정식으로 구한 웜홀해wormhole solution에 대한 양자적 보정을 계산해야 한다.

대다수의 물리학자들은 산 채로 블랙홀을 통과하는 것이 불가능하다고 믿고 있다. 그러나 블랙홀과 관련된 물리학은 아직 초보단계여서 증명된 것이 별로 없다. 만일 블랙홀(특히, 커의 회전하는 블랙홀)을 통한 여행이 가능하다면 고도의 문명을 가진 종족은 블랙홀의 내부탐사에 각별한 관심을 가질 것이다.

블랙홀을 통하는 여행은 한번 가면 되돌아올 수 없는 편도여행인데다가, 그 주변에는 여러 가지 위험이 도사리고 있기 때문에 물리적으로 가능하다고 해서 무작정 짐을 싸들고 떠날 수는 없다. 발달된 문명을 가진 종족이라면 근처에 있는 항성형 블랙홀의 정확한 위치를 파악한 후 탐사선을 먼저 파견할 것이다. 탐사선은 값진 정보를 한동안 송신해오다가 블랙홀의 사건지평선을 넘는 순간부터 먹통이 된다(사건지평선을 넘어가면 강력한 복사에너지에 곧바로 노출되기 때문에 매우 위험하다. 블랙홀로 빨려 들어가는 빛은 청색편이를 일으키면서 중심으로 다가갈수록 더욱 많은 에너지를 얻게 된다). 사건지평선 근처를 지나는 탐사선은 강한 복사를 견뎌낼 수 있도록 설계되어야 한다. 또한, 탐사선 자체가 블랙홀을 교란시키면 사건지평선에 특이점이 형성되면서 웜홀입구가 갑자기 폐쇄될 수도 있다. 그러므로 탐사선은 사건지평선 근처에 존재하는 복사에너지의 양을 정확하게 측정하여 웜홀의 폐쇄 가능성을 판단해야 한다.

    탐사선은 사건지평선을 넘기 전에 관측자료를 근처에 있는 모선으로 보내올 것이다. 그러나 여기에는 한 가지 문제가 있다. 탐사선이 사건지평선으로 가까이 갈수록, 모선에 타고 있는 관측자의 눈에는 모든 움직임이 느려지는 것처럼 보인다. 그러다가 탐사선이 사건지평선을 통과하면 아예 시간이 정지해버린다. 따라서 탐사선은 사건지평선에 너무 가까이 다가가기 전에 모든 관측자료를 전송해야 한다. 그렇지 않으면 전송신호가 적색편이를 일으켜서 해독이 불가능해진다.

탈출 4단계 : 천천히 움직이는 블랙홀 만들기

사건지평선 근처의 물리적 특성이 파악되었다면, 그다음 단계는 서서히 움직이는 블랙홀을 실험용으로 만들어내는 것이다. 이때, III단계 문명인들은 "회전하는 먼지구름과 입자들은 블랙홀이 될 수 없다"는 아인슈타인의 결론을 재확인하고 싶어질 것이다. 아인슈타인은 회전하는 입자뭉치가 스스로 슈바르츠실트 반지름까지 압축되지 않는다는 것을 증명하였다(따라서 회전하는 입자뭉치는 블랙홀이 될 수 없다).

회전하는 질량은 스스로 압축되어 블랙홀이 될 수 없다. 그러나 여기에 인공적으로 에너지와 질량을 서서히 주입하면 슈바르츠실트 반지름까지 압축될 수 있다. III단계 문명인들은 이런 방법으로 블랙홀을 만들어 인공적으로 제어할 수 있을 것이다.

예를 들어, 맨해튼 크기의(그러나 질량은 태양보다 큰) 중성자별들을 한데 모아 빠른 속도로 회전시킨다고 가정해보자. 그러면 이들은 중력에 의해 서서히 가까워지면서 하나로 뭉쳐지겠지만 아인슈타인이 증명한 대로 슈바르츠실트 반지름까지 압축되지는 않는다. 그러나 진보된 문명사회의 과학자들은 그 속에 새로운 중성자별을 조심스럽게 주입하여 슈바르츠실트 반지름까지 수축되도록 만들 수 있을 것이다. 이렇게 되면 중성자별의 집합은 회전하는 고리, 즉 커의 블랙홀로 전환된다. 이와 같이, 다양한 중성자별의 속도와 반지름을 제어할 수 있다면 블랙홀을 인공적으로 만들 수 있다.

진보된 문명은 태양 질량의 3배가 될 때까지 조그만 중성자별을 한데 모을 수 있을 것이다. 이것은 바로 찬드라세카르가 예견했던 중성자별의 최대크기이다. 이 한계를 넘어서면 중성자별은 자체중력에 의해 내파를 일으키면서 블랙홀이 된다(진보된 문명세계의 과학자들은 인공적으로 블랙홀을 만들 때 초신성 폭발이 일어나지 않도록 중성자별을 매우 천천히, 그리고 정확하게 수축시켜야 할 것이다).

앞서 말한 대로, 사건지평선을 한번 통과하면 다시 돌아올 수 없다. 그러나 고도의 문명을 가진 종족이 멸종을 눈앞에 두고 있다면 사건지평선을 돌파하는 것 외에 다른 선택의 여지가 없다. 사건지평선으로 진입한 빛은 진동수가 증가하면서 에너지도 걷잡을 수 없이 커지기 때문에, 블랙홀로 접근하는 여행객의 생명은 심각한 위협을 받게 된다. 그러므로 사건지평선의 정면돌파를 결심했다면 복사에너지의 정확한 양을 미리 계산하여 적절한 대비책을 강구해야 할 것이다.

마지막으로, 안정성에 관한 문제도 해결해야 한다. 커 블랙홀의 중심부에 자리 잡은 웜홀은 과연 안정된 상태를 오랫동안 유지할 수 있을 것인가? 정확한 계산을 수행하려면 양자중력이론이 먼저 완성되어야 한다. 아직은 장담할 수 없지만, 크게 제한된 조건하에서는 안정된 웜홀이 존재할 수도 있다. 이 문제는 양자중력이론의 정밀한 수학과 블랙홀의 관측자료에 기초하여 매우 신중하게 해결되어야 할 것이다.

블랙홀을 통한 탈출은 매우 어렵고 위험한 시도임이 분명하다. 그러나 양자적 보정과 충분한 실험이 실행된다면 한 가닥 가능성이 발견될 수도 있다. 하긴, 범우주적 멸종을 눈앞에 둔 상황에서 그 어떤 생명체가 뚜렷한 확증도 없이 살 길을 포기하겠는가?

탈출 5단계 : 아기우주 만들기

지금까지 우리는 블랙홀을 통과하는 것이 가능하다고 가정해왔다. 지금부터는 이 가정을 철회하고, 블랙홀이 매우 불안정하며 복사에너지도 치명적이라고 가정해보자. 그렇다면 우리는 좀 더 어려운 길을 가야 한다. 즉, 블랙홀을 통한 탈출을 깨끗하게 포기하고, 아예 새로운 우주를 만들어야 하는 것이다. 앨런 구스는 우주를 탈출하는 하나의 방법으로 새로운 우주를 만드는 프로젝트에 각별한 관심을 갖고 있었다. 인플레이션이론은 가짜진공과 밀접하게 관계되어 있으므로, 구스는 진보된 문명인들이 가짜진공을 인공적으로 만들어서 이로부터 새로운 아기우주를 창조할 수도 있다고 생각했다.

일반 사람들에게는 새로운 우주를 창조한다는 발상 자체가 허무맹랑하게 들릴 수도 있다. 구스의 계산에 의하면, 우리의 우주와 비슷한 크기의 우주를 만들려면 10^{89}개의 광자와 10^{89}개의 전자, 그리고 10^{89}개의 양전자, 10^{89}개의 뉴트리노, 10^{89}개의 반뉴트리노, 그리고 10^{89}개의 양성자와 10^{89}개의 중성자가 필요하다. 얼핏 보기엔 도저히 충당할 수 없는 양 같지만, 구스는 우주를 이루고 있는 물질과 에너지가 중력에 의해 야기된 음에너지와 균형을 이루고 있기 때문에, 실제로 존재하는 물질과 에너지는 아주 적다고 주장하였다. "그렇다면 우리가 알고 있는 물리법칙은 새로운 우주의 창조를 허용하고 있는가? 만일 우리가 이 거대한 프로젝트에 착수한다면 당장 곤란한 문제에 직면하게 된다. 10^{-26}cm 규모의 가짜진공은 무게가 1온스 정도에 불과하지만, 밀도는 10^{80}g/cm^{3}나 된다! 관측 가능한 우주의 총질량을 가짜진공과 같은 밀도로 압축시킨다면, 원자만한 공간 안에 모두 집어넣을 수 있다!"[10] 시공간의 불안정한 틈새에 존재하는 가짜진공에 몇 온스의 물질을 추가하면 아기우주를 만들어낼 수 있다. 그러나 문제는 추가할 물질을 엄청나게 작은 부피로 압축시켜야 한다는 점이다.

 아기우주는 다른 방법으로 만들어낼 수도 있다. 공간 속의 작은 영역을 10^{29}K까지 가열한 후 빠르게 식히면 시공간이 불안정해지면서 작은 거품우주가 만들어지고 가짜진공도 함께 생성되는 것으로 알려져 있다. 이렇게 탄생한 아기우주는 수명이 아주 짧지만, 초고온상태에서는 진짜 우주가 될 수도 있다. 이것은 일상적인 전기장에서도 흔히 일어나는 현상이다(예를 들어, 아주 강한 전기장 속에서는 가상전자-양전자 쌍이 수시로 생성되었다가 사라지는데, 텅 빈 공간의 한 지점에 에너지를 집중적으로 주입하면 가상입자가 실제의 입자로 바뀔 수 있다. 이와 마찬가지로, 공간상의 한 지점에 충분한 에너지를 공급하면 가상의 아기우주가 실제의 우주로 전환될 수 있다).

 방금 위에서 말한 초고밀도·초고온상태를 어떻게든 만들었다면, 이때 탄생한 아기우주는 다음과 같은 형태일 것이다. 우리의 우주에서 작은 양의 물질을 초고에너지상태로 만들려면 강력한 레이저나 입자빔을 사용해야 한다. 그런데 여기서 생성된 아기우주는 우리 쪽

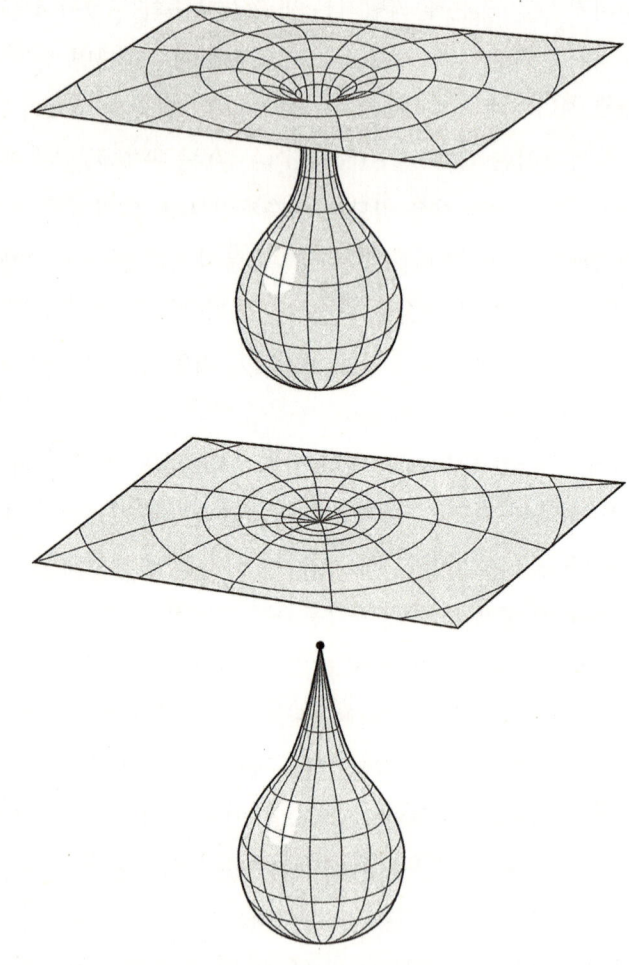

고도로 발달한 문명은 몇 가지 방법으로 아기우주를 만들어낼 수 있다. 몇 온스의 질량을 엄청나게 큰 밀도로 압축시키거나, 물질을 플랑크온도까지 가열하면 된다.

이 아닌 '반대쪽'을 향해 팽창하기 때문에 아직 실험실에서 발견된 사례는 없다. 이 아기우주는 자체적으로 반중력을 행사하면서 초공간 속에서 맹렬하게 팽창하고 있을 것이다. 그러므로 우리는 특이점의 반대쪽에서 형성되는 우주를 볼 수 없다. 그러나 웜홀은 우리의 우주와 아기우주 사이를 연결하는 탯줄의 역할을 할 수 있다.

하지만 아기우주를 오븐으로 구워내는 작업에는 커다란 위험이 도사리고 있다. 우리 우주와 아기우주 사이를 연결하는 탯줄은 결국 증발하면서 500만 톤짜리 핵폭탄과 맞먹는 호킹복사를 방출한다. 이것은 히로시마에 떨어진 원자폭탄의 25배에 달하는 위력을 갖고 있다. 그러므로 아기우주를 오븐으로 구워내려면 이 정도의 피해를 감수해야 한다.

가짜진공을 만들어내는 시나리오의 마지막 문제점은 아기우주가 블랙홀로 변하여 엄청난 재앙을 불러올 수도 있다는 것이다. 이것은 "많은 질량을 지나치게 압축시키면 블랙홀로 변한다"는 펜로즈 정리Penrose theorem의 결과이다. 아인슈타인의 방정식은 시간이 거꾸로 흘러도 여전히 성립하기 때문에, 아기우주로부터 분출된 물질들은 시간을 거슬러 올라가 블랙홀이 될 수도 있다. 그러므로 아기우주를 만들면서 재앙을 초래하지 않으려면 펜로즈의 정리를 신중하게 고려해야 한다.

펜로즈의 정리는 유입되는 물질이 양의 에너지를 갖고 있다는 가정에 기초하고 있다. 다시 말해서, 이 과정에 음에너지나 음의 물질이 개입되면 펜로즈의 정리는 더 이상 성립하지 않게 된다. 따라서 웜홀의 경우와 마찬가지로, 아기우주를 만들어내려면 음에너지를 다량 확보해야 한다.

탈출 6단계 : 초대형 가속기 만들기

기술의 발달에 제한이 없다면, 우리의 후손들은 과연 어떤 방법으로 우주탈출을 시도할 것인가? 과연 인류는 플랑크에너지를 활용할 수 있을 것인가? 지구의 문명이 III단계로 접어들면 (각 단계의 정의에 의해) 인류는 플랑크에너지를 마음대로 다룰 수 있다. 그리고 그 시대의 과학자들은 막대한 에너지를 이용하여 웜홀을 제어하고 시공간에 구멍을 낼 수도 있을 것이다.

이것을 구현하는 데에는 여러 가지 방법이 있다. 앞에서 언급했던 대로, 우리의 우주는 '불과 1mm 떨어진 곳에 다른 평행우주가 존재하는' 초공간 속의 막membrane일 수도 있다. 만일 이것이 사실이라면, 앞으로 몇 년 이내에 대형 강입자가속기(LHC)가 평행우주를 찾아낼 것이다. 그리고 인류의 과학문명이 I단계로 진입하면 평행우주를 탐사할 만한 기술도 개발될 것이다. 이렇게 보면, 평행우주와 교신하는 것이 허황된 꿈만은 아닌 것 같다.

그러나 상황은 얼마든지 나빠질 수 있다. 만일 양자중력으로부터 발생하는 에너지가 플랑크에너지 수준이라면, LHC로 평행우주를 감지한다는 희망은 물 건너간 꿈이 된다(플랑크에너지는 LHC가 발휘할 수 있는 에너지의 1조 배에 달한다). III단계 문명은 플랑크에너지 영역을 탐사하기 위해 별만한 크기의 입자가속기를 제작할 것이다.

가속기의 내부에서 입자들은 가느다란 빔을 형성한 채 정해진 길을 따라가는데, 여기에 에너지를 주입하면 입자의 속도가 빨라진다. 여기에 거대한 자석을 이용해 입자빔이 원형궤적을 그리도록 유도하면 입자는 1조 전자볼트까지 가속될 수 있다. 원의 지름이 클수록 입자빔의 에너지는 더욱 커지는데, 직경 27km짜리 강입자가속기는 0.7단계 문명의 에너지를 발휘할 수 있다.

그러나 III단계 문명은 태양계나 항성계와 비슷한 크기의 입자가속기를 만들 수 있다. 과학이 고도로 발달하면 지구에서 발사된 입자빔을 우주공간에서 가속시켜 플랑크에너지에 이르도록 만들 수 있을 것이다. 앞으로 차세대 레이저 입자가속기가 완성되면 물리학자들은 이를 개조하여 1m당 200GeV(2,000억 전자볼트)에 이르는 탁상용 입자가속기를 발명할 수 있을 것이다. 이런 가속기를 일렬로 연결하면 시공간을 불안정하게 만들 정도로 엄청난 에너지를 발휘할 수 있게 된다.

미래의 가속기가 입자를 1m당 200GeV까지 가속시킬 수 있다고 가정했을 때(이 정도면 겸손한 가정이다), 이들을 연결하여 플랑크에너지에 도달하려면 입자가속기의 행렬은 10광년까지 이어질 것이다. I, II단계의 문명에서는 꿈같은 이야기지만, III단계로 가면 얼마든지 가능하다. III단계 문명인들은 이런 천문학적 스케일의 가속기를 제작할 때 입자빔의 궤적을 원형으로 만들어서 크기를 줄이려고 노력할 것이다(직선형으로 만든다면 가장 가까운 별을 지나칠 정도로 길어진다. 물론 III단계 문명의 과학자들이라면 얼마든지 만들 수 있다).

예를 들어, 입자가 소행성 띠를 따라 원형궤적을 돌면서 가속되는 입자가속기를 만들 수도 있다. 우주공간은 지구에서 인공적으로 조성한 진공보다 더욱 완벽한 진공상태이므로, 소행성 띠를 입자의 궤적으로 활용한다면 굳이 비싼 돈을 들여가며 진공튜브(입자가 지나가는 길)를 제작할 필요가 없다. 그러나 입자의 원형궤적을 유지하려면 달이나 소행성, 또는 다른 별 근처에 강력한 자석을 설치하여 주기적으로 궤적을 변형시켜야 한다.

입자빔이 달이나 소행성에 가까워지면, 그곳에 설치된 자석이 빔에 힘을 행사하여 진행방향을 조금 바꿔놓는다(입자빔은 오랜 시간이 흐를수록 넓게 퍼지려는 경향이 있으므로, 달이나 행성에 설치된 중간기지는 빔의 초점을 다시 맞춰주는 역할도 수행해야 한다). 이런 식으로 입자빔이 몇 개의 달을 거치면 거대한 원호를 그리면서 결국에는 원에 가까운 궤적을 돌게 된다. 이 방법을 이용하면 서로 반대방향(시계방향과 반시계방향)으로 진행하는 두 가닥의 빔을 만들 수도 있다. 이때 두 개의 입자빔을 충돌시키면 플랑크에너지에 육박하는 방대한 에너지를 얻을 수 있다(현재의 기술로는 이런 방대한 규모의 입자빔을 휘어지게 할 정도로 강력한 자기장을 만들 수 없다. 그러나 진보된 문명은 폭발물과 코일을 이용하여 강력한 '자기대포'를 만들 수 있을 것이다. 그런데 발사과정에서 코일이 손상될 것이므로 자기대포는 자기장을 꾸준히 생성하지 못하고 강력한 자기장을 단 한 번만 '쏠 수' 있다. 따라서 자기장을 한 번 발사한 후에는 입자빔이 궤도를 한 바퀴 돌아 다시 나타나기 전에 신속하게 재장전해야 한다).

이런 엄청난 가속기를 만들려면 공학적인 문제도 끔찍하지만, 그보다 더 걱정되는 문제가 있다. "입자빔이 획득할 수 있는 에너지에는 한계가 없는가?" 입자빔이 진행하다보면 결국에는 온도 2.7K짜리 배경복사와 충돌하면서 에너지를 서서히 잃게 된다. 이론적인 계산에 의하면 이 과정에서 매우 많은 양의 에너지가 손실되기 때문에, 우주공간을 가로지르는 입자빔의 에너지에는 어떤 한계가 존재할 것이다(아직 실험적으로 확인된 사실은 아니다). 만일 이것이 사실이라면 가속기 제작비용이 천문학적으로 늘어난다. 배경복사의 영향을 받지 않도록 입자빔이 지나가는 모든 길을 진공튜브로 감싸야 하기 때문이다. 그러나 배경복사에 의한 영향은 이론처럼 심각하지 않을 수도 있다. 이것은 앞으로 실험물리학자들이 알아내야 할 숙제이다.

탈출 7단계 : 내파 유도하기

우주적 가속기를 만들기가 어렵다면 레이저빔과 내파內破유도장치를 활용한 차선책을 강구할 수도 있다. 수명을 다한 별이 중력에 의해 안으로 파괴되면서 오그라드는 것처럼, 내파과정은 엄청난 온도와 압력을 수반한다. 이런 현상이 일어나는 이유는 중력이 물체를 밀어내지 않고 잡아당기는 쪽으로 작용하기 때문이다. 그래서 붕괴는 모든 방향으로 균일하게 일어나며, 별은 엄청난 밀도로 압축된다.

내파가 자연스럽게 일어나는 광경은 장관이겠지만, 지구 같은 행성에서 그 과정을 인공적으로 재현하기란 결코 쉽지 않다. 예를 들어, 수소폭탄으로 내파를 재현하려면 리튬 듀터라이드lithium deuteride($3Li^6{}_1H^2$, 수소폭탄의 원료)의 온도가 로슨Lawson의 기준온도인 1천만 도(핵융합반응이 일어나기 시작하는 온도)까지 올라간 채로 폭탄 내부에 정교하게 장착되어 있어야 한다(리튬 듀터라이드 근처에서 원자폭탄을 폭발시킨 후 X-선 복사를 집중적으로 쪼여주면 이 온도까지 달굴 수 있다). 그러나 이 방법으로는 폭발을 일으킬 수 있을 뿐, 폭발과정을 제어할 수는 없다.

자기장을 이용하면 수소기체를 균일하게 압축시킬 수 없다. 지금까지 몇 번의 시도가 있어왔지만 모두 실패로 끝났다. 자연에는 자기홀극magnetic monopole이 존재하지 않기 때문에(적어도 아직까지는 발견되지 않았다) 자기장은 항상 지구자기장처럼 양극성을 띠고 있다. 즉, 균일한 자기장이라는 것이 아예 존재할 수 없는 것이다. 따라서 자기장으로 어느 한 부위를 압축시키면 반대쪽이 팽창하게 된다.

핵융합과정을 제어하는 또 다른 방법은 구면 위에 여러 개의 레이저를 설치해놓고 구의 중심부에 위치한 조그만 리튬 듀터라이드 알갱이를 향해 일제히 레이저빔을 발사하는 것이다. 로렌스 리버모어 연구소에서는 핵무기 시뮬레이션을 위해 강력한 레이저/핵융합장치가 사용되고 있다. 이 장비는 일련의 레이저빔이 터널 속으로 진행하다가 터널 끝에 있는 거울에 반사되면 방사선 방향으로 한 곳에 집중되도록 설계되어 있으며, 레이저빔들이 한데 모이는 곳에 리튬 듀터라이드가 놓여 있다. 레이저빔이 이곳에 도달하면 리튬 듀터라이드는 내파를 일으키면서 초고온상태가 되고, 그 내부에서 핵융합반응이 일어나기 시작한다(그러나 이 장비는 출력보다 입력이 더 크기 때문에 상업적인 가치는 아직 없다).

III단계 문명에서도 소행성이나 달에 대형 레이저기지를 설치하여 이와 같은 내파를 유도할 수 있을 것이다. 여러 가닥의 레이저빔을 동시에 발사한 후 한 지점으로 모으면 시간과 공간을 불안정한 상태로 만들 수 있다.

이론적으로 레이저빔이 발휘할 수 있는 에너지에는 한계가 없지만, 현실에서는 기술적인 문제로 인해 제한을 받는다. 가장 중요한 문제는 레이저가 과열되어 매질에 균열이 생긴다는 점이다(레이저를 계속 쪼이지 않고 강력한 빔을 단 한 번만 발사하면 과열을 막을 수 있다).

여러 개의 레이저를 구형표면에 올려놓고 한 곳을 향해 레이저빔을 발사하는 대형장비는 가짜진공을 만들거나 내파를 유도할 때, 또는 캐시미르효과에 의한 음에너지를 만들어내기 위해 금속판을 압축시킬 때 요긴하게 사용될 수 있다. 음에너지 발생장치를 만들려면 구형 금속판을 플랑크길이(10^{-33}cm)까지 압축시켜야 한다. 원자들 사이의 거리가 10^{-8}cm이고 원자핵의 내부에서 똘똘 뭉쳐 있는 양성자와 중성자 사이의 거리가 10^{-13}cm임을 상기한다면, 이것이 얼마나 어려운 작업인지 실감할 수 있을 것이다. 레이저빔이 발휘할 수 있는 최대출력은 원리적으로 무한대이므로, 주된 문제는 엄청난 압축에도 견딜 수 있는 도구를 제작하는 것이다(캐시미르효과는 두 개의 금속판 사이에 서로 잡아당기는 힘을 창출한다. 따라서 붕괴를 방지하려면 금속판에 동일한 부호의 전기전하를 추가하면 된다). 원리적으로,

웜홀은 구형 껍데기의 내부에서 우리의 죽어가는 우주와 젊고 뜨거운 우주 사이를 연결하는 통로가 될 수 있다.

탈출 8단계 : 초광속우주선의 개발

지금까지 언급한 기구들을 제작하여 적재적소에 설치하려면 멀리 떨어져 있는 행성이나 별까지 빠르게 이동할 수 있는 운송수단이 반드시 필요하다. 이를 구현하는 한 가지 방법은 미구엘 알쿠비에르Miguel Alcubierre라는 물리학자가 1994년에 최초로 제안했던 '알쿠비에르 초광속우주선'을 개발하는 것이다. 이 우주선은 공간에 구멍을 뚫거나 초공간으로 점프하는 등 공간의 위상을 바꾸는 것이 아니라, 앞쪽에 있는 공간을 수축시키고 뒤쪽 공간을 확장하면서 빠르게 전진하는 운송장치이다. 예를 들어, 대형식당의 입구에서 식탁이 있는 곳까지 융단이 길게 깔려 있다고 가정해보자. 만일 당신이 기다란 올가미를 던져서 식탁에 걸고 힘껏 잡아당긴다면 식탁과 당신 사이의 거리가 좁혀지면서 발 밑의 융단에는 두툼한 주름이 잡힐 것이다. 이와 마찬가지로, 공간을 수축시킬 수 있다면 조금만 움직여도 먼 거리를 이동한 효과를 얻을 수 있다.

앞에서 지적했던 대로, 공간자체는 빛보다 빠른 속도로 팽창할 수 있다(텅 빈 공간이 아무리 빠르게 팽창해도 이 과정에서는 정보가 전달될 수 없으므로 아인슈타인의 특수상대성이론에 위배되지 않는다). 이와 마찬가지로, 공간을 빛보다 빠르게 수축시키면 그곳에 있는 물체는 별

다른 노력을 기울이지 않고 빛보다 빠르게 이동할 수 있다. 멀리 있는 별과 우주선 사이의 공간을 수축시키고 우주선의 뒤쪽 공간을 잡아늘리면 우주선은 '자동으로' 전진하게 된다. 이렇게 하면 켄타우로스 프록시마별(지구에서 태양 다음으로 가장 가까운 별-옮긴이)까지 몸소 갈 필요가 없다. 공간을 수축시키면 별이 우리 쪽으로 '알아서' 다가오기 때문이다.

알쿠비에르는 이런 방법이 아인슈타인 방정식의 엄연한 해로 존재한다는 사실을 증명하였다. 다시 말해서, 물리법칙이 공간수축과 초광속비행을 허용한다는 뜻이다. 그러나 이 세상에 공짜가 없듯이, 우주에도 공짜는 없다. 우주선에 에너지를 공급하려면 다량의 양에너지와 음에너지를 확보해야 한다(양에너지는 앞쪽 공간을 수축하는 데 사용되고, 음에너지는 뒤쪽 공간을 확장하는 데 사용된다). 음에너지를 얻으려면 캐시미르효과를 이용해야 하는데, 이때 두 금속판 사이의 거리는 플랑크길이(10^{-33}cm)정도로 가까워야 한다. 물론 일상적인 방법으로는 구현하기 어려운 거리이다. 초광속우주선은 거대한 구球의 중심부에 여행객이 자리 잡고 있는 형태로 제작될 것이다. 구의 바깥 표면의 적도를 따라 음에너지를 가하면, 안쪽에 있는 여행객은 전혀 움직이지 않은 상태에서 구의 바깥에 있는 공간이 빛보다 빠른 속도로 수축된다. 이때 여행객이 구의 바깥으로 빠져나오면 근처에 있는 별에 쉽게 도달할 수 있다.

알쿠비에르는 그의 논문에서 자신이 구한 해가 인간을 별로 데려다줄 뿐만 아니라 시간여행도 가능하게 해준다고 주장했다. 그로부터 2년 후, 물리학자 앨런 에버렛Allen E. Everett은 "두 대의 알쿠비에르식 우주선으로 초광속비행을 연속 시도하면 시간여행을 할 수 있다"고 결론지었다. 프린스턴의 물리학자인 고트는 이렇게 말했다. "〈스타트렉〉의 작가 진 로던베리Gene Rodenberry의 시간여행 에피소드는 전적으로 옳은 생각이었다!"

그러나 러시아의 물리학자 세르게이 크라스니코프는 알쿠비에르가 구한 해에서 기술적인 결함을 발견했다. 우주선의 내부는 외부공간과 연결되어 있지 않기 때문에, 어떠한 정보도 경계선을 넘을 수 없다. 다시 말해서, 여행객이 처음부터 우주선의 내부에 있었다면 그는 우주선의 경로를 바꿀 수 없다는 것이다. 두말할 것도 없이, 이것은 매우 실망스러운 결과였다. 우주선의 내부는 외부의 '수축된 공간'과 완전히 고립된 지역이므로, 이 안에서 아무리 복잡한 계기판을 조작한다 해도 그 정보가 외부로 전달될 수는 없다. 그러나 이 우주선은 지구와 다른 별을 연결하는 일종의 '철길'이 될 수 있다. 예를 들어 여러 대의 우주선을 우주공간에 띄워(이들은 빛보다 빠르게 비행할 수 없다) 공간을 수축시킨 후, 이 길을 따라 후속 우주선을 발사하면 외계의 별까지 빛보다 빠르게 이동할 수 있다.

고트는 자신의 저서에 다음과 같이 적어놓았다. "극도로 발달한 문명은 웜홀이나 초광속비행을 구현해 항성들 사이를 빛보다 빠르게 이동할 수 있을 것이다. 초광속비행은 공간에 구멍을 뚫는 등 시공간의 위상topology을 변형시키지 않고 이미 존재하는 공간을 수축시켜서 이동하는 기술이므로 웜홀보다 훨씬 쉽게 구현될 수 있다."[11]

초광속우주선이 아무리 빠르다고 해도, 이것을 타고 우주를 탈출할 수는 없다. 아무리 달려봐야 지금의 우주 안에서 맴돌 뿐이다. 그러나 알쿠비에르식 우주선을 적절히 이용하면 방법이 전혀 없는 것도 아니다. 예를 들어, 이 우주선을 이용하여 우주끈의 충돌을 유도하면 우주의 온도가 높아지면서 과거의 상태로 되돌아갈 수도 있다.

탈출 9단계 : 압축된 별의 음에너지 활용하기

나는 이 책의 5장에서 레이저빔을 이용하면 음에너지를 만들어낼 수 있으며, 이로부터 안정된 웜홀을 만들 수 있다고 말한 적이 있다. 강력한 레이저 펄스가 구형의 광학물질에 입사되면 광자가 생성되는데, 이 광자들은 진공 중에서 일어나는 양자적 요동을 부추길 수도 있고 진정시킬 수도 있다. 전자의 경우가 양에너지 펄스이고, 후자는 음에너지 펄스에 해당된다. 그리고 이들 두 종류의 에너지 펄스를 더한 결과는 항상 +가 되어 기존의 물리법칙에 위배되지 않는다.

1978년에 터프츠대학Tufts Univ.의 물리학자 로렌스 포드Lawrence Ford는 음에너지가 만족하는 세 가지 법칙을 발견하였고, 그 후로 이 분야는 전 세계의 이론물리학자들에 의해 활발하게 연구되고 있다. 포드가 발견한 첫 번째 법칙은 하나의 펄스에 포함되어 있는 음에너지의 양이 시간과 거리에 반비례한다는 것이었다. 즉, 펄스가 발생한 후 먼 거리를 진행할수록, 또는 시간이 많이 흐를수록 음에너지의 양이 줄어든다는 것이다. 그러므로 레이저빔으로 음에너지를 발생시켜서 웜홀의 입구를 연다고 해도, 이 상황은 그리 오래 지속되지 않는다. 두 번째 법칙은 항상 음에너지 펄스가 먼저 생성된 후에 양에너지 펄스가 생성되며, 이들을 더한 값은 항상 +라는 것이다. 그리고 양과 음, 두 펄스의 시간간격이 길수록 양에너지가 커진다는 것이 포드의 세 번째 법칙이다.

이 법칙들을 고려하면 레이저나 캐시미르 금속판으로 만들어낼 수 있는 음에너지의 양을 계산할 수 있다. 일단은 한번 생성된 음에너지가 후속으로 생성되는 양에너지와 합쳐지면서 상쇄되는 것을 막아야 하는데, 이것은 음에너지가 가는 길목에 '에너지 수거용' 상자를 설치해놓고 이곳에 음에너지가 도달하는 순간에 레이저빔을 발사하여 차단막을 내림으로써 해결할 수 있다. 일단 차단막이 내려오면 그 뒤를 따라오는 양에너지는 상자 안으로 진입할 수 없으므로 상자의 내부에는 순수한 음에너지만 저장된다. 이 방법을 이용하면 계속되는 펄스로부터 방대한 양의 음에너지를 추출해낼 수 있다(차단막은 양에너지의 진입을 봉쇄하고 음에너지만 통과시키도록 설계되어야 한다). 양에너지가 매우 큰 경우에는 두 펄스 사이의 간격이 길어지기 때문에, 골라내는 작업도 그만큼 쉬워진다. 이런 방법으로 거의 무한대에 가까운 음에너지를 확보한 후에는 타임머신이나 웜홀에 요긴하게 사용할 수 있다.

그러나 안타깝게도 여기에는 한 가지 함정이 도사리고 있다. 상자의 차단막을 내리는 행위자체가 상자의 내부에 또 다른 양에너지를 만들어내는 것이다. 그러므로 2차 대응책을 강구하지 않으면 애써 모아놓은 음에너지를 대부분 잃게 된다. 이것은 진보된 문명권의 과학자들이 풀어야 할 또 하나의 숙제이다.

포드가 발견한 세 가지 법칙은 캐시미르효과에 응용될 수 있다. 만일 우리가 1m 크기의 웜홀을 성공적으로 만들어냈다면, 이 상태를 유지하기 위해 10^{-22}m(양성자 크기의 100만 분의 1) 이내의 영역에 음에너지를 집중시켜야 한다. 물론 지금의 기술로는 구현할 수 없지만, 진보된 문명을 가진 종족이라면 극미의 공간과 시간을 원하는 대로 다룰 수 있을 것이다.

탈출 10단계 : 양자적 전이가 일어날 때까지 기다리기

10장에서 언급한 대로, 서서히 식어가는 우주 속에서 살아가는 지적 생명체는 모든 사고와 신진대사를 느리게 진행시키거나 아예 장기동면에 들어감으로써 위기를 피해갈 것이다. 그러나 이들이 진정으로 종족유지를 원한다면, 생명활동의 속도를 늦추는 과정은 수조 년, 또는 수조×수조 년에 걸쳐 아주 느리게 진행되어야 한다. 그래야 범우주적인 양자적 과정이 일어나는 현장을 목격할 수 있기 때문이다. 일반적으로 거품우주가 자연적으로 탄생하거나 다른 우주로 양자적 전이를 일으키는 것은 극히 드물게 일어나는 사건이기 때문에, 장구한 세월 동안 목적의식을 갖고 끈질기게 기다리지 않으면 바로 눈앞에서 놓쳐버리기 십상이다. 그러나 우주의 5단계(암흑기, 10장 참조)에 살아남은 지적 생명체들은 사고의 진행속도를 극도로 늦춰서 양자적 사건을 일상사처럼 겪으며 살게 될 것이다. 느려터진 달팽이의 눈에는 거북이가 '쏜살같이' 지나가는 것처럼, 생명활동의 주기가 천문학적 단위로 길어진 생명체의 눈에는 양자적 전이가 '그런대로 자주 일어나는' 사건처럼 느껴질 것이다.

그렇다면, 이 굼벵이 생명체들에게는 웜홀이 나타나고 양자적 전이가 일어나면서 다른 우주로 탈출하게 되는 '구원의 날'을 기다리는 것이 그다지 지루하지만은 않을 것이다(이들은 양자적 전이를 일상사처럼 겪으면서 살겠지만, 한 가지 문제는 양자적 전이의 발생 여부를 예견할 방법이 전혀 없다는 것이다. 차원입구가 언제 열릴지 정확하게 알지 못한다면 정작 그 순간이 찾아왔을 때 제시간에 맞춰 짐 싸들고 출발하기가 결코 쉽지 않을 것이다. 따라서 이 생명체들은 웜홀의 입구가 열리자마자 즉시 진입할 수 있도록 항상 만반의 태세를 취하고 있어야 한다. 그러나 기회를 한 번 놓쳤다고 해서 절망할 필요는 없다. 모든 활동이 워낙 느린 생명체들이라, '다음 양자적 전이가 일어날 때까지 기다리기'는 '버스를 놓친 후 다음 버스 기다리기'와 비슷할 것이다).

탈출 11단계 : 마지막 희망

웜홀 및 블랙홀과 관련해 미래에 실행될 모든 실험들이 도저히 극복할 수 없는 부정적인 결과를 얻었다고 가정해보자. 웜홀의 입구가 너무 작아서 생명체가 도저히 통과할 수 없거나, 웜홀통로를 지날 때 엄청난 압력이 가해져서 아무리 든든한 보호막을 착용해도 도저히 살아남을 수 없다면 어찌해야 하는가? 사실, 이런 상황은 얼마든지 닥칠 수 있다. 웜홀통로에 주기적으로 강력한 힘이 작용할 수도 있고, 엄청난 복사장과 파편이 우리의 생명을 위협할 수도 있다. 만일 이것이 사실이라면 우리 우주에 살게 될 미래의 생명체들은 단 하나의 가능성에 모든 희망을 거는 수밖에 없다. 그 가능성이란, 웜홀의 반대편에 존재하는 새로운 우주로 충분한 정보를 전송하여 그들의 문명을 재창조하는 것이다.

자연에서 살아 있는 생명체가 적대적인 환경에 처하면 별의별 기발한 방법으로 생존을 모색한다. 곰이나 뱀 같은 동물들은 긴 잠에 들어가고, 일부 물고기와 개구리들은 체온저하를 방지하는 화학물질을 체내에 분비하여 저온환경에 적응한다. 또한, 세균은 포자로 변신해 교묘하게 멸종을 피해간다. 이와 마찬가지로, 다른 우주로 이주한 인간들도 그쪽 환경에 적절한 형태로 진화할 것이다.

참나무는 종족번식을 위해 자신의 씨를 산지사방으로 흩뿌린다. 참나무의 씨는 (a) 매우 작고 탄력이 크면서 단단한 내부구조를 갖고 있으며, (b) 원래 나무의 모든 DNA를 간직하고 있고, (c) 나무로부터 멀리 날아갈 수 있는 특별한 구조로 되어 있으며, (d) 멀리 떨어진 곳에서 혼자 발아할 수 있을 정도로 충분한 영양분을 함유하고 있다. 그리고 (e) 일단 뿌리를 내리면 땅 속의 영양분을 빨아들이면서 새로운 나무로 성장한다. 이와 마찬가지로, 고도의 나노과학을 보유한 미래의 인간들은 웜홀을 통해 자신의 모든 정보를 담고 있는 '씨앗'을 흘려보낼 것이다.

스티븐 호킹은 양자역학이 극미의 영역에서 시간여행을 허용할 것이라고 주장했다.[12] 만일 이것이 사실이라면, 극도로 진보된 문명을 소유한 생명체들은 다른 우주로 이주하거나 과거로 이동하는 위험한 여행길에서 살아남기 위해, 자신의 육체를 다른 형태로 변환시킬 수도 있을 것이다. 예를 들어, 거치적거리는 몸을 탄소와 실리콘으로 단순화시키고 의식은 순수한 정보의 형태로 저장해놓으면 혹독한 환경에서 생존확률을 크게 높일 수 있다. 사실, 탄소에 기초한 인간의 몸은 시간여행이나 우주탈출을 견뎌낼 정도로 견고하지 않다. 따라서 미래의 인간들은 자신의 의식과 DNA 정보를 로봇에 주입하여 생존능력을 높일 것이다. 현대를 사는 우리들이 보기에는 참으로 기이한 생존법이지만, 수십억~수조 년 후의 인간들에게는 이것 외에 다른 선택이 없을 수도 있다.

개개인의 두뇌와 성격정보를 기계에 담는 작업은 몇 가지 방법으로 구현될 수 있는데, 그중 하나는 컴퓨터 프로그램을 이용하는 것이다. 인간의 모든 사고과정을 재현할 수 있는 정밀한 프로그램을 만들 수만 있다면, 각 개인의 특성과 정체성은 정보의 형태로 저장되어 언제든지 부활할 수 있게 된다. 카네기멜론대학의 한스 모라벡 Hans Moravec은 여기서 한 걸음 더 나아가 "앞으로 우리는 인간의 신경섬유와 두뇌를 실리콘 트랜지스터로 재현시킬 수 있을 것이다. 두뇌를 이루고 있는 신경조직을 초소형 트랜지스터로 대치시키면 인간과 동일한 로봇을 창조할 수도 있다."고 주장했다.[13]

웜홀통로에는 엄청나게 강한 힘과 복사장이 작용하고 있을 것이므로 이곳을 통과하는 미래의 생명체들은 최소한의 연료와 보호장치, 그리고 웜홀의 반대쪽 우주에서 새생명이 발아할 수 있는 최소한의 영양분밖에 휴대할 수 없을 것이다. 그리고 웜홀통로가 아주 좁다면 모든 문명을 전송하는 데 나노과학이 결정적인 역할을 하게 될 것이다.

웜홀의 입구와 내부통로의 폭이 원자 하나가 간신히 지나갈 정도로 좁다면, 매우 가느다란 나노튜브를 통해 개개의 원자들이 갖고 있는 정보를 반대편으로 송신해서 그곳에서 원래의 문명을 재창조하는 수밖에 없다. 또는 이보다 상황이 더욱 안 좋아서 웜홀의 폭이 소립자 하나 정도의 크기라면, 양성자를 하나씩 통과시켜 반대편 우주에서 전자와 조우하여 원자와 분자를 만들도록 유도해야 할 것이다. 웜홀의 폭이 이보다도 작다면 X-선이나 감마선을 이용한 초단파 레이저빔에 모든 문명의 정보를 실어서 웜홀의 반대편으로 발사하여, 그쪽에 있는 생명체들에게(만일 있다면) 고도의 문명을 전수할 수도 있을 것이다.

이러한 전송의 궁극적인 목적은 웜홀의 반대편에 '나노로봇'을 퍼뜨려서, 그들 스스로 적절한 환경을 찾아내어 새로운 문명을 꽃피우도록 하는 것이다. 나노로봇은 원자 정도의 크기에 불과하기 때문에, 대형 추진로켓이나 다량의 연료가 없어도 새로운 행성을(만일 존재한다면) 어렵지 않게 찾아낼 수 있다. 원자규모의 입자들은 전기장을 이용하여 광속에 가까운 속도로 쉽게 가속될 수 있으므로, 나노로봇들은 새로운 우주공간을 번개같이 휘젓고 다닐 것이다. 또한 이들은 오직 '정보'만을 이용하여 새로운 종족을 퍼뜨릴 수 있으므로 특별한 생명유지 장치나 거추장스런 하드웨어를 휴대할 필요도 없다.

나노로봇이 새로운 행성을 찾았을 때 제일 먼저 할 일은 그곳에 있는 천연자원을 이용하여 거대한 복제공장을 건설하는 것이다. 이곳에서 DNA를 대량생산하여 세포에 주입시키고 적절한 환경에서 배양하면 과거의 형체와 기억을 고스란히 갖고 있는 새로운 생명체가 탄생하게 된다. 물론 이들은 웜홀의 반대편에서 살았던 바로 우리 자신이며 모든 면에서 동일한 능력을 보유하고 있으므로, 어느 정도 시간이 흐르면 과거의 문명을 고스란히 재건할 수 있을 것이다.

어떤 면에서 보면 이 과정은 사람의 DNA(또는 III단계 문명인에 관한 모든 정보)를 계란에 주입하는 것과 비슷하다. 이렇게 'DNA로 수정된' 계란은 반대편 우주로 날아가 새로운 형태로 발아하게 된다. 이들은 이동이 쉽고 견고하며, III단계 문명을 재현할 수 있는 모든 정보를 담고 있다. 인간의 몸은 3만 개의 유전자와 30억 개의 DNA 사슬로 이루어져 있지만, 이 간결한 정보덩어리는 부모(또는 창조주)로부터 물려받은 영양분만을 섭취하면서 완벽한 인간을 재생시킬 수 있다. 빅뱅의 원천이었던 '우주적 계란cosmic egg'도 이런 식으로 전송된 씨앗이었는지 모른다. 빅뱅이 일어난 후 원자와 분자가 형성되고 그로부터 별과 은하, 그리고 행성이 만들어지면서 지금과 같은 문명이 탄생하지 않았는가! IIIQ단계와 같이 진보된 문명은 그들의 과학기술을 최대한으로 발휘하여 10^{24}비트에 달하는 정보를 웜홀로 보낼 수 있을 것이다. 그리고 이 정보들은 웜홀의 반대편에서 재조합되어 언젠가는 새로운 문명을 꽃피울 것이다.

지금까지 언급한 모든 단계들은 현대과학의 수준을 한참 넘어서 있으므로, 독자들에게는 일종의 공상과학소설처럼 들릴 수도 있다. 그러나 앞으로 수십억 년이 지난 후 IIIQ단계 문명인들이 우주의 종말과 직면했을 때, 살아남을 수 있는 길은 이것뿐이다. 이런 식의 탈출은 물리적으로나 생물학적으로 아무런 하자가 없다. 간단히 말해서, "우주의 종말이 곧 생명체의 종말을 의미하지는 않는다"는 것이 나의 관점이다. 물론, 우리의 지성을 다른 우주로 전송하는 기술이 개발되어야 하겠지만, 이미 그 수준의 문명을 이룩한 다른 우주의 생명체들이 거대동결의 위기를 맞이하여 좀 더 따뜻한 우리 우주로 이미 이주했을지도 모를 일이다.

결론적으로 말해서, 인간의 우아한 호기심을 자극하는 통일장이론은 우주에 서식하는 모든 생명체들을 위한 '생존지침서'가 될 수도 있다는 이야기다.

12

다중우주를 넘어서

성서는 우리에게 하늘로 가는 방법을 알려주고 있을 뿐,
하늘이 운영되는 방식을 가르쳐주지는 않는다.
— 바로니우스 추기경Cardinal Baronius(갈릴레오가 종교재판을 받으면서 되뇌었던 말)

이 세상은 왜 텅 비어 있지 않고 무언가로 가득 차 있는가? 형이상학의 시계가 멈추지 않는 것은 이 세계의 존재 가능성이 '존재하지 않을 가능성'과 동일하다는 생각 때문이다.
— 윌리엄 제임스William James

토머스 헉슬리Thomas H. Huxley가 1863년에 발표한 책에는 다음과 같은 글귀가 등장한다. "인류가 지금까지 추구해온 수많은 문제들 가운데 가장 근본적이면서도 흥미로운 것을 고른다면 '자연에서 인간의 위치와 인간과 우주의 관계'에 관한 문제이다."[1]

헉슬리는 보수적 사고가 팽배했던 영국 빅토리아시대에 다윈의 진화론을 열광적으로 지지했던 학자로서, 반대파들은 그를 '다윈의 불독'이라고 불렀다. 그 당시 전성기를 구가하던 영국인들은 인간이야말로 모든 피조물들 중에서 가장 뛰어난 생명체라고 하늘같이 믿고 있었다. 인간은 태양계에서 가장 뛰어날 뿐만 아니라, 신이 빚은 작품들 중 단연 최고의 걸작이어야 했다. 그도 그럴 것이, 성서에는 하나님이 인간을 자신의 형상대로 만들었다고 적혀 있으므로 인

간을 '신에 가장 가까운 존재'로 여긴 것은 어찌 보면 당연한 귀결이었다.

권위로 가득 찬 정통신학에 반기를 들었던 헉슬리는 다윈에게 맹렬한 비난을 퍼붓던 종교단체와 외로운 전쟁을 벌이면서, 인간의 역할을 보다 과학적이고 객관적인 관점에서 이해할 수 있는 기틀을 마련하였다. 과학의 역사를 돌이켜볼 때, 수많은 거인들 중에서 뉴턴과 아인슈타인, 그리고 다윈은 단연 뛰어난 학자들이었다. 이들의 이론은 기고만장했던 인간이 주제파악을 하고 우주라는 거대한 무대 위에서 자신의 본분과 역할을 깨닫는 데 결정적인 역할을 했다.

뉴턴과 아인슈타인, 그리고 다윈은 자신의 이론과 기존의 종교 및 철학적 이념이 서로 상충되어 이들을 화해시키는 데 애를 먹었다는 공통점을 갖고 있다. 뉴턴은 그의 대표적 저서인 《프린키피아》에 다음과 같이 적어놓았다. "태양과 행성, 그리고 혜성으로 이루어진 태양계는 전지전능한 존재의 보살핌으로 아름다운 질서를 유지하고 있다." 운동의 법칙을 발견한 사람은 뉴턴이었지만, 그 위에는 법칙을 창조한 신이 반드시 존재해야 했던 것이다.

아인슈타인도 원래 종교적인 사람은 아니었지만 우주의 섭리를 발견하면서 '인간사에 직접 개입하지 않으면서 모든 것을 관장하는' 어떤 초월적인 존재가 있다고 생각하게 되었다. 그러나 그의 목적은 신의 위대함을 밝히는 것이 아니라 '신의 마음을 읽는 것'이었다. "나는 신이 이 세상을 어떻게 창조했는지 알고 싶다. 나의 관심은 이런저런 현상을 규명하는 것이 아니라 신의 생각을 알아내는 것이다. 그 나머지는 모두 부차적인 문제에 불과하다."[2] 말년에 신학적인 문제를 깊이 파고들었던 아인슈타인은 결국 다음과 같은 결론을 내렸다. "종교 없는 과학은 절름발이이며, 과학 없는 종교는 장님이다."[3]

그러나 다윈은 '우주에서 인간의 역할'이라는 문제와 관련하여, 기존 종교와의 합일점을 도저히 찾을 수 없었다. 그는 생물학적 우주에서 인간이 차지하고 있던 권좌를 박탈한 장본인이었지만, 훗날 자서전을 통해 "방대하고 아름다운 우주, 그리고 과거를 돌이키고 미래를 내다보는 인간의 능력을 우연과 필요성의 개념만으로 이해하기란 너무나 어려운 일이다. 아니, 아예 불가능할지도 모른다"라고 말했다.[4] 그는 가까운 친구에게 다음과 같이 고백했다고 한다.

"내가 생각했던 신학은 이제 누더기가 다 되었다네."[5]

사실, 전통적인 관념에 도전하는 사람이 '자연에서 인간의 위치, 그리고 인간과 우주 사이의 관계'를 결정한다는 것은 매우 위험한 일이다. 지동설을 주장했던 코페르니쿠스가 종교재판에 시달리던 끝에 1543년에 임종을 코앞에 두고 《천구의 회전에 관하여 De Revolutionibus Orbium Coelestium》라는 책을 집필한 것은 결코 우연이 아니었다. 오랜 세월 동안 메디치가 Medici family의 전폭적인 후원을 받았던 갈릴레오도 격노한 바티칸의 사제들에 의해 종교재판에 회부되는 수난을 겪었다. 그가 지동설을 주장한 것도 잘못이었지만, 교회를 더욱 난처하게 만들었던 것은 하늘의 움직임이 바티칸의 교리와 상충된다는 사실을 일목요연하게 보여주는 기구, 즉 망원경을 일반인들 사이에 유행시켰다는 점이었다.

과학과 종교, 그리고 철학이 혼합되면 기존의 통념과 상반되는 뜨거운 감자가 양산되곤 한다. 위대한 철학자 지오다노 브루노 Giordano Bruno는 "하늘에 무수히 많은 행성들이 존재하며, 그곳에 무수히 많은 생명체들이 살고 있다"는 견해를 끝까지 고집하다가, 결국 1600년에 로마의 저잣거리에서 화형에 처해지고 말았다. 그는 자신의 저서에 다음과 같은 글을 남겼다. "신의 전능함은 찬송 받아 마땅하고 신의 왕국은 위대하고 웅장하다. 그러나 그의 권능은 지구나 태양에 국한되어 있지 않고 수없이 많은 태양과 생명체들, 무수히 많은 세계에 널리 퍼져 있다."[6]

갈릴레오와 브루노의 죄는 하늘의 신성한 법칙을 부정한 것이 아니었다. 그들이 죄인으로 몰린 진짜 이유는 인간을 '우주의 중심'에서 내쫓았다는 것이었다. 그로부터 근 350년이 지난 1992년에, 바티칸은 갈릴레오의 명예를 회복시키면서 공식적인 사과문을 발표하였다. 그러나 브루노의 명예는 아직도 회복되지 않고 있다.

역사적 조망

갈릴레오 이후로 인류의 우주관은 일련의 혁명적인 변화를 겪었으며, 그와 함께 인간의 역할도 달라질 수밖에 없었다. 중세사람들에게 우주는 암흑으로 덮여 있는 금지된 장소였다. 지구는 타락과 죄로 가득 찬 조그만 평지에 불과했고 간간이 하늘을 가로지르는 혜성은 왕과 백성을 공포로 몰아넣는 불길한 징조였으며, 이 모든 것을 신비한 천구celestial sphere가 감싸고 있었다. 교회와 신에 대한 찬양과 헌신이 부족하면 공공장소에서 선을 자처하는 집단에게 맹렬한 비난을 받아야 했고, 이것은 종종 끔찍한 고문으로 이어졌다.

뉴턴과 아인슈타인은 과거의 모호함과 미신으로부터 우리를 해방시켜주었다. 뉴턴은 우리 자신을 포함한 천체의 운동을 예견하는 역학법칙을 발견했는데, 이 법칙은 너무도 정확하여 "인간은 이미 적혀 있는 대사를 낭송하는 앵무새에 불과하다"는 느낌이 들 정도였다. 또한, 아인슈타인은 삶의 무대를 바라보는 우리의 관점에 혁명적인 변화를 불러일으켰다. 그가 창시했던 상대성이론에 의하면 시간과 공간은 뉴턴의 생각과 달리 불변량이 아니며, 곧게 뻗어 있지도 않다. 우리가 살고 있는 공간은 고무판처럼 휘어질 수도 있고, 창조 이후 지금까지 줄곧 팽창하고 있었다.

그 후 불어닥친 양자혁명은 자연의 기이한 특성을 우리 앞에 적나라하게 펼쳐놓았다. 양자역학의 등장으로 고전적인 결정론은 종말을 고하게 되었으며, 이는 곧 줄에 매달린 인형과 같은 신세였던 우리 인간이 스스로 줄을 끊고 자신이 창조한 시를 읽을 수 있음을 의미했다. 다시 말해서, 인간은 양자역학 덕분에 자유의지를 되찾을 수 있었다. 그러나 우리는 그에 상응하는(어찌 보면 더욱 혹독한) 대가를 치러야 했다. 결정론이 떠나간 빈자리를 다중성과 불확정성이 차지한 것이다. 이제 무대 위의 배우는 한순간에 둘 이상의 장소에 존재할 수도 있고, 어느 순간 갑자기 사라졌다가 재등장할 수도 있다. 뿐만 아니라, 우리는 배우가 서 있는 위치나 시간을 정확하게 결정할 수 없게 되었다.

비교적 최근에 등장한 다중우주이론은 우주에 대한 우리의 개념을 또 한 번 뿌리째 뒤흔들면서 '우주'라는 단어를 한물간 용어로 만들어버렸다. 이 이론에 의하면 범우주적 극장에는 여러 개의 무대(우주)가 층마다 자리 잡고 있으며 각 무대들은 은밀한 터널을 통해 서로 연결되어 있다. 그리고 모든 무대는 새로운 무대를 낳으면서 창세기를 끊임없이 반복하고 있다. 각 무대에는 각기 다른 물리법칙이 적용되고 있는데, 이들 중 생명체가 살아갈 수 있는 무대는 극히 일부일 것으로 추정된다.

현재 우리는 우주에 대한 호기심이 막 발동하기 시작한 제1막을 공연하고 있다. 앞으로 전쟁이나 환경오염으로 지구가 파괴되지 않는다면, 우리는 제2막에서 지구를 떠나 다른 천체들을 탐사할 수 있을 것이다. 그러나 지금 우리는 이 연극이 2막으로 끝나지 않는다는 것을 잘 알고 있다. 2막 뒤에는 모든 배우들이 소멸하는 3막이 기다리고 있다. 이때가 되면 무대는 극도로 추워져서 어떠한 생명체도 살아남을 수 없다. 생명을 유지하는 유일한 방법은 비밀통로를 통해 다른 무대로 옮겨가는 것뿐이다. 그곳에서 우리는 새로운 연극(또는 그동안 공연했던 똑같은 연극)을 처음부터 다시 공연하게 될 것이다.

코페르니쿠스원리와 인류학적 원리의 대립

미신으로 가득 찼던 중세시대에서 현대의 양자역학으로 넘어오는 동안 과학은 여러 차례에 걸쳐 혁명적인 변화를 겪었고, 그와 함께 우주에서 인간의 위치와 역할도 크게 달라졌다. 우주가 급격하게 팽창하고 있다는 사실이 알려진 후로, 우주를 바라보는 관점뿐만 아니라 우리 자신을 바라보는 관점도 엄청나게 달라진 것이다. 이 극적인 전환을 떠올릴 때마다 내 마음속에는 두 가지 상반된 느낌이 떠오르곤 한다. 하늘에는 수많은 천체들이 장구한 세월 동안 그 자리를 지키고 있고, 땅 위에는 다양하기 그지없는 생명체들이 오묘한 섭리를 따라 자신의 목숨을 유지하고 있다. 광활한 우주공간을 바라보면 인간이라는 존재가 더없이 초라해 보이면서 나 자심이 움츠러드는 듯한 느낌을 받는다. 파스칼Blaise Pascal도 하늘을 바라보면서 "무한공간을 가득 채우고 있는 영원한 침묵은 나를 공포로 몰아넣는다"고 했다.[7] 그러나 하늘에서 땅으로 시선을 돌리면 복잡하고 다양하면서 극도로 정교한 생명체들이 나를 또 한 번 놀라게 한다.

현재 물리학계는 인간의 역할을 과학적으로 정의하는 문제를 놓고 두 가지 상반된 의견이 대립하고 있다. 코페르니쿠스원리와 인류학적 원리가 바로 그것이다.

코페르니쿠스원리는 범우주적 관점에서 볼 때 인간이라는 생명체의 위치가 전혀 특별하지 않다고 주장한다(일부 사람들은 이것을 '평범함의 원리mediocrity principle'라 부르기도 한다). 지금까지 얻어진 관측자료들을 살펴보면, 이 주장이 맞는 것 같기도 하다. 코페르니쿠스는 지구의 지위를 우주의 중심에서 변방의 별 볼일 없는 행성으로 추락시켰고, 허블은 우주가 팽창하고 있다는 사실을 발견함으로써, 우리의 은하수가 수십억 개의 은하들 중 하나에 불과하다는 것을 일깨워주었다. 그리고 최근 들어 암흑물질과 암흑에너지의 존재가 확인되면서, 우리가 알고 있는 모든 원소들이 우주를 이루는 구성요소의 0.03%에 불과하다는 충격적인 사실을 인정할 수밖에 없게 되었으며, 인플레이션이론은 관측 가능한 우주가 전체의 극히 일부분에 불과하고 새로운 우주가 꾸준히 탄생하고 있음을 우리에게 알려주었다. 게다가 만일 M-이론이 옳다면 우리가 '3+1' 차원으로 알고 있는 시공간은 11차원으로 확장된다. 우리는 우주의 중심에서 변방으로 밀려났을 뿐만 아니라, 우리의 눈에 보이는 우주는 전체 우주의 한 조각에 불과했다.

이런 엄청난 현실에 직면하고 있노라면 스티븐 크레인Stephen Crane의 시구가 떠오른다.

> 한 사람이 우주를 향해 말했다.
> "여기 좀 보세요, 제가 이렇게 존재하고 있습니다."
> 그러자 우주가 대답했다.
> "그래, 하지만 내가 자네를 보살펴야 할 의무는 없다네."[8]

더글러스 애덤스의 SF소설 《은하수를 여행하는 히치하이커를 위한 안내서》에는 멀쩡한 사람을 미치광이로 만드는 기계장치가 등장하는데, 기계의 내부에는 우주전체의 지도가 그려져 있고 조그만 화살표 밑에는 '현위치'라고 적혀 있다.

그러나 이와 정반대로 인류학적 원리는 3차원 우주에서 '기적 같은' 사건이 연달아 일어났기 때문에 생명체가 탄생했다고 주장하고 있다. 생명체가 탄생하고 번식하려면 수많은 조건들이 기가 막히게 맞아떨어져야 하는데, 우리가 바로 그런 '축복받은' 환경 속에서 살고 있다는 것이다. 이렇게 보면 우리가 살고 있는 지구는 우주에서 특별하게 선택받은 행성인 것 같다. 양성자의 수명과 별의 크기, 다양한 원자 등 모든 조건들이 생명체가 탄생하기에 가장 적절한 값으로 세팅되어 있다. 이토록 이상적인 환경이 우연히 조성되었는지, 아니면 조물주의 보살핌이었는지는 논란의 여지가 있지만, 생명체가 탄생하기 위해 엄청나게 많은 조건들이 맞아떨어져야 한다는 것만은 분명하다.

스티븐 호킹은 이렇게 말했다. "빅뱅 이후 우주의 팽창속도가 지금보다 1천억 분의 1이라도 느렸다면 우주는 지금의 크기에 이르기 전에 수축되었을 것이다. … 빅뱅으로 탄생한 우주가 지금과 같은 모습으로 진화할 확률은 거의 0에 가깝다. 그래서 나는 어떤 절대자의 보살핌이 있었다고 생각한다."[9]

우리는 생명과 의식의 소중함을 가볍게 여기는 경향이 있다. 태양계에서 물을 소유한 천체는 오직 지구뿐임에도 불구하고(목성의 위성인 유로파Europa에도 물이 있는 것으로 추정되고 있다), 물의 중요성도 별로 간절하게 느끼지 못한다. 또한, 인간의 두뇌는 태양계, 또는 가장 가까운 별 이내에 존재하는 모든 창조물들 중에서 가장 복잡한 구조를 갖고 있다. 관측위성이 촬영한 화성이나 목성의 표면사진을 보면 복잡한 화학물질은 고사하고 빛조차도 들지 않는 황무지처럼 보인다. 우주공간에는 수많은 천체들이 존재하지만, 그들 중 생명체가 살 만한 곳은 아직 단 한 번도 발견된 적이 없다. 유독 지구에만 이토록 복잡하고 다양한 생명체들이 번성하고 있는 것은 아무리 생각해봐도 기적이 아닐 수 없다.

코페르니쿠스원리와 인류학적 원리는 서로 반대입장을 고수하면서, 우주에서 인간의 역할을 이해하는 데 중요한 단서를 제공하고 있다. 코페르니쿠스원리는 우주의 방대함과 다중우주에 초점을 맞추는 반면, 인류학적 원리는 생명과 의식이 우주에서 얼마나 희귀한 존재인지를 강조하고 있다.

그러나 코페르니쿠스원리와 인류학적 원리로 인간의 역할을 규명하려면 좀 더 넓은 관점, 즉 양자역학적 관점에서 우주를 바라보아야 한다.

양자적 의미

양자역학은 '우주에서 인간의 역할'이라는 문제를 다른 각도에서 성찰하고 있다. 슈뢰딩거의 문제와 관련하여 6장에서 언급했던 위그너의 해석이 맞는다면, 공간상의 모든 곳에서 의식의 흔적을 찾을 수 있어야 한다. 관측자 A가 어떤 자연현상을 관측하고, 관측자 B는 관측자 A를 관측하고, C는 B를, D는 C를 관측하고⋯ 이런 식으로 관측의 연결고리가 무한히 계속되고 있다면, 최후의 관측자는 아마도 신이나 조물주일 것이다. 그렇다면 우주는 '자신을 바라보는 신이 있기 때문에' 존재하는 셈이다. 그리고 휠러의 해석이 맞는다면 우주는 정보와 의식意識으로 가득 차 있을 것이며, 의식은 모든 존재의 특성을 결정하는 가장 중요한 요인으로 작용할 것이다.

위그너의 관점에 영향을 받은 로니 녹스Ronnie Knox는 "나무는 자신을 바라보는 관측자가 없을 때에도 그곳에 존재하는가?"라는 의문을 주제로 하여 다음과 같은 시를 남겼다.

> 한 무신론자가 말했다.
> "만일 이 나무가 자신을 바라보는 관측자 없이도
> 여전히 존재할 수 있다면
> 신은 참으로 이상하다고 생각할 것이다."[10]

그리고 한 무명의 문필가는 녹스의 시에 다음과 같이 화답하였다.

> 선생, 나무는 언제나 그 자리에 존재합니다.
> 관측자가 없는 상황이란 있을 수 없습니다.
> 최후의 관측자는 항상 신이기 때문입니다.

다시 말해서, 생명체가 전혀 없는 상황에서도 신이 나무를 관측하면서 파동함수를 붕괴시키고 있기 때문에, 나무는 항상 그곳에 분명한 형태로 존재한다는 뜻이다.

위그너의 해석이 등장한 후로, 의식은 물리학의 핵심적인 문제로 부각되기 시작했다. 위그너는 위대한 천문학자 제임스 진스James Jeans의 저서에 나오는 다음의 글귀를 종종 인용하곤 했다. "50년 전까지만 해도, 사람들은 우주를 하나의 거대한 기계라고 생각했다. … 그러나 우주전체를 포함하는 초-거시적 세계나 원자의 내부와 같은 초-미시세계로 들어가면 기계론적인 설명은 더 이상 통하지 않는다. 내가 보기에, 이런 극단적인 영역에서는 기계적 과정보다 정신적인 과정이 더욱 중요하게 작용하는 것 같다. 나는 이 우주가 거대한 기계가 아니라 거대한 의식에 가깝다고 생각한다."[11]

위그너의 이론은 휠러가 주장했던 '비트에서 비롯된 존재it from bit'의 가장 진보적인 해석이라 할 수 있다. "인간이 우주에 적응해 가듯이, 우주도 인간에게 적응하고 있다."[12] 다시 말해서, 인간은 관측을 행함으로써 자신만의 진실을 창조하고 있다는 것이다. 위그너는 이것을 '관측에 의한 창세기Genesis by observership'라고 불렀으며, 휠러는 우리가 "참여우주에 살고 있다"고 표현했다.

노벨상 수상자인 조지 월드George Wald는 이렇게 말했다. "물리학자가 없는 우주에서 원자로 태어나는 것은 정말로 불행한 일이다. 물리학자의 몸은 원자로 이루어져 있다. 물리학자란, 원자가 자신의 존재를 세상에 알리기 위해 선택한 최상의 원자조합이다."[13] 유니테리언파Unitarian(삼위일체를 배격하는 기독교의 일파—옮긴이)의 목사인 게리 코월스키Gary Kowalski는 이러한 견해들을 다음과 같이 요약하였다. "우주는 자신의 아름다움과 영광을 드러내기 위해 지금처럼 존재하는지도 모른다. 만일 인간이 자신을 알기 위해 성장해가는 우주의 한 단편이라면, 우주를 유지하고 연구하는 것이 우리에게 주어진 본분이며, 더럽히거나 파괴하는 행위는 결코 용납되지 않을 것이다."[14]

이런 맥락에서 생각해보면 생명체의 탄생은 분명한 목적이 있는 것 같다. 즉, "우주는 지각이 있는 생명체를 창조하여 그들이 자신을 관측하게 함으로써 자신의 존재를 실현하고 있다." 만일 그렇다면, 우주의 존재 여부는 '자신을 관측해 파동함수를 붕괴시켜줄' 생명체를 창조하는 능력 여하에 따라 달라진다. 다시 말해서, 자신을 바라봐줄 생명체를 만들어낼 수 있는 우주만이 존재할 수 있다는 뜻이다.

개중에는 위그너의 해석이 취향에 맞는 사람도 있을 것이다. 그러나 '관측에 의한 파동함수의 붕괴'라는 난해한 과정을 반드시 수용할 필요는 없다. 관측이 행해질 때마다 우주가 여러 갈래로 갈라진다는 다중우주이론도 여전히 성립하기 때문이다. 다중우주의 개념을 수용하면 '우주에서 인간의 역할'도 크게 달라진다. 이 이론에 의하면 슈뢰딩거의 고양이는 두 개의 우주(고양이가 살아 있는 우주와 죽은 우주)에 '동시에' 존재하게 된다.

다중우주의 의미

한마디로 말해서, 다중우주이론은 혼란스럽다. 다중우주의 도덕적 규범에 관해서는 SF소설가 래리 니븐Larry Niven의 작품 《무수히 많은 길들All the Myriad Ways》에 짧게 거론되어 있다. 이 소설에서 경찰 형사부의 경위로 재직 중인 주인공 진 트림블은 연달아 일어나는 이상한 자살사건을 수사하게 된다. 어느 날부턴가 그 도시에 사는 사람들은 아무런 동기도 없이 다리에서 뛰어내리거나 머리에 권총을 발사하는 등 무모한 행동을 일삼기 시작했고, 심지어는 집단자살을 감행하는 사람들도 있었다. 그러던 어느 날, 크로스타임

Crosstime사의 창업주이자 억만장자로 유명한 앰브로스 하몬이라는 사람이 포커판에서 500달러를 딴 후 자신의 36층 고급아파트에서 투신자살하는 사건이 발생했다. 하몬은 돈 많은 기업가에 대인관계도 원만했으며, 모든 면에서 부족한 것이 없는 사람이었으므로 그의 자살은 논리적으로 납득이 가지 않았다. 그런데 트림블은 사건을 수사하던 중 최근 일어난 일련의 자살사건에서 하나의 패턴을 발견하게 된다. 그동안 크로스타임사에 소속되어 있는 파일럿의 20%가 자살했고, 크로스타임사가 창업하고 한 달이 지난 시점부터 연속적인 자살행렬이 시작된 것이다.

트림블은 사건의 내막을 추적하던 중, 하몬이 조부모로부터 막대한 재산을 상속받았으며, 무모한 사업을 벌여 전 재산을 탕진할 뻔하다가 단 한 차례의 도박으로 다시 부자가 되었다는 사실을 알게 되었다. 하몬은 물리학자와 공학자, 철학자 등을 모집하여 평행시간(평행우주)으로 이동하는 방법을 연구한 끝에, 이 세계의 시간과 다른 세계의 시간 사이를 마음대로 오갈 수 있는 운송수단을 개발하는 데 성공했다. 그 후로 크로스타임사는 조종사들을 다른 시간대로 파견하여 다른 우주에서 만들어진 새로운 발명품들을 가져오게 했다. 수백 종의 획기적인 발명품들을 이 세계에서 마치 자신이 발명한 것처럼 서류를 작성하여 특허를 획득했던 것이다. 크로스타임사는 이런 방법으로 순식간에 수십억 달러의 재산을 모아들였고 발명품에 관한 한 당대 최고의 회사로 입지를 굳히게 되었다.

비행사들이 방문했던 여러 시간대는 각기 다른 역사를 보유하고 있었다. 개중에는 가톨릭제국이 세계를 지배하는 시간대도 있었고 러시아제국과 인디언이 미국을 다스리는 세계도 있었으며 핵전쟁 이후 방사능이 전 세계를 오염시켜서 인류가 멸종한 세계도 있었다. 그런데 비행사들은 돈이 될 만한 발명품을 찾아 새로운 시간대를 계속 찾아다니다가, 각 시간대에 자신과 똑같은 육체가 살고 있다는 사실을 알게 되었다. 그리고 다른 세계에서는 어떤 일을 하건 간에 모든 가능한 결과가 초래될 수 있었다. 아무리 열심히 일을 해도 항상 파산하는 세계가 있는가 하면, 아무렇게나 살아도 항상 성공하는 세계도 있었다. 그들이 어떤 일을 하건, 무수히 많은 복제인간들은 각기 다른 선택을 하여 모든 가능한 결과가 각 시간대에 나타나고 있었다. 은행을 털어도 구속되지 않는 우주에서 은행강도가 되지 않을 이유가 어디 있겠는가?

트림블은 이렇게 생각했다. "모든 결정은 양방향, 또는 모든 방향으로 내려질 수 있다. 지금 이 세계에서 내가 현명한 선택을 했다 해도, 다른 우주에 살고 있는 나는 멍청한 선택을 할 수도 있다. 모든 평행우주에 살고 있는 '나들'을 모두 '하나의 나'로 간주한다면, 특별한 행운이나 현명한 결정이란 있을 수 없다. 내가 여기서 아무리 선행을 베풀어도 다른 어떤 우주에서는 온갖 악행을 저지르고 다니는 내가 반드시 존재할 것이기 때문이다." 이런 결론에 도달하고 나니, 트림블의 마음속에 갑자기 절망감이 물 밀듯이 몰려왔다. 모든 것이 가능한 우주라면 도덕은 아무런 의미도 없지 않은가. 그는 모든 인간이 운명을 제어할 수 없으며 어떤 행위의 결과를 놓고 선악이나 잘잘못을 따지는 것도 무의미하다는 결론에 이르렀다.

결국 트림블은 하몬이 했던 대로 자살을 결심하고 자신의 머리를 향해 총구를 겨눴다.[15] 그러나 그가 방아쇠를 당긴다 해도 총알이 빗나가는 평행우주는 무수히 존재한다. 트림블이 자살을 결심하는 순간에 우주는 '초래될 수 있는 모든 가능한 결과'의 개수만큼 갈라져나가는 것이다.

이것이 바로 양자적 다중우주의 세계이다. 트림블이 겪었던 것처럼, 무수히 많은 양자적 다중우주에는 당신과 동일한 유전자를 가진 인간이 다른 역사와 다른 운명, 그리고 다른 결정 속에서 다양한 삶을 살아가고 있다. 개중에는 당신이 빌 게이츠보다 부자인 우주도 있고 니콜 키드먼보다 미녀인 우주도 있다. 물론 당신이 노숙자보다 더욱 비참하게 살아가는 우주도 있을 것이다.

이와 비슷한 상황은 지금 우리 주변에서도 찾아볼 수 있다. 생명공학이 지금과 같은 속도로 발전한다면, 과학자들은 앞으로 수십 년 이내에 인간을 복제할 수 있을 것이다. 정확한 시기를 예견하긴 어렵지만, 지금의 추세로 보아 복제인간이 만들어지는 것은 오직 시간 문제일 뿐이다(물론 이것은 매우 어려운 과제이다. 이 분야의 과학자들은 인간은 고사하고 아직 원숭이와 같은 영장류도 복제하지 못했다). 그런데 복제인간이 사방에 돌아다니는 세상을 상상하다보면 다음과 같은 질문이 자연스럽게 떠오른다. "복제인간도 영혼을 갖고 있을까? 나를 복제해서 탄생한 인간이 어떤 잘못을 저질렀다면, 과연 그 책임을 내가 져야 할까?" 양자적 우주에서는 나와 똑같은 인간이 무수히 많은 우주에서 살아가고 있다. 물론 개중에는 나의 양자적 복제인간이 악행을 일삼으며 살아가고 있는 평행우주도 있을 것이다. 그렇다면 이곳에 살고 있는 내가 그 책임을 져야 하는가? 다양한 평행우주에 살고 있는 모든 '나'들은 하나의 영혼을 공유하고 있을까? 아니면 그들 모두 별개의 영혼을 갖고 있을까?

이 난해한 문제를 해결하는 방법이 하나 있다. 만일 당신이 다중세계들을 모두 볼 수 있다면, 자신의 운명이 그토록 다양하게 펼쳐질 수 있다는 사실에 놀라움을 금치 못하겠지만, 제아무리 희한한 사건이 벌어지고 있는 우주라 해도 인과율causality을 위배하지는 않을 것이다. 즉, 모든 우주에서는 결과보다 원인이 시간적으로 앞서서 일어나고 있다. 모든 평행우주들은 거시적인 스케일에서 뉴턴의 운동법칙을 따르고 있기 때문에, 각 우주에서 행해지는 당신 '들'의 행동은 지금과 같이 예견 가능하며 인과의 법칙이 엄격하게 준수되고 있다. 어떠한 평행우주이건 간에, 당신이 죄를 지으면 감옥에 수감될 것이다. 그러므로 다른 우주에서 현재 진행 중인 현실들에 전혀 신경 쓰지 않고 이곳에서의 삶에 충실하기만 하면 아무런 문제가 없다.

물리학자들 사이에서는 다음과 같은 일화가 농담처럼 전해오고 있다. 어느 날, 러시아의 물리학자가 라스베이거스를 방문했다. 그는 도시의 이곳저곳을 돌아다니면서 자본주의의 풍요로움과 방탕함에 경악을 금치 못하다가 한 도박장에 들어가 첫 번째 판에 자신의 전 재산을 걸었다. 그러자 옆에 있던 사람들이 그를 뜯어말렸다. "이것 보세요. 물리학자라는 사람이 왜 그리도 무모하십니까? 수학적으로 보나, 확률적으로 보나 그건 바보 같은 짓이라구요." 그러나 러시아 출신의 물리학자는 태연한 표정으로 이렇게 말했다. "그래요, 이 우주에서의 삶만 고려한다면 당신 말이 맞습니다. 하지만 수 없이 많은 평행우주들 중에는 내가 도박에 이겨서 백만장자가 되는 우주가 어딘가에 있지 않겠습니까?" 그의 주장이 옳을지도 모른다. 아마도 평행우주들 중 어딘가에는 그가 귀국을 포기하고 돈을 물 쓰듯 뿌리며 향락을 즐기는 우주가 있을 것이다. 그러나 적어도 지금의 우주에서는 알거지가 될 확률이 압도적으로 높다. 이곳에서는 자신의 행위에 대한 책임을 피할 길이 없는 것이다.

물리학자들이 생각하는 우주의 의미

스티븐 와인버그는 그의 저서 《태초의 3분 The First Three Minutes》을 통해 '삶의 의미'라는 문제를 색다른 형태로 부각시켰다. "우주에 대한 이해가 깊어질수록 우주는 더욱 무의미한 존재가 되어가는 것 같다. 그러나 우주를 이해하려고 노력하는 것은 삶의 수준을 높일 수 있는 몇 안 되는 행위들 중 하나이다. 이러한 일련의 노력은 우리에게 비극적인 우아함을 안겨준다……."[16] 와인버그는 자신이 쓴 모든 글들 중에서 이 문장이 가장 뜨거운 반향을 불러일으켰다고 회고하였다. 훗날, 그는 다음과 같은 글로 또 한 번의 논쟁을 불러일으킨다. "종교가 있건 없건 간에, 좋은 사람은 선을 행하고 나쁜 사람은 악행을 저지른다. 그러나 좋은 사람이 악행을 저지르는 경우, 대부분의 동기는 종교가 부여하고 있다."[17]

와인버그의 발언은 우주의 의미를 알고 있는 척하는 사람들에 대한 선전포고나 다름없었다. 그는 자신이 "오랜 세월 동안 세속적인 철학에 깊이 심취되어 있었다"고 고백하면서,[18] 자신은 셰익스피어와 마찬가지로 이 세계를 하나의 무대로 간주한다고 했다. "그러나 이 세계가 비극적인 것은 대본의 내용이 비극적이기 때문이 아니다. 대본 자체가 아예 없기 때문에 비극적으로 돌아가는 것이다."[19]

와인버그의 글에는 그의 동료이자 옥스퍼드대학의 생물학자인 리처드 도킨스Richard Dawkins의 의견이 반영되어 있다. 도킨스의 주장은 다음과 같다.

"물리적 힘이 아무런 의도 없이 자연적으로 작용하는 우주에서 … 어떤 사람은 다치기도 하고, 또 어떤 사람은 행운을 얻기도 한다. 여기에는 어떠한 규칙도, 이유도 없기 때문에 사건의 당위성을 논할 수도 없다. 우리가 관측하고 있는 우주는 어떠한 계획도 없고 목적도 없으며, 선이나 악도 존재하지 않는다. 우주는 모든 것에 무관심한 채 주어진 법칙에 따라 운영되고 있을 뿐이다."[20]

본질적으로, 와인버그는 각자 취향대로 우주에 의미를 부여하고 있는 사람들에게 도전장을 던진 것이다. 만일 우주가 목적을 갖고 있다면, 그 목적이란 대체 무엇인가? 우주는 지난 수십억 년 동안 맹렬하게 팽창해왔고, 그 안에서는 태양보다 훨씬 큰 별들이 수도 없이 태어났다가 사라져갔다. 하나의 은하에는 이런 별들이 수천억 개나 존재하며, 관측 가능한 우주에는 이런 은하가 또 수천억 개나 있다. 이렇게 방대하고 복잡다단한 우주의 변천과정이, 구석에 박혀 있는 어느 조그만 별(태양)의 식솔에 불과한 지구라는 행성의 인간을 위해 진행되고 있다는 말인가?

와인버그의 주장은 뜨거운 논란을 불러일으켰지만, 정작 그의 의견에 반론을 제기하는 과학자는 거의 없었다. 그런데 앨런 라이트먼 Alan Lightman과 로버타 브라워Roberta Brawer가 저명한 우주론학자들과 일일이 인터뷰를 하면서 와인버그의 주장에 대한 견해를 물었더니, 겨우 몇 사람만이 동의를 표명했다고 한다. 그들 중에서 와인버그의 주장을 열렬하게 지지했던 캘리포니아대학의 산드라 페이버Sandra Faber는 자신의 견해를 다음과 같이 피력하였다.

"나는 지구가 인간을 위해 만들어졌다고 생각하지 않는다. 지구는 자연적인 과정에서 물리학의 법칙에 따라 탄생한 행성이며, 이 과정이 지속되면서 생명체가 나타난 것뿐이다. 여기에는 인간이나 생명체를 위한 어떠한 배려도 개입되어 있지 않다. 이와 마찬가지로 우주 역시 자연적인 과정에서 탄생했고, 그 속에 우리가 속하게 된 것은 전적으로 물리법칙에 따른 자연스러운 결과이다. 개중에는 생명체의 탄생에 창조주의 의도가 개입되었다고 믿는 사람들도 있겠지만, 나는 결코 그렇게 생각하지 않는다. 그래서 나는 이 우주가 어떠한 의도나 계획 없이 자연스럽게 운영되고 있다는 와인버그의 견해에 전적으로 동의한다."[21]

그러나 다수의 우주론학자들은 와인버그의 주장에 동의하지 않는다. 그들은 "논리적으로 설명할 수는 없지만, 우주는 분명한 목적을 갖고 있다"고 믿고 있다.

하버드대학의 교수인 마거릿 젤러Margaret Geller는 이렇게 말했다. "인간은 매우 짧은 삶을 살다 간다. 이것이 나의 인생관이다. 이 기간 동안 우리가 할 수 있는 최선의 행동은 가능한 한 많은 경험을 쌓는 것이다. 나는 지금도 이것을 실천하기 위해 최선을 다하고 있다. 무언가 새로운 것을 끊임없이 창조하면서 가능한 한 많은 사람들을 교육하는 것이 내게 주어진 임무라고 생각한다."[22]

극히 일부이긴 하지만, 우주론학자들 중에는 자신이 신의 의도를 '보았다'고 주장하는 사람도 있다. 앨버타대학의 교수이자 스티븐 호킹의 제자였던 돈 페이지는 다음과 같이 주장한다.

"우주는 분명한 목적을 갖고 있다. 구체적인 내용은 알 수 없지만, 나는 창조주가 자신의 의도를 이 세상에 구현하기 위해 인간을 만들었다고 생각한다. 그리고 신이 우주를 창조한 것은 자신의 영광을 온 세상에 드러내기 위한 행위였을 것이다."[23] 그는 양자역학의 추상적인 법칙에도 신의 뜻이 숨어 있다고 주장한다. "어떤 면에서 보면 물리학의 법칙은 신이 사용하는 언어와 문법을 '인간적인' 방식으로 해석한 결과일지도 모른다."[24]

메릴랜드대학의 물리학자이자 일반상대성이론의 선구자 격인 찰스 미스너는 돈 페이지와 비슷한 입장을 고수하고 있다. "종교는 신의 존재나 인간의 동질성과 같은 심각한 문제를 제기하고 있다. 앞으로 우리는 여기 숨어 있는 진리를 다양한 언어와 다양한 스케일에서 깨닫게 될 것이다. … 인간은 몹시 우매하여 아직 그 실체를 모르고 있지만, 진리는 어딘가에 반드시 존재한다. 그리고 우주는 그 진리를 통해 존재의 목적을 부여받았을 것이다. 우리가 우주를 바라보며 경외감을 느끼는 것은 신의 의도를 무의식적으로나마 느끼고 있기 때문이다."[25]

창조주에 관한 문제는 또 다른 질문을 야기시킨다. 과학은 신에 관해 무엇을 말해줄 수 있는가? 미국의 신학자 폴 틸리히Paul Tillich

는 신의 이름을 거론하며 얼굴을 붉히지 않을 수 있는 사람은 물리학자뿐이라고 말한 적이 있다.[26] 사실, 물리학자는 모든 과학자들 중에서 유일하게 "우주는 디자인된 것인가? 만일 그렇다면 디자이너는 누구인가? 진리로 향하는 길은 어디인가?"라는 의문을 해결하기 위해 노력하는 사람들이다.

끈이론은 모든 소립자들을 끈으로 간주하고 있다. 입자들은 끈이라는 공통된 성질을 갖고 있으면서 끈의 진동패턴에 따라 다양한 형태(전자, 쿼크, 뉴트리노, 중력자 등)로 나타난다. 여기서 화학법칙은 끈으로 연주할 수 있는 멜로디에 해당하고, 물리법칙은 끈을 지배하는 화성의 법칙에 해당된다. 그러므로 우주는 끈이 연주하는 거대한 교향곡이며, 창조주의 마음은 초공간을 따라 진동하는 우주적 음악 속에 깃들어 있다. 그렇다면 당신의 머릿속에는 다음 질문이 떠오를 것이다. "우주가 교향곡이라면 그 곡은 누가 작곡했는가? 이 우주가 정교한 시계라면, 그것을 만든 장인은 누구인가?"

아인슈타인은 우주론을 연구하면서 "신은 왜 우주를 지금과 같은 모습으로 창조했는가? 그에게는 다른 선택의 여지가 없었는가? 아니면 선택의 여지가 있었음에도 불구하고 지금과 같은 모습이 가장 이상적이라고 여긴 것인가?"라는 질문을 수시로 떠올렸다. 그는 마땅한 해답을 찾지 못하고 세상을 떠났지만, 끈이론은 이 질문에 약간의 실마리를 제공하고 있다. 7장에서 언급한 대로, 일반상대성이론과 양자역학을 하나로 합치면 '대형사고'가 일어난다. 무한대와 비정상성anomaly이 이론에 포함된 대칭성을 망쳐버리는 것이다. 이 난감한 사태를 정상적으로 수습하려면 더욱 강력한 대칭을 도입해야 하는데, 이것을 실현한 이론이 바로 끈이론의 최첨단 버전인 M-이론이다. 물리학자들은 우리가 요구하는 모든 조건과 가정을 만족하는 단 하나의 이론이 반드시 존재할 것으로 믿고 있으며, M-이론이 가장 유력한 후보로 떠오르고 있다.

동시대의 물리학자들 사이에서 다소 고전적인 사고방식을 고집했던 아인슈타인은 신을 두 가지 형태로 분류해서 설명하곤 했다. 그가 생각했던 첫 번째 신은 기도에 화답하는 개인적인 신으로서, 아브라함과 이삭, 그리고 모세를 인도하며 온갖 기적을 행했던 신이 여기에 속한다. 그러나 대다수의 과학자들은 이런 종류의 신을 믿지 않는다.

아인슈타인은 한 저서에서 "나는 인간의 일상사에 개입하여 운명을 좌우하는 신을 믿지 않는다. 그보다는 모든 존재에 질서와 조화를 부여하는 스피노자의 신을 믿는다"고 선언한 적이 있다.[27] 스피노자와 아인슈타인의 신은 조화의 신이자 논리와 이성의 신이었다. 아인슈타인의 글은 다음과 같이 계속된다. "나는 신이 자신의 피조물을 처단하거나 보상한다고 생각하지 않는다. … 그리고 죽은 사람이 다시 살아난다는 주장도 믿을 수가 없다."[28]

(단테의 《신곡》 중 〈지옥편inferno〉을 보면 지옥의 입구 근처에 제1환계 First Circle라는 세계가 있는데, 선의를 갖고 있으면서 예수의 뜻을 따르지 않은 사람들이 이곳에 살고 있다. 단테가 이곳을 방문했을 때에는 플라톤과 아리스토텔레스를 비롯한 위대한 철학자들이 거주하고 있었다. 물리학자 윌첵은 대부분의 물리학자들도 이곳에서 살게 될 것이라고 했다.[29] "믿음이란 멍청한 바보도 믿지 않을 황당한 주장을 수용하는 것이다"라고 말

했던 마크 트웨인도 제1환계에서 살고 있을 것이다.[30])

과학적인 관점에서 볼 때, 나는 아인슈타인과 스피노자가 말했던 신의 개념이 철학의 목적론teleology에 뿌리를 두고 있다고 생각한다. 앞으로 끈이론이 만물의 이론으로 판명된다면, 우리는 끈이론의 방정식이 어디서 왔는지를 규명해야 한다. 그리고 아인슈타인이 믿었던 대로 통일장이론이 진리를 서술하는 유일한 이론이라면, 그 유일성의 근원을 밝혀야 한다. '질서의 신'을 믿는 물리학자들은 이 우주가 아름답고 단순하며, 궁극적인 법칙들은 우연히 나타난 것이 아니라고 믿고 있다. 사실, 우리의 우주는 생명체가 전혀 없이 전자와 뉴트리노로 가득 찬 썰렁한 공간으로 진화할 수도 있었다.

나를 포함한 일부 물리학자들의 생각대로, 진리의 궁극적인 법칙이 1인치 남짓한 방정식으로 표현된다면, 대체 이 방정식의 출처는 어디인가?

마틴 가드너Martin Gardner는 이렇게 말했다. "사과는 왜 떨어지는가? 지구의 중력이 사과를 잡아당기기 때문이다. 중력은 왜 작용하는가? 일반상대성이론의 일부를 이루는 어떤 방정식 때문이다. 앞으로 물리학자들이 기존의 모든 물리법칙들을 유도할 수 있는 궁극적인 방정식을 발견한다 해도, 한 가지 의문은 여전히 풀리지 않을 것이다. '이 방정식은 대체 어디서 왔는가?'"[31]

스스로 의미 창조하기

궁극적으로, 나는 우주의 조화를 완벽하게 서술하는 단 하나의 방정식이 존재한다고 믿는 입장이지만, 이 방정식이 인간이라는 존재에 특별한 의미를 부여하지는 않는다고 생각한다. 물리학의 궁극적인 형태는 지극히 난해할 수도 있고 비할 데 없이 우아할 수도 있다. 그러나 어떤 경우에도 물리학은 수십억 인류의 정신을 함양하거나 감정적인 만족감을 줄 수는 없을 것이다. 인간의 영혼에 가치를 더하는 물리학(또는 천문학)법칙이란 있을 수 없기 때문이다.

삶의 진정한 의미는 우리 스스로 찾아야 한다. 삶의 의미는 애초부터 주어진 것이 아니라 우리 스스로 만들어가는 것이라고 생각한다. 미래를 개척하는 것은 어떤 전능한 존재로부터 하달된 명령이 아니라 우리에게 주어진 운명이다. 아인슈타인은 각계각층의 사람들로부터 "인생의 의미를 밝혀달라"는 내용의 편지를 수도 없이 받았지만 단 한마디의 조언도 할 수 없었다고 고백했다. 앨런 구스의 말대로, "이런 질문은 누구나 할 수 있지만, 물리학자에게 현명한 답을 구하려는 생각은 버려야 한다. 나는 우리의 삶에 목적이 있다고 생각한다. 그러나 그 목적이라는 것은 스스로 만들어가는 것이지 우주의 창조의도로부터 유추되는 것은 아니다."[32]

인간의 무의식을 깊이 파고들었던 지그문트 프로이트Sigmund Freud는 "우리의 마음에 안정과 의미를 부여하는 것은 일과 사랑이다"라고 결론지었다. 나는 그의 생각에 전적으로 동의한다. 일은 우리의 삶에 책임과 목적을 부여하며, 추상적인 꿈을 더욱 선명하게 만들어준다. 일은 삶을 훈련시키고 조직적으로 만들어주며, 우리에게 자신감과 성취감, 그리고 충만감을 안겨준다. 또한, 사랑은 각 개인을 사회와 연결시켜주는 근본적인 요소이다. 사랑이 없으면 뿌리도 없고 삶은 공허해진다. 타인과의 관계가 두절되면 자신만의 세계에 표류하면서 의미 없는 삶을 살게 될 것이다(물론 이것은 저자의 개인적인 생각이다. 개중에는 타인과의 관계를 의도적으로 단절시키고 자신의 내면에서 우주의 진리를 찾는 사람들도 있다. 소승불교의 수행자들이 그 대표적인 사람들이다—옮긴이).

나는 프로이트가 말한 일과 사랑 이외에, 삶에 의미를 부여하는 요인으로 두 가지를 더 추가하고 싶다. 그중 하나는 자신에게 주어진 재능을 극대화하는 것이다. 다들 알다시피 인간은 각자 다른 재능과 기질을 타고나지만, 그대로 방치해두면 흐르는 세월과 함께 쇠퇴되기 마련이다. 진정으로 삶의 의미를 찾고자 한다면, 삶에 적극적으로 참여하면서 주어진 재능을 최대한으로 키워야 한다. 우리 주변에는 어린 시절의 재능을 잃어버린 사람들이 많이 있는데, 이는 개인적으로나 사회적으로 커다란 손실이 아닐 수 없다. 자신의 운명을 탓하기 전에 주어진 현실을 받아들이고, 실현 가능한 꿈을 이루기 위해 끊임없이 노력하는 것이야말로 삶에 의미를 부여하는 가장 현명한 방법이라고 생각한다.

두 번째로는 이 세상을 보다 나은 곳으로 개선하기 위해 노력할 것을 권하고 싶다. 자연을 탐구하거나 환경을 보존하기 위한 노력, 또는 정의와 평화를 위한 헌신이나 후학을 위한 교육 등은 이런 면에서 매우 훌륭한 일이라고 생각한다.

I단계 문명으로 전환하기

안톤 체호프Anton Chekhov의 희곡 《세 자매Three Sisters》의 제2막에 등장하는 버시닌 대령의 대사 중에는 다음과 같은 내용이 있다. "앞으로 100년이나 200년, 또는 1,000년이 지나면 모든 사람들은 새로운 방식으로 행복한 삶을 누리게 될 것입니다. 물론 우리는 그 모습을 보지 못하겠지요. 그러나 지금 우리가 열심히 일하지 않으면 그런 미래는 결코 오지 않을 겁니다. 그래서 우리는 고통을 인내하며 주어진 사명을 다해야 하는 것입니다. 그것이 바로 우리가 존재하는 이유입니다. 우리가 누릴 수 있는 유일한 행복이란, 목적을 이루기 위해 일에 몰두하는 것입니다."

개인적으로 나는 우주의 방대함보다는 우리가 살고 있는 곳 근처에 다른 우주가 존재한다는 사실에 더욱 흥미를 느낀다. 지금 우리는 관측위성과 우주망원경을 통해 우주탐험이 본격적으로 시작되는 시점에 살고 있다. 이는 곧 우리가 세운 이론과 방정식을 검증하는 최선의 방법이기도 하다.

문명이 발전하는 속도와 비교할 때, 인간의 수명은 거의 찰나에 가깝다. 그러므로 인류의 문명이 혁신적인 변화를 겪는 시기에 살게 된 것은 커다란 행운이라고 할 수 있다(물론 경우에 따라선 커다란 불행이 될 수도 있다). 지금의 문명이 I단계로 접어드는 것은 인류 역사상 가장 극적인 변화이며, 그만큼 감수해야 할 위험요소도 많을 것이다.

과거에 우리 선조들은 황량하고 위험한 환경에 적응하면서 살아야 했다. 그들은 '인간이라고 해서 특별히 봐주는 것 없는' 환경에서 짐승과 다름없는 생활을 했으므로 평균수명이 20세를 넘지 못했다. 땅속에서 발굴된 뼈들이 대부분 심하게 마모되어 있는 것으로 보아, 그들은 매일같이 무거운 짐을 지고 날랐던 것으로 추정된다. 또한 그들은 끔찍한 사고와 질병에도 무방비로 노출되어 있었다. 지난 세기만 해도, 우리의 할아버지와 할머니들은 현대적인 하수시설과 항생제, 그리고 제트비행기와 컴퓨터 등 현대문명의 혜택을 거의 누리지 못하고 살았다.

그러나 우리의 손자, 손녀들은 역사상 최초로 I단계 문명을 누리며 살게 될 것이다. 전쟁이나 환경오염 등 어리석은 판단으로 파멸의 길을 걷지 않는다면 우리의 후손들은 빈곤과 질병, 기아 등에서 완전히 해방되어 풍요로운 삶을 누리게 될 것이다. 지금 우리는 역사상 처음으로 지구를 완전히 파괴하거나 낙원으로 만들 수 있는 기술을 보유하게 되었다.

어린 시절 나는 미래의 인간들이 어떤 삶을 살게 될지 매우 궁금했었다. 만일 나에게 원하는 시대를 선택해서 살 수 있는 권한이 주어진다면, 나는 주저하지 않고 '지금'을 택할 것이다. 지금 우리는 인류 역사상 가장 극적인 시기에 살고 있기 때문이다. 삶과 물질, 그리고 지성을 제어하는 기술의 개발과 함께, 우리는 수동적인 관찰자에서 자연의 춤을 기획하는 안무가로 전환하고 있다. 그러나 이런 능력에는 커다란 책임이 따른다. 우리의 노력으로 얻은 결과물은 오로지 인류의 평화와 행복을 위해 사용되어야 할 것이다.

현대를 살고 있는 세대는 지금까지 지구 위에서 살다 간 모든 세대들 중에서 가장 중요한 책임을 떠맡고 있다. 이전 세대와는 달리, 우리는 미래를 좌우할 수 있는 능력을 보유하고 있다. 우리의 판단에 따라 지구는 I단계 문명으로 진보할 수도 있고, 환경오염이나 전쟁에 의해 파국을 맞이할 수도 있다. 지금 우리가 내리는 결정은 향후 100년의 삶을 좌우할 것이다. 핵무기의 증산과 종교 및 종족 간의 갈등, 국제적인 분쟁 등의 현안들이 해결되지 않으면 지구는 I단계 문명으로 접어들기 전에 파괴될 것이다. 그러므로 우리는 I단계 문명으로의 전환이 무난하게 이루어질 수 있도록 모든 분야에서 현명한 판단을 내려야 한다.

선택은 우리의 몫이다. 이것이 바로 우리 세대에 주어진 사명이며 피할 수 없는 운명이기도 하다.

| 옮긴이의 말 |

　인류 역사상 최초로 자연현상을 '수학에 입각한 물리학'으로 서술했던 아이작 뉴턴 경은 우주를 '태엽이 감겨진 시계'라고 생각했다. 현실적으로는 구현할 수 없지만, 임의의 한순간에 우주만물을 이루는 모든 입자들의 정확한 위치를 알 수만 있다면 우주의 모든 과거와 미래를 알 수 있다는 것이 그가 창안했던 고전역학의 핵심적 개념이었다. 지금의 인간은 워낙 미개하고 능력이 떨어져서 모든 요인들을 알아낼 수 없지만, 어쨌거나 삼라만상의 운명을 결정하는 요인은 현실세계에 이미 주어져 있으며, 자연과학은 그 원인을 부분적으로나마 찾아내어 자연현상을 '부분적으로' 설명하는 식으로 진보해왔다. 그러나 20세기 초에 양자역학이라는 기상천외한 물리학체계가 등장하면서 뉴턴의 결정론적 우주관은 작별을 고하게 되었다. 새로운 물리학은 이론적인 체계가 다소 불완전했지만 실험결과를 너무나 완벽하게 설명하고 있었으므로, 양자역학을 끝까지 거부했던 당대 최고의 천재 아인슈타인조차도 패배를 인정하지 않을 수 없었다.
　원자규모의 미시세계에 적용되는 양자이론에 따르면, 모든 물체는 '누군가가 자신을 관측해주기 전까지는' 모든 가능한 상태가 중첩되어 있는 희한한 세계에 존재하고 있다. 관측을 시도했을 때 특정 결과가 얻어질 확률은 양자역학의 이론으로 계산할 수 있지만,

정작 어떤 결과가 나올지는 아무도 알 수 없다. 이로써 우리의 우주는 '태엽이 감겨진 시계'가 아니라, '어디로 튈지 알 수 없는' 럭비공 신세가 된 것이다. 미시세계의 물체들은 파동함수라는 신비한 파동 속에 모든 가능성을 간직한 채 은밀하게 존재하다가 인간의 의지(관측)가 개입되면 모든 신비를 한순간에 털어버리고 '인간이 보고 싶어하는 모습'을 보여주고 있다. 물리학자들은 이 현상을 '파동함수의 붕괴'라는 난해한 용어로 표현하고 있지만, 파동함수가 '왜' 붕괴되는지는 아무도 모른다. 1970년에 독일의 물리학자 디터 제는 '결어긋남'의 개념을 도입하여 파동함수가 붕괴되는 이유를 나름대로 설명했으나(본문 6장 참조), 그 역시 무한히 많은 가능성들 중에서 어떤 결과가 선택될지를 예견할 수는 없었다.

파동함수의 붕괴와 관측에 관련된 역설을 최초로 제기한 사람은 파동방정식의 창시자인 슈뢰딩거였다. 그는 상자 속에 들어 있는 고양이가 '죽은 상태와 살아 있는 상태가 중첩된 세계'에 존재하다가, 누군가가 상자의 뚜껑을 열면(즉, 관측이 행해지면) 양자역학으로 계산되는 확률에 따라 둘 중 하나의 상태가 현실로 나타난다고 생각했다. 그렇다면 나머지 하나의 가능성은 어디로 사라졌는가? '붕괴되었다'는 설명만으로는 전혀 만족스럽지 않다. 대체 누가 파동함수를 붕괴시켰다는 말인가? 관측자의 행위가 붕괴를 초래한 것인가? 뚜껑을 연 당신이 고양이를 죽였다는 말인가? 여기서 한 걸음 더 나아가, 위그너의 역설을 접하면 상황은 더욱 미궁 속으로 빠져든다. "상자의 뚜껑을 열어 고양이의 생사를 확인하는 당신조차도 더욱 큰 상자 속에 들어 있었다면, 고양이를 죽인 사람은 당신이 아니라 그 큰 상자의 뚜껑을 연 제3자이다." 그렇다면 제3자까지 포함하는 더욱 큰 상자를 도입할 수도 있고, 이런 연결고리는 얼마든지 계속 될 수 있다. 과연 상자의 개수에는 한계가 없는 것일까? 아니면 '최후의 관측자'가 존재하여 우리의 궁극적인 운명을 좌우하고 있는 것일까?

철학자 버클리는 "모든 사물들이 존재하는 것은 그것을 봐주는 관측자가 있기 때문이다"라고 주장했다. 물론 그는 양자역학이 탄생하기 훨씬 전에 살다 간 사람이었지만 장차 야기될 논쟁을 미리 예견이나 한 것처럼 단호한 답을 내리고 있다. 그러나 관측이라는 행위는 인간의 전유물이 아니다. 지구 위에 서식하는 모든 생명체들은 주변환경을 인지하는 능력을 기본적으로 갖추고 있다. 이런 이유에서, 양자역학을 끝까지 거부했던 아인슈타인은 다음과 같은 명언을 남겼다. "쥐 한 마리가 세상을 바라보았다고 해서, 이 세상이 그토록 격렬하게 변할 수는 없다!"

1957년에, 휠러의 제자였던 휴 에버렛 3세는 죽은 고양이와 살아있는 고양이가 서로 다른 우주에 동시에 존재한다는 가설을 도입하여 파동함수의 붕괴와 관련된 문제를 우회적으로 해결하였다. 즉, 관측이 행해지면 무한히 많은 가능성들 중 하나만이 현실로 나타나는 것이 아니라, 나머지 모든 가능성들도 '별개의 우주'에서 똑같은 현실로 진행된다는 것이다. 언뜻 듣기에는 무슨 공상과학영화의 시나리오 같지만, 에버렛의 다중세계해석은 디터 제의 결어긋남 개념을 확장한 것으로서, 양자역학의 역설을 해결해줄 후보로 진가를 발휘하고 있으며, 동시에 이 책의 주제이기도 하다.

사실, '다중세계이론'이라는 거창한 이름을 달지 않아도, 이와 비슷한 생각은 누구나 한번쯤 떠올려본 경험이 있을 것이다. 한번 지나간 과거를 돌이킬 수 없는 우리의 입장에서는 정말로 매혹적인 아이디어가 아닐 수 없다. 그러나 다른 우주와의 상호작용이 금지되어 있거나 서로 왕래할 수 없는 장벽이 가로막고 있다면, 그것은 현실적으로 있으나 마나 한 우주이다. 복잡한 이론으로 자체모순이 없는 수학적 체계를 만들 수는 있겠지만, "당신이 로또복권에 1등으로 당첨된 우주가 어딘가에 존재한다"는 말로 위안을 삼을 사람은 없을 것이다. 무수히 많은 다중우주마다 내가 존재하고 있다면, 그들 중 누가 진정한 '나'인가? 진정하다는 개념이 아예 없는 것인가? 그렇다면 지금 내가 느끼고 있는 '나'라는 존재의 정체성은 어디서 비롯된 것인가?

이와 유사한 주제를 다루는 교양과학서적들은 전통적인 물리학에 입각하여 논리적으로 가능한 내용만을 소개하는 식으로 꾸며져 있다. 물론, 이 책도 고전역학과 열역학, 양자역학, 상대성이론, 빅뱅이론, 인플레이션, 끈이론과 M-이론 등 첨단 물리학의 핵심개념을 소개한 후 다중세계이론의 물리적 타당성과 앞으로의 전망을 조심스럽게 예견하고 있다. 그러나 이와 더불어 이 책에서 중요하게 취급되고 있는 것은 다름 아닌 '인간의 운명'이다. 일반상대성이론이 예견하는 웜홀로 사람이 통과할 수 있을까? 인플레이션이론으로 예견되는 우주의 종말이 현실로 닥쳤을 때, 우리의 후손들은 과연 어떤 식으로 생존의 길을 모색할 것인가? 우리의 우주가 더 이상 생명체를 돌보지 않는다면 거대한 '우주적 방주'를 제작하여 다른 우주로 이주할 수도 있을 것이다. 이 책의 저자인 미치오 카쿠는 최첨단의 우주론인 인플레이션이론에 입각하여 우주의 운명을 각 단계별로 예견하면서, 그와 함께 인류의 문명이 발전하는 단계와 종말을 대비하여 준비하는 단계까지 놀라울 정도로 정교하게 예견하고 있다(본문 11장 참조). 생각이 너무 앞서간다는 느낌이 간혹 들기도 하지만, 어차피 다가올 종말이라면, 그리고 종말을 피해갈 만한 아이디어가 있다면, 미리 대비책을 강구해두는 것이 과학자의 의무일지도 모르겠다.

힌두철학은 '개인atman과 우주Brahman의 합일'을 의식의 최정점에 두고 있다. 인간은 우주에 속해 있고, 한 개인의 의식 속에는 우주의 모든 비밀이 들어 있다는 것이다. 언뜻 듣기에는 지독한 개인주의적 발상 같지만, 과학자의 입장에서 이 말을 곱씹어보면 "우주의 비밀을 캐내려면 먼저 자기 자신을 정확하게 파악해야 한다"는 뜻으로 들리기도 한다. 1900년에 양자가설을 발표하여 양자역학의 지평을 열었던 막스 플랑크는 이런 말을 한 적이 있다. "과학은 자연의 궁극적 신비를 결코 풀지 못할 것이다. 자연을 탐구하다보면 자연의 일부인 자기 자신을 탐구해야 할 시점이 반드시 찾아오기 때문이다."(본문 6장 참조) 역자는 플랑크의 말에 전적으로 동감한다. 오늘날의 물리학은 관측대상만 집중적으로 파헤칠 뿐, 관측자인 인간까지 탐구의 대상으로 간주하지는 않는다. 이렇게 된 것은 인간의 의식이 물리적 대상이 될 수 없기 때문이 아니라, 물리학이 인간의 의식을 탐구할 정도로 진보하지 못했기 때문일 것이다. 인간의 의식과 우주의 상호관계는 아직 물리적인 언어로 표현할 수 없지만, 과학이 진보할수록 인간과 자연이 가까워진다는 것만은 분명한 사실이다. 물리학을 비롯한 모든 과학은 신의 머리가 아닌 인간의 머리에서 창출된 결과물이기 때문이다.

물리학의 해를 맞이하여 보물 같은 교양과학서들이 연이어 출판되고 있는 지금의 추세가 오래 계속되기를 기대하며, 이 책의 번역을 의뢰한 후 긴 시간 동안 참을성 있게 기다려주신 김영사의 모든 분들에게 진심으로 깊은 감사를 드린다.

2005년 9월 30일
박병철

■ 용어 해설 ■

10의 지수(powers of ten) 과학자들이 큰 수를 나타낼 때 사용하는 표기법. 10^n은 1 뒤에 0이 n개 붙어 있는 수이다. 따라서 10^3은 1,000이며 10^{-n}은 0.000…0001(소수점 이하에 0이 $n-1$개 있음)이다. 예를 들어, 10^{-3}은 0.001이다.

I, II, III단계 문명(type I, II, III civilization) 니콜라이 카르다셰프(Nikolai Kardashev)가 에너지 소모량에 따라 분류한 문명의 발전단계. I단계는 행성의 에너지를 100% 활용하는 문명이고 II단계는 별의 에너지를 100% 활용하는 문명이며 III단계는 은하의 모든 에너지를 활용할 수 있는 문명이다. 물론 이런 수준의 문명이 외계에서 발견된 사례는 없다. 현재 우리의 문명은 0.7단계까지 와 있다.

Ia형 초신성(type Ia supernova) 천체까지의 거리를 산출하는 수단인 표준 촛불로 사용되는 초신성. Ia형 초신성은 일종의 연성계로서, 백색왜성이 파트너의 질량을 빨아들이다가 질량이 태양의 1.4배를 초과하면 거대한 폭발을 일으킨다.

M-이론(M-theory) 끈이론의 최첨단 버전. M-이론은 11차원 초공간에서 성립하며, 여기에는 2-브레인과 5-브레인도 존재할 수 있다. M-이론을 10차원으로 줄이는 방법은 모두 다섯 가지가 있는데, 이들은 이미 알려진 다섯 종류의 초끈이론과 정확하게 일치하며, 이들은 모두 동일한 이론임이 밝혀졌다. 그러나 M-이론의 기반이 되는 방정식은 아직 발견되지 않았다.

가상입자(virtual particle) 진공 속에서 잠시 나타났다가 사라지는 입자. 가상입자는 고전적인 에너지보존법칙에 위배되지만, 수명이 매우 짧기 때문에 불확정성원리에는 위배되지 않는다. 즉, 진공 중에서는 에너지보존법칙이 '평균적으로' 성립하게 된다. 진공에 충분한 에너지를 투입하면 가상입자가 진짜입자로 바뀔 수도 있다. 또한, 가상입자는 미시적인 스케일에서 웜홀이나 아기우주를 포함할 수도 있다.

가짜진공(false vacuum) 최저에너지를 갖지 않은 진공상태. 가짜진공은 완벽한 대칭을 가진 상태 중 하나로서, 빅뱅이 일어나던 순간에 우주가 이런 상태에 있었을 것으로 추정된다. 그 후 우주가 낮은 에너지상태로 전환되면서 원래의 대칭은 붕괴되었다. 가짜진공은 불안정한 상태이기 때문에, 시간이 흐르면 최저에너지에 해당하는 진짜진공상태로 자연스럽게 전환된다. 가짜진공의 개념은 우리의 우주가 드 지터의 우주에서 출발했다는 인플레이션이론에서 매우 중요한 역할을 한다.

간섭(interference) 위상이나 진동수가 조금 다른 두 개의 파동이 서로 만나서 새로운 파동을 만들어내는 현상. 간섭패턴을 분석하면 두 파동의 차이를 (아무리 작아도) 알아낼 수 있다. 또한 두 개 이상의 빛이 합쳐지면서 형성된 간섭무늬로부터 각 빛의 차이점(진동수, 위상 등)을 유추하는 기법을 간섭법(interferometry)이라 한다. 이는 기존의 방법으로 감지하기 어려운 물체나 신호를 감지하는 데 주로 사용된다.

강력/강한 핵력(strong nuclear force) 핵자(양성자와 중성자)들을 서로 단단하게 결합시키는 힘. 강력은 SU(3)대칭에 기초를 둔 양자색역학(Quantum Chromodynamics)으로 서술된다.

강입자가속기(Large Hadron Collider, LHC) 초-고에너지 양성자빔을 만들어낼 목적으로 스위스 제네바에 건설 중인 초대형 입자가속기. 이 가속기가 완성되면 빅뱅 이후 단 한 번도 도달한 적이 없는 엄청난 에너지로 입자를 충돌시킬 수 있으며, 힉스입자와 초대칭입자들도 발견될 것으로 기대되고 있다. 2007년 완공 예정.

건드림이론(perturbation theory)　물리학자들이 양자이론을 연구할 때 대략적인 해를 먼저 구한 후 무수히 많은 보정항을 순차적으로 더해감으로써 정확한 답에 접근하는 방법. 끈이론에 관한 대부분의 연구도 이런 방법으로 진행되어왔다. 그러나 초대칭 붕괴와 같은 문제들은 건드림이론으로 해결할 수 없다. 정확한 답을 얻으려면 비건드림 방법(nonperturbative method)으로 접근해야 하는데, 아직은 마땅한 해결책이 제시되지 않고 있다.

결맞음복사(coherent radiation)　자기 자신과 동일한 위상으로 방출되는 복사. 결맞음복사는 레이저빔의 경우처럼 자기 자신과 간섭을 일으켜 간섭패턴을 만들어낸다. 이 원리를 이용하면 운동이나 위치의 조그만 변화를 감지할 수 있으므로 중력파를 감지할 때 사용된다.

결어긋남(decoherence)　파동의 위상이 일치하지 않은 상태. 결어긋남을 이용하면 슈뢰딩거의 고양이 역설을 설명할 수 있다. 다중우주 해석에 의하면 죽은 고양이와 살아 있는 고양이의 파동함수는 결어긋남상태에 있어서 상호작용을 하지 않으므로, 죽은 고양이와 산 고양이는 동시에 존재할 수 있다. 결어긋남의 개념을 도입하면 파동함수의 붕괴와 같은 가정을 세우지 않고서도 고양이 역설을 비롯한 많은 문제들을 해결할 수 있다.

결정론(determinism)　미래를 포함한 모든 삼라만상의 갈 길이 이미 결정되었다고 주장하는 철학사조. 뉴턴의 역학에 의하면, 임의의 한순간에 우주를 이루는 모든 입자들의 위치와 속도를 알고 있으면 (원리적으로) 우주의 모든 과거와 미래를 계산할 수 있다. 그러나 불확정성원리는 결정론이 틀렸음을 지적하고 있다.

계층문제(hierarchy problem)　GUT이론에서 저에너지 물리학과 플랑크길이 영역의 물리학이 섞이면서 나타나는 문제. 이렇게 되면 이론 자체가 무용지물이 된다. 이 문제는 초대칭을 도입하여 해결할 수 있다.

고전물리학(classical physics) 뉴턴의 결정론적 이론에 기초한 물리학. 보통 양자역학 이전에 형성된 물리학을 통칭하는 용어로 사용되며, 아인슈타인의 상대성이론도 양자역학이 고려되어 있지 않기 때문에 고전물리학으로 분류된다. 고전물리학은 결정론적이다. 즉, 입자의 현재상태(위치와 속도)를 알고 있으면 모든 미래를 정확하게 예측할 수 있다.

광년(light-year) 빛이 1년 동안 진행하는 거리(약 9조 4,600억km). 지구에서 가장 가까운 별까지의 거리는 약 4광년이며 은하수의 폭은 약 10만 광년이다.

광자(photon) 빛의 양자에 해당하는 입자. 광자의 개념은 아인슈타인이 광전효과(photoelectric effect, 금속의 표면에 빛을 쪼이면 전자가 튀어나오는 현상)를 설명할 때 처음 도입되었다.

끈이론(string theory) 모든 만물의 최소단위는 끈이며, 각각의 끈들이 다양한 모드로 진동하면서 온갖 종류의 입자로 나타난다는 이론. 끈이론은 물리학 역사상 최초로 중력과 양자역학을 조화롭게 결합함으로써, 만물의 이론을 구현할 수 있는 가장 강력한 후보로 떠오르고 있다. 그러나 (초)끈이론이 성립하려면 시공간은 10차원이어야 한다(가장 최신 버전의 끈이론이라 할 수 있는 M-이론은 11차원 초공간을 배경으로 하고 있다).

뉴트리노/중성미자(neutrino) 질량이 거의 없는 도깨비 같은 입자. 뉴트리노는 다른 입자들과 상호작용을 거의 하지 않기 때문에, 몇 광년 두께의 납을 가볍게 통과할 수 있다. 초신성은 뉴트리노를 다량으로 방출하고 있는데, 이들이 초신성 주변에 기체구름을 형성하여 온도를 상승시키고, 그 결과 초신성은 초대형 폭발을 일으키게 된다.

다중세계이론(many-worlds theory) 양자적으로 가능한 모든 우주들이 동시에 존재한다고 주장하는 이론. 이 이론에 의하면 우주는 양자적 분기점을 지날 때마다 여러 갈래로 갈라져서 각자 독립적으로 진행되며, 슈뢰딩거의 고양이가 살아 있는 우주와 죽은 우주도 별개로 존재한다. 최근 들어 다중세계이론은 많은 물리학자들의 지지를 받고 있다.

다중연결공간(multiply connected space) 공간 속에서 올가미나 고리구멍의 크기를 점차 줄여나간다고 했을 때, 하나의 점으로 줄일 수 없는 공간. 예를 들어, 가운데 구멍이 뚫린 도넛의 테두리를 따라 올가미를 끼워넣고 올가미의 구멍을 줄여나간다면 도넛의 구멍 때문에 더 이상 줄일 수 없는 한계점에 이르게 된다. 즉, 도넛은 다중연결공간의 한 예이다. 웜홀 역시 이러한 성질을 갖고 있다.

다중우주(multiverse) 여러 개의 우주가 동시에 존재하는 '우주의 집합'. 처음에는 다분히 공상과학적인 주제였으나, 지금은 초기우주를 이해하는 데 매우 중요한 개념으로 인정받고 있다. 다중우주는 다양한 형태로 존재할 수 있는데, 이들은 서로 긴밀하게 연관되어 있다. 양자역학에서 '관측되지 않은' 입자는 여러 개의 상태에 동시에 존재할 수 있으며, 이는 원자적 규모에서 다중세계가 존재한다는 것을 뜻한다. 이 개념을 우주적 규모로 확장시키면, 서로 결어긋남 상태에 있는 여러 개의 우주가 동시에 존재할 수도 있다. 인플레이션이론은 우주팽창의 시작과 끝을 설명하기 위해 다중우주의 개념을 도입하고 있다. 또한, 끈이론의 다양한 해를 설명할 때에도 다중우주가 도입된다. M-이론에서 다중우주는 서로 격렬하게 충돌할 수 있다. 인류학적 원리를 철학적인 관점에서 해석할 때에도 다중우주는 중요한 역할을 한다.

단순연결공간(simply connected space) 공간 속에서 올가미나 고리구멍의 크기를 점차 줄여나간다고 했을 때, 하나의 점으로 줄일 수 있는 공간. 평면은 단순연결공간이며 도넛의 표면이나 웜홀은 단순연결공간이 아니다(즉, 다중연결공간이다).

닫힌 시간 꼴 곡선(closed time-like curve) 아인슈타인의 이론에서 시간을 거슬러 가는 경로. 특수상대성이론에서는 이런 경로가 허용되지 않지만, 일반상대성이론에서 양(+) 또는 음(-)에너지가 한 곳에 집중되면 가능할 수도 있다.

대칭성(symmetry) 어떠한 변환에 대하여 불변인 성질. 눈의 결정은 가운데를 중심으로 60°회전시켜도 변하지 않으므로, '60° 회전에 대한 대칭'을 갖고 있다. 원은 가운데를 중심으로 아무렇게나 회전시켜도 모양이 변하지 않는다. 또한, 쿼크모형은 세 개의 쿼크를 아무렇게나 섞어도 변하지 않는데, 이를 SU(3) 대칭이라 한다. 또한, 초끈은 초대칭과 등각변환(conformal transformation)에 대하여 불변이다. 일반적으로 대칭성은 양자이론에서 발견되는 무한대를 제거해주기 때문에 물리학에서 매우 중요한 위치를 차지하고 있다.

대칭성 붕괴(symmetry breaking) 양자이론에서 대칭성이 붕괴되는 현상. 빅뱅 이전에 우주는 완벽한 대칭성을 갖고 있었던 것으로 추정된다. 그 후 우주가 팽창하면서 온도가 내려가고, 이에 따라 힘의 대칭도 붕괴되었다. 현재 우주의 대칭은 형편없이 망가져서 근본적인 힘은 네 종류로 분리되어 있다.

대통일이론(Grand Unified Theory, GUT) 약력, 강력, 전자기력(중력은 제외)을 하나로 통일하는 이론. SU(5)로 표현되는 GUT의 대칭은 쿼크와 렙톤을 하나로 통일시킨다. 그러나 GUT는 불안정할 뿐만 아니라(초대칭을 도입하면 안정된다) 중력이 제외되었다는 단점을 갖고 있다(GUT에 중력을 포함시키면 무한대문제가 발생한다).

도플러효과(Doppler effect) 발광체나 파원(wave source)이 관측자에 대하여 움직이고 있을 때 파동의 진동수가 달라지는 현상. 관측자를 향해 다가오는 별에서 방출된 빛은 진동수가 증가하여 약간 푸른 기운을 띠게 되고(청색편이), 멀어져가는 별에서 방출된 빛은 진동수가 감소하여 노란빛이 약간 도는 붉은색을 띠게 된다. 이러한 진동수의 변화는 별의 움직임 없이 공간 자체가 팽창하거나 수축될 때에도 똑같이 나타난다. 별빛의 진동수 변화를 측정하면 별이 멀어져가는 속도(또는 공간의 팽창속도)를 계산할 수 있다.

동위원소(isotope) 양성자의 수는 같지만 중성자의 수가 다른 원소들. 동위원소들은 질량이 서로 다르지만 화학적 성질은 동일하다.

드 지터의 우주(de Sitter universe) 아인슈타인의 방정식에서 급격히(지수함수적으로) 팽창하는 우주에 해당하는 해. 급격한 팽창의 주된 원인은 우주상수 때문이다. 우리의 우주는 초기의 인플레이션에 의해 드 지터 우주로 변환되었고, 지난 70억 년 동안 팽창속도가 점차 빨라지면서 서서히 드 지터 우주로 되돌아가고 있다. 드 지터 우주의 근원은 아직 알려지지 않았다.

람다(Lambda, Λ) 암흑물질의 양을 좌우하는 우주상수. 지금까지 얻어진 관측자료에 의하면 $\Omega+\Lambda=1$이며, 이는 평평한 우주에 대한 인플레이션이론의 예견과 일치한다. 한때 0으로 간주되기도 했던 Λ는 우주의 밀도를 결정하는 중요한 상수이다.

레이저(laser) 결맞음상태에 있는 빛을 만들어내는 장치. Light Amplification by Stimulated Emission of Radiation의 약자. 원리적으로, 레이저가 발휘할 수 있는 에너지의 한계는 레이저의 원료와 사용 가능한 전력에 의해 좌우된다.

렙톤/경입자(lepton) 뉴트리노나 뮤온처럼 약력을 통해 상호작용하는 입자의 총칭. 물리학자들은 모든 물질이 하드론(hadron, 강입자)과 렙톤으로 이루어져 있다고 믿고 있다.

리고(LIGO, Laser Interferometer Gravitational-Wave Observatory) 세계에서 가장 큰 중력파 감지기. 워싱턴 주와 루이지애나 주에 건설되어 2003년에 가동을 시작했다.

리사(LISA, Laser Interferometer Space Antenna) 3개의 위성으로 이루어진 중력파감지 시스템. 레이저빔을 이용하여 중력파를 감지한다. 앞으로 수십 년 이내에 우주공간으로 쏘아올릴 예정이며, 인플레이션이론과 끈이론의 진위 여부를 밝혀줄 후보로 기대되고 있다.

마이크로파배경복사(microwave background radiation) 빅뱅 때 방출된 복사의 잔해. 오늘날 남아 있는 배경복사의 평균온도는 약 2.7K이다. 과학자들은 배경복사의 온도가 위치에 따라 조금씩 다르다는 사실로부터 여러 우주론의 타당성을 판정하고 있다.

마이크로파우주배경복사(cosmic microwave background radiation) 빅뱅과 함께 방출된 복사의 잔해. 지금도 우주전역에 골고루 퍼져 있으며 평균온도는 약 2.7K정도이다. 우주배경복사는 1948년에 조지 가모브(George Gamow)가 이끄는 연구팀에 의해 처음으로 예견된 후, 펜지어스(Penzias)와 윌슨(Wilson)에 의해 발견되어 빅뱅이론의 강력한 증거로 인정받았다. 오늘날 과학자들은 배경복사의 온도가 완전히 균일하지 않다는 사실로부터 인플레이션이론을 비롯한 다른 이론을 유추하고 있다.

마초(MACHO, Massive Compact Halo Object) 검은 별, 행성, 검은 행성 등과 같이 광학망원경으로 관측되지 않는 천체. 암흑물질의 일부를 이루고 있는 것으로 추정된다. 최근 관측자료에 의하면 암흑물질의 대부분은 바리온이나 MACHO가 아닌 다른 물질로 이루어져 있다.

막(membrane) 임의의 차원으로 확장된 표면. 0-브레인(0-brane)은 점입자에 해당되고 1-브레인은 1차원 끈, 2-브레인은 2차원 막에 해당된다. 막(브레인)의 개념은 M-이론에서 핵심적인 역할을 한다. 끈이론은 브레인을 1차원으로 줄인 이론이라 할 수 있다.

맥동성 / 펄서(pulsar) 빠른 속도로 자전하는 중성자별. 회전속도가 불규칙하여 회전하는 등대처럼 반짝이기 때문에 이런 이름이 붙었다(pulse → pulsar).

맥스웰 방정식(Maxell's equation) 가장 근본적인 단계에서 빛의 특성을 서술하는 방정식. 1860년대에 맥스웰에 의해 발견되었다. 이 방정식에 의하면 전기와 자기는 서로 상대방으로 전환될 수 있으며, 전기장과 자기장의 파동이 조화를 이루면서 빛의 속도로 진행하는 전자기장을 만들어낸다. 맥스웰은 전자기파가 바로 빛이라는 결론을 내렸다.

뮤온(muon) 질량을 제외한 모든 특성이 전자와 동일한 입자. 뮤온의 질량은 전자보다 훨씬 크며, 표준모형에서 말하는 두 번째 입자족에 속해 있다.

미세조율(fine-tuning) 일련의 변수들을 최적값으로 정확하게 조절하는 행위. 사실, 미세조율은 다분히 인공적이고 작위적인 색채를 띠고 있다. 그래서 물리학자들은 미세조율 없이 자연현상을 설명하는 '원리(principle)'를 찾는 데 더 큰 관심을 갖고 있다. 예를 들어, 우주의 평평성과 관련된 미세조율은 인플레이션이론으로 설명할 수 있고, GUT(대통일이론)의 계층문제(hierarchy problem)와 관련된 미세조율은 초대칭으로 설명할 수 있다.

바리온(baryon) 양성자나 중성자와 같이 강한 상호작용(strong interaction)의 법칙을 따르는 입자. 바리온은 하드론(hadron, 강력을 주고받는 입자)의 한 종류이며, 바리온으로 이루어진 물질은 우주의 극히 일부에 지나지 않는다(우주의 대부분은 암흑물질로 이루어져 있다).

반물질(antimatter) 일상적인 물질과 반대속성을 갖는 물질의 총칭. 폴 디랙(P. A. M. Dirac)에 의해 그 존재가 처음으로 예견된 반물질은 일상적인 물질과 반대전하를 갖고 있다. 예를 들어, 양성자의 반물질(반입자)에 해당되는 반양성자는 전하의 부호가 음(-)이며 전자의 반입자인 양전자는 양의 전하를 갖는다

(입자와 반입자의 질량은 같다). 물질과 반물질이 서로 만나면 순식간에 사라져 버린다. 지금까지 실험실에서 만들어진 가장 복잡한 반물질은 반수소원자로서, 중심부에 반양성자가 위치해 있고 그 주변을 반전자(양전자)가 회전하고 있다. 우주의 대부분이 반물질이 아닌 물질로 이루어져 있는 이유는 아직도 커다란 수수께끼로 남아 있다. 빅뱅이 일어나던 무렵에 물질과 반물질이 동일한 양만큼 생성되었다면 이들은 서로 합쳐지면서 사라졌을 것이므로 지금의 우주에는 아무것도 존재하지 않을 것이다.

반중력(antigravity) 중력의 반대로 작용하는 힘. 항상 인력으로 작용하는 중력과는 달리 서로 밀어내는 방향으로 작용하기 때문에 이런 이름이 붙여졌다. 반중력은 실제로 존재하는 힘으로서, 초기우주의 급격한 팽창과 현재 진행되고 있는 팽창의 주된 원인으로 추정된다. 그러나 실험실에서 관측하기에는 그 세기가 너무 약하여 일상적인 현상에는 거의 관여하지 않는다. 반중력의 근원은 음의 물질(negative matter)인데, 아직 발견된 적은 없다.

백색왜성(white dwarf) 별의 마지막 단계. 산소와 리튬, 탄소 등 비교적 가벼운 원소들로 이루어져 있다. 적색거성이 헬륨을 모두 소진한 후 수축되면 백색왜성이 된다. 백색왜성의 크기는 지구와 비슷하고, 질량은 태양의 1.4배 이하이다(이보다 크면 안으로 붕괴된다).

별난 물질(exotic matter) 음에너지를 갖는 새로운 형태의 물질(양에너지를 갖는 반물질과는 다름). 음의 물질은 반중력을 행사하기 때문에 서로 잡아당기지 않고 밀쳐내는 특성을 갖고 있다. 만일 이런 물질이 존재한다면 타임머신을 만들 수도 있지만, 아직 발견된 사례는 없다.

보존(boson) 광자나 중력자(아직 발견되지는 않았음)와 같이 정수 스핀을 갖는 입자의 총칭. 보존과 페르미온(fermion)은 초대칭(supersymmetry)을 통해 하나로 통일된다.

보존법칙(conservation laws) 어떤 물리량이 시간에 대하여 불변임을 주장하는 법칙. 예를 들어, 물질과 에너지 보존법칙은 전 우주에 포함되어 있는 물질과 에너지의 양이 영구불변임을 주장하고 있다.

불확정성원리(uncertainty principle) 입자의 위치와 속도를 동시에 정확하게 알 수 없다는 원리. 위치의 불확정성(오차)과 운동량(질량×속도)의 불확정성을 곱한 값은 항상 플랑크상수 h를 2π로 나눈 값보다 크거나 같다. 불확정성원리는 양자역학의 근간을 이루는 원리로서, 이로부터 '확률'이라는 개념이 도입된다. 앞으로 나노과학이 더욱 발전하면 불확정성원리를 실험실에서 확인할 수 있을 것이다.

브레인/막(brane) '막(membrane)'의 줄임말. 브레인은 만물의 이론으로 각광받고 있는 M-이론의 기본요소이며, 11차원 이내에서 어떤 차원도 가질 수 있다. 11차원 브레인의 단면은 10차원 끈에 해당된다. 따라서 끈은 1-브레인이다.

블랙홀 증발(black hole evaporation) 블랙홀에서 빠져나오는 복사에너지. 블랙홀은 모든 물체를 빨아들이지만, 양자역학적으로는 블랙홀의 중력을 뚫고 소량의 복사가 빠져나올 확률이 (아주 작지만) 존재하는데, 물리학자들은 이 현상을 에너지의 '증발'이라고 부른다. 블랙홀 증발이 오랜 세월 동안 계속되면 결국 블랙홀은 사라지게 된다. 블랙홀의 복사에너지는 양이 너무 작아서 지금의 장비로는 관측하기가 쉽지 않다.

블랙홀(black hole) 탈출속도(별이나 행성의 중력권을 벗어나기 위해 최소한으로 요구되는 속도)가 광속과 같거나 광속보다 큰 천체. 우주에서 광속보다 빨리 움직이는 물체는 없으므로 블랙홀의 사건지평선 안으로 진입한 물체는 두 번 다시 밖으로 빠져나올 수 없다. 블랙홀은 크기가 여러 가지인데, 은하나 퀘이사의 중심부에 숨어 있는 블랙홀은 태양의 100만~10억 배에 달하는 질량을 갖고 있는 것으로 추정된다. 항성형 블랙홀은 수명을 다한 별의 잔해로서, 보통 태양의 40배 정도의 질량을 갖고 있다. 은하의 중심부에 있는 블랙홀이나 항성형 블랙홀은 천체망원경을 통해 간접적으로 관측될 수 있다. 이론적으로는 원자규모의 미니블랙홀도 존재할 수 있지만 관측된 사례는 아직 없다.

빅 크런치(big crunch)　우주가 안으로 수축되면서 맞이하는 최후. 공간의 밀도가 충분히 크면(Ω가 1보다 크면) 언젠가는 팽창을 멈추고 안으로 수축되기 시작한다. 빅 크런치를 맞이하는 순간에 온도는 무한대까지 올라간다.

빅 프리즈(big freeze)　공간의 온도가 절대온도 0K가 되면서 맞이하는 우주의 최후. 우리의 우주는 Ω와 Λ의 합이 1.0일 것으로 추정되기 때문에, 빅 크런치가 아닌 빅 프리즈로 최후를 맞이할 것이다. 우주공간에는 현재의 팽창을 저지할 만큼 물질이 많지 않으므로 빅 프리즈를 맞이할 때까지 팽창은 계속될 것이다.

빅뱅(big bang)　우주탄생의 근원이 되었던 방대한 규모의 폭파사건. 그 여파로 지금도 은하들이 모든 방향으로 흩어지고 있다. 빅뱅이 일어나던 순간에 우주는 초고온·초고밀도 상태였다. WMAP 위성의 관측자료에 의하면, 빅뱅은 약 137억 년 전에 일어났던 것으로 추정되며, 그 잔광(殘光)은 지금도 마이크로파 배경복사(background microwave radiation)의 형태로 남아 있다. 빅뱅의 증거는 크게 세 가지로 분류되는데, 은하에서 나타나는 적색편이와 우주배경복사, 그리고 핵융합에 의한 원소의 생성과정이 그것이다.

사건지평선(event horizon)　블랙홀 주변에 형성되어있는 가상의 한계선(면). 간단히 줄여서 '지평선'이라고도 한다. 물체가 이 경계선 내부로 진입하면 두 번 다시 밖으로 빠져나올 수 없다. 한때 사건지평선은 무한대의 중력 때문에 나타난 일종의 특이성(singularity)으로 간주되었으나, 이 주장은 훗날 좌표선정에 따른 인공적 결과임이 밝혀졌다.

상대성이론(relativity) 아인슈타인이 제창한 특수 및 일반상대성이론의 총칭. 특수상대성이론은 평평한 4차원 시공간과 빛을 주제로 한 이론으로, 모든 관성계(등속운동을 하는 좌표계)에서 빛의 속도가 동일하다는 원리에 기초하고 있다. 그리고 일반상대성이론은 중력과 휘어진 시공간에 관한 이론으로서, 중력과 가속운동이 '구별할 수 없는 동일한 현상'이라는 등가원리(equivalence principle)에 기초를 두고 있다. 상대성이론과 양자역학을 더하면 모든 물리적 지식이 망라된다.

세페이드 변광성(Cepheid variable) 예측 가능한 방식으로 밝기가 수시로 변하는 천체. 천문학에서는 별의 밝기를 판단하는 기준, 즉 '표준촛불(standard candle)'로 사용된다. 에드윈 허블이 은하까지의 거리를 측정할 때에도 세페이드 변광성을 이용하였다.

슈뢰딩거의 고양이 역설(Schrödinger's cat paradox) 한 마리의 고양이가 '동시에' 살아 있을 수도 있고 죽을 수도 있다는 양자역학적 해석에서 비롯된 역설. 양자이론에 의하면 상자 안에 들어 있는 고양이는 누군가가 상자의 뚜껑을 열어 확인하지 않는 한 살아 있는 상태와 죽어 있는 상태를 동시에 취할 수 있다. 고양이의 모든 가능한 상태(살아 있는 고양이, 죽은 고양이, 뛰는 고양이, 잠든 고양이, 먹는 고양이 등)는 관측이 행해지지 않는 한, 파동함수에 중첩된 채로 존재하기 때문이다. 이 역설을 해결하는 방법은 두 가지가 있는데, 하나는 의식(意識)이 존재를 결정한다고 가정하는 것이고 다른 하나는 다중우주의 개념을 수용하는 것이다.

슈바르츠실트 반지름(Schwarzschild radius) 블랙홀의 주변을 에워싸고 있는 사건지평선의 반지름. 사건지평선을 통과한 물체는 블랙홀의 무지막지한 중력에 끌려 두 번 다시 밖으로 빠져나올 수 없다. 태양의 슈바르츠실트 반지름은 약 3.6km 정도이다. 별이 사건지평선 내부까지 압축되면 블랙홀이 된다.

스펙트럼(spectrum) 빛에 포함되어 있는 다양한 진동수(또는 다양한 색상)의 단색광. 별빛의 스펙트럼을 분석하면 별의 주성분이 수소와 헬륨이라는 사실을 알 수 있다.

아인슈타인-로젠의 다리(Einstein-Rosen bridge) 두 개의 블랙홀해(解)를 하나로 결합시켰을 때 나타나는 웜홀. 원래 아인슈타인의 통일장이론에서 얻어지는 해는 전자와 같은 소립자에 적용되었지만, 그 후로 블랙홀 근처의 시공간을 서술하는 데 사용되었다.

아인슈타인의 렌즈와 고리(Einstein lenses and rings) 별빛이 은하들 사이의 빈 공간을 지날 때 중력에 의해 궤적이 왜곡되는 현상. 이런 효과 때문에 멀리 있는 거대성단은 종종 고리모양으로 보인다. 아인슈타인의 렌즈효과를 고려하면 암흑물질과 상수 Λ, 허블상수 등을 좀 더 정확하게 계산할 수 있다.

아인슈타인-포돌스키-로젠 실험(Einstein-Podolsky-Rosen experiment, EPR 실험) 양자역학이 틀렸음을 입증하기 위해 실행된 실험. 우주가 비국소적(nonlocal)이라는 결과를 낳았다. 한 지점에서 폭발이 일어나 결맞음상태에 있는 두 개의 광자를 반대방향으로 방출했다면 (그리고 광자의 스핀이 보존된다면), 이들은 서로 반대방향의 스핀을 갖는다. 따라서 이들 중 하나의 스핀을 관측하면 다른 광자의 스핀은(우주의 끝까지 날아갔다 해도) 자동적으로 알 수 있다. 다시 말해서, 스핀정보가 빛보다 빠르게 전달된 셈이다(그러나 구체적인 내용이 담긴 정보는 이런 식으로 전달될 수 없다).

암흑물질(dark matter) 질량은 있지만 빛과 상호작용을 하지 않아 눈에는 보이지 않는 물질. 암흑물질은 은하의 헤일로(halo, 은하 주변을 고리 모양으로 둘러싸고 있는 가스와 먼지의 집합) 근처에서 자주 발견되며, 일상적인 물질보다 10배나 무거운 것으로 알려져 있다. 눈에 보이지 않기 때문에 직접관측은 불가능하지만, 그 일대에서 빛의 궤적이 휘어지는 현상으로부터 암흑물질의 존재를 간접적으로 추정할 수 있다. 가장 최근에 얻어진 관측자료에 의하면 암흑물질은 우주를 이루는 물질/에너지의 23%를 점유하고 있다. 끈이론학자들은 암흑물질이 뉴트럴리노(neutralino)와 같은 입자(끈의 높은 진동수에 해당하는 입자)로 이루어져 있을 것으로 추정하고 있다.

암흑에너지(dark energy)   텅 빈 공간을 채우고 있는 에너지. 1917년에 아인슈타인이 최초로 도입했다가 곧 폐기한 암흑에너지는 현재 우주공간의 대부분을 차지하고 있는 물질/에너지의 형태로 알려져 있다. 그 근원은 알 수 없지만, 암흑에너지는 우주를 빅 프리즈로 몰고 갈 수도 있다. 암흑에너지의 양은 우주의 부피에 비례한다. 가장 최근에 얻어진 관측자료에 의하면 우주에 존재하는 물질/에너지의 73%가 암흑에너지 형태인 것으로 추정된다.

약력/약한 핵력(weak nuclear force)   원자핵 안에서 핵붕괴를 일으키는 힘. 다행히도 이 힘은 별로 강하지 않기 때문에 원자핵을 통째로 분열시키지 않는다. 약력은 렙톤(전자와 뉴트리노)에만 작용하며, W-보존과 Z-보존에 의해 매개된다.

양성자(proton)   중성자와 함께 원자핵을 이루고 있는 입자. 전기적으로 양전하를 띠고 있다. 양성자는 매우 안정된 상태를 유지하고 있지만, 대통일이론에 의하면 매우 긴 시간을 두고 서서히 붕괴된다.

양자적 도약(quantum leap)   어떤 물체나 물리적 상태가 고전적으로 불가능하다고 생각했던 상태로 갑자기 변하는 현상. 원자의 내부에 있는 전자는 한 궤도에서 다른 궤도로 양자적 도약을 일으키면서 특정한 진동수의 빛을 방출하거나 흡수한다. 우리의 우주도 무(無)의 상태에서 지금의 모습으로 양자적 도약을 일으켰다고 볼 수 있다.

양자역학(quantum mechanics)   플랑크와 아인슈타인이 창시했던 '구식 양자역학'을 개선하여 완벽한 역학적 체계를 갖춘 양자이론. 1925년에 시작되었다고 보는 것이 공식적인 시각이다. 고전적인 개념과 새로운 양자 개념을 섞어 놓았던 구식 양자이론과는 달리, 양자역학은 파동방정식과 불확정성원리에 기초를 두고 있으며 고전역학과 전혀 다른 체계를 갖고 있다. 지금까지 양자역학에서 벗어나는 실험결과는 단 한 번도 발견된 적이 없다. 양자역학의 최고봉이라 할 수 있는 양자장이론은 특수상대성이론과 양자역학을 조화롭게 결합하여 현대물리학의 중요한 기틀을 다졌다. 그러나 중력의 양자이론은 너무나 어려워서 아직도 완성되지 않고 있다.

양자이론(quantum theory) 원자 이하의 영역에 적용되는 물리학이론. 역사상 가장 성공적인 이론으로 평가되고 있다. 양자이론에 상대성이론을 더하면 근본적인 단계에서 물리학의 모든 지식이 망라된다. 대략적으로 말해서, 양자이론은 다음 세 가지 원리에 기초하고 있다. (1) 에너지는 양자(quanta)라고 불리는 불연속의 다발(packet)로 존재한다. (2) 모든 물질은 점입자로 이루어져 있지만 이들이 특정시간, 특정장소에서 발견될 확률은 파동으로 서술되며, 이 파동은 슈뢰딩거의 파동방정식을 만족한다. (3) 물체(입자)를 관측하면 파동함수가 붕괴되면서 하나의 상태가 정확하게 결정된다. 일반상대성이론은 결정론적 논리와 매끄럽게 휘어져 있는 시공간에 기초를 두고 있는 반면, 양자이론은 이와 정반대의 가정을 내세우고 있다. 상대성이론과 양자이론을 조화롭게 하나로 합치는 것이 현대물리학의 가장 큰 숙제이다.

양자적 거품/양자기포(quantum foam) 플랑크길이 영역에서 시공간에 나타나는 거품모양의 변형. 만일 우리가 플랑크길이 영역을 들여다볼 수 있다면 양자적 기포와 함께 조그만 거품과 웜홀을 볼 수 있을 것이다.

양자적 요동(quantum fluctuation) 불확정성원리에 의거하여 뉴턴과 아인슈타인의 고전역학에 가해진 약간의 수정. 우리의 우주는 아무것도 없는 초공간에서 양자적 요동으로부터 시작되었다. 오늘날 존재하는 은하들은 빅뱅의 양자적 요동으로부터 탄생한 것이다. 양자중력이론은 지난 수십 년 동안 물리학자들을 괴롭히면서 통일장이론의 걸림돌이 되어왔는데, 그 이유는 중력이론의 양자적 요동이 무한대로 나타나기 때문이다. 현재 이 문제를 해결할 수 있는 후보는 끈이론뿐이다.

양자중력(quantum gravity) 양자역학의 원리를 적용한 중력이론. 중력을 양자화시키면 조그만 중력의 다발, 즉 중력자(graviton)가 얻어진다. 일반적으로, 중력이 양자화되면 양자적 요동이 무한대가 되어 이론 자체가 쓸모없어진다. 이 무한대를 제거해줄 가장 강력한 후보가 바로 끈이론이다.

엔트로피(entropy) 무질서나 혼돈스러운 정도는 나타내는 수치. 열역학 제2법칙에 의하면 우주의 총엔트로피는 항상 증가한다. 즉, 우주는 절대온도 0K인 기체와 같이 엔트로피가 최대인 상태를 향해 나아가고 있다. 작은 영역(냉장고 등)에서 엔트로피를 줄이려면 역학적 에너지가 별도로 공급되어야 한다. 그러나 냉장고의 내부온도가 내려간다 해도 총엔트로피는 항상 증가한다(냉장고의 뒷부분이 뜨거워지는 것은 이런 이유 때문이다). 일부 학자들은 열역학 제2법칙이 우주의 종말을 예견한다고 믿고 있다.

열역학(thermodynamics) 열과 관련된 현상을 다루는 물리학. 열역학은 다음의 세 가지 법칙으로 대변된다. (1) 에너지의 총량은 보존된다. (2) 총엔트로피는 항상 증가한다. (3) 아무리 온도를 낮춰도 절대온도 0K에는 이를 수 없다. 열역학은 우주의 최후를 예견하는 데 매우 중요한 단서를 제공한다.

오메가(Omega, Ω) 우주의 평균밀도를 나타내는 상수. 만일 Λ=0이면 Ω는 1보다 작고, 이는 곧 우주의 밀도가 충분히 커서 향후 우주의 운명이 빅 크런치로 끝난다는 것을 의미한다. Ω=1이면 우주는 평평하다.

올베르스의 역설(Olbers' paradox) 밤하늘이 검게 보이는 이유에 대한 역설.

만일 우주가 무한히 크고 균일하다면 무수히 많은 별에서 방출된 빛에 의해 밤하늘은 밝게 빛나야 한다. 이 역설은 별의 수명이 유한하다는 사실과 빅뱅을 도입하여 해결할 수 있다. 빅뱅이론에 의하면, 멀리 있는 별에서 방출된 빛은 아무리 시간이 지나도 우리의 눈에 도달할 수 없다.

외계행성(extrasolar planet) 태양 이외의 다른 별 주위를 공전하는 행성. 지금까지 수백 개가 관측되었다(평균 잡아서 한 달에 두 개 꼴로 발견된 셈이다). 그러나 이들 중 대부분은 목성형 행성이기 때문에 생명체가 존재할 가능성은 별로 없다. 현재 다양한 관측위성들이 우주 곳곳을 수색하고 있으므로, 앞으로 수십 년 이내에 지구형 행성이 (만일 존재한다면) 발견될 것으로 기대된다.

우주끈(cosmic string) 빅뱅의 흔적. 일부 게이지이론(gauge theory)에 의하면 빅뱅의 잔해는 은하보다 큰 끈의 형태로 우주를 표류하고 있을 수도 있다. 두 개의 우주끈이 충돌하면 시간여행도 가능해진다.

원자분쇄기(atom smasher) 입자가속기(particle accelerator)의 다른 이름. 빔(beam) 형태의 소립자를 광속에 가까운 속도로 가속시키는 장치로서, 세계에서 가장 큰 가속기인 강입자가속기(LHC)가 현재 스위스의 제네바에 건설되고 있다.

원자핵(atomic nucleus) 원자의 중심부에 위치해 있으면서 대부분의 질량을 차지하고 있는 부분. 양성자와 중성자로 이루어져 있으며 크기는 약 10^{-13}cm 정도이다. 원자핵 안에 있는 양성자의 개수는 핵의 주변을 에워싸고 있는 전자의 개수를 결정하고, 이로부터 원자의 화학적 성질이 결정된다.

웜홀(wormhole) 서로 다른 우주들 사이를 연결하는 통로. 수학자들은 이 공간을 '다중연결공간(올가미나 고리구멍의 크기를 점차 줄여나간다고 했을 때, 하나의 점으로 줄일 수 없는 공간)'이라고 부른다. 그러나 웜홀은 수명이 짧고 여러 가지 위험요소가 도사리고 있기 때문에 생명체가 통과할 수 있을지는 분명치 않다.

윔프(WIMP, Weakly Interacting Massive Particle) 미약한 상호작용을 주고받는 무거운 입자. 암흑물질의 대부분을 구성하는 입자로 추정된다. 윔프의 가장 강력한 후보로는 끈이론에서 말하는 초대칭입자를 들 수 있다.

융합(fusion) 양성자, 또는 가벼운 원자핵이 서로 결합하여 무거운 원자핵을 만들면서 다량의 에너지를 방출하는 과정. 태양과 같은 별의 에너지는 주로 수소원자가 핵융합과정을 거쳐 헬륨원자핵으로 전환되는 과정에서 방출된다. 빅뱅이 일어나던 무렵에는 주로 가벼운 원자핵들이 융합되었기 때문에, 지금도 헬륨과 같은 가벼운 원자들이 원소의 대부분을 차지하고 있다.

은하(galaxy) 1,000억 개 단위의 별들이 모여서 이루어진 거대한 천체. 외견상으로는 타원형, 나선형, 부정형 등 다양한 형태를 갖고 있다. 우리의 태양계는 은하수(Milky Way)라는 은하에 소속되어 있다.

음에너지(negative energy) 0보다 작은 에너지. 물질의 에너지는 0보다 크고 중력에 의한 에너지는 0보다 작다. 많은 우주론에서 이들은 정확하게 상쇄된다. 양자역학은 캐시미르효과와 같이 특이한 형태의 음에너지를 허용하고 있으며, 이로부터 웜홀의 존재를 유도할 수 있다. 음에너지는 안정된 웜홀을 만드는 데 반드시 필요한 요소이다.

이형끈이론(heterotic string theory) 물리적으로 가장 현실적인 끈이론. E(8)×E(8) 대칭을 채용하고 있는데, 이 대칭은 표준모형을 포함할 정도로 크다. M-이론에 의하면 이형끈이론은 다른 네 종류의 끈이론과 동일하다.

인류학적 원리(anthropic principle) 자연의 모든 상수들이 지적생명체의 탄생과 생존에 적합한 값으로 맞춰져 있다고 주장하는 원리. 인류학적 강원리(strong principle)는 물리적 상수들이 어떤 전능한 존재의 의도에 의해 생명체의 탄생에 적합하도록 세팅되었음을 주장하는 반면, 약원리(weak principle)는 단순히 "생명체가 탄생하려면 물리적 상수들이 특정한 값을 가져야 한다"는 점만을 강조하고 있다(이 조건이 맞지 않았다면 생명체는 탄생하지 않았을 것이다). 그러나 상수의 값을 지금처럼 조정해놓은 주체가 누구인지는 전혀 알려지지 않았다. 지금까지 얻어진 실험결과에 의하면, 자연계의 모든 상수들은 생명체의 탄생과 진화에 가장 이상적인 값으로 세팅되어 있다. 일부 사람들은 이것이 창조주가 존재한다는 증거라고 주장하고 있으며, 다중우주의 증거라고 믿는 사람들도 있다.

인플레이션(inflation) 우주가 탄생의 초기에 엄청난 규모로 팽창되었다고 주장하는 우주론. 인플레이션이론을 수용하면 평평성문제와 자기홀극, 그리고 지평선문제를 해결할 수 있다.

일반상대성이론(general relativity) 아인슈타인이 제창한 새로운 중력이론. 뉴턴은 중력을 일종의 힘(force)으로 간주했지만, 아인슈타인은 중력을 기하학적인 부산물로 간주하였다. 즉, 질량이 있는 곳의 시공간이 휘어지면서 마치 그곳에 잡아당기는 힘이 작용하는 것 같은 환영을 만들어낸다는 것이다. 그 후 일반상대성이론은 99.7%의 정확도로 입증되었으며, 블랙홀과 우주의 팽창을 예견하기도 했다. 그러나 블랙홀의 내부와 우주탄생의 순간에 일반상대성이론을 적용하면 상식 밖의 결과가 얻어진다. 이 문제를 해결하려면 어쩔 수 없이 양자역학을 도입해야 한다.

임계밀도(critical density) 우주의 팽창이 영원히 계속될 것인지, 아니면 어느 날 팽창을 멈추고 수축될 것인지를 좌우하는 밀도의 경계 값. 우주의 밀도가 정확하게 임계밀도와 일치하면(특정한 단위를 사용했을 때, 임계밀도는 $\Omega=1$, $\Lambda=0$에 해당된다) 우주는 빅 크런치와 빅 프리즈 사이에서 균형을 유지하게 된다.

WMAP 위성이 보내온 관측자료에 의하면 $\Omega+\Lambda=1$이며, 이는 인플레이션이론의 예견과 일치한다.

적색거성(red giant) 헬륨을 태우는 별. 우리의 태양이 수소원료를 모두 소모하고 나면(약 50억 년 후) 갑자기 덩치가 커지면서 헬륨을 태우는 적색거성이 된다. 이렇게 되면 지구는 태양에게 잡아먹히면서 끔찍한 최후를 맞이할 것이다.

적색편이(redshift) 도플러효과에 의해 멀리 있는 은하에서 방출된 빛의 진동수가 작아지는(또는 빛이 붉은색을 띠는) 현상. 이는 곧 은하가 지구로부터 멀어지고 있음을 뜻한다. 은하들이 움직이지 않아도 우주가 팽창하고 있으면 적색편이가 나타난다.

적외선복사(infrared radiation) 가시광선보다 진동수가 조금 작은 열, 또는 전자기파 복사.

전자축퇴압(electron degeneracy pressure) 죽어가는 별 속에서 작용하는 척력. 이 힘은 전자나 양성자가 완전히 붕괴되는 것을 방지한다. 백색왜성의 경우, 질량이 태양의 1.4배를 넘으면 중력이 전자축퇴압보다 크기 때문에 안으로 수축된다. 이 힘은 두 개의 전자가 동일한 양자상태를 점유할 수 없다는 볼프강 파울리(Wolfgang Pauli)의 배타원리(exclusion principle)에 그 뿌리를 두고 있다. 백색왜성의 중력이 전자축퇴압을 압도할 정도로 크면 안으로 붕괴되면서 폭발을 일으킨다.

전자(electron) 음전하를 띤 채 원자핵의 주위를 에워싸고 있는 입자. 원자의 화학적 성질은 전자의 개수에 따라 좌우된다.

전자기력(electromagnetic force) 전기와 자기에 의해 작용하는 힘. 이들이 함께 진동하면 자외선이나 라디오파, 감마선 등의 전자기파가 발생하며, 이 모든 파동은 맥스웰의 방정식을 만족한다. 전자기력은 우주에 존재하는 네 가지 기본 힘들 중 하나이다.

전자볼트(electron volt, ev) 전자가 1볼트의 위치에너지 속에 진입했을 때 갖는 에너지. 보통의 화학반응은 수 전자볼트(ev) 이내에서 진행되며, 핵반응과정에서 방출되는 에너지는 수억 ev에 달한다. 화학반응은 전자의 배열상태를 바꾸는 데 불과하지만, 핵반응은 핵자(양성자와 중성자)의 배열상태를 바꾸기 때문에 훨씬 강력한 에너지를 방출한다. 현재 가동되고 있는 입자가속기는 10억×10억 ev에 달하는 고에너지상태를 만들어낼 수 있다.

정상상태이론(steady state theory) 우주는 시작도 없이 영원히 존재하며, 계속되는 팽창과 함께 새로운 물질들을 꾸준히 만들어내면서 균일한 밀도를 유지하고 있다는 이론. 학자들은 몇 가지 이유에서 정상상태이론을 부정적인 시각으로 바라보고 있는데, 그중 하나는 우주배경복사가 존재한다는 것이고 다른 하나는 '우주의 진화'라는 관점에서 바라본 퀘이사와 은하의 진화위상이 서로 다르다는 것이다(간단히 말해서, 이들의 나이가 같지 않다는 것이다).

중력자(graviton) 중력의 양자에 해당하는 가설 속의 입자. 중력자의 스핀은 2이며, 크기가 너무 작아서 지금의 실험기구로는 관측할 수 없다.

중력파(gravitational wave) 아인슈타인의 일반상대성이론으로 예견되는 중력의 파동. 중력파는 서로에 대하여 공전하고 있는 오래된 맥동성을 관측함으로써, 그 존재를 간접적으로 입증할 수 있다.

중력파감지기(gravity wave detector) 레이저빔을 이용하여 중력파에 의해 나타나는 미세한 변화를 감지하는 차세대 실험장비. 현재 건설 중인 LIGO가 중력파를 감지해줄 가장 강력한 후보로 떠오르고 있다. 중력파감지기를 이용하면 빅뱅이 일어나고 1조 분의 1초가 지난 후에 방출된 복사를 분석할 수 있다. 우주공간에 쏘아올릴 예정인 또 하나의 중력파감지기 LISA는 끈이론을 비롯한 여러 이론의 진위 여부를 구체적인 실험을 통해 확인해줄 것으로 기대된다.

중성자(neutron) 양성자와 함께 원자핵을 구성하는 입자. 전기적으로 중성이다.

중성자별(neutron star) 다량의 중성자로 이루어진 수축된 별. 직경은 대략 15~25km 정도이며, 빠른 속도로 자전하면서 에너지를 불규칙적으로 방출하여 맥동성(pulsar)이 되기도 한다. 중성자별은 초신성의 잔해로서, 질량이 태양의 3배가 넘으면 블랙홀로 진화한다.

중수소(deuterium) 무거운 수소의 원자핵. 양성자 하나와 중성자 하나로 이루어져 있다. 우주공간에 있는 중수소의 대부분은 별의 내부가 아닌 빅뱅에 의해 만들어진 것으로, 그 분포상태를 분석하면 빅뱅이 일어나던 무렵의 물리적 조건을 유추할 수 있다. 중수소는 우주공간에 비교적 많이 분포되어 있는데, 이는 정상상태이론과 상치된다.

지평선(horizon) 육안(또는 망원경)으로 관측할 수 있는 가장 먼 지점. 블랙홀의 주변을 에워싸고 있는 시간지평선은 '되돌아올 수 없는 한계선'에 해당된다〔사건지평선의 반지름을 '슈바르츠실트 반지름(Schwarzschild radius)'이라 한다〕.

지평선문제(horizon problem) 우주의 물질분포상태가 모든 방향으로 균일한 이유를 따지는 문제. 심지어는 우주의 정반대편에 위치한 두 지점들도 밀도가 거의 같다. 그런데, 이 지점들은 우주가 탄생한 이후로 단 한 번도 열적 접촉을 겪은 일이 없기 때문에 '문제'로 취급되는 것이다(이들의 정보가 빛의 속도로 전달된다 해도 상대방에게 도달할 수 없다. 우주의 팽창속도는 광속보다 빠르기 때문이다). 빅뱅이 일어나기 전의 작은 우주가 완전히 균일했으며, 그 상태를 유지한 채 팽창되었다고 가정하면 이 문제를 해결할 수 있다.

진공(vacuum) 텅 빈 공간. 그러나 양자역학에 의하면 진공 속에도 가상입자들이 수시로 나타났다가 사라지고 있다. 때때로 진공은 '에너지가 가장 낮은 상태'를 나타내는 용어로 사용되기도 한다. 우리의 우주는 과거에 가짜진공상태에 있다가 지금의 진짜진공으로 전환되었다.

차원(dimension) 시간과 공간 속의 한 지점을 정의하기 위해 필요한 좌표의 개수. 우리의 우주는 세 개의 공간차원(앞-뒤, 좌-우, 상-하)과 한 개의 시간차원으로 이루어져 있다. 그러나 초끈이론과 M-이론에 의하면 우주의 시공간은 10(또는 11)차원이고, 이들 중 우리가 인지할 수 있는 것은 4개의 차원뿐이다. 나머지 6개의 차원을 인지할 수 없는 이유는 이들이 지극히 작은 영역 속에 숨어 있거나, 우리의 진동이 막(membrane)의 표면에 국한되어 있기 때문일 것이다.

차원다짐(dimensional compactification) 시간과 공간의 차원을 작은 영역 속에 말아넣는 과정. 끈이론은 10차원 초공간에서 성립하는 이론인데, 우리가 살고 있는 시공간은 4차원이므로 여분의 6차원은 어떻게든 제거되어야 한다. 물리학자들은 원자보다도 작은 극미의 공간에 6차원 공간이 돌돌 말려 있는 것으로 추정하고 있다.

찬드라 X-선망원경(Chandra X-ray telescope) 블랙홀이나 중성자별에서 방출되는 X-선을 관측하기 위해 우주공간으로 쏘아올려진 X-선망원경.

찬드라세카르 한계(Chandrasekhar limit) 태양 질량의 1.4배. 백색왜성의 질량이 이 값을 초과하면 중력이 너무 강하게 작용하여 안으로 내파(內波)되면서 초신성(supernova)으로 변한다. 그러므로 하늘에서 관측되는 모든 백색왜성들은 찬드라세카르 한계를 넘지 않는다.

청색편이(blue shift) 도플러효과에 의해 별빛의 진동수가 커지는(파장이 짧아지는) 현상. 노란색 빛을 발하는 별이 우리를 향해 다가오면 파장이 짧아지면서 푸른색으로 보인다. 현재 우주공간에서 청색편이를 나타내는 은하는 그리 흔치 않다. 두 지점 사이의 공간이 중력이나 공간의 뒤틀림으로 수축될 때에도 청색편이가 일어난다.

초공간(hyperspace) 4차원 이상의 고차원공간. 끈이론(M-이론)은 우주의 시공간이 10차원(11차원)임을 주장하고 있다. 그러나 우리에게 친숙한 4차원 이외의 차원들은 지극히 작은 영역 안에 숨어 있기 때문에 가장 정밀한 실험장비를 동원해도 관측되지 않는다.

초대칭(supersymmetry) 페르미온과 보존을 하나로 통일시키는 대칭. 초대칭을 도입하면 계층문제가 해결되며 초끈이론의 무한대문제도 피해갈 수 있다. 초대칭이론에 의하면 모든 입자들은 자신의 초대칭짝을 갖고 있어야 하는데, 아직 실험실에서 발견된 적은 없다. 원리적으로 초대칭은 우주에 존재하는 모든 입자들을 하나의 객체로 통일시킨다.

초신성(supernova) 폭발하는 별. 엄청난 에너지를 방출하여 은하전체보다 밝게 빛나는 경우도 있다. 초신성은 여러 종류가 있는데, 그중 가장 흥미를 끄는 것은 천체들 사이의 거리를 산출할 때 표준촛불로 사용되는 Ia형 초신성이다. 늙은 백색왜성이 근처에 있는 별의 질량을 흡수하면서 덩치를 키워나가다가 찬드라세카르 한계질량을 초과하면 갑자기 수축되면서 대폭발을 일으키는데, 이것이 바로 Ia형 초신성이다.

캐시미르효과(Casimir effect) 무한히 긴 두 개의 대전된 금속판을 가까이 가져갔을 때 음에너지(negative energy)가 생성되는 현상. 두 개의 판 사이에 있는 가상입자(virtual particle)에 의한 압력보다 외부 공간에 있는 가상입자의 압력이 더 크기 때문에, 두 개의 판은 서로 가까워지려는 경향을 보이는데, 이 현상은 실험실에서 관측할 수 있다. 캐시미르효과를 극대화시키면 타임머신이나 웜홀의 제작도 가능해진다.

칼라비-야우 다양체(Calabi-Yau manifold) 초끈이론에서 예견되는 10차원 시공간 중 우리에게 친숙한 4차원 시공간을 제외한 나머지 6차원 공간의 기하학적 형태. 칼라비-야우 공간에는 구멍이 뚫려 있는데, 이 구멍의 개수가 4차원 시공간에 존재하는 쿼크의 종류를 결정한다. 칼라비-야우 공간이 끈이론에서 중요하게 취급되는 이유는 공간에 뚫려 있는 구멍의 개수 등 다양체의 기하학적 특성이 실제 4차원 시공간에 존재하는 쿼크의 개수를 결정하기 때문이다.

칼루자-클라인이론(Kaluza-Klein theory) 아인슈타인의 이론을 5차원으로 확장시킨 이론. 이 이론을 다시 4차원으로 줄이면 기존의 아인슈타인이론과 함께 맥스웰의 빛이론이 얻어진다. 그러므로 이것은 중력과 빛을 통일한 최초의 이론이라 할 수 있다. 현재 칼루자-클라인이론은 끈이론에 포함되어 있다.

커 블랙홀(Kerr black hole) 회전하는 블랙홀을 나타내는 아인슈타인 방정식의 해. 커 블랙홀의 내부에는 원심력과 중력이 서로 균형을 이루면서 중성자들이 원형고리 모양으로 배열되어 있다. 이 안으로 물체가 빨려 들어가면 다른 블랙홀의 경우처럼 처참하게 분해되지 않고 아인슈타인-로젠의 다리를 거쳐 다른 우주로 이동하게 된다. 그러나 커 블랙홀의 중심부에 있는 웜홀의 안정성에 대해서는 아직 알려진 바가 없다.

코브위성(COBE) 마이크로파배경복사를 관측하기 위해 우주공간으로 쏘아 올려진 관측위성(Cosmic Observer Background Explorer). COBE의 관측결과는 빅뱅이론을 강하게 지지하고 있으며, 그 후에 발사된 WMAP 위성은 더욱 상세한 자료를 지상으로 보내오고 있다.

코펜하겐학파(Copenhagen school) 닐스 보어(Niels Bohr)를 주축으로 하는 학자들의 모임으로, 이들은 "물체의 물리적 상태를 결정하려면 관측을 시도하여 그 물체의 파동함수를 붕괴시켜야 한다"는 것을 공통적으로 주장하고 있다. 관측이 행해지지 않으면, 물체는 모든 가능한 상태에 '동시에' 존재한다. 그런데 우리는 한 마리의 고양이가 죽은 상태와 살아 있는 상태를 동시에 관측할 수 없으므로, 보어는 일상적인 세계와 미시세계를 구별짓는 일종의 '벽'이 존재한다고 가정하였다. 그러나 현대의 물리학자들은 거시적인 세계에서도 양자역학이 적용된다고 믿기 때문에, 미시세계와 거시세계가 벽으로 분리되어 있다는 주장은 별로 설득력이 없다. 최근에는 나노과학의 발달에 힘입어 개개의 원자를 마음대로 다룰 수 있게 되면서 학자들의 의견은 두 세계를 구분하는 벽이 존재하지 않는다는 쪽으로 기울고 있으며, 이와 함께 슈뢰딩거의 고양이 역설은 새로운 국면을 맞이하고 있다.

쿼크(quark) 양성자와 중성자를 이루고 있는 소립자. 하나의 양성자(또는 중성자)는 세 개의 쿼크로 이루어져 있으며, 메존(meson)은 쿼크와 반쿼크로 이루어져 있다. 쿼크는 표준모형에서 매우 중요한 역할을 한다.

퀘이사(quasar) 준항성체(quasi-stellar object). 빅뱅 직후에 탄생한 거대은하로 추정되며, 중심부에 거대한 블랙홀이 자리 잡고 있다. 일부 학자들은 오늘날 우리의 눈에 퀘이사가 보이지 않기 때문에 "현재의 우주는 수십억 년 전의 우주와 거의 동일하다"고 주장하는 정상상태이론을 부정하고 있다.

터널효과(tunneling effect) 입자가 뉴턴 역학으로는 통과할 수 없는 장애물(위치에너지 장벽)을 통과하는 현상. 터널효과는 양자역학의 부산물로서 방사능 알파 붕괴가 일어나는 원인이며, 어떤 면에서는 우주도 터널효과를 통해 탄생했다고 말할 수 있다. 일부 물리학자들은 서로 다른 두 개의 우주 사이를 터널효과로 연결할 수 있다고 주장하고 있다.

통일장이론(unified field theory)　우주에 존재하는 모든 힘들을 하나로 통합하는 장이론. 아인슈타인에 의해 처음으로 제기되었으나 그는 이론을 완성하지 못한 채 세상을 떠났다. 오늘날, 가장 각광받는 통일장이론은 끈이론(또는 M-이론)이다. 과거에 아인슈타인은 '확률을 도입하지 않은 채' 상대성이론과 양자역학의 통일을 시도하였다. 그러나 끈이론은 일종의 양자이론이므로 확률의 개념이 도입되어 있다.

특수상대성이론(special relativity)　빛의 속도가 일정하다는 원리에 기초하여 아인슈타인이 1905년에 발표한 이론. 특수상대성이론에 의하면 움직이는 물체는 질량이 증가하고 시간이 느리게 흐르며 길이가 줄어든다(속도가 빠를수록 이 효과들은 더욱 크게 나타난다). 또한, 질량과 에너지는 $E=mc^2$이라는 관계식을 통해 서로 전환될 수 있다. 이로부터 탄생한 발명품이 바로 원자폭탄이다.

특이성/특이점(singularity)　중력이 무한대가 되는 지점(또는 그러한 성질). 일반상대성이론은 블랙홀의 중심부와 우주창조의 순간에 특이점이 존재했음을 예견하고 있다. 이 지점에서는 일반상대성이론을 포기하고 양자중력이론을 도입해야 한다.

파동함수(wave function)　모든 소립자에 대응되는 파동을 서술하는 함수. 파동함수는 입자가 특정위치를 점유하는 확률파동을 수학적으로 표현한 것이다. 슈뢰딩거는 전자의 파동함수가 만족하는 방정식을 최초로 제안하여 양자역학의 새로운 지평을 열었다. 양자역학은 모든 물체의 최소단위를 점입자로 간주하고 있지만, 입자가 발견될 확률은 파동함수로 표현된다. 후에 디랙(Dirac)은 특수상대성이론을 고려한 파동방정식을 유도하였다. 오늘날, 끈이론을 비롯한 모든 양자역학은 확률파동에 이론적 기초를 두고 있다.

페르미온(fermion)　양성자, 전자, 중성자, 쿼크 등과 같이 반정수(1/2, 3/2…) 스핀을 갖는 입자의 총칭. 페르미온과 보존은 초대칭을 통해 하나로 통일된다.

평평성 문제(flatness problem) 우주의 평평함을 설명하기 위해 도입된 미세조율. Ω가 1에 가까운 값을 가지려면 빅뱅이 일어나던 순간에 모든 변수들이 매우 정확하게 미세조절되어있어야 한다. 그런데 최근 관측결과에 의하면 우주는 평평하다. 따라서 애초부터 모든 변수들이 미세조절되어 있었거나, 아니면 우주가 급격하게 팽창하면서 평평해졌다고 생각하는 수밖에 없다.

표준모형(standard model) 약력과 전자기력, 그리고 강력을 설명하는 가장 성공적인 양자이론. 표준모형은 쿼크의 SU(3)대칭과 전자-뉴트리노의 SU(2)대칭, 그리고 광자의 U(1)대칭에 기초한 이론으로, 쿼크와 글루온, 렙톤, W, Z-보존, 힉스입자 등 수많은 입자를 포함하고 있다. 표준모형은 만물의 이론이 될 수 없는데, 그 이유는 (a) 이론에 중력이 빠져 있고 (b) 손으로 짜맞춰야 할 변수가 무려 19개나 되며 (c) 쿼크와 렙톤 계열에 쓸데없는 입자가 등장하기 때문이다. 표준모형은 GUT에 포함시킬 수 있고, 궁극적으로는 끈이론에 합병될 수도 있다. 그러나 아직은 실험적인 근거가 부족한 상태이다.

표준촛불(standard candle) 항상 동일한 밝기의 빛을 방출하는 광원. 이런 천체가 있으면 거리를 산출하기가 쉬워진다. 표준촛불의 밝기는 이미 정해져 있으므로, 희미하게 보일수록 멀리 있다는 뜻이다. 현재는 Ia형 초신성과 세페이드 변광성이 표준촛불로 사용되고 있다.

프리드만 우주(Friedmann universe) 우주가 균일하고 등방적이며 균질적이라는 가정하에 얻어지는 아인슈타인 방정식의 가장 일반적인 해. 이런 우주는 Ω의 값에 따라 빅 프리즈와 빅 크런치, 영원한 팽창 등이 모두 가능하다.

플랑크길이(Planck length) 10^{-33}cm. 이 정도로 짧은 거리에서 중력은 다른 힘들과 거의 같은 위력을 발휘한다. 이 영역에서 시공간은 미세한 거품으로 가득 차 있으며, 웜홀이 수시로 나타났다가 사라지기도 한다.

플랑크에너지(Planck energy)　10^{19}전자볼트(ev). 빅뱅과 맞먹는 에너지로서, 이런 초-고에너지 상태에서는 모든 힘들(전자기력, 약력, 강력, 중력)이 하나의 힘(superforce라고 함)으로 존재한다.

할아버지 역설(grandfather paradox)　시간여행을 하면서 현재의 상황이 불가능해지도록 과거를 바꿨을 때 대두되는 역설적인 상황. 만일 당신이 과거로 돌아가 아직 결혼하지 않은 부모를 살해했다면 당신은 태어날 수 없고, 따라서 '과거로 돌아가 부모를 살해할' 당신도 존재할 수 없게 된다. 이 역설적인 상황은 "과거로의 여행은 가능하지만 이미 일어난 사건을 바꿀 수는 없다"는 제한조건을 달거나, 다중우주의 개념을 도입함으로써 피해갈 수 있다.

핵합성(nucleosynthesis)　빅뱅에서 시작하여 수소로부터 무거운 원자들이 생성되는 과정. 현재 우주에 존재하는 모든 원소들은 이 과정을 거쳐 만들어졌다. 무거운 원소들은 별의 내부에서 일어나는 핵융합으로부터 생성되었으며, 철(Fe)보다 무거운 원소들은 초신성이 폭발하면서 탄생하였다.

허블상수(Hubble's constant)　적색편이를 나타내는 별의 이동속도를 거리로 나눈 값. 허블상수는 우주의 팽창비율을 나타내는 상수로서, 허블상수의 역수를 취하면 대략 우주의 나이가 된다. 즉, 허블상수의 값이 작을수록 우주의 나이는 많아진다. WMAP 위성은 허블상수의 값이 21.8km/s · 100만 광년임을 확인하여 수십 년에 걸친 논쟁에 종지부를 찍었다.

허블의 법칙(Hubble's law)　멀리 있는 은하일수록 빠르게 멀어져간다는 법칙. 1929년에 에드윈 허블(Edwin Hubble)이 발견했으며, 아인슈타인의 우주팽창이론에 잘 부합된다.

호킹복사(Hawking radiation)　블랙홀에서 서서히 방출되는 복사에너지. 흑체복사의 형태로 방출되며, 특정한 온도를 갖고 있다. 이것은 양자적 입자가 블랙홀의 중력에 의한 위치에너지 장벽을 관통하면서 나타나는 현상이다.

혼돈인플레이션(chaotic inflation) 안드레이 린데(Andrei Linde)가 제창한 인플레이션이론. 이 이론에 의하면 우주는 혼돈 속에서 다른 우주를 연속적으로 잉태하여 다중우주를 형성한다. 혼돈인플레이션이론은 '인플레이션의 종말' 문제를 해결하는 하나의 방법으로 대두되고 있다.

홀극(monopole) 홀로 존재하는 자기의 극(pole). 일반적으로 자석의 극은 항상 쌍(N, S)으로 나타나며 이중 하나의 극만 갖고 있는 자석은 발견된 적이 없다. 빅뱅이 일어나던 무렵에는 자기홀극이 대량생산되었을 것으로 추정되나, 지금은 그 흔적조차 찾을 수 없다. 과학자들은 우주가 인플레이션을 겪으면서 자기홀극의 밀도가 거의 0에 가까워졌기 때문에 발견되지 않는 것으로 추정하고 있다.

흑체복사(black body radiation) 주변과 열적 평형(thermal equilibrium)을 이룬 물체로부터 방출되는 복사. 속이 빈 물체를 뜨겁게 달군 후 구멍을 뚫고 기다리면 구멍으로부터 복사가 방출되기 시작하는데, 이것이 흑체복사에 가장 가까운 현상이다(흑체란 모든 파장의 빛을 가리지 않고 흡수하는 물체를 말한다). 태양이나 마그마는 흑체복사와 거의 비슷한 복사를 방출한다. 복사의 진동수 분포는 분광계를 이용하여 쉽게 측정할 수 있다. 우주공간을 가득 채우고 있는 마이크로파배경복사는 흑체복사의 공식을 만족하며, 이는 빅뱅의 강력한 증거이다.

힉스장(Higgs field) 가짜진공에서 진짜진공으로 전환될 때 GUT이론의 대칭이 붕괴되면서 나타나는 장(場). GUT에서 힉스장은 모든 입자에 질량을 부여하는 원천이며, 이로부터 인플레이션을 유도할 수 있다. 물리학자들은 LHC(강입자가속기)가 힉스장을 발견해주기를 기대하고 있다.

| 후주 |

1부 : 우주

1장 _ 탄생초기의 우주
1. www.space.com, Feb. 2, 2003.
2. Croswell, p. 181.
3. Croswell, p. 173.
4. Britt Robert, www.space.com, Feb. 2, 2003.
5. www.space.com, Jan. 15, 2002.
6. *New York Times*, Feb. 12, 2003, p. A34.
7. Lemonick, p. 53.
8. *New York Times*, Oct. 29, 2002, p. D4.
9. Rees, p. 3.
10. *New York Times*, Feb. 18, 2003, p. F1.
11. Rothman, Tony. *Discover*, July, 1987, p. 87.
12. Hawking, p. 88.

2장 _ 역설적인 우주
1. Bell, p. 105.
2. Silk, p. 9.
3. Croswell, p. 8.
4. Croswell, p. 6.
5. Smoot, p. 28.
6. Croswell, p. 10.
7. *New York Times*, March 10, 2004, p. A1.
8. *New York Times*, March 10, 2004, p. A1.
9. Pais2, p. 41.
10. Schilpp, p. 53.

11. 물체가 거의 광속으로 움직일 때 이동방향으로 길이가 짧아지는 현상은 아인슈타인 전에 헨드릭 로렌츠(Hendrick Lorentz)와 프란시스 피츠제럴드(Francis FitzGerald)도 이미 알고 있었지만, 이들은 길이수축의 정확한 의미를 파악하지 못하고 있었다. 로렌츠와 피츠제럴드는 뉴턴의 고전역학에 입각하여 "원자가 에테르(ether) 속을 헤치고 가면서 그 반작용으로 수축이 일어난다"는 불완전한 가설을 내세웠을 뿐이다. 그러나 아인슈타인은 단 하나의 원리(빛의 속도가 누구에게나 일정하다는 원리)에서 출발하여 특수상대성이론을 완성하였고, 이 이론이야말로 뉴턴의 고전역학을 대신할 완전한 이론임을 설파하였다. 운동하는 물체의 길이가 짧아지는 것은 전자기적 변형 때문이 아니라 시공간(spacetime)의 특성으로부터 자연스럽게 유도되는 결과였다. 프랑스의 위대한 수학자인 앙리 푸앵카레(Henri Poincaré)도 아인슈타인과 거의 같은 방정식을 유도했지만, 완전한 방정식 세트를 유도하여 물리적 의미를 정확하게 부여한 사람은 아인슈타인뿐이었다.
12. Pais2, p. 239.
13. Folsing, p. 444.
14. Parker, p. 126.
15. Brian, p. 102.
16. 기체의 부피가 커지면 온도는 내려간다. 예를 들어, 냉장고 저장실의 안과 밖은 파이프로 연결되어 있는데, 냉장고의 내부에 가스가 주입되면 부피가 증가하면서 파이프의 온도가 내려가고 그 주변에 있는 음식들도 함께 차가워진다. 그 후 차가운 기체가 냉장고 외부로 나가면 파이프의 굵기가 작아지면서 온도가 다시 올라간다. 여기에 펌프를 장착하여 동일한 과정을 반복시키면 오랜 시간 동안 음식을 차가운 상태로 보관할 수 있다. 냉장고가 한창 가동 중일 때 뒷면에서 더운 기운이 느껴지는 것은 바로 이러한 이유 때문이다. 반면에, 우주공간의 별은 이와 정반대의 방향으로 운영되고 있다. 중력에 의해 별이 압축되면 핵융합반응이 자발적으로 일어날 때까지 온도가 올라간다.

3장 _ 빅뱅

1. Lemonick, p. 26.
2. Croswell, p. 37.
3. Smoot, p. 61.
4. Gamow1, p. 14.
5. Croswell, p. 39.
6. Gamow2, p. 100.
7. Croswell, p. 40.
8. *New York Times*, April 29, 2003, p. F3.
9. Gamow1, p. 142.

10. Croswell, p. 41.
11. Croswell, p. 42.
12. Croswell, p. 42.
13. Croswell, p. 43.
14. Croswell, pp. 45-46.
15. Croswell, p. III. 호일은 마지막 다섯 번째 강연에서 종교를 비난하는 발언을 하는 바람에 격렬한 논쟁에 휘말리게 되었다[언젠가 호일은 퉁명스런 어조로 이런 말을 한 적이 있다. "북아일랜드 문제를 해결하는 유일한 방법은 모든 성직자들과 광적인 신도들을 감옥에 가두는 것이다. 어떠한 종교적 신념도 어린아이를 죽음으로 몰아넣을 이유가 될 수는 없다."(Croswell, p. 43.)]
16. Gamow1, p. 127.
17. Croswell, p. 63.
18. Croswell, pp. 63-64.
19. Croswell, p. 101.
20. 츠비키는 자신의 발견이 학자들에게 철저히 무시되었다며 죽는 날까지 분노를 삭이지 못했지만, 가모브는 그보다 더한 무시를 당했음에도 불구하고 공식적으로는 단 한 번도 불만을 표현한 적이 없었다. 오히려 그는 새로운 분야에 더욱 깊이 빠져들면서 내면의 울분을 다스렸다. 그는 DNA에서 아미노산이 만들어지는 과정을 밝힘으로써 생물학 분야에도 커다란 공적을 남겼는데, DNA의 구조를 규명하여 노벨상을 수상했던 제임스 왓슨은 최근에 발표한 전기의 제목에 가모브의 이름을 올려놓음으로써 그를 향한 존경의 마음을 표현했다.
21. Croswell, p. 91.
22. *Scientific American*, July 1992, p. 17.

4장 _ 인플레이션과 평행우주

1. Cole, p. 43.
2. Guth, p. 30.
3. Guth, pp. 186-187.
4. Guth, p. 191
5. Guth, p. 18.
6. Kirschner, p. 188.
7. Rees1, p. 171.
8. Croswell, p. 124.

9. Rees2, p. 100.
10. 과학자들은 우주에서 반물질을 찾기 위해 오랜 시간 동안 노력해왔지만, 지금까지 발견된 양은 그리 많지 않다(단, 은하수의 중심부에서 꽤 많은 양의 반물질이 발견되었다). 물질과 반물질은 현실적으로 구별이 불가능하고 동일한 물리/화학법칙을 따르고 있기 때문에, 이들을 분리해서 설명하는 것 자체가 매우 어려운 일이다. 과학자들은 우주공간에서 102만 전자볼트의 에너지로 방출되는 감마선을 관측함으로써 반물질의 존재를 확인하고 있다. 전자와 반전자가 충돌했을 때 방출되는 최소한의 에너지가 102만 전자볼트이기 때문이다. 그러나 102만 전자볼트의 감마선이 다량으로 감지된 사례는 없으므로, 우주의 대부분은 반물질이 아닌 물질로 이루어져 있다는 결론을 내릴 수 있는 것이다.
11. Cole, p. 190.
12. *Scientific American*, June 2003, p. 70.
13. *New York Times*, July 23, 2002, p. F7.
14. 찬드라세카르의 한계점은 다음과 같은 논리를 거쳐 유도할 수 있다. 중력은 백색왜성을 압축시키는 방향으로 작용하여 별의 밀도는 엄청나게 높아지고 전자들 사이의 거리는 더욱 가까워진다. 그러나 여기에는 "두 개의 전자는 동일한 양자상태에 놓일 수 없다"는 파울리의 배타원리가 적용된다. 즉, 전자들 사이의 간격은 중력에 의해 아주 가까워지지만, 두 개 이상의 전자들이 동일한 위치에 놓일 수는 없다는 것이다. 따라서 전자들은 가까워질수록 서로 밀어내려는 성질을 갖게 되며(물론, 이들은 전하의 부호가 같으므로 전기적으로도 밀어내는 힘이 작용한다), 이 힘은 붕괴를 초래하는 중력을 저지하는 효과를 가져온다. 그러나 백색왜성의 질량이 어느 임계값을 초과하면 중력이 전자들 사이의 척력보다 커지면서 별은 안으로 붕괴된다. 찬드라세카르가 계산한 임계값은 태양 질량의 약 1.4배였다.
중성자별의 경우에는 중성자들 사이의 척력이 좀 더 강해서 임계값은 태양 질량의 약 3배까지 커진다. 그러나 중성자별의 질량이 이 임계값을 넘어서면 엄청난 힘으로 압축되어 블랙홀이 된다.
15. Croswell, p. 204.
16. Croswell, p. 222.
17. *New York Times*, July 23, 2002, p. F7.

2부 : 다중우주

5장 _ 차원입구와 시간여행
1. Parker, p. 151.
2. Thorne, p. 136.

3. Thorne, p. 162.
4. Rees1, p. 84.
5. *Astronomy*, July 1998, p. 44.
6. Rees1, p. 88.
7. Nahin, p. 81.
8. Nahin, p. 81.
9. 베켄슈타인과 호킹은 블랙홀에 양자역학을 처음으로 적용한 물리학자이다. 양자역학에 의하면 아원자입자(subatomic particles)가 블랙홀의 중력에너지를 뚫고 밖으로 탈출할 확률이 0보다 크기 때문에 블랙홀은 서서히 복사를 방출하게 된다. 이것은 양자역학에서 말하는 터널효과(tunneling effect)의 한 사례이다.
10. Thorne, p. 137.
11. Nahin, p. 521.
12. Nahin, p. 522.
13. Nahin, p. 522.
14. Gott, p. 104.
15. Gott, p. 104.
16. Gott, p. 110.
17. 성 역설과 관련된 대표적인 스토리로는 1979년에 《분석*Analysis*》이라는 잡지에 게재된 조나단 해리슨(Jonathan Harrison)의 글을 꼽을 수 있다. 당시 이 잡지를 구독했던 일반인들은 난해한 내용을 이해하느라 상당히 애를 먹었다고 한다.

 이 이야기는 조카스타 존스라는 젊은 여성이 오래된 냉동고를 우연히 발견하면서 시작된다. 그 냉동고 안에는 잘생긴 젊은 청년의 몸이 산 채로 보관되어 있었다. 그녀는 청년의 몸을 녹여 회생시키고 그의 이름이 덤이라는 것도 알아낸다. 덤은 사람을 산 채로 보관하는 냉동고와 타임머신의 제작법이 적혀 있는 노트를 갖고 있었다. 두 남녀는 곧 사랑에 빠져 아들을 낳았고, 그들은 아이에게 디라는 이름을 지어주었다.

 그 후, 청년으로 성장한 디는 아버지의 길을 따라 타임머신을 만들기로 마음먹었다. 그래서 덤은 비밀노트를 간직한 채 아들 디를 데리고 과거로 시간여행을 떠난다. 그러나 도중에 타임머신이 고장을 일으키는 바람에 이들은 원래 목적보다 훨씬 먼 과거로 이동하였고, 그곳에서 심각한 식량난에 직면하게 된다. 결국 디는 아버지 덤을 죽인 후 그의 몸을 먹으면서 생명을 유지하였으며, 그 와중에 아버지의 노트를 보고 냉동고를 만들어 스스로 그 안에 들어간다.

 훗날 조카스타 존스가 발견한 것은 바로 이 냉동고였다. 즉, 그녀가 발견한 것은 낯선 청년 덤이 아니라 바로 자신의 아들 디였던 것이다. 그러나 잠에서 깨어난 디는 신분을 감추기 위해 자신을 덤이라고 소개하였다. 결국 두 남녀는 사랑에 빠져 결혼을 하고 아들 디를 낳는다. … 이 비극적인 과정은 앞으로도 끝없이 계속될 것이다.

사람들은 해리슨의 글을 읽고 수십 가지의 의견을 제시하였다. 한 독자는 이 이야기가 "시간여행이라는 모호한 가정에 기초를 둔 허무맹랑한 귀류법적 스토리"라고 주장했다. 한 가지 주목할 것은, 이 이야기에 할아버지 역설이 등장하지 않는다는 점이다. 과거로 간 디는 자신의 어머니를 만날 수 있는 환경을 미리 만들어놓았으므로, 이들의 재회에 논리적인 모순은 없다(그러나 정보 역설은 여전히 발생한다. 이야기의 어디에도 타임머신이 처음 만들어지는 과정은 등장하지 않기 때문이다. 그러나 타임머신 제작법이 적혀있는 노트는 이 글에서 그다지 중요한 역할을 하지 않는다).

이 이야기에서 생물학적 역설을 문제 삼은 독자도 있었다. 인간의 DNA 중 반은 아버지에게서 물려받고 나머지 반은 어머니로부터 물려받는다. 따라서 디의 DNA 중 절반은 어머니인 존스의 것이며 나머지는 아버지인 덤으로부터 물려받은 것이다. 그러나 아버지 덤은 디와 동일인이기 때문에 이들의 DNA는 완전히 동일해야 한다. 두말할 것도 없이, 이것은 명백한 모순이다. 생물학적으로 아버지와 아들의 관계에 있는 두 사람의 DNA가 완전히 일치할 수는 없기 때문이다. 따라서 과거로 돌아가 젊은 시절의 어머니와 결혼하여 자신을 낳는다는 것은 생물학적으로 불가능한 설정이다.

성 역설에서도 이와 비슷한 문제가 발생한다. 한 사람이 자신의 아버지, 또는 어머니가 된다면 이들의 DNA는 모두 일치해야 하는데, 이렇게 되면 생물학적인 가족관계가 형성될 수 없다. 로버트 하인라인의 소설 《너희들은 모두 좀비다》에서는 젊은 여인이 성전환수술을 받은 후 두 차례에 걸쳐 과거여행을 하면서 자신의 어머니가 되기도 하고 아버지, 아들, 딸의 신분을 모두 겪는다. 그러나 이 소설 역시 생물학적인 모순을 극복하지는 못했다.

《너희들은 모두 좀비다》의 대략적인 내용은 다음과 같다. 고아원에서 자란 제인이라는 소녀가 어느 날 젊고 잘생긴 청년을 만나 사랑에 빠져서 딸을 낳았는데, 그 아이는 정체불명의 괴한에 의해 유괴된다. 제인은 어린 시절부터 성의 정체성이 불확실하여 고민해오다가 아이를 낳은 후 의사의 권유를 받고 성전환수술을 하여 남자가 된다. 몇 년 후, 그(한때는 그녀)는 우연히 시간여행자를 만나 과거로 갔다가 젊은 여인 제인을 만나 사랑에 빠지고, 그들 사이에서 딸이 태어난다. 그런데 아이의 아버지(성전환수술을 받은 제인)는 아이를 몰래 유괴하여 더욱 먼 과거로 데려가서 고아원에 맡긴다. 여기서 자라난 아이는 젊은 청년을 만나 사랑에 빠진다. … 이 이야기는 성 역설을 교묘하게 피해간 것처럼 보인다. 유전자의 반은 원래 제인의 것이고 나머지 반은 남자가 된 제인의 것이기 때문이다. 그러나 성전환수술을 받았다고 해서 X염색체가 Y염색체로 바뀔 수는 없으므로, 엄밀히 말하면 여기에도 성 역설이 존재하는 셈이다.

18. Hawking, pp. 84-85.
19. Hawking, pp. 84-85.

20. 이 문제를 수학적으로 완전히 해결하려면 새로운 물리학을 도입해야 한다. 스티븐 호킹과 킵 손을 비롯한 다수의 물리학자들은 반고전적 근사법, 즉 고전물리학과 현대물리학의 잡종이론을 채택하고 있다. 그들은 아원자입자에 양자역학의 법칙을 적용하고 있지만, 중력은 곡률이 완만하면서 양자화되어 있지 않다고 가정하고 있다[중력자(graviton)를 고려하지 않는다는 뜻이다]. 모든 종류의 무한대와 비정상성은 중력에서 기인하기 때문에, 반고전적 근사법을 사용하면 무한대문제를 피해갈 수 있다. 그러나 양자역학은 범우주적으로 적용되는 만물의 물리학이므로 그것을 적용하지 않고서는 올바른 답을 얻을 수 없다. 특히 블랙홀과 웜홀, 빅뱅 등을 서술하려면 양자역학이 반드시 동원되어야 한다. 시간여행이 불가능하다거나 블랙홀을 통과할 수 없다는 등의 주장은 반고전적 근사법을 통해 내려진 결론이므로 완전히 신뢰할 수 없다. 이런 이유 때문에 우리는 중력을 양자화시킨 끈이론이나 M-이론을 고려해야 하는 것이다.

6장 _ 평행양자우주
1. Bartusiak, p. 62.
2. Cole, p. 68.
3. Cole, p. 68.
4. Brian, p. 185.
5. Bernstein, p. 96.
6. Weinberg2, p. 103.
7. Pais2, p. 318.
8. Barrow1, p. 185.
9. Barrow3, p. 143.
10. Greene1, p. 111.
11. Weinberg1, p. 85.
12. Barrow3, p. 378.
13. Folsing, p. 589.
14. Folsing, p. 591; Brian, p. 199.
15. Folsing, p. 591.
16. Kowalski, p. 156.
17. *New York Herald Tribune*, Sept. 12, 1933.
18. *New York Times*, Feb. 7, 2002, p. A12.
19. Rees1, p. 244.

20. Crease, p. 67.
21. Barrow1, p. 458.
22. *Discovery*, June 2002, p. 48.
23. BBC-TV의 다큐멘터리 〈평행우주Parallel Universe〉 중 인터뷰에서 발췌.
24. Wilczek, pp. 128-129.
25. Rees1, p. 246.
26. Bernstein, p. 131.
27. Bernstein, p. 132.
28. *National Geographic News*, www. nationalgeographic.com, Jan. 29, 2003.
29. 상동
30. 상동

7장 _ 모든 끈의 모태, M-이론

1. Nahin, p. 147.
2. Wells2, p. 20.
3. Pais2, p. 179.
4. Moore, p. 432.
5. Kaku2, p. 137.
6. Davies2, p. 102.
7. 원리적으로, 끈이론의 모든 내용은 끈의 장이론을 통해 요약될 수 있다. 그러나 이 이론에서는 로렌츠 불변성(Lorentz invariance)이 붕괴되기 때문에 궁극적인 이론이라고 볼 수는 없다. 후에 에드워드 위튼은 열린 보존끈(open bosonic string)에 대한 장이론을 공변적인 형태(covariant)로 구축함으로써 이 문제를 해결하였으며, MIT 연구팀과 교토대학의 연구팀, 그리고 나(미치오 카쿠)는 닫힌 끈에 대한 공변적 끈이론 체계를 구축하였다(그러나 이 이론은 다항식의 형태를 띠고있지 않았기 때문에 다루기가 쉽지 않았다). 요즘은 M-이론의 등장과 함께 학자들의 관심이 막(membrane) 쪽으로 옮겨갔는데, 막에 대한 장이론이 구축될 수 있는지는 아직 분명치 않다.
8. 끈이론과 M-이론에서 10, 또는 11이라는 숫자가 자주 등장하는 데에는 몇 가지 이유가 있다. 첫째, 로렌츠군(Lorentz group)을 고차원 공간에서 표현하면 페르미온(fermion)의 수는 지수함수적으로 증가하는 반면에 보존(boson)의 수는 선형적으로 증가한다. 따라서 페르미온과 보존이 짝을 이루면서 이들 사이에 초대칭이 존재하려면 낮은 차원에서 이론을 전재하는 수밖에 없다. 물리학자들은 군이론(group theory)을 주의 깊게 분석한 결과, 10 또는 11차원의 시공간을 선택하면 보존과 페르미온 사이에 완벽한 균형이 성립된다는 사실을 알아냈다(단, 입자의 스핀이 2 이하라는 가정이 도입되어야 한다). 그러므로 군이론의 관점에서 볼 때 끈이론에 가장 적합한 차원은 10 또는 11차원임을 알 수 있다.

10과 11이 '마법의 숫자'처럼 작용하는 이유는 이것 말고도 또 있다. 고차의 고리도표(higher loop diagram)를 연구하다보면 유니테리성(unitarity)이 유지되지 않는 경우가 나타나는데, 이것은 이론체계에 치명적인 요인으로 작용한다. 이는 곧 입자들이 마술처럼 갑자기 나타나거나 사라질 수 있다는 것을 의미하기 때문이다. 그러나, 건드림이론을 10, 또는 11차원에서 전재하면 유니테리성을 유지할 수 있다.

이 밖에도, 10차원이나 11차원에서는 '고스트 입자(ghost particle)'를 사라지게 만들 수 있다. 이 입자들은 일상적인 물리법칙을 따르지 않기 때문에 올바른 이론에서는 나타나지 않아야 한다.

결론적으로 말해서, 10과 11이라는 마법의 숫자는 (a)초대칭, (b)건드림이론의 유한성, (c)건드림급수의 유니테리성, (d)로렌츠 불변성, (e)고스트 입자의 상쇄 등을 위해 필연적으로 도입될 수밖에 없다.

9. 사적인 대화에서 발췌.

10. 물리학자들은 복잡한 이론을 연구할 때 '건드림이론[perturbation theory, 또는 섭동(攝動)이론이라고도 함]'을 자주 사용한다. 이것은 좀 더 단순한 이론을 먼저 분석하여 정확한 답을 구한 후에, 이론을 조금씩 수정하여 답을 보정해가는 방법을 말한다. 일반적으로 보정항은 무한히 많이 존재하는데, 각 항들은 입자들이 충돌을 일으킬 수 있는 다양한 방법을 나타내며, 이들 모두는 파인만 도식(Feynman diagram)으로 표현될 수 있다.

그동안 물리학자들은 건드림이론에 나타나는 보정항이 무한개라는 점 때문에 상당한 어려움을 겪어왔다. 무한개의 항을 모두 고려하는 것은 현실적으로 불가능하기 때문이다. 그러나 파인만과 그의 동료들은 무한대를 처리하는 기발한 방법을 고안하여 1965년에 노벨상을 수상하였다.

양자중력이론의 문제점은 보정항의 개수가 무한대라는 것이 아니라, 각 항의 값이 무한대로 발산한다는 점이다. 이 무한대는 얼마나 지독한지, 파인만이 개발한 방법을 적용해도 사라지지 않는다. 그래서 물리학자들은 "양자중력이론은 재규격화(renormalization)가 불가능하다"고 말한다.

그러나 끈이론에 건드림 접근법을 적용하면 보정해야 할 양이 무한대로 발산하지 않는다. 물리학자들이 끈이론에 매력을 느끼는 가장 큰 이유가 바로 이것이다(이 사실을 엄밀하게 증명할 수는 없다. 그러나 이 경우에 무한히 많은 파인만 도식들은 모두 유한한 값을 가지며, 이들을 모두 고려한 값도 유한하다). 그러나 건드림 접근법으로는 우리가 알고 있는 우주를 재현할 수 없다는 것이 문제이다. 건드림 전개항들은 현실세계에 존재하지 않는 완벽한 대칭성을 보유하고 있기 때문이다. 현실적인 우주에는 이러한 대칭성들이 형편없이 붕괴되어 있다(예를 들어, 이론상으로는 각 입자마다 초대칭짝이 존재해야 하지만 실제로 발견된 사례는 단 한 건도 없다). 그래서 물리학자들은 건드림 접근법 말고 모든 물리량들을 '통째로' 다루려는 시도를 하고 있는데, 방법 자체가 너무 어려워서 별 진전을 보지 못하고 있다. 현재로서는 양자장이론에 의한 보정량을 비섭동적(nonperturbative)으로 계산하는 방법은 존재하지 않는다. 비섭동적인 방법은 여러 가지 문제점을 안고 있는데, 예를 들어 이론에 등장하는 힘의 크기를 증가시키면 각 보정항들이 뒤로 갈수록 커지기 때문에 유한한 결과를 얻을 수 없게 된다. 이것은 $1 + 2 + 3 + 4 + \cdots$가 유한한 결과를 주지 못하는 것과 같은 이치이다. 그런데 M-이론은 이론자체의 이중성(duality) 덕분에 비섭동적인 방법을 사용할 수 있으므로 물리학자들에게 커다란 환영을 받고 있다.

11. 끈이론과 M-이론은 완전히 다른 시각에서 일반상대성이론에 접근하고 있다. 아인슈타인은 휘어진 시공간에 기초하여 일반상대성이론을 구축했지만, 끈이론과 M-이론은 초대칭 공간에서 움직이는 끈, 또는 막(membrane)에 기초하여 만들어진 이론이다. 물리학자들은 이 두 개의 이론이 언젠가는 합쳐질 것으로 굳게 믿고 있다.

12. *Discover*, Aug. 1991, p. 56.

13. Barrow2, p. 305.

14. Barrow2, p. 205.

15. Barrow2, p. 205.

16. 물리학자들이 대칭성에 관심을 갖기 시작했던 1960년대 말에도 중력은 관심의 대상에서 제외되어 있었다. 그 이유는 대칭의 종류가 두 가지이기 때문인데, 하나는 입자들을 마구 뒤섞어도 변하지 않는 성질(대칭)이고, 다른 하나는 중력과 관련된 시간-공간 사이의 대칭이다. 중력이론은 입자를 맞바꾸는 대칭과 무관하며, 4차원 시공간의 회전, 즉 O(3,1)대칭에 기초한 이론이다.

시드니 콜먼(Sidney Coleman)과 제프리 만둘라(Jeffrey Mandula)는 중력을 서술하는 시공간의 대칭과 입자를 서술하는 대칭을 하나로 통일할 수 없다는 것을 증명하였다. 이것은 우주의 '마스터 대칭'을 찾으려는 물리학자들에게 실망스러운 소식이 아닐 수 없었다. GUT의 SU(5)군과 상대성이론의 O(3,1)군을 결합시키려고 하면 당장 대재난이 초래되는데, 예를 들자면 입자들의 질량이 불연속이 아니라 연속적으로 배열되는 현상이 나타난다. 이렇게 되면 '더 높은 대칭을 도입하여 다른 힘들(전자기력, 약력, 강력)과 중력을 한데 합치려는' 시도는 실패로 돌아갈 수밖에 없다. 즉, 통일장이론이 불가능해지는 것이다.

그러나 끈이론은 입자물리학 역사상 가장 강력한 대칭성을 도입하여 이 성가신 문제를 해결하였다. 현재 초대칭은 콜먼-만둘라의 정리를 피해갈 수 있는 유일한 수단으로 알려져 있다[초대칭은 이 정리에 나 있는 조그만 탈출구를 십분 활용하고 있다. 일반적으로, a와 b라는 숫자를 도입할 때, 우리는 a×b = b×a를 가정한다. 콜먼-만둘라의 정리는 이것을 암묵적으로 가정하고 있다. 그러나 초대칭에서는 a×b = - b×a를 만족하는 '초수(supernumber)'가 사용된다. 이런 수들은 몇 가지 특이한 성질을 갖고 있는데, 예를 들어 a×a = 0인 경우에도 a는 0이 아닐 수 있다. 물론 일상적인 수라면 이런 일은 불가능하다. 이러한 초수를 도입하면 콜먼-만둘라 정리는 더 이상 성립하지 않는다).

17. 초대칭을 도입하면 GUT이론에 치명적인 계층문제(hierarchy problem)를 해결할 수 있다. 통일장이론을 구축하다보면 스케일이 크게 다른 두 종류의 질량과 접하게 되는데, 예를 들어 양성자는 일상적인 크기의 질량을 갖고 있는 반면, 플랑크에너지에 버금가는 질량을 갖는 입자도 있다. 그리고 이 두 종류의 질량은 엄격하게 분리된 채로 나타난다. 그러나 여기에 양자적 보정을 가하면 일대 재앙이 초래된다. 즉, 양자적 요동에 의해 두 종류의 질량이 서로 섞이게 되는 것이다. 이것은 가벼운 입자가 무거운 입자로 전환될 확률이 0이 아니기 때문에 나타나는 현상이다(그 반대현상도 일어날 수 있다). 이는 입자의 질량이 연속적으로 변하여 일상적인 질량에서 천문학적인 크기로 변할 수 있다는 뜻인데, 이토록 거대한 입자는 아직 발견된 적이 없으므로 올바른 결과라 할 수 없다. 이 문제를 어떻게 해결해야 할까? 바로 이 시점에서 초대칭의 개념이 구세주처럼 등장한다. 초대칭이론에서 스케일이 다른 두 종류의 질량은 결코 섞이는 법이 없다. 페르미온과 보존 사이에 '아름다운' 상쇄가 일어나면서, 질량이 전혀 다른 두 종류의 입자들 사이의 상호작용이 원천적으로 봉쇄되는 것이다. 지금까지 알려진 바에 의하면 계층문제를 해결하는 방법은 초대칭을 도입하는 것뿐이다.

18. Cole, p. 174.
19. Wilczek, p. 138.
20. www.edge.org, Feb. 10, 2003.
21. www.edge.org, Feb. 10, 2003.
22. Seife, p. 197.
23. *Astronomy*, May 2002, p. 34.
24. *Astronomy*, May 2002, p. 34.
25. *Astronomy*, May 2002, p. 34.
26. *Discover*, Feb. 2004, p. 41.
27. *Astronomy*, May 2002, p. 39.
28. *Discover*, Feb. 2004, p. 41.
29. Greene1, p. 343.
30. 좀 더 정확하게 말해서, 말다세나가 증명한 것은 5차원 반-드 지터 공간으로 차원다짐된 II형 끈이론이, 그 경계에 해당되는 4차원 상사장이론(conformal field theory)과 이중성(duality)의 관계에 있다는 것이었다. 물리학자들은 이 희한한 이중

성이 끈이론과 4차원 QCD(양자색역학, quantum Chromodynamics) 사이에도 성립하기를 기대하고 있다. 만일 이것이 사실이라면 양성자와 같이 강력을 주고받는 입자의 특성을 끈이론으로부터 계산할 수 있게 된다. 그러나 아직은 희망사항일 뿐이다.
31. *Scientific American*, Aug. 2003, p. 65.
32. 상동
33. Greene1, p. 376.

8장 _ 디자인된 우주?
1. Brownlee and Ward, p. 222.
2. Barrow1, p. 37.
3. www.sciencedaily.com, July 4, 2003.
4. www.sciencedaily.com, July 4, 2003.
5. www.sciencedaily.com, July 4, 2003.
6. Page, Don, "The Importance of the Anthropic Principle." Pennsylvania State University, 1987.
7. Margenau, p. 52.
8. Rees2, p. 166.
9. New York Times, Oct. 29, 2002. p. D4.
10. Lightman, p. 479.
11. Rees1, p. 3.
12. Rees2, p. 56.
13. Rees2, p. 99.
14. *Discover*, Nov. 2000, p. 68.
15. *Discover*, Nov. 2000, p. 66.

9장 _ 11차원의 메아리를 찾아서
1. Croswell. p. 128.
2. Bartusiak, p. 55.
3. 이 변화는 두 가지 과정을 통해 일어날 수 있다. 지구에 가까운 위성들은 시간당 2만 8,800km의 빠른 속도로 움직이기 때문에, 특수상대성이론에 의한 시간지연효과가 무시할 수 없을 정도로 크게 나타난다. 즉, 위성에 탑재된 시계가 지상의 시계보다 느리게 가는 것이다. 그러나 위성에 작용하는 중력은 상대적으로 약하기 때문에 일반상대성이론에 의해 시간이 빠르게 흐른다. 따라서 지구와 위성 사이의 거리에 따라 위성의 시계는 느려질 수도 있고(특수상대성이론), 빨라질 수도 있다(일반상대성이론). 지구로부터 어떤 특정거리를 유지하면 두 가지 상반된 효과가 정확하게 상쇄되어 지구의

시계와 일치하게 된다.
4. *Newsday*, Sept. 17, 2002, p. A46.
5. *Newsday*, Sept. 17, 2002, p. A47.
6. Bartusiak, p. 152.
7. Bartusiak, pp. 158-159.
8. Bartusiak, p. 154.
9. Bartusiak, p. 158.
10. Bartusiak, p. 150.
11. Bartusiak, p. 169.
12. Bartusiak, p. 170.
13. Bartusiak, p. 171.
14. WMAP가 관측한 우주배경복사는 빅뱅 후 37만 9,000년 만에 발생한 것으로 추정된다. 이 시기에 원자들이 처음으로 뭉치기 시작했기 때문이다. 그러나 LISA가 관측목표로 삼고 있는 중력파는 중력이 다른 힘들과 분리되던 시점, 즉 빅뱅 직후에 발생한 것이다. 그래서 일부 물리학자들은 LISA가 끈이론을 비롯한 상당수의 이론을 폐기해줄 것으로 기대하고 있다.
15. *Scientific American*, Nov. 2001, p. 66.
16. Petters, pp. 7, 11.
17. *Scientific American*, Nov. 2001, p. 68.
18. *Scientific American*, Nov. 2001, p. 68.
19. *Scientific American*, Nov. 2001, p. 70.
20. *Scientific American*, Nov. 2001, p. 69.
21. *Scientific American*, March 2003, p. 54.
22. *Scientific American*, March 2003, p. 55.
23. *Scientific American*, March 2003, p. 59.
24. www.space.com, Feb. 27, 2003.
25. *Scientific American*, July 2000, p. 71.
26. *Scientific American*, June 2003, p. 75.
27. SSC 프로젝트에 대한 최종 청문회 자리에서 한 의원이 질문을 던졌다. "이 기계로 무엇을 발견할 수 있습니까?" 과학자들은 "힉스보존을 발견할 수 있다"고 대답했고, 의원은 벌어진 입을 다물지 못했다. 그 존재가 확실치도 않은 입자를 발견하기 위해 110억 달러를 퍼붓는다고? 해리스 파웰(Harris W. Fawell) 의원이 후속질문을 던졌다. "이 기계가 완성되면 신을 발견할 수 있을까요?" 그러자 곧바로 돈 리터(Don

Ritter) 의원이 한마디 거들었다. "만일 이 기계가 신의 존재를 확실하게 입증해준다면 저는 과학자 여러분들을 지지하겠습니다."(Weinberg1, p. 244) 그러나 그 자리에 있던 물리학자들은 확답을 주지 못했다.

물리학자들은 청문회에서 계속 수세에 몰렸고, 결국 SSC 건설계획안은 부결되었다. 미국의회는 SSC의 건설을 위한 땅파기 공사에 10억 달러를 승인했다가 그 땅을 도로 메우는 데 또다시 10억 달러를 승인하였다. 아무런 결과도 내지 못하고 20억 달러라는 돈만 낭비하고 만 것이다. 단순히 땅을 팠다가 다시 묻는 데 이토록 많은 돈이 들어간 사례는 두 번 다시 찾아보기 힘들 것이다.

(내가 청문회에 참석했다면 신에 관한 질문에 이렇게 대답했을 것이다. "존경하는 의원님, 우리는 신을 찾을 수도 있고 찾지 못할 수도 있습니다. 그러나 이 기계는 우리를 신에게 가장 가까운 곳으로 안내할 것입니다. SSC는 거룩한 신의 창조의도와 우주탄생의 비밀을 밝힐 수 있는 유일한 수단입니다.")

28. Greene1, p. 224.
29. Greene1, p. 225.
30. Kaku3, p. 699.

3부 : 초공간으로의 탈출

10장 _ 모든 것의 종말

1. 이 법칙은 무(無)에서 무언가를 얻어내는 영구기관을 제작하는 것이 원리적으로 불가능함을 말해주고 있다.
2. Barrow1, p. 658.
3. Rees1, p. 194.
4. Rees1, p. 198.
5. www.sciencedaily.com, May 28, 2003; *Scientific American*, Aug. 2003, p. 84.
6. Croswell, p. 231.
7. Croswell, p. 232.
8. *Astronomy*, Nov. 2001, p. 40.
9. www.abcnews.com, Jan. 24, 2003.
10. Rees1, p. 182.
11. *Discover*, July 1987, p. 90.
12. *Scientific American*, Nov. 1999, pp. 60-63.
13. *Scientific American*, Nov. 1999, pp. 60-63.

11장 _ 우주탈출

1. Rees3, p. 182.
2. 이런 현상은 문화적인 면에서도 나타날 것이다. 지금도 제3세계 문화권에서 엘리트층에 속하는 사람들은 모국어와 영어를 모두 구사하면서 최신 버전의 서구문명에 익숙한 경향을 보이고 있다. 그러므로 I유형 사회의 문화는 범세계적으로 통용되는 글로벌문화(지금의 서구문화)와 지역문화가 공존하는 형태로 진보할 것이며, 지구 전체가 하나의 문화권으로 통일된다 해도 지역문화가 말살되는 비극은 일어나지 않을 것이다.
3. *Scientific American*, July 2000, p. 40.
4. *Scientific American*, July 2000, p. 41.
5. *Scientific American*, July 2000, p. 40.
6. Dyson, p. 163.
7. 우주의 73%를 구성하고 있는 암흑물질을 어떤 생명체들이 활용하고 있다면, 그들의 문명은 분명히 III단계를 넘어섰을 것이다. TV 시리즈 〈스타트렉〉에 등장하는 Q가 아마도 이 문명권의 시민일 것 같다. 그의 능력은 전 은하계에 걸쳐 발휘되고 있기 때문이다.
8. Lightman, p. 169.
9. Lightman, p. 169.
10. Guth, p. 255.
11. Gott, p. 126.
12. Hawking, p. 104.
13. 실제로, 당신의 두뇌를 트랜지스터에 담는 작업은 당신의 의식이 활동하고 있는 상태에서도 수행될 수 있다. 두뇌에서 약간의 뉴런을 추출한 후, 이와 동일한 트랜지스터를 제작하여 로봇의 두뇌에 심는다. 이런 과정을 서서히 반복하면 원래의 몸에서 활동하던 의식이 서서히 줄어들면서 로봇의 두뇌 쪽으로 이동하게 된다. 이런 식으로 수술이 종료되면 당신은 실리콘과 금속으로 이루어져 있는 몸뚱이를 느끼면서 깨어나게 될 것이다.

12장 _ 다중우주를 넘어서

1. Kaku2, p. 334.
2. Calaprice, p. 202.
3. Calaprice, p. 213.
4. Kowalski, p. 97.
5. 상동.

6. Croswell, p. 7.
7. Smoot, p. 24.
8. Barrow1, p. 106.
9. Kowalski, p. 49.
10. Polkinghorne, p. 66.
11. Kowalski, p. 19.
12. Kowalski, p. 50.
13. Kowalski, p. 71.
14. Kowalski, p. 71.
15. Chown, p. 30.
16. Weinberg3, p. 144.
17. Weinberg2, p. 231.
18. Weinberg2, p. 43.
19. Weinberg2, p. 43.
20. Kowalski, p. 60.
21. Lightman, p. 340.
22. Lightman, p. 377.
23. Lightman, p. 409.
24. Lightman, p. 409.
25. Lightman, p. 248.
26. Weinberg1, p. 242.
27. Weinberg1, p. 245.
28. Kowalski, p. 24.
29. Wilczek, p. 100.
30. Kowalski, p. 168.
31. Kowalski, p. 148.
32. Croswell, p. 127.

| 참고문헌 |

Adams, Douglas. The Hithchhiker's Guide to the Galaxy. New York: Pocket Books, 1979.
Adams, Fred, and Greg Laughlin. The Five Ages of the Universe: Inside the Physics of Eternity. New York: The Free Press, 1999.
Anderson, Poul. Tau Zero. London: Victor Gollancz, 1967.
Asimov, Issac, The Gods Them selves. New York: Bantam Books, 1972.
Barrow, John D. The Artful Universe. New York: Oxford University Press, 1995.(referred to to as Barrow2)
--------. The Universe That Discovered Itself. New York: Oxford University Press, 2000.(referred to as Barrow3)
Barrow, John D., and F. Tipler. The Anthropic Cosmological Principle. New York: Oxford University Press, 1986.(referred to as Barrow1)
Bartusiak, Marcia. Einstein's Unfinished Symphony: Listening to the Sounds of Space-time. New York: Berkerly Books, 2000.
Bear, Greg. Eon. New York: Tom Doherty Associates Books, 1985.
Bell, E. T. Men of Mathematics. New York: Simon and Schuster, 1937.
Bernstein, Jeremy. Quantum Profiles. Princeton, N. J.: Princeton University Press, 1991.
Brian, Denis. Einstein: A life. New York: John Wiley, 1996.
Brownlee, Donald, and Peter D. Ward. Rare Earth. New York: SpringerVerlag, 2000.
Calaprice, Alice, ed. The Expanded Quotable Einstein. Princeton: Princeton University Press, 2000.
Chown, Marcus, The Universe Next Door: The Making of Tomorrow's Science. New York: Oxford University Press, 2002.
Cole, K. C. The Universe in a Teacup. New York: Harcourt Brace, 1998.
Crease, Robert, and Charles Mann. The Second Creation: Makers of the

Revolution in Twentieth-Century Physics. New York: Macmillan, 1986.

Croswell, Ken. The Universe at Midnight: Observations Illuminating the Cosmos. New York: The Free Press, 2001.

Davies, Paul. How to Build a Time Machine. New York: Penguin Books, 2001.(referred to as Davies1)

Davies, P. C. W., and J. Brown. Superstring: A Theory of Everything. Cambridge, U. K.: Cambridge University Press, 1988.(referred to as Davies2)

Dick, Philip K. The Man in the high Castle. New York: Vintage Books, 1990.

Dyson, Freeman. Imagined Worlds. Cambridge, Mass.: Harvard University Press, 1998.

Folsing, Albrecht. Albert Einstein. New York: Penguin Books, 1997.

Gamow, George. My World Line: An Informal Biography. New York: Viking Press, 1970.(referred to as Gamow1)

--------. One, Two, Three... Infinity. New York: Bantam Books, 1961.(referred to as Gamow2)

Goldsmith, Donald. The Runaway Universe. Cambridge, Mass.: Perseus Books, 2000.

Goldsmith, Donald, and Neil deGrasse Tyson. Origins. New York: W. W. Norton, 2004.

Gott, J. Richard. Time Travel in Einstein's Universe. Boston: Houghton Mifflin Co., 2001.

Greene, Brian. The Elegant Universe: Superstrings, Hidden Dimensions, and the Quest for the Ultimate Theory. New York: W. W. Norton, 1999.(referred to as Greene1)

--------. The Fabric of the Cosmos. New York: W. W. Norton, 2004.

Gribbin, John. In Search of the Big Bang: Quantum Physics and Cosmology. New York: Bantam Books, 1986.

Guth, Alan. The Inflationary Universe. Reading, Penn.: Addison-Wesley, 1997.

Hawking, Stephen W., Kip S. Thorne, Igor Nokikov, Timothy Ferris, and Alan Lightman. The Future of Space-time. New York: W. W. Norton, 2002.

Kaku, Michio. Beyond Einstein: The Cosmic Quest for the Theory of the Universe. New York: Anchor Books, 1995.(referred to as Kaku1)

--------. Hyperspace: A Scientific Odyssey Through Time Warps, and the Tenth Dimension. New York: Anchor Books, 1994.(referred to as Kaku2)

--------. Quantum Field Theory. New York: Oxford University Press, 1993.(referred to as Kaku3)

Kirshner, Robert P. Extravagant Universe: Exploding Strars, Dark Energy, and the Accelerating Universe. Princeton, N. J.: Princeton University Press, 2002.

Kowalski, Gary. Science and the Search for God. New York: Lantern Books, 2003.

Lemonick, Michael D. Echo of the Big Bang. Princeton: Princeton University Press, 2003.

Lightman, Alan, and Roberta Brawer. Origins: The Lives and Worlds of Modern Cosmologists. Cambridge, Mass.: Harvard University Press, 1990.

Margenau, Paul J. Time Machines: Time Travel in Physics, Metaphysics, and Science Fiction. New York: Springer-Verlag, 1999.

Niven, Larry. N-Space. New York: Tom Doherty Associates Books, 1990.

Pais, A. Einstein Lived Here. New York: Oxford University Press, 1994.(referred to as Pais1)

--------. Subtle Is the Lord. New York: Oxford University Press, 1982.(referred to as Pais2)

Parker, Barry. Einstein's Brainchild. Amherst, N. Y.: Prometheus Books, 2000.

Petters, A. O., H. Levine, J. Wambsganss. Singularity Theory and Gravitational Lensing. Boston: Birkhauser, 2001.

Polkinghorne, J. C. The Quantum World. Princeton, N. J.: Princeton University Press, 1984.

Rees, Martin. Before the Beginning: Our Universe and Others. Reading, Mass.: Perseus Books, 1997.(referred to as Rees1)

--------. Just Six Numbers: The Deep Forces that Shape the Universe. Reading, Mass.: Perseus Books, 2000.(referred to as Rees2)

--------. Our Final Hour. New York: Perseus Books, 2003.(referred to as Rees3)

Sagan, Carl. Carl Sagan's Cosmic Connection. New York: Cambridge University Press, 2000.

Schilpp, Paul Arthur. Albert Einstein: Philosopher-Scientist. New York: Tudor

Publishing, 1951.

Seife, Charles. Alpha and Omega: The Search for the Beginning and End of the Universe. New York: Viking Press, 2003.

Silk, Joseph. The Big Bang. New York: W. H. Freeman, 2001.

Smoot, George, and Davidson, Keay. Wrinkles in Time. New York: Avon Books, 1993.

Thorne, Kip S. Black Holes and Time Warps: Einstein's Outrageous Legacy. New York: W. W. Norton, 1994.

Tyson, Neil deGrasse. The Sky Is Not the Limit. New York: Doubleday, 2000.

Weinberg, Steve. Dreams of a Final Theory: The Search for the Fundamental Laws of Nature. New York: Pantheon Books, 1992.(referred to as Weinberg1)

--------. Facing Up: Science and Its Cultural Adversaries. Cambridge, Mass.: Harvard University Press, 2001.(referred to as Weinberg2)

--------. The First Three Minutes: A Modern View of the Origin of the Universe. New York: Bantam New Age, 1977.(referred to as Weinberg3)

Wells, H. G. The Invisible Man. New York: Dover Publications, 1992.(referred to as Wells1)

--------. The Wonderful Visit. North Yorkshire, U. K.: House of Status, 2002.(referred to as Wells2)

Wilczek, Frank. Longing for the Harmonies: Themes and Variations from Modern Physics. New York: W. W. Norton, 1988.

Zee, A. Einstein's Universe. New York: Oxford University Press, 1989.

| 찾아보기 |

0-브레인 340
11차원 초공간 25, 43
1997XFII 소행성 450
I단계 문명 467, 471, 474~476, 482, 542~544
II단계 문명 467, 475, 476
III단계 문명 477~481, 485, 492, 498, 499, 503, 514
IV단계 문명 480
BBC 강의 111
COBE 위성 27, 131, 132, 174
CP대칭 165
D(공간의 차원 수) 392
DNA 98, 172, 233, 241, 379, 385, 386, 399, 443, 447, 448, 483, 511, 512, 514
$E = mc^2$ 69, 140, 260, 442
EPR 실험 284, 285
EPR 역설 281, 283
GEO600 405
HD 209458 421
High-Z 초신성 관측팀 176
LIGO 402~406, 427
LIGO II 405, 406

LISA 356, 357, 406~408, 427
M-100은하 87
M-87은하 207
M-이론 13, 40~42, 183, 290, 291, 296, 297, 300, 337~344, 346, 350, 351, 354~357, 360, 363, 365, 372 ~375, 378, 392, 429, 436, 487, 523, 538, 548
MACHO 131, 410, 411
$N(10^{36})$ 391
NGC 4261은하 206, 207
p-브레인 341, 374, 375
PSR 1913+16 401, 402
$Q(10^{-5})$ 392
Q0957+561 409, 411
RX J1242-II은하 207
SU(3)대칭 169, 170, 325
T-이중성 372, 373
TAMA 405
UNK 431
VIRGO 405
W-보존 42, 140, 319, 326
WMAP 26~37, 44, 47, 83, 95, 133, 178, 181, 412, 440, 446

X-선 11, 204, 207, 208, 502, 513
XMM-뉴턴 위성 207
Z-보존 140, 142,143, 145, 247, 319

ㄱ

가드너, 마틴(Gardner, Martin) 539
가모브, 조지(Gamow, George) 11, 30, 88, 97~108, 111~118, 122~125, 132, 138
가상입자 217, 218, 495
가짜진공 147~149, 157, 158, 494, 495, 497, 503
간섭계 24
갈릴레오, 갈릴레이(Galilei, Galileo) 10, 131, 345, 516, 518, 519
갈색왜성 131, 410
감마선폭발 208~210
강입자가속기(LHC) 180, 349, 357~359, 426~431, 434~436, 498, 499
강착원반 204, 205, 207, 399
《거울나라의 앨리스》 198
겔만, 머리(Gell-Mann, Murray) 142, 154, 306
결맞음 269, 270, 280, 285, 287, 432
결어긋남 269~276, 546, 547
결정론 247~249, 520, 545
경로적분 265
경로합 263, 265, 289

고주파공명기 424
고차원 시공간 12, 423
고트 3세, J. 리처드(Gott, J. Richard, III) 228~231, 506
고트의 타임머신 228, 230
골드, 토머스(Gold, Thomas) 110
공간이동 281, 286, 287
《과거와 미래의 왕》 223
관성계 66
광년 28, 61, 62, 91, 92, 116, 120, 135, 152, 153, 175, 204, 207, 213, 229, 282, 352, 370, 371, 383, 384, 401, 405~407, 411, 421, 453, 455, 475~477, 481, 499
광속 68, 69, 80, 134, 135, 205, 212, 218, 219, 226, 230, 231, 237, 418, 428, 476, 477, 513
광자 139, 142, 143, 145, 170, 181, 247, 257, 258, 286, 288, 326, 327, 455, 464, 494, 507
광학천문대(스탠퍼드대학) 410
괴델, 쿠르트(Gödel, Kurt) 213~215
괴델의 우주 213
괴델의 해 214, 215
구스, 앨런(Guth, Alan) 36, 39, 134, 137, 138, 148~159, 162, 174, 273, 354, 355, 388, 494, 540
〈굿 윌 헌팅〉 323, 324
균일론 111

균질성 145, 353
그로스, 데이비드(Gross, David) 167, 332, 333
그로스먼, 마르첼(Grossman, Marcel) 64
그린, 마이크(Green, Mike) 312
그린, 브라이언(Greene, Brian) 376, 434
극초신성 210
글래쇼, 셸던(Glashow, Sheldon) 143, 154, 155, 313, 314
글루온 42, 143, 145, 146, 180, 247, 319, 326, 428
금성 378, 384, 451, 475
급변론 111
기본스-호킹 온도 459
기신, 니콜라스(Gisin, Nicolas) 286
《기이한 방문》 294
끈이론 41, 291, 296, 300~302, 305~309, 312~325, 328, 330~343, 353~366, 372, 374, 376, 408, 429, 430, 434, 435, 487, 537~539, 548

ㄴ

나노과학 371, 424, 472, 483, 511, 512
나비효과 235, 369
나선형 성운 90, 91
남부, 요이치로(Nambu, Yoichiro) 304

《너희들은 모두 좀비다》 232, 233
노비코프, 이고리(Novikov, Igor) 234
녹스, 로니(Knox, Ronnie) 525, 526
《높은 성의 사나이》 239, 240, 272
눈송이 166
뉴턴, 아이작 10, 50~56, 63, 65~72, 76, 79, 93, 100, 126, 127, 199, 207, 211, 239, 242, 248~251, 259, 264, 265, 278, 307, 316, 321, 335, 346~348, 369, 371, 388, 393, 400, 408, 423, 446, 479, 517, 520, 532, 545
뉴턴의 법칙 53, 129, 239, 249, 310, 350, 418, 424, 425, 446
뉴턴의 운동법칙 63, 129, 205, 368, 382, 418, 532
뉴트럴리노 414, 415
뉴트리노 42, 43, 131, 140, 142, 143, 146, 170, 172, 314, 326, 385, 386, 414, 434, 455, 464, 494, 537, 539
느뵈, 앙드레(Neveu, André) 304, 305, 307
니븐, 래리(Niven, Larry) 528
니체, 프리드리히(Nietzsche, Friedrich) 471
닐센, 홀거(Nielsen, Holger) 304

ㄷ

다섯 번째 차원 292, 318~320, 347,

348, 354
다윈, 찰스(Darwin, Charles) 46, 47, 300, 395, 396, 439, 516~518
다이슨, 프리먼(Dyson, Freeman) 386, 445, 457~459, 475, 479
다중연결공간 198
다중우주의 도덕적 규범 528
다중우주이론 12, 39, 160, 166, 236, 271, 274, 275, 394, 395, 520, 528
단테 538
달 23, 28, 29, 52, 53, 120, 206, 208, 245, 256, 277, 379, 380, 382, 404, 439, 462, 473, 500, 503
달리, 살바도르(Dalí, Salvador) 296
대칭성 145, 146, 165~169, 171, 178, 303, 306, 310, 311, 325, 330, 334, 342, 351, 537
대칭성의 자발적인 붕괴(SSB) 147, 171, 428
대통일이론(GUT) 145, 148, 171, 265, 325, 149, 150, 172, 179, 328, 333
데모크리토스 382
데이비스, 폴(Davies, Paul) 219
도지슨, 찰스(Dodgson, Charles) 198, 201
도킨스, 리처드(Dawkins, Richard) 534
도플러효과 92, 135, 382
동위원소 118, 425

뒤샹, 마르셀(Duchamp, Marcel) 296
드 지터, 빌렘(de Sitter, Willem) 76, 77, 81, 93, 94, 148, 176, 181, 365, 366
드 지터의 우주 365
드로스테, 요하네스(Droste, Johannes) 193~195
드발리, G.(Dvali, G.) 348
등방적 81
디랙, 폴(Dirac, Paul) 244
디모폴로스, S.(Dimopoulos, S.) 348
디자인된 우주 376, 377, 394
디키, 로버트(Dicke, Robert) 123, 153
딕, 필립(Dick, Philip K.) 239, 240
《뜻대로 하세요》 49

ㄹ

라그나뢰크 439
라그랑주 제2지점(L2) 29
라디오망원경 122, 204, 206, 409, 415, 416, 421, 422, 478
라마누잔, 스리니바사(Ramanujan, Srinivasa) 323, 324
라모로, 스티븐 218
라몽, 피에르(Ramond, Pierre) 304, 305, 307
라이트먼, 앨런(Lightman, Alan) 535
라이프니츠, 고트프리트(Leibniz,

Gottfried) 276, 316
라플라스, 피에르 시몽 드(Laplace, Pierre Simon de) 249, 393
란다우, 레프(Landau, Lev) 31
람다(Λ) 82, 174, 176, 391
래플린, 그레그(Laughlin, Greg) 446
랜들, 리사(Randall, Lisa) 343~349
러더퍼드, 어니스트(Rutherford, Ernest) 260
레비-르블롱(Levy-Leblond) 479
레이건, 로널드(Ronald Reagan) 430
레이저 11, 24, 92, 132, 139, 219, 279, 356, 364, 397, 398, 402~407, 419, 420, 432, 433, 478, 495, 499, 501~503, 507, 508, 513
렙톤(경입자) 42, 145, 170, 171, 180, 146, 325~327, 330, 331
로던베리, 진(Rodenberry, Gene) 506
로렌스 리버모어 연구소 420
로렌츠-피츠제럴드 수축 68
로버트슨 195, 196
로스, 휴(Ross, Hugh) 386
로스만, 토니(Rothman, Tony) 455
로젠, 네이션(Rosen, Nathan) 198~203, 281, 358, 488
롬, 라이언(Rohm, Ryan) 333
루빈, 베라(Rubin, Vera) 128~130
루크레티우스(Lucretius) 54, 134
르메트르, 조지(Lemaître, Georges) 96, 97, 195
리브레히트, 케네스(Libbrecht, Kenneth) 405
리비트, 헨리에타(Leavitt, Henrietta) 91
리, 리-신(Li-Xin Li) 227
리스, 마틴(Rees, Martin) 39, 187, 389~395, 444, 466, 471, 486
리스, 애덤(Riess, Adam) 45
리치스턴, 더글러스(Richstone, Douglas) 204
리튬 103, 118, 180, 502
릭천문대 90
린데, 안드레이(Linde, Andrei) 38, 39, 157, 159, 267, 268, 353, 354

ㅁ

마리치, 밀레바(Maric, Mileva) 64
마야 23
마이크로파배경복사 31, 104, 108, 122, 125, 152, 173, 458
마이트너, 리제(Meitner, Lise) 260, 261
마티넥, 에밀(Martinec, Emil) 333
《마하푸라나》 24
마흐, 에른스트(Mach, Ernst) 243
막(브레인) 42~44, 336~341, 344, 345, 352, 354, 374, 375, 498
만물의 이론 41, 141, 268, 289, 297,

300, 301, 309, 312, 313, 373, 407, 435, 487, 488, 539
말다세나, 후안(Maldecena, Juan) 365
망원경 10, 11, 27~29, 34, 36, 45, 50, 58, 62, 66, 96, 109, 122, 126, 131, 132, 134, 152, 192, 204, 206~210, 383, 402, 415~423, 478, 518, 542
매카시, 크리스(McCarthy, Chris) 383
《매트릭스》 367
맥동성(펄서) 121, 242
《맥베스》 248
맥스, 클레어(Max, Claire) 420
맥스웰, 제임스 클러크(Maxwell, James Clerk) 65, 66, 166, 318, 324, 342, 343
맥켈러, 앤드루(McKellar, Andrew) 123, 124
맨들, 루디(Mandl, Rudi) 409
머리털자리 은하단 126
먼지구름 58, 59, 135, 182, 206, 208, 410, 492
메뉴인, 예후디(Menuhin, Yehudi) 316
메를린라디오망원경 409
메존(중간자) 42
멘델레예프의 주기율표 102
멜리아, 풀비오(Melia, Fulvio) 205
명왕성 128, 381
모라벡, 한스(Moravec, Hans) 512

모리스, 마이클(Morris, Michael) 216
모리슨, 필립(Morrison, Philip) 484
목성 67, 264, 380, 382~384, 524
《무수히 많은 길들》 528
무에서 창조된 우주 163
미니블랙홀 357~359, 429, 454
미디피레네천문대 410
미셸, 존(Michell, John) 191~193
미스너, 찰스(Misner, Charles) 223, 226, 536
미스너 우주 223, 225, 226, 236
미적분학 52, 221, 243

ㅂ

바데, 발터(Baade, Walter) 127
바로니우스 추기경 516
바리온 131, 455
바일, 헤르만(Weyl, Herman) 194
바콜, 존(Bahcall, John) 27, 34
바파, 쿰룬(Vafa, Cumrun) 351, 360, 361
반 노이벤후이젠 335
반 스토쿰의 타임머신 211
반고 23, 163
반물질 164, 165, 180, 207, 208, 216, 476
반중력 34, 36, 37, 45, 46, 76, 181, 216, 391, 440, 441, 480, 497

방사능 붕괴 100, 139, 255
배경복사의 온도 30, 107, 123, 124, 132, 152, 154, 445, 459
〈백 투 더 퓨처〉 233
버비지, 마거릿(Burbidge, Margaret) 115
버비지, 제프리(Burbidge, Geoffrey) 115
버크, 버나드(Burke, Bernard) 123
버클리, 조지(Berkeley, George) 253, 547
버틀러, 폴(Butler, Paul) 384
번스타인, 아론(Bernstein, Aaron) 65
베네치아노 모형 301, 303, 304, 306, 307
베네치아노, 가브리엘레(Veneziano, Gabriele) 301, 303, 304, 312, 333, 355, 373, 376
베넷, 찰스(Bennett, Charles) 35
베릴륨 103, 287, 390
베어, 그레그(Bear, Greg) 462
베켄슈타인, 제이콥(Bekenstein, Jacob) 220, 364, 365, 367, 369~372, 454
베타함수 301, 303, 304
베텔기우스 106, 120
벤틀리, 리처드(Bentley, Richard) 54, 55, 57, 75, 93
벤틀리의 역설 53, 55~57, 75
벨, 존(Bell, John) 283, 284

벨연구소 122
별의 탄생 118, 181, 193
보른, 막스(Born, Max) 245
보스마, 알베르트(Bosma, Albert) 130
보어, 닐스(Bohr, Niels) 99, 237, 242~246, 251, 254, 256~262, 275, 299
보이지 않는 손 234
보존(boson) 42, 140, 142, 143, 145, 146, 247, 319, 325~328
본디, 헤르만(Bondi, Hermann) 110
볼츠만, 루트비히(Boltzman, Ludwig) 243
불가사리 169
불확정성원리 100, 160, 173, 174, 217, 220, 223, 237, 257, 258, 281, 282, 443
브라운, 이언(Brown, Ian) 409
브라운리, 도널드(Brownlee, Donald) 380, 381, 452
브라운스타인, 사무엘(Braunstein, Samuel) 286, 287
브라워, 로버타(Brawer, Roberta) 535
브란덴버거, 로버트(Brandenberger, Robert) 351
브레인우주(세계) 340, 345, 352
브루노, 지오다노(Bruno, Giordano) 519
블랙홀 46, 47, 101, 116, 122, 131, 187, 191, 196~212, 215, 220, 242, 243,

297, 354~370, 373, 381, 392, 396,
399, 402, 403, 405, 406, 413, 419,
421, 423, 429, 443, 452~455, 485,
488~494, 497, 510
비라소로, 미구엘(Virasoro, Miguel)
304
비서, 매튜(Visser, Matthew) 228
비트에서 비롯된 존재 275, 277, 527
빅 크런치 84, 85, 136, 160, 444~446
빅 프리즈(거대한 동결) 444, 446, 456
빅뱅 11, 12, 25~29, 31, 32, 36, 38, 41,
62, 63, 82, 85~88, 95, 96, 101~
114, 117, 118, 122~125, 132, 137,
138, 141, 145, 150, 152, 153, 160,
164, 165, 167, 173, 182, 187, 190,
195, 208, 229, 238, 239, 264, 265,
285, 289, 297, 320, 329, 351, 352,
355, 357, 373, 390, 391, 394, 407,
408, 415, 426, 428, 434, 441, 447,
487, 489, 514, 524, 548
빌링슬레이, 게릴린(Billingsley, Gari-
Lynn) 403
빌커의 역설 232
빙하기 448, 449, 476

ㅅ

사건지평선 196, 201, 203~205, 207,
216, 220, 355, 356, 360, 364, 369,
441, 485, 491~493
사울슨, 피터(Saulson, Peter) 406
사전트, 윌리스(Sargent, Wallace) 113
사키타, 분지(Sakita, Bunji) 304
사하로프, 안드레이(Sakharov, Andrei)
165
산란행렬 302~304
살람, 앱더스(Salam, Abdus) 142, 143
샌더스, 게리(Sanders, Gary) 400
샌디지, 앨런(Sandage, Allan) 32
생명체의 탄생 377, 378, 383, 385,
386, 390, 443, 460, 527, 535
섀플리, 할로(Shapley, Harlow) 90
서스킨드, 레너드(Suskind, Leonard)
304
선드럼, 라만(Sundrum, Raman) 348
선빅뱅이론 355, 373
선형입자가속기센터(SLAC) 143
성 역설 233
세이건, 칼(Carl Sagan) 187, 215, 398,
468, 484, 485
《세 자매》 542
세티앳홈 416
세페이드 91, 411
셀렉트론 326, 332
셔크, 조엘(Scherk, Joël) 308, 309, 335
셰익스피어, 윌리엄(Shakespeare, Willi-
am) 49, 188, 248, 441, 534
셰인망원경 420

소행성　111, 145, 380, 449~451, 462, 499, 500, 503
손, 킵(Thorne, Kip)　216, 218, 219, 221, 222, 408
손의 타임머신　215, 222
수성　81, 128, 206, 451
수소　33, 82, 102, 103, 114, 117~119, 121, 124, 135, 180, 189, 375, 390, 399, 414, 447, 451~453, 475, 478, 502
수소폭탄　103, 242, 263, 502
수학적 불일치　312, 328
슈뢰딩거, 에르빈(Schrödinger, Erwin)　243~245, 247, 254, 255, 259, 265, 272, 288, 289, 298, 299, 525, 546
슈뢰딩거의 고양이　254, 267, 275, 276, 278, 288, 528
슈미트, 브라이언(Schmidt, Brian P.)　176, 177
슈바르츠, 존(Schwarz, John)　304~309, 312
슈바르츠실트 반지름　193, 194, 196, 197, 206, 358, 492
슈바르츠실트, 칼(Schwarzschild, Karl)　192, 193
슈바르츠실트의 해　192, 193
슈퍼컴퓨터　11, 24, 170, 416, 490
스나이더, 하틀랜드(Snyder, Hartland)　197

스몰린, 리(Smolin, Lee)　395, 396
스미스, 크리스 리웰린(Smith, Chris Liewellyn)　426, 428
스즈키, 마히코(Suzuki, Mahiko)　301, 303
《스타메이커》　273
스타인하르트, 폴(Steinhardt, Paul J.)　157, 352~354
스타크만, 글렌(Starkman, Glenn)　458~460
〈스타트렉〉　88, 281, 475, 506
스테이플던, 올라프(Stapledon, Olaf)　273
스토쿰, W. J. 반(Van Stockum, W. J.)　211~213
스트로밍거, 앤드루(Strominger, Andrew)　330, 360, 361
스티바벨리, 마시모(Stivavelli, Massimo)　62
스퍼겔, 데이비드(Spergel, David)　103
스펙트럼　93, 94, 117, 124, 375, 399, 478
스핀　163, 164, 279, 280, 282~284, 305, 308, 309, 315, 326, 335, 361
슬론 스카이 서베이　415, 417~419
시간여행　163, 183, 187, 211~216, 222~234, 237, 490, 505, 506, 511, 512
시공간　11, 12, 69, 73, 74, 85, 137, 166, 212, 213, 221, 222, 226, 307, 316,

320, 321, 331, 343, 351, 358, 362, 369, 370, 372, 374, 375, 408, 423, 463, 477, 495, 498, 499, 506, 523
《신들 자신》 188
실라르드, 레오(Szilard, Leo) 261
쓰러지는 나무 253

ㅇ

아기우주 38, 39, 190, 395, 396, 458, 494~497
아다마르, 자크(Hadamard, Jacques) 194
아다마르의 재앙 194
아레시보 라디오망원경 478
아벨 2218은하 410
아스펙, 알랭 284
아시모프, 아이작(Asimov, Isaac) 188, 189, 191, 233
아인슈타인, 알베르트(Einstein, Albert) 11, 12, 34, 36, 40, 41, 44, 63~81, 86, 88, 93~96, 138, 140, 141, 150, 166, 176, 177, 182, 183, 187, 188, 192~201, 211, 213~216, 222, 228, 229, 241~244, 248~252, 256~261, 266, 270, 281~284, 290, 295, 297, 299, 307~310, 314~319, 333, 335, 337, 345~347, 358, 361, 362, 374~376, 393, 400, 402, 408~412, 436, 440, 442, 446, 479, 485, 487~492, 497, 504, 505, 516~520, 537~540, 545, 547
아인슈타인-로젠의 다리 201, 203, 488
《아인슈타인을 넘어서》 12
아인슈타인의 고리 408~410
아인슈타인의 렌즈효과 410~412
아카니 하미드, N.(Arkani-Hamed, N) 348
안드로메다 91, 95, 206
알브레히트, 안드레아스(Albrecht, Andreas) 157
알쿠비에르 초광속우주선 504
알쿠비에르, 미구엘(Alcubierre, Miguel) 504~507
알파-베타-감마 논문 103
알파입자 100, 101
암흑물질 34, 35, 45, 76, 126, 130~132, 156, 178, 349, 350, 410, 412~415, 418, 423, 430, 435, 480, 481, 522
암흑에너지 34, 35, 77, 82, 435, 480, 481, 522
애덤스, 더글러스(Adams, Douglas) 237, 238, 523
애덤스, 프레드(Adams, Fred) 446
애벗, 에드윈(Abbot, Edwin) 293
앤더슨, 폴(Anderson, Paul) 134, 136,

445
야마사키, 마사미(Yamasaki, Masami) 372
양자(quanta) 143, 247, 298
양자색역학(QCD) 143, 170
양자역학 98, 100, 101, 105, 138, 143, 160, 161, 173, 174, 217, 226, 233, 236~248, 251~267, 271~278, 281~284, 288, 289, 296~298, 310~315, 322, 336, 360, 361, 363, 370, 392, 443, 511, 520, 521, 525, 536, 537, 545~549
양자이론 70, 173, 182, 183, 288, 301, 309, 311, 545
양자적 공간이동 281, 286, 287
양자적 보정 485, 487, 488, 490, 493
양자적 얽힘 281
양자적 요동 30, 161, 173, 179, 181, 223, 264, 301, 310, 311, 485, 507
양자적 전이 238, 458, 509, 510
양자중력이론 228, 311, 319, 322, 363, 436, 487, 493
양자컴퓨터 277, 279~281, 287, 466, 483
에너지-운동량 텐서 227
에딩턴, 아서(Eddington, Arthur) 77, 79, 97, 197, 298, 442
에렌페스트, 폴(Ehrenfest, Paul) 256~258, 393

에버렛, 앨런(Everett, Allen E.) 505
에버렛 3세, 휴(Everett, Hugh III) 271, 547
에크피로틱 우주모형 352, 357, 408
엔트로피 442~444, 466, 470
엠파이어스테이트 빌딩 28
역제곱 비례법칙 347, 349, 423
연성계 119, 175, 210, 401
열반 22, 24, 25, 39, 460
열역학 46, 96, 152, 243, 361, 441, 442, 456, 457, 465, 466, 482, 548
열역학 제1법칙 442
열역학 제2법칙 442, 443, 466, 475
열역학 제3법칙 443
《영원의 끝》 233
오메가(Ω) 82, 391
오브럿, 버트(Ovrut, Burt) 352
오스트리커, 제레미아(Ostriker, Jeremiah P.) 132
오일러, 레온하르트(Euler, Leonhard) 301
오펜하이머, 로버트(Oppenheimer, J. Robert) 142, 197, 198, 244
올베르스의 역설 56~60, 93
올베르스, 하인리히 빌헬름(Olber, Heinrich Wilhelm) 56~58
와인버그 각도 306
와인버그, 스티븐(Weinberg, Steven) 142, 143, 154, 254, 274, 300, 306,

388, 394, 533~535
외계행성 382
우주엘리베이터 472, 473
우주론 10~13, 25~28, 31~33, 35, 48, 74, 75, 81, 82, 85, 87, 88, 95, 96, 98, 101, 102, 118, 122, 124~126, 132, 136~138, 145, 148, 154, 156, 160, 163, 177, 178, 195, 196, 200, 229, 234, 350, 355, 364, 373, 397, 429, 443, 535~537, 549
우주론의 황금기 13, 31
우주배경복사 26, 29, 30, 62, 107, 123, 125, 126, 132, 152, 153, 392, 445, 447
우주상수 76, 77, 95, 148, 187, 289, 365, 391, 392, 395, 411, 412, 460
우주선(cosmic ray) 241, 269, 358, 359
우주의 근원 31, 138
우주의 나이 11, 27, 29, 30, 32, 33, 62, 87, 88, 95, 101, 109, 152, 153, 287
우주의 미래 81~83
우주의 밀도 82, 150, 356, 392
우주의 온도 84, 106, 107, 180, 352, 415, 453, 455, 457, 459, 507
우주의 위상 178
우주의 음악 314
우주의 종말 13, 44~48, 135, 136, 442, 444, 514, 515, 548
우주의 진화 11, 96, 125, 273, 371, 395

우주의 크기 36, 83, 90, 92, 180, 371, 455
우주끈 229~231, 489, 507
우주탈출 462, 465, 487~489, 498, 512
울람, 스타니슬라프(Ulam,Stanislaw) 252
워드, 피터(Ward, Peter) 380, 381
원거리 유령작용 283
원시성 119
원자 42
원자의 탄생 180
월드, 조지(Wald, George) 527
월시, 데니스(Walsh, Dennis) 409
웜홀 12, 48, 187, 191, 198~200, 211, 215, 216, 218~222, 225~230, 237, 273, 289, 358, 363, 397, 466, 477, 479, 485~493, 497, 498, 504~514, 548
왓슨, 제임스(Watson, James) 98
웨지우드, 토머스(Wedgwood, Thomas) 105
웰스, H. G.(Wells, H. G.) 291~295, 349
위그너, 유진(Wigner, Eugene) 261, 267, 525~528, 546
위그너의 친구 266, 267
위상변화 147
위성항법장치(GPS) 399
위튼, 에드워드(Witten, Edward) 177,

291, 301, 309, 313, 316, 330, 337, 341, 434

윌, 클리포드(Will, Clifford) 400

윌슨, 로버트(Wilson, Robert) 122~125, 132

윌슨산천문대 10, 32, 89, 95

윌첵, 프랭크(Wilczek, Frank) 278, 538

윌킨슨, 데이비드(Wilkinson, David) 26

유르트시버, 울비(Yurtsever, Ulvi) 216

《유전자, 아가씨들, 그리고 가모브》 98

은하수 34, 45, 58, 90, 91, 128, 129, 135, 173, 206, 381, 411, 413, 419, 421, 423, 445, 475~478, 522

《은하수를 여행하는 히치하이커를 위한 안내서》 237, 523

은하형 블랙홀 206, 207

음에너지 217, 219~222, 228~230, 488, 494, 497, 503, 505, 507, 509

이중성 244, 342, 343, 365, 366, 372, 373

이집트신화 23

이형끈이론 333, 334, 341

인류학적 원리 386, 387, 521~523, 525

인터넷 24, 139, 353, 416, 418, 422, 469, 470

인플레이션 35~39, 134, 137, 154~157, 177, 179, 182, 187, 357, 378, 407, 548

인플레이션이론 12, 36, 37, 39, 48, 83, 84, 136, 137, 152~156, 159, 160, 173, 174, 177, 182, 238, 265, 267, 325, 350, 353, 355, 356, 395, 399, 407, 408, 494, 523, 548, 549

일반상대성이론 11, 12, 74, 77~79, 81, 187, 188, 193, 199, 214, 222, 234, 259, 265, 295~297, 309, 315, 316, 354, 362, 370, 400~402, 408, 409, 536, 537, 539, 548

일식 77, 383, 421

임페이, 크리스토퍼(Impey, Christopher) 87

입실론(ε) 390

입자가속기 13, 41, 42, 141, 190, 302, 327, 332, 357, 414, 426, 428~433, 476, 487, 498~500

입자물리학 43, 137, 138, 141, 142, 144, 146, 156, 160, 303, 387, 426, 428, 429

ㅈ

자기홀극 149, 150, 158, 159, 342, 360, 502

《자연과학 입문서》 65

자유의지 234, 235, 242, 249, 520

자코비, 조지(Jacoby, George) 177
장-마르크(Jean-Marc) 479
재사용 우주왕복선(RLV) 472
적색거성 106, 119, 120, 451, 452
적색왜성 453, 454
적색편이 93, 94, 116, 176, 411, 444, 491
전자 42, 43, 104, 120, 140, 142~144, 146, 160, 161, 170~175, 180, 181, 189, 199, 200, 217, 222, 238, 239, 244~246, 251, 268, 278, 282~284, 288, 289, 297, 298, 314, 315, 326, 332, 352, 358~360, 374, 375, 394, 396, 415, 433, 435, 455, 464, 494, 507, 513, 537, 539
전자기학 65, 66
점입자 43, 247, 321, 322, 335, 336, 340
정보문제 367
정보 역설 232, 233, 259, 361, 363, 366
정상상태이론 109~111, 125
정적인 우주 55, 75~77, 93
제, 디터(Zeh, Dieter) 269, 546, 547
제논 221, 372
제임스, 제이미(James, Jamie) 317
젤러, 마거릿(Geller, Margaret) 535
조드럴뱅크천문대(JBO) 409
좌표계 이끌림 212
주커, 마이클(Zucker, Michael) 404

죽은 별 127, 410, 443
줄리아, 버나드(Julia, Bernard) 335
중력자 247, 309, 315, 326, 327, 337, 348, 349, 537
중력파 182, 357, 400~403, 405~408
중력파감지기 11, 13, 24, 41, 182, 356, 397, 400, 402, 404, 487
중성자별 46, 121, 122, 127, 128, 131, 210, 401~403, 443, 453, 492, 493
중수소 385, 390
지구의 궤도 395, 451
지구의 나이 32, 33, 110
〈지옥편〉 538
지평선문제 152, 153, 158, 159, 353
진스, 제임스(Jeans, James) 526
진화론 46, 300, 395, 396, 516

ㅊ

차원입구 48, 187, 198, 237, 297, 398, 464, 489, 510
찬드라 X-선망원경 204, 207, 208
찬드라세카르, 수브라마니안(Chandra-sekhar, Subrahmanyan) 275, 493
창세기 22, 39, 49, 521, 527
《천구의 회전에 관하여》 518
천왕성 127
철 114, 115, 118~120, 181
청색편이 203, 445, 491

체호프, 안톤(Chekhov, Anton) 542
《초공간》 12
초대칭 179, 309, 322, 325~336, 414, 415, 426, 429, 430, 487
초대칭짝 326, 327, 332, 335, 337, 414, 429
초대형 라디오망원경 204
초막이론 336, 339
초신성 115, 118, 120, 121, 127, 174~176, 182, 210, 264, 324, 385, 396, 411, 422, 452, 476, 493
초원자 96, 97
초전도체 427
초중력 335~337, 339
초중력자 335, 337
초힘 145, 178, 179
축퇴압(전자축퇴압) 121, 176
충돌하는 우주 350
츠바이크, 게오르그(Zweig, George) 142
츠비키, 프리츠(Zwicky, Fritz) 121, 126~128

ㅋ

카르다셰프, 니콜라이(Kardashev, Nicholai) 466, 481, 486
카오스이론 235, 369
칸트, 이마누엘(Kant, Immanuel) 90

칼라비-야우 다양체 330~332, 343, 435
칼루자, 시어도어(Kaluza, Theodor) 318~320, 347
칼루자-클라인 이론 314
캐럴우주 479
캐시미르효과 219, 425, 503, 505, 509
캐시미르, 헨드리크(Casimir, Henrik) 217, 218
캘로쉬, 리나타(Kallosh, Renata) 353
커 블랙홀 201, 203, 493
커, 로이(Kerr, Roy) 201
커쉬너, 로버트(Krishner, Robert) 156
커티스, 허버(Curtis, Heber) 90
케크망원경 420, 421, 423
케플러, 요한네스(Kepler, Johannes) 10, 57
켈빈 경 60
코모사, 스테파니(Komossa, Strfanie) 207
코월스키, 게리(Kowalski, Gary) 527
코페르니쿠스, 니콜라우스(Copernicus, Nicolaus) 10, 518, 522
코페르니쿠스원리 521, 522, 525
코펜하겐학파 246, 248, 272, 275
코프만, 레프(Kofman, Lev) 353
《콘택트》 215
쾨케모어, 안톤(Koekemoer, Anton) 62

퀘크 42, 43, 142~146, 169~171, 180, 298, 303, 315, 325~327, 330, 331, 345, 346, 366, 367, 375, 428, 429, 537

퀘이사(준항성체) 28, 116, 117, 163, 181, 205, 206, 265, 297, 409~412, 417, 421

크라스니코프, 세르게이(Krasnikov, Sergei) 227, 506

크라우스, 로렌스(Krauss, Lawrence) 458~460

크레인, 스티븐(Crane, Stephen) 523

크로멜린, 앤드루(Crommeline, Andrew) 77

크로스웰, 켄(Croswell, Ken) 84, 398, 451

크로퍼드, 이언(Crawford, Ian) 477

크리머, 유진(Cremmer, Eugene) 335

크릭, 프랜시스(Crick, Francis) 98

클라인, 데이비드(Cline, David B.) 414

클라인, 펠릭스(Felix Klein) 318

키스티아코프스키, 베라(Kistiakowsky, Vera) 387

키카와, 케이지(Kikawa, Keiji) 304, 305, 333, 372, 374

키케로 252

키트봉연구소 177

E

《타우 제로》 134, 445

타운센드, 폴(Townsand, Paul) 337~339, 342

타이탄 421

탁상용 입자가속기 431, 433, 499

탄소 나노튜브 472

탈출속도 191, 192, 205

태양의 온도 105, 121, 450

《태초의 3분》 533

터널효과 100, 101, 360

테바트론 428

테슬라, 니콜라(Tesla, Nikola) 480

테일러 2세, 조지프(Taylor, Joseph, Jr.) 401

텔러, 에드워드(Teller, Edward) 98

톰슨 79

통일장이론 138, 141, 142, 259, 298~300, 309, 316, 321, 327, 329, 333, 335, 358, 407, 515, 539

《투명인간》 291, 349

튜록, 닐(Turok, Niel) 352

특수상대성이론 70, 71, 134, 194, 196, 230, 244, 282, 504

티론, 에드워드(Tyron, Edward) 162

틸리히, 폴(Tillich, Paul) 536

ㅍ

파동방정식 244, 247, 254, 265, 272, 546
파동함수 245~247, 251, 255, 268~275, 285, 288, 289, 526, 528, 546
파동함수의 붕괴 268, 272, 275, 528, 546
파울러, 윌리엄(Fowler, William) 115
파울리, 볼프강(Pauli, Wolfgang) 298, 299
파인만, 리처드(Feynman, Richard P.) 237, 242, 253, 263~266, 280, 306~308, 322
팔로마 스카이 서베이 417
패러데이, 마이클(Faraday, Michael) 305, 370
패친스키, 보던(Paczynski, Bohdan) 410
팽창하는 우주 11, 92, 148, 157, 160, 215, 297, 365, 373, 459
펄머터, 사울(Perlmutter, Saul) 176
페라라, 세르지오(Ferrara, Sergio) 335
페르미, 엔리코(Fermi, Enrico) 262, 263
페르미온 326~328
페이버, 산드라(Faber, Sandra) 535
페이지, 돈(Page, Don) 387, 536
펜로즈, 로저(Penrose, Roger) 156, 446, 497
펜지어스, 아노(Penzias, Arno) 122~125, 135
《평면세계》 293
평평성문제 180, 152, 158, 159
포, 에드거 앨런(Poe, Edgar Allan) 59, 60, 97
포돌스키, 보리스(Podolsky, Boris) 281
포드, 로렌스(Ford, Lawrence) 507~509
포지트로늄 455
포프, 알렉산더(Pope, Alexander) 51
폴리네시아 23
폴킹혼, 존(Polkinghorn, John) 266, 387
표준모형 143, 144, 146, 169~171, 178, 247, 248, 310, 325, 329~334, 346, 349, 428, 435
표준촛불 90, 91, 175
푸어, 찰스 레인(Poor, Charles Lane) 80
풀링, 스티븐(Fulling, Stephen) 219
프로이트, 지그문트(Freud, Sigmund) 540, 541
프리드만, 알렉산드르(Friedmann, Aleksandr) 81, 85, 86, 99, 125, 180, 181
프리드먼, 다니엘(Freedman, Daniel)

335

프리막, 조엘(Primack, Joel) 37, 356

《프린키피아》 51, 53, 54, 517

플랑크 위성 31

플랑크, 막스(Planck, Max) 70, 105, 207, 254, 549

플랑크길이 179, 222, 309, 322, 351, 355, 369, 372, 373, 503, 505

플랑크에너지 178, 329, 349, 429, 477, 498~500

피에르 오거 우주선관측소 359

피카소, 파블로(Picasso, Pablo) 295

ㅎ

하드론 42

하비, 제프리(Harvey, Jeffrey) 333

하이젠베르크, 베르너(Heisenberg, Werner) 160, 217, 243, 245, 246, 259, 261, 262, 278, 298, 299, 443

하인라인, 로버트(Heinlein, Robert) 232

한, 오토(Hahn, Otto) 260

할아버지 역설 232, 233

항성형 블랙홀 206, 491

해리슨, 에드워드(Harrison, Edward) 60

해리슨, 조나단(Harrison, Jonathan) 232

해왕성 127, 421

핵폭탄 208, 209, 448, 463, 468, 474, 476, 497

핵합성 102, 108, 115, 117, 118

핼리, 에드먼드(Hallry, Edmund) 50~52

핼리혜성 52

허블, 에드윈(Hubble, Edwin) 10, 11, 81, 88~97, 108, 110, 175, 522

허블상수 81, 94, 95, 411

허블우주망원경 61, 130, 204, 409, 447

허블의 법칙 94

헉슬리, 토머스(Huxley, Thomas H.) 516, 517

헐스, 러셀(Hulse, Russell) 401, 402

헤르만, 로버트(Herman, Robert) 106, 107

헨더슨, 린다 달림플(Henderson, Linda Dalrymple) 295

헬륨 33, 100, 103, 114, 117~121, 125, 180, 390, 399, 414, 447, 452

헬름홀츠, 헤르만 폰(Helmholtz, Hermann von) 442

호건, 크레이그(Hogan, Craig) 35

호라바, 페트르(Horava, Petr) 341

호로비츠, 게리(Horowitz, Gary) 330

호일, C. D.(Hoyle, C. D.) 424

호일, 프레드(Hoyle, Fred) 11, 88, 108~118, 123~125, 138, 390

호킹, 스티븐(Hawking, Stephen) 48, 220, 223, 226~228, 288, 289, 335, 358, 360~365, 446, 465, 511, 524, 536
호킹복사 360, 362, 497
혼돈인플레이션 39, 159, 160, 395
홀로그램우주 363, 365
화이트, T. H.(White, T. H.) 223
화이트홀 187, 200, 362, 489
확률 100, 101, 160, 237, 238, 241, 245 ~247, 250, 255, 260, 261, 264, 265, 288, 298, 386, 449, 450, 465, 471, 524, 532, 533, 545, 546

〈환상특급〉 240, 272
회전하는 블랙홀 201, 202, 204, 212, 488, 490
휘어진 공간 74, 78, 211, 295
휠러, 존(Wheeler, John) 221, 242~ 244, 251, 256, 260, 261, 263, 266, 271, 275~277, 299, 367, 525, 527, 547
휠러-드위트 방정식 289
흑체복사 105, 106, 132
힉스보존 426, 428
힌두교의 우주관 24